Web 开发经典丛书

Angular 高级编程
(第 4 版)

[英] 亚当·弗里曼(Adam Freeman)　著

陈磊　　　　　　　　　　　　译

清华大学出版社

北　京

北京市版权局著作权合同登记号 图字: 01-2020-5562

Pro Angular 9: Build Powerful and Dynamic Web Apps

Adam Freeman

EISBN: 978-1-4842-5997-9

图书在版编目(CIP)数据

Angular高级编程: 第4版 / (英) 亚当・弗里曼(Adam Freeman) 著; 陈磊译. —北京: 清华大学出版社,
2021.1

(Web 开发经典丛书)

书名原文: Pro Angular 9: Build Powerful and Dynamic Web Apps

ISBN 978-7-302-56957-2

I. ①A… II. ①亚… ②陈… III. ①超文本标记语言—程序设计 IV. ①TP312.8

中国版本图书馆 CIP 数据核字(2020)第 228228 号

责任编辑: 王　军
装帧设计: 孔祥峰
责任校对: 成凤进
责任印制: 沈　露

出版发行: 清华大学出版社
　　　　　网　　　址: http://www.tup.com.cn, http://www.wqbook.com
　　　　　地　　　址: 北京清华大学学研大厦 A 座　　　　　邮　　编: 100084
　　　　　社 总 机: 010-62770175　　　　　邮　　购: 010-62786544
　　　　　投稿与读者服务: 010-62776969, c-service@tup.tsinghua.edu.cn
　　　　　质 量 反 馈: 010-62772015, zhiliang@tup.tsinghua.edu.cn
印 装 者: 三河市龙大印装有限公司
经　　销: 全国新华书店
开　　本: 170mm×240mm　　　　　印　张: 43　　　字　数: 1185 千字
版　　次: 2021 年 1 月第 1 版　　　　　印　次: 2021 年 1 月第 1 次印刷
定　　价: 158.00 元

产品编号: 090157-01

译 者 序

Web 应用程序的功能越来越丰富、用户体验越来越好，随之而来的，是前端开发人员变得越来越受欢迎。

经验丰富的前端开发人员知道，合适的前端框架能够帮助自己提高工作效率，编写出高性能且容易使用的 Web 应用程序。在前端开发的世界中，Angular 是一个非常出色的框架，目前由 Google 提供支持。

关于 Angular，有一个小故事。Angular 的前身是 AngularJS，而 AngularJS 的前身称作 GetAngular，那是一个由 Miško Hevery 和 Adam Abrons 在工作之余开发的项目。在项目开发期间，Hevery 已经就职于 Google，并负责 Google Feedback 项目。经历了 6 个月的开发后，该项目的代码超过 17 000 行，这让 Hevery 感到非常沮丧。他想到了 GetAngular，认为这个框架能够为 Google Feedback 项目提供很大的帮助。于是，他找到自己的经理，请求用 AngularJS 重写项目，并打赌说自己能够在两周内重写整个项目。尽管他输掉了赌局(因为他最终用了 3 周而不是 2 周)，但项目的代码量从近两万行锐减到 1500 行。也正因如此，Google 才对 GetAngular 产生了浓厚的兴趣，并最终将其纳入自己的产品体系，更名为 AngularJS。

从这个小故事可以看出，Angular 能够显著降低 Web 应用程序的代码量，进而提高开发人员的生产效率、加快项目的开发进度。这种优势源于 Angular 提供的多种功能，例如依赖注入、双向数据绑定、采用指令等。而且，Angular 是使用 TypeScript 构建的，这是 JavaScript 的超集，提供了对强类型的支持，使得前端开发工作变得更加简单。不仅如此，Angular 的更新相当迅速，每个新的主版本都带来不小的改进，使这个框架依然保持着旺盛的生命力。

综上可知，对于有志于转向前端的开发人员，Angular 是一个上佳的选择，而本书则可作为学习 Angular 的指路明灯，帮助读者从基础功能到高级功能，了解 Angular 开发的方方面面。

本书分为三部分。第 I 部分讲解 Angular 开发的基础知识，对 HTML、CSS、JavaScript 和 TypeScript 也进行了介绍，确保对前端开发一无所知的读者，也能够快速上手。本部分最后还开发了一个简单的 Web 应用程序，帮助读者巩固基础知识。第 II 部分详细讲解 Angular，内容涵盖项目结构、开发工具、数据绑定、各种指令、事件和表单、管道、服务、服务提供程序、模块等。这部分是大全式讲解，对 Angular 的主要功能都进行了介绍。第 III 部分更偏向较高级的功能，介绍了 Reactive Extensions、HTTP 请求、路由、动画和单元测试。

本书内容全面详细，并且通过大量代码示例和屏幕截图来演示概念和功能，理解起来比较轻松。相信读者在阅读完本书后，一定会有丰厚的收获。希望这本书能够为读者成为优秀的前端开发人员助力！

译者

作者简介

Adam Freeman 是一位经验丰富的 IT 专业人士,在多家公司担任过高级职位,还曾担任一家全球银行的首席技术官和首席运营官。退休之后,他热衷于写作和长跑。

技术评审员简介

Fabio Claudio Ferracchiati 是微软技术领域的高级顾问、高级分析师和高级开发人员。他在 BluArancio 公司工作。他拥有.NET MCSD(Microsoft Certified Solution Developer,微软认证解决方案开发人员)、.NET MCAD(Microsoft Certified Application Developer,微软认证应用程序开发人员)、MCP(Microsoft Certified Professional,微软认证专家)等多项认证,而且是一位多产的作家和技术评审员。十多年来,他为多家国际杂志撰写了大量文章,与他人合著了十多本关于各类计算机主题的书籍。

目　　录

第 I 部分

■ ■ ■

Angular 基础知识

第 1 章

准 备 工 作

　　Angular 将服务器端开发领域的一些最佳实践用于增强浏览器中的 HTML，为更加简便地构建富应用程序(rich application)打下良好基础。Angular 应用程序遵守一种清晰的设计模式，该模式的重点在于创建具有如下特点的应用程序。

- **可扩展**：一旦理解 Angular 的基本原理，即使是复杂的 Angular 应用程序，也很容易弄明白其运行方式，而这意味着可以轻易地改进应用程序，为用户创建新的有用功能。
- **可维护**：Angular 应用程序易于调试和修复，这意味着长期维护工作得以简化。
- **可测试**：Angular 对单元测试和端到端测试的支持都非常好，这意味着可以先于用户发现并修复缺陷。
- **兼容标准**：Angular 建立在 Web 浏览器的固有功能上，但是它能实现的功能并未受到这些固有功能的限制，而是能够创建可兼容标准的 Web 应用程序，能够利用最新 HTML 功能(如 HTML)和流行的工具与框架。

　　Angular 是由 Google 赞助和维护的开源 JavaScript 库，它已用于一些最大和最复杂的 Web 应用程序。本书将展示在自己的项目中充分利用 Angular 所需要知道的一切。

1.1　需要了解什么

　　在阅读本书之前，读者应该熟悉 Web 开发的基础知识，了解 HTML 和 CSS 的工作原理，最好熟悉 JavaScript。如果对这些细节不是非常清楚，可在第 5、6 章中温习一下如何使用 HTML、CSS 和 JavaScript，但是本书不会给出 HTML 元素和 CSS 属性的全面参考。一本关于 Angular 的书不可能涵盖 HTML 的方方面面。

1.2　本书结构

　　本书分为三部分，每部分介绍一组相关的主题。

1.2.1　第 I 部分：Angular 基础知识

　　本书的第 I 部分为阅读本书其余部分提供了准备信息。它包括本章内容，回顾了一些关键技术的基础知识，包括 HTML、CSS 和 TypeScript(JavaScript 的一个超集，用于 Angular 开发)。该

部分还将展示如何构建第一个 Angular 应用程序，并引导完成构建更真实的应用程序(名为
SportsStore)的过程。

1.2.2   第Ⅱ部分：Angular 详解

本书的第Ⅱ部分介绍 Angular 为构建应用程序提供的构造块，依次描述这些构造块。Angular
包含很多内置的功能，这部分将深入描述这些功能，此外 Angular 还提供丰富的自定义选项，而
该部分也将展示所有这些功能。

1.2.3   第Ⅲ部分：Angular 高级功能

本书的第Ⅲ部分介绍如何使用高级功能来创建更复杂、可扩展的应用程序。该部分演示如何
在 Angular 应用程序中进行异步 HTTP 请求，如何使用 URL 路由在应用程序中导航，以及在应用
程序的状态发生变化时如何使 HTML 元素具有动画效果。

1.3   本书不介绍什么

本书面向经验丰富，但新接触 Angular 的 Web 开发人员，因此不介绍 Web 应用程序或编程的
基础知识，不过本书用几章内容介绍了 HTML、CSS 和 JavaScript 的基础。本书不详细介绍服务
器端开发，如果想创建后台服务来支持 Angular 应用程序，则可以参考我撰写的其他图书。

另外，尽管我希望详尽介绍 Angular，但主流开发并不会用到 Angular 提供的每种功能，而且
我也要避免让图书太厚。如果没有介绍某种功能，肯定是因为我认为它不够重要，或者已经介绍
的某种技术能够实现与其相同的结果。

1.4   Angular 开发需要什么软件

你需要使用代码编辑器和第 2 章介绍的工具。Angular 开发用到的工具可以免费获得，并且
可在 Windows、macOS 和 Linux 上使用。

1.5   如何设置开发环境

第 2 章通过创建一个简单的应用程序来介绍 Angular，在此过程中讲解了如何为 Angular 开发
设置开发环境。

1.6   学习示例时遇到问题怎么办

首先应该做的是返回到章节开头并重新操作。导致大部分问题的原因是忘记执行某个步骤，
或者没有完整遵守代码清单。应该特别留意代码清单中重点强调的地方，因为它们突出说明了需
要做出的修改。

之后，检查本书 GitHub 存储库中的勘误表/修订列表。技术图书非常复杂，尽管我和编辑们
尽力避免出现错误，但错误是难免的。遇到问题时，可以查看勘误表中的错误列表及修复问题的
说明。

如果问题依然存在，则从本书的 GitHub 存储库(https://github.com/Apress/pro-angular-9)中下载

对应章节的项目，并将其与自己的项目进行对比。我为每一章创建了代码并放到了 GitHub 存储库中，你的项目中应该有相同的文件，文件中有相同的内容。

1.7 如果在书中发现错误怎么办

你可以通过电子邮件(adam@adam-freeman.com)把错误报告给我，不过建议你在发邮件之前，先检查本书的勘误表/修订列表，因为其他人可能已经报告了相同的错误。在本书的 GitHub 存储库中可找到本书的勘误表/修订列表：https://github.com/Apress/pro-angular-9。

我把可能造成读者混淆的错误，尤其是涉及示例代码的问题，添加到 GitHub 存储库中的勘误表/修订列表中，并心怀感激地列出了第一个报告错误的读者。对于不那么严重的错误，通常是示例上下文中的文字错误，我也记录下来，准备在撰写新版本的时候加以订正。

1.8 大量示例

本书包含大量示例。学习 Angular 的最好方法就是通过示例，本书将尽可能多的示例打包进来。为使本书中的示例尽可能多，本书采用一个简单的约定来避免反复地列出文件的内容。当在某一章中首次使用一个文件时，将列出该文件的完整内容，如代码清单 1-1 所示。代码清单的标题中将包含文件的名称，以及应该在哪个文件夹中创建该文件。更改代码时，将以粗体显示修改过的语句。

代码清单 1-1　完整的示例文档

```
import { NgModule } from "@angular/core";
import { BrowserModule } from "@angular/platform-browser";
import { AppComponent } from "./app.component";
import { StoreModule } from "./store/store.module";

@NgModule({
    imports: [BrowserModule, StoreModule],
    declarations: [AppComponent],
    bootstrap: [AppComponent]
})
export class AppModule { }
```

代码清单 1-1 摘自第 7 章。这里暂不关注它的具体作用，只需要注意，这是一个完整清单，显示了文件的所有内容。

对同一个文件进行一系列修改，或对大文件进行较小修改时，只展示发生改变的元素，以创建部分代码清单。部分代码清单的特征就是以英文省略号(...)开始和结尾，如代码清单 1-2 所示。

代码清单 1-2　部分代码清单

```
...
<table class="table table-sm table-bordered table-striped">
    <tr><th></th><th>Name</th><th>Category</th><th>Price</th></tr>
    <tr *ngFor="let item of getProducts(); let i = index" pa-attr>
        <td>{{i + 1}}</td>
        <td>{{item.name}}</td>
```

```
        <td pa-attr pa-attr-class="bg-warning">{{item.category}}</td>
        <td pa-attr pa-attr-class="bg-info">{{item.price}}</td>
    </tr>
</table>
...
```

代码段代码清单 1-2 也是摘自后面的一章。可以看到，这里只显示了 body 元素及其内容，并且突出显示了一些语句。希望借此引起读者的注意，关注示例中发生修改的部分，或者说明所描述的功能或技术的部分。某些情况下，需要对同一个文件的不同部分进行更改，此时为简洁起见，需要省略一些元素或语句，如代码清单 1-3 所示。

代码清单 1-3　为简洁起见而省略部分语句

```
import { ApplicationRef, Component } from "@angular/core";
import { Model } from "./repository.model";
import { Product } from "./product.model";
import { ProductFormGroup } from "./form.model";

@Component({
    selector: "app",
    templateUrl: "app/template.html"
})
export class ProductComponent {
    model: Model = new Model();
    form: ProductFormGroup = new ProductFormGroup();

    // ...other members omitted for brevity...

    showTable: boolean = true;
}
```

代码段利用这个约定可在本书中放入更多示例，但这也意味着很难定位某项技术。为此，在第 II 部分和第 III 部分中描述 Angular 特性的所有章节都从一个内容摘要表格开始，描述该章节包含的技术以及演示如何使用它们的代码清单。

1.9　获取示例代码

可以扫描封底二维码下载本书的示例项目。

1.10　联系作者

可以向 adam@adam-freeman.com 发送电子邮件。从我第一次在图书中公开我的电子邮件地址到现在，已经过去几年时间了。当时，我并不完全确定这是不是一个好主意，不过现在我很高兴自己那么做了。我收到了来自全世界各个行业的读者的电子邮件，并且这些邮件大部分很正面、很有礼貌，读起来让人很愉快。

我努力迅速回复收到的邮件，但是我收到的邮件很多，所以有时候(尤其是我努力完成一本书的时候)会积压一些。我总是尽力帮助在完成书中示例时遇到困难的读者，不过请你在联系我之前，先完成本章前面介绍的步骤。

虽然我欢迎读者给我发邮件，但对于某些经常遇到的问题，我的回答始终是否定的。很抱歉，我不会为你的新公司编写代码，不会帮助你完成大学课堂的作业，不会参与你的开发团队关于产品设计的争论，也不会教你如何编程。

1.11　如果你真的很喜欢这本书

请向 adam@adam-freeman.com 发送电子邮件，告诉我这一点。知道读者喜欢我的图书，总是让我感觉很愉快，我感谢你花时间给我发送那些邮件。撰写图书的过程并不轻松，这种邮件让我有动力来坚持完成一个有时候看起来难以完成的任务。

1.12　如果你不喜欢这本书

你也可以向 adam@adam-freeman.com 发送电子邮件，我仍然会尽力帮助你。请记住，只有你向我解释了问题是什么，以及你希望我为你提供怎样的帮助，我才能够帮助你。你应该理解，有时候，你唯一能够做的是认识到，对于你来说，我不是一个合适的作者，只有你放下这本书，改为选择另外一本书，我们之间的关系才能结束。我会认真思索让你感到沮丧的地方，不过在撰写了 25 年图书后，我已经认识到，并不是每个人都喜欢阅读我撰写的图书。

1.13　本章小结

本章概述了本书的内容和结构。学习 Angular 开发的最佳方法就是通过示例，因此，下一章将直奔主题，展示如何设置开发环境，并使用该环境创建第一个 Angular 应用程序。

第2章

第一个 Angular 应用程序

开始使用 Angular 的最佳方式就是动手创建一个 Web 应用程序。本章将展示如何搭建开发环境，并解释创建基本 Web 应用程序的过程：从静态的功能模拟开始，然后使用 Angular 功能创建一个简单的动态 Web 应用程序。在第 7~10 章中，将展示如何创建一个更复杂、更真实的 Angular 应用程序，但现在只需要一个简单例子就足以演示 Angular 应用程序的主要组成部分，并为本书这部分的其他章搭建好开发环境。

如果未能理解本章的所有内容，也不必担心。Angular 的学习曲线比较陡峭，因此本章的目的只是介绍 Angular 开发的基本流程，以了解各部分之间的关系。虽然现在不会立即明白这些方面，但是当读完这本书时，就会明白本章讲解的每个步骤以及其他方面。

2.1 准备开发环境

要进行 Angular 开发，就需要做一些准备工作。下面的几节将介绍如何设置并准备好创建第一个项目。很多流行的开发工具都对 Angular 提供了很好的支持，因此可以选择自己最喜欢的一款开发工具。

2.1.1 安装 Node.js

许多用于 Angular 开发的工具都依赖 Node.js(也称为 Node)，Node.js 创建于 2009 年，为采用 JavaScript 编写服务器端应用程序提供了一个简单而高效的运行库。Node.js 基于 Chrome 浏览器中使用的 JavaScript 引擎，提供了一个在浏览器环境之外执行 JavaScript 代码的 API。

虽然作为一款应用程序服务器，Node.js 已经取得了成功，但是本书之所以提到 Node.js，是因为它为新一代跨平台开发和构建工具提供了基础。由于 Node.js 团队做出的一些精妙的设计决策以及 Chrome JavaScript 运行库提供的跨平台支持，人们发现它可用来编写开发工具。简而言之，Node.js 已经成为 Web 应用程序开发的必备工具。

务必确保下载的 Node.js 版本与本书中使用的相同。尽管 Node.js 相对稳定，但是 API 仍然会不时地发生重大变更，这样可能会导致本书中的示例无法正常运行。

本书使用的版本是 12.15.0，这是本书写作时的长期支持版本。当阅读本书时，Node.js 可能会有更新的版本，但是为了正常运行本书中的例子，应该坚持使用 12.15.0 版本。可从 https://nodejs.org/dist/v12.15.0 获取 12.15.0 版本的完整系列，包括针对 Windows 和 macOS 的安装

程序以及针对其他平台的二进制软件包。运行安装程序，确保选中了 npm package manager 和两个
Add to PATH 选项，如图 2-1 所示。

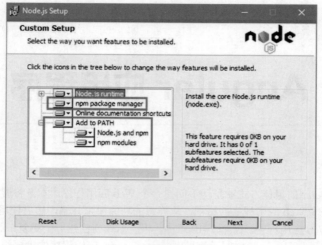

图 2-1　配置 Node 安装

安装完成后，运行代码清单 2-1 中的命令。

代码清单 2-1　运行 Node.js

```
node -v
```

如果安装过程按照预期进行，就会显示以下版本号。

```
v12.15.0
```

Node.js 安装程序包含了 Node 包管理器(Node Package Manager，NPM)，用于管理项目中的包。
运行代码清单 2-2 中的命令以确保 NPM 正常工作。

代码清单 2-2　运行 NPM

```
npm -v
```

如果一切正常工作，就会看到以下版本号。

```
6.13.4
```

2.1.2　安装 angular-cli 包

angular-cli 包已经成为开发过程中创建和管理 Angular 项目的标准方法。本书的第 1 版演示了
如何从头开始搭建 Angular 项目，这是一个冗长且容易出错的过程，而 angular-cli 简化了这个过
程。要安装 angular-cli 包，请打开一个新的命令提示符并运行代码清单 2-3 中的命令。

代码清单 2-3　安装 angular-cli 包

```
npm install --global @angular/cli@9.0.1
```

注意，global 参数前有两个连字符。如果使用 Linux 或 macOS，则需要使用 sudo，如代码清

单 2-4 所示。

代码清单 2-4　使用 sudo 安装 angular-cli 包

```
sudo npm install --global @angular/cli@9.0.1
```

2.1.3　安装编辑器

由于程序员使用的任何编辑器都可以用于从事 Angular 开发，因此可供选择的编辑器非常多。有些编辑器对 Angular 提供增强的支持，包括关键字高亮显示和良好的工具集成。

在选择编辑器时，最重要的考虑之一是能够过滤项目的内容，以便专注于一部分文件。Angular 项目有很多文件，许多文件都有相似的名称，因此能够查找和编辑正确的文件至关重要。编辑器可以通过不同的方式实现这种聚焦功能，具体方法有两种：显示文件列表，可以打开这些文件进行编辑；或者将具有特定扩展名的文件排除在外。

本书中的示例不依赖于具体编辑器，用到的所有工具都在命令行执行。如果你还没有选择使用哪种编辑器来进行 Web 应用程序开发，那么建议使用 Visual Studio Code，这是 Microsoft 提供的一个免费产品，对 Angular 开发提供了出色的支持。可从下面的网址下载 Visual Studio Code：https://code.visualstudio.com。

2.1.4　安装浏览器

最后一项选择是浏览器，在开发过程中需要使用浏览器检查代码是否按照预期运行。所有最新的浏览器都为开发者提供了良好的支持，并能很好地运行 Angular。本书一直使用谷歌 Chrome，这也是推荐使用的浏览器。

2.2　创建并准备项目

在安装Node.js、angular-cli、编辑器和浏览器之后，就具备了开始开发之旅的基础。

2.2.1　创建项目

要创建项目，请选择一个方便的位置，并使用命令提示符来运行代码清单 2-5 中的命令，以创建一个名为 todo 的新项目。

> **注意：** 如果在 Windows 中使用 PowerShell，则在运行代码清单 2-5 中的命令之前，可能需要先使用 Set-ExecutionPolicy RemoteSigned 命令来启用脚本执行。

代码清单 2-5　创建 Angular 项目

```
ng new todo --routing false --style css --skip-git --skip-testsng
```

命令由 angular-cli 包提供，ng new 启动一个新项目。指定的参数将选择适用于第一个项目的选项来配置该项目(第 11 章将介绍配置选项)。

在安装过程中将创建一个名为 todo 的文件夹，其中包含启动 Angular 开发所需的所有配置文件，启动开发的一些占位符文件以及开发、运行和部署 Angular 应用程序所需的 NPM 软件包。要下载的 NPM 软件包的数量非常多，这意味着项目的创建可能需要一段时间。

创建项目后，使用代码编辑器打开项目以便进行编辑。todo 文件夹包含许多针对 Angular 开发中用到的工具(第 11 章将介绍)的配置文件,而 src/app 文件夹则包含应用程序的代码和内容,大部分开发工作在这个文件夹中完成。图 2-2 显示了在 Visual Studio Code 中打开项目时,项目文件夹的初始内容,并突出显示了 src/app 文件夹。在其他编辑器中看到的视图可能与此稍有区别,某些编辑器可能会隐藏开发过程中通常不直接使用的文件和文件夹,例如 node_modules 文件夹,它包含的是 Angular 开发工具依赖的包。

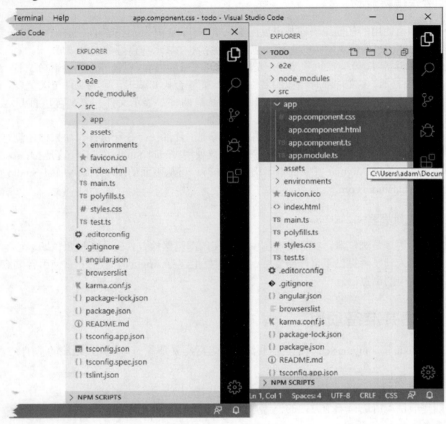

图 2-2 项目文件夹的内容

2.2.2 启动开发工具

一切就绪,现在是测试 Angular 开发工具的时候了。使用命令提示符,在 todo 文件夹中运行代码清单 2-6 中的命令。

代码清单 2-6 启动 Angular 开发工具

```
ng serve
```

该命令启动 Angular 开发工具,这些工具会执行一个初始的构建过程,为开发会话准备应用程序。这个过程需要一些时间,输出如下:

```
Compiling @angular/core : es2015 as esm2015
```

```
Compiling @angular/common : es2015 as esm2015

Compiling @angular/platform-browser : es2015 as esm2015

Compiling @angular/platform-browser-dynamic : es2015 as esm2015

chunk {main} main.js, main.js.map (main) 57.8 kB [initial] [rendered]
chunk {polyfills} polyfills.js, polyfills.js.map (polyfills) 140 kB [initial] [rendered]
chunk {runtime} runtime.js, runtime.js.map (runtime) 6.15 kB [entry] [rendered]
chunk {styles} styles.js, styles.js.map (styles) 9.74 kB [initial] [rendered]
chunk {vendor} vendor.js, vendor.js.map (vendor) 2.67 MB [initial] [rendered]
Date: 2020-02-09T11:23:46.619Z - Hash: 3f280025364478cce5b4 - Time: 12859ms
** Angular Live Development Server is listening on localhost:4200, open your browser on
http://localhost:4200/ **
: Compiled successfully.

Date: 2020-02-09T11:23:47.497Z - Hash: 3f280025364478cce5b4
5 unchanged chunks

Time: 465ms
: Compiled successfully.
```

如果输出略微不同，只要在准备工作完成后看到消息 Compiled successfully，就不必担心。

项目中的开发工具包含一个 HTTP 服务器。当构建过程完成后，打开一个新的浏览器窗口来请求 http://localhost:4200，将看到如图 2-3 所示的输出，其中显示了在创建项目时添加的占位符内容。

图 2-3　占位符内容

2.3　向项目中添加 Angular 功能

开发工具成功运行后，我们创建一个简单的 Angular 应用程序，用于管理待办事项列表。用户应该可以查看待办事项列表、清点已完成的项目并创建新项目。为了让应用程序尽可能简单，这里假设只有一位用户，而且不必保存应用程序的数据状态，这意味着如果浏览器窗口被关闭或重新加载，对待办事项列表的更改将会丢失。在稍后的例子中——包括第 7~10 章开发的 SportsStore 应用程序——将展示持久的数据存储。

2.3.1　创建数据模型

数据模型是大部分应用程序的起点，描述了应用程序操作的域。数据模型可能很大、很复杂，但是对于现在这个待办事项应用程序，它只需要描述两种内容：待办事项，待办事项的列表。

Angular 应用程序是用 TypeScript 语言编写的，它是 JavaScript 的超集。第 6 章介绍 TypeScript，其主要优点之一是支持静态类型，从而使 C#和 Java 开发人员更容易熟悉 JavaScript 开发(JavaScript 具有一个基于原型的类型系统，让许多开发人员感觉困惑)。ng new 命令包含必要的包，可将 TypeScript 代码编译为浏览器可以执行的纯 JavaScript 代码。

为了向应用程序添加数据模型，将一个名为 todoItem.ts 的文件添加到 todo/src/app 文件夹中(TypeScript 文件的扩展名为.ts)，并添加如代码清单 2-7 所示的代码。

代码清单 2-7　src/app 文件夹中 todoItem.ts 文件的内容

```
export class TodoItem {

    constructor(taskVal: string, completeVal: boolean = false) {
        this.task = taskVal;
        this.complete = completeVal;
    }

    task: string;
    complete: boolean;
}
```

代码清单 2-7 中使用的语言功能混合了标准 JavaScript 功能和 TypeScript 提供的附加功能。编译这段代码后，将移除 TypeScript 功能，得到可被浏览器执行的 JavaScript 代码。

例如，export、class 和 constructor 关键字是标准的 JavaScript 关键字。并不是所有浏览器都支持这些功能，因为它们进入 JavaScript 规范的时间相对来说并不长。Angular 应用程序的构建过程会把这类功能转换为老浏览器能够理解的代码，第 11 章将详细介绍这方面的内容。

export 关键字与 JavaScript 模块有关。在使用模块时，每个 TypeScript 或 JavaScript 文件被认为是一个独立的功能单元，使用 export 关键字来标识要在应用程序其他位置使用的数据或类型。JavaScript 模块用于管理项目中不同文件之间产生的依赖关系，并避免在 HTML 文件中手动管理一组复杂的 script 元素。有关模块如何工作的详细信息，请参见第 11 章。class 关键字声明了一个类，而 constructor 关键字代表类的构造函数。与其他语言(如 C#)不同，JavaScript 不使用类的名称表示构造函数。

提示： 如果不熟悉在 JavaScript 规范的最新版本中添加的功能，不要担心。第 5 章和第 6 章提供了一些入门知识，介绍如何使用一些能够让 Angular 更易用的 JavaScript 功能来编写代码，第 6 章还介绍了一些有用的 TypeScript 特有功能。

代码清单 2-7 中的其他功能是由 TypeScript 提供的。刚开始使用 TypeScript 时，其简洁的构造函数功能会让你感到十分不快，但很快，你就会变得依赖这种功能。代码清单 2-7 中定义的 TodoItem 类定义的构造函数接收两个参数，分别是 task 和 complete。这两个参数的值将被赋给相同名称的 public 属性。如果没有为 complete 参数提供值，则将为其使用默认值 false。

简洁的构造函数避免了使用原本需要用到的样板代码块；在样板代码块中，很容易发生拼写错误，或者忘记把参数赋值给属性。如果没有简洁的构造函数，我们需要像下面这样编写

TodoItem 类。

```
...
class TodoItem {

    constructor(taskVal: string, completeVal: boolean = false) {
        this.task = taskVal;
        this.complete = completeVal;
    }

    task: string;
    complete: boolean;
}
...
```

事实上，如果不使用简洁的构造函数，也可以写出 TodoItem 类。TypeScript 努力为开发人员提供帮助，同时避免成为一种阻碍，因此你可以忽略或禁用所有 TypeScript 功能，而依赖于 JavaScript 的标准功能。在后续章节中将会看到，Angular 开发需要用到 TypeScript 的一些功能，但你可以逐渐接受 TypeScript 功能，或者只选择使用你喜欢的 TypeScript 功能。

TypeScript 最引人注意的功能是静态类型。代码清单 2-7 中的每个构造函数参数都标注了一个类型，如下所示。

```
...
constructor(taskVal: string, completeVal: boolean = false) {
...
```

如果在调用构造函数时使用了不兼容的类型，TypeScript 编译器将报错。如果你之前具有 C# 或 Java 开发背景，现在开始学习 Angular 开发，那么这一点并不意外，但这其实并不是 JavaScript 通常的工作方式。

创建待办事项列表类

为了创建一个类来代表一个待办事项列表，我们在 src/app 文件夹中添加了一个 todoList.ts 文件，并在该文件中添加代码清单 2-8 显示的代码。

代码清单 2-8　src/app 文件夹中的 todoList.ts 文件的内容

```
import { TodoItem } from "./todoItem";

export class TodoList {

    constructor(public user: string, private todoItems: TodoItem[] = []) {
        // no statements required
    }

    get items(): readonly TodoItem[] {
        return this.todoItems;
    }

    addItem(task: string) {
        this.todoItems.push(new TodoItem(task));
    }
}
```

import 关键字声明了对 TodoItem 类的依赖，并指定了定义该类的代码文件。TodoList 类定义的构造函数接受初始待办事项集合。我不想让其他代码能够不受限制地访问 TodoItem 对象数组，因此使用 readonly 关键字定义了一个 items 属性，它将返回一个只读数组。对于任何试图修改该数组内容的语句，TypeScript 编译器将生成一个错误。另外，如果使用的编辑器(如 Visual Studio Code)对 TypeScript 提供了出色的支持，则编辑器的自动完成功能不会列出将会导致编译错误的方法和属性。

2.3.2　向用户显示数据

我们需要找到一种方式把模型中的数据值显示给用户。在 Angular 中，这是使用模板完成的。模板是一个 HTML 片段，其中包含将被 Angular 计算的表达式，并把结果插入返回给浏览器的内容中。项目的 angular-cli 设置将在 src/app 文件夹中创建一个名为 app.component.html 的模板文件。我删除了这个文件中的占位符内容，并添加了代码清单 2-9 的内容。

代码清单 2-9　替换 src/app 文件夹的 app.component.html 文件的内容

```
<h3>
  {{ username }}'s To Do List
  <h6>{{ itemCount }} Items</h6>
</h3>
```

稍后将在这个文件中添加更多元素，但作为一个起点，有两个 HTML 元素就足够了。通过使用双花括号({{和}})，能够在模板中包含数据值，Angular 将计算双花括号内包含的任何东西来获取要显示的值。

{{和}}字符是数据绑定的一个例子，意思是它们在模板和数据值之间创建了一个关系。数据绑定是一项重要的 Angular 功能，本章在示例应用中添加功能的时候将看到更多数据绑定的例子，本书第 II 部分将详细解释这些功能。在本例中，数据绑定告诉 Angular 来获取 username 和 itemCount 属性的值，并把它们插入 h3 和 div 元素的内容中。

保存文件后，Angular 开发工具尝试生成项目。编译器给出下面的错误提示：

```
ERROR in src/app/app.component.html:1:8 - error TS2339: Property 'username' does not exist
on type 'AppComponent'.

  1 {{ username }}'s To Do List
         ~~~~~~~~~

    src/app/app.component.ts:5:16
      5 templateUrl: './app.component.html',
                     ~~~~~~~~~~~~~~~~~~~~~~

    Error occurs in the template of component AppComponent.

  src/app/app.component.html:2:9 - error TS2339: Property 'itemCount' does not exist on
  type 'AppComponent'.

  2 <h6>{{ itemCount }} Incomplete Items</h6>
           ~~~~~~~~~~

    src/app/app.component.ts:5:16
      5 templateUrl: './app.component.html',
                     ~~~~~~~~~~~~~~~~~~~~~~
```

```
Error occurs in the template of component AppComponent.
```

发生这些错误，是因为数据绑定中使用的属性还不存在，这导致 Angular 无法获取在模板中使用的值。下一节将修复这个问题。

2.3.3 更新组件

Angular 组件负责管理模板，并为其提供必要的数据和逻辑。这种表达很宽泛，但这是因为在 Angular 应用程序中，组件做了大部分繁重的工作，因而可用于各种任务。

在本例中，需要将一个组件用作数据模型类和模板之间的桥梁，以便能够创建 TodoList 类的一个实例，在其中填充一些示例 TodoItem 对象，并且在此过程中为模板提供它需要用到的 username 和 itemCount 属性。angular-cli 设置在 todo/src/app 文件夹中创建了一个占位符组件文件，名为 app.component.ts，需要编辑该文件来做出代码清单 2-10 中突出显示的修改。

代码清单 2-10 编辑 src/app 文件夹中的 app.component.ts 文件的内容

```
import { Component } from '@angular/core';
import { TodoList } from "./todoList";
import { TodoItem } from "./todoItem";

@Component({
  selector: 'app-root',
  templateUrl: './app.component.html',
  styleUrls: ['./app.component.css']
})
export class AppComponent {
  private list = new TodoList("Bob", [
    new TodoItem("Go for run", true),
    new TodoItem("Get flowers"),
    new TodoItem("Collect tickets"),
  ]);

  get username(): string {
    return this.list.user;
  }

  get itemCount(): number {
    return this.list.items
      .filter(item => !item.complete).length;
  }
}
```

这个代码清单中的内容可以分为 3 个主要部分，接下来的小节将分别加以解释。

理解 import

import 关键字与 export 关键字相对应，用于声明对 JavaScript 模块内容的依赖。代码清单 2-10 中 3 次用到 import 关键字，如下所示。

```
...
import { Component } from '@angular/core';
import { TodoList } from "./todoList";
import { TodoItem } from "./todoItem";
...
```

　　该代码清单使用第 1 条 import 语句加载@angular/core 模块，其中包含关键的 Angular 功能，包括对组件的支持。在使用模块时，import 语句在大括号之间指定要导入的类型。在这里，import 语句用于从模块加载 Component 类型。@angular/core 模块包含许多已经打包在一起的类，以便浏览器可以将它们全部加载到单个 JavaScript 文件中。

　　另外两条 import 语句用于声明对前面定义的数据模型类的依赖。此类导入语句的目标均以./开头，表示该模块是相对于当前文件定义的。

　　请注意，所有 import 语句都不包含文件扩展名。这是因为 import 语句的目标与浏览器加载的文件之间的关系由 Angular 生成工具管理，这些工具会打包应用程序，以便将其发送给浏览器，第 11 章将详细介绍相关内容。

理解装饰器

　　代码清单 2-10 中最奇怪的部分是：

```
...
@Component({
  selector: 'app-root',
  templateUrl: './app.component.html',
  styleUrls: ['./app.component.css']
})
...
```

　　这是一个装饰器(decorator)，它提供关于类的元数据。这里是@Component 装饰器，顾名思义，它告诉 Angular 这是一个组件。装饰器通过其属性提供配置信息，这里的@Component 装饰器指定了 3 个属性：selector、templateUrl 和 styleUrls。

　　selector 属性指定一个 CSS 选择器，用于匹配该组件所要应用的 HTML 元素。此装饰器指定的 app-root 元素是 angular-cli 包设置的默认元素，它对应于 index.html 文件(包含在 src 文件夹中)中添加的如下 HTML 元素。

```
<!doctype html>
<html lang="en">
<head>
  <meta charset="utf-8">
  <title>Todo</title>
  <base href="/">
  <meta name="viewport" content="width=device-width, initial-scale=1">
  <link rel="icon" type="image/x-icon" href="favicon.ico">
</head>
<body>
  <app-root></app-root>
</body>
</html>
```

　　这里突出显示了该 HTML 元素。selector 属性告诉 Angular，应该把组件生成的内容插入 app-root 元素中。

　　templateUrl 属性用于指定组件的模板，对于该组件而言，该模板为 app.component.html 文件。styleUrls 属性指定一个或多个 CSS(层叠样式表)，它们用于设置该组件及其模板生成的元素的样式。稍后将利用此功能改进示例应用程序的外观。

理解类

代码清单 2-10 的最后一部分定义了一个类，Angular 实例化该类以创建组件。

```
...
export class AppComponent {
  private list = new TodoList("Bob", [
    new TodoItem("Go for run", true),
    new TodoItem("Get flowers"),
    new TodoItem("Collect tickets"),
  ]);

  get username(): string {
    return this.list.user;
  }

  get itemCount(): number {
    return this.list.items.filter(item => !item.complete).length;
  }
}
...
```

这些语句定义了一个名为 AppComponent 的类，它有一个私有的 list 属性。代码将一个 TodoList 对象赋值给该 list 属性，其中填充了一个 TodoItem 对象数组。AppComponent 类定义了只读属性 username 和 itemCount，它们依赖于 TodoList 对象来获得自己的值。username 返回 TodoList.user 属性的值，而 itemCount 属性使用标准的 JavaScript 数组功能来过滤 TodoList 管理的 Todoitem 对象，选择其中不完整的那些对象，然后返回找到的匹配对象的个数。

itemCount 属性的值使用了一个 lambda 表达式，也称为胖箭头函数，它是表达标准 JavaScript 函数的一种更简单方法。lambda 表达式中的箭头可读作"转到"，例如"item 转到非 item.done"。lambda 表达式是 JavaScript 语言规范最近新增的特性，它们为使用函数作为实参的常规方法提供了替代方法。

```
...
return this.model.items.filter(function (item) { return !item.complete });
...
```

当把修改保存到 TypeScript 文件中时，Angular 开发工具将构建项目。这一次，不会产生错误，因为组件已经定义了模板需要用到的属性。浏览器窗口将自动重新加载，显示如图 2-4 所示的输出。

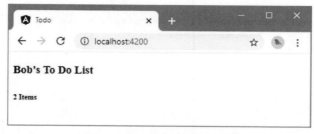

图 2-4　在示例应用程序中生成内容

2.3.4　设置 HTML 元素的样式

现在，我们已能使用 Angular 生成内容，但是得到的结果只是纯文本。接下来在应用程序中添加 Bootstrap CSS 框架，使用此框架设置内容的样式。有许多出色的 CSS 框架，但 Bootstrap 是其中最受欢迎的框架之一。第 4 章将简单介绍 Bootstrap 的用法，如果以前没有使用过该框架，也不用担心。现在停止 Angular 开发工具，使用命令提示符运行代码清单 2-11 中的命令，以便把 Bootstrap 包添加到项目中。

代码清单 2-11　在示例项目中添加一个包

```
npm install bootstrap@4.4.1
```

这条命令将安装 Bootstrap 包的 4.4.1 版本，这是本书中使用的版本。要在发送给浏览器的 HTML 内容中包含 Bootstrap CSS 样式，需要把代码清单 2-12 中显示的条目添加到 angular.json 文件的 styles 节中。当创建项目时，ng new 命令将把 angular.json 文件添加到 todo 文件夹中。

注意：angular.json 文件中有两个 styles 节。需要把代码清单 2-12 中的设置添加到靠近文件顶部的 styles 节中。

代码清单 2-12　在 todo 文件夹的 angular.json 文件中配置 CSS

```
...
"sourceRoot": "src",
"prefix": "app",
"architect": {
"build": {
  "builder": "@angular-devkit/build-angular:browser",
    "options": {
    "outputPath": "dist/todo",
    "index": "src/index.html",
    "main": "src/main.ts",
    "polyfills": "src/polyfills.ts",
    "tsConfig": "tsconfig.app.json",
    "aot": true,
    "assets": [
      "src/favicon.ico",
      "src/assets"
     ],
     "styles": [
      "src/styles.css",
      "node_modules/bootstrap/dist/css/bootstrap.min.css"
     ],
     "scripts": []
  },
...
```

第 11 章将会解释，angular.json 文件用于配置项目工具。代码清单中显示的语句将把 Bootstrap CSS 文件包含到项目中，从而在发送给浏览器的内容中包含该文件。

Bootstrap 通过在类中添加元素来发挥作用。在代码清单 2-13 中，将模板中的元素添加到将会更改它们的外观的类中。

代码清单 2-13　设置 src/app 文件夹的 app.component.html 文件的内部样式

```
<h3 class="bg-primary text-center text-white p-2">
  {{ username }}'s To Do List
    <h6 class="mt-1">{{ itemCount }} Incomplete Items</h6>
</h3>
```

使用命令提示符来运行代码清单 2-14 的命令，这将再次启动 Angular 开发工具。

代码清单 2-14　启动 Angular 开发工具

```
ng serve
```

浏览器可能会自动更新，但如果没有自动更新，可以手动重新加载页面，以查看设置了样式的内容，如图 2-5 所示。

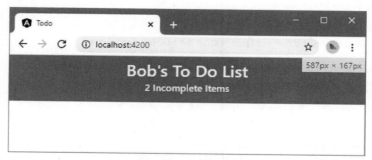

图 2-5　设置应用程序生成的 HTML 的样式

2.3.5　显示待办事项列表

下一步是显示待办事项。代码清单 2-15 在组件中添加了一个属性，用于访问列表中的项。

代码清单 2-15　向 src/app 文件夹的 app.component.ts 文件添加一个属性

```
import { Component } from '@angular/core';
import { TodoList } from "./todoList";
import { TodoItem } from "./todoItem";

@Component({
  selector: 'app-root',
  templateUrl: './app.component.html',
  styleUrls: ['./app.component.css']
})
export class AppComponent {
  private list = new TodoList("Bob", [
    new TodoItem("Go for run"),
    new TodoItem("Get flowers"),
    new TodoItem("Collect tickets"),
  ]);

  get username(): string {
    return this.list.user;
  }
```

```
get itemCount(): number {
  return this.list.items.filter(item => !item.complete).length;
}

get items(): readonly TodoItem[] {
  return this.list.items;
}
}
```

为将每项的细节显示给用户，在模板中添加代码清单 2-16 显示的元素。

代码清单 2-16　在 src/app 文件夹的 app.component.html 文件中添加元素

```
<h3 class="bg-primary text-center text-white p-2">
  {{ username }}'s To Do List
  <h6 class="mt-1">{{ itemCount }} Incomplete Items</h6>
</h3>

<table class="table table-striped table-bordered table-sm">
  <thead>
      <tr><th>#</th><th>Description</th><th>Done</th></tr>
  </thead>
  <tbody>
      <tr *ngFor="let item of items; let i = index">
          <td>{{ i + 1 }}</td>
          <td>{{ item.task }}</td>
          <td [ngSwitch]="item.complete">
              <span *ngSwitchCase="true">Yes</span>
              <span *ngSwitchDefault>No</span>
          </td>
      </tr>
  </tbody>
</table>
```

模板的新增部分依赖几个不同的 Angular 功能。第一个特性是*ngFor 表达式，用于为数组中的每个项重复指定区域的内容。这是指令的一个示例，第 13~16 章将描述该功能(指令是 Angular 开发的重要组成部分，所以要用多个章节来介绍)。*ngFor 表达式应用于元素的属性，如下所示。

```
...
<tr *ngFor="let item of items; let i = index">
...
```

此表达式告诉Angular将其宿主元素(即tr元素)作为模板处理，针对组件的items属性返回的每个对象应该重复套用该模板。表达式的let item部分规定应该将每个对象赋给一个变量item，以便在模板中引用它。

*ngFor 表达式还跟踪正在处理的当前对象在数组中的索引，并将其赋给第二个变量 i。

```
...
<tr *ngFor="let item of items; let i = index">
...
```

其结果就是，对于 items 属性返回的每个对象，tr 元素及其内容都将被复制并插入 HTML 文档中；对于每次迭代，都可以通过变量 item 访问当前的待办事项对象，可以通过变量 i 访问对象在数组中的位置。

提示：在使用*ngFor 表达式时切勿忘记字符*。第 13 章会解释它的含义。

在 tr 模板中共有两处数据绑定(可以通过字符{{和}}来识别)，如下所示。

```
...
<td>{{ i + 1 }}</td>
<td>{{ item.task }}</td>
...
```

这些绑定引用由*ngFor 表达式创建的变量。绑定不仅用于引用属性和方法名称，它们也可以用于执行简单的 JavaScript 操作。在第一个绑定中可看到这样一个例子，把 i 变量和 1 相加。

提示：对于简单的转换，可将 JavaScript 表达式直接嵌入绑定中，就像上面的做法一样。但对于更复杂的操作，Angular 有一个名为管道(pipe)的功能，见第 18 章的描述。

tr 模板中的其他模板表达式演示了如何有选择性地生成内容。

```
...
<td [ngSwitch]="item.complete">
    <span *ngSwitchCase="true">Yes</span>
    <span *ngSwitchDefault>No</span>
</td>
...
```

[ngSwitch]表达式是一个条件语句，用于根据指定的值(这种情况下为 item.complete 属性)将不同的一组元素插入文档中。嵌套在 td 元素中的是两个 span 元素，它们分别包含注解*ngSwitchCase 和*ngSwitchDefault，分别对应于普通 JavaScript switch 代码块中的 case 和 default 关键字。第 13 章将详细描述 ngSwitch(第 14 章描述方括号的含义)，但结果是当 item.complete 属性的值为 true 时，第一个 span 元素被添加到文档中，而第二个 span 元素则在 item.complete 为 false 时被添加到文档中。结果是 item.complete 属性的 true/false 值被转换成包含 Yes 或 No 的 span 元素。将更改保存到模板中时，浏览器会重新加载，待办事项表格将显示出来，如图 2-6 所示。

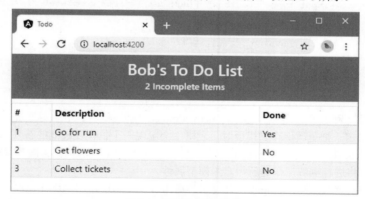

图 2-6　显示待办事项表格

如果使用浏览器的 F12 开发工具，将可以看到模板生成的 HTML 内容。通过查看页面源代码的方式并不能看到这些内容，这种方式只显示服务器发送的 HTML，而不显示 Angular 使用 DOM API 进行的更改。

可以看到模型中的每个待办事项对象在表格中是否生成了一行，并用局部变量 item 和 i 的值填充该行各列的内容，以及如何使用 Yes 或 No 来表示该任务是否已完成。

```
...
<tr>
    <td>2</td>
    <td>Get flowers</td>
    <td><span>No</span></td>
</tr>
...
```

2.3.6　创建双向数据绑定

目前，模板仅包含单向数据绑定，这意味着它们用于显示数据值，但不能做任何改变。Angular 还支持双向数据绑定，可用于显示数据值并进行更新。双向绑定是与 HTML 表单元素一起使用的，代码清单 2-17 向模板添加了一个复选框(checkbox)类型的 input 元素，该元素将允许用户将待办事项标记为已完成。

代码清单 2-17　在 src/app 文件夹的 app.component.html 文件中添加双向绑定

```
<h3 class="bg-primary text-center text-white p-2">
  {{ username }}'s To Do List
  <h6 class="mt-1">{{ itemCount }} Incomplete Items</h6>
</h3>
<table class="table table-striped table-bordered table-sm">
  <thead>
      <tr><th>#</th><th>Description</th><th>Done</th></tr>
  </thead>
  <tbody>
      <tr *ngFor="let item of items; let i = index">
          <td>{{ i + 1 }}</td>
          <td>{{ item.task }}</td>
          <td><input type="checkbox" [(ngModel)]="item.complete" /></td>
          <td [ngSwitch]="item.complete">
              <span *ngSwitchCase="true">Yes</span>
              <span *ngSwitchDefault>No</span>
          </td>
      </tr>
  </tbody>
</table>
```

ngModel 模板表达式在数据值(这里是 item.complete 属性)和表单元素(这里是一个 input 元素)之间建立双向绑定。把更改保存到模板时，表格中会出现一个包含复选框的新列。复选框的初始值由 item.complete 属性设置，就像常规单向绑定一样。但是当用户切换复选框的状态(选中或未选中)时，Angular 将进行响应，即更新指定的模型属性。

当把修改保存到模板时，Angular 开发工具将报告一个错误，因为现在还没有启用 ngModel 功能。Angular 应用程序有一个根模块，用于配置该应用程序。示例应用程序的根模块在 app.module.ts 文件中定义，代码清单 2-18 中的修改将启用双向绑定功能。

代码清单 2-18　在 src/app 文件夹的 app.comonent.ts 文件中启用功能

```
import { BrowserModule } from '@angular/platform-browser';
import { NgModule } from '@angular/core';
```

```
import { FormsModule } from "@angular/forms";

import { AppComponent } from './app.component';

@NgModule({
  declarations: [
    AppComponent
  ],
  imports: [
    BrowserModule, FormsModule
  ],
  providers: [],
  bootstrap: [AppComponent]
})
export class AppModule { }
```

Angular 提供的功能包含在不同的 JavaScript 模块中，必须使用 import 语句把这些模块添加到应用程序中，并使用 NgModule 装饰器定义的 imports 属性来注册它们。当 Angular 开发工具生成应用程序时，将把 imports 属性指定的功能包含到将会发送给浏览器的文件中。对根模块的修改不会被自动处理，因此需要停止 Angular 开发工具，然后在 todo 文件夹中运行代码清单 2-19 中显示的命令，以再次启动 Angular 开发工具(开发工具不会再报告错误，但在重启工具之前，复选框不会工作)。

代码清单 2-19　启动 Angular 开发工具

```
ng serve
```

浏览器将在包含复选框的表格中显示额外的一列。每个复选框的状态将根据 TodoItem 对象的 complete 属性的值决定。为了演示复选框已经设置了双向绑定，这里保留了包含 Yes/No 值的列。当切换复选框的状态(选中或未选中)时，相应的 Yes/No 值也会发生变化，如图 2-7 所示。

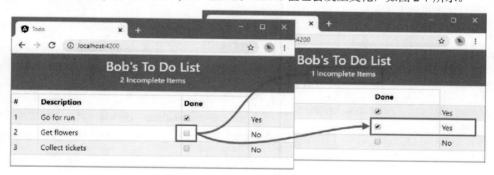

图 2-7　使用双向数据绑定修改模型值

注意，未完成事项的个数也会被更新。这揭示了一个重要的 Angular 特性，即数据模型是实时的。这意味着在数据模型更改时数据绑定(甚至单向数据绑定)将得到更新。这简化了 Web 应用程序开发工作，因为这意味着开发者不必确保显示结果在应用程序状态变更时自动更新。

过滤待办事项

复选框可让数据模型得到更新，下一步是一旦待办事项被标记为已完成，就将其删除。代码清单 2-20 更改组件的 items 方法，以便过滤掉已完成的任何事项。

代码清单 2-20　在 src/app 文件夹的 app.component.ts 文件中过滤待办事项

```
import { Component } from '@angular/core';
import { TodoList } from "./todoList";
import { TodoItem } from "./todoItem";

@Component({
  selector: 'app-root',
  templateUrl: './app.component.html',
  styleUrls: ['./app.component.css']
})
export class AppComponent {
  private list = new TodoList("Bob", [
    new TodoItem("Go for run", true),
    new TodoItem("Get flowers"),
    new TodoItem("Collect tickets"),
  ]);

  get username(): string {
    return this.list.user;
  }

  get itemCount(): number {
    return this.items.length;
  }

  get items(): readonly TodoItem[] {
    return this.list.items.filter(item => !item.complete);
  }
}
```

filter 方法是一个标准的 JavaScript 数组函数。因为这是之前在 itemCount 属性中用过的表达式，因此这里更新了该属性，以避免出现代码重复。由于数据模型是实时的，因此更改会立即反映到数据绑定中，勾选待办事项的复选框会将其从视图中删除，如图 2-8 所示。

图 2-8　过滤待办事项

2.3.7　添加待办事项

如果不能在列表中添加新事项，那么待办事项应用程序就没什么价值。代码清单 2-21 向模板添加了元素，以允许用户输入一个待办事项的详细信息。

代码清单 2-21　在 src/app 文件夹的 app.component.html 文件中添加元素

```html
<h3 class="bg-primary text-center text-white p-2">
  {{ username }}'s To Do List
  <h6 class="mt-1">{{ itemCount }} Incomplete Items</h6>
</h3>

<div class="container-fluid">
  <div class="row">
    <div class="col">
      <input class="form-control" placeholder="Enter task here" #todoText />
    </div>
    <div class="col-auto">
      <button class="btn btn-primary" (click)="addItem(todoText.value)">
        Add
      </button>
    </div>
  </div>
</div>

<div class="m-2">
  <table class="table table-striped table-bordered table-sm">
    <thead>
        <tr><th>#</th><th>Description</th><th>Done</th></tr>
    </thead>
    <tbody>
        <tr *ngFor="let item of items; let i = index">
            <td>{{ i + 1 }}</td>
            <td>{{ item.task }}</td>
            <td><input type="checkbox" [(ngModel)]="item.complete" /></td>
            <td [ngSwitch]="item.complete">
                <span *ngSwitchCase="true">Yes</span>
                <span *ngSwitchDefault>No</span>
            </td>
        </tr>
    </tbody>
  </table>
</div>
```

大部分新元素创建了一个网格布局，用于显示一个 input 元素和一个 button 元素。这个 input 元素具有一个名称以字符#开头的属性，用于定义一个变量，以引用模板的数据绑定中的元素。

```
...
<input class="form-control" placeholder="Enter task here" #todoText />
...
```

该变量名为 todoText，button 元素中的绑定将用到这个变量。

```
...
<button class="btn btn-primary mt-1" (click)="addItem(todoText.value)">
...
```

这是一个事件绑定的示例，它告诉 Angular 调用一个名为 addItem 的组件方法，它使用 input 元素的 value 属性作为方法的实参。代码清单 2-22 在组件中实现了 addItem 方法。

提示： 现在不要关心如何区分不同的绑定。第 II 部分将解释 Angular 支持的不同类型的绑定，以及每种绑定所需的不同类型的方括号或圆括号的含义。它们并不像初看起来那样复杂，尤其是在明白它们如何与 Angular 框架的其余部分融为一体之后。

代码清单 2-22　在 src/app 文件夹的 app.component.js 文件中添加方法

```
import { Component } from '@angular/core';
import { TodoList } from "./todoList";
import { TodoItem } from "./todoItem";

@Component({
  selector: 'app-root',
  templateUrl: './app.component.html',
  styleUrls: ['./app.component.css']
})
export class AppComponent {
  private list = new TodoList("Bob", [
    new TodoItem("Go for run", true),
    new TodoItem("Get flowers"),
    new TodoItem("Collect tickets"),
  ]);

  get username(): string {
    return this.list.user;
  }

  get itemCount(): number {
    return this.items.length;
  }

  get items(): readonly TodoItem[] {
    return this.list.items.filter(item => !item.complete);
  }

  addItem(newItem) {
    if (newItem != "") {
        this.list.addItem(newItem);
    }
  }
}
```

addItem 方法接收由模板中的事件绑定发送过来的文本，使用它在待办事项列表中添加一个新事项。这些更改的结果是，可通过在 input 元素中输入文本，并单击 Add 按钮，来创建新的待办事项，如图 2-9 所示。

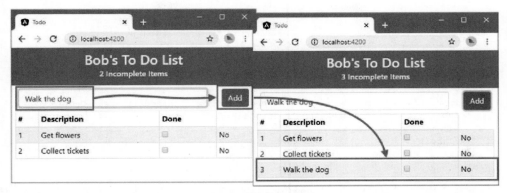

图 2-9　创建待办事项

2.3.8　显示完成的待办事项

基本功能已经就绪，现在是时候完成项目了。首先将在模板中删除表格的 Yes/No 列，然后添加一个选项来显示完成的任务，如代码清单 2-23 所示。

代码清单 2-23　在 src/app 文件夹的 app.component.html 文件中添加和删除元素

```html
<h3 class="bg-primary text-center text-white p-2">
  {{ username }}'s To Do List
  <h6 class="mt-1">{{ itemCount }} {{ showComplete ? "" : "Incomplete" }} Items</h6>
</h3>

<div class="container-fluid">
  <div class="row">
    <div class="col">
      <input class="form-control" placeholder="Enter task here" #todoText />
    </div>
    <div class="col-auto">
      <button class="btn btn-primary" (click)="addItem(todoText.value)">
        Add
      </button>
    </div>
  </div>
</div>

<div class="m-2">
  <table class="table table-striped table-bordered table-sm">
    <thead>
        <tr><th>#</th><th>Description</th><th>Done</th></tr>
    </thead>
    <tbody>
        <tr *ngFor="let item of items; let i = index">
            <td>{{ i + 1 }}</td>
            <td>{{ item.task }}</td>
            <td><input type="checkbox" [(ngModel)]="item.complete" /></td>
            <!-- <td [ngSwitch]="item.complete">
                <span *ngSwitchCase="true">Yes</span>
                <span *ngSwitchDefault>No</span>
            </td> -->
```

```
      </tr>
    </tbody>
  </table>
</div>

<div class="bg-secondary text-white text-center p-2">
  <div class="form-check">
    <input class="form-check-input" type="checkbox" [(ngModel)]="showComplete" />
    <label class="form-check-label" for="defaultCheck1">
      Show Completed Tasks
    </label>
  </div>
</div>
```

新元素会展示一个复选框，它的 showComplete 属性具有一个双向绑定。新表达式中使用了这个属性来修改文本，以告诉用户显示了多少个事项。如前所述，数据绑定可以包含 JavaScript 表达式，本例就使用了 showComplete 属性的值来控制是否在输出中包含单词 Incomplete。

在代码清单 2-24 中，添加了 showComplete 属性的定义，并使用它的值来确定是否向用户显示完成的任务。

代码清单 2-24　在 src/app 文件夹的 app.component.ts 文件中显示完成的任务

```
import { Component } from '@angular/core';
import { TodoList } from "./todoList";
import { TodoItem } from "./todoItem";

@Component({
  selector: 'app-root',
  templateUrl: './app.component.html',
  styleUrls: ['./app.component.css']
})
export class AppComponent {
  private list = new TodoList("Bob", [
    new TodoItem("Go for run", true),
    new TodoItem("Get flowers"),
    new TodoItem("Collect tickets"),
  ]);

  get username(): string {
    return this.list.user;
  }

  get itemCount(): number {
    return this.items.length;
  }

  get items(): readonly TodoItem[] {
    return this.list.items.filter(item => this.showComplete || !item.complete);
  }

  addItem(newItem) {
    if (newItem != "") {
        this.list.addItem(newItem);
    }
  }
```

```
    showComplete: boolean = false;
}
```

其结果是，用户能决定是否查看完成的任务，如图 2-10 所示。

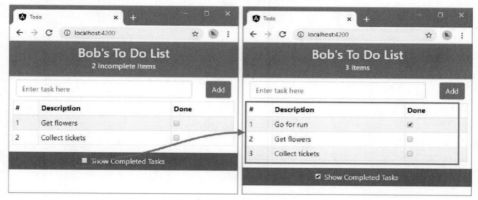

图 2-10　显示完成的任务

2.4　本章小结

本章展示了如何创建第一个简单的 Angular 应用程序，让用户创建新的待办事项，并将现有事项标记为已完成。

如果现在尚不能理解本章的所有内容，不必担心。在这个阶段要了解的重要内容是 Angular 应用程序的大体形态，即它是围绕数据模型、组件和模板而构建的。如果能记住这三个关键构造块，就为理解接下来的内容提供了背景知识。第 3 章将 Angular 放在这个背景中讲述。

第 3 章

将 Angular 放在上下文中

本章将 Angular 放到 Web 应用程序开发的环境中，为接下来的章节打基础。Angular 的目标是将仅用于服务器端开发的工具和功能引入 Web 客户端，以便开发、测试和维护丰富且复杂的 Web 应用程序。

Angular 允许扩展 HTML 来工作，在习惯它之前，这看起来是个奇怪的想法。Angular 应用程序通过定制元素来表达功能，复杂的应用程序可以生成一个混合了标准标记和定制标记的 HTML 文档。

Angular 支持的开发风格是通过使用"模型-视图-控制器(MVC)"模式派生出来的，尽管有时也称为"模型-视图-XXX"，因为在使用 Angular 时，可以遵循这种模式的变体数不胜数。本书重点介绍标准 MVC 模式，因为它是最成熟和使用最广泛的。下面各节将解释 Angular 能够带来显著好处(以及存在更好选项)的项目特征，描述 MVC 模式，并描述一些常见的缺陷。

本书和 Angular 的发布计划

谷歌为 Angular 采用激进的发布计划。这意味着每六个月就发布一系列次版本和一个主版本。次版本不应该破坏任何现有的特性，而应该主要包含 bug 修复。主版本可能包含大量更改，但可能不提供向后兼容性。

要求读者每 6 个月买一本新书既不公平也不合理，特别是 Angular 的大部分特性即使在主版本中也不太可能改变。相反，在主版本发布之后，我将向 GitHub 存储库发布本书的更新。

这对我和 Apress 来说是长期进行的试验，但我们的目标是通过补充它包含的示例来延长本书的寿命。

我没有承诺更新会是什么样的，它们将采取什么样的形式，或者将这些更新放在本书的新版本中之前，它们需要多长时间才能生成。当新的 Angular 版本发布时，请保持开放的心态，并检查本书的存储库。如果对如何在实验过程中改进更新有任何想法，请发送电子邮件到 adam@adam-freeman.com 告诉我。

3.1 理解 Angular 的强项

Angular 并不是解决所有问题的方案，知道何时应该使用 Angular，何时应该寻找替代方案是很重要的。Angular 提供的功能以前只对服务器端开发人员可用，但目前在浏览器中完全可用。

这意味着每次加载应用了 Angular 的 HTML 文档时，Angular 都有很多工作要做：必须编译 HTML 元素，必须评估数据绑定，需要执行组件和其他构建块等，为第 2 章和本书描述的特性构建支持。

这些工作需要时间来完成，时间的长短取决于 HTML 文档的复杂性、相关的 JavaScript 代码，最重要的是浏览器的质量和设备的处理能力。在功能强大的台式机上使用最新的浏览器时，不会注意到任何延迟，但在功能不足的智能手机上使用旧浏览器确实会减慢 Angular 应用程序的初始设置速度。

因此，我们的目标是尽可能少地执行这个设置过程，并在应用程序执行时尽可能多地将其交付给用户。这意味着要仔细考虑所构建的 Web 应用程序的类型。总的来说，有两种 Web 应用程序：往返式和单页式。

往返式应用程序和单页式应用程序

很长时间以来，Web 应用程序都是按照往返模式开发的。浏览器向服务器请求一个初始 HTML 文档。用户交互操作(例如单击链接或提交表单)的结果是，浏览器请求和接收一个全新的 HTML 文档。在这种应用程序中，浏览器本质上是 HTML 内容的渲染引擎，所有的应用程序逻辑和数据都驻留在服务器上。浏览器生成一系列无状态 HTTP 请求，服务器通过动态生成 HTML 文档来处理这些请求。

当前许多 Web 开发仍然是针对往返式应用程序的，尤其是因为它们对浏览器的要求很少，这确保能获得尽可能广泛的客户机支持。但往返式应用程序也有一些严重的缺点：请求和加载下一个 HTML 文档时，用户必须等待；它们需要一个大的服务器端基础设施来处理所有请求，管理所有的应用程序状态；它们需要大量的带宽，因为每个 HTML 文档必须是独立的(导致服务器的每个响应都包含很多同样的内容)。

单页式应用程序采用不同的方法。初始 HTML 文档会发送到浏览器，但是用户交互操作的结果是 Ajax 请求将 HTML 的小片段或数据插入现有的元素集中，显示给用户。初始的 HTML 文档永远不会被重新加载或替换，而且在 Ajax 请求异步执行的同时，用户可以继续与现有的 HTML 交互，即使这只是意味着显示一个"数据加载"消息。

Angular 擅长处理单页式应用程序，尤其适合处理复杂的往返式应用程序。对于比较简单的项目，直接使用 DOM API 或者使用一个简单的库(如 jQuery)通常是更好的选择，不过也可以选择在所有项目中使用 Angular。

单页式应用程序模型是 Angular 的强项，不仅是因为初始化过程加快，而且因为在更大、更复杂的项目中，使用 MVC 模式的好处(参见本章后面的内容)真正开始显现，这是迈向单页式模型的动力。

提示：另一种模型是渐进式 Web 应用程序(PWA)。渐进式应用程序即使断开网络，也可以继续工作，还可以访问推送通知等功能。PWA 并不是 Angular 特有的，第 10 章会演示如何使用简单的 PWA 特性。

3.2　比较 Angular、React 和 Vue.js

Angular 的主要竞争对手有两个：React 和 Vue.js。它们之间有一些低级的区别，但是，在大多数情况下，所有这些框架都很优秀，它们都以相似的方式工作，都可以用于创建丰富、流畅的客户端应用程序。

这些框架之间的主要区别在于开发人员的经验。例如，Angular 要求使用 TypeScript 才能起作用。如果习惯使用 C#或 Java 之类的语言，就很熟悉 TypeScript，可以避免处理 JavaScript 语言的一些奇怪之处。Vue.js 和 React 不需要 TypeScript(不过它们都支持 TypeScript)，但会将 HTML、JavaScript 和 CSS 内容混合在一个文件中，并不是所有人都喜欢这样。

我的建议很简单：选择自己最喜欢的框架，如果不喜欢它，就切换到其他框架。这似乎并不科学，但也不是一个糟糕的选择，即使进行了切换，许多核心概念也在不同的框架之间共享。

3.3 理解 MVC 模式

术语 Model-View-Controller 从 20 世纪 70 年代末就开始使用了，它起源于 Xerox PARC 的 Smalltalk 项目，当时它被认为是组织一些早期 GUI 应用程序的一种方式。最初的 MVC 模式的一些细节与 smalltalk 特定的概念(如屏幕和工具)有关，但是其更基本的理念仍然适用于应用程序，并且特别适合于 Web 应用程序。

MVC 模式首先通过 Ruby on Rails 和 ASP.NET MVC Framework 等工具包在 Web 开发的服务器端站稳脚跟。近年来，MVC 模式也被视为一种方式，用来管理日益丰富而复杂的客户端 Web 开发，Angular 就是在这种环境中诞生的。

应用 MVC 模式的关键是实现关注点分离的前提，即应用程序中的数据模型与业务逻辑和表示逻辑分离。在客户端 Web 开发中，这意味着分离数据、操作该数据的逻辑以及用于显示数据的 HTML 元素。结果是客户端应用程序更容易开发、维护和测试。

三个主要构建模块是模型、控制器和视图。在图 3-1 中，显示了 MVC 模式在应用于服务器端开发时的传统阐述。

图 3-1 MVC 模式的服务器端实现

图 3-1 来自于图书 *Pro ASP.NET Core MVC*，描述了 MVC 模式的微软服务器端实现。可以看出，模型是从数据库中获得的，而应用程序的目标是为来自浏览器的 HTTP 请求提供服务。这是前述的往返式 Web 应用程序的基础。

当然，Angular 存在于浏览器中，这导致了 MVC 主题的扭曲，如图 3-2 所示。

图 3-2 MVC 模式的客户端实现

MVC 模式的客户端实现通常是通过第 24 章介绍的 RESTful Web 服务，从服务器端组件中获取数据。控制器和视图的目标是对模型中的数据进行操作，以执行 DOM 操作，从而创建和管理用户可以与之交互的 HTML 元素。这些交互操作会反馈给控制器，闭合循环，以形成交互式应用程序。

Angular 对其构建块使用的术语略有不同，这意味着使用 Angular 实现的 MVC 模型如图 3-3 所示。

图 3-3 MVC 模式的 Angular 实现

图 3-3 显示了 Angular 构建块到 MVC 模式的基本映射。为了支持 MVC 模式，Angular 提供了大量的附加特性，详见本书的描述。

提示：使用像 Angular 这样的客户端框架并不排除使用服务器端 MVC 框架，但是 Angular 客户端承担了一些原本存在于服务器端的复杂性。这通常是一件好事，因为它将工作从服务器转移到客户端，这允许以更少的服务器容量支持更多客户端。

模式和模式的狂热支持者

优秀的模式描述了一种解决问题的方法，该方法在其他项目中对其他人也有效。模式是食谱，而不是规则，需要调整模式以适应特定的项目，就像厨师必须调整食谱，以适应不同的烤箱和配料一样。

远离模式的程度应该由需求和经验驱动。将模式应用于类似项目所花费的时间，会指出什么模式适合该项目，什么模式不适合。如果不熟悉模式，或者着手一种新项目，就应该尽可能地坚持这个模式，直到真正理解了模式的优缺点为止。但是，请注意不要根据一个模式对整个开发工作进行改革，因为大范围的破坏通常会降低生产效率，破坏该模式带来的成果。

模式是灵活的工具，而不是固定的规则，但是并不是所有开发人员都理解其中的区别，一些开发人员成为模式的狂热支持者。这些人花更多的时间谈论模式，而不是将其应用到项目中，他们认为任何偏离他们对模式的解释都是严重犯罪。这里建议忽略这种人，因为与他们进行任何形式的接触都只会吸干你的生命，你永远无法改变他们的想法。相反，只需要继续工作，演示如何通过实际应用和交付，灵活地应用模式会产生良好的结果。

考虑到这一点，本书的示例遵循了 MVC 模式的基本概念，但调整了该模式，以演示不同的特性和技术。这就是我在自己的项目中工作的方式—— 包含模式中有价值的部分，排除没有价值的部分。

3.3.1　理解模型

模型(MVC 中的 M)包含用户使用的数据。模型有两大类型：视图模型和域模型。视图模型只表示从组件传递到模板的数据；域模型包含业务领域的数据，还包括操作、转换和创建、存储和处理这些数据的规则，它们统称为模型逻辑。

提示：很多不熟悉 MVC 模式的开发人员都混淆了在数据模型中包括逻辑的概念，认为 MVC 模式的目标是将数据与逻辑分离开。这是一种误解：MVC 框架的目标是将应用程序划分为三个功能区，每个功能区都可能包含逻辑和数据。我们的目标不是从模型中消除逻辑，而是确保模型只包含用于创建和管理模型数据的逻辑。

只要阅读 MVC 模式的定义，就难免遇到"业务"这个词，这是很遗憾的，因为许多 Web 开发都远远超出了导致这种术语出现的业务范围应用程序。业务应用程序仍然是一个很大的开发领域，如果编写一个销售会计系统，那么业务领域就包括与销售会计相关的过程，域模型将包含账户数据以及创建、存储和管理账户的逻辑。如果创建一个猫咪视频网站，那么你仍然拥有一个业务领域；只是它可能不适合公司的结构。域模型将包含猫咪视频以及创建、存储和操作这些视频的逻辑。

许多 Angular 模型会有效地将逻辑推送到服务器端，并通过 RESTful Web 服务调用它，因为在浏览器中几乎不支持数据持久化，而通过 Ajax 获取所需的数据更容易。第 24 章会解释 Angular 如何与 RESTful Web 服务一起使用。对于 MVC 模式中的每个元素，则描述哪些元素应该包含，哪些元素不应该包含。在使用 MVC 模式构建的应用程序中，模型应该：

- 包含域数据。
- 包含用于创建、管理和修改域数据的逻辑(即使这意味着通过 Web 服务执行远程逻辑)。
- 提供一个干净的 API，用于公开模型数据和模型上的操作。

模型不应该：

- 公开如何获取或管理模型数据的细节(换句话说，数据存储机制或远程 Web 服务的细节不应该公开给控制器和视图)。
- 包含基于用户交互操作转换模型的逻辑(因为这是组件的工作)。
- 包含向用户显示数据的逻辑(这是模板的工作)。

确保模型与控制器和视图隔离的好处是，可以更容易地测试逻辑(第 29 章描述 Angular 单元测试)，增强和维护整个应用程序也更加简单。

最好的域模型包含用于获取和持久存储数据的逻辑，以及用于创建、读取、更新和删除操作(统称为 CRUD)的逻辑，或者用于查询和修改数据的单独模型，称为命令和查询责任隔离(Command and Query Responsibility Segregation，CQRS)模式。

这可能意味着模型直接包含逻辑，但更常见的情况是，模型包含的逻辑会调用 RESTful Web 服务，以调用服务器端的数据库操作(第 8 章在构建实际的 Angular 应用程序时介绍该调用，第 24 章会详细描述)。

3.3.2 理解控制器/组件

控制器(在 Angular 中称为组件)是 Angular Web 应用程序中的结缔组织，充当数据模型和视图之间的管道。组件添加了表示模型的某些方面，并对其执行操作所需的业务域逻辑。遵循 MVC 模式的组件应该：

- 包含设置模板初始状态所需的逻辑。
- 包含模板所需的逻辑/行为，以显示模型中的数据。
- 包含基于用户交互操作更新模型所需的逻辑/行为。

组件不应该：

- 包含操作 DOM 的逻辑(这是模板的工作)。

- 包含管理数据持久化的逻辑(这是模型的工作)。

理解视图数据

领域模型并不是 Angular 应用程序中的唯一数据。组件可以创建视图数据(也称为视图模型数据或视图模型),以简化模板及其与组件的交互。

3.3.3　理解视图/模板

视图(在 Angular 中称为模板)是使用通过数据绑定增强的 HTML 元素定义的。正是数据绑定使 Angular 如此灵活,它们将 HTML 元素转换为动态 Web 应用程序的基础。本书的第 II 部分详细解释 Angular 提供的不同类型的数据绑定。模板应该:

- 包含向用户显示数据所需的逻辑和标记。

模板不应该:

- 包含复杂的逻辑(最好放在组件或其他 Angular 构建块中, 如指令、服务或管道)。
- 包含创建、存储或操作域模型的逻辑。

模板可以包含逻辑,但它应该是很简单的,应谨慎使用。除了最简单的方法调用或表达式之外,在模板中放置任何东西都会使整个应用程序更难测试和维护。

3.4　理解 RESTful 服务

在 Angular 应用程序中,域模型的逻辑通常在客户端和服务器之间分割。服务器包含持久存储器,通常是数据库,并包含管理它的逻辑。例如,对于 SQL 数据库,所需的逻辑包括打开到数据库服务器的连接、执行 SQL 查询和处理结果,以便将结果发送到客户端。

客户端代码不应直接访问数据存储——这样做会在客户端和数据存储之间创建紧密耦合,使单元测试复杂化,在不更改客户端代码的情况下很难更改数据存储。

使用服务器作为访问数据存储区的中介,可以防止紧密耦合。客户端上的逻辑负责从服务器获取数据,以及把数据发送给服务器,而不知道如何在幕后存储或访问这些数据。

在客户端和服务器之间传递数据的方法有很多。最常见的一种是使用异步 JavaScript 和 XML (Ajax)请求来调用服务器端代码,让服务器发送 JSON,并使用 HTML 表单对数据进行更改。

这种方法可以很好地工作,是 RESTful Web 服务的基础,RESTful Web 服务利用 HTTP 请求的特性对数据执行 CRUD 操作。

提示:REST 是 API 的一种样式,不是定义良好的规范,对于什么使 Web 服务变成 RESTful 是存在分歧的。争论的一点是,纯粹主义者不认为返回 JSON 的 Web 服务是 RESTful 的。就像对架构模式的任何分歧一样,产生分歧的原因是随意的、枯燥的,根本不值得担心。就我而言,JSON 服务是 RESTful 的,本书就是这样对待它们的。

在 RESTful Web 服务中,请求的操作通过 HTTP 方法和 URL 的组合表示。例如,下面的 URL:

```
http://myserver.mydomain.com/people/bob
```

对于 RESTful Web 服务,没有标准的 URL 规范,但其理念是让 URL 变得不言自明,这样就可以清楚地看到 URL 指的是什么。在本例中,很明显存在一个名为 people 的数据对象集合,URL 引用该集合中标识为 bob 的特定对象。

提示：在实际项目中创建这种不言而喻的 URL 并不总是可能的，但是应该努力使 URL 保持简单，不要通过 URL 公开数据存储的内部结构(因为这只是组件之间的另一种耦合)。使 URL 尽可能简单，并保持 URL 格式和服务器内数据结构之间的映射。

URL 标识要操作的数据对象，HTTP 方法指定要执行的操作，如表 3-1 所述。

表 3-1　响应 HTTP 方法时通常执行的操作

方法	描述
GET	检索 URL 指定的数据对象
PUT	更新 URL 指定的数据对象
POST	创建一个新的数据对象，通常使用表单数据值作为数据字段
DELETE	删除 URL 指定的数据对象

不必使用 HTTP 方法来执行表中的操作。一个常见的变体是，POST 方法通常用于双重用途，如果对象存在，则更新对象；如果对象不存在，则创建对象。这意味着不使用 PUT 方法。第 24 章描述了 Angular 为 Ajax 和轻松使用 RESTful 服务提供的支持。

无状态的 HTTP 方法

可以在数据存储上实现 HTTP 方法和操作之间的任何映射，但建议尽可能严格遵守表中描述的约定。

如果偏离了通常的方法，请确保遵循 HTTP 规范中定义的 HTTP 方法的性质。GET 方法是空有效的(nullipotent)，这意味着为响应该方法而执行的操作应该只检索数据，而不修改它。浏览器(或任何中间设备，如代理)应能重复发出 GET 请求，而不更改服务器的状态(尽管这并不意味着，服务器的状态不会因为其他客户端的请求而在相同的 GET 请求之间发生更改)。

PUT 和 DELETE 方法是幂等的(idempotent)，这意味着多个相同的请求应该具有与单个请求相同的效果。因此，若使用带有/people/bob URL 的 DELETE 方法，将从第一个请求的 people 集合中删除 bob 对象，但对后续请求不执行任何操作(当然，如果另一个客户端重新创建 bob 对象，就不是这样)。

POST 方法既不是空有效的，也不是幂等的，这就是为什么常见的 RESTful 优化是处理对象的创建和更新。如果没有 bob 对象，则使用 POST 方法创建一个，随后对相同 URL 的 POST 请求将更新已创建的对象。

所有这些只有在实现自己的 RESTful Web 服务时才是重要的。如果编写使用 RESTful 服务的客户端，就只需要知道每个 HTTP 方法对应的数据操作。第 8 章演示如何使用这种服务，第 24 章详细描述用于 HTTP 请求的 Angular 特性。

3.5　常见的设计缺陷

本节描述在 Angular 项目中遇到的三个最常见的设计陷阱。这些并不是编码错误，而是 Web 应用程序整体成型的问题，这些问题阻碍了项目团队获得 Angular 和 MVC 模式所能提供的好处。

3.5.1　将逻辑放错地方

最常见的问题是将逻辑放入错误的组件中，从而破坏 MVC 关注点分离。以下是这个问题最常见的三种类型：

- 将业务逻辑放在模板中，而不是组件中。
- 将域逻辑放在组件中，而不是模型中。
- 在使用 RESTful 服务时，将数据存储逻辑放入客户端模型。

这些都是棘手的问题，因为它们需要一段时间才能表现为问题。应用程序仍然在运行，但是随着时间的推移，它将变得更难增强和维护。在第三种情况下，只有在更改数据存储时，问题才会变得明显(在项目成熟并超出最初的用户预测之前，这种情况很少发生)。

提示：了解逻辑应该如何执行需要一些经验，但如果使用单元测试，就会发现问题，因为必须编写测试来覆盖逻辑，而这些测试不适合 MVC 模式。第 29 章描述了 Angular 对单元测试的支持。

在 Angular 开发中获得更多经验后，确定把逻辑放在哪里就成为第二天性，但这里有 3 条规则。

- 模板逻辑应该只准备用于显示的数据，而不应该修改模型。
- 组件逻辑不应该直接从模型中创建、更新或删除数据。
- 模板和组件永远不能直接访问数据存储。

如果在开发过程中记住这些，就可以避免最常见的问题。

3.5.2　数据存储采用的数据格式

当开发团队构建的应用程序依赖于服务器端数据存储的特殊特性时，就会出现下一个问题。在设计良好的 Angular 应用程序中，从 RESTful 服务中获取数据，而服务器的工作是隐藏数据存储的实现细节，并以合适的数据格式向客户端提供数据，这种格式有利于客户端的简单化。例如，决定客户端需要如何表示日期，然后确保在数据存储中使用该格式——如果数据存储不能原生支持该格式，则由服务器执行转换。

3.5.3　足够的知识足以制造麻烦

Angular 是一个复杂的框架，在习惯它之前，它可能会令人困惑。有许多不同的构建块可用，它们可采用不同的方式组合，以获得相似的结果。这使 Angular 开发更加灵活，也意味着应创建适合项目和工作风格的特性组合，形成自己的解决问题的风格。

精通 Angular 需要时间。在理解 Angular 的不同部分是如何结合在一起之前，可能要先创建自己的项目。可能在没有真正理解为什么它会起作用的情况下就创建了一些东西，而需要做出改变时，就会导致灾难。建议慢慢来，花点时间去理解 Angular 提供的所有特性。无论如何，尽早开始创建项目，但是要确保真正理解项目是如何工作的，并准备在找到更好的方法来实现所需结果时进行更改。

3.6　本章小结

本章为 Angular 提供了一些背景知识，解释 Angular 如何为应用程序开发支持 MVC 模式，并简要介绍了 REST，以及它如何通过 HTTP 请求来表达数据操作，最后描述 Angular 项目中最常见的 3 个设计问题。下一章为 HTML 和 Bootstrap CSS 框架提供一个快速入门，本书使用它作为示例。

第 4 章

HTML 和 CSS 入门

Web 应用程序开发世界的开发者千差万别，有些人可能并不了解开发 Web 应用程序所依赖的一些基本技术。本章将简要介绍 HTML，并介绍 Bootstrap CSS 库，本书的示例将使用该库进行样式设计。第 5 章和第 6 章将介绍 JavaScript 和 TypeScript 的基础知识，这些内容有助于理解本书其余部分的示例。如果你是有经验的开发人员，可以略过这些入门内容，直接跳到第 7 章，使用 Angular 创建一个更复杂和更实际的应用程序。

4.1　准备示例项目

本章只需要一个简单的示例项目。首先建立一个名为 HtmlCssPrimer 的文件夹，在其中创建一个名为 package.json 的文件，并添加代码清单 4-1 所示的内容。

代码清单 4-1　HtmlCssPrimer 文件夹中 package.json 文件的内容

```
{
  "dependencies": {
    "bootstrap": "4.4.1"
  }
}
```

在 HtmlCssPrimer 文件夹中运行如下命令来下载并安装 package.json 文件中指定的 NPM 包：

```
npm install
```

接下来，在 HtmlCssPrimer 文件夹中创建一个名为 index.html 的文件，并添加代码清单 4-2 所示的内容。

代码清单 4-2　HtmlCssPrimer 文件夹中 index.html 文件的内容

```
<!DOCTYPE html>
<html>
<head>
    <title>ToDo</title>
    <meta charset="utf-8" />
    <link href="node_modules/bootstrap/dist/css/bootstrap.min.css"
          rel="stylesheet" />
</head>
<body class="m-1">
```

```
        <h3 class="bg-primary text-white p-3">Adam's To Do List</h3>

        <div class="my-1">
            <input class="form-control" />
            <button class="btn btn-primary mt-1">Add</button>
        </div>

        <table class="table table-striped table-bordered">
            <thead>
                <tr>
                    <th>Description</th>
                    <th>Done</th>
                </tr>
            </thead>
            <tbody>
                <tr><td>Buy Flowers</td><td>No</td></tr>
                <tr><td>Get Shoes</td><td>No</td></tr>
                <tr><td>Collect Tickets</td><td>Yes</td></tr>
                <tr><td>Call Joe</td><td>No</td></tr>
            </tbody>
        </table>
    </body>
</html>
```

这是一个简单的 HTML 文档，其中的示例应用程序与第 2 章中使用 Angular 创建的类似。在
HtmlCssPrimer 文件夹中运行如下命令，启动 HTTP 开发服务器。

```
npx lite-server@2.5.4
```

lite-server 包中的 HTTP 开发服务器在检测到文件有更新时，它会自动刷新浏览器。一旦下载
了这个包，开发服务器就会启动，会打开一个新的浏览器窗口，并显示图 4-1 所示的内容(如果系
统被配置为禁止自动打开浏览器，则可以请求 http://localhost:3000)。

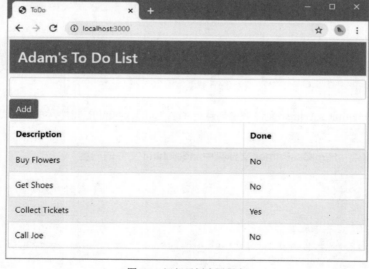

图 4-1　运行示例应用程序

4.2 理解 HTML

HTML 的核心是元素(element)，它告诉浏览器 HTML 文档的每个部分呈现哪一类内容。下面是摘自示例 HTML 文档的一个元素：

```
...
<td>Buy Flowers</td>
...
```

如图 4-2 所示，这个元素由三部分组成：起始标签、内容和结束标签。

图 4-2　一个简单 HTML 元素的结构图

这个元素的名称[name，也称为标签名称(tag name)或标签(tag)]是 td，它告诉浏览器介于这两个标签之间的内容应该被当作一个表单元格。通过将标签名称放在尖括号(<和>字符)中，表示元素的开始；同样通过类似的方式使用标记来结束元素，只是要在左尖括号(<)之后添加一个/字符。两个标签之间出现的就是元素的内容，可以是文本(例如，这里是 Buy Flowers)或其他 HTML 元素。

4.2.1　理解空元素

HTML 规范中有一些不包含任何内容的元素。这些元素称为空元素(null element)或自闭合元素(self-closing element)，在编写这种元素时不需要单独的结束标签，如下所示：

```
...
<input />
...
```

空元素由一个单独的标签定义，并在右尖括号(>)之前添加字符/。input 是最常用的 void 元素，它的目的是允许用户通过文本字段、单选按钮或复选框提供输入。后续章节将介绍许多使用此元素的示例。

4.2.2　理解属性

可通过向元素添加属性为浏览器提供额外的信息。下面这个带有属性的元素摘自示例文档：

```
...
<link href="node_modules/bootstrap/dist/css/bootstrap.min.css" rel="stylesheet" />
...
```

这是一个 link 元素，它将指定的内容导入文档。这里共有两个属性，由于以加粗字体显示，因此更容易看到它们。属性总是定义为起始标记的一部分，具有名称和值。

在这个示例中，两个属性的名称分别是 href 和 rel。对于 link 元素，href 属性指定要导入的内容，rel 属性告诉浏览器它是什么类型的内容。这个 link 元素的属性告诉浏览器要导入 bootstrap.min.css 文件，并将其作为样式表(包含 CSS 样式的文件)。

4.2.3　应用无值属性

并非所有属性都需要一个值，定义无值属性意味着会向浏览器发送一个信号，指出需要某种与该元素相关联的行为。下面就是一个具有这种属性的元素示例(并非摘自示例文档，为了举例而构造了这个元素)：

```
...
<input class="form-control" required />
...
```

这个元素有两个属性。第一个属性是 class，与前一个示例一样，已被赋值。另一个属性只是一个单词 required，这是一个不需要值的属性。

4.2.4　在属性中引用字面量

Angular 依托 HTML 元素的属性来应用它的大量功能。大多数时候，属性的值要通过 JavaScript 表达式进行求值，就像下面这个取自第 2 章的元素：

```
...
<td [ngSwitch]="item.complete">
...
```

在 td 元素上应用了[ngSwitch]属性，它告诉 Angular 读取变量 item 所指对象的 complete 属性的值。有时需要提供一个特定的值，而不是让 Angular 从数据模型读取值，这需要额外的引号来告诉 Angular 它正在处理一个字面量，如下所示。

```
...
<td [ngSwitch]="'Apples'">
...
```

这个属性值包含字符串 Apples，这个字符串同时通过单引号和双引号引用。当 Angular 计算这个属性值时，它将看到单引号，并将该值作为字面字符串进行处理。

4.2.5　理解元素内容

元素可以包含文本，但还可以包含其他元素，就像下面这样：

```
...
<thead>
   <tr>
      <th>Description</th>
      <th>Done</th>
   </tr>
</thead>
...
```

HTML 文档中的元素形成自然的层次结构。html 元素包含 body 元素，body 元素包含多个内容元素，每个元素又可以包含其他元素，以此类推。在上面的代码清单中，thead 元素包含 tr 元素，tr 元素又包含 th 元素。这样的嵌套元素是 HTML 中的一个关键概念，这是因为它将外部元素的意义赋予了内层元素。

4.2.6　理解文档结构

所有 HTML 文档都包含一些关键元素，它们定义了文档的基本结构：DOCTYPE、html、head 和 body 元素。这些元素之间的关系如下(省略了其余内容)：

```
<!DOCTYPE html>
<html>
<head>
    ...head content...
</head>
<body>
    ...body content...
</body>
</html>
```

所有这些元素在 HTML 文档中都发挥着特定的作用。DOCTYPE 元素告诉浏览器这是一份 HTML 文档，更具体而言，这是一份 HTML5 文档。较早版本的 HTML 需要额外的信息。例如，以下是 HTML4 文档的 DOCTYPE 元素：

```
...
<!DOCTYPE HTML PUBLIC "-//W3C//DTD HTML 4.01//EN"
    "http://www.w3.org/TR/html4/strict.dtd">
...
```

html 元素表示包含 HTML 内容的文档区域。这个元素总是包含另外两个关键的结构元素：head 和 body。如本章开头所述，本书不会涵盖所有 HTML 元素。由于元素数目众多，在我的 HTML 著作中，完整描述 HTML5 用了超过 1000 页的篇幅。即便如此，为了帮助你了解元素表示的内容，表 4-1 提供了代码清单 4-2 中 index.html 文件内所使用的元素的简要说明。

表 4-1　示例文档中使用的 HTML 元素

元素	描述
DOCTYPE	表明文档内容的类型
body	代表包含内容元素的文档区域
button	代表一个按钮，经常用于向服务器提交表单
div	一般性元素，通常出于呈现的目的向文档添加结构
h3	代表一个标题
head	代表包含元数据的文档区域
html	代表包含 HTML(通常是整个文档)的文档区域
input	代表一个用来从用户那里收集单个数据项的域
link	将内容导入 HTML 文档
meta	提供与文档有关的描述性数据，比如字符编码
table	代表一个表格，用来按照行列方式组织内容
tbody	代表表格的主体(与表格的头部和尾部相对)
td	代表表格行中的内容单元格
th	代表表格行中的头部单元格
thead	代表表格的头部
title	代表文档的标题，浏览器使用该元素设置窗口或标签页的标题
tr	代表表格中的一行

理解文档对象模型

当浏览器加载和处理 HTML 文档时，它将创建文档对象模型(Document Object Model，DOM)。DOM 是一个模型，它使用 JavaScript 对象表示文档中的每个元素，通过 DOM 机制可以用编程方式与 HTML 文档的内容进行交互。

在 Angular 中很少直接使用 DOM，但重要的是要理解浏览器维护着由 JavaScript 对象表示的 HTML 文档的实时模型。当 Angular 修改这些对象时，浏览器会更新其显示的内容以反映修改。这是 Web 应用程序的关键基础之一。如果无法修改 DOM，就无法创建客户端 Web 应用程序。

4.3　理解 Bootstrap

HTML 元素告诉浏览器它们表示哪种类型的内容，但是它们不提供有关如何显示这些内容的任何信息。使用级联样式表(Cascading Style Sheets，CSS)可以提供有关如何显示元素的信息。CSS 由一组广泛的属性(property，可用于配置元素外观的方方面面)和选择器(selector，用来把属性应用到元素)组成。

CSS 灵活且强大，但只有投入大量时间，并密切关注细节，才能使用 CSS 得到美观、一致的显示结果。一些老浏览器并没有以一致的方式实现 CSS 功能，因此进一步加剧了这个问题。CSS 框架提供了一组易于使用的样式，能够在项目中产生一致的效果。使用最广泛的框架是 Bootstrap，它由一组 CSS 类(可以应用于元素以使其具有一致的样式)和一些执行额外增强功能的 JavaScript 代码组成。本书使用 Bootstrap CSS 样式，这是因为一旦使用它来样式化示例，就不必在每一章中自定义 CSS。本书未使用 Bootstrap JavaScript 特性，这是因为示例的交互式部分是使用 Angular 实现的。

这里不过多地讨论 Bootstrap 的细节，因为这不是本书的主题，但为了提供足够的信息，以便辨别示例的哪些部分是 Angular 特性，哪些是 Bootstrap 样式。请参阅 http://getbootstrap.com，详细了解 Bootstrap 提供的功能。

4.3.1　应用基本的 Bootstrap 类

Bootstrap 样式通过 class 属性应用到元素，这个属性用于将相关元素分组在一起。虽然 class 属性并不仅仅应用于 CSS 样式，但这是其最常见的用途，Bootstrap 和类似框架均使用 class 属性来应用 CSS 样式。下面是一个具有 class 属性的 HTML 元素，它取自 index.html 文件：

```
...
<button class="btn btn-primary mt-1">Add</button>
...
```

class 属性为 button 元素指派了 3 个类，其名称由空格分隔，依次是：btn、btn-primary 和 mt-1。这些类对应于由 Bootstrap 定义的样式，如表 4-2 所述。

表 4-2　button 元素的 3 种样式类

名称	描述
btn	这个类将基本样式应用于按钮，可将其应用到 button 或 a(链接)元素来提供一致的外观
btn-primary	这个类应用一个样式上下文，以提供与按钮的目的有关的视觉提示，参见稍后的 "1. 使用上下文类" 小节
mt-1	这个类在元素的顶部以及外围内容之间添加一个间隔，参见稍后的 "2. 使用外边距和内边距" 小节

1. 使用上下文类

使用像 Bootstrap 这样的 CSS 框架的主要优点之一是，能够简化在整个应用程序中创建一致主题的过程。Bootstrap 定义了一组用于一致地设置相关元素样式的样式上下文(style context)。在将 Bootstrap 样式应用于元素时，可在 CSS 类名中使用表 4-3 描述的这些上下文。

表 4-3　Bootstrap 样式上下文

名称	描述
primary	这个上下文用于指出首选动作或内容区域
secondary	这个上下文用于指出内容的支持区域
success	这个上下文用于指出成功的结果
info	这个上下文用于给出额外的信息
warning	这个上下文用于给出警告
danger	这个上下文用于给出严重警告
muted	这个上下文用于非强调内容
dark	这个上下文使用暗色增加对比度
white	这个上下文使用白色增加对比度

Bootstrap 提供了一些类，可以将样式上下文应用于不同类型的元素。下面是应用于 h3 元素的 primary 上下文，取自本章开头创建的 index.html 文件：

```
...
<h3 class="bg-primary text-white p-3">Adam's To Do List</h3>
...
```

指派给这个元素的 CSS 类之一是 bg-primary，它使用样式上下文的颜色来样式化元素的背景色。下面是应用于 button 元素的相同的样式上下文：

```
...
<button class="btn btn-primary mt-1">Add</button>
...
```

btn-primary 类使用样式上下文的颜色来设置按钮或锚元素的样式。使用相同的上下文来设置不同元素的样式，将确保它们的外观是一致的且互为补充，如图 4-3 所示，它突出显示应用了样式上下文的元素。

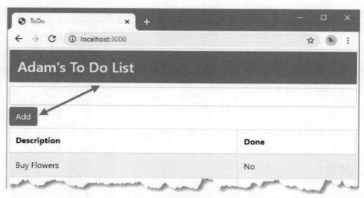

图 4-3　使用样式上下文实现一致性

2. 使用外边距和内边距

Bootstrap 包括一组实用类，用于添加元素的内边距(元素边缘与其内容之间的空白)以及外边距(元素边缘和外围元素之间的空白)。使用这些类的好处是它们在整个应用程序中可以形成一致的间距。

这些类的名称都遵循一种明确定义的模式。下面是本章开头创建的 index.html 文件中的 body 元素，已应用外边距：

```
...
<body class="m-1">
...
```

为元素添加外边距和内边距的类遵循一种明确的命名模式：首先是字母 m(用于外边距)或 p(用于内边距)，然后是连字符-，最后是一个数字，表示应该留出多少空白(0 为无间距，1、2 或 3 依次增加边距)。还可以添加一个字母，指定元素的某些边，t 对应于顶边，b 为底边，l 为左边，r 为右边，x 为左边和右边，y 为顶边和底边。

为更好地理解这种命名模式，表 4-4 列出了 index.html 文件中使用的组合。

表 4-4　Bootstrap 外边距和内边距类样例

名称	描述
p-1	该类向元素的所有边添加内边距
m-1	该类向元素的所有边添加外边距
mt-1	该类向元素的顶边添加外边距
mb-1	该类向元素的底边添加外边距

3. 改变元素尺寸

可以使用尺寸修饰类来更改某些元素的样式。可以通过组合基本类名、连字符和 lg 或 sm 来指定这些类。在代码清单 4-3 中，向 index.html 文件中添加了 button 元素，已经使用 Bootstrap 为按钮提供尺寸修饰类。

代码清单 4-3　在 HtmlCssPrimer 文件夹的 index.html 文件中使用按钮尺寸修饰类

```
<!DOCTYPE html>
<html>
```

```
<head>
    <title>ToDo</title>
    <meta charset="utf-8" />
    <link href="node_modules/bootstrap/dist/css/bootstrap.min.css"
        rel="stylesheet" />
</head>
<body class="m-1">

    <h3 class="bg-primary text-white p-3">Adam's To Do List</h3>

    <div class="my-1">
        <input class="form-control" />
        <button class="btn btn-lg btn-primary mt-1">Add</button>
        <button class="btn btn-primary mt-1">Add</button>
        <button class="btn btn-sm btn-primary mt-1">Add</button>
    </div>

    <table class="table table-striped table-bordered">
      <thead>
        <tr>
          <th>Description</th>
          <th>Done</th>
        </tr>
      </thead>
      <tbody>
        <tr><td>Buy Flowers</td><td>No</td></tr>
        <tr><td>Get Shoes</td><td>No</td></tr>
        <tr><td>Collect Tickets</td><td>Yes</td></tr>
        <tr><td>Call Joe</td><td>No</td></tr>
      </tbody>
    </table>
</body>
</html>
```

btn-lg 类创建一个大按钮，btn-sm 类创建一个小按钮。如果省略尺寸类，则使用该元素的默认大小。请注意，可将一个上下文类和一个大小类组合起来。将多个 Bootstrap 修饰类组合起来，可以完全控制元素的样式，创建如图 4-4 所示的效果。

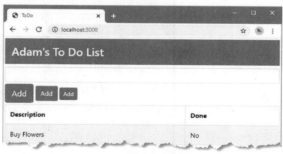

图 4-4　修改元素尺寸

4.3.2　使用 Bootstrap 样式化表格

Bootstrap 包括对样式化 table 元素及其内容的支持，这是整本书中一直在使用的一个功能。表 4-5 列出了用于处理表格的关键 Bootstrap CSS 类。

表 4-5 用于处理表格的关键 Bootstrap CSS 类

名称	描述
table	向 table 元素及其表格行应用默认样式
table-striped	向 table 主体中的表格行应用条带化样式
table-bordered	向所有表格行和列添加边框
table-hover	当鼠标悬停在表格中的某行时显示不同的样式
table-sm	减少表格间距以建立更紧凑的布局

所有这些类都被直接应用到 table 元素，如代码清单 4-4 所示，应用到 index.html 文件中的那个表格的所有 Bootstrap 类已突出显示。

代码清单 4-4 使用 Bootstrap 样式化表格

```
...
<table class="table table-striped table-bordered">
    <thead>
        <tr>
            <th>Description</th>
            <th>Done</th>
        </tr>
    </thead>
    <tbody>
        <tr><td>Buy Flowers</td><td>No</td></tr>
        <tr><td>Get Shoes</td><td>No</td></tr>
        <tr><td>Collect Tickets</td><td>Yes</td></tr>
        <tr><td>Call Joe</td><td>No</td></tr>
    </tbody>
</table>
...
```

提示：注意，在定义代码清单 4-4 中的表格时使用了 thead 元素。浏览器将自动把所有紧跟在 table 元素之后的 tr 元素添加到 tbody 元素(如果尚未使用的话)。如果在使用 Bootstrap 时依赖此行为，就会得到奇怪的结果，这是因为大多数应用于 table 元素的 CSS 类都会将样式添加到 tbody 元素的后代。

4.3.3 使用 Bootstrap 创建表单

Bootstrap 包括表单元素的样式，使它们与应用程序中的其他元素具有一致的样式。在代码清单 4-5 中，扩展了 index.html 文件中的表单元素，并暂时删除了表格。

代码清单 4-5 在 HtmlCssPrimer 文件夹的 index.html 文件中定义额外的表单元素

```
<!DOCTYPE html>
<html>
<head>
    <title>ToDo</title>
    <meta charset="utf-8" />
    <link href="node_modules/bootstrap/dist/css/bootstrap.min.css"
        rel="stylesheet" />
</head>
<body class="m-2">
```

```
    <h3 class="bg-primary text-white p-3">Adam's To Do List</h3>
    <form>
        <div class="form-group">
        <label>Task</label>
        <input class="form-control" />
    </div>
    <div class="form-group">
        <label>Location</label>
        <input class="form-control" />
    </div>
    <div class="form-group">
        <input type="checkbox" />
        <label>Done</label>
    </div>
    <button class="btn btn-primary">Add</button>
  </form>
</body>
</html>
```

表单基本样式的实现方式是将 form-group 类应用于一个含有 label 和 input 元素的 div 元素，其中 input 元素被赋予 form-control 类。Bootstrap 对元素进行样式化，使 label 显示在 input 元素的上方，而 input 元素占用可用水平空间的 100%，如图 4-5 所示。

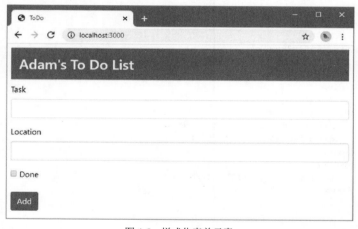

图 4-5　样式化表单元素

4.3.4　使用 Bootstrap 创建网格

Bootstrap 提供可用于创建不同类型的网格布局的样式类，范围从 1 列到 12 列不等，并支持响应式布局，其中网格的布局会根据屏幕的宽度而变化。代码清单 4-6 替换了示例 HTML 文件的内容，以演示网格功能。

代码清单 4-6　在 HtmlCssPrimer 文件夹的 index.html 文件中使用 Bootstrap 网格

```
<!DOCTYPE html>
<html>
<head>
    <title>ToDo</title>
    <meta charset="utf-8" />
```

```
        <link href="node_modules/bootstrap/dist/css/bootstrap.min.css"
            rel="stylesheet" />
    <style>
        .row > div {
                    border: 1px solid lightgrey; padding: 10px;
                    background-color: aliceblue; margin: 5px 0;
                }
    </style>
</head>
<body class="m-2">
    <h3>Grid Layout</h3>
    <div class="container">
        <div class="row">
            <div class="col-1">1</div>
            <div class="col-1">1</div>
            <div class="col-2">2</div>
            <div class="col-2">2</div>
            <div class="col-6">6</div>
        </div>

        <div class="row">
            <div class="col-3">3</div>
            <div class="col-4">4</div>
            <div class="col-5">5</div>
        </div>

        <div class="row">
            <div class="col-6">6</div>
            <div class="col-6">6</div>
        </div>

        <div class="row">
            <div class="col-11">11</div>
            <div class="col-1">1</div>
        </div>
        <div class="row">
             <div class="col-12">12</div>
        </div>
    </div>
</body>
</html>
```

　　Bootstrap 网格布局系统简单易用。把一个顶级 div 元素分配给 container 类(或者 container-fluid 类,如果希望它跨越可用空间的话)。可通过将 row 类应用于 div 元素来指定一行,这样做的效果是为 div 元素所包含的内容设置网格布局。

　　每行定义 12 列,通过为每个子元素指派特定名称的类来指定该子元素将占用多少列:类名为 col-,后跟表示列数的数字。例如,col-1 类指定一个元素占用一列,col-2 指定一个元素占用两列,以此类推,直到 col-12,它指定一个元素填充整行。在上述代码清单中,创建了一系列具有 row 类的 div 元素,每个 div 元素又都包含其他 div 子元素,这些 div 子元素已经应用了 col-*类。可在浏览器中看到效果,如图 4-6 所示。

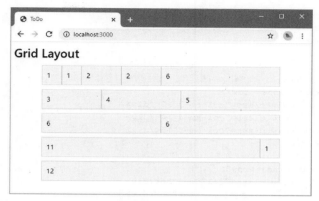

图 4-6　创建 Bootstrap 网格布局

提示：　Bootstrap 不对行中的元素进行任何样式化，因此这里使用 style 元素创建一个自定义 CSS 样式以设置背景色，在行之间设置一些间距并添加边框。

1. 创建响应式网格

响应式网格根据浏览器窗口的大小调整其布局。响应式网格的主要用途是让移动设备和桌面显示相同的内容，利用任何可用的屏幕空间。要创建响应式网格，请使用表 4-6 中的一个类替换单个网格单元上的 col-*类。

表 4-6　用于响应式网格的 Bootstrap CSS 类

Bootstrap CSS 类	描述
col-sm-*	当屏幕宽度大于 576 像素时水平显示网格单元
col-md-*	当屏幕宽度大于 768 像素时水平显示网格单元
col-lg-*	当屏幕宽度大于 992 像素时水平显示网格单元
col-xl-*	当屏幕宽度大于 1200 像素时水平显示网格单元

当屏幕宽度小于该类支持的像素时，网格行中的单元格将沿着垂直方向(不是水平方向)堆叠。代码清单 4-7 在 index.html 文件中演示了响应式网格。

代码清单 4-7　在 HtmlCssPrimer 文件夹的 index.html 文件中演示响应式网格

```
<!DOCTYPE html>
<html>
<head>
    <title>ToDo</title>
    <meta charset="utf-8" />
    <link href="node_modules/bootstrap/dist/css/bootstrap.min.css"
        rel="stylesheet" />
    <style>
        #gridContainer {padding: 20px;}
        .row > div {
                border: 1px solid lightgrey; padding: 10px;
                background-color: aliceblue; margin: 5px 0;
            }
    </style>
```

```
    </head>
    <body class="m-1">

        <h3>Grid Layout</h3>
        <div class="container">
                <div class="row">
                    <div class="col-sm-3">3</div>
                    <div class="col-sm-4">4</div>
                    <div class="col-sm-5">5</div>
                </div>

                <div class="row">
                    <div class="col-sm-6">6</div>
                    <div class="col-sm-6">6</div>
                </div>

                <div class="row">
                    <div class="col-sm-11">11</div>
                    <div class="col-sm-1">1</div>
                </div>
        </div>
    </body>
    </html>
```

这里从上个示例中删除了一些网格行，并将 col-*类替换成 col-sm-*类。效果是当浏览器窗口的宽度大于 576 像素时，行中的单元格将沿着水平方向堆叠；如果小于该像素数，则会沿着垂直方向堆叠，如图 4-7 所示。

2. 创建简化的网格布局

由于本书中的大多数示例都依赖 Bootstrap 网格，因此使用一种简化的方法：在单行显示内容，只需要指定列数即可，如代码清单 4-8 所示。

图 4-7　创建响应式网格布局

代码清单 4-8　在 HtmlCssPrimer 文件夹的 index.html 文件中使用简化的网格布局

```html
<!DOCTYPE html>
<html>
<head>
    <title>ToDo</title>
    <meta charset="utf-8" />
    <link href="node_modules/bootstrap/dist/css/bootstrap.min.css"
          rel="stylesheet" />
</head>
<body class="m-1">
    <h3 class="bg-primary text-white p-3">Adam's To Do List</h3>
    <div class="container-fluid">
        <div class="row">
            <div class="col-4">
                <form>
                    <div class="form-group">
                        <label>Task</label>
                        <input class="form-control" />
                    </div>
                    <div class="form-group">
                        <label>Location</label>
                        <input class="form-control" />
                    </div>
                    <div class="form-group">
                        <input type="checkbox" />
                        <label>Done</label>
                    </div>
                    <button class="btn btn-primary">Add</button>
                </form>
            </div>
            <div class="col-8">
                <table class="table table-striped table-bordered">
                    <thead>
                        <tr>
                            <th>Description</th>
                            <th>Done</th>
                        </tr>
                    </thead>
                    <tbody>
                        <tr><td>Buy Flowers</td><td>No</td></tr>
                        <tr><td>Get Shoes</td><td>No</td></tr>
                        <tr><td>Collect Tickets</td><td>Yes</td></tr>
                        <tr><td>Call Joe</td><td>No</td></tr>
                    </tbody>
                </table>
            </div>
        </div>
    </div>
</body>
</html>
```

代码清单 4-8 使用 col-4 和 col-8 类来并列显示两个 div 元素，让表单和显示待办事项的表格水平显示，如图 4-8 所示。

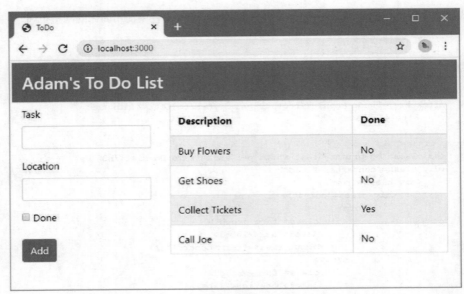

图 4-8　使用简化的网格布局

4.4　本章小结

本章简要介绍了 HTML 和 Bootstrap CSS 框架。只有很好地掌握 HTML 和 CSS，才能在 Web 应用程序开发中真正应用它们，但最好的学习方法是亲自体验。本章中的描述和示例已足以满足起步需要，并为后面的示例提供足够的背景知识。下一章将继续介绍本书使用的一些 JavaScript 基本功能。

第 5 章

JavaScript 与 TypeScript：
第 1 部分

本章将快速浏览 JavaScript 语言最重要的一些基本功能，因为在 Angular 开发中将用到这些功能。由于本书没有足够的篇幅全面描述 JavaScript，因此只专注于学习本书示例所需的关键知识点。第 6 章介绍在开发工作中需要的一些高级 JavaScript 功能以及 TypeScript 提供的一些额外功能。

JavaScript 语言由一套定义新功能的标准化过程来管理。每个新版本的 JavaScript 都扩大了 JavaScript 开发人员可用的功能范围，并让 JavaScript 与更多主流编程语言(如 C#或 Java)更趋一致。

现代浏览器本身也在不停更新，例如谷歌 Chrome 浏览器用户使用的最新版本的浏览器可能至少实现了部分最新的 JavaScript 功能。然而，一些未经更新的旧版浏览器仍在广泛使用，这意味着不能指望在应用程序中可以使用这些最新功能。

解决这个问题的方法有两种：第 1 种方法是仅使用那些在应用程序所针对的浏览器中肯定存在的核心 JavaScript 功能；第 2 种方法是使用一个编译器处理 JavaScript 文件，将其转换为可在旧版浏览器中运行的代码。Angular 开发中采取的就是第 2 种方法，本章将描述这种方法。表 5-1 给出了本章内容摘要。

表 5-1　本章内容摘要

问题	解决方案	代码清单编号
创建 JavaScript 功能	使用 JavaScript 语句	5
创建一组按需执行的语句	使用函数	6、7、10~12
定义能够处理实参数目比形参数目多或少的函数	使用默认参数或剩余参数	8 和 9
更简洁地表达函数	使用箭头函数	13
存储数值和对象留作后用	使用 let 或 var 关键字声明变量	14~16
存储基本数据值	使用 JavaScript 基本数据类型	17~20
控制 JavaScript 代码流	使用条件语句	21
判断两个对象或值是否相同	使用相等和恒等操作符	22 和 23
显式类型转换	使用 to\<type>方法	24~26
顺序存储相关对象或值	使用数组	27~33

5.1　准备示例项目

要为本章创建示例项目，请打开一个新的命令提示符，导航到一个方便的位置，并运行代码清单 5-1 所示的命令。

代码清单 5-1　创建示例项目

```
ng new JavaScriptPrimer --routing false --style css --skip-git --skip-tests
```

这个命令创建一个名为 JavaScriptPrimer 的项目，这个项目是为 Angular 开发而设置的。本章不进行任何 Angular 开发，但是会使用 Angular 开发工具作为一种方便的方式来演示不同的 JavaScript 和 TypeScript 特性。为了做准备，用代码清单 5-2 所示的单个 JavaScript 语句替换 src 文件夹中 main.ts 文件的内容。

提示：注意 main.ts 文件的扩展名。虽然本章仅使用 JavaScript 功能，但仍然需要使用 TypeScript 编译器将其转换为可在任何浏览器中运行的代码。这意味着必须使用.ts 文件，然后让 TypeScript 编译器创建将在浏览器中运行的对应.js 文件。

代码清单 5-2　替换 src 文件夹中 main.ts 文件的内容

```
console.log("Hello");
```

在 JavaScriptPrimer 文件夹中运行代码清单 5-3 所示的命令，启动 Angular 开发编译器和 HTTP 服务器。

代码清单 5-3　启动开发工具

```
ng serve --open
```

打开一个新的浏览器选项卡或窗口，但它是空的，如图 5-1 所示，因为替换了 main.ts 文件的内容，浏览器没有内容可显示。

图 5-1　运行示例应用程序

本章示例的所有结果都显示在浏览器的 JavaScript 控制台中。打开浏览器的 F12 开发工具(之所以这么叫是因为通常是按 F12 键打开它们)并查看 Console 选项卡，如图 5-2 所示。

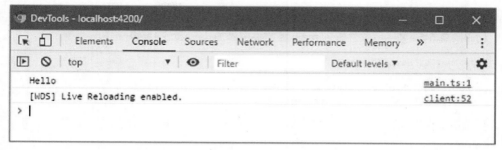

图 5-2　Google Chrome JavaScript 控制台

JavaScript 控制台显示对代码清单 5-2 中的 console.log 函数的调用结果。这里不会为每个示例显示浏览器 JavaScript 控制台的截屏，而是只显示文本结果，如下所示。

```
Hello
```

理解基本工作流

将 Hello 写入 JavaScript 控制台是一个简单例子，但在幕后有很多工作要做。为理解开发的工作流，向 main.ts 文件中添加一条语句，如代码清单 5-4 所示。

代码清单 5-4　在 src 文件夹的 main.ts 文件中添加一条语句

```
console.log("Hello");
console.log("Apples");
```

将更改保存到 main.ts 文件时，将会发生以下过程。

(1) TypeScript 编译器将检测到 main.ts 文件中的变更，从而编译该文件以重新生成可在任何浏览器中运行的 main.js 文件。生成的代码与编译器生成的其他 JavaScript 代码组合成一个名为 bundle 的文件。

(2) HTTP 开发服务器检测到 bundle 文件中的变更，进而指示浏览器重新加载 HTML 文档。

(3) 浏览器重新加载 HTML 文档，并开始处理文档包含的元素。它加载由 HTML 文档中的 script 元素指定的 JavaScript 文件，包括指定 bundle 文件(它包含 main.ts 文件中的语句)的 JavaScript 文件。

(4) 浏览器执行 main.js 文件中最初的语句，该文件向浏览器的 JavaScript 控制台写入两条消息。

最终会看到以下消息：

```
Hello
Apples
```

对于一个简单的应用程序，这里包含的步骤太多了，但是这个过程允许使用 TypeScript 特性，并自动检测更改、运行编译器，更新浏览器。

5.2　使用语句

语句(statement)是基本的 JavaScript 构造块。每条语句表示一条命令，语句通常以分号(;)结尾。虽然分号是可选的，但是使用它们可以让代码更易读，而且可以在一行中编写多条语句。在代清单 5-5 中，向 JavaScript 文件中添加了两条语句。

代码清单 5-5　在 src 文件夹的 main.ts 文件中添加 JavaScript 语句

```
console.log("Hello");
console.log("Apples");
console.log("This is a statement");
console.log("This is also a statement");
```

浏览器依次执行每条语句。在这个示例中，所有语句都只是向控制台写入消息。结果如下所示：

```
Hello
Apples
This is a statement
This is also a statement
```

5.3　定义和使用函数

当浏览器接收到 JavaScript 代码时，它将按照代码中语句出现的先后顺序依次执行这些语句。前面的示例正是按照这种方式执行的。浏览器加载 main.js 文件，逐条执行它包含的语句，所有这些语句都分别向控制台写了一条消息。

还可将语句打包放到一个函数中，直到浏览器遇到一条调用该函数的语句时才会执行该函数，如代码清单 5-6 所示。

代码清单 5-6　在 src 文件夹的 main.ts 文件中定义 JavaScript 函数

```
let myFunc = function () {
    console.log("This is a statement");
};

myFunc();
```

定义一个函数非常简单：使用 let 关键字，后跟要赋给函数的名字，接着是等号(=)和 function 关键字，再接着是圆括号，最后用花括号把希望函数包含的语句括起来。

在代码清单 5-6 中，使用了名称 myFunc，该函数只包含单条语句：将消息写入 JavaScript 控制台。在浏览器执行到另一条调用 myFunc 函数的语句时，函数中的语句才会执行，如下所示：

```
...
myFunc();
...
```

执行该函数中的语句将生成如下输出结果：

```
This is a statement
```

除了演示如何定义函数，这个示例并无用处，这是因为在定义函数之后就立即调用了该函数。为响应某种更改或事件(例如用户交互)而调用函数时，函数就会变得更有用。

5.3.1　定义带形参的函数

JavaScript 允许为函数定义形参(parameter)，如代码清单 5-7 所示。

代码清单 5-7　在 src 文件夹的 main.ts 文件中定义带形参的函数

```
let myFunc = function(name, weather) {
    console.log("Hello " + name + ".");
    console.log("It is " + weather + " today");
};

myFunc("Adam", "sunny");
```

这里向 myFunc 函数添加了两个形参，name 和 weather。JavaScript 是一种动态类型语言，因此在定义函数时不必声明形参的数据类型。本章后面在讲解 JavaScript 变量时，还将回到动态类型这个话题。要调用带形参的函数，在调用函数时提供值作为实参(argument)，如下所示：

```
...
myFunc("Adam", "sunny");
...
```

代码清单 5-7 的输出结果如下所示：

```
Hello Adam.
It is sunny today
```

使用默认参数和剩余参数

调用函数时，提供的实参数量不必匹配函数的形参数量。如果调用函数时提供的实参数量少于形参数量，那么那些没有提供值的形参的值都是 undefined，这是一个特殊的 JavaScript 值。如果调用的实参数量多于形参数量，那么多余的实参将被忽略。

这条规则带来的结果是，不能创建名称相同但参数数目不同的两个函数，然后寄望于 JavaScript 根据调用函数时提供的实参来区分它们。这就是所谓的多态性(polymorphism)，虽然 Java 和 C#等语言都支持该特性，但在 JavaScript 中并不能使用该特性。相反，如果定义了两个同名的函数，第二个定义将自动替换第一个定义。

有两种方法可处理函数定义的形参数量和用于调用函数的实参数量之间的不匹配情况。默认参数(default parameter)用于处理实参数量少于形参数量的情况，可为没有实参的形参提供默认值，如代码清单 5-8 所示。

代码清单 5-8　在 src 文件夹的 main.ts 文件中使用默认参数

```
let myFunc = function (name, weather = "raining") {
    console.log("Hello " + name + ".");
    console.log("It is " + weather + " today");
};

myFunc("Adam");
```

该函数的 weather 参数被赋予一个默认值 raining，如果在调用该函数时只提供了一个实参，就会使用这个值，这会产生如下结果。

```
Hello Adam.
```

```
It is raining today
```

而如果调用函数时提供的实参数量超过函数定义的形参数量，那么可使用剩余参数来捕获多余的实参，如代码清单 5-9 所示。

代码清单 5-9　在 src 文件夹的 main.ts 文件中使用剩余参数

```
let myFunc = function (name, weather, ...extraArgs) {
    console.log("Hello " + name + ".");
    console.log("It is " + weather + " today");
    for (let i = 0; i < extraArgs.length; i++) {
        console.log("Extra Arg: " + extraArgs[i]);
    }
};

myFunc("Adam", "sunny", "one", "two", "three");
```

剩余参数必须是函数定义的最后一个形参，而且其名称带有英文省略号(3 个圆点，即...)前缀。剩余参数是一个数组，任何额外的实参都将被赋给这个数组。在这个代码清单中，函数将把每个额外的实参输出到控制台，产生以下结果：

```
Hello Adam.
It is sunny today
Extra Arg: one
Extra Arg: two
Extra Arg: three
```

5.3.2　定义返回结果的函数

可以使用 return 关键字从函数中返回结果。代码清单 5-10 给出了一个返回结果的函数。

代码清单 5-10　在 src 文件夹的 main.ts 文件中从函数返回结果

```
let myFunc = function(name) {
    return ("Hello " + name + ".");
};

console.log(myFunc("Adam"));
```

这个函数定义了一个参数并使用它生成结果。调用该函数并将返回结果作为实参传给 console.log 函数，如下：

```
...
console.log(myFunc("Adam"));
...
```

注意，不必声明该函数将返回一个结果，也不必指出返回结果的数据类型。代码清单 5-10 的结果如下所示：

```
Hello Adam.
```

5.3.3　将函数用作其他函数的实参

JavaScript 函数可作为对象进行传递，因此可将一个函数作为另一个函数的实参，如代码清单 5-11 所示。

代码清单 5-11 在 src 文件夹的 main.ts 文件中将一个函数用作另一个函数的实参

```
let myFunc = function (nameFunction) {
    return ("Hello " + nameFunction() + ".");
};

console.log(myFunc(function () {
    return "Adam";
}));
```

myFunc 函数定义了一个名为 nameFunction 的形参，它调用该参数来获取返回值并将返回结果插入返回的字符串中。传入一个返回 Adam 的函数作为 myFunc 函数的实参，产生以下输出：

```
Hello Adam.
```

可以将多个函数串联起来，通过较小的、容易测试的代码段构造更复杂的功能，如代码清单 5-12 所示。

代码清单 5-12 在 src 文件夹的 main.ts 文件中将函数调用串联起来

```
let myFunc = function (nameFunction) {
    return ("Hello " + nameFunction() + ".");
};

let printName = function (nameFunction, printFunction) {
    printFunction(myFunc(nameFunction));
}

printName(function () { return "Adam" }, console.log);
```

这个示例产生的结果与代码清单 5-11 的相同。

使用箭头函数

箭头函数(也称为胖箭头函数或 lambda 表达式)是另一种定义函数的方法，通常用于定义那些仅用作其他函数的实参的函数。代码清单 5-13 用箭头函数替换了上一个示例中的函数。

代码清单 5-13 在 src 文件夹的 main.ts 文件中使用箭头函数

```
let myFunc = (nameFunction) => ("Hello " + nameFunction() + ".");

let printName = (nameFunction, printFunction) => printFunction(myFunc(nameFunction));

printName(function () { return "Adam" }, console.log);
```

这些函数的功能与代码清单 5-12 中的函数相同。箭头函数包含 3 个部分：输入参数；然后是等号和大于号(形成了一个"箭头"形状)；最后是函数结果。只有当箭头函数需要执行多条语句时，才需要 return 关键字和花括号。稍后将列举更多有关箭头函数的示例。

5.4 使用变量和类型

let 关键字用于声明变量，还可以选择在声明变量的同时为变量赋值。使用 let 声明的变量的作用域限定在它们所在的代码区域内，如代码清单 5-14 所示。

代码清单 5-14　在 src 文件夹的 main.ts 文件中使用 let 关键字声明变量

```
let messageFunction = function (name, weather) {
    let message = "Hello, Adam";
    if (weather == "sunny") {
        let message = "It is a nice day";
        console.log(message);
    } else {
        let message = "It is " + weather + " today";
        console.log(message);
    }
    console.log(message);
}

messageFunction("Adam", "raining");
```

在这个例子中，有 3 条语句使用 let 关键字来定义名为 message 的变量。每个变量的作用域限于各自所在的代码区域，产生以下结果：

```
It is raining today
Hello, Adam
```

这似乎是一个奇怪的示例，但还有一个关键字也可用来声明变量：var。let 关键字是 JavaScript 规范的相对较新的补充，旨在解决 var 行为方式存在的一些异常情况。代码清单 5-15 以代码清单 5-14 为例，但用 var 替换了 let。

代码清单 5-15　在 src 文件夹的 main.ts 文件中使用 var 关键字声明变量

```
let messageFunction = function (name, weather) {
    var message = "Hello, Adam";
    if (weather == "sunny") {
        var message = "It is a nice day";
        console.log(message);
    } else {
        var message = "It is " + weather + " today";
        console.log(message);
    }
    console.log(message);
}

messageFunction("Adam", "raining");
```

当保存代码清单中的修改时，将看到如下结果。

```
It is raining today
It is raining today
```

问题是 var 关键字所创建变量的作用域是它所在的函数，这意味着 message 的所有引用都指向同一个变量。即便对于经验丰富的 JavaScript 开发人员，这也可能会导致意想不到的结果，这正是引入更主流的 let 关键字的原因。

使用 let 和 const

let 关键字用于定义变量，const 关键字用于定义不变的常量值。对于不希望修改的任何值，最好使用 const 关键字，以便在尝试任何修改时报告错误。但是我很少使用这个关键字，部分原因是我习惯于使用 var 关键字，部分原因是我用各种语言编写代码，为了避免从一种语言切换到另一种语言时出错，而不使用一些特性。如果对 JavaScript 不熟悉，那么建议尝试正确使用 const 和 let，避免重蹈我的覆辙。

5.4.1 使用变量闭包

如果在一个函数的内部定义另一个函数，从而构成内部函数和外部函数，那么内部函数可以通过一个名为闭包的特性访问外部函数中定义的变量，如代码清单 5-16 所示。

代码清单 5-16 在 src 文件夹的 main.ts 文件中使用变量闭包

```
let myFunc = function(name) {
    let myLocalVar = "sunny";
    let innerFunction = function () {
        return ("Hello " + name + ". Today is " + myLocalVar + ".");
    }
    return innerFunction();

};
console.log(myFunc("Adam"));
```

该例中的内部函数能够访问外部函数的局部变量，包括其 name 参数。这是一项强大的功能，这意味着不需要在内部函数中定义参数来传递数据，但需要谨慎使用，这是因为在内部函数中使用常见的变量名(如 counter 或 index)时很容易获得意想不到的结果，你可能意识不到自己正在复用来自外部函数的变量名称。这个示例的结果如下：

```
Hello Adam. Today is sunny.
```

5.4.2 使用基本数据类型

JavaScript 定义了一组基本类型：string、number 和 boolean。虽然这个列表看似简短，但是 JavaScript 能够利用这 3 种类型获得巨大的灵活性。

提示：这里做了简化。可能还会遇到其他三个基本类型。已声明但未赋值的变量是 undefined，而 null 值用于指示变量没有值，与其他语言一样。最后一种基本类型是 Symbol，它是一个不可变的值，表示唯一的 ID，但在编写本书时该类型没有广泛使用。

1. 使用布尔类型

boolean 类型有两个值：true 和 false。代码清单 5-17 显示了这两个值的使用情况，但是，这个类型最有用的场合是用于条件语句(如 if 语句)。此代码清单没有控制台输出。

代码清单 5-17 在 src 文件夹的 main.ts 文件中定义布尔值

```
let firstBool = true;
let secondBool = false;
```

2. 使用字符串类型

使用双引号或单引号字符定义 string 值，如代码清单 5-18 所示。

代码清单 5-18　在 src 文件夹的 main.ts 文件中定义字符串变量

```
let firstString = "This is a string";
let secondString = 'And so is this';
```

必须成对使用引号字符。举例来说，不能以单引号开头，但以双引号结尾。代码清单 5-18 没有控制台输出。JavaScript 为 string 对象提供了一组基本的属性和方法，表 5-2 列出了其中最有用的一些属性和方法。

表 5-2　字符串的常用属性和方法

名称	描述
length	该属性返回字符串中的字符数
charAt(index)	这个方法返回一个包含指定索引处字符的字符串
concat(string)	这个方法将当前字符串与实参字符串连接成一个新的字符串，并将其返回
indexOf(term, start)	这个方法返回 term 在字符串中首次出现时的索引，如果没有匹配，则返回-1。可选的 start 实参指定搜索开始的索引
replace(term, newTerm)	这个方法返回一个新字符串，原字符串中的所有 term 都被替换成 newTerm
slice(start, end)	这个方法返回由位于索引 start 和 end 之间的所有字符构成的子字符串
split(term)	这个方法根据指定的分隔符 term(可以是多个字符)将一个字符串切分成一组字符串
toUpperCase( ) toLowerCase( )	这两个方法均返回新字符串，其中的所有字符都为大写或小写
trim( )	这个方法返回一个新字符串，其中开头和结尾处的空白字符都已被移除

使用模板字符串

一项常见的编程任务是将静态内容与数据值相结合，生成可向用户显示的字符串。传统的做法是通过字符串拼接来实现，这也是目前本章中所有示例使用的方法，如下所示。

```
...
let message = "It is " + weather + " today";
...
```

JavaScript 现在也支持模板字符串，能够以内联方式指定数据值，这可以帮助减少错误并促成更自然的开发体验。代码清单 5-19 给出了模板字符串的用法。

代码清单 5-19　在 main.ts 文件中使用模板字符串

```
let messageFunction = function (weather) {
    let message = `It is ${weather} today`;
    console.log(message);
}

messageFunction("raining");
```

模板字符串以反引号(字符`)开始和结束，而数据值采用美元符号加一对花括号表示。例如，下面这个字符串将 weather 变量的值合并到模板字符串中。

```
...
let message = `It is ${weather} today`;
...
```

这个示例的输出如下：

```
It is raining today
```

3. 使用数字类型

数字类型用于表示整数和浮点数(也称为实数)。代码清单 5-20 演示了这一点。

代码清单 5-20　在 src 文件夹的 main.ts 文件中定义数字值

```
let daysInWeek = 7;
let pi = 3.14;
let hexValue = 0xFFFF;
```

不必指定使用哪种类型的数字。只需要表达所需的数值，JavaScript 就会相应地处理。代码清单 5-20 中定义了一个整数值和一个浮点值，又用前缀 0x 表示一个十六进制值。

5.5　使用 JavaScript 操作符

JavaScript 定义了大量的标准操作符。表 5-3 总结了其中最有用的操作符。

表 5-3　有用的 JavaScript 操作符

操作符	描述
++、--	前(后)自增和自减
+、-、*、/、%	加、减、乘、除、求余数
<、<=、>、>=	小于、小于或等于、大于、大于或等于
==、!=	相等和不等测试
===、!==	恒等和不恒等测试
&&、‖	逻辑 AND 和 OR(‖ 用于合并 null 值)
=	赋值
+	字符串连接
?:	三元条件语句

5.5.1　使用条件语句

许多 JavaScript 操作符都与条件语句一起使用。本书往往使用 if/else 和 switch 语句。代码清单 5-21 演示了两者的用法，如果使用过任何编程语言，那么会非常熟悉这些用法。

代码清单 5-21　在 src 文件夹的 main.ts 文件中使用 if/else 和 switch 条件语句

```
let firstName = "Adam";

if (firstName == "Adam") {
    console.log("firstName is Adam");
} else if (firstName == "Jacqui") {
    console.log("firstName is Jacqui");
```

```
} else {
    console.log("firstName is neither Adam or Jacqui");
}

switch (firstName) {
    case "Adam":
        console.log("firstName is Adam");
        break;
    case "Jacqui":
        console.log("firstName is Jacqui");
        break;
    default:
        console.log("firstName is neither Adam or Jacqui");
        break;
}
```

这个代码清单的运行结果如下所示。

```
firstName is Adam
firstName is Adam
```

5.5.2　相等操作符和恒等操作符

特别值得注意的是相等操作符(==)和恒等操作符(===)。相等操作符尝试将操作数强制(转换)为相同类型，以评估是否相等。只要知道这项功能，就会发现它十分方便。代码清单 5-22 显示了相等操作符的实际用法。

代码清单 5-22　在 src 文件夹的 main.ts 文件中使用相等操作符

```
let firstVal = 5;
let secondVal = "5";

if (firstVal == secondVal) {
    console.log("They are the same");
} else {
    console.log("They are NOT the same");
}
```

这个脚本的输出结果如下：

```
They are the same
```

JavaScript 将两个操作数转换为相同的类型并进行比较。实质上，相等操作符测试二者的值是否相同，而与二者的类型无关。为防止这类错误，TypeScript 编译器会生成一个警告，因为这种比较是合法的，所以它仍然会生成 JavaScript 代码。

```
ERROR in src/main.ts:4:5 - error TS2367: This condition will always return 'false' since
the types 'number' and 'string' have no overlap.
```

如果要测试二者的值和类型是否都相同，则需要使用恒等操作符(===，三个等号，而不是相等操作符的两个等号==)，如代码清单 5-23 所示。

代码清单 5-23　在 src 文件夹的 main.ts 文件中使用恒等操作符

```
let firstVal = 5;
```

```
let secondVal = "5";

if (firstVal === secondVal) {
    console.log("They are the same");
} else {
    console.log("They are NOT the same");
}
```

在这个示例中，恒等操作符会认为这两个变量是不同的。这个操作符不会进行强制类型转换。这个脚本的输出结果如下：

```
They are NOT the same
```

5.5.3　显式类型转换

字符串连接操作符(+)的优先级高于加法操作符(也是+)，这意味着 JavaScript 将变量的连接操作优先于加法操作。这可能会导致混淆，因为 JavaScript 也会自由地进行类型转换以产生结果，而这并不总是预期的结果，如代码清单 5-24 所示。

代码清单 5-24　在 main.ts 文件中字符串连接操作符优先

```
let myData1 = 5 + 5;
let myData2 = 5 + "5";

console.log("Result 1: " + myData1);
console.log("Result 2: " + myData2);
```

这个脚本的输出结果如下：

```
Result 1: 10
Result 2: 55
```

第二个结果是导致混乱的那种情况。由于 JavaScript 操作符的优先级以及过度的类型转换，使原本打算的加法操作被解释为字符串连接操作。为避免这种情况，可显式转换值的类型，以确保执行正确的操作，如下面几节所述。

1. 将数字转换为字符串

如果使用多个数字变量并将其作为字符串连接起来，那么可使用 toString 方法将数字转换为字符串，如代码清单 5-25 所示。

代码清单 5-25　在 src 文件夹的 main.ts 文件中使用 number.toString 方法

```
let myData1 = (5).toString() + String(5);
console.log("Result: " + myData1);
```

请注意，这里将数值放在括号中，然后调用了 toString 方法。这是因为必须让 JavaScript 将字面值转换为 number 类型，然后才能调用 number 类型定义的方法。这里还给出了一种替代方法来达到相同的效果，即调用 String 函数并将数值作为实参传入。这两种方法具有相同的效果，即把数字转换为字符串，这意味着操作符+用于字符串连接而不是执行加法操作。这个脚本的输出结果如下：

```
Result: 55
```

还有其他一些方法可以更好地控制如何把数字表示为字符串。表 5-4 简要介绍了这些方法。该表中给出的所有方法都由 number 类型定义。

表 5-4　将数字转换为字符串的常用方法

方法	描述
toString( )	这个方法返回一个以十进制表示数字的字符串
toString(2) toString(8) toString(16)	这个方法返回一个以二进制、八进制、十六进制表示数字的字符串
toFixed(n)	这个方法返回一个精确到小数点 n 位实数的字符串
toExponential(n)	这个方法返回一个采用科学记数法(小数点前有 1 位数字，小数点后有 n 位数字)表示数字的字符串
toPrecision(n)	这个方法返回一个用 n 位有效数字表示数字(根据需要使用科学记数法)的字符串

2. 将字符串转换为数字

与上面的技术相配套的是将字符串转换为数字，以便执行加法操作而不是字符串连接操作。可以使用 Number 函数执行此操作，如代码清单 5-26 所示。

代码清单 5-26　在 src 文件夹的 main.ts 文件中将字符串转换成数字

```
let firstVal = "5";
let secondVal = "5";

let result = Number(firstVal) + Number(secondVal);
console.log("Result: " + result);
```

这个脚本的输出结果如下：

```
Result: 10
```

Number 函数在解析字符串值时非常严格，还有另外两个更灵活的函数可以使用，二者会忽略字符串末尾的非数字字符。这两个函数分别是 parseInt 和 parseFloat。表 5-5 中描述了所有 3 种方法。

表 5-5　字符串到数字的常用转换方法

方法	描述
Number(str)	这个方法分析指定的字符串，并创建一个整数或实数值
parseInt(str)	这个方法分析指定的字符串，并创建一个整数值
parseFloat(str)	这个方法分析指定的字符串，并创建一个实数值

5.6　处理数组

JavaScript 数组的工作方式与其他大多数编程语言中的数组一样。代码清单 5-27 演示了如何创建和填充数组。

代码清单 5-27　在 src 文件夹的 main.ts 文件中创建和填充数组

```
let myArray = new Array();
myArray[0] = 100;
```

```
myArray[1] = "Adam";
myArray[2] = true;
```

这里通过调用 new Array( )创建了一个新数组。这将创建一个空数组，并将其赋给变量 myArray。在后续语句中，向数组中的不同索引位置赋值(代码清单 5-27 没有控制台输出)。

在这个示例中有几点需要注意。首先，在创建数组时不需要声明数组的项数。JavaScript 数组将自动调整大小，以容纳任意多项。其次，不必声明数组要保存的数据的类型。任何 JavaScript 数组都可以同时容纳任何类型的混合数据。在这个示例中，为数组分配了 3 项：数字、字符串和布尔值。

5.6.1 使用数组字面量

可以使用数组字面量样式在单条语句中创建并填充数组，如代码清单 5-28 所示。

代码清单 5-28 在 src 文件夹的 main.ts 文件中使用数组字面量样式

```
let myArray = [100, "Adam", true];
```

这个例子指定，通过在方括号之间指定数组中的数据项来分配一个新数组，并将其赋给 myArray 变量(代码清单 5-28 没有控制台输出)。

5.6.2 数组内容的读取和修改

使用一对方括号并将索引放在两个方括号之间，可以读取指定索引处的值，如代码清单 5-29 所示。

代码清单 5-29 在 src 文件夹的 main.ts 文件中读取指定索引处的数组项

```
let myArray = [100, "Adam", true];
console.log("Index 0: " + myArray[0]);
```

可以通过向任意索引处赋予新值的方式修改在 JavaScript 数组中任何指定位置保存的数据。与常规变量一样，可以改变某个索引处的数据类型，而不会出现任何问题。代码清单 5-29 的输出结果如下：

```
Index 0: 100
```

代码清单 5-30 演示了如何修改数组内容。

代码清单 5-30 在 src 文件夹的 main.ts 文件中修改数组的内容

```
let myArray = [100, "Adam", true];
myArray[0] = "Tuesday";
console.log("Index 0: " + myArray[0]);
```

在这个示例中，向数组的位置 0 处赋予一个 string 值，之前这个位置存放的是一个 number 值，这个示例的输出结果如下：

```
Index 0: Tuesday
```

5.6.3 遍历数组内容

可以使用 for 循环或 forEach 方法遍历数组的内容，forEach 方法接收一个函数来处理数组中的每个元素。代码清单 5-31 对这两种方法都进行了演示。

代码清单 5-31　在 src 文件夹的 main.ts 文件中遍历数组内容

```
let myArray = [100, "Adam", true];

for (let i = 0; i < myArray.length; i++) {
    console.log("Index " + i + ": " + myArray[i]);
}

console.log("---");

myArray.forEach((value, index) => console.log("Index " + index + ": " + value));
```

JavaScript 的 for 循环与其他许多语言中的 for 循环相同。可通过 length 属性来确定数组中有多少个元素。

传给 forEach 方法的函数接收到两个实参：待处理的当前项的值以及该项在数组中的位置。在代码清单 5-31 中使用一个箭头函数作为 forEach 方法的实参，而这正是这种遍历方式的理想使用场合(在整本书中都将看到这种用法)。代码清单 5-31 的输出结果如下所示：

```
Index 0: 100
Index 1: Adam
Index 2: true
---
Index 0: 100
Index 1: Adam
Index 2: true
```

5.6.4　spread 操作符

spread 操作符用于展开数组，以便其内容可用作函数参数或与其他数组组合使用。代码清单 5-32 使用 spread 操作符展开一个数组，以便将其项合并到另一个数组中。

代码清单 5-32　在 src 文件夹的 main.ts 文件中使用 spread 操作符

```
let myArray = [100, "Adam", true];
let otherArray = [...myArray, 200, "Bob", false];

for (let i = 0; i < otherArray.length; i++) {
  console.log(`Array item ${i}: ${otherArray[i]}`);
}
```

spread 操作符是三个连续的句点，它会导致数组被解开。

```
...
let otherArray = [...myArray, 200, "Bob", false];
...
```

使用 spread 操作符，可以在定义 otherArray 时将 myArray 指定为数据项，结果第一个数组的内容将被解开，作为数据项添加到第二个数组。这个例子产生了以下结果：

```
Array item 0: 100
Array item 1: Adam
Array item 2: true
Array item 3: 200
Array item 4: Bob
Array item 5: false
```

5.6.5　使用内置数组方法

JavaScript 的 Array 对象定义的几个方法可用来处理数组，表 5-6 描述了其中一些最有用的方法。

表 5-6　常用的数组方法

方法	描述
concat(otherArray)	这个方法返回一个新数组，它将该方法的宿主数组与实参指定的数组连接起来。可以指定多个数组
join(separator)	这个方法将数组中的所有元素连接起来形成一个字符串。实参指定用来分隔数组项的字符
pop( )	这个方法移除并返回数组的最后一项
shift( )	这个方法移除并返回数组的第一项
push(item)	这个方法将指定项追加到数组的末尾
unshift(item)	这个方法将新项插入数组的起始处
reverse( )	这个方法返回一个新数组，里面包含所有项，但是项的顺序相反
slice(start,end)	这个方法返回数组的一部分
sort( )	这个方法对数组排序。它有一个可选参数(比较函数)，用于执行自定义比较操作
splice(index, count)	这个方法从指定的 index 位置开始，从数组中移除 count 项。被移除项作为方法的结果返回
unshift(item)	这个方法在数组的起始处插入新项
every(test)	这个方法针对数组中的每项调用 test 函数，如果该函数对于所有项都返回 true，那么这个方法返回 true，否则该方法返回 false
some(test)	针对每项调用 test 函数，如果至少有一次返回 true，那么该函数返回 true
filter(test)	这个方法返回一个新数组，其中包含所有让 test 函数返回 true 的数组项
find(test)	这个方法返回第一个让 test 函数返回 true 的数组项
findIndex(test)	这个方法返回第一个让 test 函数返回 true 的数组项的索引
foreach(callback)	这个方法针对数组的每项调用 callback 函数，前一节已经描述过该方法
includes(value)	如果数组包含指定值，那么该方法返回 true
map(callback)	这个方法返回一个新数组，它由对数组每项调用 callback 函数后返回的结果组成
reduce(callback)	这个方法返回针对数组每项调用 callback 函数后产生的累积值

由于表 5-6 中的许多方法返回一个新数组，因此可以将这些方法连接在一起来处理数据数组，如代码清单 5-33 所示。

代码清单 5-33　在 src 文件夹的 main.ts 文件中处理数据数组

```
let products = [
    { name: "Hat", price: 24.5, stock: 10 },
    { name: "Kayak", price: 289.99, stock: 1 },
    { name: "Soccer Ball", price: 10, stock: 0 },
    { name: "Running Shoes", price: 116.50, stock: 20 }
];

let totalValue = products
    .filter(item => item.stock > 0)
    .reduce((prev, item) => prev + (item.price * item.stock), 0);
```

```
console.log("Total value: $" + totalValue.toFixed(2));
```

使用 filter 方法选取数组中 stock 值大于零的数组项，并使用 reduce 方法确定这些数组项的总和，从而产生以下输出：

```
Total value: $2864.99
```

5.7　本章小结

本章简要介绍了 JavaScript，重点介绍了如何使用核心语言功能。本章描述 JavaScript 规范中最新添加的一些功能，这些功能需要借助 TypeScript 编译器转换为可以在旧版浏览器中运行的代码。下一章将继续这个主题，并介绍 Angular 开发中使用的一些更高级的 JavaScript 功能。

第 6 章

JavaScript 与 TypeScript：第 2 部分

本章将介绍一些对 Angular 开发有用的更高级的 JavaScript 功能。将解释 JavaScript 如何处理对象(包括对类的支持)，以及如何将 JavaScript 功能打包到 JavaScript 模块中。本章还将介绍 TypeScript 提供的一些功能，虽然这些功能不是 JavaScript 规范的一部分，但是本书后面的一些例子将用到这些功能。表 6-1 给出了本章的内容摘要。

表 6-1 本章内容摘要

问题	解决方案	代码清单编号
通过指定属性和值来创建对象	使用 new 关键字或使用对象字面量	1~3
使用模板创建对象	定义类	4 和 5
从另一个类继承行为	使用 extends 关键字	6
将 JavaScript 功能打包在一起	创建 JavaScript 模块	7
声明对某个模块的依赖关系	使用 import 关键字	8~11
声明属性、参数和变量使用的类型	使用 TypeScript 类型注解	12~17
指定多个类型	使用联合类型	18~20
创建临时的一组类型	使用元组	21
通过键对值进行分组	使用可索引类型	22
控制对类中方法和属性的访问	使用访问控制修饰符	23

6.1 准备示例项目

本章将继续使用第 5 章中的 JavaScriptPrimer 项目。要准备本章的内容，并不需要对项目进行任何更改，在 JavaScriptPrimer 文件夹中运行以下命令来启动 TypeScript 编译器和 HTTP 开发服务器：

```
ng serve -open
```

该命令将打开一个新浏览器窗口，但它将是空的，因为在上一章删除了占位符内容。本章的示例都依靠浏览器的 JavaScript 控制台显示消息。如果查看控制台，就会看到如下结果。

```
Total value: $2864.99
```

6.2　使用对象

在 JavaScript 中创建对象的方法有几种。下面从代码清单 6-1 所示的简单示例开始。

> **注意：** 本章的某些示例可能导致 TypeScript 编译器报错。这些示例仍然能够运行，因此可以忽略这些消息。之所以会产生这些错误消息，是因为 TypeScript 提供了一些额外功能，本章稍后才会讲解这些功能。

代码清单 6-1　在 src 文件夹的 main.ts 文件中创建对象

```
let myData = new Object();
myData.name = "Adam";
myData.weather = "sunny";

console.log("Hello " + myData.name + ".");
console.log("Today is " + myData.weather + ".");
```

通过调用 new Object( )创建一个对象，并将结果(新创建的对象)赋给一个名为 myData 的变量。在创建对象后，就可以通过赋值操作定义对象上的属性，如下所示：

```
...
myData.name = "Adam";
...
```

在这条语句之前，对象没有名为 name 的属性。而当这条语句执行后，name 属性就存在了，并赋值为 Adam。可通过用圆点(.)将变量名称和属性名称组合起来，以读取属性的值，如下所示：

```
...
console.log("Hello " + myData.name + ".");
...
```

代码清单 6-1 的输出结果如下所示：

```
Hello Adam.

Today is sunny.
```

6.2.1　使用对象字面量

采用对象字面量格式，可以一步完成对象及其属性的定义，如代码清单 6-2 所示。

代码清单 6-2　在 src 文件夹的 main.ts 文件中使用对象字面量格式

```
let myData = {
    name: "Adam",
    weather: "sunny"
};
```

```
console.log("Hello " + myData.name + ". ");
console.log("Today is " + myData.weather + ".");
```

对于要定义的每个属性，都要使用冒号(:)与其值分开，并且使用逗号(,)来分隔不同属性。这段代码的效果与上一个示例的效果相同，输出结果如下：

```
Hello Adam.

Today is sunny.
```

6.2.2 将函数用作方法

我最喜欢的 JavaScript 功能之一是向对象添加函数的方式。在对象上定义的函数称为方法(method)。代码清单 6-3 演示了如何采用这种方式向对象添加方法。

代码清单 6-3 在 src 文件夹的 main.ts 文件中向对象添加方法

```
let myData = {
    name: "Adam",
    weather: "sunny",
    printMessages: function () {
        console.log("Hello " + this.name + ". ");
        console.log("Today is " + this.weather + ".");
    }
};
myData.printMessages();
```

在这个示例中，使用函数创建一个名为 printMessages 的方法。请注意，要引用对象定义的属性，必须使用 this 关键字。当把一个函数用作方法时，当前对象将作为实参通过特殊变量 this 隐式传递给该函数。代码清单 6-3 的输出结果如下：

```
Hello Adam.

Today is sunny.
```

6.2.3 定义类

类是一种模板，用于创建具有相同功能的对象。JavaScript的最新规范补充了对类的支持，旨在使JavaScript与其他主流编程语言更趋一致，而类功能的使用遍及整个Angular开发过程。代码清单 6-4 演示了如何使用类表示上一节中的对象所定义的功能。

代码清单 6-4 在 src 文件夹的 main.ts 文件中定义类

```
class MyClass {

    constructor(name, weather) {
        this.name = name;
        this.weather = weather;
    }

    printMessages() {
        console.log("Hello " + this.name + ". ");
        console.log("Today is " + this.weather + ".");
    }
}
```

```
let myData = new MyClass("Adam", "sunny");
myData.printMessages();
```

如果用过其他主流编程语言(如 Java 或 C#)，就会非常熟悉 JavaScript 类。class 关键字用于声明一个类，其后是类名，这里是 MyClass。

当使用类创建新对象时，将调用 constructor(构造)函数，构造函数为开发者提供了一个机会，可以接收数据值并执行该类所需的任何初始设置。在这个示例中，构造函数定义了 name 和 weather 参数，它们用于创建同名变量。这样定义的变量称为属性(property)。

类可以有方法(定义为函数)，但不需要使用 function 关键字。在该例中有一个名为 printMessages 的方法，它使用属性 name 和 weather 的值将消息写入浏览器的 JavaScript 控制台。

提示：类也可以有静态方法，由 static 关键字表示。静态方法属于类而不是根据类创建的对象。代码清单 6-14 列出了静态方法的示例。

new 关键字用于根据类创建对象，如下所示。

```
...
let myData = new MyClass("Adam", "sunny");
...
```

这条语句使用 MyClass 类作为模板创建一个新对象。这里将 MyClass 用作函数，传递给该函数的实参将由 MyClass 类定义的 constructor 函数接收。这个表达式的结果是一个新对象，且该对象被赋给一个名为 myData 的变量。创建一个对象后，可通过被赋值的那个变量访问该对象的属性和方法，如下所示。

```
...
myData.printMessages();
...
```

这个示例在浏览器的 JavaScript 控制台中生成如下结果。

```
Hello Adam.

Today is sunny.
```

JavaScript 类与原型

类功能并不会改变 JavaScript 底层处理类型的方式。相反，JavaScript 类只是为大多数程序员提供一种以更熟悉的方式使用类型而已。在幕后，JavaScript 仍然使用基于原型的传统类型系统。例如，代码清单 6-4 中的代码也可以这样写：

```
var MyClass = function MyClass(name, weather) {
    this.name = name;
    this.weather = weather;
}

MyClass.prototype.printMessages = function () {
    console.log("Hello " + this.name + ". ");
    console.log("Today is " + this.weather + ".");
};
```

(续)

```
var myData = new MyClass("Adam", "sunny");
myData.printMessages();
```

使用类使得 Angular 开发变得更容易，这正是本书所采用的方法。在 ES6 中引入的许多功能都被归类为语法糖，它们使 JavaScript 的某些方面更容易理解和使用。虽然术语"语法糖"(syntactic sugar)看起来像是一个贬义词，但是考虑到 JavaScript 确实存在着一些怪异行为，在 ES6 中引入的许多功能可帮助开发人员避开常见陷阱。

1. 定义类的设置器和读取器属性

JavaScript 类可以在其构造函数中定义属性，从而产生可在应用程序的其他位置读取和修改的变量。在类的外部，读取器(getter)和设置器(setter)就像普通属性，但它们可用于引入额外的逻辑，经常用于验证或转换新值，或者以编程方式生成值，如代码清单 6-5 所示。

代码清单 6-5 在 src 文件夹的 main.ts 文件中使用读取器和设置器

```
class MyClass {
    constructor(name, weather) {
        this.name = name;
        this._weather = weather;
    }

    set weather(value) {
        this._weather = value;
    }

    get weather() {
        return `Today is ${this._weather}`;
    }

    printMessages() {
        console.log("Hello " + this.name + ". ");
        console.log(this.weather);
    }
}

let myData = new MyClass("Adam", "sunny");
myData.printMessages();
```

读取器和设置器的实现方式如下：在函数名称的前面加上 get 或 set 关键字。JavaScript 类中没有访问控制的概念，而是约定内部属性的名称统一使用下画线(字符_)作为前缀。在代码清单 6-5 中，weather 属性是通过一个设置器(修改_weather 属性)和一个读取器(将_weather 属性的值填入模板字符串中)来实现的。这个示例在浏览器的 JavaScript 控制台中产生以下结果：

```
Hello Adam.

Today is sunny
```

2. 使用类继承

类可以使用 extends 关键字从另一个类继承行为，如代码清单 6-6 所示。

代码清单 6-6 在 src 文件夹的 main.ts 文件中使用类继承

```
class MyClass {
    constructor(name, weather) {
        this.name = name;
        this._weather = weather;
    }

    set weather(value) {
        this._weather = value;
    }

    get weather() {
        return `Today is ${this._weather}`;
    }

    printMessages() {
        console.log("Hello " + this.name + ". ");
        console.log(this.weather);
    }
}

class MySubClass extends MyClass {

    constructor(name, weather, city) {
        super(name, weather);
        this.city = city;
    }

    printMessages() {
        super.printMessages();
        console.log(`You are in ${this.city}`);
    }
}

let myData = new MySubClass("Adam", "sunny", "London");
myData.printMessages();
```

extends 关键字用于声明将要继承的类(被称为超类或基类)。在代码清单 6-6 中，MySubClass
继承自 MyClass。super 关键字用于调用超类的构造函数和方法。MySubClass 建立在 MyClass 的
功能基础之上，增加了对城市的支持。这段代码在浏览器的 JavaScript 控制台中产生以下结果：

```
Hello Adam.
Today is sunny
You are in London
```

6.3 处理 JavaScript 模块

JavaScript 模块用于管理 Web 应用程序中的依赖项，这意味着不需要管理大量单独的代码文
件，以确保浏览器下载应用程序的所有代码。相反，在编译过程中，应用程序需要的所有 JavaScript
文件会合并到一个更大的文件中，称为捆绑包，浏览器下载的就是这个文件。

注意：旧版本的 Angular 依赖于一个模块加载器，它会为应用程序所需的 JavaScript 文件发送单独的 HTTP 请求。对开发工具的更改简化了这个过程，并切换为使用构建过程中创建的捆绑包。

创建和使用模块

添加到项目中的每个 TypeScript 或 JavaScript 文件都被视为模块。为了演示模块，在 src 文件夹中创建一个名为 modules 的文件夹，添加一个名为 NameAndWeather.ts 的文件，添加代码清单 6-7 所示的代码。

代码清单 6-7　src/modules 文件夹中 NameAndWeather.ts 文件的内容

```
export class Name {
    constructor(first, second) {
        this.first = first;
        this.second = second;
    }

    get nameMessage() {
        return `Hello ${this.first} ${this.second}`;
    }
}

export class WeatherLocation {
    constructor(weather, city) {
        this.weather = weather;
        this.city = city;
    }

    get weatherMessage() {
        return `It is ${this.weather} in ${this.city}`;
    }
}
```

默认情况下，JavaScript 或 TypeScript 文件中定义的类、函数和变量只能在该文件中访问。export 关键字用于在文件之外访问特性，以便应用程序的其他部分可以使用这些特性。在这个例子中，将 export 关键字应用于 Name 和 WeatherLocation 类，这意味着它们可以在模块之外使用。

提示：在 NameAndWeather.ts 中定义了两个类。它的作用是创建一个包含两个类的模块。Angular 应用程序中的约定是将每个类放入它自己的文件中，这意味着每个类都在它自己的模块中定义，因此本书的代码清单总是包含 export 关键字。

import 关键字用于声明对模块所提供特性的依赖关系。代码清单 6-8 在 main.ts 中使用了 Name 和 WeatherLocation 类。这意味着必须使用 import 关键字来声明对它们和它们所在模块的依赖关系。

代码清单 6-8　在 src 文件夹的 main.ts 文件中导入特定类型

```
import { Name, WeatherLocation } from "./modules/NameAndWeather";

let name = new Name("Adam", "Freeman");
let loc = new WeatherLocation("raining", "London");
```

```
console.log(name.nameMessage);
console.log(loc.weatherMessage);
```

本书的大部分例子都采用该方式使用 import 关键字。该关键字后面是一对大括号，在大括号中列出了当前文件中的代码依赖的所有类(用逗号隔开)，然后是 from 关键字，最后是模块名称。在本示例中，从 Modules 文件夹中的 NameAndWeather 模块导入类 Name 和 WeatherLocation。请注意，指定模块名称时不包括文件扩展名。

关闭 Angular 开发工具，运行如下命令再次启动它们，这将确保在构建过程中包含新文件夹。

```
ng serve
```

编译 main.ts 文件时，Angular 开发工具会检测到 NameAndWeather.ts 文件中代码的依赖关系。这个依赖关系确保 Name 和 WeatherLocation 类包含在 JavaScript 捆绑包文件中，在浏览器的 JavaScript 控制台中显示以下输出，说明模块中的代码用于生成结果。

```
Hello Adam Freeman
It is raining in London
```

注意，不需要将 NameAndWeather.ts 文件包含在发送到浏览器的文件列表中。仅使用 import 关键字就足以声明依赖关系，并确保应用程序所需的代码包含在发送到浏览器的 JavaScript 文件中。

此时将看到错误，警告说属性尚未定义。暂时忽略这些警告，本章后面将解释如何解决这些问题。

理解模块解析

在本书的 import 语句中采用两种不同的方式指定模块。第一种是相对模块，其中模块的名称以./为前缀，如代码清单 6-8 所示:

```
...
import { Name, WeatherLocation } from "./modules/NameAndWeather";
...
```

这条语句指出，该模块所在的位置是相对于包含 import 语句的文件而言。在这里，NameAndWeather.ts 文件位于 main.ts 文件所在目录下面的子目录 modules 中。另一种 import 是非相对导入。下面是摘自第 2 章的非相对导入示例，在本书的每一章中都将看到该示例。

```
...
import { Component } from "@angular/core";
...
```

这条 import 语句中的模块不是以./开头的，构建工具通过在 node_modules 文件夹中查找包来解析依赖关系。在这个例子中，依赖关系依赖于@angular/core 包提供的一个特性，它是在通过 ng new 命令创建项目时添加到项目中的。

1. 重命名导入

在具有很多依赖关系的复杂项目中，可能需要使用来自两个不同模块但是同名的类。为了重现此问题，在 src/modules 文件夹中创建一个名为 DuplicateName.ts 的文件，并定义代码清单 6-9 所示的类。

代码清单 6-9 src/modules 文件夹中 DuplicateName.ts 文件的内容

```
export class Name {

    get message() {
        return "Other Name";
    }
}
```

虽然这个类没有任何有用的东西，但是由于它称为 Name，因此如果使用代码清单 6-8 中的方法导入它，就会导致冲突，这是因为编译器将无法通过名称区分这些类。解决办法是使用 as 关键字，在从模块导入类时，为其创建一个别名，如代码清单 6-10 所示。

代码清单 6-10 在 src 文件夹的 main.ts 文件中使用模块别名

```
import { Name, WeatherLocation } from "./modules/NameAndWeather";
import { Name as OtherName } from "./modules/DuplicateName";

let name = new Name("Adam", "Freeman");
let loc = new WeatherLocation("raining", "London");
let other = new OtherName();
console.log(name.nameMessage);
console.log(loc.weatherMessage);
console.log(other.message);
```

DuplicateName 模块中的 Name 类被导入为 OtherName，这样它与 NameAndWeather 模块中的 Name 类就不再冲突。此例产生以下输出：

```
Hello Adam Freeman
It is raining in London
Other Name
```

2. 导入模块中的所有类型

还有一种导入模块的方式是将模块作为一个对象导入，模块所包含的所有类型都作为该对象的属性，如代码清单 6-11 所示。

代码清单 6-11 在 src 文件夹的 main.ts 文件中导入模块作为对象

```
import * as NameAndWeatherLocation from "./modules/NameAndWeather";
import { Name as OtherName } from "./modules/DuplicateName";

let name = new NameAndWeatherLocation.Name("Adam", "Freeman");
let loc = new NameAndWeatherLocation.WeatherLocation("raining", "London");
let other = new OtherName();

console.log(name.nameMessage);
console.log(loc.weatherMessage);
console.log(other.message);
```

此例中的 import 语句导入 NameAndWeather 模块的内容，并创建一个名为 NameAndWeatherLocation 的对象。这个对象的属性 Name 和 Weather 分别与模块中定义的两个类相对应。这个示例产生的输出与代码清单 6-10 相同。

6.4　有用的 TypeScript 特性

TypeScript 是 JavaScript 的一个超集，它提供的语言特性基于 JavaScript 规范提供的特性。下面将演示 Angular 开发中最有用的 TypeScript 特性，其中的许多特性在本书的示例中已经使用过。

提示：TypeScript 支持的特性要比本章中描述的更多。当在后面用到其他特性时再进行介绍，有关完整的参考，请参阅 TypeScript 主页 www.typescriptlang.org。

6.4.1　使用类型注解

TypeScript 的显著功能是支持类型注解，可以通过在编译代码时执行类型检查以帮助减少常见的 JavaScript 错误，从而让人想起 C#或 Java 等语言。如果一直觉得 JavaScript 的类型系统非常难用(或者完全没有意识到 JavaScript 有这么一个类型系统)，那么类型注解可在很大程度上阻止最常见的错误。另一方面，如果喜欢普通 JavaScript 类型的自由无拘束，那么可能会发现 TypeScript 类型注解带来的限制令人生厌。

为说明类型注解所解决的问题，在 JavaScriptPrimer 文件夹中创建一个名为 tempConverter.ts 的文件，并添加代码清单 6-12 所示的代码。

代码清单 6-12　src 文件夹中 tempConverter.ts 文件的内容

```
export class TempConverter {

    static convertFtoC(temp) {
        return ((parseFloat(temp.toPrecision(2)) - 32) / 1.8).toFixed(1);
    }
}
```

TempConverter 类包含一个简单的名为 convertFtoC 的静态方法，它接收以华氏度表示的温度值，并返回以摄氏度表示的相同温度。

问题在于，这段代码中有一些不明确的假设。convertFtoC 方法期望接收一个 number(数字)值，并在该值上调用 toPrecision 方法设置浮点数精度。该方法返回一个字符串，但如果不仔细查看代码，就难以判断这一点(toFixed 方法的结果是一个字符串)。

这些隐含的假设可能导致问题，特别是当一个开发人员使用另一个开发人员编写的 JavaScript 代码时。在代码清单 6-13 中，将温度以 string 值的形式传入，而不是该方法期望的 number 类型，从而故意制造一个错误。

代码清单 6-13　在 src 文件夹的 main.ts 文件中使用错误的类型

```
import { Name, WeatherLocation } from "./modules/NameAndWeather";
import { Name as OtherName } from "./modules/DuplicateName";
import { TempConverter } from "./tempConverter";

let name = new Name("Adam", "Freeman");
let loc = new WeatherLocation("raining", "London");
let other = new OtherName();

let cTemp = TempConverter.convertFtoC("38");

console.log(name.nameMessage);
```

```
console.log(loc.weatherMessage);
console.log(`The temp is ${cTemp}C`);
```

当浏览器执行该代码时，将在浏览器的 JavaScript 控制台中看到下面的消息(根据所用浏览器，实际的运行方式可能有所不同)。

```
temp.toPrecision is not a function
```

当然，这种问题不使用 TypeScript 也可以解决，但这意味着对于所有 JavaScript 应用程序中的大量代码，都需要检查正在使用的类型。TypeScript 解决方案是向 JavaScript 代码添加类型注解，让编译器强制执行类型检查的工作。在代码清单 6-14 中，向 TempConverter 类添加了类型注解。

代码清单 6-14　在 src 文件夹的 tempConverter.ts 文件中添加类型注解

```
export class TempConverter {

    static convertFtoC(temp: number) : string {
        return ((parseFloat(temp.toPrecision(2)) - 32) / 1.8).toFixed(1);
    }
}
```

类型注解使用冒号(字符:)后跟类型来表示。在这个示例中有两个注解。第一个注解指定 convertFtoC 方法的参数应该是一个 number(数字)。

```
...
static convertFtoC(temp: number) : string {
...
```

另一个注解指定该方法的返回结果是一个 string(字符串)。

```
...
static convertFtoC(temp: number) : string {
...
```

将修改保存到文件中时，TypeScript 编译器将运行。在编译器报告的错误消息中包含下面这条消息：

```
Argument of type '"38"' is not assignable to parameter of type 'number'.
```

TypeScript 编译器经过检查发现 main.ts 文件中传给 convertFtoC 方法的值的类型与类型注解不匹配，然后报告了该错误。这是 TypeScript 类型系统的核心功能，因此不必在类中编写额外的代码就可以检查是否已接收到预期类型，还可以轻松确定方法返回结果的类型。为解决编译器报告的错误，代码清单 6-15 将修改调用 convertFtoC 方法的语句，让它使用一个 number(数字)。

代码清单 6-15　在 src 文件夹的 main.ts 文件中使用数字实参

```
import { Name, WeatherLocation } from "./modules/NameAndWeather";
import { Name as OtherName } from "./modules/DuplicateName";
import { TempConverter } from "./tempConverter";

let name = new Name("Adam", "Freeman");
let loc = new WeatherLocation("raining", "London");
let other = new OtherName();

let cTemp = TempConverter.convertFtoC(38);
```

```
console.log(name.nameMessage);
console.log(loc.weatherMessage);
console.log(other.message);
console.log(`The temp is ${cTemp}C`);
```

当保存修改时，会在浏览器的 JavaScript 控制台中看到如下消息。

```
Hello Adam Freeman
It is raining in London
Other Name
The temp is 3.3C
```

1. 为属性和变量添加类型注解

类型注解不仅可以应用于方法，也可以应用于属性和变量，确保应用程序中使用的所有类型都可以由编译器进行验证。在代码清单 6-16 中，为 NameAndWeather 模块中的类添加了类型注解。

代码清单 6-16　在 src/modules 文件夹的 NameAndWeather.ts 文件中添加注解

```
export class Name {
    first: string;
    second: string;

    constructor(first: string, second: string) {
        this.first = first;
        this.second = second;
    }

    get nameMessage() : string {
        return `Hello ${this.first} ${this.second}`;
    }
}

export class WeatherLocation {
    weather: string;
    city: string;

    constructor(weather: string, city: string) {
        this.weather = weather;
        this.city = city;
    }

    get weatherMessage() : string {
        return `It is ${this.weather} in ${this.city}`;
    }
}
```

在使用类型注解声明属性时，遵循与参数和返回结果类型注解相同的模式。代码清单 6-17 中所做的更改消除了 TypeScript 编译器报告的其余错误，之前由于编译器不知道在构造函数中创建的属性的类型而报告了这些错误。

由于接收构造函数参数并将其值赋给变量是一种非常常见的模式，因此 TypeScript 有针对性地进行了优化，如代码清单 6-17 所示。

代码清单 6-17　在 src/modules 文件夹的 NameAndWeather.ts 文件中使用参数

```
export class Name {
```

```
    constructor(private first: string, private second: string) {}

    get nameMessage() : string {
        return `Hello ${this.first} ${this.second}`;
    }
}

export class WeatherLocation {

    constructor(private weather: string, private city: string) {}

    get weatherMessage() : string {
        return `It is ${this.weather} in ${this.city}`;
    }
}
```

关键字 private 是一种访问控制修饰符，将在 6.4.4 节"使用访问修饰符"中描述它。将该关键字应用于构造函数参数的效果是自动定义一个类属性，并将参数值赋给该属性。代码清单 6-17 的代码效果与代码清单 6-16 的效果相同，但更简洁。

2. 指定多个类型或任意类型

TypeScript 允许指定多个类型，使用字符|进行分隔。当一个方法可以接收或返回多种类型时，或者当一个变量可以接收不同类型的值时，这可能很有用。代码清单 6-18 修改了 convertFtoC 方法，以便它接收 number 或 string 值。

代码清单 6-18　在 src 文件夹的 tempConverter.ts 文件中接收多个值

```
export class TempConverter {

    static convertFtoC(temp: number | string): string {
        let value: number = (<number>temp).toPrecision
            ? <number>temp : parseFloat(<string>temp);
        return ((parseFloat(value.toPrecision(2)) - 32) / 1.8).toFixed(1);
    }
}
```

temp 参数的类型声明更改为 number | string，这意味着 convertFtoC 方法可以接收其中任意一个值。这称为联合类型(union type)。在 convertFtoC 方法中，使用类型断言来确定实际接收到的是哪种类型。这个过程有点麻烦：参数值被转换为一个数字值，以检查转换结果中是否定义了 toPrecision 方法，如下所示。

```
...
(<number>temp).toPrecision
...
```

使用尖括号字符(<和>)声明一个类型断言，尝试将一个对象转换为指定的类型。还可以使用 as 关键字达到相同的效果，如代码清单 6-19 所示。

代码清单 6-19　在 src 文件夹的 tempConverter.ts 文件中使用 as 关键字

```
export class TempConverter {
```

```
        static convertFtoC(temp: number | string): string {
            let value: number = (temp as number).toPrecision
                ? temp as number : parseFloat(<string>temp);
            return ((parseFloat(value.toPrecision(2)) - 32) / 1.8).toFixed(1);
        }
    }
```

除了指定联合类型这种方法之外，还可以使用 any 关键字达到同样的效果。使用 any 关键字，意味着允许将任何类型的值赋给该变量，或从方法中返回任何类型。代码清单 6-20 使用 any 关键字替换 convertFtoC 方法中的联合类型。

提示：当省略类型注解时，TypeScript 编译器将隐式应用 any 关键字。

代码清单 6-20　在 src 文件夹的 tempConverter.ts 文件中指定 any 类型

```
export class TempConverter {

    static convertFtoC(temp: any): string {
        let value: number;
        if ((temp as number).toPrecision) {
            value = temp;
        } else if ((temp as string).indexOf) {
            value = parseFloat(<string>temp);
        } else {
            value = 0;
        }
        return ((parseFloat(value.toPrecision(2)) - 32) / 1.8).toFixed(1);
    }
}
```

6.4.2　使用元组

元组是固定长度的数组，数组中的每一项都是指定类型。这个描述有些模糊，为了说明元组的高度灵活性，需要借助示例来演示。代码清单 6-21 使用元组表示城市及其当前的天气和温度。

代码清单 6-21　在 src 文件夹的 main.ts 文件中使用元组

```
import { Name, WeatherLocation } from "./modules/NameAndWeather";
import { Name as OtherName } from "./modules/DuplicateName";
import { TempConverter } from "./tempConverter";

let name = new Name("Adam", "Freeman");
let loc = new WeatherLocation("raining", "London");
let other = new OtherName();

let cTemp = TempConverter.convertFtoC("38");

let tuple: [string, string, string];
tuple = ["London", "raining", TempConverter.convertFtoC("38")]

console.log(`It is ${tuple[2]} degrees C and ${tuple[1]} in ${tuple[0]}`);
```

元组是由多个指定类型的数据构成的数组，并使用数组索引器访问各个元素。这个示例在浏览器的 JavaScript 控制台中输出以下消息。

```
It is 3.3 degrees C and raining in London
```

6.4.3　使用可索引类型

通过可索引类型能够将键与值关联起来，创建类似映射(map)的集合，将相关的数据项收集在一起。在代码清单 6-22 中，使用可索引类型收集有关多个城市的信息。

代码清单 6-22　在 src 文件夹的 main.ts 文件中使用可索引类型

```
import { Name, WeatherLocation } from "./modules/NameAndWeather";
import { Name as OtherName } from "./modules/DuplicateName";
import { TempConverter } from "./tempConverter";

let cities: { [index: string]: [string, string] } = {};

cities["London"] = ["raining", TempConverter.convertFtoC("38")];
cities["Paris"] = ["sunny", TempConverter.convertFtoC("52")];
cities["Berlin"] = ["snowing", TempConverter.convertFtoC("23")];

for (let key in cities) {
        console.log(`${key}: ${cities[key][0]}, ${cities[key][1]}`);
}
```

cities 变量被定义为可索引类型，键是字符串，数据值为[string, string]元组。使用数组样式的索引器(如 cities["London"])赋值和读取值。如该例所示，可使用 for ... in 循环来访问由可索引类型的所有键组成的集合，它在浏览器的 JavaScript 控制台中产生以下输出。

```
London: raining, 3.3
Paris: sunny, 11.1
Berlin: snowing, -5.0
```

虽然只有 number 和 string 值可以用作可索引类型的键，但这是一项有用的功能，后续各章的示例中将使用该功能。

6.4.4　使用访问修饰符

JavaScript 不支持访问保护，这意味着在应用程序的任何地方都可以访问类、属性和方法。虽然约定使用下画线(字符_)为实现成员的名称加上前缀，但这只是对其他开发人员的警告，不会被强制执行。

TypeScript 提供了 3 个用于管理访问的关键字，由编译器强制执行。对这些关键字的描述如表 6-2 所示。

表 6-2　TypeScript 访问修饰符关键字

关键字	描述
public	这个关键字用来表示可以在任何地方访问该属性或方法，这是未使用关键字时的默认访问保护
private	这个关键字用来表示只能在定义该关键字的类中访问该属性或方法
protected	这个关键字用来表示只能在定义该关键字的类中或继承自该类的类中访问该属性或方法

代码清单 6-23 向 TempConverter 类添加一个 private 方法。

代码清单 6-23　在 src 文件夹的 tempConverter.ts 文件中使用访问修饰符

```
export class TempConverter {

    static convertFtoC(temp: any): string {
        let value: number;
        if ((temp as number).toPrecision) {
            value = temp;
        } else if ((temp as string).indexOf) {
            value = parseFloat(<string>temp);
        } else {
            value = 0;
        }
        return TempConverter.performCalculation(value).toFixed(1);
    }
    private static performCalculation(value: number): number {
        return (parseFloat(value.toPrecision(2)) - 32) / 1.8;
    }
}
```

将 performCalculation 方法标记为 private，这意味着，如果在应用程序的任何其他地方尝试调用该方法，TypeScript 编译器将报告一个错误代码。

6.5　本章小结

本章描述了 JavaScript 支持对象和类的方式以及 JavaScript 模块的工作原理，并介绍了对 Angular 开发有用的一些 TypeScript 特性。下一章将开始创建一个真实的项目，在本书第 II 部分深入讲解各项 Angular 功能之前，先概述如何联合使用不同的 Angular 功能创建应用程序。

第7章

■■■

SportsStore：一个真实的
应用程序

第 2 章构建了一个快速且简单的 Angular 应用程序。虽然短小精悍的示例能够展示具体的 Angular 功能，但是它们缺乏上下文。为解决这个问题，本章将创建一个简单而实用的电子商务应用程序。

这个应用程序名为 SportsStore，将遵循常见的在线商店所采用的典型方法。我们将创建在线产品目录(客户可以按类别浏览和分页浏览)、购物车(用户可以添加和移除产品)以及结账(客户可以输入发货详情并下订单)功能；还将创建一个管理区域，具有创建、读取、更新和删除(CRUD)产品目录的管理功能，该区域受到保护，只有管理员在登录后才可以进行操作。最后将展示如何准备和部署 Angular 应用程序。

本章及后续章节的目标是创建尽可能真实的示例，以介绍实际的 Angular 开发。当然关注的焦点是 Angular，因此简化了与外部系统的集成，例如数据存储，忽略了其他内容，如支付处理过程。

我在多本书中用到了这个 SportsStore 示例，尤其是因为它演示了可以使用不同的框架、语言和开发风格来实现相同的结果。虽然并不需要阅读我的其他书籍也能读懂本章，但如果你手头上有 *Pro ASP.NET Core 3* 这本书，可以通过对比发现一些有趣的地方。

对于在 SportsStore 应用程序中用到的 Angular 功能，将在后续各章中深入讨论。这里并未将相关功能复述一遍，而是点到为止，只讲与示例应用程序相关的部分，要获取深入的信息，可以根据指引进入相应的章进行阅读。可以从头到尾地阅读这几章的 SportsStore 内容，以了解 Angular 如何工作，也可以跳转到详细的章以深入了解相关细节，之后再回到本章。无论如何，不要指望立即了解所有内容，Angular 有很多活动部件，而 SportsStore 应用程序旨在展示如何将它们有机地组织起来，而不会过度深入相关细节，这是本书其余部分要介绍的内容。

7.1　准备项目

要创建 SportsStore 项目，打开一个命令提示符，导航到一个方便的位置并运行如下命令。

```
ng new SportsStore --routing false --style css --skip-git --skip-tests
```

angular-cli 软件包将创建一个新项目用于 Angular 开发，包含配置文件、占位符内容和其他开发工具。项目设置过程可能需要一些时间，这是因为要下载和安装大量的 NPM 软件包。

7.1.1　安装额外的 NPM 软件包

除了 angular-cli 核心包和 ng new 命令建立的构建工具之外，SportsStore 项目还需要一些额外的包。运行下面的命令，导航到 SportsStore 文件夹，添加需要的包。

```
cd SportsStore
npm install bootstrap@4.4.1
npm install @fortawesome/fontawesome-free@5.12.1
npm install --save-dev json-server@0.16.0
npm install --save-dev jsonwebtoken@8.5.1
```

请务必使用这个代码清单中指定版本的软件包。添加包时，可能会看到未见过的依赖项警告，但可以忽略它们。一些包使用--save-dev 参数安装，这表示它们在开发过程中使用，但不包含在 SportsStore 应用程序中。

给应用程序添加 CSS 样式表

安装包后，给 angular.json 文件添加如代码清单 7-1 所示的语句，把 Bootstrap CSS 框架中的 CSS 文件和 Font Awesome 包合并到应用程序中。SportsStore 应用程序中的所有 HTML 内容都使用 Bootstrap CSS 样式，还使用 Font Awesome 包中的图标，向用户显示购物车中的产品汇总。

代码清单 7-1　在 SportsStore 文件夹的 angular.json 文件中添加 CSS

```
...
"architect": {
  "build": {
    "builder": "@angular-devkit/build-angular:browser",
    "options": {
      "outputPath": "dist/SportsStore",
      "index": "src/index.html",
      "main": "src/main.ts",
      "polyfills": "src/polyfills.ts",
      "tsConfig": "src/tsconfig.app.json",
      "assets": [
        "src/favicon.ico",
        "src/assets"
      ],
      "styles": [
        "src/styles.css",
        "node_modules/bootstrap/dist/css/bootstrap.min.css",
        "node_modules/@fortawesome/fontawesome-free/css/all.min.css"
      ],
      "scripts": []
    },
  ...
```

7.1.2　准备 RESTful Web 服务

SportsStore 应用程序使用异步 HTTP 请求来获取 RESTful Web 服务提供的模型数据。如第 24 章所述，REST 是一种设计 Web 服务的方法，它使用 HTTP 方法或动词(verb)指定操作，并使用 URL 选择操作适用的数据对象。

在上一节的项目中添加了 json-server，这个优秀的软件包可利用 JSON 数据或 JavaScript 代码快速创建 Web 服务。将代码清单 7-2 所示的语句添加到 package.json 文件的 scripts 部分，以便 json-server 包可从命令行启动。

代码清单 7-2　在 SportsStore 文件夹的 package.json 文件中添加脚本

```
...
"scripts": {
  "ng": "ng",
  "start": "ng serve",
  "build": "ng build",
  "test": "ng test",
  "lint": "ng lint",
  "e2e": "ng e2e",
  "json": "json-server data.js -p 3500 -m authMiddleware.js"
},
...
```

为了向 json-server 包提供要处理的数据，在 SportsStore 文件夹中添加一个名为 data.js 的文件，并添加如代码清单 7-3 所示的代码，这将确保在启动 json-server 包时可以使用相同的数据，以便在开发过程中有一个固定的引用点。

> **提示**：在创建配置文件时务必注意文件名。有些文件具有.json 扩展名，这表明它们包含 JSON 格式的静态数据。还有些文件具有.js 扩展名，这表明它们包含 JavaScript 代码。Angular 开发所需的每个工具的配置文件都有期望的文件名。

代码清单 7-3　SportsStore 文件夹中 data.js 文件的内容

```
module.exports = function () {
    return {
        products: [
            { id: 1, name: "Kayak", category: "Watersports",
                description: "A boat for one person", price: 275 },
            { id: 2, name: "Lifejacket", category: "Watersports",
                description: "Protective and fashionable", price: 48.95 },
            { id: 3, name: "Soccer Ball", category: "Soccer",
                description: "FIFA-approved size and weight", price: 19.50 },
            { id: 4, name: "Corner Flags", category: "Soccer",
                description: "Give your playing field a professional touch",
                price: 34.95 },
            { id: 5, name: "Stadium", category: "Soccer",
                description: "Flat-packed 35,000-seat stadium", price: 79500 },
            { id: 6, name: "Thinking Cap", category: "Chess",
                description: "Improve brain efficiency by 75%", price: 16 },
            { id: 7, name: "Unsteady Chair", category: "Chess",
                description: "Secretly give your opponent a disadvantage",
```

```
                price: 29.95 },
            { id: 8, name: "Human Chess Board", category: "Chess",
                description: "A fun game for the family", price: 75 },
            { id: 9, name: "Bling King", category: "Chess",
                description: "Gold-plated, diamond-studded King", price: 1200 }
        ],
        orders: []
    }
}
```

这段代码定义了两个数据集，后面将通过 RESTful Web 服务呈现这些数据。products 集合包含将要销售给客户的产品，而 orders 集合包含客户已下的订单(但当前为空)。

需要保护 RESTful Web 服务存储的数据，阻止普通用户修改产品或更改订单状态。由于 json-server 软件包没有内置任何身份验证功能，因此需要在 SportsStore 文件夹中创建一个名为 authMiddleware.js 的文件，并添加如代码清单 7-4 所示的代码。

代码清单 7-4　SportsStore 文件夹中的 authMiddleware.js 文件的内容

```
const jwt = require("jsonwebtoken");

const APP_SECRET = "myappsecret";
const USERNAME = "admin";
const PASSWORD = "secret";

const mappings = {
    get: ["/api/orders", "/orders"],
    post: ["/api/products", "/products", "/api/categories", "/categories"]
}

function requiresAuth(method, url) {
    return (mappings[method.toLowerCase()] || [])
        .find(p => url.startsWith(p)) !== undefined;
}

module.exports = function (req, res, next) {
    if (req.url.endsWith("/login") && req.method == "POST") {
        if (req.body && req.body.name == USERNAME && req.body.password == PASSWORD) {
            let token = jwt.sign({ data: USERNAME, expiresIn: "1h" }, APP_SECRET);
            res.json({ success: true, token: token });
        } else {
            res.json({ success: false });
        }
        res.end();
        return;
    } else if (requiresAuth(req.method, req.url)) {
        let token = req.headers["authorization"] || "";
        if (token.startsWith("Bearer<")) {
            token = token.substring(7, token.length - 1);
            try {
                jwt.verify(token, APP_SECRET);
                next();
                return;
            } catch (err) { }
        }
        res.statusCode = 401;
        res.end();
```

```
        return;
    }
    next();
}
```

这段代码检查发送到 RESTful Web 服务的 HTTP 请求，并实现一些基本的安全功能。这些服务器端代码与 Angular 开发不直接相关，如果现在还不清楚其作用，也不必担心。第 9 章将讲解身份验证和授权过程，包括如何使用 Angular 验证用户身份。

提示：除了 SportsStore 应用程序，不要使用代码清单 7-4 的代码。它包含硬编码到代码中的弱密码。虽然对于 SportsStore 项目来说这并无大碍，这是因为它的重点是使用 Angular 开发客户端功能，但是这不适合于实际项目。

7.1.3　准备 HTML 文件

每个 Angular Web 应用程序都依赖于浏览器加载的 HTML 文件，它加载并启动应用程序。编辑 SportsStore/src 文件夹中的 index.html 文件，删除占位符内容并添加代码清单 7-5 所示的元素。

代码清单 7-5　准备 src 文件夹中的 index.html 文件

```
<!doctype html>
<html lang="en">
<head>
  <meta charset="utf-8">
  <title>SportsStore</title>
  <base href="/">
  <meta name="viewport" content="width=device-width, initial-scale=1">
  <link rel="icon" type="image/x-icon" href="favicon.ico">
</head>
<body class="m-2">
  <app>SportsStore Will Go Here</app>
</body>
</html>
```

这个 HTML 文档包括一个 app 元素(作为 SportsStore 功能的占位符)，还包含一个 base 元素，这是实现 Angular URL 路由功能所需的元素，第 8 章将向 SportsStore 项目中添加路由功能。

7.1.4　创建文件夹结构

设置任何 Angular 应用程序都要做的一项重要工作就是创建文件夹结构。ng new 命令设置项目结构，将应用程序的所有文件都放在 src 文件夹中，将 Angular 文件放在 src/app 文件夹中。为向项目中添加一些结构，需要创建其他文件夹，如表 7-1 所示。

表 7-1　SportsStore 项目需要的其他文件夹

文件夹	描述
SportsStore/src/app/model	这个文件夹包含数据模型的代码
SportsStore/src/app/store	这个文件夹包含基本购物功能
SportsStore/src/app/admin	这个文件夹包含管理功能

7.1.5　运行示例应用程序

确保所有文件都已保存，然后在 SportsStore 文件夹中运行如下命令：

```
ng serve --open
```

该命令将启动由 ng new 命令设置的开发工具，当检测到更改时，它将自动编译和打包 src 文件夹中的代码和内容文件。该命令将打开一个新浏览器窗口，并显示图 7-1 所示的内容。

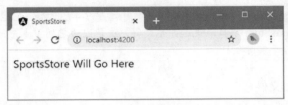

图 7-1　运行示例应用程序

Web 开发服务器将在端口 4200 上启动，因此应用程序的 URL 将为 http://localhost:4200。URL 中不必包含 HTML 文档的名称，这是因为 index.html 是服务器响应的默认名称(此时，浏览器的 JavaScript 控制台中会显示错误信息，可以忽略该错误信息)。

7.1.6　启动 RESTful Web 服务

为启动 RESTful Web 服务，打开一个新命令提示符，导航到 SportsStore 文件夹，并运行如下命令。

```
npm run json
```

这个 RESTful Web 服务经过配置在端口 3500 上运行。为测试 Web 服务请求，使用浏览器请求 URL "http://localhost:3500/products/1"。浏览器将显示代码清单 7-3 中定义的其中一个产品的 JSON 表示，如下所示。

```
{
  "id": 1,
  "name": "Kayak",
  "category": "Watersports",
  "description": "A boat for one person",
  "price": 275
}
```

7.2　准备 Angular 项目功能

每个 Angular 项目都需要一些基本的准备工作。在以下几节中，为构建 SportsStore 应用程序的基础，需要把项目中的占位符内容替换掉。

7.2.1　更新根组件

根组件是 Angular 构造块，用于管理 HTML 文档中 app 元素的内容，如代码清单 7-5 所示。应用程序可以包含许多组件，但总有一个根组件，它负责处理呈现给用户的顶级内容。编辑

SportsStore/src/app 文件夹中的 app.component.ts 文件，并将现有代码替换成代码清单 7-6 所示的语句。

代码清单 7-6　src/app 文件夹中 app.component.ts 文件的内容

```
import { Component } from "@angular/core";

@Component({
  selector: "app",
  template: `<div class="bg-success p-2 text-center text-white">
                  This is SportsStore
             </div>`
})
export class AppComponent { }
```

@Component 装饰器告诉 Angular，AppComponent 类是一个组件，装饰器的属性用于配置该组件的应用方式。第 17 章将完整描述@Component 装饰器的所有属性，但是这个代码清单中显示的是两个最基本且最常用的属性。selector 属性告诉 Angular 如何在 HTML 文档中应用该组件，template 属性定义组件将显示的内容。组件既可以定义内联模板(就像这里所做的一样)，也可以使用外部 HTML 文件，这样更容易管理复杂的内容。

AppComponent 类中没有代码，这是因为 Angular 项目中的根组件仅用于管理要显示给用户的内容。一开始是通过手动方式管理根组件显示的内容，但第 8 章将使用一项称为 URL 路由的功能，根据用户操作自动调整内容。

7.2.2　更新根模块

Angular 模块共有两种类型：功能模块(feature module)和根模块(root module)。功能模块用于把相关的应用程序功能归集起来，使应用程序更易于管理。本章将为应用程序的每个主要功能区域分别创建功能模块，包括数据模型、呈现给用户的商店界面以及管理界面。

根模块用于向 Angular 描述应用程序。描述内容包括：运行应用程序所需的功能模块、应该加载哪些自定义功能以及根组件的名称。根组件文件的惯用名称是 app.module.ts，它是在 SportsStore/src/app 文件夹中创建的。目前不需要对该文件进行任何更改，其初始内容如代码清单 7-7 所示。

代码清单 7-7　src/app 文件夹中 app.module.ts 文件的内容

```
import { BrowserModule } from '@angular/platform-browser';
import { NgModule } from '@angular/core';
import { AppComponent } from './app.component';

@NgModule({
  declarations: [AppComponent],
  imports: [BrowserModule],
  providers: [],
  bootstrap: [AppComponent]
})
export class AppModule { }
```

与根组件类似，根模块的类中也没有代码。这是因为根模块的唯一作用是通过@NgModule 装饰器提供信息。imports 属性告诉 Angular 它应该加载 BrowserModule 功能模块，该模块包含 Web 应用程序需要的所有核心 Angular 功能。

declarations 属性告诉 Angular 它应该加载根组件，而 providers 属性告诉 Angular 有关应用程序所使用的共享对象，bootstrap 属性告诉 Angular——根组件是 AppComponent 类。稍后向 SportsStore 应用程序中添加各种功能时，还会向这个装饰器的属性中添加其他信息，但这里的基本配置已足以启动应用程序。

7.2.3　检查引导文件

我们要处理的下一个构造块是用于启动应用程序的引导文件。虽然本书的重点是使用 Angular 创建在 Web 浏览器中运行的应用程序，但 Angular 平台还可移植到其他不同的环境中。这个引导文件使用 Angular 浏览器平台加载根模块并启动应用程序。不需要更改 SportsStore/src 文件夹中 main.ts 文件的内容，如代码清单 7-8 所示。

代码清单 7-8　src 文件夹中 main.ts 文件的内容

```
import { enableProdMode } from '@angular/core';
import { platformBrowserDynamic } from '@angular/platform-browser-dynamic';

import { AppModule } from './app/app.module';
import { environment } from './environments/environment';

if (environment.production) {
  enableProdMode();
}

platformBrowserDynamic().bootstrapModule(AppModule)
  .catch(err => console.log(err));
```

开发工具检测到项目文件的改动后，编译代码文件并自动重新加载浏览器，生成如图 7-2 所示的内容。

图 7-2　启动 SportsStore 应用程序

7.3　启动数据模型

对于任何新建项目而言，最佳起点就是数据模型。由于本章的重点是了解 Angular 功能的运行方式，因此这里不会从头到尾地定义数据模型，而是使用虚拟数据来模拟一些基本的功能。然后，开始使用这些数据来创建面向用户的功能。第 8 章将再次介绍数据模型，将其连接到 RESTful Web 服务。

7.3.1　创建模型类

每个数据模型都需要一些类来描述该数据模型中包含的数据类型。对于 SportsStore 应用程序，我们需要一些类来描述商店销售的产品以及从客户接收的订单。

在创建 SportsStore 应用程序的起步阶段，只要能够描述产品模型即可；而对于其他支持各种功能的模型类，则在实现功能时创建这些类。在 SportsStore/src/app/model 文件夹中创建一个名为 product.model.ts 的文件，并添加代码清单 7-9 所示的代码。

代码清单 7-9　src/app/model 文件夹中 product.model.ts 文件的内容

```
export class Product {

    constructor(
        public id?: number,
        public name?: string,
        public category?: string,
        public description?: string,
        public price?: number) { }
}
```

Product 类定义了一个构造函数，它接受 id、name、category、description 和 price 属性，这些属性与用于填充代码清单 7-2 中 RESTful Web 服务的数据结构相对应。参数名称后面的问号(字符?)表明这些是可选参数，在使用 Product 类创建新对象时可以省略这些参数，这在编写使用 HTML 表单填充模型对象属性的应用程序时可能会很有用。

7.3.2　创建虚拟数据源

为做好从虚拟数据切换到实际数据的准备，这里使用数据源提供应用程序数据。应用程序的其余部分不需要知道数据来自哪里，这样就可以无缝地切换到使用 HTTP 请求获取数据。

在 SportsStore/src/app/model 文件夹中添加一个名为 static.datasource.ts 的文件，并定义代码清单 7-10 所示的类。

代码清单 7-10　src/app/model 文件夹中 static.datasource.ts 文件的内容

```
import { Injectable } from "@angular/core";
import { Product } from "./product.model";
import { Observable, from } from "rxjs";

@Injectable()
export class StaticDataSource {
    private products: Product[] = [
        new Product(1, "Product 1", "Category 1", "Product 1 (Category 1)", 100),
        new Product(2, "Product 2", "Category 1", "Product 2 (Category 1)", 100),
        new Product(3, "Product 3", "Category 1", "Product 3 (Category 1)", 100),
        new Product(4, "Product 4", "Category 1", "Product 4 (Category 1)", 100),
        new Product(5, "Product 5", "Category 1", "Product 5 (Category 1)", 100),
        new Product(6, "Product 6", "Category 2", "Product 6 (Category 2)", 100),
        new Product(7, "Product 7", "Category 2", "Product 7 (Category 2)", 100),
        new Product(8, "Product 8", "Category 2", "Product 8 (Category 2)", 100),
        new Product(9, "Product 9", "Category 2", "Product 9 (Category 2)", 100),
        new Product(10, "Product 10", "Category 2", "Product 10 (Category 2)", 100),
        new Product(11, "Product 11", "Category 3", "Product 11 (Category 3)", 100),
        new Product(12, "Product 12", "Category 3", "Product 12 (Category 3)", 100),
        new Product(13, "Product 13", "Category 3", "Product 13 (Category 3)", 100),
        new Product(14, "Product 14", "Category 3", "Product 14 (Category 3)", 100),
        new Product(15, "Product 15", "Category 3", "Product 15 (Category 3)", 100),
```

```
    ];
    getProducts(): Observable<Product[]> {
        return from([this.products]);
    }
}
```

StaticDataSource 类定义了一个名为 getProducts 的方法,该方法返回虚拟数据。调用 getProducts 方法的结果是一个 Observable<Product[]>对象,它是一个 Observable 对象,可生成 Product 对象数组。

Observable 类由 Reactive Extensions 软件包提供,Angular 使用这个软件包处理应用程序中的状态变化。第 23 章描述 Observable 类,但是在本章中,只需要知道 Observable 对象代表一个在将来某个时候会产生结果的异步任务。Angular 的一些功能(包括进行 HTTP 请求)使用了 Observable 对象,这就是 getProducts 方法返回 Observable<Product[]>对象(而不是简单地同步返回数据)的原因。

@Injectable 装饰器已被应用于 StaticDataSource 类。这个装饰器用于告诉 Angular,这个类将被用作服务,其他类可以通过一项称为依赖注入(dependency injection)的功能来访问该类的功能,参见第 19 和 20 章。在应用程序逐步成形的过程中,将会看到服务是如何工作的。

提示:注意,只有从 JavaScript 模块@angular/core 中导入 Injectable,才能应用@Injectable 装饰器。虽然没有一一强调为 SportsStore 示例导入的各种 Angular 类,但是在描述相关功能的章中可以获取完整的详细信息。

7.3.3　创建模型存储库

数据源负责向应用程序提供所需的数据,但是对这些数据的访问通常由存储库(repository)负责中转,存储库负责将数据分发到各个应用程序构造块,这样一来,如何获取数据的细节就会被隐藏起来。在 SportsStore/src/app/model 文件夹中添加一个名为 product.repository.ts 的文件,并定义代码清单 7-11 所示的类。

代码清单 7-11　src/app/model 文件夹中 product.repository.ts 文件的内容

```
import { Injectable } from "@angular/core";
import { Product } from "./product.model";
import { StaticDataSource } from "./static.datasource";

@Injectable()
export class ProductRepository {
    private products: Product[] = [];
    private categories: string[] = [];

    constructor(private dataSource: StaticDataSource) {
      dataSource.getProducts().subscribe(data => {
          this.products = data;
          this.categories = data.map(p => p.category)
              .filter((c, index, array) => array.indexOf(c) == index).sort();
      });
    }

    getProducts(category: string = null): Product[] {
        return this.products
            .filter(p => category == null || category == p.category);
```

```
    }
    getProduct(id: number): Product {
        return this.products.find(p => p.id == id);
    }


    getCategories(): string[] {
        return this.categories;
    }
}
```

当 Angular 需要创建存储库的新实例时，它将检查该类，并且发现需要一个 StaticDataSource 对象，才能调用 ProductRepository 构造函数，创建一个新对象。

存储库构造函数调用数据源的 getProducts 方法，然后在该方法返回的 Observable 对象上使用 subscribe 方法接收产品数据。有关 Observable 对象如何工作的详细信息，请参见第 23 章。

7.3.4 创建功能模块

下面将定义一个 Angular 功能模型，让应用程序的其他地方可以轻松使用数据模型功能。在 SportsStore/src/app/model 文件夹中添加一个名为 model.module.ts 的文件，并定义代码清单 7-12 所示的类。

> **提示：** 所有的文件名似乎都很相似而且混乱，对此不必担心。阅读本书其他章，会熟悉 Angular 应用程序的结构，很快就可以查看 Angular 项目中的文件，知道它们是做什么的。

代码清单 7-12 src/app/model 文件夹中 model.module.ts 文件的内容

```
import { NgModule } from "@angular/core";
import { ProductRepository } from "./product.repository";
import { StaticDataSource } from "./static.datasource";

@NgModule({
    providers: [ProductRepository, StaticDataSource]
})
export class ModelModule { }
```

@NgModule 装饰器用于创建功能模块，其属性告诉 Angular 如何使用模块。这个模块中只有一个 providers 属性，它告诉 Angular 应该将哪些类作为服务提供给依赖注入功能，这将在第 19 和 20 章进行描述。功能模块和@NgModule 装饰器将在第 21 章中描述。

7.4 启动商店

现在数据模型已经到位，可以开始建立商店功能，这样可以让用户看到在售产品，并让他们下订单。商店的基本结构将采用两列布局，其中类别按钮可用来过滤产品列表，还有一个包含产品列表的表格，如图 7-3 所示。

图 7-3　商店的基本结构

在以下几节中，将使用 Angular 功能和模型中的数据创建图 7-3 中所示的布局。

7.4.1　创建 Store 组件和模板

随着对 Angular 的不断熟悉，就会明白，对于同一个问题，可以采用不同的方式将各种 Angular 功能组合起来解决。我尝试为 SportsStore 项目引入一些变化，以展示一些重要的 Angular 功能，但是现在为了能够快速启动项目，要尽可能简单一点。

考虑到这一点，我们从一个全新组件(一个类)开始创建商店功能，该类向 HTML 模板(其中包含动态生成内容的数据绑定)提供数据和逻辑。在 SportsStore/src/app/store 文件夹中创建一个名为 store.component.ts 的文件，并定义代码清单 7-13 所示的类。

代码清单 7-13　src/app/store 文件夹中 store.component.ts 文件的内容

```
import { Component } from "@angular/core";
import { Product } from "../model/product.model";
import { ProductRepository } from "../model/product.repository";

@Component({
    selector: "store",
    templateUrl: "store.component.html"
})
export class StoreComponent {

  constructor(private repository: ProductRepository) { }
  get products(): Product[] {
      return this.repository.getProducts();
  }

  get categories(): string[] {
      return this.repository.getCategories();
  }
}
```

@Component 装饰器被应用于 StoreComponent 类，它告诉 Angular 这是一个组件。这个装饰器的属性告诉 Angular 如何将组件应用于 HTML 内容(使用名为 store 的元素)以及如何查找组件的模板(在名为 store.component.html 的文件中)。

StoreComponent 类提供了支持模板内容的逻辑。类构造函数接收一个 ProductRepository 对象作为实参，这个对象由依赖关系注入功能(参见第 20 和 21 章)提供。该组件定义了属性 products

和 categories，它们用于根据从存储库获取的数据生成模板中的 HTML 内容。

为了给组件提供模板，在 SportsStore/src/app/store 文件夹中创建一个名为 store.component.html 的文件，并添加代码清单 7-14 所示的 HTML 内容。

代码清单 7-14　src/app/store 文件夹中 store.component.html 文件的内容

```html
<div class="container-fluid">
  <div class="row">
    <div class="col bg-dark text-white">
      <a class="navbar-brand">SPORTS STORE</a>
    </div>
  </div>
    <div class="row text-white">
      <div class="col-3 bg-info p-2">
          {{categories.length}} Categories
      </div>
      <div class="col-9 bg-success p-2">
         {{products.length}} Products
    </div>
  </div>
</div>
```

为了快速起步，这个模板非常简单。大多数元素用于商店布局的构造，并应用了一些 Bootstrap CSS 类。此时只有两个 Angular 数据绑定，它们由{{和}}字符表示。这些是字符串插入(string interpolation)绑定，它们告诉 Angular 对绑定表达式进行求值，并将结果插入元素中。这些绑定中的表达式显示商店组件提供的产品和类别数目。

7.4.2　创建商店功能模块

虽然目前没有太多存储功能，但即便如此，还需要完成一些额外工作，将其连接到应用程序的其他部分。为给存储功能创建 Angular 功能模块，在 SportsStore/src/app/store 文件夹中创建一个名为 store.module.ts 的文件，并添加如代码清单 7-15 所示的代码。

代码清单 7-15　src/app/store 文件夹中 store.module.ts 文件的内容

```typescript
import { NgModule } from "@angular/core";
import { BrowserModule } from "@angular/platform-browser";
import { FormsModule } from "@angular/forms";
import { ModelModule } from "../model/model.module";
import { StoreComponent } from "./store.component";

@NgModule({
    imports: [ModelModule, BrowserModule, FormsModule],
    declarations: [StoreComponent],
    exports: [StoreComponent]
})
export class StoreModule { }
```

@NgModule 装饰器配置模块，使用 imports 属性告诉 Angular，该模块依赖模型模块 (ModelModule)以及 BrowserModule 和 FormsModule，后面这两个模块包含用于 Web 应用程序以及 HTML 表单元素处理的标准 Angular 功能。这个装饰器使用 declarations 属性告诉 Angular 关于 StoreComponent 类的信息，exports 属性告诉 Angular 哪些类也可以用于应用程序的其他部分，这很重要，因为 StoreComponent 将用于根模块。

7.4.3　更新根组件和根模块

要应用基本的模型和存储功能，需要更新应用程序的根模块以导入这两个功能模块，还需要更新根模块的模板，添加一个 HTML 元素来应用商店模块中的组件。代码清单 7-16 显示了对根组件模板的更改。

代码清单 7-16　向 src/app 文件夹的 app.component.ts 文件中添加一个元素

```
import { Component } from "@angular/core";

@Component({
  selector: "app",
  template: "<store></store>"
})
export class AppComponent { }
```

store 元素将根组件模板中的先前内容替换掉，并与代码清单 7-13 中@Component 装饰器的 selector 属性值相对应。为了让 Angular 加载包含存储功能的功能模块，代码清单 7-17 给出了需要对根模块所做的更改。

代码清单 7-17　为 src/app 文件夹的 app.module.ts 文件导入功能模块

```
import { NgModule } from "@angular/core";
import { BrowserModule } from "@angular/platform-browser";
import { AppComponent } from "./app.component";
import { StoreModule } from "./store/store.module";
@NgModule({
  imports: [BrowserModule, StoreModule],
  declarations: [AppComponent],
  bootstrap: [AppComponent]
})
export class AppModule { }
```

当把更改保存到根模块时，Angular 已经做好了加载应用程序的全部准备，并显示了来自存储模块的内容，如图 7-4 所示。

图 7-4　SportsStore 应用程序的基本功能

如果没有看到所预期的结果，则停止 Angular 开发工具，使用 ng serve 命令再次启动它们。这将重复项目的构建过程，反映对模块所做的变更。

上一节中创建的所有构造块共同协作并显示了一些简单内容，包括产品的数量以及它们所属类别的数量。

7.5 添加商店功能：产品详情

Angular 开发的特点是起步比较缓慢，这是因为要为项目搭好基础，建立基本的构造块。但是一旦完成这些基础工作，就可以相对容易地创建新功能。在随后的几节中，将向商店添加多项功能，以便用户看到在售产品。

7.5.1 显示产品详情

明显的起点是显示产品的详细信息，以便客户看到在售产品。代码清单 7-18 向商店组件的模板添加了一些 HTML 元素，利用数据绑定为组件返回的每个产品生成内容。

代码清单 7-18　向 src/app/store 文件夹的 store.component.html 文件添加元素

```
<div class="container-fluid">
  <div class="row">
    <div class="col bg-dark text-white">
      <a class="navbar-brand">SPORTS STORE</a>
    </div>
  </div>
  <div class="row">
    <div class="col-3 bg-info p-2 text-white">
      {{categories.length}} Categories
    </div>
    <div class="col-9 p-2">
      <div *ngFor="let product of products" class="card m-1 p-1 bg-light">
        <h4>
          {{product.name}}
          <span class="badge badge-pill badge-primary float-right">
            {{ product.price | currency:"USD":"symbol":"2.2-2" }}
          </span>
        </h4>
        <div class="card-text bg-white p-1">{{product.description}}</div>
      </div>
    </div>
  </div>
</div>
```

大多数元素用于控制内容的布局和外观。最重要的变化是添加了一个 Angular 数据绑定表达式。

```
...
<div *ngFor="let product of products" class="card m-1 p-1 bg-light">
...
```

这是一个指令示例，指令会对其宿主 HTML 元素进行转换。这个特定的指令称为 ngFor，它对 div 元素进行转换：针对组件的 products 属性返回的每个对象复制这个 div 元素。Angular 包含各种内置指令，用于执行最常见的必须完成的任务，详见第 13 章。

在复制 div 元素的过程中，当前对象被赋给变量 product，这样就可以在其他数据绑定中引用该对象，比如，下面这个数据绑定表达式插入当前产品的 description 属性的值，将其作为下面这个 div 元素的内容。

```
...
<div class="card-text p-1 bg-white">{{product.description}}</div>
...
```

并不是应用程序数据模型中的所有数据都能够直接显示给用户。Angular 有一项名为管道(pipe)的特性，这些类会对数据值进行转换或准备，以用于数据绑定。Angular 内置了几种管道，其中包括 currency 管道，它按照现金格式对数字值进行格式化，如下所示。

```
...
{{ product.price | currency:"USD":"symbol":"2.2-2" }}
...
```

虽然应用管道的语法可能有点晦涩，但是这个绑定中的表达式告诉 Angular 使用 currency 管道并按照美元表示法格式化当前产品的 price 属性。把修改保存到模板，将会看到数据模型中的产品列表显示成一个长长的列表，如图 7-5 所示。

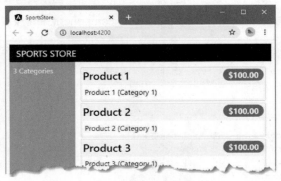

图 7-5　显示产品信息

7.5.2　添加类别选择

为实现按照类别对产品列表进行过滤的功能，需要修改商店组件，以便跟踪用户想要显示的类别，同时改变数据的检索方式，使用该类别过滤数据，如代码清单 7-19 所示。

代码清单 7-19　在 src/app/store 文件夹的 store.component.ts 文件中添加类别过滤功能

```
import { Component } from "@angular/core";
import { Product } from "../model/product.model";
import { ProductRepository } from "../model/product.repository";

@Component({
    selector: "store",
    templateUrl: "store.component.html"
})
export class StoreComponent {
    public selectedCategory = null;

    constructor(private repository: ProductRepository) {}

    get products(): Product[] {
        return this.repository.getProducts(this.selectedCategory);
    }

    get categories(): string[] {
        return this.repository.getCategories();
    }
```

```
    changeCategory(newCategory?: string) {
      this.selectedCategory = newCategory;
    }
}
```

这些修改非常简单，这是因为它们建立在本章开头花时间构建的坚实基础之上。selectedCategory 属性保存用户选中的类别(其中 null 表示所有类别)，在 products 方法中将该属性用作 getProducts 方法的实参，然后将过滤功能委托给数据源。changeCategory 方法将这两个成员组合到一个方法中：当用户选择类别时调用该方法。

代码清单 7-20 给出了组件模板的相应更改：向用户提供一组按钮，用于更改所选类别，并显示已选中哪个类别。

代码清单 7-20　在 src/app/store 文件夹的 store.component.html 文件中添加类别按钮

```html
<div class="container-fluid">
  <div class="row">
    <div class="col bg-dark text-white">
      <a class="navbar-brand">SPORTS STORE</a>
    </div>
  </div>
  <div class="row">
    <div class="col-3 p-2">
      <button class="btn btn-block btn-outline-primary" (click)="changeCategory()">
        Home
      </button>
      <button *ngFor="let cat of categories"
              class="btn btn-outline-primary btn-block"
              [class.active]="cat == selectedCategory" (click)="changeCategory(cat)">
        {{cat}}
      </button>
    </div>
    <div class="col-9 p-2">
      <div *ngFor="let product of products" class="card m-1 p-1 bg-light">
        <h4>
          {{product.name}}
          <span class="badge badge-pill badge-primary float-right">
            {{ product.price | currency:"USD":"symbol":"2.2-2" }}
          </span>
        </h4>
        <div class="card-text bg-white p-1">{{product.description}}</div>
      </div>
    </div>
  </div>
</div>
```

模板中有两个新 button 元素。第一个是 Home 按钮，它有一个事件绑定，当按钮被单击时调用该组件的 changeCategory 方法。这里没有向该方法提供任何实参，这样做的效果就是将类别设置为 null 以选择所有产品。

另一个 button 元素应用了 ngFor 绑定，针对组件的 categories 属性所返回数组中的每个值，ngFor 绑定表达式重复该元素。这个 button 元素有一个 click 事件绑定，其表达式调用 changeCategory 方法来改变当前类别，这将过滤向用户显示的产品。还有一个 class 绑定：如果与该按钮相关联的类别是所选类别，就把 button 元素添加到 active 类。当通过类别进行过滤时，这种视觉反馈可以让用户立即知道当前类别，如图 7-6 所示。

图 7-6　选择产品类别

7.5.3　添加产品分页功能

按类别过滤产品有助于使产品列表更易于管理，但更典型的方法是将列表分成更小的部分，将其显示为一个个分页，并可以通过导航按钮在分页之间移动。代码清单 7-21 增强了商店组件，以便跟踪当前页面和页面上的项数。

代码清单 7-21　在 src/app/store 文件夹的 store.component.ts 文件中添加分页支持

```
import { Component } from "@angular/core";
import { Product } from "../model/product.model";
import { ProductRepository } from "../model/product.repository";

@Component({
    selector: "store",
    templateUrl: "store.component.html"
})
export class StoreComponent {
    public selectedCategory = null;
    public productsPerPage = 4;
    public selectedPage = 1;

    constructor(private repository: ProductRepository) {}

    get products(): Product[] {
        let pageIndex = (this.selectedPage - 1) * this.productsPerPage
        return this.repository.getProducts(this.selectedCategory)
          .slice(pageIndex, pageIndex + this.productsPerPage);
    }

    get categories(): string[] {
        return this.repository.getCategories();
    }

    changeCategory(newCategory?: string) {
        this.selectedCategory = newCategory;
    }

    changePage(newPage: number) {
        this.selectedPage = newPage;
    }
```

```
    changePageSize(newSize: number) {
        this.productsPerPage = Number(newSize);
        this.changePage(1);
    }

    get pageNumbers(): number[] {
        return Array(Math.ceil(this.repository
            .getProducts(this.selectedCategory).length / this.productsPerPage))
                .fill(0).map((x, i) => i + 1);
    }
}
```

代码清单 7-21 增加了两个新功能。第一个是获得一页产品的功能，第二个是更改分页大小的功能，即修改每页包含的产品数量。

组件还必须解决一个问题。Angular 提供的内置 ngFor 指令有一个限制，它只能为数组或集合中的对象生成内容，而不是使用计数器。因为需要生成带有编号的页面导航按钮，所以需要创建一个包含所需编号的数组，如下：

```
...
return Array(Math.ceil(this.repository.getProducts(this.selectedCategory).length
    / this.productsPerPage)).fill(0).map((x, i) => i + 1);
...
```

此语句创建一个新数组，用 0 值填充它，然后使用 map 方法为编号序列生成一个新数组。这样做虽然很好地实现了分页功能，但感觉很不自然，下一节中将给出更好的方法。代码清单 7-22 显示了为实现分页功能需要对商店组件模板所做的更改。

代码清单 7-22 在 src/app/store 文件夹的 store.component.html 文件中添加分页功能

```html
<div class="container-fluid">
  <div class="row">
    <div class="col bg-dark text-white">
      <a class="navbar-brand">SPORTS STORE</a>
    </div>
  </div>
  <div class="row">
    <div class="col-3 p-2">
      <button class="btn btn-block btn-outline-primary" (click)="changeCategory()">
        Home
      </button>
      <button *ngFor="let cat of categories"
              class="btn btn-outline-primary btn-block"
              [class.active]="cat == selectedCategory" (click)="changeCategory(cat)">
      {{cat}}
      </button>
    </div>
    <div class="col-9 p-2">
      <div *ngFor="let product of products" class="card m-1 p-1 bg-light">
        <h4>
          {{product.name}}
          <span class="badge badge-pill badge-primary float-right">
          {{ product.price | currency:"USD":"symbol":"2.2-2" }}
          </span>
        </h4>
```

```
        <div class="card-text bg-white p-1">{{product.description}}</div>
    </div>

    <div class="form-inline float-left mr-1">
        <select class="form-control" [value]="productsPerPage"
                (change)="changePageSize($event.target.value)">
            <option value="3">3 per Page</option>
            <option value="4">4 per Page</option>
            <option value="6">6 per Page</option>
            <option value="8">8 per Page</option>
        </select>
    </div>

    <div class="btn-group float-right">
        <button *ngFor="let page of pageNumbers" (click)="changePage(page)"
                class="btn btn-outline-primary"
                [class.active]="page == selectedPage">
            {{page}}
        </button>
    </div>
    </div>
    </div>
</div>
```

这里添加了一个 select 元素，可用来更改分页的大小，还添加了一组按钮，用于浏览产品分页。这些新元素都具有数据绑定，以将其连接到组件所提供的属性和方法。最终效果是让一组产品更便于管理，如图 7-7 所示。

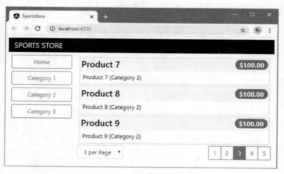

图 7-7　产品分页

提示：代码清单 7-22 中的 select 元素是通过静态定义的 option 元素填充的，而不是根据组件中的数据创建的。这样做带来的一个影响是，当把所选值传给 changePageSize 方法时，该方法将接收一个 string 值，因此必须将实参解析为数字类型，之后才能用于设置代码清单 7-21 中的分页大小。从 HTML 元素接收数据值时，务必小心，以确保它们符合预期的类型。这种情况下，TypeScript 类型注解无法提供帮助，这是因为数据绑定表达式在运行时进行求值，而在此之前 TypeScript 编译器早就生成了不包含额外类型信息的 JavaScript 代码。

7.5.4　创建自定义指令

本节将创建一个自定义指令，这样就不必生成一个数组来创建页面导航按钮。虽然 Angular

提供了各种有用的内置指令，但开发者也很容易创建自己的指令，来解决应用程序的特定问题，或者实现内置指令不具有的功能。在 src/app/store 文件夹中添加一个名为 counter.directive.ts 的文件，并将其用于定义代码清单 7-23 所示的类。

代码清单 7-23 src/app/store 文件夹中 counter.directive.ts 文件的内容

```
import {
    Directive, ViewContainerRef, TemplateRef, Input, Attribute, SimpleChanges
} from "@angular/core";

@Directive({
  selector: "[counterOf]"
})
export class CounterDirective {

  constructor(private container: ViewContainerRef,
      private template: TemplateRef<Object>) {
  }

  @Input("counterOf")
  counter: number;

  ngOnChanges(changes: SimpleChanges) {
    this.container.clear();
    for (let i = 0; i < this.counter; i++) {
      this.container.createEmbeddedView(this.template,
          new CounterDirectiveContext(i + 1));
    }
  }
}

class CounterDirectiveContext {
    constructor(public $implicit: any) { }
}
```

这是结构型指令的一个示例，相关内容详见第 16 章。该指令通过 counter 属性应用于元素，并且使用了 Angular 为重复创建内容而提供的特殊功能，就像内置指令 ngFor 一样。但是这个自定义指令并非通过遍历集合中的所有对象来创建内容，而是产生一组可用于创建分页导航按钮的编号。

提示： 在页数发生变化时，此指令将删除已经创建的所有内容，然后重新创建内容。在更复杂的指令中，这可能是一个比较耗费资源的过程，在第 16 章将讲解如何提高性能。

要使用该指令，必须将其添加到所在功能模块的 declarations 属性中，如代码清单 7-24 所示。

代码清单 7-24 在 src/app/store 文件夹的 store.module.ts 文件中注册自定义指令

```
import { NgModule } from "@angular/core";
import { BrowserModule } from "@angular/platform-browser";
import { FormsModule } from "@angular/forms";
import { ModelModule } from "../model/model.module";
import { StoreComponent } from "./store.component";
import { CounterDirective } from "./counter.directive";

@NgModule({
```

113

```
  imports: [ModelModule, BrowserModule, FormsModule],
  declarations: [StoreComponent, CounterDirective],
  exports: [StoreComponent]
})
export class StoreModule { }
```

注册指令后，可在商店组件的模板中使用该指令替换 ngFor 指令，如代码清单 7-25 所示。

代码清单 7-25　在 src/app/store 文件夹的 store.component.html 文件中替换内置指令

```
<div class="container-fluid">
  <div class="row">
    <div class="col bg-dark text-white">
      <a class="navbar-brand">SPORTS STORE</a>
    </div>
  </div>
  <div class="row">

    <div class="col-3 p-2">
      <button class="btn btn-block btn-outline-primary" (click)="changeCategory()">
        Home
      </button>
      <button *ngFor="let cat of categories"
          class="btn btn-outline-primary btn-block"
          [class.active]="cat == selectedCategory" (click)="changeCategory(cat)">
        {{cat}}
      </button>
    </div>

    <div class="col-9 p-2">
      <div *ngFor="let product of products" class="card m-1 p-1 bg-light">
        <h4>
          {{product.name}}
          <span class="badge badge-pill badge-primary float-right">
            {{ product.price | currency:"USD":"symbol":"2.2-2" }}
          </span>
        </h4>
        <div class="card-text bg-white p-1">{{product.description}}</div>
    </div>

        <div class="form-inline float-left mr-1">
          <select class="form-control" [value]="productsPerPage"
              (change)="changePageSize($event.target.value)">
            <option value="3">3 per Page</option>
            <option value="4">4 per Page</option>
            <option value="6">6 per Page</option>
            <option value="8">8 per Page</option>
          </select>
        </div>

        <div class="btn-group float-right">
          <button *counter="let page of pageCount" (click)="changePage(page)"
              class="btn btn-outline-primary" [class.active]="page == selectedPage">
            {{page}}
          </button>
        </div>
```

```
        </div>
    </div>
</div>
```

新的数据绑定使用一个名为 pageCount 的属性配置自定义指令。在代码清单 7-26 中，将数字数组替换成简单的 number 类型，来为绑定表达式提供属性值。

代码清单 7-26　在 src/app/store 文件夹的 store.component.ts 文件中支持自定义指令

```
import { Component } from "@angular/core";
import { Product } from "../model/product.model";
import { ProductRepository } from "../model/product.repository";

@Component({
    selector: "store",
    templateUrl: "store.component.html"
})
export class StoreComponent {
    public selectedCategory = null;
    public productsPerPage = 4;
    public selectedPage = 1;

    constructor(private repository: ProductRepository) {}

    get products(): Product[] {
        let pageIndex = (this.selectedPage - 1) * this.productsPerPage
        return this.repository.getProducts(this.selectedCategory)
            .slice(pageIndex, pageIndex + this.productsPerPage);
    }

    get categories(): string[] {
        return this.repository.getCategories();
    }

    changeCategory(newCategory?: string) {
        this.selectedCategory = newCategory;
    }

    changePage(newPage: number) {
        this.selectedPage = newPage;
    }

    changePageSize(newSize: number) {
        this.productsPerPage = Number(newSize);
        this.changePage(1);
    }

    get pageCount(): number {
        return Math.ceil(this.repository
            .getProducts(this.selectedCategory).length / this.productsPerPage)
    }

    //get pageNumbers(): number[] {
    //    return Array(Math.ceil(this.repository
    //        .getProducts(this.selectedCategory).length / this.productsPerPage))
```

```
//                  .fill(0).map((x, i) => i + 1);
//}
}
```

　　虽然本节对 SportsStore 应用程序的修改没有带来视觉上的任何变化，但是本节充分说明，开发者能够根据具体项目的需要进行定制，使用自定义代码补充内置的 Angular 功能。

7.6　本章小结

　　本章启动了 SportsStore 项目。本章的前半部分用于为项目搭建基础，具体包括：安装和配置开发工具；为应用程序创建根构造块；开始实现功能模块。一旦为项目搭好基础，就能快速添加各项功能：向用户显示虚拟模型数据，添加分页功能，并按类别过滤产品。本章最后创建了一个自定义指令，以演示如何通过自定义代码补充 Angular 提供的内置功能。下一章将继续构建 SportsStore 应用程序。

第 8 章

SportsStore：订单和结账

本章继续向第 7 章创建的 SportsStore 应用程序添加功能。本章将添加对购物车和结账功能的支持，并将虚拟数据替换为来自 RESTful Web 服务的数据。

8.1 准备示例应用程序

本章不需要任何准备工作，继续使用第 7 章的 SportsStore 项目。要启动 RESTful Web 服务，打开一个命令提示符，在 SportsStore 文件夹中运行如下命令：

```
npm run json
```

再打开一个命令提示符，在 SportsStore 文件夹中运行如下命令，启动开发工具和 HTTP 服务器。

```
ng serve -open
```

8.2 创建购物车

用户需要购物车功能，可以把产品放到购物车中，然后还可以用于启动结账流程。下面将向应用程序添加购物车功能并将其集成到商店中，这样用户就可以选择想要的产品。

8.2.1 创建购物车模型

为实现购物车功能，首先创建一个新的模型类，该模型类用来收集用户选中的产品。在 src/app/model 文件夹中添加 cart.model.ts 文件，用它来定义代码清单 8-1 所示的类。

代码清单 8-1　src/app/model 文件夹中 cart.model.ts 文件的内容

```
import { Injectable } from "@angular/core";
import { Product } from "./product.model";

@Injectable()
export class Cart {
    public lines: CartLine[] = [];
    public itemCount: number = 0;
    public cartPrice: number = 0;
```

```
    addLine(product: Product, quantity: number = 1) {
        let line = this.lines.find(line => line.product.id == product.id);
        if (line != undefined) {
            line.quantity += quantity;
        } else {
            this.lines.push(new CartLine(product, quantity));
        }
        this.recalculate();
    }

    updateQuantity(product: Product, quantity: number) {
        let line = this.lines.find(line => line.product.id == product.id);
        if (line != undefined) {
            line.quantity = Number(quantity);
        }
        this.recalculate();
    }

    removeLine(id: number) {
        let index = this.lines.findIndex(line => line.product.id == id);
        this.lines.splice(index, 1);
        this.recalculate();
    }

    clear() {
        this.lines = [];
        this.itemCount = 0;
        this.cartPrice = 0;
    }

    private recalculate() {
        this.itemCount = 0;
        this.cartPrice = 0;
        this.lines.forEach(l => {
        this.itemCount += l.quantity;
        this.cartPrice += (l.quantity * l.product.price);
        })
    }
}

export class CartLine {

  constructor(public product: Product,
    public quantity: number) {}

  get lineTotal() {
     return this.quantity * this.product.price;
  }
}
```

用户的产品选择由 CartLine 对象数组表示，数组中的每个对象都包含一个 Product 对象及其数量。Cart 类跟踪已选择的产品总数和总价。

在整个应用程序中应该使用单个 Cart 对象，确保应用程序的任何部分都可以访问用户的产品选择。为了实现这一点，我们让 Cart 成为一项服务，这意味着 Angular 将负责创建 Cart 类的唯一实例，并在需要创建某个具有 Cart 构造函数实参的组件时使用该实例。这是 Angular 依赖注入功能的另一个用途：可用于在整个应用程序中共享对象，详见第 19 章和第 20 章。已为代码清单中的 Cart 类应用@Injectable 装饰器，表示该类将被用作服务。

> 注意：严格来说，只有当一个类自身有要解析的构造函数实参时，才需要使用@Injectable 装饰器，但是无论如何，应用该装饰器都是一个好做法，这是因为它会发出一个信号，表明该类可以用作服务。

代码清单 8-2 在模型功能模块类的 providers 属性中将 Cart 类注册为一项服务。

代码清单 8-2 在 src/app/model 文件夹的 model.module.ts 文件中将 Cart 注册为服务

```
import { NgModule } from "@angular/core";
import { ProductRepository } from "./product.repository";
import { StaticDataSource } from "./static.datasource";
import { Cart } from "./cart.model";

@NgModule({
    providers: [ProductRepository, StaticDataSource, Cart]
})
export class ModelModule { }
```

8.2.2 创建购物车概览组件

组件是 Angular 应用程序的基本构造块，因为它们可用来轻松创建分散的代码和内容单元。SportsStore 应用程序将在页面的标题区域向用户显示所选产品的概览，下面将创建一个组件实现该功能。在 src/app/store 文件夹中添加一个名为 cartSummary. component.ts 的文件，并将其用于定义代码清单 8-3 所示的组件。

代码清单 8-3 src/app/store 文件夹中 cartSummary.component.ts 文件的内容

```
import { Component } from "@angular/core";
import { Cart } from "../model/cart.model";

@Component({
    selector: "cart-summary",
    templateUrl: "cartSummary.component.html"
})
export class CartSummaryComponent {

    constructor(public cart: Cart) { }
}
```

当 Angular 需要创建这个组件的实例时，必须提供一个 Cart 对象作为构造函数实参(使用上一节中配置的服务，也就是将 Cart 类添加到功能模块的 providers 属性中)。根据服务的默认行为，在整个应用程序中将创建并共享同一个 Cart 对象，但是还可以选择其他不同的服务行为(如第 20 章所述)。

为了向组件提供模板，在组件类文件所在的文件夹中创建了一个名为 cartSummary.component.html 的 HTML 文件，并向该文件添加代码清单 8-4 所示的标记。

代码清单 8-4　src/app/store 文件夹中 cartSummary.component.html 文件的内容

```
<div class="float-right">
  <small>
    Your cart:
    <span *ngIf="cart.itemCount > 0">
      {{ cart.itemCount }} item(s)
      {{ cart.cartPrice | currency:"USD":"symbol":"2.2-2" }}
    </span>
    <span *ngIf="cart.itemCount == 0">
      (empty)
    </span>
  </small>
  <button class="btn btn-sm bg-dark text-white"
      [disabled]="cart.itemCount == 0">
    <i class="fa fa-shopping-cart"></i>
  </button>
</div>
```

这个模板使用其组件提供的 Cart 对象来显示购物车中物品的数量和总价。还有一个用于启动结账流程的按钮，稍后会把它添加到应用程序中。

提示：代码清单 8-4 中的 button 元素使用 Font Awesome 软件包定义的 CSS 类进行了样式化，第 7 章的 package.json 文件中已经指定了这个软件包。这个开源软件包为 Web 应用程序提供了出色的图标支持，SportsStore 应用程序的购物车图标就来自这个软件包。有关详细信息，请参阅 http://fontawesome.io。

代码清单 8-5 在商店功能模块中注册这个新组件，为下一节的使用做好准备。

代码清单 8-5　在 src/app/store 文件夹的 store.module.ts 文件中注册组件

```
import { NgModule } from "@angular/core";
import { BrowserModule } from "@angular/platform-browser";
import { FormsModule } from "@angular/forms";
import { ModelModule } from "../model/model.module";
import { StoreComponent } from "./store.component";
import { CounterDirective } from "./counter.directive";
import { CartSummaryComponent } from "./cartSummary.component";

@NgModule({
    imports: [ModelModule, BrowserModule, FormsModule],
    declarations: [StoreComponent, CounterDirective, CartSummaryComponent],
    exports: [StoreComponent]
})
export class StoreModule { }
```

8.2.3　将购物车集成到商店中

商店组件是将购物车和购物车概览小部件集成到应用程序中的关键。代码清单 8-6 更新商店组件，在构造函数中增加一个 Cart 参数。此外，为该组件新增一个方法，用于向购物车添加产品。

代码清单 8-6 在 src/app/store 文件夹的 store.component.ts 文件中添加购物车支持

```
import { Component } from "@angular/core";
import { Product } from "../model/product.model";
import { ProductRepository } from "../model/product.repository";
import { Cart } from "../model/cart.model";

@Component({
    selector: "store",
    templateUrl: "store.component.html"
})
export class StoreComponent {
    public selectedCategory = null;
    public productsPerPage = 4;
    public selectedPage = 1;

    constructor(private repository: ProductRepository,
                private cart: Cart) { }
    get products(): Product[] {
        let pageIndex = (this.selectedPage - 1) * this.productsPerPage
        return this.repository.getProducts(this.selectedCategory)
            .slice(pageIndex, pageIndex + this.productsPerPage);
    }

    get categories(): string[] {
        return this.repository.getCategories();
    }

    changeCategory(newCategory?: string) {
        this.selectedCategory = newCategory;
    }

    changePage(newPage: number) {
        this.selectedPage = newPage;
    }

    changePageSize(newSize: number) {
        this.productsPerPage = Number(newSize);
        this.changePage(1);
    }

    get pageCount(): number {
        return Math.ceil(this.repository
            .getProducts(this.selectedCategory).length / this.productsPerPage)
    }

    addProductToCart(product: Product) {
        this.cart.addLine(product);
    }
}
```

为了完成将购物车集成到商店组件中的工作，代码清单 8-7 添加了一个元素，将购物车概览组件应用到商店组件的模板中，同时在每个产品的描述中添加一个按钮，按钮的事件绑定会调用 addProductToCart 方法。

代码清单 8-7　在 src/app/store 文件夹的 store.component.html 文件中应用组件

```html
<div class="container-fluid">
  <div class="row">
    <div class="col bg-dark text-white">
      <a class="navbar-brand">SPORTS STORE</a>
      <cart-summary></cart-summary>
    </div>
  </div>
  <div class="row">

    <div class="col-3 p-2">
      <button class="btn btn-block btn-outline-primary" (click)="changeCategory()">
        Home
      </button>
      <button *ngFor="let cat of categories"
          class="btn btn-outline-primary btn-block"
          [class.active]="cat == selectedCategory" (click)="changeCategory(cat)">
        {{cat}}
      </button>
    </div>

    <div class="col-9 p-2">
      <div *ngFor="let product of products" class="card m-1 p-1 bg-light">
        <h4>
          {{product.name}}
          <span class="badge badge-pill badge-primary float-right">
            {{ product.price | currency:"USD":"symbol":"2.2-2" }}
          </span>
        </h4>
        <div class="card-text bg-white p-1">
          {{product.description}}
          <button class="btn btn-success btn-sm float-right"
                  (click)="addProductToCart(product)">
            Add To Cart
          </button>
        </div>
      </div>

      <div class="form-inline float-left mr-1">
        <select class="form-control" [value]="productsPerPage"
                (change)="changePageSize($event.target.value)">
          <option value="3">3 per Page</option>
          <option value="4">4 per Page</option>
          <option value="6">6 per Page</option>
          <option value="8">8 per Page</option>
        </select>
      </div>

      <div class="btn-group float-right">
        <button *counter="let page of pageCount" (click)="changePage(page)"
            class="btn btn-outline-primary" [class.active]="page == selectedPage">
          {{page}}
        </button>
      </div>

    </div>
```

```
        </div>
    </div>
```

结果是每个产品都分别对应一个按钮，单击按钮就会将对应产品添加到购物车中，如图 8-1 所示。虽然完整的购物车流程尚未完成，但可在页面顶部的购物车概览中看到添加后的效果。

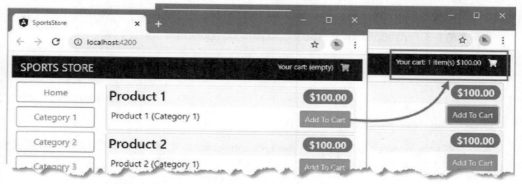

图 8-1　向 SportsStore 应用程序添加购物车支持

请注意单击其中一个 Add To Cart 按钮后是如何自动更新购物车概览组件的内容的。之所以能自动更新，是因为两个组件之间共享同一个 Cart 对象，当一个组件做出更改后，Angular 在对另一个组件中的数据绑定表达式求值时会反映这一变化。

8.3　添加 URL 路由

大多数应用程序需要在不同时间向用户显示不同内容。对于 SportsStore 应用程序，当用户单击其中一个 Add To Cart 按钮时，应该向用户显示所选产品的详细视图，并让用户有机会启动结账流程。

Angular 支持一项名为 URL 路由的功能，即根据浏览器显示的当前 URL 来选择要显示给用户的组件。利用这项功能创建的应用程序可以轻松实现以下目标：组件之间松散耦合，组件易于修改，不用在应用程序的其他位置进行相应的修改。借助 URL 路由功能，还可以轻松地更改用户访问应用程序的路径。

SportsStore 应用程序支持 3 种不同的 URL，如表 8-1 所示。这是一个简单配置，但路由系统具有许多功能，详见第 25~27 章中的描述。

表 8-1　SportsStore 应用程序支持的 URL

URL	描述
/store	这个 URL 显示产品列表
/cart	这个 URL 显示用户的购物车详情
/checkout	这个 URL 显示结账流程

以下几节为 SportsStore 购物车详情和订单结账这两个阶段分别创建占位符组件，然后使用 URL 路由将这些组件集成到应用程序中。在实现 URL 后，返回到这些组件并添加更多有用的功能。

8.3.1 创建购物车详情和结账组件

将 URL 路由添加到应用程序前，需要创建由 URL /cart 和/checkout 显示的组件。现在，一开始只需要一些基本的占位符内容，这样才能弄清楚正在显示的是哪个组件。首先在 src/app/store 文件夹中添加一个名为 cartDetail.component.ts 的文件，并定义代码清单 8-8 所示的组件。

代码清单 8-8　src/app/store 文件夹中 cartDetail.component.ts 文件的内容

```
import { Component } from "@angular/core";

@Component({
    template: `<div><h3 class="bg-info p-1 text-white">Cart Detail Component</h3></div>`
})
export class CartDetailComponent {}
```

接下来在 src/app/store 文件夹中添加 checkout.component.ts 文件，并定义代码清单 8-9 所示的组件。

代码清单 8-9　src/app/store 文件夹中 checkout.component.ts 文件的内容

```
import { Component } from "@angular/core";

@Component({
    template: `<div><h3 class="bg-info p-1 text-white">Checkout Component</h3></div>`
})
export class CheckoutComponent { }
```

这个组件遵循与购物车详情组件相同的模式，也显示一条占位符消息。代码清单 8-10 在商店功能模块中注册组件，然后将其添加到 exports 属性中，这样就可以在应用程序的其他地方使用这些组件。

代码清单 8-10　在 src/app/store 文件夹的 store.module.ts 文件中注册组件

```
import { NgModule } from "@angular/core";
import { BrowserModule } from "@angular/platform-browser";
import { FormsModule } from "@angular/forms";
import { ModelModule } from "../model/model.module";
import { StoreComponent } from "./store.component";
import { CounterDirective } from "./counter.directive";
import { CartSummaryComponent } from "./cartSummary.component";
import { CartDetailComponent } from "./cartDetail.component";
import { CheckoutComponent } from "./checkout.component";

@NgModule({
    imports: [ModelModule, BrowserModule, FormsModule],
    declarations: [StoreComponent, CounterDirective, CartSummaryComponent,
        CartDetailComponent, CheckoutComponent],
    exports: [StoreComponent, CartDetailComponent, CheckoutComponent]
})
export class StoreModule { }
```

8.3.2 创建和应用路由配置

既然有一系列组件要显示，那么下一步就要创建路由配置，告诉 Angular 如何将 URL 映射到这些组件。每个 URL 到组件的映射都称为 URL 路由，或简称路由。在本书第Ⅲ部分，将创建更复杂的路由配置，并在一个单独的文件中定义路由。但这个项目采用另一种方法，即在应用程序根模块的@NgModule 装饰器中定义路由，如代码清单 8-11 所示。

> **提示：** Angular 路由功能要求 HTML 文档中有一个 base 元素，由其提供路由的基本 URL。在第 7 章中启动 SportsStore 项目时，已经使用 ng new 命令在 index.html 文件中添加了这个元素。如果省略这个元素，Angular 将报告错误，并且无法应用路由。

代码清单 8-11　在 src/app 文件夹的 app.module.ts 文件中创建路由配置

```
import { NgModule } from "@angular/core";
import { BrowserModule } from "@angular/platform-browser";
import { AppComponent } from "./app.component";
import { StoreModule } from "./store/store.module";
import { StoreComponent } from "./store/store.component";
import { CheckoutComponent } from "./store/checkout.component";
import { CartDetailComponent } from "./store/cartDetail.component";
import { RouterModule } from "@angular/router";

@NgModule({
    imports: [BrowserModule, StoreModule,
        RouterModule.forRoot([
            { path: "store", component: StoreComponent },
            { path: "cart", component: CartDetailComponent },
            { path: "checkout", component: CheckoutComponent },
            { path: "**", redirectTo: "/store" }
        ])],
    declarations: [AppComponent],
    bootstrap: [AppComponent]
})
export class AppModule { }
```

向 RouterModule.forRoot 方法传入一组路由，每条路由将一个 URL 映射到一个组件。代码清单中的前 3 条路由与表 8-1 中的 URL 匹配。最后一条路由是一个通配符，它将任何其他 URL 重定向到/store，而这将显示 StoreComponent。

当使用路由功能时，Angular 会查找 router-outlet 元素，该元素指定应该在什么位置显示当前 URL 对应的组件。代码清单 8-12 使用 router-outlet 元素替换根组件模板中的 store 元素。

代码清单 8-12　在 src/app 文件夹的 app.component.ts 文件中定义路由目标

```
import { Component } from "@angular/core";

@Component({
    selector: "app",
    template: "<router-outlet></router-outlet>"
})
export class AppComponent { }
```

当保存更改且浏览器重新加载 HTML 文档时，Angular 将应用路由配置。浏览器窗口中显示的内容并没有变化，但如果检查浏览器的 URL 地址栏，就会看到已经应用了路由配置，如图 8-2 所示。

图 8-2   URL 路由的效果

8.3.3　应用程序导航

完成路由配置后，现在可添加以下功能：通过更改浏览器的 URL 在不同组件之间进行导航。URL 路由功能依赖浏览器提供的 JavaScript API，因此用户无法简单地将目标 URL 输入浏览器的 URL 地址栏中进行导航。相反，导航必须由应用程序执行，具体的实现方法是在组件或其他构造块中编写 JavaScript 代码，或向模板中的 HTML 元素添加属性。

当用户单击其中一个 Add To Cart 按钮时，就应该显示购物车详情组件，以表明应用程序应该导航到/cart URL。代码清单 8-13 添加相关代码，当用户单击按钮时，调用组件方法进行导航。

代码清单 8-13　在 src/app/store 文件夹的 store.component.ts 文件中使用 JavaScript 进行导航

```
import { Component } from "@angular/core";
import { Product } from "../model/product.model";
import { ProductRepository } from "../model/product.repository";
import { Cart } from "../model/cart.model";
import { Router } from "@angular/router";
@Component({
    selector: "store",
    templateUrl: "store.component.html"
})
export class StoreComponent {
    public selectedCategory = null;
    public productsPerPage = 4;
    public selectedPage = 1;

    constructor(private repository: ProductRepository,
        private cart: Cart,
        private router: Router) { }

    get products(): Product[] {
        let pageIndex = (this.selectedPage - 1) * this.productsPerPage
        return this.repository.getProducts(this.selectedCategory)
            .slice(pageIndex, pageIndex + this.productsPerPage);
    }

    get categories(): string[] {
```

```
        return this.repository.getCategories();
    }

    changeCategory(newCategory?: string) {
        this.selectedCategory = newCategory;
    }

    changePage(newPage: number) {
        this.selectedPage = newPage;
    }

    changePageSize(newSize: number) {
        this.productsPerPage = Number(newSize);
        this.changePage(1);
    }

    get pageCount(): number {
        return Math.ceil(this.repository
            .getProducts(this.selectedCategory).length / this.productsPerPage)
    }

    addProductToCart(product: Product) {
        this.cart.addLine(product);
        this.router.navigateByUrl("/cart");
    }
}
```

  StoreComponent 类的构造函数带有一个 Router 参数，当创建 StoreComponent 组件的新实例时，该参数由 Angular 通过依赖注入功能提供。在 addProductToCart 方法中，使用 router.navigateByUrl 方法导航到/cart URL。

  还可通过向模板中的元素添加 routerLink 属性来实现导航功能。在代码清单 8-14 中，向购物车概览组件的模板中的购物车按钮添加 routerLink 属性。

代码清单8-14　在 src/app/store 文件夹的 cartSummary.component.html 文件中添加导航属性

```
<div class="float-right">
  <small>
    Your cart:
    <span *ngIf="cart.itemCount > 0">
      {{ cart.itemCount }} item(s)
      {{ cart.cartPrice | currency:"USD":"symbol":"2.2-2" }}
    </span>
    <span *ngIf="cart.itemCount == 0">
      (empty)
    </span>
  </small>
  <button class="btn btn-sm bg-dark text-white"
      [disabled]="cart.itemCount == 0" routerLink="/cart">
    <i class="fa fa-shopping-cart"></i>
  </button>
</div>
```

  routerLink 属性指定的值是在单击按钮时应用程序将导航到的 URL。当购物车为空时，这个按钮将被禁用，因此只有当用户将产品添加到购物车时，才能执行这个导航。

要添加对 routerLink 属性的支持，必须将 RouterModule 模块导入功能模块中，如代码清单 8-15 所示。

代码清单 8-15 在 src/app/store 文件夹的 store.module.ts 文件中导入路由模块

```
import { NgModule } from "@angular/core";
import { BrowserModule } from "@angular/platform-browser";
import { FormsModule } from "@angular/forms";
import { ModelModule } from "../model/model.module";
import { StoreComponent } from "./store.component";
import { CounterDirective } from "./counter.directive";
import { CartSummaryComponent } from "./cartSummary.component";
import { CartDetailComponent } from "./cartDetail.component";
import { CheckoutComponent } from "./checkout.component";
import { RouterModule } from "@angular/router";

@NgModule({
    imports: [ModelModule, BrowserModule, FormsModule, RouterModule],
    declarations: [StoreComponent, CounterDirective, CartSummaryComponent,
        CartDetailComponent, CheckoutComponent],
    exports: [StoreComponent, CartDetailComponent, CheckoutComponent]
})
export class StoreModule { }
```

为查看导航效果，保存这些文件，在浏览器重新加载 HTML 文档后，单击其中一个 Add To Cart 按钮。浏览器将导航到/cart URL，如图 8-3 所示。

图 8-3 使用 URL 路由

8.3.4 路由守卫

请记住，现在只能由应用程序执行导航。如果直接在浏览器的 URL 地址栏中更改 URL，那么浏览器将向 Web 服务器请求输入的 URL。负责响应 HTTP 请求的 lite-server 软件包在进行响应时，如果请求的 URL 未对应到任何文件，将返回 index.html 的内容。这通常是一种有用的行为，这是因为这意味着当用户单击浏览器的重新加载按钮时，不会接收到 HTTP 错误。但如果应用程序期望用户通过特定路径在应用程序中浏览，这也可能导致问题。

例如，如果单击其中一个 Add To Cart 按钮，然后单击浏览器的重新加载按钮，HTTP 服务器将返回 index.html 文件的内容，而 Angular 将立即跳转到购物车详情组件，从而跳过应用程序中让用户选择产品的那部分。

对于某些应用程序而言，用户能够直接从不同的 URL 开始导航是有意义的，但如果不希望出现这种情况，可以使用 Angular 的路由守卫(route guard)功能，该功能用于管理路由系统。

为防止应用程序从/cart 或/order URL 开始导航，在 SportsStore/src/app 文件夹中添加一个名为 storeFirst.guard.ts 的文件，并定义代码清单 8-16 所示的类。

代码清单 8-16　src/app 文件夹中 storeFirst.guard.ts 文件的内容

```
import { Injectable } from "@angular/core";
import {
    ActivatedRouteSnapshot, RouterStateSnapshot,
    Router
} from "@angular/router";
import { StoreComponent } from "./store/store.component";

@Injectable()
export class StoreFirstGuard {
    private firstNavigation = true;

    constructor(private router: Router) { }

    canActivate(route: ActivatedRouteSnapshot,
        state: RouterStateSnapshot): boolean {
        if (this.firstNavigation) {
            this.firstNavigation = false;
            if (route.component != StoreComponent) {
                this.router.navigateByUrl("/");
                return false;
            }
        }
        return true;
    }
}
```

保护路由的方法有好几种(在第 27 章将描述)，而这里是防止路由被激活的一个保护示例，它的实现是通过一个定义了 canActivate 方法的类。该方法的实现途径是使用 Angular 提供的上下文对象来描述要导航的路由，并检查目标组件是否为 StoreComponent。如果这是第一次调用 canActivate 方法并且目标组件不是 StoreComponent，那么使用 Router.navigateByUrl 方法导航到根 URL。

代码清单 8-16 用到了@Injectable 装饰器，这是因为路由守卫属于服务。代码清单 8-17 使用根模块的 providers 属性将路由守卫注册为服务，并使用 canActivate 属性来守卫每个路由。

代码清单 8-17　在 src/app 文件夹的 app.module.ts 文件中守卫路由

```
import { NgModule } from "@angular/core";
import { BrowserModule } from "@angular/platform-browser";
import { AppComponent } from "./app.component";
import { StoreModule } from "./store/store.module";
import { StoreComponent } from "./store/store.component";
import { CheckoutComponent } from "./store/checkout.component";
import { CartDetailComponent } from "./store/cartDetail.component";
```

```
import { RouterModule } from "@angular/router";
import { StoreFirstGuard } from "./storeFirst.guard";

@NgModule({
    imports: [BrowserModule, StoreModule,
        RouterModule.forRoot([
            {
                path: "store", component: StoreComponent,
                canActivate: [StoreFirstGuard]
            },
            {
                path: "cart", component: CartDetailComponent,
                canActivate: [StoreFirstGuard]
            },
            {
                path: "checkout", component: CheckoutComponent,
                canActivate: [StoreFirstGuard]
            },
            { path: "**", redirectTo: "/store" }
        ])],
    providers: [StoreFirstGuard],
    declarations: [AppComponent],
    bootstrap: [AppComponent]
})
export class AppModule { }
```

现在如果单击其中一个 Add To Cart 按钮之后重新加载浏览器，浏览器会自动重定向回到安全
位置，如图 8-4 所示。

图 8-4　守卫路由

8.4　完成购物车详情功能

既然应用程序具有导航支持，现在就要完成详细显示用户购物车中内容的视图。代码清单 8-18
从购物车详情组件中删除内联模板，将其替换成同一目录中的一个外部模板，并向构造函数添加
一个 Cart 参数，在模板中将通过名为 cart 的属性访问该参数。

代码清单 8-18　修改 src/app/store 文件夹的 cartDetail.component.ts 文件中的模板

```
import { Component } from "@angular/core";
import { Cart } from "../model/cart.model";
```

```
@Component({
    templateUrl: "cartDetail.component.html"
})
export class CartDetailComponent {

    constructor(public cart: Cart) { }
}
```

为完成购物车详情功能，在 src/app/store 文件夹中创建一个名为 cartDetail. component.html 的 HTML 文件，并添加代码清单 8-19 所示的内容。

代码清单 8-19   src/app/store 文件夹中 cartDetail.component.html 文件的内容

```html
<div class="container-fluid">
  <div class="row">
    <div class="col bg-dark text-white">
      <a class="navbar-brand">SPORTS STORE</a>
    </div>
  </div>
  <div class="row">
    <div class="col mt-2">
      <h2 class="text-center">Your Cart</h2>
      <table class="table table-bordered table-striped p-2">
        <thead>
          <tr>
            <th>Quantity</th>
            <th>Product</th>
            <th class="text-right">Price</th>
            <th class="text-right">Subtotal</th>
          </tr>
        </thead>
        <tbody>
          <tr *ngIf="cart.lines.length == 0">
            <td colspan="4" class="text-center">
              Your cart is empty
            </td>
          </tr>
          <tr *ngFor="let line of cart.lines">
            <td>
              <input type="number" class="form-control-sm"
                     style="width:5em"
                     [value]="line.quantity"
                     (change)="cart.updateQuantity(line.product,
                               $event.target.value)" />
            </td>
            <td>{{line.product.name}}</td>
            <td class="text-right">
                {{line.product.price | currency:"USD":"symbol":"2.2-2"}}
            </td>
            <td class="text-right">
                {{(line.lineTotal) | currency:"USD":"symbol":"2.2-2" }}
            </td>
            <td class="text-center">
              <button class="btn btn-sm btn-danger"
                      (click)="cart.removeLine(line.product.id)">
                Remove
              </button>
```

```
          </td>
        </tr>
      </tbody>
      <tfoot>
        <tr>
          <td colspan="3" class="text-right">Total:</td>
          <td class="text-right">
            {{cart.cartPrice | currency:"USD":"symbol":"2.2-2"}}
          </td>
        </tr>
      </tfoot>
    </table>
  </div>
</div>
<div class="row">
  <div class="col">
  <div class="text-center">
    <button class="btn btn-primary m-1" routerLink="/store">
        Continue Shopping
    </button>
    <button class="btn btn-secondary m-1" routerLink="/checkout"
            [disabled]="cart.lines.length == 0">
      Checkout
    </button>
  </div>
  </div>
</div>
```

此模板显示一个表格，用于显示用户选择的产品。对于每个产品，都有一个 input 元素(可用于更改产品数量)和一个 Remove 按钮(用于从购物车删除该产品)。还有两个导航按钮，允许用户返回到产品列表或继续进行结账流程，如图 8-5 所示。通过 Angular 数据绑定与 Cart 共享对象的组合，用户对购物车所做的任何更改都会立即生效，并导致重新计算价格。如果单击 Continue Shopping 按钮，用户所做的更改将反映到产品列表上方所显示的购物车概览组件中。

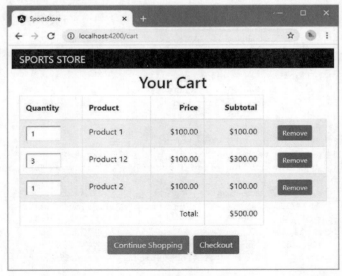

图 8-5　完成购物车详情功能

8.5　处理订单

能够接收客户的订单是网上商店最重要的一个方面。在以下几节中，在现有应用程序的基础上继续添加功能：从用户那里收集订单详情并结账。为简化流程，将略过与付款平台的交易过程；付款平台通常属于后端服务，并不是 Angular 应用程序特有的功能。

8.5.1　扩展模型

为描述用户的订单，在 src/app/model 文件夹中添加 order.model.ts 文件，并定义代码清单 8-20 所示的代码。

代码清单 8-20　src/app/model 文件夹中 order.model.ts 文件的内容

```
import { Injectable } from "@angular/core";
import { Cart } from "./cart.model";

@Injectable()
export class Order {
    public id: number;
    public name: string;
    public address: string;
    public city: string;
    public state: string;
    public zip: string;
    public country: string;
    public shipped: boolean = false;

    constructor(public cart: Cart) { }

    clear() {
        this.id = null;
        this.name = this.address = this.city = null;
        this.state = this.zip = this.country = null;
        this.shipped = false;
        this.cart.clear();
    }
}
```

Order 类是另一个服务，因此在整个应用程序中将有一个共享实例。当 Angular 创建 Order 对象时，将遇到构造函数参数 Cart，此时它会把在应用程序其他位置使用的共享 Cart 对象作为实参传入。

1. 更新存储库和数据源

为处理应用程序中的订单，需要扩展存储库和数据源，以便它们接收 Order 对象。代码清单 8-21 向数据源添加了一个方法，用于接收订单。这仍然是虚拟数据源，因此该方法只是根据订单生成一个 JSON 字符串，并将其写入 JavaScript 控制台。在下一节中，当创建一个使用 HTTP 请求与 RESTful Web 服务进行通信的数据源时，将使用这些对象做一些更有用的事情。

代码清单 8-21　在 src/app/model 文件夹的 static.datasource.ts 文件中处理订单

```
import { Injectable } from "@angular/core";
import { Product } from "./product.model";
```

```
import { Observable, from } from "rxjs";
import { Order } from "./order.model";

@Injectable()
export class StaticDataSource {
    private products: Product[] = [
        new Product(1, "Product 1", "Category 1", "Product 1 (Category 1)", 100),
        new Product(2, "Product 2", "Category 1", "Product 2 (Category 1)", 100),
        new Product(3, "Product 3", "Category 1", "Product 3 (Category 1)", 100),
        new Product(4, "Product 4", "Category 1", "Product 4 (Category 1)", 100),
        new Product(5, "Product 5", "Category 1", "Product 5 (Category 1)", 100),
        new Product(6, "Product 6", "Category 2", "Product 6 (Category 2)", 100),
        new Product(7, "Product 7", "Category 2", "Product 7 (Category 2)", 100),
        new Product(8, "Product 8", "Category 2", "Product 8 (Category 2)", 100),
        new Product(9, "Product 9", "Category 2", "Product 9 (Category 2)", 100),
        new Product(10, "Product 10", "Category 2", "Product 10 (Category 2)", 100),
        new Product(11, "Product 11", "Category 3", "Product 11 (Category 3)", 100),
        new Product(12, "Product 12", "Category 3", "Product 12 (Category 3)", 100),
        new Product(13, "Product 13", "Category 3", "Product 13 (Category 3)", 100),
        new Product(14, "Product 14", "Category 3", "Product 14 (Category 3)", 100),
        new Product(15, "Product 15", "Category 3", "Product 15 (Category 3)", 100),
    ];

    getProducts(): Observable<Product[]> {
        return from([this.products]);
    }

    saveOrder(order: Order): Observable<Order> {
        console.log(JSON.stringify(order));
        return from([order]);
    }
}
```

为了管理订单，在 src/app/model 文件夹中添加 order.repository.ts 文件，并使用该文件定义代码清单 8-22 中所示的类。目前订单存储库中仅有一个方法，但在第 9 章创建管理特性时将添加更多功能。

提示：虽然不必针对应用程序中的每个模型类型使用不同的存储库，但是我通常会这样做，这是因为用一个类来负责多个模型类型，可能会让该类变得比较复杂且难以维护。

代码清单 8-22　src/app/model 文件夹中 order.repository.ts 文件的内容

```
import { Injectable } from "@angular/core";
import { Observable } from "rxjs";
import { Order } from "./order.model";
import { StaticDataSource } from "./static.datasource";

@Injectable()
export class OrderRepository {
    private orders: Order[] = [];

    constructor(private dataSource: StaticDataSource) {}

    getOrders(): Order[] {
        return this.orders;
```

```
    }

    saveOrder(order: Order): Observable<Order> {
        return this.dataSource.saveOrder(order);
    }
}
```

2. 更新功能模块

代码清单 8-23 使用模型功能模块的 providers 属性将 Order 类和新的存储库注册为服务。

代码清单 8-23　在 src/app/model 文件夹的 model.module.ts 文件中注册服务

```
import { NgModule } from "@angular/core";
import { ProductRepository } from "./product.repository";
import { StaticDataSource } from "./static.datasource";
import { Cart } from "./cart.model";
import { Order } from "./order.model";
import { OrderRepository } from "./order.repository";


@NgModule({
    providers: [ProductRepository, StaticDataSource, Cart,
                Order, OrderRepository]
})
export class ModelModule { }
```

8.5.2　收集订单详情

下一步是从用户那里收集完成订单所需的详细信息。Angular 为处理 HTML 表单以及验证表单内容提供了内置指令。代码清单 8-24 准备结账组件：切换到外部模板，将 Order 对象作为构造函数实参，并为模板的方便使用提供一些额外支持。

代码清单 8-24　在 src/app/store 文件夹的 checkout.component.ts 文件中准备表单

```
import { Component } from "@angular/core";
import { NgForm } from "@angular/forms";
import { OrderRepository } from "../model/order.repository";
import { Order } from "../model/order.model";


@Component({
    templateUrl: "checkout.component.html",
    styleUrls: ["checkout.component.css"]
})
export class CheckoutComponent {
    orderSent: boolean = false;
    submitted: boolean = false;

    constructor(public repository: OrderRepository,
                public order: Order) {}

    submitOrder(form: NgForm) {
        this.submitted = true;
        if (form.valid) {
            this.repository.saveOrder(this.order).subscribe(order => {
                this.order.clear();
                this.orderSent = true;
```

```
                    this.submitted = false;
                });
        }
    }
}
```

当用户提交由 NgForm 对象表示的表单时，将调用 submitOrder 方法。如果表单包含的数据有效，就向存储库的 saveOrder 方法传递 Order 对象，而购物车和订单中的数据将被重置。

@Component 装饰器的 styleUrls 属性用于指定一个或多个 CSS 样式表，Angular 将这些样式应用到组件模板的内容。为了向用户反馈 HTML 表单元素输入值的验证情况，在 src/app/store 文件夹中创建一个名为 checkout.component.css 的文件，并定义代码清单 8-25 所示的样式。

代码清单 8-25　src/app/store 文件夹中 checkout.component.css 文件的内容

```
input.ng-dirty.ng-invalid { border: 2px solid #ff0000 }
input.ng-dirty.ng-valid { border: 2px solid #6bc502 }
```

Angular 将元素添加到 ng-dirty、ng-invalid 或 ng-valid 类，以指示其验证状态。第 14 章将描述各种验证类，代码清单 8-25 中样式的效果是：在验证有效的 input 元素周围添加绿色边框，而在无效的 input 元素周围添加红色边框。

最后要介绍的是组件的模板，它为用户提供了填写 Order 对象属性所需的表单域，如代码清单 8-26 所示。

代码清单 8-26　src/app/store 文件夹中 checkout.component.html 文件的内容

```
<div class="container-fluid">
  <div class="row">
    <div class="col bg-dark text-white">
      <a class="navbar-brand">SPORTS STORE</a>
    </div>
  </div>
</div>


<div *ngIf="orderSent" class="m-2 text-center">
  <h2>Thanks!</h2>
  <p>Thanks for placing your order.</p>
  <p>We'll ship your goods as soon as possible.</p>
  <button class="btn btn-primary" routerLink="/store">Return to Store</button>
</div>
<form *ngIf="!orderSent" #form="ngForm" novalidate
      (ngSubmit)="submitOrder(form)" class="m-2">
  <div class="form-group">
    <label>Name</label>
    <input class="form-control" #name="ngModel" name="name"
           [(ngModel)]="order.name" required />
    <span *ngIf="submitted && name.invalid" class="text-danger">
      Please enter your name
    </span>
  </div>
  <div class="form-group">
    <label>Address</label>
    <input class="form-control" #address="ngModel" name="address"
           [(ngModel)]="order.address" required />
    <span *ngIf="submitted && address.invalid" class="text-danger">
      Please enter your address
```

```
      </span>
    </div>
    <div class="form-group">
      <label>City</label>
      <input class="form-control" #city="ngModel" name="city"
             [(ngModel)]="order.city" required />
      <span *ngIf="submitted && city.invalid" class="text-danger">
        Please enter your city
      </span>
    </div>
    <div class="form-group">
      <label>State</label>
      <input class="form-control" #state="ngModel" name="state"
             [(ngModel)]="order.state" required />
      <span *ngIf="submitted && state.invalid" class="text-danger">
        Please enter your state
      </span>
    </div>
    <div class="form-group">
      <label>Zip/Postal Code</label>
      <input class="form-control" #zip="ngModel" name="zip"
             [(ngModel)]="order.zip" required />
      <span *ngIf="submitted && zip.invalid" class="text-danger">
        Please enter your zip/postal code
      </span>
    </div>
    <div class="form-group">
      <label>Country</label>
      <input class="form-control" #country="ngModel" name="country"
             [(ngModel)]="order.country" required />
      <span *ngIf="submitted && country.invalid" class="text-danger">
        Please enter your country
      </span>
    </div>
    <div class="text-center">
      <button class="btn btn-secondary m-1" routerLink="/cart">Back</button>
      <button class="btn btn-primary m-1" type="submit">Complete Order</button>
    </div>
</form>
```

这个模板中的 form 和 input 元素使用 Angular 特性来确保用户为每个表单域都提供值，如果用户单击 Complete Order 按钮而不填写表单，那么这些元素将提供可视化反馈。在这些可视化反馈中，有一部分来自代码清单 8-25 中定义的样式，还有一部分来自一直隐藏的 span 元素，当用户尝试提交无效的表单时这些元素才会显示出来。

提示：必填值只是 Angular 验证表单域的方式之一，如第 14 章所述，还可以轻松添加自定义验证。

要查看这个验证过程，请从产品列表开始，然后单击其中一个 Add To Cart 按钮，将产品添加到购物车中。单击 Checkout 按钮，就会看到如图 8-6 所示的 HTML 表单。单击 Complete Order 按钮，而不向任何 input 元素中输入文本，就会看到验证反馈消息。而填写表单并单击 Complete Order 按钮，就会看到如图 8-6 所示的确认信息。

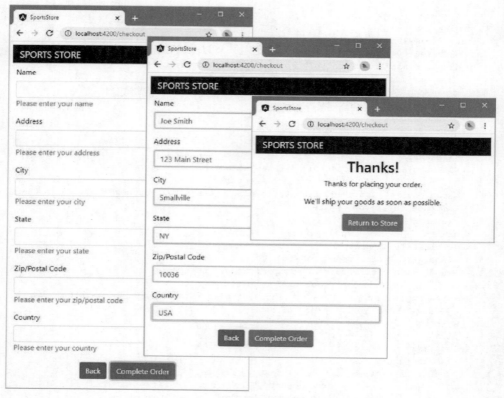

图 8-6　完成订单

如果查看浏览器的 JavaScript 控制台，就会看到订单的 JSON 表示，如下所示。

```
{"cart":
  {"lines":[
    {"product":{"id":1,"name":"Product 1","category":"Category 1",
    "description":"Product 1 (Category 1)","price":100},"quantity":1}],
    "itemCount":1,"cartPrice":100},
  "shipped":false,
  "name":"Joe Smith","address":"123 Main Street",
  "city":"Smallville","state":"NY","zip":"10036","country":"USA"
}
```

8.6　使用 RESTful Web 服务

完成基本的 SportsStore 功能后，现在是时候把虚拟数据源替换成从 RESTful Web 服务(在第 7 章设置项目期间创建)获取数据。

为创建数据源，在 src/app/model 文件夹中添加 rest.datasource.ts 文件，并添加代码清单 8-27 所示的代码。

代码清单 8-27　src/app/model 文件夹中 rest.datasource.ts 文件的内容

```
import { Injectable } from "@angular/core";
```

```
import { HttpClient } from "@angular/common/http";
import { Observable } from "rxjs";
import { Product } from "./product.model";
import { Cart } from "./cart.model";
import { Order } from "./order.model";

const PROTOCOL = "http";
const PORT = 3500;

@Injectable()
export class RestDataSource {
  baseUrl: string;

  constructor(private http: HttpClient) {
    this.baseUrl = `${PROTOCOL}://${location.hostname}:${PORT}/`;
  }

  getProducts(): Observable<Product[]> {
    return this.http.get<Product[]>(this.baseUrl + "products");
  }

  saveOrder(order: Order): Observable<Order> {
    return this.http.post<Order>(this.baseUrl + "orders", order);
  }
}
```

Angular 提供了一项名为 HttpClient 的内置服务，用于进行 HTTP 请求。RestDataSource 构造函数接收 HttpClient 服务实参，并使用浏览器提供的全局对象 location 来确定这些 HTTP 请求的目标 URL(即加载应用程序的同一主机上的 3500 端口)。

RestDataSource 类定义的方法与由静态数据源定义但使用 HttpClient 服务实现的方法相对应，参见第 24 章。

提示：当通过 HTTP 获取数据时，网络拥塞或服务器负载过重可能造成请求延迟，并导致用户看到应用程序没有加载数据时的状态。第 27 章将讲解如何配置路由系统以防止出现此类问题。

应用数据源

为了完成本章内容，下面重新配置应用程序，以应用 RESTful 数据源，只需要通过修改单个文件即可完成从虚拟数据到 REST 数据的切换。代码清单 8-28 修改了模型功能模块中数据源服务的行为。

代码清单 8-28　修改 src/app/model 文件夹的 model.module.ts 文件中的服务配置

```
import { NgModule } from "@angular/core";
import { ProductRepository } from "./product.repository";
import { StaticDataSource } from "./static.datasource";
import { Cart } from "./cart.model";
import { Order } from "./order.model";
import { OrderRepository } from "./order.repository";
import { RestDataSource } from "./rest.datasource";
import { HttpClientModule } from "@angular/common/http";

@NgModule({
```

```
    imports: [HttpClientModule],
    providers: [ProductRepository, Cart, Order, OrderRepository,
        { provide: StaticDataSource, useClass: RestDataSource }]
})
export class ModelModule { }
```

imports 属性用于声明对 HttpClientModule 功能模块的依赖关系，该模块提供了代码清单 8-27中使用的 HttpClient 服务。对 providers 属性的修改告诉 Angular，当创建某个类的实例时，如果该类的构造函数参数是 StaticDataSource 类型，那么 Angular 应该使用 RestDataSource。由于两个对象定义了相同的方法，考虑到 JavaScript 类型系统的动态特性，这里的替换将无缝地进行。在保存所有更改且浏览器重新加载应用程序后，将看到虚拟数据已被替换为通过 HTTP 获取的数据，如图 8-7 所示。

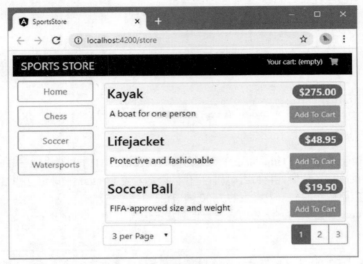

图 8-7　使用 RESTful Web 服务

如果完成了产品选择和结账的流程，那么导航到下面这个 URL，就可以看到数据源已将订单写入 Web 服务：

```
http://localhost:3500/db
```

这将显示数据库的完整内容，包括订单集合。用户无法请求/orders URL，这是因为需要进行身份验证(在下一章中设置)。

提示：请记住，如果使用 npm run json 命令重新启动服务器，那么 RESTful Web 服务提供的数据将被重置。

8.7　本章小结

本章继续向 SportsStore 应用程序添加功能，增加了结账流程，让用户可以向购物车中放置产品以及结束购物过程。在本章最后，将虚拟数据源替换为向 RESTful Web 服务发送 HTTP 请求的数据源。下一章将创建管理功能，用来管理 SportsStore 数据。

第 9 章

SportsStore：管理

本章将继续构建 SportsStore 应用程序，为其添加管理功能。由于需要使用管理功能的用户相对较少，因此强制所有用户下载不太可能用到的后台管理代码和内容就是一种浪费资源的做法。更好的做法是，将管理功能放在一个单独的功能模块中，只有在需要时才会加载该模块。

9.1 准备示例应用程序

本章不需要进行准备工作，继续使用第 8 章中的 SportsStore 项目。要启动 RESTful Web 服务，请打开命令提示符，并在 SportsStore 文件夹中运行以下命令：

```
npm run json
```

再打开一个命令提示符，并在 SportsStore 文件夹中运行以下命令，以启动开发工具和 HTTP 服务器：

```
ng serve -open
```

9.1.1 创建模块

这个功能模块的创建过程遵循与前面章节相同的模式，但重要的是应用程序的其他部分不依赖这个模块或这个模块包含的类，否则就会破坏模块的动态加载功能，导致 JavaScript 模块加载管理代码，即使不会真正用到后台管理功能。

管理特性的起点是身份验证，这将确保只有授权用户才能管理应用程序。在 src/app/admin 文件夹中创建一个名为 auth.component.ts 的文件，使用它定义如代码清单 9-1 所示的组件。

代码清单 9-1　src/app/admin 文件夹中 auth.component.ts 文件的内容

```
import { Component } from "@angular/core";
import { NgForm } from "@angular/forms";
import { Router } from "@angular/router";

@Component({
    templateUrl: "auth.component.html"
})
export class AuthComponent {
    public username: string;
```

```
      public password: string;
      public errorMessage: string;

      constructor(private router: Router) {}

      authenticate(form: NgForm) {
        if (form.valid) {
            // perform authentication
            this.router.navigateByUrl("/admin/main");
        } else {
            this.errorMessage = "Form Data Invalid";
        }
      }
  }
```

该组件定义了属性 username 和 password(用户名和密码，用于验证用户身份)、errorMessage
属性(当存在问题时用于向用户显示消息)以及 authenticate 方法(将来用于执行身份验证过程，但目
前没有什么作用)。

为给组件提供模板，在 src/app/admin 文件夹中创建一个名为 auth.component.html 的文件，并
添加代码清单 9-2 所示的内容。

代码清单 9-2　src/app/admin 文件夹中 auth.component.html 文件的内容

```html
<div class="bg-info p-2 text-center text-white">
  <h3>SportsStore Admin</h3>
</div>
<div class="bg-danger mt-2 p-2 text-center text-white"
     *ngIf="errorMessage != null">
  {{errorMessage}}
</div>
<div class="p-2">
  <form novalidate #form="ngForm" (ngSubmit)="authenticate(form)">
    <div class="form-group">
        <label>Name</label>
        <input class="form-control" name="username"
            [(ngModel)]="username" required />
    </div>
    <div class="form-group">
        <label>Password</label>
        <input class="form-control" type="password" name="password"
            [(ngModel)]="password" required />
    </div>
    <div class="text-center">
        <button class="btn btn-secondary m-1" routerLink="/">Go back</button>
        <button class="btn btn-primary m-1" type="submit">Log In</button>
    </div>
  </form>
</div>
```

该模板包含一个 HTML 表单，它针对组件的一些属性使用双向数据绑定表达式。有一个按钮
用于提交表单，另一个按钮用于导航到根 URL，还有一个仅在有需要显示的错误消息时才可见的
div 元素。

为了给管理功能创建占位符内容，在 src/app/admin 文件夹中添加一个名为 admin.component.ts 的文件，并定义代码清单 9-3 所示的组件。

代码清单 9-3　src/app/admin 文件夹中 admin.component.ts 文件的内容

```
import { Component } from "@angular/core";

@Component({
    templateUrl: "admin.component.html"
})
export class AdminComponent {}
```

这个组件目前并未包含任何功能。为给该组件提供一个模板，向 src/app/admin 文件夹中添加一个名为 admin.component.html 的文件，并添加如代码清单 9-4 所示的占位符内容。

代码清单 9-4　src/app/admin 文件夹中 admin.component.html 文件的内容

```
<div class="bg-info p-2 text-white">
    <h3>Placeholder for Admin Features</h3>
</div>
```

为定义功能模块，在 src/app/admin 文件夹中添加一个名为 admin.module.ts 的文件，并添加如代码清单 9-5 所示的代码。

代码清单 9-5　src/app/admin 文件夹中 admin.module.ts 文件的内容

```
import { NgModule } from "@angular/core";
import { CommonModule } from "@angular/common";
import { FormsModule } from "@angular/forms";
import { RouterModule } from "@angular/router";
import { AuthComponent } from "./auth.component";
import { AdminComponent } from "./admin.component";

let routing = RouterModule.forChild([
    { path: "auth", component: AuthComponent },
    { path: "main", component: AdminComponent },
    { path: "**", redirectTo: "auth" }
]);
@NgModule({
    imports: [CommonModule, FormsModule, routing],
    declarations: [AuthComponent, AdminComponent]
})
export class AdminModule { }
```

RouterModule.forChild 方法用于定义功能模块的路由配置，然后将该配置信息添加到模块的 imports 属性中。

动态加载的模块必须是自包容的，并且包含 Angular 需要的所有信息，包括支持的路由 URL 以及这些 URL 所显示的组件。如果应用程序的任何其他部分依赖于该模块，那么它将与其他应用程序代码一起包含在 JavaScript 捆绑包中，这意味着所有用户必须下载他们不使用的特性的代码和资源。

但是，动态加载的模块允许声明与应用程序主体的依赖关系。该模块依赖数据模型功能模块中的功能，该功能已添加到模块的 imports 属性中，以便组件可以访问模型类和存储库。

9.1.2　配置 URL 路由系统

动态加载的模块通过路由配置进行管理，当应用程序导航到特定 URL 时触发加载过程。代码清单 9-6 扩展了应用程序的路由配置，这样当用户导航到/admin URL 时就会加载管理功能模块。

代码清单 9-6　在 src/app 文件夹的 app.module.ts 文件中配置动态加载的模块

```
import { NgModule } from "@angular/core";
import { BrowserModule } from "@angular/platform-browser";
import { AppComponent } from "./app.component";
import { StoreModule } from "./store/store.module";
import { StoreComponent } from "./store/store.component";
import { CheckoutComponent } from "./store/checkout.component";
import { CartDetailComponent } from "./store/cartDetail.component";
import { RouterModule } from "@angular/router";
import { StoreFirstGuard } from "./storeFirst.guard";

@NgModule({
  imports: [BrowserModule, StoreModule,
    RouterModule.forRoot([
        {
            path: "store", component: StoreComponent,
            canActivate: [StoreFirstGuard]
        },
        {
            path: "cart", component: CartDetailComponent,
            canActivate: [StoreFirstGuard]
        },
        {
            path: "checkout", component: CheckoutComponent,
            canActivate: [StoreFirstGuard]
        },
        {
          path: "admin",
          loadChildren: () => import("./admin/admin.module")
            .then(m => m.AdminModule),
          canActivate: [StoreFirstGuard]
        },
        { path: "**", redirectTo: "/store" }
    ])],
  providers: [StoreFirstGuard],
  declarations: [AppComponent],
  bootstrap: [AppComponent]
})
export class AppModule { }
```

新路由告诉 Angular，当应用程序导航到/admin URL 时，它应该从 admin/admin.module.ts 文

件加载由 AdminModule 类定义的功能模块。当 Angular 处理管理模块时，它会将该模块包含的路由信息合并到整个路由集合中，并完成导航。

9.1.3　导航到管理 URL

最后一步准备工作是向用户提供导航到/admin URL 的功能，以便加载管理功能模块并将其组件显示给用户。代码清单 9-7 向商店组件的模板添加一个按钮来执行这个导航。

代码清单 9-7　在 src/app/store 文件夹的 store.component.html 文件中添加导航按钮

```html
<div class="container-fluid">
  <div class="row">
    <div class="col bg-dark text-white">
      <a class="navbar-brand">SPORTS STORE</a>
      <cart-summary></cart-summary>
    </div>
  </div>
  <div class="row">

    <div class="col-3 p-2">
      <button class="btn btn-block btn-outline-primary" (click)="changeCategory()">
        Home
      </button>
      <button *ngFor="let cat of categories"
          class="btn btn-outline-primary btn-block"
          [class.active]="cat == selectedCategory" (click)="changeCategory(cat)">
        {{cat}}
      </button>
      <button class="btn btn-block btn-danger mt-5" routerLink="/admin">
        Admin
      </button>
    </div>
    <div class="col-9 p-2">

      <!-- ...elements omitted for brevity... -->

    </div>
  </div>
</div>
```

要反映更改，请停止开发工具，在 SportsStore 文件夹中运行以下命令，重新启动它们。

```
ng serve
```

使用浏览器导航到 http://localhost:4200，使用浏览器的 F12 开发者工具查看在应用程序加载时浏览器发出的网络请求。起初浏览器并不会加载管理模块的那些文件，直到单击 Admin 按钮时，Angular 才请求这些文件，并显示图 9-1 所示的登录页面。

图 9-1　使用动态加载的模块

　　在表单域中输入任意用户名和密码，然后单击 Log In 按钮，就可以看到占位符内容，如图 9-2 所示。如果让任意一个表单域留空，就会显示一条警告消息。

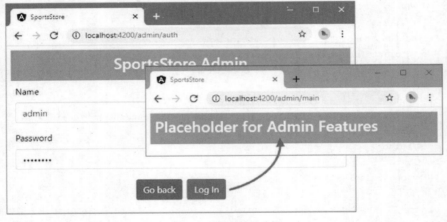

图 9-2　占位符管理功能

9.2　实现身份验证

　　第 7 章配置 RESTful Web 服务时，要求对管理功能所需的请求进行身份验证。以下几节将 HTTP 请求发送到 RESTful Web 服务，以添加对用户身份验证的支持。

9.2.1　理解身份验证系统

　　当使用 RESTful Web 服务进行用户身份验证时，会返回一个 JSON Web 令牌(JSON Web Token，JWT)，应用程序在任何后续请求中都必须包含该令牌，以说明该身份验证已成功执行。可以通过 https://tools.ietf.org/html/rfc7519 阅读 JWT 规范，但是对于 SportsStore 应用程序来说，只需要知道 Angular 应用程序可以通过向/login URL 发送 POST 请求来进行身份验证(在请求正文中包含 JSON 格式的对象，其中含有 name 和 password 属性)。第 7 章使用的身份验证码中只有一组有效凭据，如表 9-1 所示。

表 9-1　RESTful Web 服务支持的身份验证凭据

用户名	密码
admin	secret

如第 7 章所述，不应该在实际项目中硬编码身份凭据，但这里是 SportsStore 应用程序所需的用户名和密码。

如果向/login URL 发送正确的身份凭据，那么 RESTful Web 服务返回的响应中将包含如下 JSON 对象。

```
{
    "success": true,
    "token":"eyJhbGciOiJIUzI1NiIsInR5cCI6IkpXVCJ9.eyJkYXRhIjoiYWRtaW4iLCJleHBpcmVz
        SW4iOiIxaCIsImlhdCI6MTQ3ODk1NjI1Mn0.lJaDDrSu-bHBtdWrz0312p_DG5tKypGv6cA
        NgOyzlg8"
}
```

success 属性描述身份验证操作的结果，而 token 属性包含 JWT，在后续请求中应该按照以下格式使用 Authorization HTTP 头部将该凭据包含在请求中。

```
Authorization: Bearer<eyJhbGciOiJIUzI1NiIsInR5cCI6IkpXVCJ9.eyJkYXRhIjoiYWRtaW4iLC
    JleHBpcmVzSW4iOiIxaCIsImlhdCI6MTQ3ODk1NjI1Mn0.lJaDDrSu-
    bHBtdWrz0312p_DG5tKypGv6cANgOyzlg8>
```

经过配置，服务器返回的 JWT 令牌在 1 小时后过期。如果向服务器发送了错误的身份凭据，那么响应中返回的 JSON 对象将只包含一个值为 false 的 success 属性，如下所示。

```
{
    "success": false
}
```

9.2.2　扩展数据源

RESTful 数据源将完成大部分工作，这是因为它负责将身份验证请求发送到/login URL，并在后续请求中包含 JWT。代码清单 9-8 向 RestDataSource 类添加身份验证功能，并定义一个变量，该变量将在获取 JWT 之后存储它。

代码清单 9-8　在 src/app/model 文件夹的 rest.datasource.ts 文件中添加身份验证

```
import { Injectable } from "@angular/core";
import { HttpClient } from "@angular/common/http";
import { Observable } from "rxjs";
import { Product } from "./product.model";
import { Cart } from "./cart.model";
import { Order } from "./order.model";
import { map } from "rxjs/operators";

const PROTOCOL = "http";
const PORT = 3500;
```

```
@Injectable()
export class RestDataSource {
    baseUrl: string;
    auth_token: string;
    constructor(private http: HttpClient) {
        this.baseUrl = `${PROTOCOL}://${location.hostname}:${PORT}/`;
    }

    getProducts(): Observable<Product[]> {
        return this.http.get<Product[]>(this.baseUrl + "products");
    }

    saveOrder(order: Order): Observable<Order> {
        return this.http.post<Order>(this.baseUrl + "orders", order);
    }

    authenticate(user: string, pass: string): Observable<boolean> {
        return this.http.post<any>(this.baseUrl + "login", {
            name: user, password: pass
        }).pipe(map(response => {
            this.auth_token = response.success ? response.token : null;
            return response.success;
        }));
    }
}
```

9.2.3　创建身份验证服务

为避免将数据源直接提供给应用程序的其余部分，我们创建一个服务，可用于执行身份验证并确定应用程序是否已通过身份验证。在 src/app/model 文件夹中添加一个名为 auth.service.ts 的文件，定义代码清单 9-9 所示的代码。

代码清单 9-9　src/app/model 文件夹中 auth.service.ts 文件的内容

```
import { Injectable } from "@angular/core";
import { Observable } from "rxjs";
import { RestDataSource } from "./rest.datasource";

@Injectable()
export class AuthService {

    constructor(private datasource: RestDataSource) {}

    authenticate(username: string, password: string): Observable<boolean> {
        return this.datasource.authenticate(username, password);
    }

    get authenticated(): boolean {
        return this.datasource.auth_token != null;
    }

    clear() {
        this.datasource.auth_token = null;
    }
}
```

AuthService 类的 authenticate 方法接收用户的凭据，并将其传递给数据源的 authenticate 方法，返回一个 Observable 对象。如果身份验证过程成功，则返回 true，否则返回 false。authenticated 属性是一个只读属性，如果数据源已获得身份验证令牌，则返回 true。clear 方法从数据源中删除令牌。

代码清单 9-10 在模型功能模块中注册这个新服务。它还为 RestDataSource 类添加一个 providers 条目，该类仅用作前几章中 StaticDataSource 类的替代。由于 AuthService 类有一个 RestDataSource 构造函数参数，因此模块中需要有对应的条目。

代码清单 9-10 在 src/app/model 文件夹的 model.module.ts 文件中配置服务

```
import { NgModule } from "@angular/core";
import { ProductRepository } from "./product.repository";
import { StaticDataSource } from "./static.datasource";
import { Cart } from "./cart.model";
import { Order } from "./order.model";
import { OrderRepository } from "./order.repository";
import { RestDataSource } from "./rest.datasource";
import { HttpClientModule } from "@angular/common/http";
import { AuthService } from "./auth.service";

@NgModule({
  imports: [HttpClientModule],
  providers: [ProductRepository, Cart, Order, OrderRepository,
    { provide: StaticDataSource, useClass: RestDataSource },
    RestDataSource, AuthService]
})
export class ModelModule { }
```

9.2.4 启用身份验证

下一步是把获取用户凭据的组件连入，通过新服务执行身份验证，如代码清单 9-11 所示。

代码清单 9-11 在 src/app/admin 文件夹的 auth.component.ts 文件中启用身份验证

```
import { Component } from "@angular/core";
import { NgForm } from "@angular/forms";
import { Router } from "@angular/router";
import { AuthService } from "../model/auth.service";

@Component({
    templateUrl: "auth.component.html"
})
export class AuthComponent {
    public username: string;
    public password: string;
    public errorMessage: string;

    constructor(private router: Router,
                private auth: AuthService) { }
    authenticate(form: NgForm) {
        if (form.valid) {
            this.auth.authenticate(this.username, this.password)
                .subscribe(response => {
                    f (response) {
```

```
                        this.router.navigateByUrl("/admin/main");
                    }
                    this.errorMessage = "Authentication Failed";
                })
        } else {
            this.errorMessage = "Form Data Invalid";
        }
    }
}
```

为防止应用程序直接导航到管理功能(这将导致发送没有令牌的 HTTP 请求),在 src/app/admin
文件夹中添加一个名为 auth.guard.ts 的文件,并定义代码清单 9-12 所示的路由守卫。

代码清单 9-12　src/app/admin 文件夹中 auth.guard.ts 文件的内容

```
import { Injectable } from "@angular/core";
import { ActivatedRouteSnapshot, RouterStateSnapshot,
            Router } from "@angular/router";
import { AuthService } from "../model/auth.service";

@Injectable()
export class AuthGuard {

  constructor(private router: Router,
         private auth: AuthService) { }

  canActivate(route: ActivatedRouteSnapshot,
     state: RouterStateSnapshot): boolean {

     if (!this.auth.authenticated) {
         this.router.navigateByUrl("/admin/auth");
         return false;
     }
     return true;
  }
}
```

代码清单 9-13 将路由守卫应用到管理功能模块定义的一条路由。

代码清单 9-13　在 src/app/admin 文件夹的 admin.module.ts 文件中守卫路由

```
import { NgModule } from "@angular/core";
import { CommonModule } from "@angular/common";
import { FormsModule } from "@angular/forms";
import { RouterModule } from "@angular/router";
import { AuthComponent } from "./auth.component";
import { AdminComponent } from "./admin.component";
import { AuthGuard } from "./auth.guard";

let routing = RouterModule.forChild([
    { path: "auth", component: AuthComponent },
    { path: "main", component: AdminComponent, canActivate: [AuthGuard] },
    { path: "**", redirectTo: "auth" }
]);

@NgModule({
    imports: [CommonModule, FormsModule, routing],
    providers: [AuthGuard],
```

```
    declarations: [AuthComponent, AdminComponent]
})
export class AdminModule {}
```

要测试身份验证功能，请单击 Admin 按钮，输入一些凭据，然后单击 Log In 按钮。如果输入的是表 9-1 中的凭据，就会看到管理功能的占位符内容。如果输入的是其他凭据，就会看到一条错误消息。图 9-3 给出了这两种结果。

图 9-3　测试身份验证功能

> 提示：令牌不会永久存储，因此可以重新加载浏览器中的应用程序，从头开始并尝试使用一组不同的凭据。

9.3　扩展数据源和存储库

完成身份验证系统后，下一步是扩展数据源，让数据源可以发送经过身份验证的请求，并在订单和产品存储库类中公开这些功能。代码清单 9-14 向数据源添加了几个含有身份验证令牌的方法。

代码清单 9-14　在 src/app/model 文件夹的 rest.datasource.ts 文件中添加新操作

```
import { Injectable } from "@angular/core";
import { HttpClient } from "@angular/common/http";
import { Observable } from "rxjs";
import { Product } from "./product.model";
import { Cart } from "./cart.model";
import { Order } from "./order.model";
import { map } from "rxjs/operators";
import { HttpHeaders } from '@angular/common/http';

const PROTOCOL = "http";
const PORT = 3500;

@Injectable()
export class RestDataSource {
    baseUrl: string;
    auth_token: string;

    constructor(private http: HttpClient) {
```

```
        this.baseUrl = `${PROTOCOL}://${location.hostname}:${PORT}/`;
    }

    getProducts(): Observable<Product[]> {
        return this.http.get<Product[]>(this.baseUrl + "products");
    }

    saveOrder(order: Order): Observable<Order> {
        return this.http.post<Order>(this.baseUrl + "orders", order);
    }

    authenticate(user: string, pass: string): Observable<boolean> {
        return this.http.post<any>(this.baseUrl + "login", {
            name: user, password: pass
        }).pipe(map(response => {
            this.auth_token = response.success ? response.token : null;
            return response.success;
        }));
    }

    saveProduct(product: Product): Observable<Product> {
        return this.http.post<Product>(this.baseUrl + "products",
            product, this.getOptions());
    }

    updateProduct(product): Observable<Product> {
        return this.http.put<Product>(`${this.baseUrl}products/${product.id}`,
            product, this.getOptions());
    }

    deleteProduct(id: number): Observable<Product> {
        return this.http.delete<Product>(`${this.baseUrl}products/${id}`,
            this.getOptions());
    }

    getOrders(): Observable<Order[]> {
        return this.http.get<Order[]>(this.baseUrl + "orders", this.getOptions());
    }

    deleteOrder(id: number): Observable<Order> {
        return this.http.delete<Order>(`${this.baseUrl}orders/${id}`,
            this.getOptions());
    }

    updateOrder(order: Order): Observable<Order> {
        return this.http.put<Order>(`${this.baseUrl}orders/${order.id}`,
            order, this.getOptions());
    }

    private getOptions() {
        return {
            headers: new HttpHeaders({
                "Authorization": `Bearer<${this.auth_token}>`
            })
        }
    }
}
```

代码清单 9-15 向产品存储库类中添加了几个新方法，可用来创建、更新或删除产品。saveProduct 方法负责创建和更新产品，在使用由组件管理的单个对象时，该方法可以很好地工作，参见本章后面的内容。这个代码清单还将构造函数参数的类型更改为 RestDataSource。

代码清单 9-15 在 src/app/model 文件夹的 product.repository.ts 文件中添加新操作

```
import { Injectable } from "@angular/core";
import { Product } from "./product.model";
//import { StaticDataSource } from "./static.datasource";
import { RestDataSource } from "./rest.datasource";

@Injectable()
export class ProductRepository {
    private products: Product[] = [];
    private categories: string[] = [];

    constructor(private dataSource: RestDataSource) {
        dataSource.getProducts().subscribe(data => {
            this.products = data;
            this.categories = data.map(p => p.category)
                .filter((c, index, array) => array.indexOf(c) == index).sort();
        });
    }

    getProducts(category: string = null): Product[] {
        return this.products
            .filter(p => category == null || category == p.category);
    }

    getProduct(id: number): Product {
        return this.products.find(p => p.id == id);
    }

    getCategories(): string[] {
        return this.categories;
    }

    saveProduct(product: Product) {
        if (product.id == null || product.id == 0) {
            this.dataSource.saveProduct(product)
                .subscribe(p => this.products.push(p));
        } else {
            this.dataSource.updateProduct(product)
                .subscribe(p => {
                    this.products.splice(this.products.
                        findIndex(p => p.id == product.id), 1, product);
                });
        }
    }

    deleteProduct(id: number) {
        this.dataSource.deleteProduct(id).subscribe(p => {
            this.products.splice(this.products.
                findIndex(p => p.id == id), 1);
```

```
        })
    }
}
```

代码清单 9-16 对订单存储库进行相应的修改，添加方法来修改和删除订单。

代码清单 9-16　在 src/app/model 文件夹的 order.repository.ts 文件中添加新操作

```
import { Injectable } from "@angular/core";
import { Observable } from "rxjs";
import { Order } from "./order.model";
//import { StaticDataSource } from "./static.datasource";
import { RestDataSource } from "./rest.datasource";

@Injectable()
export class OrderRepository {
    private orders: Order[] = [];
    private loaded: boolean = false;

    constructor(private dataSource: RestDataSource) { }
    loadOrders() {
        this.loaded = true;
        this.dataSource.getOrders()
            .subscribe(orders => this.orders = orders);
    }

    getOrders(): Order[] {
        if (!this.loaded) {
            this.loadOrders();
        }
        return this.orders;
    }

    saveOrder(order: Order): Observable<Order> {
        return this.dataSource.saveOrder(order);
    }

    updateOrder(order: Order) {
        this.dataSource.updateOrder(order).subscribe(order => {
            this.orders.splice(this.orders.
                findIndex(o => o.id == order.id), 1, order);
        });
    }

    deleteOrder(id: number) {
        this.dataSource.deleteOrder(id).subscribe(order => {
            this.orders.splice(this.orders.findIndex(o => id == o.id), 1);
        });
    }
}
```

订单存储库定义了 loadOrders 方法，该方法从存储库获取订单，并确保在执行身份验证之前不会向 RESTful Web 服务发送请求。

9.4 创建管理功能结构

目前完成了身份验证系统，并且全面实现了存储库，现在可以创建用来显示管理功能的结构，下面将在现有的 URL 路由配置上创建该结构。表 9-2 列出了要支持的 URL 以及要呈现给用户的功能。

表 9-2 管理功能的 URL

名称	描述
/admin/main/products	导航到这个 URL 将在表格中显示所有产品，表格中还有按钮可用来编辑或删除现有产品或者创建新产品
/admin/main/products/create	导航到这个 URL 将为用户呈现一个空编辑器来创建新产品
/admin/main/products/edit/1	导航到这个 URL 将为用户呈现一个编辑器来编辑指定的现有产品，该编辑器的表单域中已经填写好产品的相关数据
/admin/main/orders	导航到这个 URL 将为用户呈现一个包含所有订单的表格，其中的按钮可用于将订单标记为已发货或取消订单(通过删除来取消订单)

9.4.1 创建占位符组件

我发现向 Angular 项目添加功能的最简单方法是：定义具有占位符内容的组件，并围绕它们构建应用程序的结构。一旦完成结构，再返回到这些组件并具体实现这些功能。对于管理功能，首先在 src/app/admin 文件夹中添加一个名为 productTable.component.ts 的文件，并定义代码清单 9-17 所示的组件。该组件负责显示产品列表，此外还有用于编辑和删除这些产品或创建新产品所需的按钮。

代码清单 9-17　src/app/admin 文件夹中 productTable.component.ts 文件的内容

```
import { Component } from "@angular/core";

@Component({
    template: `<div class="bg-info p-2 text-white">
                <h3>Product Table Placeholder</h3>
            </div>`
})
export class ProductTableComponent {}
```

在 src/app/admin 文件夹中添加一个名为 productEditor.component.ts 的文件，并将其用于定义代码清单 9-18 所示的组件，该组件可以让用户输入创建或编辑产品所需的详细信息。

代码清单 9-18　src/app/admin 文件夹中 productEditor.component.ts 文件的内容

```
import { Component } from "@angular/core";

@Component({
    template: `<div class="bg-warning p-2 text-white">
                <h3>Product Editor Placeholder</h3>
            </div>`
})
export class ProductEditorComponent { }
```

为创建负责管理客户订单的组件，在 src/app/admin 文件夹中添加一个名为 orderTable.component.ts 的文件，并添加代码清单 9-19 所示的代码。

代码清单 9-19　src/app/admin 文件夹中 orderTable.component.ts 文件的内容

```
import { Component } from "@angular/core";

@Component({
    template: `<div class="bg-primary p-2 text-white">
                <h3>Order Table Placeholder</h3>
              </div>`
})
export class OrderTableComponent { }
```

9.4.2　准备常用内容和功能模块

上一节创建的组件将负责特定功能。为将这些功能集成在一起，让用户能够在不同功能之间导航，需要修改占位符组件的模板(用来演示身份验证成功的结果)。将占位符内容替换成代码清单 9-20 所示的元素。

代码清单 9-20　替换 src/app/admin 文件夹中 admin.component.html 文件的内容

```
<div class="container-fluid">
    <div class="row">
        <div class="col bg-dark text-white">
            <a class="navbar-brand">SPORTS STORE</a>
        </div>
    </div>
    <div class="row mt-2">
        <div class="col-3">
            <button class="btn btn-outline-info btn-block"
                    routerLink="/admin/main/products"
                    routerLinkActive="active">
                Products
            </button>
            <button class="btn btn-outline-info btn-block"
                    routerLink="/admin/main/orders"
                    routerLinkActive="active">
                Orders
            </button>
            <button class="btn btn-outline-danger btn-block" (click)="logout()">
                Logout
            </button>
        </div>
        <div class="col-9">
            <router-outlet></router-outlet>
        </div>
    </div>
</div>
```

此模板包含一个 router-outlet 元素，用于显示上一节中的组件。还有一些按钮，可将应用程序导航到/admin/main/ products 和/admin/main/orders 这些 URL，这些 URL 分别用于选择产品功能或订单功能。这些按钮使用了 routerLinkActive 属性，由 routerLink 属性指定的路由处于活动状态时，该属性将 router-outlet 元素添加到指定的 CSS 类。

　　该模板还包含一个 Logout 按钮，该按钮有一个事件绑定，其目标为 logout 方法。代码清单 9-21 将该方法添加到 AdminComponent 组件中，该方法使用身份验证服务来删除不记名令牌，并将应用程序导航到默认 URL。

代码清单 9-21　在 src/app/admin 文件夹的 admin.component.ts 文件中实现 logout 方法

```
import { Component } from "@angular/core";
import { Router } from "@angular/router";
import { AuthService } from "../model/auth.service";

@Component({
    templateUrl: "admin.component.html"
})
export class AdminComponent {

    constructor(private auth: AuthService,
                private router: Router) { }

    logout() {
        this.auth.clear();
        this.router.navigateByUrl("/");
    }
}
```

　　代码清单 9-22 启用每个管理功能都用到的占位符组件，并扩展 URL 路由配置，以实现表 9-2 中的 URL。

代码清单 9-22　在 src/app/admin 文件夹的 admin.module.ts 文件中配置功能模块

```
import { NgModule } from "@angular/core";
import { CommonModule } from "@angular/common";
import { FormsModule } from "@angular/forms";
import { RouterModule } from "@angular/router";
import { AuthComponent } from "./auth.component";
import { AdminComponent } from "./admin.component";
import { AuthGuard } from "./auth.guard";
import { ProductTableComponent } from "./productTable.component";
import { ProductEditorComponent } from "./productEditor.component";
import { OrderTableComponent } from "./orderTable.component";

let routing = RouterModule.forChild([
    { path: "auth", component: AuthComponent },
    {
        path: "main", component: AdminComponent, canActivate: [AuthGuard],
        children: [
            { path: "products/:mode/:id", component: ProductEditorComponent },
            { path: "products/:mode", component: ProductEditorComponent },
            { path: "products", component: ProductTableComponent },
            { path: "orders", component: OrderTableComponent },
            { path: "**", redirectTo: "products" }
        ]
    },
    { path: "**", redirectTo: "auth" }
]);

@NgModule({
```

```
    imports: [CommonModule, FormsModule, routing],
    providers: [AuthGuard],
    declarations: [AuthComponent, AdminComponent,
        ProductTableComponent, ProductEditorComponent, OrderTableComponent]
})
export class AdminModule {}
```

可使用 children 属性扩展单个路由，该属性用于定义那些以某个嵌套 router-outlet 元素为目标(参见第 25 章)的路由。稍后会看到，组件可从 Angular 获取活动路由的详细信息，从而可相应地调整自己的行为。路由可包括路由参数(例如:mode 或:id)，以匹配任何 URL 分段，并可用于向组件提供信息，使组件能够相应地更改自身行为。

将所有更改保存后，单击 Admin 按钮，并以用户名 admin 和密码 secret 进行身份验证。新的布局如图 9-4 所示。单击 Products 和 Orders 按钮将改变代码清单 9-20 中 router-outlet 元素所显示的组件，单击 Logout 按钮将退出管理区域。

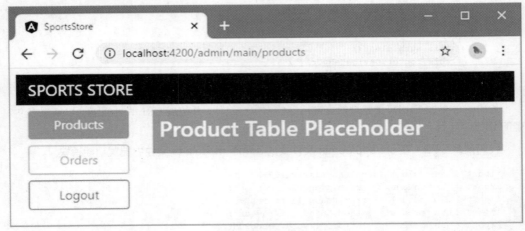

图 9-4　管理布局结构

9.4.3　实现产品功能

最初呈现给用户的管理功能是产品列表，可以让用户创建新产品、删除或编辑现有产品。代码清单 9-23 将占位符内容从产品表格组件中移除，并添加实现该功能所需的逻辑。

代码清单 9-23　在 src/app/admin 文件夹的 productTable.component.ts 文件中替换占位符
　　　　　　　 内容

```
import { Component } from "@angular/core";
import { Product } from "../model/product.model";
import { ProductRepository } from "../model/product.repository";

@Component({
    templateUrl: "productTable.component.html"
})
export class ProductTableComponent {

    constructor(private repository: ProductRepository) { }
```

```
getProducts(): Product[] {
    return this.repository.getProducts();
}

deleteProduct(id: number) {
    this.repository.deleteProduct(id);
}
}
```

这个组件的方法可用来访问存储库中的产品，并可用来删除指定的产品。其他操作将由编辑器组件处理(使用这个组件模板中的路由 URL 将激活编辑器组件)。为提供这个模板，向 src/app/admin 文件夹中添加一个名为 productTable.component.html 的文件，并添加代码清单 9-24 所示的标记。

代码清单 9-24   src/app/admin 文件夹中 productTable.component.html 文件的内容

```
<table class="table table-sm table-striped">
    <thead>
        <tr>
            <th>ID</th><th>Name</th><th>Category</th><th>Price</th>
            <th></th>
        </tr>
    </thead>
    <tbody>
        <tr *ngFor="let p of getProducts()">
            <td>{{p.id}}</td>
            <td>{{p.name}}</td>
            <td>{{p.category}}</td>
            <td>{{p.price | currency:"USD":"symbol":"2.2-2"}}</td>
            <td>
                <button class="btn btn-sm btn-warning m-1"
                        [routerLink]="['/admin/main/products/edit', p.id]">
                    Edit
                </button>
                <button class="btn btn-sm btn-danger" (click)="deleteProduct(p.id)">
                    Delete
                </button>
            </td>
        </tr>
    </tbody>
</table>
<button class="btn btn-primary" routerLink="/admin/main/products/create">
    Create New Product
</button>
```

该模板包含一个表格，它使用 ngFor 指令，为组件的 getProducts 方法所返回的每个产品生成一个表格行。每行包含一个 Delete 按钮(用于调用组件的 delete 方法)和一个 Edit 按钮(用于导航到一个 URL，该 URL 的目标是编辑器组件)。按钮 Create New Product 的目标也是编辑器组件，但是使用不同的 URL。

实现产品编辑器

组件可以接收有关当前路由 URL 的信息，并相应地调整其行为。编辑器组件需要使用此功能来区分创建新产品的请求与编辑现有产品的请求。代码清单 9-25 向编辑器组件添加创建或编辑产品所需的功能。

代码清单 9-25　在 src/app/admin 文件夹的 productEditor.component.ts 文件中添加功能

```
import { Component } from "@angular/core";
import { Router, ActivatedRoute } from "@angular/router";
import { NgForm } from "@angular/forms";
import { Product } from "../model/product.model";
import { ProductRepository } from "../model/product.repository";

@Component({
    templateUrl: "productEditor.component.html"
})
export class ProductEditorComponent {
    editing: boolean = false;
    product: Product = new Product();

    constructor(private repository: ProductRepository,
                private router: Router,
                activeRoute: ActivatedRoute) {

        this.editing = activeRoute.snapshot.params["mode"] == "edit";
        if (this.editing) {
            Object.assign(this.product,
                repository.getProduct(activeRoute.snapshot.params["id"]));
        }
    }

    save(form: NgForm) {
        this.repository.saveProduct(this.product);
        this.router.navigateByUrl("/admin/main/products");
    }
}
```

当 Angular 创建这个组件类的新实例时，它将提供一个 ActivatedRoute 对象作为构造函数实参，用来检查激活的路由。在这里，这个组件检查是编辑产品还是创建产品，如果是编辑产品，那么从存储库检索当前产品的详细信息。这个组件还有一个 save 方法，它使用存储库来保存用户所做的更改。

为给这个组件提供模板，在 src/app/admin 文件夹中添加一个名为 productEditor.component.html 的文件，并添加代码清单 9-26 所示的标记。

代码清单 9-26　src/app/admin 文件夹中 productEditor.component.html 文件的内容

```
<div class="bg-primary p-2 text-white" [class.bg-warning]="editing"
    [class.text-dark]="editing">
    <h5>{{editing ? "Edit" : "Create"}} Product</h5>
</div>
<form novalidate #form="ngForm" (ngSubmit)="save(form)">
    <div class="form-group">
        <label>Name</label>
        <input class="form-control" name="name" [(ngModel)]="product.name" />
    </div>
```

```
<div class="form-group">
    <label>Category</label>
    <input class="form-control" name="category" [(ngModel)]="product.category" />
</div>
<div class="form-group">
    <label>Description</label>
    <textarea class="form-control" name="description"
              [(ngModel)]="product.description">
    </textarea>
</div>
<div class="form-group">
    <label>Price</label>
    <input class="form-control" name="price" [(ngModel)]="product.price" />
</div>
<button type="submit" class="btn btn-primary m-1" [class.btn-warning]="editing">
    {{editing ? "Save" : "Create"}}
</button>
<button type="reset" class="btn btn-secondary" routerLink="/admin/main/products">
    Cancel
</button>
</form>
```

该模板包含一个表单，这个表单的各个域对应于 Product 模型类所定义的各个属性，但是 id 属性除外，它由 RESTful Web 服务自动分配。

根据编辑功能和创建功能的不同，表单中元素的外观会适当改变。要查看这个组件的实际运行情况，请进行身份验证以访问管理功能，然后单击产品表格下方的 Create New Product 按钮。在填写表单后，单击 Create 按钮，浏览器将新产品的信息发送到 RESTful Web 服务，该 Web 服务为其分配一个 ID 属性并显示在产品表格中，如图 9-5 所示。

编辑产品的过程与此类似。单击其中一个 Edit 按钮，查看当前产品的详细信息，使用表单域编辑它们，然后单击 Save 按钮保存更改，如图 9-6 所示。

图 9-5　创建新产品

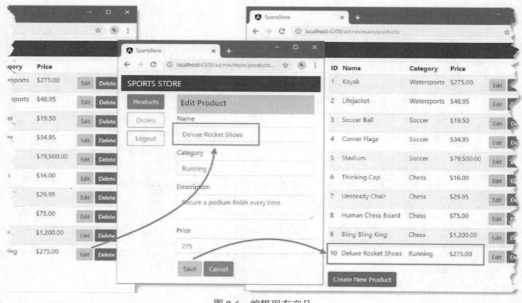

图 9-6　编辑现有产品

9.4.4　实现订单功能

订单管理功能很好而且简单。它需要一张表格，列出订单集，还有一些按钮用于将 shipped
属性设置为 true 或完全删除订单。代码清单 9-27 把组件中的占位符内容替换为支持这些操作所需
的逻辑。

代码清单 9-27　在 src/app/admin 文件夹的 orderTable.component.ts 文件中添加操作

```
import { Component } from "@angular/core";
import { Order } from "../model/order.model";
import { OrderRepository } from "../model/order.repository";

@Component({
    templateUrl: "orderTable.component.html"
})
export class OrderTableComponent {
    includeShipped = false;

    constructor(private repository: OrderRepository) {}

    getOrders(): Order[] {
        return this.repository.getOrders()
            .filter(o => this.includeShipped || !o.shipped);
    }

    markShipped(order: Order) {
        order.shipped = true;
        this.repository.updateOrder(order);
    }
```

```
    delete(id: number) {
        this.repository.deleteOrder(id);
    }
}
```

除了提供将订单标记为已发货和删除订单的两个方法之外，这个组件还定义了一个getOrders方法，它能够根据includeShipped属性的值来包含或排除已发货的订单。在orderTable.component.html模板文件中就使用了该属性，该文件位于src/app/admin文件夹中，是使用代码清单 9-28 所示的标记创建的。

代码清单 9-28　src/app/admin 文件夹中 orderTable.component.html 文件的内容

```html
<div class="form-check">
    <label class="form-check-label">
    <input type="checkbox" class="form-check-input" [(ngModel)]="includeShipped"/>
        Display Shipped Orders
    </label>
</div>
<table class="table table-sm">
    <thead>
        <tr><th>Name</th><th>Zip</th><th colspan="2">Cart</th><th></th></tr>
    </thead>
    <tbody>
        <tr *ngIf="getOrders().length == 0">
            <td colspan="5">There are no orders</td>
        </tr>
        <ng-template ngFor let-o [ngForOf]="getOrders()">
            <tr>
                <td>{{o.name}}</td><td>{{o.zip}}</td>
                <th>Product</th><th>Quantity</th>
                <td>
                    <button class="btn btn-warning m-1" (click)="markShipped(o)">
                        Ship
                    </button>
                    <button class="btn btn-danger" (click)="delete(o.id)">
                        Delete
                    </button>
                </td>
            </tr>
            <tr *ngFor="let line of o.cart.lines">
                <td colspan="2"></td>
                <td>{{line.product.name}}</td>
                <td>{{line.quantity}}</td>
            </tr>
        </ng-template>
    </tbody>
</table>
```

请记住，在每次启动进程时，RESTful Web 服务提供的数据都会被重置，因此必须使用购物车和结账功能来创建订单。一旦完成订单的创建工作，就可以使用管理工具的 Orders 部分来检查和管理订单，如图 9-7 所示。

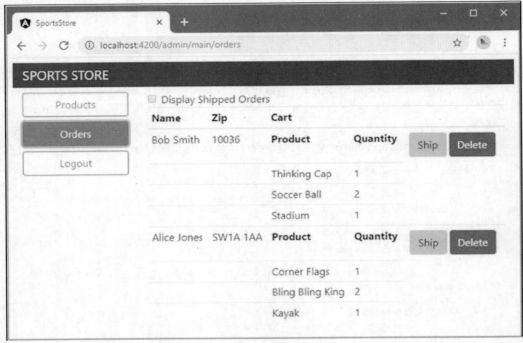

图 9-7　管理订单

9.5　本章小结

本章创建了一个动态加载的 Angular 功能模块，其中包含用来管理产品类别和处理订单所需的管理工具。第 10 章准备将 SportsStore 应用程序部署到生产环境中。

第 10 章

SportsStore：渐进式特性和部署

本章添加一些渐进式特性(这些特性允许应用程序在脱机状态下工作)，为部署 SportsStore 应用程序做准备；展示如何准备应用程序，并部署到 Docker 容器中，Docker 容器可以在大多数托管平台上使用。

10.1　准备示例应用程序

本章不需要准备工作，而是继续使用第 9 章的 SportsStore 项目。

10.2　添加渐进式特性

渐进式 Web 应用程序(Progressive Web Application，PWA)的行为更像是本机应用程序，这意味着它可以在没有网络连接的情况下继续工作，缓存其代码和内容，以便立即启动，并可以使用通知等功能。渐进式 Web 应用程序特性并不是 Angular 特有的，下面各节将渐进式特性添加到 SportsStore 应用程序中，展示它是如何实现的。

提示：开发和测试 PWA 的过程很麻烦，因为只有构建的应用程序是用于生产环境的，才能这样做，这意味着不能使用自动构建工具。

10.2.1　安装 PWA 包

Angular 团队提供了一个 NPM 包，可以用来把 PWA 特性引入 Angular 项目中。在 SportsStore 文件夹中运行代码清单 10-1 所示的命令，下载并安装 PWA 包。

提示：注意这个命令是 ng add，而不是其他地方用来添加包的 npm install 命令。ng add 命令专门用于安装包，例如@angular/pwa，这些包用来增强或重新配置 Angular 项目。

代码清单 10-1　安装包

```
ng add @angular/pwa
```

10.2.2　缓存数据 URL

@angular/pwa 包对应用程序进行配置，以便缓存 HTML、JavaScript 和 CSS 文件，这允许在没有网络可用的情况下启动应用程序。还要缓存产品目录，以便应用程序向用户显示数据。代码清单 10-2 向 ngsw-config.json 文件添加了一个新部分，用于为 Angular 应用程序配置 PWA 特性，并由@angular/pwa 包添加到项目中。

代码清单 10-2　在 SportsStore 文件夹的 ngsw-config.json 文件中缓存数据 URL

```
{
  "index": "/index.html",
  "assetGroups": [{
    "name": "app",
    "installMode": "prefetch",
    "resources": {
      "files": [
        "/favicon.ico",
        "/index.html",
        "/*.css",
        "/*.js"
      ]
    }
  }, {
    "name": "assets",
    "installMode": "lazy",
    "updateMode": "prefetch",
    "resources": {
      "files": [
        "/assets/**",
        "/font/*"
      ]
    }
  }],
  "dataGroups": [
    {
      "name": "api-product",
      "urls": ["/api/products"],
      "cacheConfig" : {
          "maxSize": 100,
          "maxAge": "5d"
      }
    }],
    "navigationUrls": [
      "/**"
    ]
}
```

运行应用程序所需的 PWA 的代码和内容在新版本可用时被缓存和更新，使用配置文件的 assetGroups 部分中的配置，确保更新在可用时得到一致应用。

应用程序的数据使用配置文件的 dataGroups 部分进行缓存，该部分允许使用自己的缓存设置管理数据。这个代码清单中配置了缓存，以便它包含来自 100 个请求的数据，这些数据在 5 天内有效。最后一个配置部分是 navigationUrls，它指定指向 index.html 文件的 URL 范围。这个例子使用一个通配符来匹配所有 URL。

> **注意**：这里只涉及可在 PWA 中使用的缓存特性的冰山一角。有很多可供选择的方法，包括尝试连接到网络，然后在没有连接的情况下返回到缓存的数据。详见 https://angular.io/guide/service-worker-intro。

10.2.3　响应对连接的更改

SportsStore 应用程序不是渐进式特性的理想候选，因为下订单需要网络连接。为避免应用程序在没有连接的情况下运行而造成用户混乱，需要禁用签出过程。用于添加渐进式特性的 API 提供有关连接状态的信息，并在应用程序脱机和联机时发送事件。要向应用程序提供其连接性的详细信息，给 src/app/model 文件夹添加一个名为 connection.service.ts 的文件，并使用它定义代码清单 10-3 所示的服务。

代码清单 10-3　src/app/model 文件夹中 connection.service.ts 文件的内容

```
import { Injectable } from "@angular/core";
import { Observable, Subject } from "rxjs";

@Injectable()
export class ConnectionService {
    private connEvents: Subject<boolean>;

    constructor() {
        this.connEvents = new Subject<boolean>();
        window.addEventListener("online",
            (e) => this.handleConnectionChange(e));
        window.addEventListener("offline",
            (e) => this.handleConnectionChange(e));
    }

    private handleConnectionChange(event) {
        this.connEvents.next(this.connected);
    }

    get connected() : boolean {
        return window.navigator.onLine;
    }

    get Changes(): Observable<boolean> {
        return this.connEvents;
    }
}
```

该服务将连接状态预先设置为应用程序的其余部分，通过浏览器的 navigator.onLine 属性获取该状态，并响应 online 和 offline 事件，这些事件在连接状态更改时触发，并通过浏览器提供的 addEventListener 方法访问。代码清单 10-4 将新服务添加到数据模型的模块中。

代码清单 10-4　在 src/app/model 文件夹的 model.module.ts 文件中添加服务

```
import { NgModule } from "@angular/core";
import { ProductRepository } from "./product.repository";
import { StaticDataSource } from "./static.datasource";
import { Cart } from "./cart.model";
import { Order } from "./order.model";
import { OrderRepository } from "./order.repository";
import { RestDataSource } from "./rest.datasource";
import { HttpClientModule } from "@angular/common/http";
import { AuthService } from "./auth.service";
import { ConnectionService } from "./connection.service";

@NgModule({
  imports: [HttpClientModule],
  providers: [ProductRepository, Cart, Order, OrderRepository,
    { provide: StaticDataSource, useClass: RestDataSource },
    RestDataSource, AuthService, ConnectionService]
})
export class ModelModule { }
```

为了防止用户在没有连接时签出，这里更新了详情组件，以便它在构造函数中接收连接服务，如代码清单 10-5 所示。

代码清单 10-5　在 src/app/store 文件夹的 cartDetail.component.ts 文件中接收服务

```
import { Component } from "@angular/core";
import { Cart } from "../model/cart.model";
import { ConnectionService } from "../model/connection.service";

@Component({
    templateUrl: "cartDetail.component.html"
})

export class CartDetailComponent {
    public connected: boolean = true;

    constructor(public cart: Cart, private connection: ConnectionService) {
        this.connected = this.connection.connected;
        connection.Changes.subscribe((state) => this.connected = state);
    }
}
```

组件定义了 connected 属性，该属性在服务中设置，然后在接收到更改时进行更新。为完成此功能，这里更改了 checkout 按钮，以便在没有连接时禁用该按钮，如代码清单 10-6 所示。

代码清单 10-6　在 src/app/store 文件夹的 cartDetail.component.html 文件中反映连接性

```
...
<div class="row">
  <div class="col">
  <div class="text-center">
    <button class="btn btn-primary m-1" routerLink="/store">
        Continue Shopping
    </button>
```

```
    <button class="btn btn-secondary m-1" routerLink="/checkout"
           [disabled]="cart.lines.length == 0 || !connected">
      {{ connected ? 'Checkout' : 'Offline' }}
    </button>
  </div>
</div>
...
```

10.3 为部署准备应用程序

本节准备 SportsStore 应用程序，以便部署它。

10.3.1 创建数据文件

第 8 章创建 RESTful Web 服务时，通过一个 JavaScript 文件提供了 json-server 包，每次服务器启动时都执行这个文件，并确保总是使用相同的数据。这在生产环境中没有帮助，因此给 SportsStore 文件夹添加一个名为 serverdata.json 的文件，其内容如代码清单 10-7 所示。json-server 包配置为使用 JSON 文件时，应用程序所做的任何更改都会被持久化。

代码清单 10-7 SportsStore 文件夹中 serverdata.json 文件的内容

```
{
    "products": [
        { "id": 1, "name": "Kayak", "category": "Watersports",
          "description": "A boat for one person", "price": 275 },
        { "id": 2, "name": "Lifejacket", "category": "Watersports",
          "description": "Protective and fashionable", "price": 48.95 },
        { "id": 3, "name": "Soccer Ball", "category": "Soccer",
          "description": "FIFA-approved size and weight", "price": 19.50 },
        { "id": 4, "name": "Corner Flags", "category": "Soccer",
          "description": "Give your playing field a professional touch",
          "price": 34.95 },
        { "id": 5, "name": "Stadium", "category": "Soccer",
          "description": "Flat-packed 35,000-seat stadium", "price": 79500 },
        { "id": 6, "name": "Thinking Cap", "category": "Chess",
          "description": "Improve brain efficiency by 75%", "price": 16 },
        { "id": 7, "name": "Unsteady Chair", "category": "Chess",
          "description": "Secretly give your opponent a disadvantage",
          "price": 29.95 },
        { "id": 8, "name": "Human Chess Board", "category": "Chess",
          "description": "A fun game for the family", "price": 75 },
        { "id": 9, "name": "Bling Bling King", "category": "Chess",
          "description": "Gold-plated, diamond-studded King", "price": 1200 }
    ],
    "orders": []
}
```

10.3.2 创建服务器

在部署应用程序时，将使用单个 HTTP 端口来处理对应用程序及其数据的请求，而不是在开发中使用的两个端口。在开发中使用单独的端口更简单，因为这意味着可以使用 Angular 开发 HTTP 服务器，而不必集成 RESTful Web 服务。Angular 没有提供用于部署的 HTTP 服务器，由于这里必须提供一个，因此要对它进行配置，以便它处理这两种类型的请求，并包括对 HTTP 和 HTTPS 连接的支持，如下所述。

为渐进式 Web 应用程序使用安全连接

向应用程序添加渐进式特性时，必须部署它，以便通过安全的 HTTP 连接访问它。否则，渐进式特性将无法工作，因为浏览器在常规 HTTP 连接上不允许使用所谓"服务工作器"的底层技术。

可以使用 localhost 测试渐进式特性，如后面所述，但是在部署应用程序时需要 SSL/TLS 证书。如果没有证书，可以通过 https://letsencrypt.org 获取，在那里可以免费获得一个证书，不过应该注意，还需要拥有要部署的域名或主机名，以生成证书。对于本书，这里将带有渐进式特性的 SportsStore 应用程序部署到 sportsstore.adam-freeman.com，这是一个用于开发测试和接收电子邮件的域。这个域没有提供公共 HTTP 服务，不能通过该域访问 SportsStore 应用程序。

在 SportsStore 文件夹中运行代码清单 10-8 所示的命令，以安装创建 HTTP/HTTPS 服务器所需的包。

代码清单 10-8　安装其他包

```
npm install --save-dev express@4.17.1
npm install --save-dev connect-history-api-fallback@1.6.0
npm install --save-dev https@1.0.0
```

前面给 SportsStore 添加了一个名为 server.js 的文件，其内容如代码清单 10-9 所示，它使用新添加的包创建 HTTP 和 HTTPS 服务器，其中包含 json-server 功能，该功能将提供 RESTful Web 服务(json-server 包专门用于集成到其他应用程序中)。

代码清单 10-9　SportsStore 文件夹中 server.js 文件的内容

```
const express = require("express");
const https = require("https");
const fs = require("fs");
const history = require("connect-history-api-fallback");
const jsonServer = require("json-server");
const bodyParser = require('body-parser');
const auth = require("./authMiddleware");
const router = jsonServer.router("serverdata.json");

const enableHttps = false;

const ssloptions = {}

if (enableHttps) {
    ssloptions.cert = fs.readFileSync("./ssl/sportsstore.crt");
    ssloptions.key = fs.readFileSync("./ssl/sportsstore.pem");
}

const app = express();

app.use(bodyParser.json());
app.use(auth);
```

```
app.use("/api", router);
app.use(history());
app.use("/", express.static("./dist/SportsStore"));

app.listen(80,
    () => console.log("HTTP Server running on port 80"));

if (enableHttps) {
    https.createServer(ssloptions, app).listen(443,
        () => console.log("HTTPS Server running on port 443"));
} else {
    console.log("HTTPS disabled")
}
```

服务器从 SSL 文件夹的文件中读取 SSL/TLS 证书的详细信息，应该将证书的文件放在该文件夹中。如果没有证书，就可以将 enableHttps 值设置为 false，来禁用 HTTPS。仍然可以使用本地服务器测试应用程序，但是不能在部署中使用渐进式特性。

10.3.3 更改存储库类中的 Web 服务 URL

现在，RESTful 数据以及应用程序的 JavaScript 和 HTML 内容将由同一个服务器交付，需要更改应用程序获取数据时使用的 URL，如代码清单 10-10 所示。

代码清单 10-10 在 src/app/model 文件夹的 rest.datasource.ts 文件中更改 URL

```
import { Injectable } from "@angular/core";
import { HttpClient } from "@angular/common/http";
import { Observable } from "rxjs";
import { Product } from "./product.model";
import { Cart } from "./cart.model";
import { Order } from "./order.model";
import { map } from "rxjs/operators";
import { HttpHeaders } from '@angular/common/http';

const PROTOCOL = "http";
const PORT = 3500;

@Injectable()
export class RestDataSource {
    baseUrl: string;
    auth_token: string;

    constructor(private http: HttpClient) {
        //this.baseUrl = `${PROTOCOL}://${location.hostname}:${PORT}/`;
        this.baseUrl = "/api/"
    }

    // ...methods omitted for brevity...
}
```

10.4　构建和测试应用程序

要构建用于生产的应用程序，请在 SportsStore 文件夹中运行代码清单 10-11 所示的命令。

代码清单 10-11　为生产构建应用程序

```
ng build --prod
```

该命令构建了应用程序的优化版本，而不必添加支持开发工具的内容。构建过程的输出放在 dist/SportsStore 文件夹中。除了 JavaScript 文件外，还有一个 index.html 文件，它从 SportsStore/src 文件夹中被复制出来，并修改为使用新构建的文件。

> 注意：Angular 支持服务器端渲染，应用程序在服务器(而不是浏览器)中运行。这种技术可以改进对应用程序启动时间的感知，还可以改进搜索引擎的索引功能。这个特性应该谨慎使用，因为它存在严重的限制，还可能破坏用户体验。因此，本书没有介绍服务器端渲染。此功能详见 https://angular.io/guide/universal。

构建过程可能需要几分钟来完成。构建完成后，在 SportsStore 文件夹中运行代码清单 10-12 所示的命令，来启动 HTTP 服务器。如果没有将服务器配置为使用有效的 SSL/TLS 证书，就应该更改 server.js 文件中的 enableHttps 常量值。然后运行代码清单 10-12 中的命令。

代码清单 10-12　启动生产 HTTP 服务器

```
node server.js
```

一旦服务器启动，就打开一个新的浏览器窗口，并导航到 http://localhost，此时会显示如图 10-1 所示的熟悉内容。

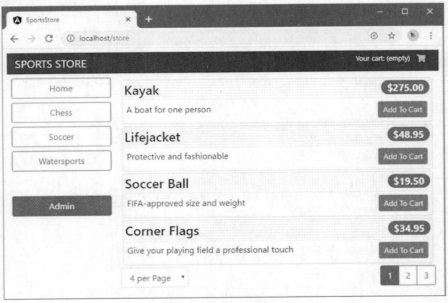

图 10-1　测试应用程序

测试渐进式特性

打开 F12 开发工具，导航到 Network 选项卡，单击 Online 右侧的箭头并选中 Offline 命令，如图 10-2 所示。这模拟了一个没有连接的设备，但由于 SportsStore 是一个渐进式 Web 应用程序，因此浏览器已经缓存了它及其数据。

图 10-2　脱机

一旦应用程序脱机，单击浏览器的重载按钮，应用程序将从浏览器的缓存中加载。如果单击 Add To Cart 按钮，Checkout 按钮就会被禁用，如图 10-3 所示。取消选中 Offline，按钮的文本将发生改变，以便用户下订单。

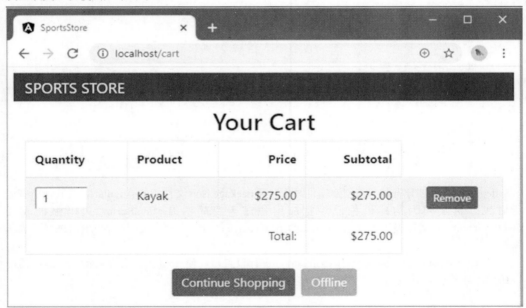

图 10-3　反映应用程序中的连接状态

10.5　将 SportsStore 应用程序容器化

本章的最后，为 SportsStore 应用程序创建一个容器，使之可以部署到生产环境中。在撰写本书时，Docker 是最受欢迎的容器创建方式，这是一个经过简化的 Linux 版本，具有运行应用程序所需的最小功能集。大多数云平台或托管引擎都支持 Docker，而且 Docker 的工具可以在大多数主流操作系统上运行。

10.5.1　安装 Docker

第一步是在开发机器上下载并安装 Docker 工具，可从 www.docker.com/products 获取该工具。有针对 macOS、Windows 和 Linux 的版本，还有一些专门的版本可以与 Amazon 和 Microsoft 云平台配合使用。对于本章而言，免费的社区版就足够了。

10.5.2　准备应用程序

第一步是为 NPM 创建一个配置文件，用于下载在容器中运行应用程序所需的附加包。在 SportsStore 文件夹中创建一个名为 deploy-package.json 的文件，其内容如代码清单 10-13 所示。

代码清单 10-13　SportsStore 文件夹中 deploy-package.json 文件的内容

```
{
  "dependencies": {
    "@fortawesome/fontawesome-free": "5.12.1",
    "bootstrap": "4.4.1"
  },

  "devDependencies": {
    "json-server": "0.16.0",
    "jsonwebtoken": "8.5.1",
    "express": "4.17.1",
    "https": "1.0.0",
    "connect-history-api-fallback": "1.6.0"
  },

  "scripts": {
    "start": "node server.js"
  }
}
```

dependencies 部分省略了在创建项目时添加到 package.json 文件中的 Angular 以及其他所有运行时包。这是因为构建过程已经把应用程序需要的所有 JavaScript 代码都集成到 dist/SportsStore 文件夹下的文件中。devDependencies 部分包含两个生产 HTTP/HTTPS 服务器所需的工具。

对 deploy-package.json 文件的 scripts 部分进行设置，以便 npm start 命令启动生产服务器，以访问应用程序及其数据。

10.5.3　创建 Docker 容器

为定义容器，向 SportsStore 文件夹添加一个名为 Dockerfile(没有扩展名)的文件，并添加代码清单 10-14 所示的内容。

代码清单 10-14　SportsStore 文件夹中 Dockerfile 文件的内容

```
FROM node:12.15.0

RUN mkdir -p /usr/src/sportsstore

COPY dist/SportsStore /usr/src/sportsstore/dist/SportsStore
COPY ssl /usr/src/sportsstore/ssl

COPY authMiddleware.js /usr/src/sportsstore/
COPY serverdata.json /usr/src/sportsstore/
COPY server.js /usr/src/sportsstore/server.js
COPY deploy-package.json /usr/src/sportsstore/package.json

WORKDIR /usr/src/sportsstore

RUN npm install

EXPOSE 80

CMD ["node", "server.js"]
```

这个 Dockerfile 文件的内容使用一个已经配置了 Node.js 的基础映像，并复制运行应用程序所需的文件，包括捆绑文件(包含应用程序的所有文件)和 package.json 文件(用于安装在部署环境中运行应用程序所需的软件包)。

为了加快容器化过程，在 SportsStore 文件夹中创建了一个名为.dockerignore 的文件，其内容如代码清单 10-15 所示。这告诉 Docker 忽略 node_modules 文件夹，该文件夹在容器中不是必需的，且处理它需要很长时间。

代码清单 10-15　SportsStore 文件夹中.dockerignore 文件的内容

```
node_modules
```

在 SportsStore 文件夹中运行代码清单 10-16 的命令，创建一个映像，其中包含 SportsStore 应用程序及其所需的所有工具和软件包。

提示：即使没有安装证书，在 SportsStore 项目中也必须包含 ssl 文件夹。这是因为在 Dockerfile 中使用 COPY 命令时无法查看其中是否有文件存在。

代码清单 10-16　构建 Docker 映像

```
docker build . -t sportsstore -f Dockerfile
```

映像是容器的模板。在 Docker 处理 Dockerfile 文件中指令的过程中，将下载并安装 NPM 软件包，并将配置和代码文件复制到映像文件中。

10.5.4　运行应用程序

创建映像文件后，使用代码清单 10-17 中的命令创建并启动一个新容器。

代码清单 10-17　启动 Docker 容器

```
docker run -p 80:80 -p 443:443 sportsstore
```

> 提示：确保在启动 Docker 容器之前，停止代码清单 10-12 中启动的测试服务器，因为它们使用相同的端口侦听请求。

为测试应用程序，在浏览器中打开 http://localhost，将显示在容器中运行的 Web 服务器所提供的响应，如图 10-4 所示。

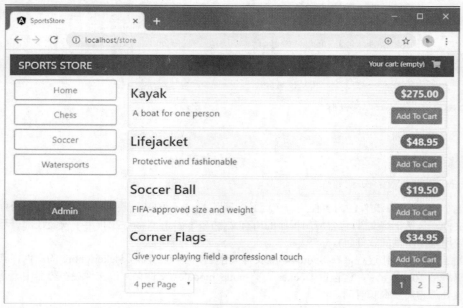

图 10-4　运行容器化的 SportsStore 应用程序

要停止容器，运行代码清单 10-18 中的命令。

代码清单 10-18　列出容器

```
docker ps
```

你将会看到正在运行的容器的列表，如下所示(出于简洁考虑，省略了部分字段)。

```
CONTAINER ID    IMAGE          COMMAND                 CREATED
ecc84f7245d6    sportsstore    "docker-entrypoint.s…"  33 seconds ago
```

使用 CONTAINER ID 一列的值，运行代码清单 10-19 中所示的命令。

代码清单 10-19　停止容器

```
docker stop ecc84f7245d6
```

应用程序已准备好部署到支持 Docker 的任何平台，但只有在为部署应用程序的域配置了 SSL/TLS 证书后，渐进式特性才能起作用。

10.6　本章小结

本章完成了 SportsStore 应用程序，说明了如何完成 Angular 应用程序的部署准备工作，以及如何轻易地将 Angular 应用程序放入容器(如 Docker)。本书第 I 部分到此结束。在第 II 部分，将开始深入探讨细节，并演示创建 SportsStore 应用程序时使用的这些 Angular 功能的工作原理。

第 II 部分

■ ■ ■

Angular详解

第 11 章

理解 Angular 项目和工具

本章将详细说明 Angular 项目的结构和用于 Angular 开发的工具。在读完本章后，你就会明白项目的各个部分如何有机地组合在一起，并为使用后续章节中所描述的更高级功能打下坚实基础。

11.1 创建新的 Angular 项目

第 2 章安装的 angular -cli 包包含创建新 Angular 项目所需的所有功能，该项目包含一些启动开发的占位符内容，以及一组紧密集成的工具，用于构建、测试 Angular 应用程序，并为部署做准备。

要创建新的 Angular 项目，打开一个命令提示符，导航到一个方便的位置，然后运行代码清单 11-1 中的命令。

代码清单 11-1 创建一个项目

```
ng new example --routing false --style css --skip-git --skip-tests
```

ng new 命令创建新项目，参数是项目名称，在本例中就是 example。ng new 命令有一组参数，这些参数对创建的项目有影响，表 11-1 描述了最有用的参数。

表 11-1 ng new 命令中有用的选项

参数	说明
--collection	此选项用于指定 schematics 集合。schematics 是用于创建项目和内容项的模板，本书中没有使用
--directory	此选项用于指定项目目录的名称。它默认为项目名称
--dry-run	此选项用于模拟项目创建过程，而不实际执行它
--force	此选项为 true 时，将覆盖现有文件
--inline-style	此选项指定项目将配置在组件中定义的样式，而不是在单独的 CSS 文件中定义的样式
--inline-template	此选项指定用于组件中定义的模板配置项，而不是在单独的 HTML 文件中定义模板
--minimal	此选项创建一个项目，但不添加对测试框架的支持
--package-manager	此选项用于指定包管理器，该包管理器将下载并安装 Angular 需要的包。如果不指定此选项，将使用 NPM。其他选项包括 yarn、pnpm 和 cnpm。默认包管理器适用于大部分项目

（续表）

参数	说明
--prefix	此选项将一个前缀应用到所有组件选择器中，如"理解 Angular 应用程序如何工作"一节所述
--routing	此选项用于在项目中创建路由模块。第 25～27 章详细解释路由特性的工作原理
--skip-git	使用此选项可防止在项目中创建 Git 存储库。如果在创建项目时没有使用此选项，则必须安装 Git 工具
--skip-install	此选项阻止执行一些初始操作，这些操作会下载和安装 Angular 应用程序和项目开发工具所需的包
--skip-tests	此选项防止为测试工具添加初始配置
--style	此选项指定如何处理样式表。本书使用 css 选项，但也支持其他流行的 CSS 预处理程序，包括 SCSS、SASS 和 LESS

　　ng new 命令执行的项目初始化过程可能需要一些时间来完成，因为项目需要大量的包，这些包用于运行 Angular 应用程序以及本章描述的开发和测试工具。

11.2　了解项目结构

　　使用首选的代码编辑器打开 example 文件夹，将看到如图 11-1 所示的文件和文件夹结构。该图采用了 Visual Studio 呈现项目的方式，其他编辑器可能以不同方式呈现项目内容。

图 11-1　新 Angular 项目的结构

　　表 11-2 描述了 ng new 命令添加到新项目中的文件和文件夹，它们为大多数 Angular 开发提供了起点。

表 11-2　新 Angular 项目中的文件和文件夹

名称	说明
e2e	此文件夹包含端到端测试的文件，这些文件是为使用 Protractor 包而设置的。本书没有描述端到端测试，因为它需要额外的基础设施，但可在 www.protractortest.org 了解更多信息
node_modules	此文件夹包含应用程序和 Angular 开发工具所需的 NPM 包，如"了解包文件夹"一节所述
src	此文件夹包含应用程序的源代码、资源和配置文件，如"了解 src 文件夹"一节所述
.editorconfig	此文件包含配置文本编辑器的设置。并非所有编辑器都响应此文件，但它可能会覆盖已定义的首选项。这个文件中可以设置的编辑器设置详见 http://editorconfig.org
.gitignore	此文件包含一个文件和文件夹列表，这些文件和文件夹在使用 Git 时不受版本控制
angular.json	这个文件包含 Angular 开发工具的配置
package.json	该文件包含应用程序和开发工具所需的 NPM 包的详细信息，并定义了运行开发工具的命令，如"了解包文件夹"一节所述
package-lock.json	此文件包含 node_modules 文件夹中安装的所有包的版本信息，如"了解包文件夹"一节所述
README.md	这是一个自述文件，其中包含开发工具的命令列表，这些命令详见"使用开发工具"一节
tsconfig.json	这个文件包含 TypeScript 编译器的配置设置。在大部分 Angular 项目中，不需要修改编译器配置
tstlint.json	该文件包含 TypeScript linter 的设置，如"使用 linter"一节所述

在每个项目中并不总是需要所有这些文件，可以删除不需要的文件。例如，可以删除 README.md、.editorconfig 和.gitignore 文件，因为笔者已经熟悉工具命令，不喜欢覆盖编辑器设置，也不使用 Git 进行版本控制。

11.2.1　了解 src 文件夹

src 文件夹包含应用程序的文件，包括源代码和静态内容，如图像。这个文件夹是大多数开发活动的焦点，图 11-2 显示了使用 ng new 命令创建的 src 文件夹的内容。

图 11-2　src 文件夹的内容

在 app 文件夹中为应用程序添加定制代码和内容，随着特性的添加，它的结构将变得更加复杂。其他文件支持开发过程，如表 11-3 所述。

表 11-3　src 文件夹中的文件和文件夹

名称	说明
app	该文件夹包含应用程序的源代码和内容。这个文件夹的内容是"理解 Angular 应用程序是如何工作的"一节和本部分其他章节的主题
assets	此文件夹用于应用程序所需的静态资源，如图像
environments	此文件夹包含为不同环境定义设置的配置文件。默认情况下，唯一的配置设置是 production 标志。当构建的应用程序用于部署时，该标志设置为 true，如"理解应用程序引导"一节所述
favicon.ico	该文件包含一个图标，浏览器在应用程序的选项卡中显示该图标。默认图像是 Angular 徽标
index.html	这是在开发期间发送到浏览器的 HTML 文件，如"理解 HTML 文档"一节所述
main.ts	该文件包含 TypeScript 语句，这些语句在执行时启动应用程序，如"理解应用程序引导"一节所述
polyfills.ts	此文件用于在项目中包含多填项，以支持某些浏览器(尤其是 Internet Explorer)本身不可用的特性
styles.css	该文件用于定义应用于整个应用程序的 CSS 样式
tests.ts	这是第 29 章描述的 Karma 测试包的配置文件

11.2.2　了解包文件夹

JavaScript 应用程序开发领域依赖于一个丰富的包生态系统，其中一些包包含 Angular 框架，这些框架通过开发过程中后台使用的小包传递给浏览器。Angular 项目需要很多包：例如，在本章开始时创建的示例项目需要超过 850 个包。

这些包中有许多只是几行代码，但是它们之间存在复杂的依赖关系层次结构，这些层次结构太大，无法手动管理，因此使用了包管理器。给包管理器提供一个项目所需的包的初始列表。然后检查每个包的依赖关系，并继续这个过程，直到创建了完整的包集。所有需要的包都下载并安装在 node_modules 文件夹中。

包的初始集是在 package.json 文件中使用 dependencies 和 devDependencies 属性定义的。dependencies 属性用于列出应用程序运行所需的包。以下是示例应用程序在 package.json 文件中的 dependencies 包(但在自己的项目中，版本号可能不同)。

```
...
"dependencies": {
  "@angular/animations": "~9.0.0",
  "@angular/common": "~9.0.0",
  "@angular/compiler": "~9.0.0",
  "@angular/core": "~9.0.0",
  "@angular/forms": "~9.0.0",
  "@angular/platform-browser": "~9.0.0",
  "@angular/platform-browser-dynamic": "~9.0.0",
  "@angular/router": "~9.0.0",
  "bootstrap": "^4.4.1",
  "rxjs": "~6.5.4",
  "tslib": "^1.10.0",
```

```
  "zone.js": "~0.10.2"
},
...
```

大多数包都提供了 Angular 的功能，还有一些在后台使用的支持包。对于每个包，package.json
文件使用表 11-4 中描述的格式包含可接受的版本号的详细信息。

表 11-4 包版本的编号系统

格式	描述
9.0.0	直接表示只接收与版本号完全匹配的包，例如 9.0.0
*	使用星号表示接受要安装的包的任何版本
> 9.0.0 >= 9.0.0	以> 或>= 为前缀的版本号接收大于或大于等于给定版本的包
< 9.0.0 <= 9.0.0	以< 或<= 为前缀的版本号接收小于或小于等于给定版本的包
~9.0.0	在版本号前面加上波浪号(~字符)，即使补丁级别号(三个版本号中的最后一个)不匹配，也可以接受安装的版本。例如，指定~9.0.0 接受版本 9.0.1 或 9.0.2(其中包含版本 9.0.0 的补丁)，而不接受版本 9.1.0(这是一个新的小版本)
^9.0.0	在版本号前面加上插入符号(^字符)，即使次要版本号(三个版本号中的第二个)或补丁号不匹配，也接受版本。例如，指定^ 9.0.0，就接受版本 9.1.0 和 9.2.0，但不接受版本 10.0.0

在 package.json 文件的 dependencies 部分中指定的版本号接收小的更新和补丁。当涉及文件
的 devDependencies 部分时，版本的灵活性更为重要，该部分包含开发所需的包的列表，但这些
包不包含在完成的应用程序中。在示例应用程序中，package.json 文件的 devDependencies 部分列
出了 19 个包，每个包都有自己可接受的版本范围。

```
...
"devDependencies": {
  "@angular-devkit/build-angular": "~0.900.1",
  "@angular/cli": "~9.0.1",
  "@angular/compiler-cli": "~9.0.0",
  "@angular/language-service": "~9.0.0",
  "@types/node": "^12.11.1",
  "@types/jasmine": "~3.5.0",
  "@types/jasminewd2": "~2.0.3",
  "codelyzer": "^5.1.2",
  "jasmine-core": "~3.5.0",
  "jasmine-spec-reporter": "~4.2.1",
  "karma": "~4.3.0",
  "karma-chrome-launcher": "~3.1.0",
  "karma-coverage-istanbul-reporter": "~2.1.0",
  "karma-jasmine": "~2.0.1",
  "karma-jasmine-html-reporter": "^1.4.2",
  "protractor": "~5.4.3",
  "ts-node": "~8.3.0",
  "tslint": "~5.18.0",
  "typescript": "~3.7.5"
}
...
```

这次也可能会看到不同的细节，但关键是包之间依赖关系的管理太复杂了，无法手工完成，因此委托给包管理器。使用最广泛的包管理器是 NPM，它与 Node.js 一起安装，是本书第 2 章的一部分。

在创建项目时，开发所需的所有包都会自动下载并安装到 node_modules 文件夹中，但是表 11-5 列出在开发过程中可能有用的一些命令。所有这些命令都应该在包含 package.json 文件的项目文件夹下运行。

表 11-5　有用的 NPM 命令

命令	描述
npm install	该命令执行 package.json 文件中指定的包的本地安装
npm install package@ version	此命令执行包的特定版本的本地安装，并更新 package.json 文件，将包添加到 dependencies 部分
npm install package@ version --save-dev	此命令执行包的特定版本的本地安装，并更新 package.json 文件，将包添加到 devDependencies 部分
npm install --global package@version	此命令执行包的特定版本的全局安装
npm list	此命令列出所有本地包及其依赖项
npm run <script name>	此命令执行 package.json 文件中定义的一个脚本，如下所述
npx package@version	此命令下载并执行包

理解全局包和本地包

NPM 可以安装包，使它们特定于单个项目(称为本地安装)，或者可以从任何地方访问包(称为全局安装)。包很少需要全局安装，但是作为本书准备工作的一部分，第 2 章安装的@angular/cli 包是个例外。@angular-cli 包需要全局安装，因为它用于创建新项目。项目所需的各个包在本地安装到 node_modules 文件夹中。

表 11-5 中描述的最后两个命令很奇怪，但是包管理器通常支持运行 package.json 文件的 scripts 部分中定义的命令。在 Angular 项目中，这个特性用于提供对开发过程中使用的工具的访问，以及为部署应用程序做准备的工具。下面是示例项目中 package.json 文件的 scripts 部分：

```
...
"scripts": {
    "ng": "ng",
    "start": "ng serve",
    "build": "ng build",
    "test": "ng test",
    "lint": "ng lint",
    "e2e": "ng e2e"
},
...
```

表 11-6 总结了这些命令，本章后面几节或本书后面几章会演示它们的用法。

表 11-6　package.json 文件中 scripts 部分的命令

名称	说明
ng	这个命令运行 ng 命令，它提供了对 Angular 开发工具的访问
start	该命令启动开发工具，它等价于 ng serve 命令
build	这个命令执行生产构建过程
test	这个命令启动单元测试工具(见第 29 章)，它相当于 ng test 命令
lint	该命令启动 TypeScript linter，如 "使用 linter" 一节所述，它等价于 ng list 命令
e2e	该命令启动端到端测试工具，相当于 ng e2e 命令

表 11-6 中的命令是使用 npm run 和所需命令的名称来运行的，这必须在包含 package.json 文件的文件夹中完成。因此，如果想在示例项目中运行 lint 命令，可以导航到 example 文件夹并键入 npm run lint。还可以使用命令 ng lint 得到相同的结果。

npx 命令对于使用一个命令下载并执行包很有用，本章后面的 "运行生产构建" 小节将使用该命令。npx 是一个较新的功能，并不是所有包都支持它。

11.3　使用开发工具

使用 ng new 命令创建的项目包括一组完整的开发工具，用于监视应用程序的文件，并在检测到更改时构建项目。运行代码清单 11-2 所示的命令，导航到 example 文件夹，并启动开发工具。

代码清单 11-2　启动开发工具

```
ng serve
```

该命令将启动构建过程，并在命令提示符中显示如下所示的消息。

```
...
10% building modules 4/7 modules 3 active
...
```

在这个过程的最后，将看到已经创建的捆绑包的摘要，如下所示。

```
...
chunk {main} main.js, main.js.map (main) 9.29 kB [initial] [rendered]
chunk {polyfills} polyfills.js, polyfills.js.map (polyfills) 140 kB [initial] [rendered]
chunk {runtime} runtime.js, runtime.js.map (runtime) 6.15 kB [entry] [rendered]
chunk {styles} styles.js, styles.js.map (styles) 9.75 kB [initial] [rendered]
chunk {vendor} vendor.js, vendor.js.map (vendor) 2.67 MB [initial] [rendered]
Hash: 93087e33d02b97e55e3c - Time: 5540ms
** Angular Live Development Server is listening on localhost:4200, open your browser on
http://localhost:4200/ **
: Compiled successfully.
...
```

11.3.1　了解开发 HTTP 服务器

为了简化开发过程，该项目集成了一个与构建过程紧密集成的 HTTP 服务器。当初始构建过程完成后，将启动 HTTP 服务器，并显示一条消息，报告正在侦听请求的端口，如下所示。

```
...
** Angular Live Development Server is listening on localhost:4200, open your browser on
http://localhost:4200/ **
...
```

开发 HTTP 服务器的默认端口是 4200。如果已经占用了端口 4200，则可能看到一条不同的消息。打开一个新的浏览器窗口，并请求 http://localhost:4200，将看到 ng new 命令添加到项目中的占位符内容，如图 11-3 所示。

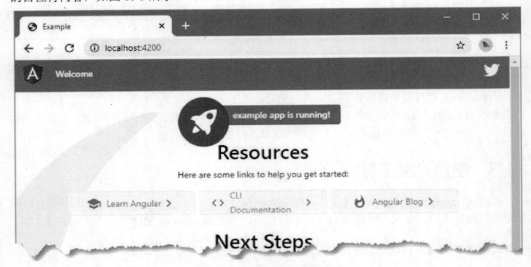

图 11-3　使用 HTTP 开发服务器

ng serve 命令将构建应用程序，并启动 HTTP 服务器，从而使我们能够看到应用程序。

11.3.2　了解构建过程

运行 ng serve 时，将构建项目，使其能够被浏览器使用。这个过程需要用到 3 个重要的工具：TypeScript 编译器、Angular 编译器以及 webpack 包。

Angular 应用程序是使用 TypeScript 文件和包含表达式的 HTML 模板创建的，但浏览器无法理解这二者。TypeScript 编译器负责把 TypeScript 文件编译为 JavaScript，Angular 编译器负责把模板转为 JavaScript 语句，这些语句创建模板文件中的 HTML 元素，并计算它们包含的表达式。

构建过程通过使用 webpack 进行管理，这是一个模块打包程序，可以把编译器得到的 JavaScript 输出合并到一个模块中，从而能够发送给浏览器。这个过程称为打包，虽然其名称并没有很新奇的地方，但它描述了一种重要的功能。在开发 Angular 应用程序时，打包是可以依赖的关键功能之一，不过 Angular 开发工具会替我们管理打包过程，因此我们不会直接使用它。

当运行代码清单 11-2 中的命令时，webpack 将处理应用程序，此时将会看到一系列消息。webpack 首先处理 main.ts(这是应用程序的入口点)中的代码，跟随该文件中的 import 语句找到依赖，并为存在依赖的每个文件重复这个过程。webpack 将处理每个 import 语句，编译声明了依赖的每个 TypeScript 文件和模板文件，以生成整个应用程序的 JavaScript 代码。

注意：本节描述了开发构建过程。关于如何准备应用程序以进行部署的更多信息，请阅读"了解生产构建过程"小节。

编译过程的输出将被合并到一个文件中，称为 bundle。在打包过程中，webpack 将在处理模块并找到需要包含到 bundle 中的模块时，报告处理进度，如下所示。

```
...
10% building modules 4/7 modules 3 active
...
```

在这个过程结束时，将看到已经创建的 bundle 的摘要，如下所示。

```
...
chunk {main} main.js, main.js.map (main) 9.29 kB [initial] [rendered]
chunk {polyfills} polyfills.js, polyfills.js.map (polyfills) 140 kB [initial] [rendered]
chunk {runtime} runtime.js, runtime.js.map (runtime) 6.15 kB [entry] [rendered]
chunk {styles} styles.js, styles.js.map (styles) 9.75 kB [initial] [rendered]
chunk {vendor} vendor.js, vendor.js.map (vendor) 2.67 MB [initial] [rendered]
Hash: 93087e33d02b97e55e3c - Time: 5540ms
** Angular Live Development Server is listening on localhost:4200, open your browser on
http://localhost:4200/ **
: Compiled successfully.
...
```

由于需要生成 5 个 bundle(如表 11-7 所示)，因此初始构建过程可能需要一段时间才能完成。每个文件有一个对应的.map 文件，使得在浏览器中调试 JavaScript 变得更加简单。

表 11-7　Angular 构建过程生成的 bundle

名称	说明
main.js	此文件包含从 src/app 文件夹编译生成的输出
polyfills.js	此文件包含 JavaScript polyfill，用于应用程序使用到、但是目标浏览器不支持的功能
runtime.js	此文件包含加载其他模块的代码
styles.js	此文件包含添加应用程序的全局 CSS 样式表的 JavaScript 代码
vendor.js	此文件包含应用程序依赖的第三方包，包括 Angular 包

了解应用程序 bundle

只有当第一次运行 ng serve 命令时，才会执行完整的构建过程。之后，如果组成 bundle 的文件发生了变化，会重新构建 bundle。通过使用代码清单 11-3 中的元素替换 app.component.html 文件的内容，可以看到这一点。

代码清单 11-3　替换 src/app 文件夹的 app.component.html 文件的内容

```
<div class="bg-primary text-center text-white p-2">
    Hello, World
</div>
```

当保存更改时，只会重新构建 main.js bundle，并且在命令提示符将看到如下所示的消息。

```
4 unchanged chunks
chunk {main} main.js, main.js.map (main) 9.39 kB [initial] [rendered]
Time: 140ms
: Compiled successfully.
```

通过有选择地编译文件和准备 bundle，能够确保在开发过程中快速看到更改的效果。图 11-4

显示了代码清单 11-3 中的修改所产生的效果。

图 11-4　修改 main.js bundle 中使用的文件

了解热重新加载

在开发过程中，Angular 开发工具会在 main.js bundle 中添加对热重新加载功能的支持。这种功能意味着代码清单 11-3 中所做的修改将自动展示出来。添加到 bundle 的 JavaScript 代码将打开一个与 Angular 开发 HTTP 服务器的连接。当修改触发构建操作时，服务器将在 HTTP 连接上发送一个信号，导致浏览器自动重新加载应用程序。

了解 polyfills bundle

Angular 构建过程在默认情况下把最新版本的浏览器作为目标，但如果需要为老浏览器提供支持(在公司应用中，常常使用老浏览器，因此常常出现这种需求)，这就会成为问题。polyfills.js 捆绑用于向不原生支持某些 JavaScript 功能的老版本提供这些功能的实现。src 文件夹中的 polyfills.ts 文件决定了 polyfills.js 文件的内容。默认情况下，只启用一个 polyfill，它启用 Zone.js 库。Angular 使用 Zone.js 库，在浏览器中执行变更检测。通过在 polyfills.ts 文件中添加 import 语句，可以在 bundle 中添加自己的 polyfill。

提示：　ng new 命令会在项目文件夹中添加一个 browserslist 文件，通过编辑该文件，可以修改编译器生成的 JavaScript 和 CSS。browserslist 文件的主要作用是启用对 Internet Explorer 的支持(默认情况是禁用的)。

了解 styles bundle

styles.js bundle 用于在应用程序中添加 CSS 样式表。该 bundle 文件包含的 JavaScript 代码使用浏览器 API 来定义样式，以及应用程序需要的 CSS 样式表的内容(使用 JavaScript 来分发 CSS 文件似乎违反了我们的直觉，但这么做的效果很好，并且其优势在于使应用程序变得自包含，从而可作为一系列不依赖额外资源的 JavaScript 文件部署到 Web 服务器。

通过使用 angular.json 文件的 styles 部分，将 CSS 样式表添加到应用程序中。运行代码清单 11-4 中的命令，将 Bootstrap CSS 包添加到项目中。

代码清单 11-4　安装 Bootstrap CSS 包

```
npm install bootstrap@4.4.1
```

主 CSS 样式表为 node_modules/bootstrap/dist/css/bootstrap.min.css 文件。为了把样式表包含到应用程序中，需要将该文件的名称添加到 angular.json 文件的 styles 部分，如代码清单 11-5 所示。

代码清单 11-5　在 example 文件夹的 angular.json 文件中添加样式表

```
...
"architect": {
  "build": {
    "builder": "@angular-devkit/build-angular:browser",
      "options": {
      "outputPath": "dist/example",
      "index": "src/index.html",
      "main": "src/main.ts",
      "polyfills": "src/polyfills.ts",
      "tsConfig": "tsconfig.app.json",
      "aot": true,
      "assets": [
        "src/favicon.ico",
        "src/assets"
      ],
      "styles": [
        "src/styles.css",
        "node_modules/bootstrap/dist/css/bootstrap.min.css"
      ],
      "scripts": []
    },
...
```

angular.json 文件中有两个 style 部分，必须把文件名添加到靠近文件顶部的那个 style 部分。
开发工具不会检测 angular.json 文件中的变化，因此需要按 Control + C 来停止开发工具，然后在
example 文件夹中运行代码清单 11-6 中的命令以再次启动它们。

代码清单 11-6　启动 Angular 开发工具

```
ng serve
```

在最初启动时，将创建一个新的 styles.js bundle。如果浏览器没有重新连接到开发 HTTP 服务
器，就重新加载浏览器窗口，此时将看到新样式的效果，如图 11-5 所示(代码清单 11-3 中添加到
div 元素的类应用了这些样式)。

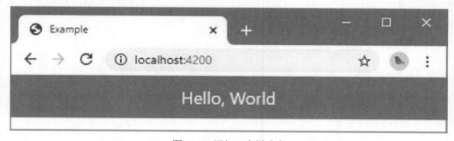

图 11-5　添加一个样式表

原始 bundle 只包含 src 文件夹中的 styles.css 文件，这是默认设置。当包含了 Bootstrap 样式表
后，该 bundle 变得更大了，如构建消息所示。

```
...
chunk {styles} styles.js, styles.js.map (styles) 1.17 MB [initial] [rendered]
...
```

看起来，只是为了实现某些样式，得到的文件太大了，但这个文件大小只是在开发过程中的文件大小，后面的"了解生产构建过程"小节将会说明这一点。

11.3.3　使用 linter

linter 是检查源代码以确保其符合一组编码约定和规则的工具。使用 ng new 命令创建的项目包括一个名为 TSLint 的 TypeScript linter，它支持的规则在 https://palantir.github.io/tslint 中描述，涵盖了从可能导致意外结果的常见错误到风格问题的所有内容。

可在 tslint.json 文件中启用和禁用 linting 规则，许多规则都有配置选项，可以微调它们检测到的问题。为了演示 linter 是如何工作的，对 TypeScript 文件进行两个更改，如代码清单 11-7 所示。

代码清单 11-7　在 src/app 文件夹的 app.component.ts 文件中进行更改

```
import { Component } from '@angular/core';

debugger;

@Component({
  selector: 'app-root',
  templateUrl: './app.component.html',
  styleUrls: ['./app.component.css']
})
export class AppComponent {
  title = 'example'
}
```

上面添加了一个 debugger 语句，从设置 AppComponent 类中的 title 属性值的语句末尾删除了分号。这两个更改都违反了默认的 TSLint 规则，要看到结果，可以打开一个新的命令提示符，导航到 example 项目文件夹，使用代码清单 11-8 所示的命令运行 linter。

代码清单 11-8　运行 TypeScript linter

```
ng lint
```

linter 检查项目中的 TypeScript 文件，并报告它遇到的问题。代码清单 11-7 中的更改会生成以下消息：

```
...
ERROR: C:/Users/adam/Documents/Books/Pro Angular 9/Source Code/Current/example/src/
app/app.
component.ts:3:1 - Use of debugger statements is forbidden
ERROR: C:/Users/adam/Documents/Books/Pro Angular 9/Source Code/Current/example/src/
app/app.
component.ts:11:20 - Missing semicolon
ERROR: C:/Users/adam/Documents/Books/Pro Angular 9/Source Code/Current/example/src/
app/app.
module.ts:16:27 - file should end with a newline
Lint errors found in the listed files.
...
```

这些消息突出了前面做出的修改，还报告了 app.module.ts 文件没有以新行结尾(这是另外一个默认规则)。

linting 没有集成到常规的构建过程中，只能手工执行。linting 最常见的用途是在向版本控制系统提交更改之前检查潜在的问题，但一些项目团队将 linting 工具集成到其他流程中，扩展了它的用途。

有些语句会导致 linter 报告错误，但无法更改。与其完全禁用该规则，还不如在代码中添加注释，告诉 linter 忽略下一行，如下所示：

```
...
// tslint:disable-next-line
...
```

如果文件有很多问题，但是不能进行修改——通常是因为应用程序的其他部分应用了一些约束——就可以在页面顶部添加这条注释，来禁用整个文件的 linting：

```
...
/* tslint:disable */
...
```

这些注释允许忽略不符合规则但不能更改的代码，同时仍然连接项目的其余部分。

为处理 linter 警告，注释掉 debugger 语句，在 app.component.ts 文件中恢复分号，如代码清单 11-9 所示。还要在 app.module.ts 文件的末尾添加一个新行。

代码清单 11-9　在 src/app 文件夹的 app.component.ts 文件中处理 linting 警告

```
import { Component } from '@angular/core';
//debugger;

@Component({
  selector: 'app-root',
  templateUrl: './app.component.html',
  styleUrls: ['./app.component.css']
})
export class AppComponent {
  title = 'example';
}
```

linter 的优缺点

linter 可成为一种非常有用的工具，尤其是在技术和经验水平参差不齐的开发团队中。linter 可以检测导致意外行为或长期维护问题的常见问题和细微错误。JavaScript ==和===操作符之间的差异就是一个很好的例子，在执行错误类型的比较时，linter 可以发出警告。我喜欢这种类型的 linting，在完成应用程序的一个主要特性之后，或者在将代码提交到版本控制之前，我喜欢通过 linting 过程运行代码。

但 linter 也可能是导致分裂和冲突的工具。除了检测编码错误之外，linter 还可以用于强制执行有关缩进、大括号放置、分号和空格的使用以及其他许多样式问题的规则。大多数开发人员都有自己的风格偏好——我喜欢四个空格作为缩进，把大括号放在同一行，并将其与表达式关联起来。有些程序员有不同的偏好，但那些人完全错了，总有一天他们会看到曙光，开始正确地格式化代码。

linter 允许对格式有强烈偏好的人将其观点强加于他人，通常打着"各抒己见"的旗号，这往往会令人"讨厌"。其逻辑是，开发人员把时间浪费在争论不同的编码风格上，每个人最好被强制使用同样的方式，这通常是有强烈偏好的人喜好的方式，但这忽视了一个事实：开发人员只会讨

(续)

论别的事情，因为争论是有趣的。

我特别不喜欢为格式使用 linting，因为这样会造成分裂，而且没有必要。我经常在读者无法使用图书示例时帮助他们，而且我每周都会看到各种各样的编码风格。但是，我并没有强迫读者按照我的方式编码，而是让代码编辑器将代码重新格式化为自己喜欢的格式，这是每个有能力的编辑器都提供的特性。

这里的建议是少用 linting，关注那些会引起真正问题的内容。需要阅读由选用不同首选项的团队成员编写的代码时，请将格式化决策留给个人，并利用代码编辑器重新格式化。

11.4　理解 Angular 应用程序是如何工作的

第一次使用 Angular 时，它看起来就像具有魔法，很容易因为害怕破坏某些东西而不愿意对项目文件进行修改。虽然 Angular 应用程序有很多文件，但它们都有特定的目的，而且它们一起工作的目的远非魔法：向用户显示 HTML 内容。本节解释示例 Angular 应用程序如何工作，以及每个部分如何为得到最终结果而工作。

如果在上一节中，为了运行 linter 而停止了 Angular 开发工具，则需要在 example 文件夹中运行代码清单 11-10 中的命令以再次启动它们。

代码清单 11-10　启动 Angular 开发工具

```
ng serve
```

完成初始构建后，使用浏览器请求 http://localhost:4200，将看到如图 11-6 所示的内容。

图 11-6　运行示例应用程序

在接下来的小节中，将解释项目中的文件如何组合起来，得到图 11-6 中显示的响应。

11.4.1　理解 HTML 文档

运行应用程序的起点是 index.html 文件，它包含在 src 文件夹中。当浏览器把请求发送给开发 HTTP 服务器时，将收到这个文件，其中包含下面的元素。

```
<!doctype html>
<html lang="en">
<head>
  <meta charset="utf-8">
  <title>Example</title>
  <base href="/">
  <meta name="viewport" content="width=device-width, initial-scale=1">
  <link rel="icon" type="image/x-icon" href="favicon.ico">
</head>
```

```
<body>
  <app-root></app-root>
</body>
</html>
```

body 只包含一个 app-root 元素，其用途很快就会清楚了。当把 index.html 文件的内容发送给
浏览器，以便针对 JavaScript 文件包含一些 script 元素时，将修改这些内容，如下所示。

```
<!doctype html>
<html lang="en">
<head>
  <meta charset="utf-8">
  <title>Example</title>
  <base href="/">
  <meta name="viewport" content="width=device-width, initial-scale=1">
  <link rel="icon" type="image/x-icon" href="favicon.ico">
</head>
<body>
  <app-root></app-root>
  <script src="runtime.js" type="module"></script>
  <script src="polyfills.js" type="module"></script>
  <script src="styles.js" type="module"></script>
  <script src="vendor.js" type="module"></script>
  <script src="main.js" type="module"></script></body>
</html>
```

提示：你可能还不熟悉 HTML 文件的 script 元素的 type 属性中使用的 module 值。在"了解
差异加载"小节中，将解释为什么使用这个值。

11.4.2 理解应用程序引导

浏览器按照脚本元素出现的顺序执行 JavaScript 文件，从 runtime.js 文件开始，它包含的代码
处理其他 JavaScript 文件的内容。

然后执行 polyfill.js 文件，它包含的代码为浏览器不支持的功能提供了实现。之后执行 styles.js
文件，它包含应用程序需要的 CSS 样式。vendor.js 文件包含应用程序需要的第三方代码，包括
Angular 框架。在开发阶段，这个文件可能很大，因为它包含所有 Angular 功能，即使应用程序并
不会用到其中的某些功能。本章后面将会介绍，在部署前，会使用一个优化过程来准备应用程序。

最后是 main.js 文件，它包含自定义应用程序代码。该 bundle 的名称来自应用程序的入口点，
即 src 文件夹中的 main.ts 文件。当处理完其他 bundle 文件后，将执行 main.ts 文件中的语句，以
初始化 Angular 并运行应用程序。这个文件包含在 main.ts 文件中定义的代码，它启动应用程序，
并依赖其他 JavaScript 文件中包含的代码。下面是 ng new 命令在创建 man.ts 文件时添加的内容：

```
import { enableProdMode } from '@angular/core';
import { platformBrowserDynamic } from '@angular/platform-browser-dynamic';

import { AppModule } from './app/app.module';
import { environment } from './environments/environment';

if (environment.production) {
  enableProdMode();
}
```

```
platformBrowserDynamic().bootstrapModule(AppModule)
  .catch(err => console.error(err));
```

import 语句声明了对其他 JavaScript 模块的依赖关系，提供了对 Angular 特性(vendor.js 文件中包含的@angular 模块的依赖关系)和应用程序中的自定义代码(AppModule 依赖关系)的访问。最后导入的是环境设置，环境设置用于为开发、测试和生产平台创建不同的配置设置，如以下代码所示。

```
...
if (environment.production) {
  enableProdMode();
}
...
```

Angular 有一个生产模式，它禁止在开发过程中执行的一些有用的检查，这些检查在后续章节中描述。启用生产模式意味着性能提高，意味着检查结果不会在浏览器的 JavaScript 控制台中报告，否则用户可在 JavaScript 控制台中看到检查结果。通过调用 enableProdMode 函数启用生产模式，该函数从@angular/core 模块导入。

为确定是否应该启用生产模式，需要进行检查以查看 environment.production 环境是否为 true。这个检查与 src/envirionments 文件夹中 envirionment.prod.ts 文件的内容相符，该文件设置此值，并在构建应用程序以准备部署时应用。结果是，如果应用程序是为生产而构建的，将启用生产模式，但在其余时间禁用。

main.ts 文件中剩下的语句负责启动应用程序：

```
...
platformBrowserDynamic().bootstrapModule(AppModule).catch(err => console.error(err));
...
```

platformBrowserDynamic 函数初始化用于 Web 浏览器的 Angular 平台，并从@angular/platform-browser-dynamic 模块导入。Angular 可在各种不同的环境中运行，调用 platformBrowserDynamic 函数是在浏览器中启动应用程序的第一步。

下一步是调用 bootstrapModule 方法，该方法接受应用程序的 Angular 根模块，这个根模块在默认情况下是 AppModule，是从 src/app 文件夹的 app.module.ts 文件中导入的，并在下一节中描述。bootstrapModule 方法为 Angular 提供了进入应用程序的入口点，并表示@angular 模块提供的功能与项目中的定制代码和内容之间的桥梁。该语句的最后一部分使用 catch 关键字处理任何引导错误，方法是将这些错误写入浏览器的 JavaScript 控制台。

11.4.3 理解 Angular 根模块

术语"模块"在 Angular 应用程序中有双重作用，它既指 JavaScript 模块，也指 Angular 模块。JavaScript 模块用于跟踪应用程序中的依赖关系，并确保浏览器只接收它需要的代码。Angular 模块用于配置 Angular 应用程序的一部分。

每个应用程序都有一个根 Angular 模块，它负责向 Angular 描述应用程序。对于使用 ng new 命令创建的应用程序，根模块称为 AppModule，它在 src/app 文件夹的 app.module.ts 文件中定义。它包含以下代码：

```
import { BrowserModule } from '@angular/platform-browser';
import { NgModule } from '@angular/core';
```

```
import { AppComponent } from './app.component';

@NgModule({
  declarations: [AppComponent],
  imports: [BrowserModule],
  providers: [],
  bootstrap: [AppComponent]
})
export class AppModule { }
```

AppModule 类没有定义任何成员，但它通过@NgModule 装饰器的配置属性为 Angular 提供了必要的信息。后续章节将描述用于配置 Angular 模块的不同属性，但现在我们感兴趣的是 bootstrap 属性，它告诉 Angular 应该加载一个名为 AppComponent 的组件，作为应用程序启动过程的一部分。组件是 Angular 应用程序的主要构建块，AppComponent 组件提供的内容将显示给用户。

11.4.4　理解 Angular 组件

AppComponent 组件由根 Angular 模块选择，它在 src/app 文件夹的 app.component.ts 文件中定义。下面是 app. component.ts 文件的内容，本章前面编辑了这个文件来演示 linting。

```
import { Component } from '@angular/core';

//debugger;

@Component({
  selector: 'app-root',
  templateUrl: './app.component.html',
  styleUrls: ['./app.component.css']
})
export class AppComponent {
  title = 'example';
}
```

@Component 装饰器的属性配置了它的行为。selector 属性告诉 Angular，这个组件用来替换一个名为 app-root 的 HTML 元素。templateUrl 和 styleUrls 属性告诉 Angular，组件想要呈现给用户的 HTML 内容可以在 app.component. html 文件中找到，应用于 HTML 内容的 CSS 样式在 app.component.css 文件中定义(虽然 CSS 文件在新项目中是空的)。

下面是 app.component.html 文件的内容，本章前面对其进行了编辑，以演示热重新加载和 CSS 样式的用法。

```
<div class="bg-primary text-center text-white p-2">
  Hello, World
</div>
```

这个文件包含常规的 HTML 元素，但如后面所述，要应用 Angular 的特性，应使用定制的 HTML 元素或者向常规的 HTML 元素添加特性。

11.4.5　理解内容显示

当应用程序启动时，Angular 会处理 index.html 文件，定位匹配根组件中 selector 属性的元素，并用根组件的 templateUrl 和 styleUrls 属性指定的文件内容替换它。这是使用浏览器为 JavaScript 应用程序提供的域对象模型(DOM) API 完成的。要看到更改，只需要在浏览器窗口中右击，并从弹出的快捷菜单中选择 Inspect，产生如下结果。

```html
<html lang="en"><head>
  <meta charset="utf-8">
  <title>Example</title>
  <base href="/">
  <meta name="viewport" content="width=device-width, initial-scale=1">
  <link rel="icon" type="image/x-icon" href="favicon.ico">
  <style>/* You can add global styles to this file, and also import other
         style files */ sourceMappingURL=data:application/json;base64,
         eyJ2ZXJzaW9uIjozLCJzb3VyY2VzIjpbInNyYyByBmaWxlLCBhbmQgYWxzbyBpp
         Igc3R5bGUgZmlsZXMgKi9cbiJdfQ== */
  </style>
  <style>
      /*!
       * Bootstrap v4.4.1 (https://getbootstrap.com/)
       * Copyright 2011-2019 The Bootstrap Authors
       ...
  </style>
  <style>/*#sourceMappingURL=data:application/json;base64,eyJ2ZXJzaW9uuI
         jozLCJzb3VyY2VzIjpbXSwibmFtZXMiOltdLCJtYXBwaW5ncyI6IiIsImZpb
         cmMvYXBwL2FwcC5jb21wb251bnQuY3NzIn0= */
  </style>
</head>
<body>
    <app-root _nghost-utj-c11="" ng-version="9.0.0">
        <div _ngcontent-utj-c11="" class="bg-primary text-center text-white p-2">
            Hello, World
        </div>
    </app-root>
    <script src="runtime.js" type="module"></script>
    <script src="polyfills.js" type="module"></script>
    <script src="styles.js" type="module"></script>
    <script src="vendor.js" type="module"></script>
    <script src="main.js" type="module"></script>
</body>
</html>
```

app-root 元素包含来自组件模板的 div 元素，这些特性是 Angular 在初始化过程中添加的。

style 元素表示 app 文件夹中的 styles.css 文件、src/app 文件夹中的 app.component.css 文件以及代码清单 11-5 中使用 angular.json 文件添加的 Bootstrap CSS 样式表的内容。ng new 命令创建的 styles.css 和 app.component.css 文件是空的，不过我删除了大部分 Bootstrap CSS 样式，否则这里要列出的样式就太多了。动态生成的 div 元素与代码清单 11-3 中指定的 class 属性结合起来，得到了图 11-7 中显示的结果。

图 11-7　显示组件的内容

11.5 了解生产构建过程

在开发阶段，重点是能够快速编译，从而尽快在浏览器中显示结果，得到一个良好的迭代式开发过程。在开发过程中，编译器和打包程序不应用任何优化，因此 bundle 文件才非常大。这个大小并不重要，因为浏览器与服务器在相同的机器上运行，能够立即加载。

在部署应用程序前，使用优化过程来构建应用程序。为了运行这类构建，在 example 文件夹中运行代码清单 11-11 中的命令。

代码清单 11-11　执行生产构建

```
ng build --prod
```

此命令执行生产编译过程，其生成的 bundle 文件更小，只包含应用程序需要用到的代码。在编译器生成的消息中，能够看到所生成的 bundle 文件的详细信息。

```
...
Generating ES5 bundles for differential loading...
ES5 bundle generation complete.

chunk {2} polyfills-es2015.ca64e4516afbb1b890d5.js (polyfills) 35.6 kB [initial]
[rendered]
    chunk {3} polyfills-es5.277e2e1d6fb2daf91a5c.js (polyfills-es5) 127 kB [initial]
[rendered]
    chunk {1} main-es2015.c38e85d415502ff8dc25.js (main) 102 kB [initial] [rendered]
    chunk {1} main-es5.c38e85d415502ff8dc25.js (main) 122 kB [initial] [rendered]
    chunk {0} runtime-es2015.0811dcefd377500b5b1a.js (runtime) 1.45 kB [entry] [rendered]
    chunk {0} runtime-es5.0811dcefd377500b5b1a.js (runtime) 1.45 kB [entry] [rendered]
    chunk {4} styles.18138bb15891daf44583.css (styles) 154 kB [initial] [rendered]
...
```

不会把热重新加载等功能添加到 bundle 中，也不再生成庞大的 vendor.js bundle。相反，main.js bundle 将包含应用程序，以及应用程序需要用到的第三方代码。对于大部分应用程序，这意味着生产环境的 main.js 文件只包含应用程序使用的 Angular 功能，而 vendor.js 文件则包含全部 Angular 包。

11.5.1 了解预编译

开发构建过程会在输出中保留装饰器，它们描述了 Angular 应用程序的构造块。Angular 运行时将在浏览器中把它们转换为 API 调用，这称为即时(JIT)编译。生产构建过程启用了一种称为预(AOT)编译的功能，可以转换装饰器，从而不必在每次运行应用程序时进行转换。

当结合其他构建优化措施后，构建出的 Angular 应用程序的加载速度和启动速度都变得更快。其缺点是，额外的编译需要更多时间。如果在开发过程中优化构建，那么等待的时间可能让你感到沮丧。

11.5.2 了解差异加载

生产构建过程为两个 bundle 生成两个 JavaScript 文件，以支持差异加载功能。支持现代语言功能的浏览器能够使用较小的 bundle 版本。不支持现代 JavaScript 功能的老浏览器则使用较大的

bundle 版本，该版本实现了相同的功能，但是代码更加冗长，并且添加了一些代码来处理浏览器不支持的语言功能。Angular 并不会为所有浏览器提供冗长代码，而会生成两组 bundle 文件，使得 main-es2015.c38e85d415502ff8dc25.js 文件包含现代浏览器使用的简洁代码，而 main-es5.c38e85d 415502ff8dc25.js 文件包含老浏览器可以运行的冗长代码。文件名的 c38e85d415502ff8dc25 部分是校验和，确保不会不小心缓存和使用新 bundle 版本，这称为缓存破坏。

生产 bundle 文件将创建到 dist/example 文件夹中，其中还包含一个生产版本的 index.html 文件，它包含用于差异加载的 script 元素，如下所示。

```
<!doctype html>
<html lang="en">
<head>
  <meta charset="utf-8">
  <title>Example</title>
  <base href="/">
  <meta name="viewport" content="width=device-width, initial-scale=1">
  <link rel="icon" type="image/x-icon" href="favicon.ico">
<link rel="stylesheet" href="styles.18138bb15891daf44583.css"></head>
<body>
  <app-root></app-root>
  <script src="runtime-es2015.0811dcefd377500b5b1a.js" type="module"></script>
  <script src="runtime-es5.0811dcefd377500b5b1a.js" nomodule defer></script>
  <script src="polyfills-es5.277e2e1d6fb2daf91a5c.js" nomodule defer></script>
  <script src="polyfills-es2015.ca64e4516afbb1b890d5.js" type="module"></script>
  <script src="main-es2015.c38e85d415502ff8dc25.js" type="module"></script>
  <script src="main-es5.c38e85d415502ff8dc25.js" nomodule defer></script>
</body>
</html>
```

用于现代浏览器的 bundle 文件将 type 属性设置为 module。

```
...
<script src="runtime-es2015.0811dcefd377500b5b1a.js" type="module"></script>
...
```

老浏览器不能理解这个值，因此不会处理这些 script 元素。相反，它们将使用其他元素，这些元素具有 nomodule 和 defer 属性。

```
...
<script src="runtime-es5.0811dcefd377500b5b1a.js" nomodule defer></script>
...
```

现代浏览器将忽略这些元素，这意味着每种浏览器将获得正确的一组文件。

提示：注意，在生产构建阶段，将把 CSS 样式放到一个扩展名为.css 的标准样式表中，而不使用在开发阶段生成的 JavaScript 文件。

表 11-8 显示了 bundle 文件在开发环境和生产环境的总大小。

表 11-8　bundle 文件的总大小

目标	总大小
开发	2.8MB
生产(老浏览器)	404KB
生产(现代浏览器)	293KB

可以看到，即使对于一个简单的示例项目，生产构建过程生成的 bundle 文件更小，而现代浏览器得到的文件比遗留浏览器更小。但是，优化过程需要一定时间，因此在开发过程中不使用优化。

11.5.3　运行生产构建

为了测试生产构建，在 example 文件夹中运行代码清单 11-12 中显示的命令。

代码清单 11-12　运行生产构建

```
npx http-server@0.12.1 dist/example --port 5000
```

此命令将下载并执行 0.12.1 版本的 http-server 包，它提供了一个简单的、自包含的 HTTP 服务器。该命令告诉 http-server 包来提供 dist/example 文件夹的内容，并在端口 5000 上侦听请求。打开一个新的 Web 浏览器并请求 http://localhost:5000，将看到示例应用程序的生产版本，如图 11-8 所示(不过，除非检查浏览器发送的、用来获取 bundle 文件的 HTTP 请求，否则不会看到与前面屏幕截图中显示的开发版本存在任何区别)。

图 11-8　运行生产构建

测试了生产构建后，使用 Control + C 停止 HTTP 服务器。

11.6　在 Angular 项目中开始开发

前面介绍了 Angular 应用程序的初始构建块是如何组合在一起的，以及引导过程是如何将内容显示给用户的。本节将向项目中添加一个简单的数据模型，这是大多数开发人员的典型起点，并在本章前面添加的静态内容的基础上，在组件中添加一些功能。

11.6.1　创建数据模型

在应用程序的所有构造块中，数据模型是最少受到 Angular 规范约束的构造块。在应用程序的其他地方，需要应用特定的 Angular 装饰器或使用一部分 API，但对模型的唯一要求是通过它能够访问应用程序所需的数据。至于如何完成这些操作的细节以及数据的具体形式，都由开发人员控制。

虽然这可能让人感觉有点奇怪，而且可能很难知道如何开始，但是模型的核心可分为 3 个不同的部分。

- 描述模型中数据的类
- 从服务器(通常情况)加载数据以及将数据保存到服务器的数据源
- 可用于操纵模型中数据的存储库

在以下几个小节中，将创建一个简单的模型，它提供后续章中描述的 Angular 特征所需的功能。

1. 创建描述性模型类

描述性类，顾名思义，就是用于描述应用程序中数据的类。在实际项目中，为充分描述应用程序运行的数据，通常需要定义很多类，但为了简化本章的起步工作，将创建单一的简单类，作为数据模型的基础。向 src/app 文件夹中添加一个名为 product.model.ts 的文件，并定义代码清单 11-13 所示的类。

理解 Angular schematics

schematics 是智能模板，既可用于创建简单文件，也可用于创建完整项目。例如，ng new 命令就使用 schematic 功能创建项目。使用 ng new 命令创建的项目还包含默认 schematics，作为向 Angular 项目添加必要的常用项(如组件和 TypeScript 类)的模板。

schematics 功能很巧妙，但只有理解了 Angular 的工作方式，才能使其发挥作用。本书将显式创建示例中需要用到的所有文件，使你能够了解每个文件的用法，以及它们在 Angular 中扮演的角色。如果想了解关于 schematics 的更多信息，可以运行 ng generate 命令，这将显示可用 schematics 的列表。当理解了 Angular 的工作方式后，可能会发现 schematics 非常方便，但在那之前，建议手动在项目中添加文件。

该文件的名称遵守了 Angular 中采用描述性名称的约定。名称中的 product 和 model 部分说明这是数据模型中与产品有关的一部分，.ts 扩展名则表示这是一个 TypeScript 文件。并不是必须遵守这种约定，但 Angular 项目中通常包含大量文件，含义模糊的名称会让查找源代码变得困难。

代码清单 11-13　src/app 文件夹中 product.model.ts 文件的内容

```
export class Product {

    constructor(public id?: number,
        public name?: string,
        public category?: string,
        public price?: number) { }
}
```

Product 类针对产品的标识符、名称、类别和价格分别定义了属性。这些属性定义为可选的构造函数实参，在使用 HTML 表单创建 Product 对象时这种做法非常有用，参见第 14 章。

2. 创建数据源

数据源为应用程序提供数据。最常见的数据源类型使用 HTTP 从 Web 服务请求数据，参见第 24 章。本章需要一些更简单的东西，每当应用程序启动时，它将重新设置为已知状态，以确保在示例中得到预期的结果。在 src/app 文件夹中添加一个名为 datasource.model.ts 的文件，并添加代码清单 11-14 所示的代码。

代码清单 11-14   src/app 文件夹中 datasource.model.ts 文件的内容

```
import { Product } from "./product.model";

export class SimpleDataSource {
    private data: Product[];
    constructor() {
        this.data = new Array<Product>(
            new Product(1, "Kayak", "Watersports", 275),
            new Product(2, "Lifejacket", "Watersports", 48.95),
            new Product(3, "Soccer Ball", "Soccer", 19.50),
            new Product(4, "Corner Flags", "Soccer", 34.95),
            new Product(5, "Thinking Cap", "Chess", 16));
    }

    getData(): Product[] {
        return this.data;
    }
}
```

这个类使用硬编码的数据，因此每次重新加载浏览器时，在应用程序中进行的任何更改都将丢失。虽然这在实际应用中毫无用处，但作为书籍示例还是比较理想的。

3. 创建模型存储库

完成这个简单模型的最后一步是定义一个存储库，该存储库用于访问数据源中的数据，并能在应用程序中操作这些数据。在 src/app 文件夹中添加一个名为 repository.model.ts 的文件，并定义代码清单 11-15 所示的类。

代码清单 11-15   src/app 文件夹中 repository.model.ts 文件的内容

```
import { Product } from "./product.model";
import { SimpleDataSource } from "./datasource.model";

export class Model {
    private dataSource: SimpleDataSource;
    private products: Product[];
    private locator = (p: Product, id: number) => p.id == id;

    constructor() {
        this.dataSource = new SimpleDataSource();
        this.products = new Array<Product>();
        this.dataSource.getData().forEach(p => this.products.push(p));
    }

    getProducts(): Product[] {
        return this.products;
```

```
    }

    getProduct(id: number): Product {
        return this.products.find(p => this.locator(p, id));
    }

    saveProduct(product: Product) {
        if (product.id == 0 || product.id == null) {
            product.id = this.generateID();
            this.products.push(product);
        } else {
            let index = this.products
                .findIndex(p => this.locator(p, product.id));
            this.products.splice(index, 1, product);
        }
    }

    deleteProduct(id: number) {
        let index = this.products.findIndex(p => this.locator(p, id));
        if (index > -1) {
            this.products.splice(index, 1);
        }
    }

    private generateID(): number {
        let candidate = 100;
        while (this.getProduct(candidate) != null) {
            candidate++;
        }
        return candidate;
    }
}
```

这个 Model 类定义了一个构造函数，在该函数中从数据源类获取初始数据，此外还提供一组方法用于访问这些数据。这些方法是由存储库定义的典型方法，表 11-9 描述了这些方法。

表 11-9　Web 表单代码块的类型

名称	描述
getProducts	该方法返回一个包含模型中所有 Product 对象的数组
getProduct	该方法根据产品 ID 返回单个 Product 对象
saveProduct	该方法更新现有的 Product 对象或向模型中添加一个新 Product 对象
deleteProduct	该方法根据产品 ID 从模型中移除一个 Product 对象

存储库的实现可能看起来很奇怪：虽然数据对象都存储在标准的 JavaScript 数组中，但是根据 Model 类定义的这些方法所呈现数据的方式，让人感觉它就像是以 id 属性为索引的 Product 对象集合一样。编写模型数据的存储库时需要考虑两个主要因素。第一个考虑因素是呈现的数据应该尽可能高效显示。对于示例应用程序，这意味着采用可迭代的形式(如数组)来呈现模型中的所有数据。这很重要，因为迭代可能经常发生，如后面章节所述。尽管 Model 类的其他操作的效率不高，但它们的使用次数较少。

第二个考虑因素是能为 Angular 提供不变的数据。第 13 章将解释这一点的重要性，但是在实现存储库时，这意味着 getProducts 方法在多次调用时应该返回相同的对象，除非其他某个方法或应用程序的另一部分更改了 getProducts 方法提供的数据。如果某个方法每次返回时都返回不同的对象，即使它们只是包含相同对象的不同数组，Angular 也会报错。因此，考虑到这两个因素，实现存储库的最佳方法是将数据存储在数组中，并容忍这种实现方式给某些操作带来的低效率。

11.6.2 创建组件和模板

模板包含组件想要显示给用户的 HTML 内容。模板可以从简单到复杂，涵盖从单个 HTML 元素到复杂内容块的所有内容。

为了创建模板，在 src/app 文件夹中添加一个名为 template.html 的文件，并添加代码清单 11-16 所示的 HTML 元素。

代码清单 11-16 src/app 文件夹中 template.html 文件的内容

```
<div class="bg-info text-white m-2 p-2">
    There are {{model.getProducts().length}} products in the model
</div>
```

这个模板的大部分是标准的 HTML，但是双大括号字符(div 元素中的{{和}})之间的部分是数据绑定的一个示例。当显示模板时，Angular 将处理其包含的内容并发现绑定，对其中包含的表达式求值，生成由数据绑定显示的内容。

支持模板所需的逻辑和数据均由其组件提供，也就是已应用@Component 装饰器的 TypeScript 类。为向代码清单 11-16 中的模板提供组件，在 src/app 文件夹中添加一个名为 component.ts 的文件，并定义代码清单 11-17 所示的类。

代码清单 11-17 src/app 文件夹中 component.ts 文件的内容

```
import { Component } from "@angular/core";
import { Model } from "./repository.model";

@Component({
    selector: "app",
    templateUrl: "template.html"
})
export class ProductComponent {
    model: Model = new Model();
}
```

@Component 装饰器用来配置组件。selector 属性指定要应用该指令的 HTML 元素，即 app。@Component 指令中的 templateUrl 属性指定将用于替换 app 元素的内容，对于该例，这个属性指定 template.html 文件。

组件类(对于该例，称为 ProductComponent)负责向模板提供其绑定所需的数据和逻辑。这里，ProductComponent 类定义了名为 model 的单一属性，它提供对 Model 对象的访问。

用于组件选择器的 app 元素与 ng new 命令在创建项目时使用的元素不同，后者预期在 index.html 文件中。在代码清单 11-18 中，修改了 index.html 文件，以便从代码清单 11-17 中引入一个 app 元素来匹配组件的选择器。

代码清单 11-18 在 app 文件夹的 index.html 文件中更改自定义元素

```
<!doctype html>
<html lang="en">
```

```
<head>
  <meta charset="utf-8">
  <title>Example</title>
  <base href="/">
  <meta name="viewport" content="width=device-width, initial-scale=1">
  <link rel="icon" type="image/x-icon" href="favicon.ico">
</head>
<body>
  <app></app>
</body>
</html>
```

这不是在真实项目中需要做的事情，但它进一步证明了 Angular 应用程序以简单且可预测的方式结合在一起，可以改变任何需要或想要改变的部分。

11.6.3 配置根 Angular 模块

上一节创建的组件在向根 Angular 模块注册之前，不会成为应用程序的一部分。在代码清单 11-19 中，使用 import 关键字导入组件，并使用@NgModule 配置属性来注册组件。

代码清单 11-19　在 src/app 文件夹的 app.module.ts 文件中注册组件

```
import { BrowserModule } from '@angular/platform-browser';
import { NgModule } from '@angular/core';

//import { AppComponent } from './app.component';
import { ProductComponent } from "./component";

@NgModule({
  declarations: [ProductComponent],
  imports: [BrowserModule],
  providers: [],
  bootstrap: [ProductComponent]
})
export class AppModule { }
```

在 import 语句中使用了名称 ProductComponent，并将该名称添加到 declarations 数组中，该数组配置了应用程序中的组件集和其他特性。这里还修改了 bootstrap 属性的值，以便新组件是应用程序启动时使用的组件。

在 example 文件夹中运行代码清单 11-20 中的命令，以启动 Angular 开发工具。

代码清单 11-20 启动 Angular 开发工具

```
ng serve
```

当初始构建过程完成后，使用 Web 浏览器请求 http://localhost:4200，这将得到如图 11-9 所示的响应。

图 11-9   新组件和模板的效果

执行标准的 Angular 引导序列，但使用的是前一节创建的自定义组件和模板，而不是项目创建时设置的组件和模板。

11.7   本章小结

本章创建了一个 Angular 项目，并使用它来介绍 Angular 包含的工具，并解释了简单的 Angular 应用程序是如何工作的。在下一章中，将开始深入细节，首先从 Angular 数据绑定开始。

第 12 章

使用数据绑定

上一章中的示例应用程序包含一个显示给用户的简单模板，其中有一个数据绑定用于显示数据模型中有多少对象。本章将介绍 Angular 提供的基本数据绑定，并演示如何使用它们来生成动态内容。后续章节还将介绍更多高级数据绑定功能，并解释如何使用自定义功能来扩展 Angular 数据绑定系统。表 12-1 给出了数据绑定的相关知识。

表 12-1 数据绑定的相关知识

问题	答案
什么是数据绑定	数据绑定是被嵌入模板中的表达式,经过求值后可在 HTML 文档中生成动态内容
数据绑定有什么作用	数据绑定在 HTML 元素(位于 HTML 文档及模板文件中)与应用程序中的数据及代码之间提供连接
如何使用数据绑定	数据绑定可用作 HTML 元素的属性或字符串中的特殊字符序列
数据绑定是否存在陷阱或限制	数据绑定包含简单的 JavaScript 表达式,可通过对该表达式进行求值来生成内容。主要陷阱是在数据绑定中包含太多逻辑,这是因为这些逻辑无法得到适当的测试,也不能在应用程序的其他地方使用。数据绑定表达式应尽可能简单,并依靠组件(以及其他 Angular 功能,例如管道)来提供复杂的应用程序逻辑
数据绑定是否存在替代方案	不存在。数据绑定是 Angular 开发的重要组成部分

表 12-2 给出了本章的内容摘要。

表 12-2 本章内容摘要

问题	解决方案	代码清单编号
在 HTML 文档中动态显示数据	定义数据绑定	1~4
配置 HTML 元素	使用标准属性绑定或元素属性绑定	5 和 8
设置元素的内容	使用字符串插入绑定	6 和 7
配置要赋给元素的 CSS 类	使用类绑定	9~13
配置应用到元素的个别样式	使用样式绑定	14~17
手动触发数据模型更新	使用浏览器的 JavaScript 控制台	18 和 19

12.1 准备示例项目

本章继续使用第 11 章的示例项目。为了准备这一章，向组件类中添加一个方法，如代码清单 12-1 所示。

代码清单 12-1 在 src/app 文件夹的 component.ts 文件中添加一个方法

```
import { Component } from "@angular/core";
import { Model } from "./repository.model";

@Component({
    selector: "app",
    templateUrl: "template.html"
})
export class ProductComponent {
    model: Model = new Model();

    getClasses(): string {
        return this.model.getProducts().length == 5 ? "bg-success" : "bg-warning";
    }
}
```

可以在 example 文件夹中运行如下命令来启动 HTTP 开发服务器。

```
ng serve
```

打开一个新浏览器，导航到 http://localhost:4200，将显示图 12-1 所示的内容。

图 12-1 运行示例应用程序

12.2 理解单向数据绑定

单向数据绑定(one-way data binding)用于为用户生成内容，它是 Angular 模板的基本构造块。术语单向(one-way)是指数据在一个方向上流动，对于本章中描述的数据绑定而言，这意味着数据从组件向数据绑定，从而可在模板中显示。

提示：还有其他类型的 Angular 数据绑定，详见后续章节。事件绑定沿着另一个方向流动，即从模板中的元素流向应用程序的其余部分，并能够进行用户交互。双向绑定(two-way bindings)允许数据在两个方向上流动，最常用于表单。有关其他绑定的详细信息，请参见第 13 章和第 14 章。

为使用单向数据绑定，在此已将模板的内容替换掉，如代码清单 12-2 所示。

代码清单 12-2 src/app 文件夹中 template.html 文件的内容

```
<div [ngClass]="getClasses()" >
    Hello, World.
</div>
```

把修改保存到模板，开发服务器将重新构建应用程序并触发浏览器重新加载，显示图 12-2 所示的输出结果。

图 12-2 使用单向数据绑定

虽然这是一个简单示例，但它说明了数据绑定的基本结构，如图 12-3 所示。

图 12-3 数据绑定的结构图

数据绑定由以下 4 部分组成。

● 宿主元素(host element)是要受到绑定影响(通过改变元素的外观、内容或行为)的 HTML 元素。

● 方括号告诉 Angular 这是单向数据绑定。当 Angular 在数据绑定中看到方括号时，它将对表达式求值，并把结果传递给绑定的目标，以修改宿主元素。

● 目标指定数据绑定将执行的操作。有两种不同类型的目标：指令或属性绑定。

● 表达式是一段 JavaScript 代码，它使用模板的组件提供的上下文进行求值，因此在表达式中可以访问组件的属性和方法，如示例绑定中的 getClasses 方法。

查看代码清单 12-2 中的绑定，可以看到宿主元素是一个 div 元素，因此它就是这个绑定要修改的元素。表达式调用组件的 getClasses 方法，本章开头部分已经定义了这个方法。这个方法根据数据模型中对象的数量返回一个包含 Bootstrap CSS 类的字符串。

```
...
getClasses(): string {
    return this.model.getProducts().length == 5 ? "bg-success" : "bg-warning";
}
...
```

如果数据模型中有 5 个对象，那么该方法返回 bg-success，这是一个应用绿色背景样式的
Bootstrap 类。否则，该方法返回 bg-warning，这是一个应用琥珀色背景样式的 Bootstrap 类。

代码清单 12-2 中数据绑定的目标是一条指令(它是一个专门用于支持数据绑定的类)。Angular
自带一些有用的内置指令，开发者也可以创建自己的指令来提供自定义功能。内置指令的名称均
以 ng 开头，因此这个 ngClass 目标就是一条内置指令。目标通常会指出该指令的作用，ngClass
指令根据表达式求值结果所返回的名称，将宿主元素添加到求值结果所指定的一个或多个 CSS
类，或从这些类中删除宿主元素。

综上，代码清单 12-2 中的数据绑定将基于数据模型中的项数将 div 元素添加到 bg-success 或
bg-warning 类。

由于应用程序启动时模型中有 5 个对象(因为在第 11 章创建的 SimpleDataSource 类中把初始
数据硬编码到程序代码中)，因此 getClasses 方法返回 bg-success，并生成如图 12-3 所示的结果，
即为 div 元素添加绿色背景。

12.2.1 理解绑定目标

当 Angular 处理数据绑定的目标时，它将首先进行检查以确定是否匹配某条指令。大多数应
用程序既使用 Angular 提供的内置指令，也使用自定义指令来提供应用程序特有的功能。通常可
以判断出数据绑定的目标就是一条指令，这是因为指令的名字是独一无二的，而且能够提示指令
的作用是什么。内置指令的标志是 ng 前缀。代码清单 12-2 中的绑定给出了一个暗示，即目标是
一条与宿主元素的 CSS 类成员资格相关的内置指令。为提供快速参考，表 12-3 介绍了基本的
Angular 内置指令以及本书中的具体描述章节(后续章节中还会描述其他指令，但这些是最简单也
是最常用的指令)。

表 12-3　基本的 Angular 内置指令

名称	描述
ngClass	将宿主元素赋给 CSS 类，如 12.4 节"设置 CSS 类和样式"所述
ngStyle	设置单个样式，如 12.4 节"设置 CSS 类和样式"所述
ngIf	当其表达式求值结果为 true 时将该指令的内容插入 HTML 文档中，如第 13 章所述
ngFor	针对数据源中的每项数据将相同的内容插入 HTML 文档中，如第 13 章所述
ngSwitch ngSwitchCase ngSwitchDefault	根据表达式的值从多个内容块中选择一个插入 HTML 文档中，如第 13 章所述
ngTemplateOutlet	重复内容块，如第 13 章所述

理解属性绑定

如果绑定目标未对应到某条指令，Angular 将检查目标能否用于创建属性绑定。有 5 种不同
类型的属性绑定，表 12-4 列举了这些类型，同时给出了描述这些绑定的章节。

表 12-4　Angular 属性绑定

名称	描述
[property]	标准属性绑定,用于设置 JavaScript 对象(表示文档对象模型中的宿主元素)的某个属性,如 12.3 节"使用标准属性和属性绑定"所述
[attr.name]	元素属性绑定,对于那些没有对应 DOM 属性的 HTML 宿主元素属性,可使用该绑定来设置这些属性的值,如 12.3.3 节"使用元素属性绑定"所述
[class.name]	特殊的类属性绑定,用于配置宿主元素的 CSS 类成员资格,如 12.4.1 节"使用类绑定"所述
[style.name]	特殊的样式属性绑定,用于配置宿主元素的样式设置,如 12.4.2 节"使用样式绑定"所述

12.2.2　理解表达式

数据绑定中的表达式是一段 JavaScript 代码,经过求值后为绑定目标提供数据值。表达式可以访问组件定义的属性和方法,代码清单 12-2 中的绑定能够调用 getClasses 方法,将宿主元素要加入的 CSS 类的名称提供给 ngClass 指令。

表达式不仅限于调用组件的方法或读取组件的属性,它们也可用于执行大多数标准 JavaScript 操作。例如,代码清单 12-3 给出了一个表达式,它将一个字面字符串值与 getClasses 方法的返回结果连接在一起。

代码清单 12-3　在 src/app 文件夹的 template.html 文件中执行操作

```
<div [ngClass]="'text-white m-2 p-2 ' + getClasses()" >
    Hello, World.
</div>
```

该表达式用双引号引起来,这意味着必须使用单引号来定义字符串字面量。JavaScript 连接操作符是字符+,因此这个表达式的结果是将两个字符串组合起来,如下所示:

```
text-white m-2 p-2 bg-success
```

这个表达式的效果就是,ngClass指令将宿主元素添加到 4 个CSS类:text-white、m-2 和p-2 (这个Bootstrap类设置文本的颜色,并在元素内容的周围添加内边距)和bg-success(设置背景色)。图 12-4 显示了这两个CSS类的组合。

图 12-4　在 JavaScript 表达式中组合类

在编写表达式时稍不注意就会在模板中包含复杂的逻辑。这可能会导致问题,因为表达式不会接受 TypeScript 编译器的检查,而且也不易于进行单元测试,所以在部署应用程序之前,很有可能无法检测到某些错误。为了避免这个问题,表达式应尽可能保持简单,理想情况下,仅用于从组件检索数据并进行格式化，然后用于显示。所有复杂的检索和处理逻辑都应该放在组件或模型中进行定义，这样就可以编译和测试这些逻辑代码。

12.2.3　理解括号

方括号(字符[和])告诉 Angular，这是一个具有待求值表达式的单向数据绑定。如果省略方括号并且目标是一条指令，那么 Angular 仍然会处理绑定，但不会对表达式进行求值，而只是把引号之间的内容作为字面值传递给该指令。代码清单 12-4 又向模板中添加了一个元素，它使用的是不带方括号的绑定。

代码清单 12-4　在 src/app 文件夹的 template.html 文件中忽略数据绑定中的方括号

```
<div [ngClass]="'text-white m-2 p-2 ' + getClasses()">
  Hello, World.
</div>
<div ngClass="'text-white m-2 p-2 ' + getClasses()">
  Hello, World.
</div>
```

如果在浏览器的 DOM 查看器中检查这个 HTML 元素(右击浏览器窗口，然后从弹出的菜单中选择 Inspect 或 Inspect Element)，就会看到其 class 属性已设置为字面字符串，如下所示：

```
class="'text-white m-2 p-2 ' + getClasses()"
```

浏览器将尝试处理宿主元素加入的 CSS 类，但该元素的外观不会符合预期，这是因为它们并未对应到任何 Bootstrap 使用的类名。这是一种常见的错误做法，因此，如果数据绑定没有实现预期的效果，那么首先要检查是否存在这种错误。

方括号并非 Angular 数据绑定中使用的唯一括号，表 12-5 给出了整套的括号描述，包括每种括号的含义以及使用场合，以供快速参考。

表 12-5　Angular 括号

名称	描述
[target]="expr"	方括号表示单向数据绑定：数据从表达式流向目标。这种绑定的不同形式是本章的主题
{{expression}}	这是字符串插入绑定，在 12.3.2 节"使用字符串插入绑定"中将进行描述
(target) ="expr"	圆括号表示单向绑定：数据从目标流向表达式指定的目的地。这是用于处理事件的绑定，如第 14 章所述
[(target)] ="expr"	这个括号组合(被称为"香蕉盒")表示双向绑定：数据在绑定目标与表达式指定的目的地之间双向流动，如第 14 章所述

12.2.4　理解宿主元素

宿主元素是数据绑定中最简单的部分。数据绑定可以应用于模板中的任何 HTML 元素，一个元素可以有多个绑定，每个绑定可以分别管理该元素的外观或行为的不同方面。在稍后的示例中，将会看到有些元素同时具有多个绑定。

12.3　使用标准属性和属性绑定

如果绑定的目标与任何指令都不匹配，那么 Angular 将尝试应用属性绑定。以下几节描述了最常见的属性绑定：标准属性绑定和元素属性绑定。

12.3.1　使用标准属性绑定

浏览器使用文档对象模型(DOM)来表示 HTML 文档。HTML 文档中的每个元素(包括宿主元素)都使用 DOM 中的一个 JavaScript 对象来表示。与所有 JavaScript 对象一样，用于表示 HTML 元素的对象也有一些属性。这些属性用于管理元素的状态，比如，可使用 value 属性来设置 input 元素的内容。当浏览器解析 HTML 文档时，每遇到一个新的 HTML 元素，都会在 DOM 中创建一个对象来表示该元素，并使用该元素的属性来设置这个 DOM 对象属性的初始值。

利用标准属性绑定，可以使用表达式的结果来设置表示宿主元素的 JavaScript 对象的属性值。例如，若把绑定的目标设置为 value，则会设置 input 元素的内容，如代码清单 12-5 所示。

代码清单 12-5　在 src/app 文件夹的 template.html 文件中使用标准属性绑定

```
<div [ngClass]="'text-white m-2 p-2 ' + getClasses()">
  Hello, World.
</div>
<div class="form-group m-2">
  <label>Name:</label>
  <input class="form-control" [value]="model.getProduct(1)?.name || 'None'" />
</div>
```

这个示例中的新绑定指定，应该将 value 属性绑定到一个表达式的结果，该表达式调用数据模型的一个方法，通过指定键从存储库中检索数据对象。该键对应的数据对象有可能并不存在，此时，这个存储库方法返回 null。

为了防止对宿主元素的 value 属性使用 null 值，这个绑定使用模板空条件操作符(字符?)安全地浏览存储库方法返回的结果，如下所示。

```
...
<input class="form-control" [value]="model.getProduct(1)?.name || 'None'" />
...
```

如果 getProduct 方法的结果不为 null，表达式将读取 name 属性的值并将其用作结果。但是，如果方法的结果为 null，则不会读取 name 属性，而是由 null 合并操作符(字符||)将结果设置为字符串 None。

了解 HTML 元素属性

在使用属性绑定时，可能需要花一些时间来确定需要设置哪个属性。在 HTML 规范中存在一些不一致的情况。大多数属性的名称与设置其初始值的元素属性的名称相匹配，因此，如果习惯于在 input 元素上设置 value 属性，那么可以通过设置 value 属性来实现相同的效果。一些属性的名称与对应的元素属性的名称不匹配，还有一些属性根本不是由元素属性配置的。

Mozilla Foundation 为 DOM 中用于表示 HTML 元素的所有对象提供了有用的参考(developer.mozilla.org/en-US/docs/Web/API)。对于每个元素，Mozilla 提供了所有可用属性以及每个

(续)

属性的用途的摘要。首先是 HTMLElement(developer.mozilla.org/en-US/docs/Web/API/HTMLElement)，它提供了所有元素共有的功能。然后，可以分成特定元素的对象，例如，用于表示 input 元素的 HTMLInputElement。

把更改保存到模板，浏览器将重新加载并显示一个 input 元素，其内容是一个数据对象(在模型存储库中键为 1 的数据对象)的 name 属性，如图 12-5 所示。

图 12-5　使用标准属性绑定

12.3.2　使用字符串插入绑定

Angular 为标准属性绑定提供了一个特殊版本，名为字符串插入绑定(string interpolation binding)，用于将表达式的结果包含在宿主元素的文本内容中。要理解这个特殊绑定的用途，有必要看看当使用标准属性绑定时需要什么样的绑定。textContent 属性用于设置 HTML 元素的内容，因此可以使用代码清单 12-6 所示的数据绑定来设置元素的内容。

代码清单 12-6　在 src/app 文件夹的 template.html 文件中设置元素的内容

```
<div [ngClass]="'text-white m-2 p-2 ' + getClasses()"
        [textContent]="'Name: ' + (model.getProduct(1)?.name || 'None')">
</div>
<div class="form-group m-2">
  <label>Name:</label>
  <input class="form-control" [value]="model.getProduct(1)?.name || 'None'" />
</div>
```

新绑定中的表达式将一个字面字符串与一个方法调用返回的结果相连接，以便设置 div 元素的内容。

这个例子中的表达式很难写，需要注意引号、空格和方括号，以确保输出中显示的结果符合预期。对于一些更复杂的绑定，比如有多个动态值分散在不同的静态内容块中，这个问题会变得更棘手。

字符串插入绑定让这个过程得以简化：可在元素的内容中定义表达式片段，如代码清单 12-7 所示。

代码清单 12-7　在 src/app 文件夹的 template.html 文件中使用字符串插入绑定

```
<div [ngClass]="'text-white m-2 p-2 ' + getClasses()">
  Name: {{ model.getProduct(1)?.name || 'None' }}
</div>
<div class="form-group m-2">
  <label>Name:</label>
  <input class="form-control" [value]="model.getProduct(1)?.name || 'None'" />
</div>
```

字符串插入绑定使用一对大括号({{和}})表示。单个元素可包含多个字符串插入绑定。

Angular 将 HTML 元素的内容与括号的内容相结合，为 textContent 属性创建一个绑定。最终结果与代码清单 12-6 相同，如图 12-6 所示，但编写绑定的过程更简单，更不容易出错。

图 12-6　使用字符串插入绑定

12.3.3　使用元素属性绑定

在 HTML 和 DOM 规范中有一些奇怪的情况，即不是所有 HTML 元素属性在 DOM API 中都有对等的属性。对于这些情况，Angular 提供了元素属性绑定，用于设置宿主元素的元素属性，而不是设置 DOM 中那个用来表示它的 JavaScript 对象的值。

没有相应 DOM 属性的最常见元素属性是 colspan，它用于设置 td 元素在表格中占用的列数。代码清单 12-8 说明了如何根据数据模型中的对象数目使用元素属性绑定来设置 colspan 元素。

代码清单 12-8　在 src/app 文件夹的 template.html 文件中使用元素属性绑定

```
<div [ngClass]="'text-white m-2 p-2 ' + getClasses()">
  Name: {{model.getProduct(1)?.name || 'None'}}
</div>
<div class="form-group m-2">
  <label>Name:</label>
  <input class="form-control" [value]="model.getProduct(1)?.name || 'None'" />
</div>
<table class="table table-sm table-bordered table-striped mt-2">
    <tr>
        <th>1</th><th>2</th><th>3</th><th>4</th><th>5</th>
    </tr>
    <tr>
        <td [attr.colspan]="model.getProducts().length">
```

```
            {{model.getProduct(1)?.name || 'None'}}
        </td>
    </tr>
</table>
```

通过为属性名称加上 attr.前缀(attr 后跟一个句点符号)的方式来定义一个目标，从而应用元素属性绑定。在这个代码清单中，使用元素属性绑定来设置表格中 td 元素的 colspan 元素值，如下所示：

```
...
<td [attr.colspan]="model.getProducts().length">
...
```

Angular 对表达式求值，并将 colspan 属性的值设置为求值结果。由于数据模型初始时硬编码了 5 个数据对象，因此运行效果是这个 colspan 属性创建了一个横跨 5 列的表单元格，如图 12-7 所示。

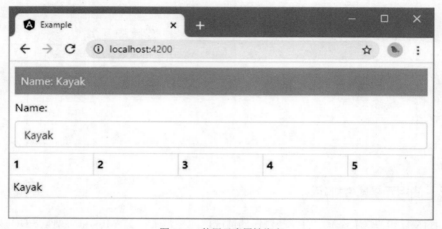

图 12-7　使用元素属性绑定

12.4　设置 CSS 类和样式

为了设置宿主元素的 CSS 类以及配置单个样式属性，Angular 在属性绑定方面提供了一些特殊支持。下面几节将描述这些绑定的细节，还涉及 ngClass 和 ngStyle 指令，这是因为它们提供了一些密切相关的功能。

12.4.1　使用类绑定

在使用数据绑定来管理元素的 CSS 类成员资格时可采用 3 种不同的方式：标准属性绑定、特殊类绑定以及 ngClass 指令。表 12-6 描述了所有这 3 种方式，每种方式略有不同，使用场合也有所不同，如下面几节所述。

表 12-6 Angular 类绑定

示例	描述
`<div [class]="expr"></div>`	此绑定会对表达式进行求值，并用求值结果替换任何现有的 CSS 类成员资格
`<div [class.myClass]="expr"></div>`	此绑定将对表达式求值，并用求值结果设置元素的 myClass 成员资格
`<div [ngClass]="map"></div>`	此绑定使用映射对象中的数据设置多个 CSS 类的类成员资格

1. 使用标准属性绑定来设置元素的所有 CSS 类

标准属性绑定可用于一次性设置元素的所有 CSS 类，如果组件中的方法或属性使用单个字符串来返回元素所属的所有 CSS 类(各个 CSS 类的名称之间由空格隔开)，那么这种做法非常有用。代码清单 12-9 给出了组件的 getClasses 方法的修订版本，该方法根据 Product 对象的 price 属性的值返回不同的 CSS 类名称字符串。

代码清单 12-9 在 src/app 文件夹的 component.ts 文件中用单个字符串提供所有 CSS 类

```
import { Component } from "@angular/core";
import { Model } from "./repository.model";

@Component({
    selector: "app",
    templateUrl: "template.html"
})
export class ProductComponent {
    model: Model = new Model();

    getClasses(key: number): string {
        let product = this.model.getProduct(key);
        return "p-2 " + (product.price < 50 ? "bg-info" : "bg-warning");
    }
}
```

getClasses 方法的结果是所有 Product 对象都将包括 p-2 类，该类将在宿主元素内容的周围添加内边距。如果 price 属性的值小于 50，bg-info 类将包含在返回值中；而如果该值为 50 以上，将包含 bg-warning 类(这些 CSS 类用于设置不同的背景色)。

> **提示**：必须确保不同 CSS 类的名称之间由空格隔开。

代码清单 12-10 说明了在模板中如何使用标准属性绑定来设置宿主元素的 class 属性(通过调用组件的 getClasses 方法)。

代码清单 12-10 在 src/app 文件夹的 template.html 文件中设置 CSS 类成员资格

```
<div class="text-white m-2">
  <div [class]="getClasses(1)">
    The first product is {{model.getProduct(1).name}}.
  </div>
  <div [class]="getClasses(2)">
    The second product is {{model.getProduct(2).name}}
  </div>
</div>
```

当使用标准属性绑定来设置 class 属性时，表达式的结果将替换宿主元素当前所属的所有 CSS 类，因此只有当绑定表达式返回宿主元素所需的所有 CSS 类时，才能使用该属性，比如这个示例，产生的结果如图 12-8 所示。

图 12-8　设置 CSS 类成员资格

2. 使用特殊类绑定来设置个别 CSS 类

这种特殊的类绑定提供比标准属性绑定更精细的控制，可以使用表达式来管理单个 CSS 类的成员资格。如果希望在宿主元素现有的 CSS 类成员身份基础之上进行控制，而不是完全替换它们，这将非常有用。代码清单 12-11 显示了这种特殊类绑定的用法。

代码清单 12-11　在 src/app 文件夹的 template.html 文件中使用特殊类绑定

```
<div class="text-white m-2">
  <div [class]="getClasses(1)">
    The first product is {{model.getProduct(1).name}}.
  </div>
  <div class="p-2"
       [class.bg-success]="model.getProduct(2).price < 50"
       [class.bg-info]="model.getProduct(2).price >= 50">
    The second product is {{model.getProduct(2).name}}
  </div>
</div>
```

特殊类绑定指定目标的方式如下：单词 class，后跟一个句点符号(.)，最后是要管理其成员资格的 CSS 类的名称。在这个代码清单中，有两个特殊类绑定，它们分别管理 bg-success 和 bg-info 类的成员资格。

如果表达式的结果是真值(参阅下面的"了解真值和假值"段落)，那么特殊类绑定会将宿主元素添加到指定的 CSS 类中。这里，如果 price 属性的值小于 50，宿主元素将成为 bg-success 类的成员；如果 price 属性的值为 50 或更大，宿主元素将成为 bg-info 类的成员。

这些绑定彼此独立起作用，不会干扰宿主元素所属的任何现有 CSS 类，例如 p-2 类(Bootstrap 用于在宿主元素内容的周围添加内边距)。

了解真值和假值

JavaScript 有一个奇怪的特性，表达的结果可以是真值或假值，一不小心就会掉入这个陷阱。以下结果总是假值：

- false(布尔值)
- 0(数字)值

(续)

- 空字符串(" ")
- null(空值)
- undefined(未定义)
- NaN(特殊数值)

所有其他值都是真值，这可能令人困惑。例如，"false"(一个内容为 false 的字符串)是真值。避免混淆的最佳方法是仅使用求值结果为布尔值 true 和 false 的表达式。

3. 使用 ngClass 指令来设置 CSS 类

ngClass 指令是一种比标准属性绑定和特殊属性绑定更灵活的替代方法，该方法基于表达式返回的数据类型来改变行为方式，如表 12-7 所示。

表 12-7 ngClass 指令支持的表达式结果类型

名称	描述
字符串	把宿主元素添加到由字符串指定的 CSS 类。多个 CSS 类之间用空格隔开
数组	数组中的每个对象都是宿主元素要加入的 CSS 类的名称
对象	对象的每个属性均是一个或多个 CSS 类的名称(用空格隔开)。如果属性的值为真值，那么宿主元素将加入到该类

虽然字符串和数组功能非常有用，但正是由于能够使用对象(被称为映射)来创建复杂的类成员资格策略，才使得 ngClass 指令特别有用。代码清单 12-12 添加了一个返回映射对象的组件方法。

代码清单 12-12 在 src/app 文件夹的 component.ts 文件中返回 CSS 类映射对象

```
import { Component } from "@angular/core";
import { Model } from "./repository.model";

@Component({
    selector: "app",
    templateUrl: "template.html"
})
export class ProductComponent {
    model: Model = new Model();

    getClasses(key: number): string {
        let product = this.model.getProduct(key);
        return "p-2 " + (product.price < 50 ? "bg-info" : "bg-warning");
    }

    getClassMap(key: number): Object {
        let product = this.model.getProduct(key);
        return {
            "text-center bg-danger": product.name == "Kayak",
            "bg-info": product.price < 50
        };
    }
}
```

getClassMap 方法返回一个对象，其属性的名称为一个或多个 CSS 类的名称，其值基于 Product 对象(该对象的键由方法实参指定)的属性值。例如，当键为 1 时，该方法返回如下对象。

```
...
{
  "text-center bg-danger":true,
  "bg-info":false
}
...
```

第1个属性将宿主元素添加到text-center类(Bootstrap用于将文本水平居中)和bg-danger类(设置元素的背景色)。第2个属性的求值结果为false，因此宿主元素不会添加到bg-info类。指定一个并不会让元素加入某个CSS类的属性，这种做法可能看起来很奇怪，但是稍后将会看到，表达式的值会自动更新以反映应用程序状态的变化，因此能够按照这种方式定义一个指定CSS类成员资格的映射对象可能非常有用。

代码清单 12-13 给出了 getClassMap 方法调用，其返回的映射对象将被用作 ngClass 指令的数据绑定表达式。

代码清单 12-13　在 src/app 文件夹的 template.html 文件中使用 ngClass 指令

```
<div class="text-white m-2">
  <div class="p-2" [ngClass]="getClassMap(1)">
    The first product is {{model.getProduct(1).name}}.
  </div>
  <div class="p-2" [ngClass]="getClassMap(2)">
    The second product is {{model.getProduct(2).name}}.
  </div>
  <div class="p-2" [ngClass]="{'bg-success': model.getProduct(3).price < 50,
                               'bg-info': model.getProduct(3).price >= 50}">
      The third product is {{model.getProduct(3).name}}
  </div>
</div>
```

前两个 div 元素都有绑定用到了 getClassMap 方法。第 3 个 div 元素演示了另一种方法，即在模板中定义映射。对于这个元素，bg-info 和 bg-warning 类的成员资格与 Product 对象的 price 属性值相关联，如图 12-9 所示。应该谨慎采用这种技术，这是因为表达式包含不便测试的 JavaScript 逻辑。

图 12-9　使用 ngClass 指令

12.4.2　使用样式绑定

在使用数据绑定设置宿主元素的样式属性时，可以有 3 种不同的方式：标准属性绑定、特殊样式绑定和 ngStyle 指令。表 12-8 中描述了所有这 3 种方法，下面几节将分别说明。

表 12-8　Angular 样式绑定

示例	描述
`<div [style.myStyle]="expr"></div>`	这是标准属性绑定，用于将单个样式属性设置为表达式的结果
`<div [style.myStyle.units]="expr"></div>`	这是特殊样式绑定，可以将样式值的单位作为目标的一部分来指定
`<div [ngStyle]="map"></div>`	这个绑定使用映射对象中的数据来设置多个样式属性

1. 设置单个样式属性

标准属性绑定和特殊样式绑定用于设置单个样式属性的值。这些绑定之间的区别在于，标准属性绑定必须包含样式所需的单位，而特殊绑定允许将单位包含在绑定目标中。

为演示二者的差异，代码清单 12-14 向组件添加了两个新属性。

代码清单 12-14　在 src/app 文件夹的 component.ts 文件中添加属性

```
import { Component } from "@angular/core";
import { Model } from "./repository.model";

@Component({
    selector: "app",
    templateUrl: "template.html"
})
export class ProductComponent {
    model: Model = new Model();

    getClasses(key: number): string {
        let product = this.model.getProduct(key);
        return "p-2 " + (product.price < 50 ? "bg-info" : "bg-warning");
    }

    getClassMap(key: number): Object {
        let product = this.model.getProduct(key);
        return {
            "text-center bg-danger": product.name == "Kayak",
            "bg-info": product.price < 50
        };
    }

    fontSizeWithUnits: string = "30px";
    fontSizeWithoutUnits: string= "30";
}
```

fontSizeWithUnits 属性返回一个包含数量及其表示单位的值：30 像素。fontSizeWithoutUnits 属性只返回数量，没有任何计量单位信息。代码清单 12-15 演示了这些属性如何与标准绑定和特殊绑定一起使用。

> **警告：** 在使用标准属性绑定时不要尝试以 style 属性为绑定目标来设置多个样式值。用于表示 DOM 宿主元素的 JavaScript 对象的 style 属性所返回的对象是只读的。一些浏览器会忽略这一点，并允许进行更改，但结果是不可预测的，开发应用程序时不能依赖特殊情况。如果要设置多个样式属性，就要为每个样式属性创建一个绑定，或者使用 ngStyle 指令。

代码清单 12-15　在 src/app 文件夹的 template.html 文件中使用样式绑定

```
<div class="text-white m-2">
  <div class="p-2 bg-warning">
    The <span [style.fontSize]="fontSizeWithUnits">first</span>
    product is {{model.getProduct(1).name}}.
  </div>
  <div class="p-2 bg-info">
    The <span [style.fontSize.px]="fontSizeWithoutUnits">second</span>
    product is {{model.getProduct(2).name}}
  </div>
</div>
```

这个标准绑定的目标是 style.fontSize，它设置宿主元素内容所用字体的大小。这个绑定的表达式使用 fontSizeWithUnits 属性，其值包括设置字体大小所需的计量单位(px 表示像素)。

这个特殊绑定的目标是 style.fontSize.px，它告诉 Angular，表达式的值以像素为单位。这让该绑定使用组件的 fontSizeWithoutUnits 属性，它不包括计量单位。

> **提示：** 可以使用 JavaScript 属性名称格式([style.fontSize])或 CSS 属性名称格式([style.font-size])来指定样式属性。

两个绑定的结果是相同的：把 span 元素的字体大小设置为 30 像素，产生如图 12-10 所示的结果。

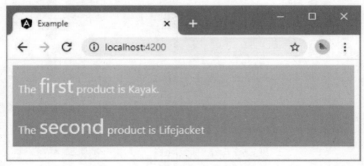

图 12-10　设置单个样式属性

2. 使用 ngStyle 指令设置样式

ngStyle 指令可以使用映射对象来设置多个样式属性，类似于 ngClass 指令的工作方式。代码清单 12-16 添加了一个组件方法，其返回值是一个包含样式设置的映射。

代码清单 12-16　在 src/app 文件夹的 component.ts 文件中创建样式映射对象

```
import { Component } from "@angular/core";
import { Model } from "./repository.model";
```

```
@Component({
    selector: "app",
    templateUrl: "template.html"
})
export class ProductComponent {
    model: Model = new Model();

    getClasses(key: number): string {
        let product = this.model.getProduct(key);
        return "p-2 " + (product.price < 50 ? "bg-info" : "bg-warning");
    }

    getStyles(key: number) {
        let product = this.model.getProduct(key);
        return {
            fontSize: "30px",
            "margin.px": 100,
            color: product.price > 50 ? "red" : "green"
        };
    }
}
```

由 getStyle 方法返回的映射对象说明，ngStyle 指令支持两种属性绑定格式：在值中包含单位或在属性名称中包含单位。以下是当 key 实参的值为 1 时 getStyles 方法生成的映射对象：

```
...
{
  "fontSize":"30px",
  "margin.px":100,
  "color":"red"
}
...
```

代码清单 12-17 给出了模板中使用 ngStyle 指令的数据绑定，其表达式调用 getStyles 方法。

代码清单 12-17　在 src/app 文件夹的 template.html 文件中使用 ngStyle 指令

```
<div class="text-white m-2">
  <div class="p-2 bg-warning">
    The <span [ngStyle]="getStyles(1)">first</span>
    product is {{model.getProduct(1).name}}.
  </div>
  <div class="p-2 bg-info">
    The <span [ngStyle]="getStyles(2)">second</span>
    product is {{model.getProduct(2).name}}
  </div>
</div>
```

结果是，每个 span 元素都会收到一组根据传入 getStyles 方法的实参进行定制的样式，如图 12-11 所示。

图 12-11　使用 ngStyle 指令

12.5　更新应用程序的数据

当开始使用 Angular 时，数据绑定的处理似乎比较棘手，要记住在不同情况下需要哪些绑定绝非易事。因此，你可能很想知道是否值得付出努力。

了解绑定绝对物有所值，这是因为当绑定表达式所依赖的数据发生变化时，绑定表达式会重新求值。例如，如果使用字符串插入绑定来显示某个属性的值，那么当该属性的值变更时绑定将自动更新。

为了提供演示，下面将展示如何手动控制更新过程。虽然在普通 Angular 开发中并不需要用到这种技术，但它有力地证明了绑定的重要性。代码清单 12-18 给出了启用演示的组件所需要做的一些更改。

代码清单 12-18　在 src/app 文件夹的 component.ts 文件中准备组件

```typescript
import { ApplicationRef, Component } from "@angular/core";
import { Model } from "./repository.model";
import { Product } from "./product.model";

@Component({
    selector: "app",
    templateUrl: "template.html"
})
export class ProductComponent {
    model: Model = new Model();
    constructor(ref: ApplicationRef) {
        (<any>window).appRef = ref;
        (<any>window).model = this.model;
    }

    getProductByPosition(position: number): Product {
        return this.model.getProducts()[position];
    }

    getClassesByPosition(position: number): string {
        let product = this.getProductByPosition(position);
        return "p-2 " + (product.price < 50 ? "bg-info" : "bg-warning");
    }
}
```

从@angular/core 模块导入了 ApplicationRef 类型。当 Angular 执行引导过程时，它将创建一个 ApplicationRef 对象来表示应用程序。代码清单 12-18 向组件添加了一个构造函数，该函数接收 ApplicationRef 对象作为实参，它使用 Angular 依赖注入特性，该特性参见第 19 章。现在只进行简要描述而不详细说明：声明这样一个构造函数实参会告诉 Angular，组件希望在创建新实例时接收 ApplicationRef 对象。

在构造函数中，有两条语句可以用于演示目的，但如果在实际项目中使用，则会损害使用 TypeScript 和 Angular 带来的诸多好处。

```
...
(<any>window).appRef = ref;
(<any>window).model = this.model;
...
```

这两条语句在全局命名空间中定义了一些变量，并将 ApplicationRef 和 Model 对象赋给它们。尽管让全局命名空间尽可能保持清晰是较好的做法，但是这里把这些对象暴露出来，以便通过浏览器的 JavaScript 控制台进行操作，这对于这个示例很重要。

在该类中还添加了其他方法，分别用来根据 Product 对象的位置(而不是键)从存储库中检索，以及基于 price 属性的值生成不同的 CSS 类映射。

代码清单 12-19 给出了对模板所做的相应更改，它使用 ngClass 指令设置 CSS 类成员资格，使用字符串插入绑定来显示 Product.name 属性的值。

代码清单 12-19　在 src/app 文件夹的 template.html 文件中准备修改

```
<div class="text-white m-2">
  <div [ngClass]="getClassesByPosition(0)">
    The first product is {{getProductByPosition(0).name}}.
  </div>
  <div [ngClass]="getClassesByPosition(1)">
    The second product is {{getProductByPosition(1).name}}
  </div>
</div>
```

将更改保存到组件和模板。一旦浏览器重新加载页面，就在浏览器的 JavaScript 控制台中输入以下语句，然后按回车键。

```
model.products.shift()
```

该语句在模型中的 Product 对象数组上调用 shift 方法，它从数组中移除第一项并返回该项。此时不会看到任何变化，这是因为 Angular 不知道模型已被修改。要告诉 Angular 检查变更，请在浏览器的 JavaScript 控制台中输入以下语句，然后按回车键。

```
appRef.tvick()
```

tick 方法启动 Angular 变更检测过程，Angular 查看应用程序中的数据和数据绑定中的表达式并对所有变更进行处理。模板中的数据绑定使用特定的数组索引来显示数据，现在已经从模型中移除一个对象，因此可以更新绑定以显示新值，如图 12-12 所示。

图 12-12　手动更新应用程序模型

值得花点时间思考一下在变更检测过程中发生了什么。Angular 重新对模板中的绑定表达式进行求值，并更新它们的值。接着，ngClass 指令和字符串插入绑定分别重新配置各自的宿主元素：更改 CSS 类成员资格，显示新的内容。

这一切都仰仗于 Angular 数据绑定是实时的，这意味着表达式、目标和宿主元素之间的关系在向用户显示初始内容之后继续存在，并动态地反映对应用程序状态的更改。诚然，当不必使用 JavaScript 控制台发起变更时，这个效果会更加令人印象深刻。第 14 章将解释 Angular 如何让用户使用事件和表单来触发变更。

12.6　本章小结

本章描述了 Angular 数据绑定的结构，并展示了如何使用它们在应用程序数据与显示给用户的 HTML 元素之间建立关联。本章还介绍了属性绑定，并描述了如何使用内置指令 ngClass 和 ngStyle。下一章将解释其他内置指令的工作原理。

第 13 章

使用内置指令

本章将描述内置指令，它们实现了开发者在创建 Web 应用程序时最常用的一些功能：选择性地包含内容、在不同的内容片段之间进行选择以及重复内容。本章还将描述 Angular 对单向数据绑定中的表达式以及提供这些绑定的指令的一些限制。表 13-1 给出了内置模板指令的相关知识。

表 13-1　内置指令的相关知识

问题	答案
什么是内置指令	本章中描述的内置指令负责选择性地包括内容、在多个内容片段之间进行选择以及为数组中的每一项重复内容。还包括第 13 章所述的设置元素的样式和类成员资格的指令
内置指令有什么作用	可以使用这些指令完成 Web 应用程序开发中最常见和最基本的任务，而利用这些指令，开发者可以根据应用程序中的数据来调整向用户显示的内容
如何使用内置指令	这些指令应用于模板中的 HTML 元素。本章(以及本书的其余部分)到处都有相关示例
内置指令是否存在陷阱或限制	需要记住内置模板指令的语法：一些指令(包括 ngIf 和 ngFor)必须带有星号前缀，而其他指令(包括 ngClass、ngStyle 和 ngSwitch)必须用方括号括起来。在 13.2.1 节"使用 ngIf 指令"中的"理解微模板指令"段落中解释了为什么需要这样做，你很容易忘记这些语法并得到意想不到的结果
内置指令是否存在替代方案	虽然可以编写自定义指令(第 15 章和第 16 章将描述如何编写指令)，但是内置指令全都经过精心编写和全面测试。对于大多数应用程序而言，使用内置指令是最好的选择，除非它们不能提供所需的功能

表 13-2 给出了本章内容摘要。

表 13-2　本章内容摘要

问题	解决方案	代码清单编号
根据数据绑定表达式的值有条件地显示内容	使用 ngIf 指令	1~3
根据数据绑定表达式的值在不同内容之间选择	使用 ngSwitch 指令	4 和 5

（续表）

问题	解决方案	代码清单编号
为数据绑定表达式产生的每个对象生成内容片段	使用 ngFor 指令	6~12
重复内容块	使用 ngTemplateOutlet 指令	13 和 14
防止模板错误	避免由于数据绑定表达式存在副作用而导致应用程序状态被修改	15~19
避免上下文错误	确保数据绑定表达式只使用模板组件提供的属性和方法	20~22

13.1　准备示例项目

本章依赖在第 11 章中创建并在第 12 章中修改的示例项目。为了准备本章的主题，代码清单 13-1 显示了对组件类所做的更改，将组件类中不再需要的功能删掉，并添加了一些新方法和一个属性。

代码清单 13-1　src/app 文件夹的 component.ts 文件中的修改

```
import { ApplicationRef, Component } from "@angular/core";
import { Model } from "./repository.model";
import { Product } from "./product.model";

@Component({
    selector: "app",
    templateUrl: "template.html"
})
export class ProductComponent {
    model: Model = new Model();

    constructor(ref: ApplicationRef) {
        (<any>window).appRef = ref;
        (<any>window).model = this.model;
    }

    getProductByPosition(position: number): Product {
        return this.model.getProducts()[position];
    }

    getProduct(key: number): Product {
        return this.model.getProduct(key);
    }

    getProducts(): Product[] {
        return this.model.getProducts();
    }

    getProductCount(): number {
        return this.getProducts().length;
    }
```

```
    targetName: string = "Kayak";
}
```

代码清单 13-2 显示了模板文件的内容，该文件通过调用组件的新方法 getProductCount 来显示数据模型中的产品数量。

代码清单 13-2　src/app 文件夹中 template.html 文件的内容

```
<div class="text-white m-2">
  <div class="bg-info p-2">
    There are {{getProductCount()}} products.
  </div>
</div>
```

打开命令行，在 example 文件夹中运行以下命令，以启动 TypeScript 编译器和 HTTP 开发服务器：

```
ng serve
```

打开一个新的浏览器窗口，导航到 http://localhost:4200，就会看到如图 13-1 所示的内容。

图 13-1　运行示例应用程序

13.2　使用内置指令

Angular 带有一组内置指令，它们提供了 Web 应用程序常用的一些功能。表 13-3 介绍了可用的内置指令，下面几节将逐一对它们进行说明(第 12 章介绍的 ngClass 和 ngStyle 指令除外)。

表 13-3　内置指令

示例	描述
<div *ngIf="expr"></div>	如果表达式的求值结果为 true，那么 ngIf 指令将宿主元素及其内容包含在 HTML 文档中。指令名称前的星号表示这是一条微模板指令，如 13.2.1 节中的 "理解微模板指令" 段落所述
<div [ngSwitch]="expr"> 　<span *ngSwitchCase="expr"> 　</span> 　<span *ngSwitchDefault> 　</span> </div>	ngSwitch 指令根据表达式的结果(与使用 ngSwitchCase 指令定义的单个表达式的结果进行比较)在多个候选元素中选择一个元素，并将其包含在 HTML 文档中。如果没有 ngSwitchCase 值匹配，就选择 ngSwitchDefault 指令的宿主元素。ngSwitchCase 和 ngSwitchDefault 指令之前的星号表示它们是微模板指令，如 13.2.1 节中的 "理解微模板指令" 段落所述

(续表)

示例	描述
`<div *ngFor="#item of expr"></div>`	ngFor 指令用于为数组中的每个对象生成同一组元素。指令名称前面的星号表示这是一条微模板指令，如 13.2.1 节中的"理解微模板指令"段落所述

`<ng-template`
`  [ngTemplateOutlet]="myTempl">`
`</ng-template>`
	ngTemplateOutlet 指令用于重复模板中的内容块

`<div ngClass="expr"></div>`	ngClass 指令用于管理 CSS 类成员资格，如第 12 章所述
`<div ngStyle="expr"></div>`	ngStyle 指令用于管理直接应用于元素的样式(而不是通过 CSS 类来应用样式)，如第 12 章所述

13.2.1　使用 ngIf 指令

ngIf 是最简单的内置指令，当表达式的求值结果为 true 时，将 HTML 片段包含在文档中，如代码清单 13-3 所示。

代码清单 13-3　在 src/app 文件夹的 template.html 文件中使用 ngIf 指令

```
<div class="text-white m-2">
  <div class="bg-info p-2">
    There are {{getProductCount()}} products.
  </div>

  <div *ngIf="getProductCount() > 4" class="bg-info p-2 mt-1">
    There are more than 4 products in the model
  </div>

  <div *ngIf="getProductByPosition(0).name != 'Kayak'" class="bg-info p-2 mt-1">
    The first product isn't a Kayak
  </div>
</div>
```

ngIf 指令应用到两个 div 元素，它们的表达式分别检查模型中 Product 对象的数量以及第 1 个 Product 对象的名称是否为 Kayak。

第 1 个表达式的求值结果为 true，因此这个 div 元素及其内容将出现在 HTML 文档中。第 2 个表达式的求值结果为 false，因此第 2 个 div 元素将被排除在外。结果如图 13-2 所示。

注意: ngIf 指令会向 HTML 文档中添加元素，也会从中删除元素，并非只是显示或隐藏元素。如果希望将元素留在原处并控制其可见性，那么使用属性绑定或样式绑定(如第 12 章所述)，通过将元素属性 hidden 设置为 true 或将样式属性 display 设置为 none 即可实现。

图 13-2 使用 ngIf 指令

理解微模板指令

一些指令(例如 ngFor、ngIf 以及与 ngSwitch 配套的嵌套指令)都带有一个星号,如*ngFor、*ngIf 和*ngSwitchCase。星号是使用一类指令的简略式,这类指令依靠模板的一部分(被称为微模板)来提供内容。使用微模板的指令称为结构型指令,第 16 章展示如何创建这些指令时还将回顾这段描述。

代码清单 13-3 将 ngIf 指令应用于两个 div 元素,这些元素告诉该指令将 div 元素及其内容用作其处理的每个对象的微模板。在幕后,Angular 对微模板和指令进行了扩展,如下所示。

```
...
<ng-template ngIf="model.getProductCount() > 4">
    <div class="bg-info p-2 mt-1">
        There are more than 4 products in the model
    </div>
</ng-template>
...
```

虽然可以在模板中使用其中任何一种语法,但如果使用紧凑语法,那么必须记住要使用星号。第 14 章将解释如何创建自己的微模板指令。

像所有指令一样,ngIf 指令的表达式将重新求值,以反映数据模型的变化。在浏览器的 JavaScript 控制台中运行以下语句,以移除第一个数据对象,并运行变更检测过程。

```
model.products.shift()
appRef.tick()
```

修改模型带来的效果是删除第 1 个 div 元素(因为现在 Product 对象的数量太少),同时添加第 2 个 div 元素(因为数组中第 1 个 Product 对象的 name 属性的值不再是 Kayak)。图 13-3 显示了这种变化。

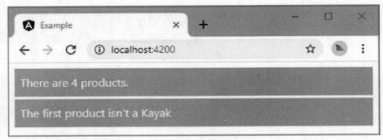

图 13-3　重新对指令表达式求值的效果

13.2.2　使用 ngSwitch 指令

ngSwitch 指令根据表达式结果从几个元素中选择其中一个，类似于 JavaScript 的 switch 语句。代码清单 13-4 给出了 ngSwitch 指令，根据模型中对象的数量来选择元素。

代码清单 13-4　在 src/app 文件夹的 template.html 文件中使用 ngSwitch 指令

```html
<div class="text-white m-2">
  <div class="bg-info p-2">
    There are {{getProductCount()}} products.
  </div>

  <div class="bg-info p-2 mt-1" [ngSwitch]="getProductCount()">
    <span *ngSwitchCase="2">There are two products</span>
    <span *ngSwitchCase="5">There are five products</span>
    <span *ngSwitchDefault>This is the default</span>
  </div>
</div>
```

ngSwitch 指令的语法用起来可能会令人困惑。应用了 ngSwitch 指令的宿主元素始终包含在 HTML 文档中，并且指令名称前缀不带星号。必须在方括号内指定该指令，如下所示。

```html
...
<div class="bg-info p-2 mt-1" [ngSwitch]="getProductCount()">
...
```

在这个例子中，每个内部元素(这里是 span 元素)都是一个微模板，而指定目标表达式结果的指令都有一个星号前缀，如下所示。

```html
...
<span *ngSwitchCase="5">There are five products</span>
...
```

ngSwitchCase 指令用于指定表达式的结果。如果 ngSwitch 表达式的求值结果与指定结果相同，那么该元素及其内容将出现在 HTML 文档中。如果 ngSwitch 表达式的求值结果与指定结果不同，那么该元素及其内容将从 HTML 文档中排除。

ngSwitchDefault 指令等同于 JavaScript 的 switch 语句中的 default 标签：该指令指定了一个后备元素，如果表达式结果与 ngSwitchCase 指令指定的任何结果都不匹配，就把该元素包含在 HTML 文档中。

对于应用程序的初始数据，代码清单 13-4 中的指令将生成以下 HTML。

```
...
<div class="bg-info p-2 mt-1" ng-reflect-ng-switch="5">
    <span>There are five products</span>
</div>
...
```

应用了 ngSwitch 指令的 div 元素始终出现在 HTML 文档中。对于模型中的初始数据，ngSwitchCase 指令求值结果为 5 的 span 元素也出现在 HTML 文档中，产生如图 13-4 左侧所示的结果。

ngSwitch 绑定响应数据模型中的变化，可以在浏览器的 JavaScript 控制台中执行以下语句进行测试。

```
model.products.shift()
appRef.tick()
```

这些语句从模型中移除第 1 项，并强制 Angular 运行变更检测过程。由于两条 ngSwitchCase 指令的结果都不匹配 getProductCount 表达式的结果，因此 ngSwitchDefault 元素出现在 HTML 文档中，如图 13-4 所示。

图 13-4　使用 ngSwitch 指令

避开字面值问题

当使用 ngSwitchCase 指令指定字面量字符串时，会出现一个常见的问题，为了获得正确的效果，必须加以小心，如代码清单 13-5 所示。

代码清单 13-5　在 src/app 文件夹的 template.html 文件中切换组件和字符串字面值

```
<div class="text-white m-2">
  <div class="bg-info p-2">
    There are {{getProductCount()}} products.
  </div>

  <div class="bg-info p-2 mt-1" [ngSwitch]="getProduct(1).name">
    <span *ngSwitchCase="targetName">Kayak</span>
    <span *ngSwitchCase="'Lifejacket'">Lifejacket</span>
    <span *ngSwitchDefault>Other Product</span>
  </div>
</div>
```

赋给 ngSwitchCase 指令的这些值也是表达式，这意味着可以调用方法、执行简单的内联操作和读取属性值，就像对基本数据绑定一样。

举个例子，当 ngSwitch 表达式的求值结果与组件定义的 targetName 属性值相匹配时，这个表达式可以让 Angular 包含应用这个指令的 span 元素。

```
...
<span *ngSwitchCase="targetName">Kayak</span>
...
```

如果要将结果与特定字符串进行比较，必须使用双重引号，如下所示。

```
...
<span *ngSwitchCase="'Lifejacket'">Lifejacket</span>
...
```

此表达式告诉 Angular，当 ngSwitch 表达式的值等于字面量字符串值 Lifejacket 时包含这个 span 元素，从而产生如图 13-5 所示的结果。

图 13-5　在 ngSwitch 指令中使用表达式和字面量值

13.2.3　使用 ngFor 指令

ngFor 指令针对对象序列中的每个对象重复一段内容，提供相当于 foreach 循环的模板。在代码清单 13-6 中，使用 ngFor 指令为模型中的每个 Product 对象生成一个表格行，从而填充一张表格。

代码清单 13-6　在 src/app 文件夹的 template.html 文件中使用 ngFor 指令

```
<div class="text-white m-2">
  <div class="bg-info p-2">
    There are {{getProductCount()}} products.
  </div>

  <table class="table table-sm table-bordered mt-1 text-dark">
    <tr><th>Name</th><th>Category</th><th>Price</th></tr>
    <tr *ngFor="let item of getProducts()">
      <td>{{item.name}}</td>
      <td>{{item.category}}</td>
      <td>{{item.price}}</td>
    </tr>
  </table>
</div>
```

ngFor 指令中使用的表达式要比其他内置指令的表达式更复杂，但是在明白各个部分如何组合在一起之后，它将开始变得更好理解。下面是示例中使用的指令：

```
...
<tr *ngFor="let item of getProducts()">
...
```

指令名称之前的星号是必需的，这是因为该指令使用的是微模板，如 13.2.1 节中的"理解微模板指令"段落所述。逐渐熟悉 Angular 后，就会更好地理解这些内容，但要先记住，该指令需要使用星号(我也经常会忘记带星号，直到看到在浏览器的 JavaScript 控制台中显示的错误，才会想起要带星号)。

表达式本身由两个不同的部分组成，通过 of 关键字结合在一起。表达式的右边部分提供可遍历的数据源。

```
...
<tr *ngFor="let item of getProducts()">
...
```

这个示例将组件的 getProducts 方法指定为数据源，这样可以为模型中的每个 Product 对象提供内容。右侧本身也是表达式，这意味着可以在模板中准备数据或执行简单的数据操作。

ngFor 表达式的左侧定义了一个模板变量，由 let 关键字表示，这样就可在 Angular 模板中的不同元素之间传递数据。

```
...
<tr *ngFor="let item of getProducts()">
...
```

ngFor 指令让变量指向数据源中的每个对象，以便它可供嵌套元素使用。示例中的局部模板变量称为 item，它可让 td 元素访问 Product 对象的属性，如下所示:

```
...
<td>{{item.name}}</td>
...
```

综上，示例中的指令告诉 Angular，遍历组件的 getProducts 方法返回的所有对象，将每个对象赋给一个名为 item 的变量，然后生成一个 tr 元素及其 td 子元素，对它们包含的模板表达式进行求值。

对于代码清单 13-6 中的示例,结果是一张表格,其中使用 ngFor 指令来为模型中的每个 Product 对象生成表格行,每个表格行包含分别用来显示 Product 对象名称、类别和价格属性值的 td 元素,如图 13-6 所示。

图 13-6 使用 ngFor 指令创建表格行

1. 使用其他模板变量

最重要的模板变量是引用正在处理的数据对象的变量，也就是上一个示例中的 item。ngFor 指令还支持其他一系列可赋给变量的值，可在嵌套 HTML 元素中引用这些值，如表 13-4 所述，下面几节对此进行了说明。

表 13-4 ngFor 局部模板变量

名称	描述
index	这个数字值指向当前对象的位置
odd	如果当前对象在数据源中的位置为奇数，这个布尔值为 true
even	如果当前对象在数据源中的位置为偶数，这个布尔值为 true
first	如果当前对象是数据源的第一个对象，这个布尔值为 true
last	如果当前对象是数据源的最后一个对象，这个布尔值为 true

使用 index 值

index 值设置为当前数据对象的位置，在遍历数据源中的对象时会递增该值。代码清单 13-7 定义了一个表格，使用 ngFor 指令填充该表格，并将 index 值赋给一个名为 i 的局部模板变量，然后将其用于字符串插入绑定。

代码清单 13-7 在 src/app 文件夹的 template.html 文件中使用 index 值

```
<div class="text-white m-2">
  <div class="bg-info p-2">
    There are {{getProductCount()}} products.
  </div>

  <table class="table table-sm table-bordered mt-1 text-dark">
    <tr><th></th><th>Name</th><th>Category</th><th>Price</th></tr>
    <tr *ngFor="let item of getProducts(); let i = index">
      <td>{{i +1}}</td>
      <td>{{item.name}}</td>
      <td>{{item.category}}</td>
      <td>{{item.price}}</td>
    </tr>
  </table>
</div>
```

在 ngFor 表达式中添加了一个新项，使用分号(;)与现有表达式隔开。新的表达式使用 let 关键字将 index 值赋给名为 i 的局部模板变量，如下所示。

```
...
<tr *ngFor="let item of getProducts(); let i = index">
...
```

可在嵌套元素内使用绑定来访问该值，如下所示。

```
...
<td>{{i + 1}}</td>
...
```

index 值从 0 开始，为该值加 1 以创建一个简单的计数器，产生如图 13-7 所示的结果。

图 13-7　使用 index 值

使用 odd 值和 even 值

当数据项的 index 值为奇数时，odd 值为 true。相反，当数据项的 index 值为偶数时，even 值为 true。一般来说，只需要使用 odd 值或 even 值，这是因为它们是布尔值，当 even 值为假时，odd 值为真，反之亦然。在代码清单 13-8 中，odd 值用于管理表中 tr 元素的 CSS 类成员资格。

代码清单 13-8　在 src/app 文件夹的 template.html 文件中使用 odd 值

```
<div class="text-white m-2">
  <div class="bg-info p-2">
    There are {{getProductCount()}} products.
  </div>

  <table class="table table-sm table-bordered mt-1">
    <tr><th></th><th>Name</th><th>Category</th><th>Price</th></tr>
    <tr *ngFor="let item of getProducts(); let i = index; let odd = odd"
        class="text-white" [class.bg-primary]="odd" [class.bg-info]="!odd">
      <td>{{i + 1}}</td>
      <td>{{item.name}}</td>
      <td>{{item.category}}</td>
      <td>{{item.price}}</td>
    </tr>
  </table>
</div>
```

这里使用了一个分号，并向 ngFor 表达式添加了另一项，将 odd 值赋给一个名为 odd 的局部模板变量。

```
...
<tr *ngFor="let item of getProducts(); let i = index; let odd = odd"
    class="text-white" [class.bg-primary]="odd" [class.bg-info]="!odd">
...
```

这种写法可能看起来有些冗余，但是我们不能直接访问 ngFor 的这些值，而是必须使用局部变量，即使名称相同。这里使用类绑定将奇数行和偶数行分别添加到 bg-primary 类和 bg-info 类，这些 Bootstrap 背景色类用于表格行的条带化，如图 13-8 所示。

图 13-8　使用 odd 值

展开*ngFor 指令

请注意，代码清单 13-8 在一个 tr 元素中定义了一个模板变量，然后立即就可以在同一个 tr 元素的表达式中使用该变量。之所以可行，是因为 ngFor 是一个微模板指令(由名称之前的*表示)，Angular 在后台展开 HTML，使其如下所示。

```
...
<table class="table table-sm table-bordered mt-1">
    <tr><th></th><th>Name</th><th>Category</th><th>Price</th></tr>
    <ng-template ngFor let-item [ngForOf]="getProducts()"
            let-i="index" let-odd="odd">
        <tr [class.bg-primary]="odd" [class.bg-info]="!odd">
            <td>{{i + 1}}</td>
            <td>{{item.name}}</td>
            <td>{{item.category}}</td>
            <td>{{item.price}}</td>
        </tr>
    </ng-template>
</table>
...
```

可以看到，ng-template 元素使用稍微笨拙的 let-<name>属性来定义变量，然后由其中的 tr 和 td 元素访问它们。这与 Angular 中的许多情形一样，在了解幕后发生的一切后，那些看似魔法的功能实际上都非常简单，第 16 章将详细解释这些功能。使用*ngFor 语法的一个很好的理由是它提供了一种更优雅的方式来表示指令表达式，特别是当有多个模板变量时。

使用 first 值和 last 值

只有对于数据源提供的序列中的第一个对象，first 值才为 true，对于所有其他对象为 false。相反，只有对于序列中的最后一个对象，last 值才为 true。代码清单 13-9 根据这些值采用与序列中其他对象不同的方式来处理第一个和最后一个对象。

代码清单 13-9 在 src/app 文件夹的 template.html 文件中使用 first 值和 last 值

```
<div class="text-white m-2">
  <div class="bg-info p-2">
    There are {{getProductCount()}} products.
  </div>

  <table class="table table-sm table-bordered mt-1">
    <tr class="text-dark">
      <th></th><th>Name</th><th>Category</th><th>Price</th>
    </tr>
    <tr *ngFor="let item of getProducts(); let i = index; let odd = odd;
          let first = first; let last = last" class="text-white"
        [class.bg-primary]="odd" [class.bg-info]="!odd"
        [class.bg-warning]="first || last">
      <td>{{i + 1}}</td>
      <td>{{item.name}}</td>
      <td>{{item.category}}</td>
      <td *ngIf="!last">{{item.price}}</td>
    </tr>
  </table>
</div>
```

ngFor 表达式中的新项将 first 值和 last 值分别赋给模板变量 first 和 last,然后由 tr 元素上的类绑定(当 first 和 last 二者之一为 true 时,该元素将加入 bg-warning 类)。td 元素上的 ngIf 指令(将数据源中的最后一项排除)使用这些变量,这将产生如图 13-9 所示的效果。

图 13-9 使用 first 值和 last 值

2. 最小化元素操作

当数据模型发生变化时,ngFor 指令会对其表达式求值,并更新那些用来表示数据对象的元素。更新过程可能比较耗费资源,特别是在数据源被替换的情况下(虽然它们包含的数据完全相同,但是表示这些数据的对象并不相同)。替换数据源似乎是一件奇怪的事情,但是这在 Web 应用程序中经常发生,特别是当从 Web 服务中检索数据时(就像第 24 章描述的一样)。虽然数据值完全相同,但是由一个新对象表示,这会造成 Angular 执行效率的问题。为了说明这个问题,下面在组件中添加一个方法，将数据模型中的一个 Product 对象替换掉，如代码清单 13-10 所示。

代码清单 13-10　在 src/app 文件夹的 repository.model.ts 文件中替换对象

```
import { Product } from "./product.model";
import { SimpleDataSource } from "./datasource.model";

export class Model {
    private dataSource: SimpleDataSource;
    private products: Product[];
    private locator = (p:Product, id:number) => p.id == id;

    constructor() {
        this.dataSource = new SimpleDataSource();
        this.products = new Array<Product>();
        this.dataSource.getData().forEach(p => this.products.push(p));
    }

    // ...other methods omitted for brevity...
    swapProduct() {
        let p = this.products.shift();
        this.products.push(new Product(p.id, p.name, p.category, p.price));
    }
}
```

swapProduct 方法从数组中移除第一个对象，并添加一个新对象，它的 id、name、category 和 price 属性的值与第一个对象完全相同。这是一个用新对象表示"老"数据值的例子。

使用浏览器的 JavaScript 控制台运行以下语句，来修改数据模型并执行变更检测过程。

```
model.swapProduct()
appRef.tick()
```

当 ngFor 指令检查其数据源时，发现需要执行两个操作来反映数据的变更。第一个操作是销毁那个表示数组中第一个对象的 HTML 元素。第二个操作是创建一组新的 HTML 元素来表示数组末尾的新对象。

Angular 无法知道它正在处理的两个数据对象具有相同的值，本来可以通过简单地移动 HTML 文档中的现有元素，从而使其执行效率更高。

虽然在这个示例中，这个问题仅影响两个元素，但是当通过 Ajax 方式使用外部数据源来刷新应用程序中的数据时，这个问题会变得更加严重，所有数据模型对象都会被替换掉。由于不了解实际的变化，ngFor 指令必须销毁所有 HTML 元素并重新创建它们，这可能是一项代价很高且耗时的操作。

为了提高更新的效率，可以定义一个组件方法来帮助 Angular 确定两个不同对象是否表示相同的数据，如代码清单 13-11 所示。

代码清单 13-11　在 src/app 文件夹的 component.ts 文件中添加对象比较方法

```
import { ApplicationRef, Component } from "@angular/core";
import { Model } from "./repository.model";
import { Product } from "./product.model";

@Component({
    selector: "app",
    templateUrl: "template.html"
```

```
    })
    export class ProductComponent {
        model: Model = new Model();

        // ...constructor and methods omitted for brevity...

        getKey(index: number, product: Product) {
            return product.id;
        }
    }
```

该方法必须定义两个参数：对象在数据源中的位置以及数据对象。该方法的返回结果唯一地标识一个对象，而如果两个对象产生相同的结果，则认为这两个对象相等。

如果两个 Product 对象具有相同的 id 值，它们将被视为相等。要想告诉 ngFor 表达式使用指定的比较方法，需要向表达式中添加一个 trackBy 项，如代码清单 13-12 所示。

代码清单 13-12　在 src/app 文件夹的 template.html 文件中提供一个相等方法

```html
<div class="text-white m-2">
  <div class="bg-info p-2">
    There are {{getProductCount()}} products.
  </div>

  <table class="table table-sm table-bordered mt-1">
    <tr class="text-dark">
      <th></th><th>Name</th><th>Category</th><th>Price</th>
    </tr>
    <tr *ngFor="let item of getProducts(); let i = index; let odd = odd;
            let first = first; let last = last; trackBy:getKey" class="text-white"
        [class.bg-primary]="odd" [class.bg-info]="!odd"
        [class.bg-warning]="first || last">
      <td>{{i + 1}}</td>
      <td>{{item.name}}</td>
      <td>{{item.category}}</td>
      <td *ngIf="!last">{{item.price}}</td>
    </tr>
  </table>
</div>
```

通过这项更改，ngFor 指令将知道使用代码清单 13-12 中定义的 swapProduct 方法从数组中删除的产品等同于添加到数组中的产品，虽然它们是不同的对象。现在不必删除和创建元素，而是可以移动现有元素，这涉及的任务更简单，执行效率更高。

虽然还要更改元素(例如，因为新对象将是数据源中的最后一项，所以将通过 ngIf 指令删除其中一个 td 元素)，但即使如此，也要比单独处理对象快得多。

测试相等方法

检查相等方法是否有效果有点棘手。我发现最好的方式是使用浏览器的 F12 开发者工具，在这里使用谷歌 Chrome 浏览器。

应用程序加载完毕后，右击浏览器窗口中包含单词 Kayak 的 td 元素，然后从弹出的菜单中选择 Inspect。这将打开 Developer Tools 窗口并显示 Elements 面板。

(续)

单击左边空白中的省略号按钮(标记为...)，然后从菜单中选择 Add Attribute。添加值为 old 的
id 属性。这将生成如下所示的元素。

```
<td id="old">Kayak</td>
```

添加 id 属性，以使用 JavaScript 控制台来访问代表 HTML 元素的对象。切换到 Console 面板
并输入以下语句。

```
window.old
```

按回车键，浏览器将通过 id 属性值来定位该元素并显示如下结果。

```
<td id="old">Kayak</td>
```

接下来在 JavaScript 控制台中执行如下语句，在每行命令后面按回车键。

```
model.swapProduct()
appRef.tick()
```

在对数据模型的更改处理完毕后，在 JavaScript 控制台中执行如下命令，确定那个添加 id 属
性的 td 元素是否已移动或销毁。

```
window.old
```

如果该元素已经移动，就会在控制台中看到该元素，如下所示。

```
<td id="old">Kayak</td>
```

如果该元素已被销毁，就不存在 id 属性值为 old 的元素，浏览器将显示 undefined。

13.2.4　使用 ngTemplateOutlet 指令

ngTemplateOutlet 指令用于在指定的位置重复一个内容块，当需要在不同地方生成相同内容，
并且希望避免重复操作时，这个指令很有用。代码清单 13-13 给出了使用的指令。

代码清单 13-13　在 src/app 文件夹的 template.html 文件中使用 ngTemplateOutlet 指令

```
<ng-template #titleTemplate>
  <h4 class="p-2 bg-success text-white">Repeated Content</h4>
</ng-template>

<ng-template [ngTemplateOutlet]="titleTemplate"></ng-template>

<div class="bg-info p-2 m-2 text-white">
  There are {{getProductCount()}} products.
</div>

<ng-template [ngTemplateOutlet]="titleTemplate"></ng-template>
```

第一步是定义模板，其中包含欲借助该指令进行重复的内容。具体做法是使用 ng-template 元
素并使用引用变量为其赋予一个名称，如下所示。

```
...
<ng-template #titleTemplate let-title="title">
  <h4 class="p-2 bg-success text-white">Repeated Content</h4>
```

```
</ng-template>
...
```

当 Angular 遇到引用变量时，会将该变量的值设置为定义它的元素(在这里是 ng-template 元素)。第二步是使用 ngTemplateOutlet 指令将内容插入 HTML 文档中，如下所示。

```
...
<ng-template [ngTemplateOutlet]="titleTemplate"></ng-template>
...
```

这个表达式是引用变量的名称，该变量指向应插入的内容。这个指令将宿主元素替换为指定的 ng-template 元素的内容。无论是包含重复内容的 ng-template 元素，还是绑定所在的宿主元素，都不包含在 HTML 文档中。图 13-10 显示了指令如何使用重复的内容。

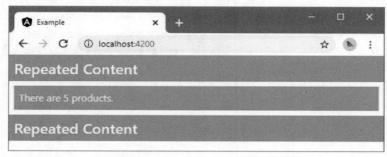

图 13-10　使用 ngTemplateOutlet 指令

提供上下文数据

ngTemplateOutlet 指令可用于为重复的内容提供上下文对象，该对象可供 ng-template 元素内部定义的数据绑定使用，如代码清单 13-14 所示。

代码清单 13-14　在 src/app 文件夹的 template.html 文件中提供上下文数据

```
<ng-template #titleTemplate let-text="title">
  <h4 class="p-2 bg-success text-white">{{text}}</h4>
</ng-template>

<ng-template [ngTemplateOutlet]="titleTemplate"
             [ngTemplateOutletContext]="{title: 'Header'}">
</ng-template>

<div class="bg-info p-2 m-2 text-white">
  There are {{getProductCount()}} products.
</div>

<ng-template [ngTemplateOutlet]="titleTemplate"
             [ngTemplateOutletContext]="{title: 'Footer'}">
</ng-template>
```

为接收上下文数据，在包含重复内容的 ng-template 元素中定义了一个 let-属性，用于指定变量名称，类似于用于 ngFor 指令的扩展语法。使用表达式的值为这个 let-变量赋值，如下所示。

```
...
<ng-template #titleTemplate let-text="title">
...
```

在这里，let-属性创建一个名为 text 的变量，并通过对表达式 title 求值，为其赋值。为了提供表达式求值所需的数据，ng-template 宿主元素应用 ngTemplateOutletContext 指令提供了一个映射对象，如下所示。

```
...
<ng-template [ngTemplateOutlet]="titleTemplate"
        [ngTemplateOutletContext]="{title: 'Footer'}">
</ng-template>
...
```

这个新绑定的目标是 ngTemplateOutletContext，它看起来像另一个指令，但实际上是一个输入属性的例子，有些指令使用输入属性来接收数据值，详见第 15 章。这个绑定的表达式是一个映射对象，它的属性名称对应于另一个 ng-template 元素上的 let-属性。其结果是可以使用绑定来定制重复内容，如图 13-11 所示。

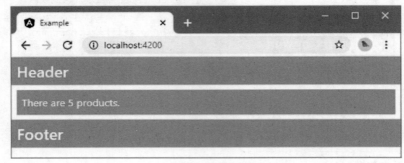

图 13-11　为重复的内容提供上下文数据

13.3　理解单向数据绑定的限制

尽管单向数据绑定和指令中使用的表达式看起来像 JavaScript 代码，但并非所有 JavaScript 或 TypeScript 语言特性都能使用。下面几节将解释这些限制及其原因。

13.3.1　使用幂等表达式

单向数据绑定必须是幂等的(idempotent)，这意味着它们可以重复进行求值，而不会更改应用程序的状态。为了说明原因，向组件的 getProductCount 方法添加一条调试语句，如代码清单 13-15 所示。

注意：Angular 确实支持修改应用程序状态，但必须使用第 14 章中描述的技术来完成。

代码清单 13-15　在 src/app 文件夹的 component.ts 文件中添加语句

```
...
getProductCount(): number {
    console.log("getProductCount invoked");
    return this.getProducts().length;
}
...
```

当保存更改并且浏览器重新加载页面时，将在浏览器的 JavaScript 控制台中看到一系列类似的消息。

```
...
getProductCount invoked
getProductCount invoked
getProductCount invoked
getProductCount invoked
...
```

如消息所示，Angular 在浏览器中显示内容之前曾经多次对绑定表达式求值。如果表达式修改应用程序的状态(例如从队列中删除对象)，那么等到向用户显示模板的时候，将无法获得预期的结果。为了避免这个问题，Angular 限制了表达式的使用方式。在代码清单 13-16 中，向组件添加了一个 counter 属性来帮助演示。

代码清单 13-16　在 src/app 文件夹的 component.ts 文件中添加属性

```
import { ApplicationRef, Component } from "@angular/core";
import { Model } from "./repository.model";
import { Product } from "./product.model";

@Component({
    selector: "app",
    templateUrl: "template.html"
})
export class ProductComponent {
    model: Model = new Model();

    // ...constructor and methods omitted for brevity...

    targetName: string = "Kayak";

    counter: number = 1;
}
```

在代码清单 13-17 中，添加了一个绑定，每次对该绑定的表达式进行求值时，将计数器的值加 1。

代码清单 13-17　在 src/app 文件夹的 template.html 文件中添加绑定

```
<ng-template #titleTemplate let-text="title">
  <h4 class="p-2 bg-success text-white">{{text}}</h4>
</ng-template>

<ng-template [ngTemplateOutlet]="titleTemplate"
             [ngTemplateOutletContext]="{title: 'Header'}">
</ng-template>

<div class="bg-info p-2 m-2 text-white">
  There are {{getProductCount()}} products.
</div>

<ng-template [ngTemplateOutlet]="titleTemplate"
             [ngTemplateOutletContext]="{title: 'Footer'}">
</ng-template>
```

```html
<div class="bg-info p-2">
  Counter: {{counter = counter + 1}}
</div>
```

当浏览器加载该页面时，会在 JavaScript 控制台中看到一条错误消息，如下所示。

```
...
ERROR in Template parse errors:
Parser Error: Bindings cannot contain assignments at column 11 in [ Counter: {{counter =
counter + 1}} ] in C:/example/src/app/template.html@17:4 ("
  <div class="bg-info p-2">
    [ERROR ->]Counter: {{counter = counter + 1}}
  </div>"): C:/Users/example/src/app/template.html@17:4
...
```

如果数据绑定表达式中包含可用于数据的操作符，例如=、+=、-+、++和--，那么 Angular 将报告错误消息。另外，当 Angular 在开发模式下运行时，它会执行额外检查，以确保在执行表达式求值后，单向数据绑定未被修改。为便于演示，代码清单 13-18 为组件添加了一个属性，该属性从模型数组中移除一个 Product 对象并将其返回。

代码清单 13-18　在 src/app 文件夹的 component.ts 文件中修改数据

```typescript
import { ApplicationRef, Component } from "@angular/core";
import { Model } from "./repository.model";
import { Product } from "./product.model";

@Component({
    selector: "app",
    templateUrl: "template.html"
})
export class ProductComponent {
    model: Model = new Model();

    // ...constructor and methods omitted for brevity...

    counter: number = 1;

    get nextProduct(): Product {
        return this.model.getProducts().shift();
    }
}
```

在代码清单 13-19 中，可看到用来读取 nextProduct 属性的数据绑定。

代码清单 13-19　在 src/app 文件夹的 template.html 文件中绑定到属性

```html
<ng-template #titleTemplate let-text="title">
  <h4 class="p-2 bg-success text-white">{{text}}</h4>
</ng-template>

<ng-template [ngTemplateOutlet]="titleTemplate"
             [ngTemplateOutletContext]="{title: 'Header'}">
</ng-template>

<div class="bg-info p-2 m-2 text-white">
  There are {{getProductCount()}} products.
</div>
```

```
<ng-template [ngTemplateOutlet]="titleTemplate"
             [ngTemplateOutletContext]="{title: 'Footer'}">
</ng-template>

<div class="bg-info p-2 text-white">
  Next Product is {{nextProduct.name}}
</div>
```

保存模板时的响应取决于 F12 开发工具是否处于打开状态。如果处于打开状态，调试器就会执行应用程序，这是因为代码中含有一条 debugger 语句，能够检测到所发生的变化。如果处于关闭状态，请重新加载浏览器窗口，再次打开这些工具，在 JavaScript 控制台中会产生如下错误消息。

```
...
Error: ExpressionChangedAfterItHasBeenCheckedError: Expression has changed after it was
checked. Previous value: 'null: 4'. Current value: 'null: 3'.
...
```

13.3.2 理解表达式上下文

当 Angular 对表达式求值时，它会在模板组件的上下文中求值，因此模板能够访问组件的方法和属性，而不需要带任何类型的前缀，如下所示：

```
...
<div class="bg-info p-2">
  There are {{getProductCount()}} products.
</div>
...
```

当 Angular 处理这些表达式时，该组件提供 getProductCount 方法，Angular 会使用指定的实参进行调用，然后将结果合并到 HTML 文档中。也就是说，组件提供了模板的表达式上下文 (expression context)。

由于存在表达式上下文，因此表达式无法访问在模板组件外部定义的对象，特别是模板无法访问全局命名空间。全局命名空间用于定义常用的实用程序，如 console 对象，该对象定义了 log 方法，本书一直使用该方法将调试信息写入浏览器的 JavaScript 控制台。全局命名空间还包括 Math 对象，它可用于访问一些有用的算术方法，例如 min 和 max。

为了演示这种限制，代码清单 13-20 向模板中添加了一个字符串插入绑定，该绑定使用 Math.floor 方法将 number 值舍入到最接近的整数。

代码清单 13-20　在 src/app 文件夹的 template.html 文件中访问全局命名空间

```
<ng-template #titleTemplate let-text="title">
  <h4 class="p-2 bg-success text-white">{{text}}</h4>
</ng-template>

<ng-template [ngTemplateOutlet]="titleTemplate"
             [ngTemplateOutletContext]="{title: 'Header'}">
</ng-template>

<div class="bg-info p-2 m-2 text-white">
  There are {{getProductCount()}} products.
```

```
</div>

<ng-template [ngTemplateOutlet]="titleTemplate"
             [ngTemplateOutletContext]="{title: 'Footer'}">
</ng-template>

<div class='bg-info p-2'>
  The rounded price is {{Math.floor(getProduct(1).price)}}
</div>
```

当 Angular 处理该模板时，它会在浏览器的 JavaScript 控制台中产生以下错误。

```
error TS2339: Property 'Math' does not exist on type 'ProductComponent'.
```

该错误消息没有具体提及全局命名空间。相反，Angular 尝试使用组件作为上下文对表达式求值，但找不到 Math 属性。

如果要访问全局命名空间中的功能，那么必须由组件提供，由它来代表模板进行访问。对于该例，虽然可以仅在组件中定义一个 Math 属性来指向这个全局对象，但是模板表达式应尽可能清晰简单，因此更好的做法是定义一个方法，向模板提供它需要的具体功能，如代码清单 13-21 所示。

代码清单 13-21　在 src/app 文件夹的 component.ts 文件中定义方法

```
import { ApplicationRef, Component } from "@angular/core";
import { Model } from "./repository.model";
import { Product } from "./product.model";

@Component({
    selector: "app",
    templateUrl: "template.html"
})
export class ProductComponent {
    model: Model = new Model();

    // ...constructor and methods omitted for brevity...

    counter: number = 1;

    get nextProduct(): Product {
        return this.model.getProducts().shift();
    }

    getProductPrice(index: number): number {
        return Math.floor(this.getProduct(index).price);
    }
}
```

在代码清单 13-22 中，修改了模板中的数据绑定，使用新定义的方法。

代码清单 13-22　在 src/app 文件夹的 template.html 文件中访问全局命名空间功能

```
<ng-template #titleTemplate let-text="title">
  <h4 class="p-2 bg-success text-white">{{text}}</h4>
</ng-template>

<ng-template [ngTemplateOutlet]="titleTemplate"
```

```
                    [ngTemplateOutletContext]="{title: 'Header'}">
</ng-template>

<div class="bg-info p-2 m-2 text-white">
  There are {{getProductCount()}} products.
</div>

<ng-template [ngTemplateOutlet]="titleTemplate"
                    [ngTemplateOutletContext]="{title: 'Footer'}">
</ng-template>

<div class="bg-info p-2 text-white">
  The rounded price is {{getProductPrice(1)}}
</div>
```

当 Angular 处理模板时，它将调用 getProductPrice 方法，间接利用全局命名空间中的 Math 对象，产生如图 13-12 所示的结果。

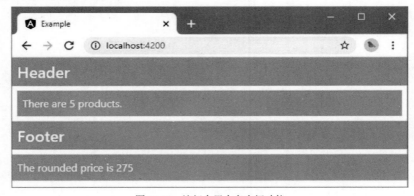

图 13-12 访问全局命名空间功能

13.4 本章小结

本章介绍了如何使用内置模板指令，展示了如何使用 ngIf 和 ngSwitch 指令选择内容，以及如何使用 ngFor 指令重复内容。本章还解释了为什么一些指令的名称有一个星号前缀，并描述了这些指令和单向数据绑定在使用模板表达式时受到的限制。下一章将描述如何将数据绑定用于事件和表单元素。

第 14 章

■■■

使用事件和表单

本章将继续介绍 Angular 的基本功能，重点介绍响应用户交互的功能。本章将解释如何创建事件绑定以及如何使用双向绑定来管理模型和模板之间的数据流。在 Web 应用程序中，用户交互的主要形式之一是使用 HTML 表单，本章将解释如何使用事件和双向数据绑定来支持表单并验证用户提供的内容。表 14-1 给出了事件绑定和表单的相关知识。

表 14-1　事件绑定和表单的相关知识

问题	答案
什么是事件绑定	事件绑定在事件触发(例如用户按下键、移动鼠标或提交表单)时进行表达式求值。在这个基础上构建更广泛的表单相关功能，创建自动验证的表单，以确保用户提供有用的数据
事件绑定有什么作用	这些功能允许用户更改应用程序的状态(在模型中更改或添加数据)
如何使用事件绑定	每种功能的使用方式各不相同。有关详细信息，请参见示例
事件绑定是否存在陷阱或限制	与所有 Angular 绑定一样，主要陷阱是使用错误的括号来表示绑定。如果没有获得期望的结果，那么请密切注意本章中的示例，并检查应用绑定的方式
事件绑定是否存在替代方案	不存在。这些功能属于 Angular 的核心部分

表 14-2 给出了本章内容摘要。

表 14-2　本章内容摘要

问题	解决方案	代码清单编号
启用表单支持	向应用程序中添加@angular/forms 模块	1～3
响应事件	使用事件绑定	4~6
获取事件的详细信息	使用$event 对象	7
在模板中引用元素	定义模板变量	8
启用元素与组件之间的双向数据流	使用双向数据绑定	9 和 10
捕获用户输入	使用 HMTL 表单	11 和 12
验证用户提供的数据	执行表单验证	13~22
使用 JavaScript 代码定义验证信息	使用基于模型的表单	23~28
扩展内置表单验证功能	自定义表单验证类	29 和 30

14.1　准备示例项目

本章将继续使用在第 11 章中创建并在之后不断修改的示例项目。

14.1.1　导入表单模块

本章演示的功能依赖于 Angular 表单模块，必须将其导入应用程序中，如代码清单 14-1 所示。

代码清单 14-1　在 src/app 文件夹的 app.module.ts 文件中声明依赖关系

```
import { BrowserModule } from '@angular/platform-browser';
import { NgModule } from '@angular/core';
import { ProductComponent } from "./component";
import { FormsModule } from "@angular/forms";

@NgModule({
  declarations: [ProductComponent],
  imports: [BrowserModule, FormsModule],
  providers: [],
  bootstrap: [ProductComponent]
})
export class AppModule { }
```

NgModule 装饰器的 imports 属性指定应用程序的依赖关系。将 FormsModule 添加到依赖关系列表中就可以启用表单功能，使其可用于整个应用程序。

14.1.2　准备组件和模板

代码清单 14-2 从组件类中删除了构造函数和一些方法，以使代码尽可能简单。

代码清单 14-2　在 src/app 文件夹的 component.ts 文件中简化组件

```
import { ApplicationRef, Component } from "@angular/core";
import { Model } from "./repository.model";
import { Product } from "./product.model";

@Component({
    selector: "app",
    templateUrl: "template.html"
})
export class ProductComponent {
    model: Model = new Model();

    getProduct(key: number): Product {
        return this.model.getProduct(key);
    }

    getProducts(): Product[] {
        return this.model.getProducts();
    }

    selectedProduct: Product;
}
```

代码清单 14-3 简化了组件的模板，只保留使用 ngFor 指令生成的表格。

代码清单 14-3　在 src/app 文件夹的 template.html 文件中简化模板

```
<div class="m-2">
  <table class="table table-sm table-bordered">
    <tr><th></th><th>Name</th><th>Category</th><th>Price</th></tr>
    <tr *ngFor="let item of getProducts(); let i = index">
      <td>{{i + 1}}</td>
      <td>{{item.name}}</td>
      <td>{{item.category}}</td>
      <td>{{item.price}}</td>
    </tr>
  </table>
</div>
```

为启动开发服务器，打开一个命令提示符，导航到 example 文件夹，运行如下命令。

```
ng serve
```

打开一个新的浏览器窗口，导航到 http://localhost:4200，将显示图 14-1 所示的表格。

图 14-1　运行示例应用程序

14.2　使用事件绑定

事件绑定(event binding)用于响应宿主元素发送的事件。代码清单 14-4 演示了事件绑定，它允许用户与 Angular 应用程序进行交互。

代码清单 14-4　在 src/app 文件夹的 template.html 文件中使用事件绑定

```
<div class="m-2">
  <div class="bg-info text-white p-2">
    Selected Product: {{selectedProduct || '(None)'}}
  </div>
  <table class="table table-sm table-bordered m-2">
    <tr><th></th><th>Name</th><th>Category</th><th>Price</th></tr>
    <tr *ngFor="let item of getProducts(); let i = index">
      <td (mouseover)="selectedProduct=item.name">{{i + 1}}</td>
```

```
        <td>{{item.name}}</td>
        <td>{{item.category}}</td>
        <td>{{item.price}}</td>
    </tr>
  </table>
</div>
```

将更改保存到模板时，可以通过将鼠标指针移到第一列(该列显示一系列数字)上来测试绑定。当鼠标指针在不同行之间移动时，页面顶部将显示该行所显示产品的名称，如图 14-2 所示。

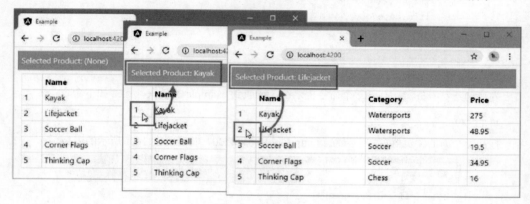

图 14-2　使用事件绑定

这是一个简单示例，但它给出了事件绑定的结构，如图 14-3 所示。

图 14-3　事件绑定的结构图

事件绑定由以下 4 部分组成。
- 宿主元素是绑定的事件源。
- 圆括号告诉 Angular 这是一个事件绑定，且是一种单向绑定形式——数据从元素流向应用程序的其余部分。
- 事件指定绑定的事件。
- 表达式在事件触发时进行求值。

查看代码清单 14-4 中的绑定，可以看到宿主元素是一个 td 元素，这意味着这个元素将是事件的来源。该绑定指定 mouseover 事件，当鼠标指针移到宿主元素占用的屏幕部分时触发该事件。

与单向绑定不同的是，事件绑定中的表达式可更改应用程序的状态，并且可以包含赋值操作符，例如=。该绑定的表达式将 item.name 的值赋给变量 selectedProduct。变量 selectedProduct 用于模板顶部的字符串插入绑定，如下所示。

```
...
<div class="bg-info text-white p-2">
    Selected Product: {{selectedProduct || '(None)'}}
</div>
...
```

当通过事件绑定更改 selectedProduct 变量的值时，将更新由字符串插入绑定所显示的值。这里不再需要使用 ApplicationRef.tick 方法来手动启动变更检测过程，因为本章中的绑定和指令会自动处理该过程。

使用 DOM 事件

如果不熟悉 HTML 元素可发送哪些事件，可参阅如下这个相当不错的摘要: developer.mozilla.org/en-US/docs/Web/Events。然而，DOM 事件的数目繁多，并非所有事件在所有浏览器中都得到广泛支持或一致支持。上面 mozilla.org 页面中的 DOM Events 和 HTML DOM Events 小节是较好的入门资料，它们定义了用户与元素的基本交互(单击、移动指针、提交表单等)，并且可以在大多数浏览器中工作。

如果使用较不常见的事件，应该确保它们可用，并在目标浏览器中按预期方式工作。优秀的网站 http://caniuse.com 提供了不同浏览器实现的功能集合的详细信息，但是仍然应该进行彻底的测试。

显示所选产品的表达式中使用了空值合并操作符，确保用户在没有选择产品的情况下，也能看到相关消息。一种更为简洁的方式是定义一个能够执行检查功能的方法，如代码清单 14-5 所示。

代码清单 14-5　在 src/app 文件夹的 component.ts 文件中增强组件

```
import { ApplicationRef, Component } from "@angular/core";
import { Model } from "./repository.model";
import { Product } from "./product.model";

@Component({
    selector: "app",
    templateUrl: "template.html"
})
export class ProductComponent {
    model: Model = new Model();

    getProduct(key: number): Product {
        return this.model.getProduct(key);
    }

    getProducts(): Product[] {
        return this.model.getProducts();
    }

    selectedProduct: string;

    getSelected(product: Product): boolean {
        return product.name == this.selectedProduct;
    }
}
```

代码清单 14-5 中定义了一个名为 getSelected 的新方法，它接收一个 Product 对象并将其名称与 selectedProduct 属性进行比较。在代码清单 14-6 中，类绑定使用 getSelected 方法来控制 bg-info 类(这个 Bootstrap 类为元素赋予背景色)的成员资格。

代码清单 14-6　在 src/app 文件夹的 template.html 文件中设置 CSS 类成员资格

```
<div class="m-2">
  <div class="bg-info text-white p-2">
    Selected Product: {{selectedProduct || '(None)'}}
  </div>
  <table class="table table-sm table-bordered m-2">
    <tr><th></th><th>Name</th><th>Category</th><th>Price</th></tr>
    <tr *ngFor="let item of getProducts(); let i = index"
        [class.bg-info]="getSelected(item)">
      <td (mouseover)="selectedProduct=item.name">{{i + 1}}</td>
      <td>{{item.name}}</td>
      <td>{{item.category}}</td>
      <td>{{item.price}}</td>
    </tr>
  </table>
</div>
```

最终效果就是，当 selectedProduct 属性值(在触发 mouseover 事件时，由事件绑定修改该值)与用于创建它们的 Product 对象的 name 属性匹配时，将 tr 元素添加到 bg-info 类中，如图 14-4 所示。

图 14-4　通过事件绑定高亮显示表格行

这个示例说明了用户交互如何将新数据传递到应用程序中并启动变更检测过程，从而让 Angular 重新对字符串插入绑定和类绑定所使用的表达式进行求值。这种数据流正是 Angular 应用程序如此生动的关键所在：第 12 章和第 13 章描述的绑定和指令会动态地响应应用程序状态的变化，创建完全在浏览器中生成和管理的内容。

动态创建属性会发生什么？

Angular 的早期版本中，模板可以使用在运行时创建但在组件中未定义的属性。这种技术利用了 JavaScript 的动态特性，但在应用程序被编译以用于生产环境中时会导致错误。Angular 9 中引入了一些新的构建工具，可以避免这种错误，确保了模板使用的工具必须在组件中进行定义。

14.2.1 使用事件数据

上一个示例使用事件绑定将组件提供的两块数据连接在一起：当 mouseover 事件被触发时，事件绑定的表达式使用由组件的 getProducts 方法提供给 ngFor 指令的数据值来设置组件的 selectedProduct 属性。

事件绑定也可使用事件自身向应用程序引入新数据。代码清单 14-7 向模板中添加一个 input 元素，并使用事件绑定来监听 input 事件(当 input 元素的内容变化时触发该事件)。

代码清单 14-7 在 src/app 文件夹的 template.html 文件中使用事件对象

```
<div class="m-2">
  <div class="bg-info text-white p-2">
    Selected Product: {{selectedProduct || '(None)'}}
  </div>
  <table class="table table-sm table-bordered m-2">
    <tr><th></th><th>Name</th><th>Category</th><th>Price</th></tr>
    <tr *ngFor="let item of getProducts(); let i = index"
        [class.bg-info]="getSelected(item)">
      <td (mouseover)="selectedProduct=item.name">{{i + 1}}</td>
      <td>{{item.name}}</td>
      <td>{{item.category}}</td>
      <td>{{item.price}}</td>
    </tr>
  </table>
  <div class="form-group">
    <label>Product Name</label>
    <input class="form-control" (input)="selectedProduct=$event.target.value" />
  </div>
</div>
```

当浏览器触发一个事件时，它将提供一个对象来描述该事件。对于不同类别的事件(鼠标事件、键盘事件、表单事件等)，有不同类型的事件对象，但所有事件对象都有表 14-3 中描述的 3 个属性。

表 14-3 所有 DOM 事件对象共有的属性

名称	描述
type	这个属性返回一个 string 值，用于标识已触发事件的类型
target	这个属性返回触发事件的对象，通常是表示 DOM 中 HTML 元素的对象
timeStamp	这个属性返回一个包含事件触发时间的 number 值，用自 1970 年 1 月 1 日以来的毫秒数表示

事件对象被赋给一个名为$event 的模板变量，而代码清单 14-7 中新的绑定表达式使用该变量来访问事件对象的 target 属性。

input 元素在 DOM 中用 HTMLInputElement 对象表示，该对象定义了一个 value 属性，可用于获取和设置 input 元素的内容。这个绑定表达式响应 input 事件——将组件的 selectedProduct 属性的值设置为 input 元素的 value 属性值，如下所示。

```
...
<input class="form-control" (input)="selectedProduct=$event.target.value" />
...
```

当用户编辑 input 元素的内容时会触发 input 事件，因此在每次按键后，组件的 selectedProduct 属性都将被更新为 input 元素的内容。当用户在 input 元素中键入内容时，通过字符串插入绑定，用户输入的文本将显示在浏览器窗口的顶部。

当 selectedProduct 属性与某一行所表示产品的名称相匹配时，tr 元素上的 ngClass 绑定将设置该行的背景色。既然 selectProduct 属性的值由 input 元素的内容驱动，那么输入产品的名称会使相应的表格行高亮显示，如图 14-5 所示。

综合运用不同的绑定机制是进行高效 Angular 开发的核心所在，可以创建出即时响应用户交互和数据模型变化的应用程序。

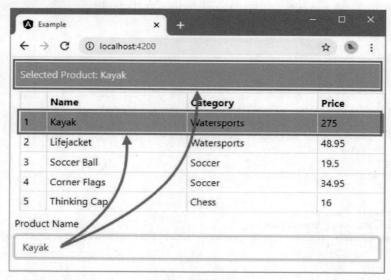

图 14-5　使用事件数据

14.2.2　使用模板引用变量

第 13 章解释了如何使用模板变量在模板中到处传递数据，比如在使用 ngFor 指令时定义一个指向当前对象的变量。模板引用变量(template reference variable)是模板变量的一种形式，可用于引用模板中的元素，如代码清单 14-8 所示。

代码清单 14-8　在 src/app 文件夹的 template.html 文件中使用模板变量

```
<div class="m-2">
  <div class="bg-info text-white p-2">
    Selected Product: {{product.value || '(None)'}}
  </div>
  <table class="table table-sm table-bordered m-2">
    <tr><th></th><th>Name</th><th>Category</th><th>Price</th></tr>
    <tr *ngFor="let item of getProducts(); let i = index"
        (mouseover)="product.value=item.name"
        [class.bg-info]="product.value==item.name">
      <td (mouseover)="selectedProduct=item.name">{{i + 1}}</td>
      <td>{{item.name}}</td>
```

```
        <td>{{item.category}}</td>
        <td>{{item.price}}</td>
      </tr>
    </table>
    <div class="form-group">
      <label>Product Name</label>
      <input #product class="form-control" (input)="false" />
    </div>
  </div>
```

定义引用变量的格式为：字符#后跟变量名。这个代码清单定义了一个名为 product 的变量，如下所示。

```
...
<input #product class="form-control" (input)="false" />
...
```

当 Angular 在模板中遇到引用变量时，它将引用变量的值设置为引用变量所在的元素。对于这个例子，引用变量 product 指向 DOM 中表示上述 input 元素的那个对象，即 HTMLInputElement 对象。同一模板中的其他绑定可以使用这个引用变量。可以通过字符串插入绑定来演示这一点，该绑定也使用 product 变量，如下所示。

```
...
Selected Product: {{product.value || '(None)'}}
...
```

此绑定显示 product 变量所指的 HTMLInputElement 对象的 value 属性，如果 value 属性返回 null，则显示字符串(None)。模板变量也可用于更改元素的状态，如以下绑定所示。

```
...
<tr *ngFor="let item of getProducts(); let i = index"
    (mouseover)="product.value=item.name"
    [class.bg-info]="product.value==item.name">
...
```

这个事件绑定在响应 mouseover 事件时，设置 HTMLInputElement 对象(已赋给变量 product) 的 value 属性。其结果就是，将鼠标指针移到其中一个 tr 元素上时，会更新 input 元素的内容。

这个示例有一个地方不太好理解，那就是 input 元素上 input 事件的绑定。

```
...
<input #product class="form-control" (input)="false" />
...
```

当用户编辑 input 元素的内容时，除非该元素上有事件绑定，否则 Angular 不会更新模板中的数据绑定。这里将绑定设置为 false，这会为 Angular 提供一些东西进行求值，从而启动更新过程并将 input 元素的当前内容分发到整个模板中。模板引用变量的这种用法稍微偏离了它的设计初衷，在大多数实际项目中并不需要这样做。在后面的示例以及各章中将会看到，大多数数据绑定依赖模板组件定义的变量。

过滤按键事件

每当 input 元素中的内容发生变化时都会触发 input 事件。虽然这提供了一组即时和敏捷的变化，但并不是所有应用程序都需要这样做，特别是在更新应用程序状态时涉及昂贵操作的情况下。

事件绑定通过内置功能使得在绑定到键盘事件时更具针对性，这意味着仅当按下特定键时才执行更新。下面是一个响应每个击键动作的绑定：

```
...
<input #product class="form-control" (keyup)="selectedProduct=product.value" />
...
```

keyup 事件是一个标准的 DOM 事件，结果是当用户在 input 元素输入时，释放每个键都会更新应用程序。通过在事件绑定中指定按键名称，可以更具体地指定感兴趣的按键事件，如下所示。

```
...
<input #product class="form-control"
    (keyup.enter)="selectedProduct=product.value" />
...
```

这个绑定按照如下方式指定要响应的按键事件：DOM 事件名称后面附加一个句点(.)，然后是按键的名称。这个绑定用于回车键(Enter)，其最终结果就是：除非按下回车键，否则 input 元素的变化将不会被分发到应用程序的其余部分。

14.3　使用双向数据绑定

可以对不同绑定进行组合以创建单个元素的双向数据流：让 HTML 文档在应用程序模型更改时能够做出响应，同时让应用程序在元素发送事件时做出响应，如代码清单 14-9 所示。

代码清单 14-9　在 src/app 文件夹的 template.html 文件中创建双向绑定

```html
<div class="m-2">
  <div class="bg-info text-white p-2">
    Selected Product: {{selectedProduct || '(None)'}}
  </div>
  <table class="table table-sm table-bordered m-2">
    <tr><th></th><th>Name</th><th>Category</th><th>Price</th></tr>
    <tr *ngFor="let item of getProducts(); let i = index"
        [class.bg-info]="getSelected(item)">
      <td (mouseover)="selectedProduct=item.name">{{i + 1}}</td>
      <td>{{item.name}}</td>
      <td>{{item.category}}</td>
      <td>{{item.price}}</td>
    </tr>
  </table>
  <div class="form-group">
    <label>Product Name</label>
    <input class="form-control" (input)="selectedProduct=$event.target.value"
        [value]="selectedProduct || ''" />
  </div>
  <div class="form-group">
    <label>Product Name</label>
```

```
    <input class="form-control" (input)="selectedProduct=$event.target.value"
           [value]="selectedProduct || ''" />
    </div>
</div>
```

每个 input 元素都有两个绑定：事件绑定和属性绑定。事件绑定在响应 input 事件时更新组件的 selectedProduct 属性，而属性绑定将 selectedProduct 属性的值赋给元素的 value 属性。

运行结果是：两个 input 元素的内容是同步的，编辑其中一个 input 元素会导致另一个 input 元素的内容也被更新。而且由于模板中还有其他依赖 selectedProduct 属性的绑定，因此编辑 input 元素的内容也会更改字符串插入绑定显示的数据，并改变高亮显示的表格行，如图 14-6 所示。

图 14-6　创建双向数据绑定

这是在浏览器中尝试的最有意义的一个示例。在其中一个 input 元素中输入一些文本，则在另一个 input 元素和 div 元素中显示相同的文本，这是因为它们的内容均由字符串插入绑定管理。如果将产品的名称(如 Kayak 或 Lifejacket)输入到其中一个 input 元素中，则表格中相应的行被高亮显示。

mouseover 事件的事件绑定仍然生效，这意味着当把鼠标指针移到表格中的第一行时，selectedProduct 属性值的变化将导致这些 input 元素显示对应产品的名称。

使用 ngModel 指令

ngModel 指令用于简化双向绑定，因此不必将事件绑定和属性绑定同时应用于同一元素。代码清单 14-10 演示了如何使用 ngModel 指令替换这些单独的绑定。

代码清单 14-10　在 src/app 文件夹的 template.html 文件中使用 ngModel 指令

```
<div class="m-2">
  <div class="bg-info text-white p-2">
```

```
        Selected Product: {{selectedProduct || '(None)'}}
    </div>
    <table class="table table-sm table-bordered m-2">
      <tr><th></th><th>Name</th><th>Category</th><th>Price</th></tr>
      <tr *ngFor="let item of getProducts(); let i = index"
          [class.bg-info]="getSelected(item)">
        <td (mouseover)="selectedProduct=item.name">{{i + 1}}</td>
        <td>{{item.name}}</td>
        <td>{{item.category}}</td>
        <td>{{item.price}}</td>
      </tr>
    </table>
    <div class="form-group">
      <label>Product Name</label>
      <input class="form-control" [(ngModel)]="selectedProduct" />
    </div>
    <div class="form-group">
      <label>Product Name</label>
      <input class="form-control" [(ngModel)]="selectedProduct" />
    </div>
</div>
```

使用 ngModel 指令需要组合属性绑定和事件绑定的语法，如图 14-7 所示。

图 14-7 双向数据绑定的结构图

方括号和圆括号的组合用于表示双向数据绑定，圆括号放在方括号中：[(和)]。Angular 开发团队将此称为 "香蕉盒"，这是因为像[()]这样放置时，方括号和圆括号就像是放着香蕉的盒子。

这个绑定的目标是 ngModel 指令，利用 Angular 中的这项功能可以简化表单元素(例如这个示例中的 input 元素)上双向数据绑定的创建工作。

双向数据绑定的表达式是某个属性的名称，Angular 在幕后使用该属性来设置各个绑定。当 input 元素的内容发生变化时，将用新内容更新 selectedProduct 属性的值。同样，当 selectedProduct 属性的值发生变化时，它将用于更新元素的内容。

ngModel 指令知道标准 HTML 元素定义的事件和属性的组合。在幕后，有一个事件绑定被应用于 input 事件，还有一个属性绑定被应用于 value 属性。

提示：在进行 ngModel 绑定时，请务必使用方括号和圆括号。如果只使用圆括号[即(ngModel)]，就表示正在为一个名为 ngModel 的事件设置事件绑定，而实际上该事件并不存在。其结果就是不会更新元素，也不会更新应用程序的其余部分。虽然可以使用只有方括号的 ngModel 指令(即[ngModel])，但 Angular 仍然会设置元素的初始值，但是不会侦听事件，因此用户所做的更改不会自动反映到应用程序模型中。

14.4　处理表单

大多数 Web 应用程序依赖表单从用户那里接收数据。上一节中描述的双向 ngModel 绑定为在 Angular 应用程序中使用表单提供了基础。本节将创建一个表单,可以用来创建新产品并添加到应用程序的数据模型中,然后描述 Angular 提供的一些更高级的表单功能。

14.4.1　向示例应用程序添加表单

代码清单 14-11 给出了组件的一些增强功能(在创建表单时将使用这些功能),并删除了不再需要的一些功能。

代码清单 14-11　在 src/app 文件夹的 component.ts 文件中增强组件

```
import { ApplicationRef, Component } from "@angular/core";
import { Model } from "./repository.model";
import { Product } from "./product.model";

@Component({
    selector: "app",
    templateUrl: "template.html"
})
export class ProductComponent {
    model: Model = new Model();

    getProduct(key: number): Product {
        return this.model.getProduct(key);
    }

    getProducts(): Product[] {
        return this.model.getProducts();
    }

    newProduct: Product = new Product();

    get jsonProduct() {
        return JSON.stringify(this.newProduct);
    }

    addProduct(p: Product) {
        console.log("New Product: " + this.jsonProduct);
    }
}
```

这个代码清单添加了一个名为 newProduct 的新属性,用于存储用户输入的表单数据。还有一个带有读取器的 jsonProduct 属性,它返回 newProduct 属性的 JSON 表示形式,在模板中用它来演示双向绑定的效果。无法直接在模板中创建对象的 JSON 表示,这是因为 JSON 对象是在全局命名空间中定义的,而在第 13 章中曾经解释过,模板表达式无法直接访问全局命名空间。

最后添加的是 addProduct 方法,它将 jsonProduct 方法的返回值写入控制台。在本章后面添加对更新数据模型的支持之前,将使用这个方法来演示一些基本的表单相关功能。

在代码清单 14-12 中,将现有的模板内容替换成一组 input 元素(Product 类定义的每个属性都对应一个 input 元素)。

代码清单 14-12　在 src/app 文件夹的 template.html 文件中添加 input 元素

```
<div class="m-2">
  <div class="bg-info text-white mb-2 p-2">Model Data: {{jsonProduct}}</div>

  <div class="form-group">
    <label>Name</label>
    <input class="form-control" [(ngModel)]="newProduct.name" />
  </div>
  <div class="form-group">
    <label>Category</label>
    <input class="form-control" [(ngModel)]="newProduct.category" />
  </div>
  <div class="form-group">
    <label>Price</label>
    <input class="form-control" [(ngModel)]="newProduct.price" />
  </div>
  <button class="btn btn-primary" (click)="addProduct(newProduct)">Create</button>
</div>
```

每个 input 元素都与一个 label 元素组合在一起，并放到一个 div 元素中，同时使用 Bootstrap form-group 类对这个 div 元素进行样式化。为管理布局和样式，将所有 input 元素都加入 Bootstrap form-control 类。

为每个 input 元素都应用 ngModel 绑定，以使用组件的 newProduct 对象的相应属性来创建双向绑定，如下所示。

```
...
<input class="form-control" [(ngModel)]="newProduct.name" />
...
```

还有一个 button 元素，它包含 click 事件绑定，用于调用组件的 addProduct 方法，并将 newProduct 值作为实参传入。

```
...
<button class="btn btn-primary" (click)="addProduct(newProduct)">Create</button>
...
```

最后，利用字符串插入绑定，在模板顶部显示组件的 newProduct 属性的 JSON 表示形式，如下所示。

```
...
<div class="bg-info text-white mb-2 p-2">Model Data: {{jsonProduct}}</div>
...
```

如图 14-8 所示，整体结果是一组 input 元素，它们更新由组件管理的 Product 对象的属性，而这些属性会立即反映到 JSON 数据中。

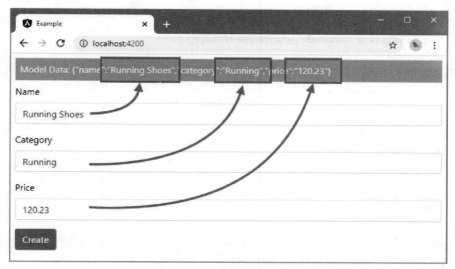

图 14-8　使用表单元素在数据模型中创建新对象

单击 Create 按钮时，组件的 newProduct 属性的 JSON 表示形式将写入浏览器的 JavaScript 控制台，产生如下结果。

```
New Product: {"name":"Running Shoes","category":"Running","price":"120.23"}
```

14.4.2　添加表单数据验证

目前，可以向表单的 input 元素中输入任何数据。数据验证在 Web 应用程序中至关重要，这是因为用户可能会输入意外的数据值，有可能是错误的数据，也有可能是因为他们希望尽快完成填写过程以进入下个环节，因此随意输入了一些值。

基于 HTML5 标准使用的方法，Angular 提供了一套可扩展的系统来验证表单元素的内容。总共可以向 input 元素添加 4 个属性，每个属性定义一条验证规则，如表 14-4 所示。

表 14-4　Angular 内置的验证属性

属性	描述
required	这个属性用于指定必须填写的值
minlength	这个属性用于指定最小字符数
maxlength	这个属性用于指定最大字符数。这种类型的验证不能直接应用于表单元素，这是因为它与同名的 HTML5 属性相冲突。它可以与基于模型的表单一起使用，这在本章后面介绍
pattern	这个属性用于指定用户填写的值必须匹配的正则表达式

这些属性你可能比较熟悉，这是因为它们属于 HTML 规范的一部分，但 Angular 在这些属性之上提供了一些额外功能。代码清单 14-13 删除一个 input 元素之外的所有内容，以尽可能简单地演示向表单添加验证的过程(本章后面将还原被删掉的元素)。

代码清单 14-13　在 src/app 文件夹的 template.html 文件中添加表单验证

```
<div class="m-2">
```

```
<div class="bg-info p-2 mb-2">Model Data: {{jsonProduct}}</div>

<form novalidate (ngSubmit)="addProduct(newProduct)">
  <div class="form-group">
    <label>Name</label>
    <input class="form-control"
           name="name"
           [(ngModel)]="newProduct.name"
           required
           minlength="5"
           pattern="^[A-Za-z ]+$" />
  </div>
  <button class="btn btn-primary" type="submit">
    Create
  </button>
</form>
</div>
```

Angular 要求正在验证的元素必须定义 name 属性(在验证系统中用于标识元素)。由于这个 input 元素用于捕获 Product.name 属性的值，因此该元素的 name 属性设置为 name。

这个代码清单还将 4 种验证属性中的 3 种添加到 input 元素。required 属性指定用户必须提供一个值，minlength 属性指定应至少包含 3 个字符，而 pattern 属性指定只允许使用字母字符和空格。

由于 Angular 使用的验证属性与 HTML5 规范使用的验证属性相同，因此这里向表单元素中添加 novalidate 属性，这个属性告诉浏览器不要使用原生验证功能(这些功能在不同浏览器中的实现不一致，一般会带来麻烦)。由于 Angular 提供验证功能，因而不必使用浏览器自行实现的这些功能。

最后，请注意已将 form 元素添加到模板中。虽然可以单独使用 input 元素，但是只有当存在 form 元素时，Angular 的验证功能才会起作用，而如果将 ngControl 指令添加到某个未纳入表单的元素，Angular 将报告错误。

当使用 form 元素时，按照惯例为一个名为 ngSubmit 的特殊事件定义事件绑定，如下所示。

```
...
<form novalidate (ngSubmit)="addProduct(newProduct)">
...
```

ngSubmit 绑定处理 form 元素的 submit 事件。如果愿意，通过表单中单个 button 元素上的 click 事件绑定，也可以实现相同的效果。

1. 使用验证类样式化元素

保存代码清单 14-13 中模板的改动，浏览器重新加载 HTML，此时在浏览器窗口中右击 input 元素，然后从弹出的窗口中选择 Inspect 或 Inspect Element。浏览器将在 Developer Tools 窗口中显示元素的 HTML 表示形式，显然，input 元素已加入到 3 个 CSS 类中，如下所示。

```
...
<input class="form-control ng-pristine ng-invalid ng-touched" minlength="5"
    name="name" pattern="^[A-Za-z ]+$" required="" ng-reflect-name="name">
...
```

input 元素加入的 CSS 类提供了有关其验证状态的详细信息。共有 3 对验证类，如表 14-5 所述。元素将始终是每对验证类的成员，因此共有 3 个 CSS 类。同样的 CSS 类也可应用于 form 元素，以显示其包含的所有元素的总体验证状态。随着 input 元素的状态发生变化，ngControl 指令会自动切换各个元素和 form 元素的 CSS 类。

表 14-5 Angular 表单验证 CSS 类

名称	描述
ng-untouched ng-touched	如果一个元素尚未被用户访问(一般是通过制表键 Tab 来选择表单域)，就将其加入 ng-untouched 类中。一旦用户访问了一个元素，就将其加入 ng-touched 类中
ng-pristine ng-dirty	如果一个元素的内容尚未被用户改变，就将其加入到 ng-pristine 类中，否则将其加入 ng-dirty 类中。一旦内容经过编辑，即使用户在后面将其恢复到先前的内容，该元素也仍然保留在 ng-dirty 类中
ng-valid ng-invalid	如果元素的内容满足该元素上的验证规则所定义的条件，就将其加入 ng-valid 类中，否则将其加入 ng-invalid 类中

这些类可以用于样式化表单元素，向用户提供验证反馈。代码清单 14-14 向模板添加了一个 style 元素并定义了一些样式，用来向用户指示输入的数据是无效的还是有效的。

提示：在实际应用程序中，应该在单独的样式表文件中定义样式，并通过 index.html 文件或者使用组件的装饰器设置(参见第 17 章)将样式表包含在应用程序中。为简单起见，将样式直接包含在模板中，但是这使得实际应用程序更难维护，这是因为当使用多个模板时，很难弄清哪些样式来自哪里。

代码清单 14-14 在 src/app 文件夹的 template.html 文件中提供验证反馈

```html
<style>
    input.ng-dirty.ng-invalid { border: 2px solid #ff0000 }
    input.ng-dirty.ng-valid { border: 2px solid #6bc502 }
</style>

<div class="m-2">
  <div class="bg-info p-2 mb-2">Model Data: {{jsonProduct}}</div>

  <form novalidate (ngSubmit)="addProduct(newProduct)">
    <div class="form-group">
    <label>Name</label>
    <input class="form-control"
           name="name"
           [(ngModel)]="newProduct.name"
           required
           minlength="5"
           pattern="^[A-Za-z ]+$" />
    </div>
    <button class="btn btn-primary" type="submit">
      Create
    </button>
  </form>
</div>
```

这些样式分别为内容经过编辑且有效的 input 元素(属于 ng-dirty 和 ng-valid 类)以及内容无效的 input 元素(因此属于 ng-dirty 和 ng-invalid 类)设置了绿色和红色边框。使用 ng-dirty 类意味着元素的外观将一直保持不变，直到用户输入了一些内容。

在每次按键或输入焦点变化后，Angular 将验证内容并更改 input 元素的 CSS 类成员资格。浏览器检测到元素的变更，并动态地应用样式，当用户向表单输入数据时为其提供验证反馈，如图 14-9 所示。

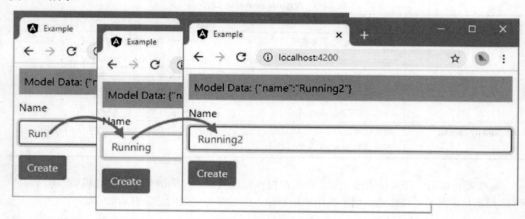

图 14-9　提供验证反馈

当开始键入时，input 元素显示为无效，这是因为没有足够的字符来满足 minlength 属性。一旦有 5 个字符，边框就变为绿色，表示数据有效。当键入字符 2 时，边框再次变红，这是因为 pattern 属性被设置为仅允许输入字母和空格。

> 提示：如果查看图 14-9 中页面顶部的 JSON 数据，就会看到数据绑定仍在更新，但是数据值无效。验证与数据绑定功能同时运行，因此不应该在尚未检查整体表单是否有效(如 14.4.3 节"验证整个表单"所述)的情况下就采用表单数据进行操作。

2. 显示域级验证消息

虽然使用颜色提供验证反馈可以告诉用户存在一些错误，但无法提示用户应该做些什么。可以使用 ngModel 指令来访问宿主元素的验证状态，当存在验证错误时，可以使用该指令向用户显示指导性信息。代码清单 14-15 利用 ngModel 指令提供的功能为应用到 input 元素的每个验证属性添加验证消息。

代码清单 14-15　在 src/app 文件夹的 template.html 文件中添加验证消息

```
<style>
    input.ng-dirty.ng-invalid { border: 2px solid #ff0000 }
    input.ng-dirty.ng-valid { border: 2px solid #6bc502 }
</style>

<div class="m-2">
  <div class="bg-info p-2 mb-2">Model Data: {{jsonProduct}}</div>
  <form novalidate (ngSubmit)="addProduct(newProduct)">
    <div class="form-group">
      <label>Name</label>
      <input class="form-control"
          name="name"
          [(ngModel)]="newProduct.name"
          #name="ngModel"
```

```
               required
               minlength="5"
               pattern="^[A-Za-z ]+$" />
     <ul class="text-danger list-unstyled" *ngIf="name.dirty && name.invalid">
        <li *ngIf="name.errors.required">
           You must enter a product name
        </li>
        <li *ngIf="name.errors.pattern">
           Product names can only contain letters and spaces
        </li>
        <li *ngIf="name.errors.minlength">
           Product names must be at least
           {{name.errors.minlength.requiredLength}} characters
        </li>
     </ul>
  </div>
  <button class="btn btn-primary" type="submit">
     Create
  </button>
</form>
</div>
```

要启用验证功能，必须创建一个模板引用变量来访问表达式中的验证状态，如下所示：

```
...
<input class="form-control" name="name" [(ngModel)]="newProduct.name"
   #name="ngModel" required minlength="5" pattern="^[A-Za-z ]+$"/>
...
```

以上创建了一个名为 name 的模板引用变量，并将其值设置为 ngModel。这样使用 ngModel
值让人有点困惑：这是由 ngModel 指令提供的功能，用于访问验证状态。在阅读第 15 和第 16 章
后，你就会理解这一点，届时将解释如何创建自定义指令以及如何访问其功能。对于本章，只需
要知道为了显示验证消息，必须创建一个模板引用变量并将 ngModel 赋给它，以便访问 input 元
素的验证数据。赋给模板引用变量的这个对象定义了如表 14-6 所示的属性。

表 14-6　验证对象属性

名称	描述
path	这个属性返回元素的名称
valid	如果元素的内容有效，这个属性返回 true，否则返回 false
invalid	如果元素的内容无效，这个属性返回 true，否则返回 false
pristine	如果元素的内容未更改，这个属性返回 true
dirty	如果元素的内容已更改，这个属性返回 true
touched	如果用户访问了元素，这个属性返回 true
untouched	如果用户没有访问元素，这个属性返回 true
errors	这个属性返回一个对象，它的每个属性分别对应于一个存在验证错误的验证属性
value	这个属性返回元素的 value 值，该值可用于自定义验证规则，如 14.6 节 "创建自定义表单验证器" 所述

代码清单 14-15 使用一个列表元素来显示验证消息。由于只有在至少存在一个验证错误时才
会显示该列表，因此将 ngIf 指令应用于 ul 元素，并定义一个表达式，使用 dirty 和 invalid 属性求

值，如下所示。

```
...
<ul class="text-danger list-unstyled" *ngIf="name.dirty && name.invalid">
...
```

在 ul 元素中，每个可能发生的验证错误均分别对应一个 li 元素。每个 li 元素都有一个 ngIf 指令，它使用表 14-6 描述的 errors 属性，如下所示。

```
...
<li *ngIf="name.errors.required">You must enter a product name</li>
...
```

只有当元素的内容未通过 required 验证检查时才会定义 errors.required 属性，因此 li 元素的可见性取决于这个特定验证检查的结果。

在表单中使用安全导航属性

仅当存在验证错误时才会创建 errors 属性，这就是为什么在 ul 元素的表达式中要检查 invalid 属性值的原因。另一种方法是使用安全导航属性，在模板中使用该技术就可以安全地访问一系列属性，而不用担心其中一个返回 null 时生成错误。下面是代码清单 14-15 中模板的另一种定义方法，这里不检查 valid 属性而是使用安全导航属性：

```
...
<ul class="text-danger list-unstyled" *ngIf="name.dirty">
    <li *ngIf="name.errors?.required">
        You must enter a product name
    </li>
    <li *ngIf="name.errors?.pattern">
        Product names can only contain letters and spaces
    </li>
    <li *ngIf="name.errors?.minlength">
        Product names must be at least
        {{name.errors.minlength.requiredLength}} characters
    </li>
</ul>
...
```

在属性名称的后面附加一个字符?来告诉 Angular，如果一个属性为 null 或 undefined，那么不要尝试访问任何后续的属性或方法。在这个示例中，在 errors 属性后面应用了字符?，这表明如果未定义 errors 属性，那么 Angular 不会尝试读取 required、pattern 或 minlength 属性。

由 errors 对象定义的每个属性都分别返回一个对象，该对象的属性提供了有关为什么内容未能通过属性验证检查的详细信息，可用于为用户提供更有帮助的验证消息。表 14-7 说明了为每个验证属性提供的 errors 属性。

表 14-7　Angular 表单验证错误描述属性

名称	描述
required	如果 required 属性已应用于 input 元素，此属性返回 true。这个属性不是特别有用，这是因为这一点可以从 required 属性存在的事实推导出来
minlength.requiredLength	此属性返回满足 minlength 属性所需的字符数

(续表)

名称	描述
minlength.actualLength	此属性返回用户输入的字符数
pattern.requiredPattern	此属性返回使用 pattern 属性指定的正则表达式
pattern.actualValue	此属性返回元素的内容

这些属性并非用于直接向用户显示信息，这是因为用户不太可能理解包含正则表达式的错误消息，但是在开发过程中它们可用于查出验证问题。但是 minlength.requiredLength 属性是一个例外，在描述错误时可以使用它，从而避免重复给元素的 minlength 属性赋值，如下所示。

```
...
<li *ngIf="name.errors.minlength">
  Product names must be at least {{name.errors.minlength.requiredLength}} characters
</li>
...
```

总体结果是一组验证消息，一旦用户开始编辑 input 元素，该消息就会显示出来，并且会随着用户每个新的按键动作而发生变化，如图 14-10 所示。

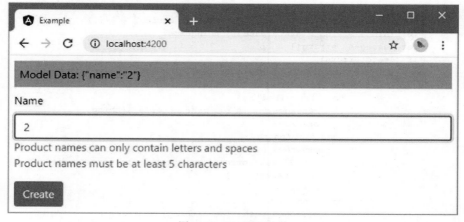

图 14-10　显示验证消息

3. 使用组件显示验证消息

在复杂的表单中，如果为所有可能的验证错误都添加单独的元素，那么很快就会发现这种做法导致表单变得冗长乏味。更好的方法是在组件中添加一些逻辑，即在一个方法中准备验证消息，然后可以通过模板中的 ngFor 指令将其显示给用户。代码清单 14-16 给出了新增的这个组件方法，它接受 input 元素的验证状态并生成验证消息数组。

代码清单 14-16　在 src/app 文件夹的 component.ts 文件中生成验证消息

```
import { ApplicationRef, Component } from "@angular/core";
import { Model } from "./repository.model";
import { Product } from "./product.model";

@Component({
    selector: "app",
```

```
        templateUrl: "template.html"
    })
export class ProductComponent {
    model: Model = new Model();

    getProduct(key: number): Product {
        return this.model.getProduct(key);
    }

    getProducts(): Product[] {
        return this.model.getProducts();
    }

    newProduct: Product = new Product();

    get jsonProduct() {
        return JSON.stringify(this.newProduct);
    }

    addProduct(p: Product) {
        console.log("New Product: " + this.jsonProduct);
    }

    getValidationMessages(state: any, thingName?: string) {
        let thing: string = state.path || thingName;
        let messages: string[] = [];
        if (state.errors) {
            for (let errorName in state.errors) {
                switch (errorName) {
                    case "required":
                        messages.push(`You must enter a ${thing}`);
                        break;
                    case "minlength":
                        messages.push(`A ${thing} must be at least
                            ${state.errors['minlength'].requiredLength}
                            characters`);
                        break;
                    case "pattern":
                        messages.push(`The ${thing} contains
                            illegal characters`);
                        break;
                }
            }
        }
        return messages;
    }
}
```

getValidationMessages 方法使用表 14-6 中描述的属性为每种错误生成验证消息，将其返回到字符串数组中。为了使这段代码尽可能广泛适用，这个方法接收一个字符串值，用来描述 input 元素从用户那里收集的数据项，然后使用该字符串值生成错误消息，如下所示。

```
...
messages.push(`You must enter a ${thing}`);
...
```

这是 JavaScript 字符串插入功能的一个例子：可将字符串定义为模板，而不必使用+操作符来包含数据值。请注意，模板字符串用反引号字符(字符 ` 而不是常规 JavaScript 字符 ')表示。如果在调用该方法时未收到实参，那么 getValidationMessages 方法默认使用 path 属性作为描述性字符串，如下所示。

```
...
let thing: string = state.path || thingName;
...
```

代码清单 14-17 显示了如何在模板中使用 getValidationMessages 为用户生成验证错误消息，而不需要为每个错误定义单独的元素和绑定。

代码清单 14-17　在 src/app 文件夹的 template.html 文件中获取验证消息

```
<style>
    input.ng-dirty.ng-invalid { border: 2px solid #ff0000 }
    input.ng-dirty.ng-valid { border: 2px solid #6bc502 }
</style>

<div class="m-2">
  <div class="bg-info p-2 mb-2">Model Data: {{jsonProduct}}</div>

  <form novalidate (ngSubmit)="addProduct(newProduct)">
    <div class="form-group">
      <label>Name</label>
      <input class="form-control"
             name="name"
             [(ngModel)]="newProduct.name"
             #name="ngModel"
             required
             minlength="5"
             pattern="^[A-Za-z ]+$" />
      <ul class="text-danger list-unstyled" *ngIf="name.dirty && name.invalid">
        <li *ngFor="let error of getValidationMessages(name)">
          {{error}}
        </li>
      </ul>
    </div>
    <button class="btn btn-primary" type="submit">
      Create
    </button>
  </form>
</div>
```

虽然没有看得见的变化，但是现在可以使用同一个方法为多个元素生成验证消息，这样就可以让模板变得更简单，便于阅读和维护。

14.4.3　验证整个表单

将各个字段的验证错误消息逐一显示给用户是有用的，这有助于向用户强调哪里有问题需要修复。但是验证整个表单也是有用的。务必注意在用户尝试提交表单前不要向其显示大量错误消息，此时给出所有问题的摘要可能有用。在准备过程中，代码清单 14-18 为组件添加了两个新成员。

代码清单 14-18　在 src/app 文件夹的 component.ts 文件中增强组件

```
import { ApplicationRef, Component } from "@angular/core";
import { NgForm } from "@angular/forms";
import { Model } from "./repository.model";
import { Product } from "./product.model";

@Component({
    selector: "app",
    templateUrl: "template.html"
})
export class ProductComponent {
    model: Model = new Model();

    // ...other methods omitted for brevity...

    formSubmitted: boolean = false;

    submitForm(form: NgForm) {
        this.formSubmitted = true;
        if (form.valid) {
            this.addProduct(this.newProduct);
            this.newProduct = new Product();
            form.reset();
            this.formSubmitted = false;
        }
    }
}
```

　　formSubmitted 属性用于指示表单是否已提交，并在用户尝试提交之前用于阻止整个表单的验证。

　　当用户提交表单时将调用 submitForm 方法，并将 NgForm 对象作为实参传入。该对象表示表单并定义了一组验证属性，用于描述表单的总体验证状态。因此，举例来说，如果表单包含的任何元素存在验证错误，那么 invalid 属性为 true。除了验证属性外，NgForm 还提供了 reset 方法，该方法重置表单的验证状态，并将其返回到最初的未访问状态。

　　最终效果就是，当用户执行提交时，将对整个表单进行验证。如果没有验证错误，就在数据模型中添加一个新对象，然后重新设置表单，以便再次使用该对象。要利用这些新功能并实现表单范围的验证，对模板进行的必要变更如代码清单 14-19 所示。

代码清单 14-19　在 src/app 文件夹的 template.html 文件中进行表单范围的验证

```
<style>
    input.ng-dirty.ng-invalid { border: 2px solid #ff0000 }
    input.ng-dirty.ng-valid { border: 2px solid #6bc502 }
</style>

<div class="m-2">

  <form novalidate #form="ngForm" (ngSubmit)="submitForm(form)">
    <div class="bg-danger text-white p-2 mb-2"
         *ngIf="formSubmitted && form.invalid">
      There are problems with the form
    </div>
```

```
      <div class="form-group">
        <label>Name</label>
        <input class="form-control"
               name="name"
               [(ngModel)]="newProduct.name"
               #name="ngModel"
               required
               minlength="5"
               pattern="^[A-Za-z ]+$" />
      <ul class="text-danger list-unstyled"
          *ngIf="(formSubmitted || name.dirty) && name.invalid">
        <li *ngFor="let error of getValidationMessages(name)">
          {{error}}
        </li>
      </ul>
    </div>
    <button class="btn btn-primary" type="submit">
      Create
    </button>
  </form>
</div>
```

现在，form 元素定义了一个引用变量 form，并将 ngForm 赋值给它。这样一来，就能够通过第 15 章将介绍的一个过程来使用 ngForm 指令提供的功能。现在，重要的是知道能够通过 form 引用变量来访问整个表单的验证信息。

这个代码清单还会更改 ngSubmit 绑定的表达式，以便调用控制器定义的 submitForm 方法，并传入模板变量，如下所示。

```
...
<form novalidate ngForm="productForm" #form="ngForm" (ngSubmit)="submitForm(form)">
...
```

submitForm 方法接收的实参正是这个 NgForm 对象，它用来检查表单的验证状态，并重新设置表单，以便再次使用。

代码清单14-19还添加了一个div元素，该元素使用组件的formSubmitted属性以及valid属性(由form模板变量提供)，当表单包含无效数据且仅在表单提交后才会显示警告消息。

此外，对 ngIf 绑定进行了更新，以便在表单提交时显示域级验证消息，即使元素本身尚未经过编辑。最终结果是，仅当用户提交包含无效数据的表单时才显示验证摘要消息，如图 14-11 所示。

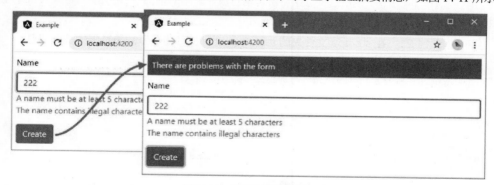

图 14-11　显示验证摘要信息

1. 显示验证摘要消息

在复杂表单中，向用户显示验证摘要消息，指出所有必须解决的验证错误，这对用户是有好处的。通过 NgForm 对象(已赋给模板引用变量 form)的 controls 属性可以访问各个元素。此属性返回一个对象，表单中的各个元素在这个对象中分别对应一个属性。例如，在这个示例中，有一个 name 属性表示 input 元素，该属性指向一个表示该元素的对象，它为每个元素都定义了相同的验证属性。在代码清单 14-20 中，向组件添加了一个方法，这个方法接收 NgForm 对象(已赋给表单元素的模板引用变量)，并使用其 controls 属性生成整个表单的错误消息列表。

代码清单 14-20 在 src/app 文件夹的 component.ts 文件中生成表单范围的验证消息

```
import { ApplicationRef, Component } from "@angular/core";
import { NgForm } from "@angular/forms";
import { Model } from "./repository.model";
import { Product } from "./product.model";

@Component({
    selector: "app",
    templateUrl: "template.html"
})
export class ProductComponent {
    model: Model = new Model();

    // ...other methods omitted for brevity...

    getFormValidationMessages(form: NgForm): string[] {
        let messages: string[] = [];
        Object.keys(form.controls).forEach(k => {
            this.getValidationMessages(form.controls[k], k)
                .forEach(m => messages.push(m));
        });
        return messages;
    }
}
```

在 getFormValidationMessages 方法中，针对表单的每个控件，调用代码清单 14-16 中定义的 getValidationMessages 方法来构建其消息列表。Object.keys 方法根据 controls 属性返回的对象所定义的各个属性创建一个数组，并使用 forEach 方法进行遍历。

在代码清单 14-21 中，使用这种方法将所有消息放在表单的顶部，一旦用户单击 Create 按钮，该消息将可见。

代码清单 14-21 在 src/app 文件夹的 template.html 文件中显示表单范围的验证消息

```
<style>
    input.ng-dirty.ng-invalid { border: 2px solid #ff0000 }
    input.ng-dirty.ng-valid { border: 2px solid #6bc502 }
</style>

<div class="m-2">

  <form novalidate #form="ngForm" (ngSubmit)="submitForm(form)">

    <div class="bg-danger text-white p-2 mb-2"
         *ngIf="formSubmitted && form.invalid">
```

```
  There are problems with the form
  <ul>
    <li *ngFor="let error of getFormValidationMessages(form)">
      {{error}}
    </li>
  </ul>
</div>

<div class="form-group">
  <label>Name</label>
  <input class="form-control"
         name="name"
         [(ngModel)]="newProduct.name"
         #name="ngModel"
         required
         minlength="5"
         pattern="^[A-Za-z ]+$" />
  <ul class="text-danger list-unstyled"
      *ngIf="(formSubmitted || name.dirty) && name.invalid">
      <li *ngFor="let error of getValidationMessages(name)">
      {{error}}
      </li>
  </ul>
</div>
<button class="btn btn-primary" type="submit">
  Create
</button>
</form>
</div>
```

最终结果是，一旦用户提交表单，验证消息将与 input 元素一起显示，这些消息会被收集起来显示在表单顶部，如图 14-12 所示。

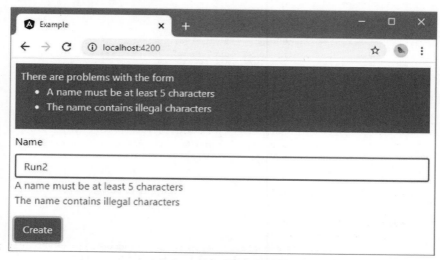

图 14-12　显示整体验证摘要

2. 禁用提交按钮

在本小节中进行最后的调整，在用户提交表单后禁用提交按钮，防止用户再次单击该按钮，直到所有验证错误都已得到纠正。这是一种常用技术，虽然对应用程序几乎没有影响(如果表单中包含无效值，就不接收表单数据)，但是该技术为用户提供了有益的强化检查：除非所有验证问题都已得到解决，否则用户无法继续进行。

在代码清单 14-22 中，在 button 元素上使用了属性绑定。此外，还针对 price 属性添加了一个 input 元素，用来说明这个方法如何针对表单中的多个元素进行扩展。

代码清单 14-22　在 src/app 文件夹的 template.html 文件中禁用 button 元素并添加 input 元素

```
<style>
    input.ng-dirty.ng-invalid { border: 2px solid #ff0000 }
    input.ng-dirty.ng-valid { border: 2px solid #6bc502 }
</style>

<div class="m-2">
    <form novalidate #form="ngForm" (ngSubmit)="submitForm(form)">

        <div class="bg-danger text-white p-2 mb-2"
                *ngIf="formSubmitted && form.invalid">
            There are problems with the form
            <ul>
                <li *ngFor="let error of getFormValidationMessages(form)">
                    {{error}}
                </li>
            </ul>
        </div>

        <div class="form-group">
            <label>Name</label>
            <input class="form-control"
                    name="name"
                    [(ngModel)]="newProduct.name"
                    #name="ngModel"
                    required
                    minlength="5"
                    pattern="^[A-Za-z ]+$" />
            <ul class="text-danger list-unstyled"
                *ngIf="(formSubmitted || name.dirty) && name.invalid">
                <li *ngFor="let error of getValidationMessages(name)">
                    {{error}}
                </li>
            </ul>
        </div>

        <div class="form-group">
            <label>Price</label>
            <input class="form-control" name="price" [(ngModel)]="newProduct.price"
                    #price="ngModel" required pattern="^[0-9\.]+$" />
            <ul class="text-danger list-unstyled"
                *ngIf="(formSubmitted || price.dirty) && price.invalid">
                <li *ngFor="let error of getValidationMessages(price)">
                    {{error}}
```

```
            </li>
        </ul>
    </div>

    <button class="btn btn-primary" type="submit"
            [disabled]="formSubmitted && form.invalid"
            [class.btn-secondary]="formSubmitted && form.invalid">
        Create
    </button>
    </form>
</div>
```

为实现额外的强调效果，这里使用了类绑定：当表单被提交并且包含无效数据时，将 button 元素添加到 btn-secondary 类中。此类应用了 Bootstrap CSS 样式，如图 14-13 所示。

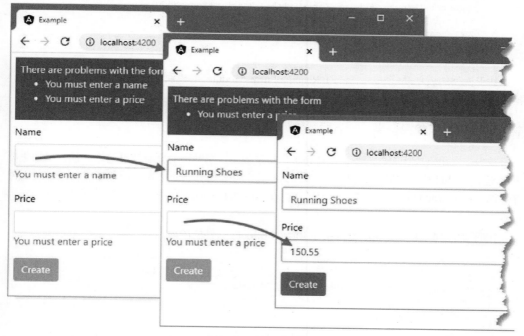

图 14-13　禁用提交按钮

14.5　使用基于模型的表单

前一节中的表单使用 HTML 元素和属性来定义构成表单的各个域并添加验证约束条件。这种方法的优点是该技术广为人知且比较简单，缺点是随着表单变得越来越大，表单会变得复杂且难以维护，每个域都需要单独的内容块来管理其布局和验证需求以及显示验证消息。

Angular 还提供了另一种名为基于模型的表单(model-based form)的方法，在代码中定义表单及其验证细节，而不是在模板中定义。这种方法可以更好地扩展，但需要做一些前期工作，结果并不像在模板中定义所有内容那样自然。下面几节设置并应用一个模型来描述表单以及所需的验证。

14.5.1　启用基于模型的表单功能

为支持基于模型的表单，需要在应用程序的 Angular 模块中声明新的依赖关系，如代码清单 14-23 所示。

代码清单 14-23　在 src/app 文件夹的 app.module.ts 文件中启用基于模型的表单

```
import { NgModule } from "@angular/core";
import { BrowserModule } from "@angular/platform-browser";
import { ProductComponent } from "./component";
import { FormsModule, ReactiveFormsModule } from "@angular/forms";

@NgModule({
    imports: [BrowserModule, FormsModule, ReactiveFormsModule],
    declarations: [ProductComponent],
    bootstrap: [ProductComponent]
})
export class AppModule {}
```

基于模型的表单功能在一个名为 ReactiveFormsModule 的模块中定义，该模块在 JavaScript 模块@angular/forms 中定义，本章开头已经把该模块添加到项目中。

14.5.2　定义表单模型类

首先定义用来描述表单的类，以使模板尽可能简单。虽然不必完全遵循这个方法，但如果要采用基于模型的表单，那么明智的做法是尽可能多地在模型中处理表单，并尽可能减少模板的复杂性。在 src/app 文件夹中添加一个名为 form.model.ts 的文件，并添加代码清单 14-24 所示的代码。

代码清单 14-24　src/app 文件夹中 form.model.ts 文件的内容

```
import { FormControl, FormGroup, Validators } from "@angular/forms";

export class ProductFormControl extends FormControl {
    label: string;
    modelProperty: string;

    constructor(label:string, property:string, value: any, validator: any) {
        super(value, validator);
        this.label = label;
        this.modelProperty = property;
    }
}

export class ProductFormGroup extends FormGroup {

    constructor() {
        super({
            name: new ProductFormControl("Name", "name", "", Validators.required),
            category: new ProductFormControl("Category", "category", "",
                Validators.compose([Validators.required,
                    Validators.pattern("^[A-Za-z ]+$"),
                    Validators.minLength(3),
```

```
                    Validators.maxLength(10)])),

        price: new ProductFormControl("Price", "price", "",
            Validators.compose([Validators.required,
                Validators.pattern("^[0-9\.]+$")]))
    });
    }
}
```

在这个代码清单中定义的两个类分别继承自 Angular 用于幕后管理表单及其内容的两个类：
FormControl 类用于表示表单中的单个元素(例如 input 元素)，而 FormGroup 类用于管理 form 元素
及其内容。

新的子类添加了一些功能，从而更容易通过编程方式生成 HTML 表单。ProductFormControl
类继承自 FormControl 类，它的两个属性分别指定与 input 元素相关联的 label 元素的文本，以及
input 元素要表示的 Product 类的某个属性的名称。

ProductFormGroup 类继承自 FormGroup 类，该类的重要部分是 ProductFormGroup 类的构造
函数，它负责设置要用于创建和验证表单的模型。FormGroup 类(它是 ProductFormGroup 的超类)
的构造函数接收一个对象，该对象的各个属性的名称与模板中各个 input 元素的名称一一对应，
每个属性都赋予一个用来表示该 input 元素的 ProductFormControl 对象，该对象同时指定 input 元
素所需的验证检查。传给超类构造函数的对象的第一个属性最简单：

```
...
name: new ProductFormControl("Name", "name", "", Validators.required),
...
```

该属性名为 name，这告诉 Angular 该属性对应于模板中名为 name 的 input 元素。
ProductFormControl 构造函数的实参指定：与 input 元素相关联的 label 元素的内容(Name)、input
元素绑定的 Product 类的某个属性名称(name)、数据绑定的初始值(空字符串)以及所需的验证检查。
Angular 在@angular/forms 模块中定义了一个名为 Validators 的类，它的属性实现了所有内置验证
检查，如表 14-8 所示。

表 14-8　验证器属性

名称	描述
Validators.required	此属性对应于 required 属性，确保有输入值
Validators.minLength	此属性对应于 minlength 属性，确保最小数量的字符
Validators.maxLength	此属性对应于 maxlength 属性，确保最大数量的字符
Validators.pattern	此属性对应于 pattern 属性，匹配正则表达式

可以使用 Validators.compose 方法将多个验证器组合起来，以便在单个元素上执行多项检查，
如下所示。

```
...
category: new ProductFormControl("Category", "category", "",
    Validators.compose([Validators.required,
        Validators.pattern("^[A-Za-z ]+$"),
        Validators.minLength(3),
        Validators.maxLength(10)])),
...
```

Validators.compose 方法接收一组验证器。由 pattern、minLength 和 maxLength 验证器定义的

构造函数实参分别对应于相应的验证属性值。对于该元素而言，整体效果是：值必填，只能包含字母和空格，并且长度必须介于 3 到 10 个字符之间。

下一步是将生成验证错误消息的方法从组件移到新的表单模型类中，如代码清单 14-25 所示。这样就把所有与表单相关的代码放在一起，有助于让组件尽可能简单。此外，还在 ProductFormControl 类的 getValidationMessages 方法中为 maxLength 验证器添加了验证消息支持。

代码清单 14-25　在 src/app 文件夹的 form.model.ts 文件中移动验证消息方法

```
import { FormControl, FormGroup, Validators } from "@angular/forms";

export class ProductFormControl extends FormControl {
    label: string;
    modelProperty: string;

    constructor(label:string, property:string, value: any, validator: any) {
        super(value, validator);
        this.label = label;
        this.modelProperty = property;
    }

    getValidationMessages() {
        let messages: string[] = [];
        if (this.errors) {
            for (let errorName in this.errors) {
                switch (errorName) {
                    case "required":
                        messages.push(`You must enter a ${this.label}`);
                        break;
                    case "minlength":
                        messages.push(`A ${this.label} must be at least
                            ${this.errors['minlength'].requiredLength}
                            characters`);
                        break;
                    case "maxlength":
                        messages.push(`A ${this.label} must be no more than
                            ${this.errors['maxlength'].requiredLength}
                            characters`);
                        break;
                    case "pattern":
                        messages.push(`The ${this.label} contains
                            illegal characters`);
                        break;
                }
            }
        }
        return messages;
    }
}

export class ProductFormGroup extends FormGroup {

    constructor() {
        super({
            name: new ProductFormControl("Name", "name", "", Validators.required),
```

```
            category: new ProductFormControl("Category", "category", "",
                Validators.compose([Validators.required,
                    Validators.pattern("^[A-Za-z ]+$"),
                    Validators.minLength(3),
                    Validators.maxLength(10)])),

            price: new ProductFormControl("Price", "price", "",
                Validators.compose([Validators.required,
                    Validators.pattern("^[0-9\.]+$")]))
        });
    }

    get productControls(): ProductFormControl[] {
        return Object.keys(this.controls)
            .map(k => this.controls[k] as ProductFormControl);
    }

    getValidationMessages(name: string): string[] {
        return (this.controls['name'] as ProductFormControl).getValidationMessages();
    }

    getFormValidationMessages() : string[] {
        let messages: string[] = [];
        Object.values(this.controls).forEach(c =>
            messages.push(...(c as ProductFormControl).getValidationMessages()));
        return messages;
    }
}
```

验证消息的生成方式与之前相同，只是稍有调整，以反映代码现在是表单模型(而不是组件)的一部分。

14.5.3　使用模型进行验证

现在已经有了一个表单模型，下面可用它验证表单。代码清单 14-26 演示了如何更新组件类以启用基于模型的表单，并让表单模型类可用于模板。还删除了那些用于生成验证错误消息的方法，它们已被移到代码清单 14-25 的表单模型类中。

代码清单 14-26　在 src/app 文件夹的 component.ts 文件中使用表单模型

```
import { ApplicationRef, Component } from "@angular/core";
import { NgForm, FormGroup } from "@angular/forms";
import { Model } from "./repository.model";
import { Product } from "./product.model";
import { ProductFormGroup, ProductFormControl } from "./form.model";

@Component({
    selector: "app",
    templateUrl: "template.html"
})
export class ProductComponent {
    model: Model = new Model();
    formGroup: ProductFormGroup = new ProductFormGroup();

    getProduct(key: number): Product {
```

```
            return this.model.getProduct(key);
    }

    getProducts(): Product[] {
        return this.model.getProducts();
    }

    newProduct: Product = new Product();

    get jsonProduct() {
        return JSON.stringify(this.newProduct);
    }

    addProduct(p: Product) {
        console.log("New Product: " + this.jsonProduct);
    }

    formSubmitted: boolean = false;

    submitForm() {
        Object.keys(this.formGroup.controls)
            .forEach(c => this.newProduct[c] = this.formGroup.controls[c].value);
        this.formSubmitted = true;
        if (this.formGroup.valid) {
            this.addProduct(this.newProduct);
            this.newProduct = new Product();
            this.formGroup.reset();
            this.formSubmitted = false;
        }
    }
}
```

这个代码清单从 form.model 模块导入 ProductFormGroup 类，并使用它来定义一个名为 form 的属性，这样就可以在模板中使用自定义表单模型类。

代码清单 14-27 更新模板以使用基于模型的功能来处理验证，将模板中定义的基于属性的验证配置替换掉。

代码清单 14-27　在 src/app 文件夹的 template.html 文件中使用表单模型

```
<style>
    input.ng-dirty.ng-invalid { border: 2px solid #ff0000 }
    input.ng-dirty.ng-valid { border: 2px solid #6bc502 }
</style>

<form class="m-2" novalidate [formGroup]="formGroup" (ngSubmit)="submitForm()">

    <div class="bg-danger text-white p-2 mb-2"
            *ngIf="formSubmitted && formGroup.invalid">
        There are problems with the form
        <ul>
            <li *ngFor="let error of formGroup.getFormValidationMessages()">
                {{error}}
            </li>
        </ul>
    </div>
```

```
<div class="form-group">
    <label>Name</label>
    <input class="form-control" name="name" formControlName="name" />
    <ul class="text-danger list-unstyled"
            *ngIf="(formSubmitted || formGroup.controls['name'].dirty) &&
                formGroup.controls['name'].invalid">
        <li *ngFor="let error of formGroup.getValidationMessages('name')">
            {{error}}
        </li>
    </ul>
</div>

<div class="form-group">
    <label>Category</label>
    <input class="form-control" name="name" formControlName="category" />
    <ul class="text-danger list-unstyled"
            *ngIf="(formSubmitted || formGroup.controls['category'].dirty) &&
                formGroup.controls['category'].invalid">
        <li *ngFor="let error of formGroup.getValidationMessages('category')">
            {{error}}
        </li>
    </ul>
</div>

<div class="form-group">
    <label>Price</label>
    <input class="form-control" name="price" formControlName="price" />
    <ul class="text-danger list-unstyled"
            *ngIf="(formSubmitted || formGroup.controls['price'].dirty) &&
            formGroup.controls['price'].invalid">
        <li *ngFor="let error of formGroup.getValidationMessages('price')">
            {{error}}
        </li>
    </ul>
</div>

<button class="btn btn-primary" type="submit"
    [disabled]="formSubmitted && formGroup.invalid"
    [class.btn-secondary]="formSubmitted && formGroup.invalid">
        Create
</button>
</form>
```

第一处更改是对 form 元素的更改。使用基于模型的验证需要 formGroup 指令，如下所示。

```
...
<form class="m-2" novalidate [formGroup]="formGroup" (ngSubmit)="submitForm()">
...
```

赋给 formGroup 指令的值是组件的 form 属性，它返回一个 ProductFormGroup 对象，该对象是表单验证信息的来源。

接下来修改的是 input 元素。删除单独的验证属性和被赋予特殊值 ngForm 的模板变量，但添加一个新的 formControlName 属性，基于模型的表单系统将使用该属性和代码清单 14-24 在 ProductFormGroup 中使用的名称来识别 input 元素。

```
...
<input class="form-control" name="name" formControlName="name" />
...
```

formControlName 属性还可以让 Angular 添加和移除 input 元素的验证类。这里，该属性被设置为 name，它告诉 Angular，该元素应该使用特定的验证器进行验证。

```
...
name: new ProductFormControl("Name", "name", "", Validators.required),
...
```

FormGroup 类提供了一个 controls 属性，它返回自己管理的 FormControl 对象集合，可以按名称进行索引。可以从集合检索单个 FormControl 对象，执行检查以获取验证状态，或者生成验证消息。

代码清单 14-27 中还有一处更改，即添加了 3 个 input 元素，用来获取创建新的 Product 对象所需的数据，每个元素都使用验证模型进行检查，如图 14-14 所示。

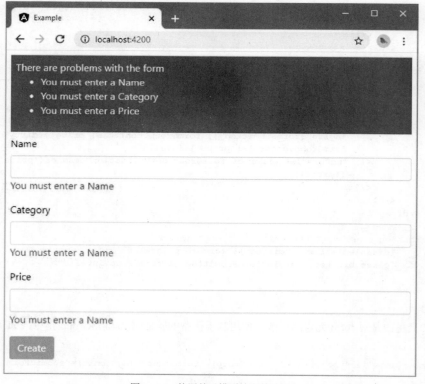

图 14-14　使用基于模型的表单验证

14.5.4　根据模型生成元素

代码清单 14-27 中有很多重复代码。验证属性已被移到代码中，但每个 input 元素仍然需要一个支撑的内容框架来处理其布局，并向用户显示其验证消息。

下一步是简化模板，使用表单模型来生成表单中的元素，而不仅仅是验证它们。代码清单 14-28

演示了如何将标准 Angular 指令与表单模型相结合，以编程方式生成表单。

代码清单 14-28　在 src/app 文件夹的 template.html 文件中使用模型来生成表单

```
<style>
  input.ng-dirty.ng-invalid { border: 2px solid #ff0000 }
  input.ng-dirty.ng-valid { border: 2px solid #6bc502 }
</style>

<form class="m-2" novalidate [formGroup]="formGroup" (ngSubmit)="submitForm()">

  <div class="bg-danger text-white p-2 mb-2"
          *ngIf="formSubmitted && formGroup.invalid">
      There are problems with the form
      <ul>
          <li *ngFor="let error of formGroup.getFormValidationMessages()">
              {{error}}
          </li>
      </ul>
  </div>

  <div class="form-group" *ngFor="let control of formGroup.productControls">
    <label>{{control.label}}</label>
    <input class="form-control"
        name="{{control.modelProperty}}"
        formControlName="{{control.modelProperty}}" />
    <ul class="text-danger list-unstyled"
          *ngIf="(formSubmitted || control.dirty) && control.invalid">
        <li *ngFor="let error of control.getValidationMessages()">
            {{error}}
        </li>
    </ul>
  </div>

  <button class="btn btn-primary" type="submit"
      [disabled]="formSubmitted && formGroup.invalid"
      [class.btn-secondary]="formSubmitted && formGroup.invalid">
          Create
  </button>
</form>
```

这个代码清单利用 ProductFormControl 和 ProductFormGroup 模型类提供的描述信息并使用 ngFor 指令来创建表单元素。为每个元素配置的属性与代码清单 14-27 相同，但是它们的值均取自模型的描述信息，这使模板得以简化，并依靠模型来定义表单元素及其验证。

一旦有一个基本的表单模型，就可以进行扩展，以反映应用程序的需要。例如，可添加新元素；继承 FormControl 的子类，以包含额外信息，例如 input 元素的 type 属性的值；为某些域生成 select 元素；提供占位符值以帮助指导用户填写。

14.6　创建自定义表单验证器

Angular 支持自定义表单验证器，这类验证器可用于增强应用程序特定的验证策略，而不是内置验证器提供的通用验证。为了进行演示，在 src/app 文件夹中添加一个名为 limit.formvalidator.ts 的文件，并用它定义如代码清单 14-29 所示的类。

代码清单 14-29　src/app 文件夹中 limit.formvalidator.ts 文件的内容

```
import { FormControl } from "@angular/forms";

export class LimitValidator {

  static Limit(limit:number) {
    return (control:FormControl) : {[key: string]: any} => {
      let val = Number(control.value);
      if (val != NaN && val > limit) {
        return {"limit": {"limit": limit, "actualValue": val}};
      } else {
        return null;
      }
    }
  }
}
```

自定义验证器是创建验证函数的工厂。这里，LimitValidator 类定义了 Limit 方法，它是一个静态方法，并且是一个返回验证函数的工厂。Limit 方法的实参是允许通过验证的最大值。

当 Angular 调用由 Limit 方法返回的验证函数时，它提供一个 FormControl 对象作为实参。这个代码清单中的自定义验证函数使用 value 属性来获取用户输入的值，将其转换为数字，然后与允许的最大值进行比较。

对于有效值，验证函数返回 null；而对于无效值，则返回一个对象，该对象包含错误的详细信息。为了描述验证错误，这个对象定义了一个属性，该属性指出哪条验证规则失败(在这里是 limit)，并为该属性分配另一个对象来提供详细的错误信息。limit 属性返回一个对象，该对象的 limit 属性设置为验证允许的最大值，而另一个属性 actualValue 设置为用户输入的值。

应用自定义验证器

代码清单 14-30 演示了如何扩展表单模型以支持新的自定义验证器类，并将其应用于产品的 price 属性所对应的 input 元素。

代码清单 14-30　在 src/app 文件夹的 form.model.ts 文件中应用自定义验证器

```
import { FormControl, FormGroup, Validators } from "@angular/forms";
import { LimitValidator } from "./limit.formvalidator";

export class ProductFormControl extends FormControl {
    label: string;
    modelProperty: string;
    constructor(label:string, property:string, value: any, validator: any) {
        super(value, validator);
        this.label = label;
        this.modelProperty = property;
    }

    getValidationMessages() {
        let messages: string[] = [];
        if (this.errors) {
            for (let errorName in this.errors) {
                switch (errorName) {
                    case "required":
```

```
                        messages.push(`You must enter a ${this.label}`);
                        break;
                    case "minlength":
                        messages.push(`A ${this.label} must be at least
                            ${this.errors['minlength'].requiredLength}
                            characters`);
                        break;
                    case "maxlength":
                        messages.push(`A ${this.label} must be no more than
                            ${this.errors['maxlength'].requiredLength}
                            characters`);
                        break;
                    case "pattern":
                        messages.push(`The ${this.label} contains
                             illegal characters`);
                        break;
                    case "limit":
                        messages.push(`A ${this.label} cannot be more
                            than ${this.errors['limit'].limit}`);
                        break;
                }
            }
        }
        return messages;
    }
}


export class ProductFormGroup extends FormGroup {

    constructor() {
        super({
            name: new ProductFormControl("Name", "name", "", Validators.required),

            category: new ProductFormControl("Category", "category", "",
                Validators.compose([Validators.required,
                    Validators.pattern("^[A-Za-z ]+$"),
                    Validators.minLength(3),
                    Validators.maxLength(10)])),
             price: new ProductFormControl("Price", "price", "",
                Validators.compose([Validators.required,
                    LimitValidator.Limit(100),
                    Validators.pattern("^[0-9\.]+$")]))
        });
    }

    get productControls(): ProductFormControl[] {
        return Object.keys(this.controls)
            .map(k => this.controls[k] as ProductFormControl);
    }

    getValidationMessages(name: string): string[] {
        return (this.controls['name'] as ProductFormControl).getValidationMessages();
    }

    getFormValidationMessages() : string[] {
        let messages: string[] = [];
```

```
        Object.values(this.controls).forEach(c =>
            messages.push(...(c as ProductFormControl).getValidationMessages()));
        return messages;
    }
}
```

结果是输入到 Price 域中的值的上限设置为 100，大于该值就会显示如图 14-15 所示的验证错误消息。

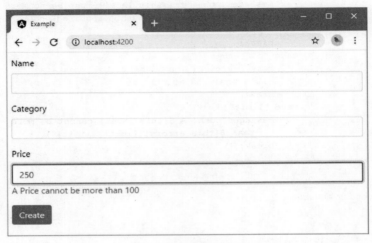

图 14-15　自定义验证消息

14.7　本章小结

本章介绍了 Angular 通过事件和表单支持用户交互的方式，内容涵盖如何创建事件绑定，如何创建双向绑定，以及如何使用 ngModel 指令对它们进行简化。本章还描述了 Angular 为管理和验证 HTML 表单提供的支持。下一章将介绍如何创建自定义指令。

第 15 章

创建属性指令

在本章中将描述如何使用自定义指令来补充 Angular 提供的内置功能。本章的重点是属性指令(attribute directive),它们是开发者可以创建的最简单指令类型,可以改变单个元素的外观或行为。在第 16 章中,将解释如何创建结构型指令(structural directive),这些指令用于改变 HTML 文档的布局。组件也是一种指令类型,将在第 17 章中解释它们的工作原理。

在这些章中,将通过重新实现一些内置指令提供的功能来描述自定义指令的工作原理。虽然在实际项目中并不需要执行这样的操作,但它提供了一个有用的基础,可以解释这个实现过程。表 15-1 介绍了属性指令的相关知识。

表 15-1 属性指令的相关知识

问题	答案
什么是属性指令	属性指令是能够修改其宿主元素的行为或外观的类。在第 12 章描述的样式绑定和类绑定就是属性指令的示例
属性指令有什么作用	虽然内置指令涵盖了 Web 应用程序开发中所需的最常见任务,但是它们无法处理所有情况。自定义指令可用于定义应用程序特有的功能
如何使用属性指令	属性指令是已应用@Directive 装饰器的类。在模板所属组件的 directives 属性中可以启用属性指令,并通过 CSS 选择器应用它们
属性指令是否存在陷阱或限制	在创建自定义指令时遇到的主要陷阱是容易使用不当,比如一些任务本该使用诸如输入属性和输出属性以及宿主元素绑定等指令功能更好地处理,这类场合就不该使用属性指令
属性指令是否存在替代方案	Angular 还支持其他两种类型的指令(结构型指令以及组件),它们可能更适合给定的任务。有时为了避免编写自定义代码,可以选择对多种内置指令进行组合来创建特定效果,但是最终结果可能并不稳定,并导致难以阅读和维护的复杂 HTML

表 15-2 给出了本章内容摘要。

表 15-2 本章内容摘要

问题	解决方案	代码清单编号
创建属性指令	向类添加@Directive	1~5
访问宿主元素的属性值	向构造函数参数添加@Attribute 装饰器	6~9

（续表）

问题	解决方案	代码清单编号
创建数据绑定的输入属性	向类属性添加@Input 装饰器	10 和 11
在数据绑定输入属性值改变时接收通知	实现 ngOnChanges 方法	12
定义事件	应用@Output 装饰器	13 和 14
在宿主元素上创建属性绑定或事件绑定	应用@HostBinding 或@HostListener 装饰器	15~19
导出指令的功能用于模板	使用@Directive 装饰器的 exportAs 属性	20 和 21

15.1　准备示例项目

与本书这一部分的前几章一样，这里将继续使用上一章的示例项目。为了准备本章，重新定义了表单，使其更新组件的 newProduct 属性，而不是使用第 14 章中的基于模型的表单，如代码清单 15-1 所示。

代码清单 15-1　在 src/app 文件夹的 template.html 文件中准备模板

```html
<style>
  input.ng-dirty.ng-invalid { border: 2px solid #ff0000 }
  input.ng-dirty.ng-valid { border: 2px solid #6bc502 }
</style>

<div class="row m-2">
  <div class="col-6">
    <form class="m-2" novalidate (ngSubmit)="submitForm()">
      <div class="form-group">
        <label>Name</label>
        <input class="form-control" name="name" [(ngModel)]="newProduct.name" />
      </div>
      <div class="form-group">
        <label>Category</label>
        <input class="form-control" name="category"
          [(ngModel)]="newProduct.category" />
      </div>
      <div class="form-group">
        <label>Price</label>
        <input class="form-control" name="price" [(ngModel)]="newProduct.price" />
      </div>
      <button class="btn btn-primary" type="submit">Create</button>
    </form>
  </div>

  <div class="col-6">
    <table class="table table-sm table-bordered table-striped">
      <tr><th></th><th>Name</th><th>Category</th><th>Price</th></tr>
      <tr *ngFor="let item of getProducts(); let i = index">
        <td>{{i + 1}}</td>
        <td>{{item.name}}</td>
        <td>{{item.category}}</td>
        <td>{{item.price}}</td>
```

```
        </tr>
      </table>
    </div>
</div>
```

这个代码清单使用 Bootstrap 网格布局把表单和表格并排安放。代码清单 15-2 删除了 JSON 输出的 jsonProperty 属性，更新了组件的 addProduct 方法，用于向数据模型添加一个新对象，并简化了 submitForm 方法。

代码清单 15-2　在 src/app 文件夹的 component.ts 文件中修改数据模型

```
import { ApplicationRef, Component } from "@angular/core";
import { NgForm, FormGroup } from "@angular/forms";
import { Model } from "./repository.model";
import { Product } from "./product.model";
import { ProductFormGroup, ProductFormControl } from "./form.model";

@Component({
    selector: "app",
    templateUrl: "template.html"
})
export class ProductComponent {
    model: Model = new Model();
    formGroup: ProductFormGroup = new ProductFormGroup();

    getProduct(key: number): Product {
        return this.model.getProduct(key);
    }

    getProducts(): Product[] {
        return this.model.getProducts();
    }

    newProduct: Product = new Product();

    addProduct(p: Product) {
        this.model.saveProduct(p);
    }

    formSubmitted: boolean = false;

    submitForm() {
        this.addProduct(this.newProduct);
    }
}
```

要启动应用程序，请导航到 example 项目文件夹并运行以下命令。

```
npm serve
```

该命令将打开一个新浏览器窗口并导航到 http://localhost:4200，显示图 15-1 中的表单。提交表单时，数据将经过验证，然后要么显示错误消息，要么将新数据项添加到数据模型中并在表格中显示。

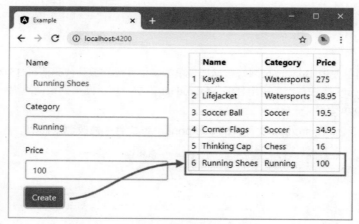

图 15-1 运行示例应用程序

15.2 创建简单的属性指令

最好的起步方法是立即着手创建一个指令，看看指令是如何工作的。在 src/app 文件夹中添加一个名为 attr.directive.ts 的文件，如代码清单 15-3 所示。这个文件的名称表明它包含一个指令。将文件名的第一部分设置为 attr，是为了表明这是属性指令的一个示例。

代码清单 15-3 src/app 文件夹中 attr.directive.ts 文件的内容

```
import { Directive, ElementRef } from "@angular/core";

@Directive({
    selector: "[pa-attr]",
})
export class PaAttrDirective {

    constructor(element: ElementRef) {
        element.nativeElement.classList.add("bg-success", "text-white");
    }
}
```

指令是已应用@Directive 装饰器的类。该装饰器要求设置 selector 属性，用于指定如何将指令应用于元素(使用标准 CSS 样式选择器来表示)。这里使用的选择器是[pa-attr]，它将匹配任何具有 pa-attr 属性的元素，而不管元素的类型或赋给该属性的具体值。

由于自定义指令具有独特的前缀，因此可轻松地识别出它们。前缀可以是任何对自己的应用程序有意义的内容。这里为指令选择了前缀 Pa，即本书英文书名的首字母，并且该前缀被用于 selector 装饰器属性指定的属性和属性类的名称。前缀的大小写变化反映了它的使用场合，首字母小写用于选择器属性名称(pa-attr)，而首字母大写用于指令类的名称(PaAttrDirective)。

注意：前缀 Ng/ng 被保留用于内置的 Angular 功能，因此不应使用。

这个指令的构造函数定义了单个 ElementRef 参数，Angular 在创建该指令的新实例时提供该实参，它表示宿主元素。ElementRef 类定义了唯一的属性 nativeElement，它返回浏览器用来表示

DOM(Domain Object Model)元素的对象。该对象提供的方法和属性可用于操纵 DOM 元素及其内容，其中包括 classList 属性，该属性可用于管理元素的 CSS 类成员资格，如下所示。

```
...
element.nativeElement.classList.add("bg-success", "text-white");
...
```

总而言之，PaAttrDirective 类是一个指令，应用于那些具有 pa-attr 属性的元素，它把这些元素添加到 bg-success 类和 text-white 类，而 Bootstrap CSS 库使用该类为这些元素指派背景色和文本颜色。

应用自定义指令

应用自定义指令包括两个步骤。第 1 步是更新模板，让一个或多个元素与指令所用的选择器相匹配。对于示例指令而言，这意味着将 pa-attr 属性添加到一个元素中，如代码清单 15-4 所示。

代码清单 15-4　在 src/app 文件夹的 template.html 文件中添加指令属性

```
...
<table class="table table-sm table-bordered table-striped">
    <tr><th></th><th>Name</th><th>Category</th><th>Price</th></tr>
    <tr *ngFor="let item of getProducts(); let i = index" pa-attr>
        <td>{{i + 1}}</td>
        <td>{{item.name}}</td>
        <td>{{item.category}}</td>
        <td>{{item.price}}</td>
    </tr>
</table>
...
```

该指令的选择器匹配任何具有该属性的元素，而不管该属性是否被赋值以及赋的是什么值。应用指令的第 2 步是修改 Angular 模块的配置，如代码清单 15-5 所示。

代码清单 15-5　在 src/app 文件夹的 app.module.ts 文件中配置组件

```
import { NgModule } from "@angular/core";
import { BrowserModule } from "@angular/platform-browser";
import { ProductComponent } from "./component";
import { FormsModule, ReactiveFormsModule } from "@angular/forms";
import { PaAttrDirective } from "./attr.directive";

@NgModule({
    imports: [BrowserModule, FormsModule, ReactiveFormsModule],
    declarations: [ProductComponent, PaAttrDirective],
    bootstrap: [ProductComponent]
})
export class AppModule { }
```

NgModule 装饰器的 declarations 属性声明了应用程序将要使用的指令和组件。如果目前感觉指令和组件之间的关系和差异似乎让人困惑，请不要担心，到了第 17 章，一切将会变得清楚。

一旦完成这两个步骤，最终的效果就是模板中为 tr 元素应用的 pa-attr 属性将触发自定义指令，它使用 DOM API 将元素添加到 bg-success 类和 text-white 类。由于 tr 元素是 ngFor 指令使用的微模板的一部分，因此表格中的所有行都会受到影响，如图 15-2 所示(可能需要重启 Angular 开发工具才能看到变化)。

图 15-2   应用自定义指令

15.3   在指令中访问应用程序数据

虽然上一节中的示例演示了一个指令的基本结构，但是对于这个指令所能做的全部工作，实际上只需要在 tr 元素上使用 class 属性绑定即可实现。如果指令能够与宿主元素和应用程序的其他部分进行交互，那么指令就会变得更加有用。

15.3.1   读取宿主元素属性

让指令更有价值的最简单方法是利用宿主元素应用的各种属性来配置指令，这样就可以为指令的每个实例提供各自的配置信息并相应地调整其行为。

例如，代码清单 15-6 将指令应用于模板表中的某些 td 元素，并添加一个属性以指定宿主元素要加入的 CSS 类。这个指令的选择器表明它将匹配任何具有 pa-attr 属性的元素，而不管标签类型如何，它在 td 元素上也可以像在 tr 元素上一样使用。

代码清单 15-6   在 src/app 文件夹的 template.html 文件中添加元素属性

```
...
<table class="table table-sm table-bordered table-striped">
    <tr><th></th><th>Name</th><th>Category</th><th>Price</th></tr>
    <tr *ngFor="let item of getProducts(); let i = index" pa-attr>
        <td>{{i + 1}}</td>
        <td>{{item.name}}</td>
        <td pa-attr pa-attr-class="bg-warning">{{item.category}}</td>
        <td pa-attr pa-attr-class="bg-info">{{item.price}}</td>
    </tr>
</table>
...
```

pa-attr 属性已被应用于两个 td 元素，此外还有一个名为 pa-attr-class 的新属性，该属性用于指定该指令应将宿主元素添加到哪个 CSS 类。代码清单 15-7 显示了如何修改指令来获取 pa-attr-class 属性的值并使用该值来修改宿主元素。

代码清单 15-7　在 src/app 文件夹的 attr.directive.ts 文件中读取元素属性

```
import { Directive, ElementRef, Attribute } from "@angular/core";

@Directive({
    selector: "[pa-attr]",
})
export class PaAttrDirective {

    constructor(element: ElementRef, @Attribute("pa-attr-class") bgClass: string) {
        element.nativeElement.classList.add(bgClass || "bg-success", "text-white");
    }
}
```

为接收 pa-attr-class 属性的值，这里添加了一个新的名为 bgClass 的构造函数形参，并为其应用了@Attribute 装饰器。这个装饰器在@angular/core 模块中定义，它指定一个属性的名称，当 Angular 创建指令类的新实例时应该使用该属性为这个构造函数形参提供值。Angular 为每个与选择器匹配的元素都分别创建了一个新的装饰器实例，并使用这些元素的属性为指令构造函数中那些带有@Attribute 装饰器的实参提供值。

在构造函数中，属性的值将被传递给 classList.add 方法，同时为这个参数提供默认值，这样就可以将该指令应用于那些具有 pa-attr 属性但不包含 pa-attr-class 属性的元素。

其结果是现在可以使用一个属性来指定元素要加入的 CSS 类，产生如图 15-3 所示的结果。

图 15-3　使用宿主元素属性配置指令

使用单个宿主元素属性

使用一个属性来应用指令，再使用另一个属性进行配置，这种做法显然是多余的。使用单个属性执行双重任务显然更加合理，如代码清单 15-8 所示。

代码清单 15-8　在 src/app 文件夹的 attr.directive.ts 文件中重用属性

```
import { Directive, ElementRef, Attribute } from "@angular/core";

@Directive({
    selector: "[pa-attr]",
})
export class PaAttrDirective {

    constructor(element: ElementRef, @Attribute("pa-attr") bgClass: string) {
        element.nativeElement.classList.add(bgClass || "bg-success", "text-white");
    }
}
```

@Attribute 装饰器现在将 pa-attr 属性指定为 bgClass 形参值的来源。在代码清单 15-9 中，已更新了模板以反映这个双用途属性。

代码清单 15-9　在 src/app 文件夹的 template.html 文件中应用指令

```
...
<table class="table table-sm table-bordered table-striped">
    <tr><th></th><th>Name</th><th>Category</th><th>Price</th></tr>
    <tr *ngFor="let item of getProducts(); let i = index" pa-attr>
        <td>{{i + 1}}</td>
        <td>{{item.name}}</td>
        <td pa-attr="bg-warning">{{item.category}}</td>
        <td pa-attr="bg-info">{{item.price}}</td>
    </tr>
</table>
...
```

虽然这个示例生成的结果并没有任何可见的变化，但是它简化了在 HTML 模板中应用指令的方式。

15.3.2　创建数据绑定输入属性

采用@Attribute 读取属性的主要限制在于元素属性值是静态的。Angular 指令的真正威力来自于对表达式的支持：表达式会随着应用程序状态的变化而更新，并且可以通过更改宿主元素进行响应。

指令使用数据绑定输入属性(data-bound input properties，也称为输入属性，或简称输入)来接收表达式。代码清单 15-10 修改了应用程序的模板，以在应用于 tr 和 td 元素的 pa-attr 属性中包含表达式，而不仅仅是静态的 CSS 类名称。

代码清单 15-10　在 src/app 文件夹的 template.html 文件中使用表达式

```
...
<table class="table table-sm table-bordered table-striped">
    <tr><th></th><th>Name</th><th>Category</th><th>Price</th></tr>
    <tr *ngFor="let item of getProducts(); let i = index"
            [pa-attr]="getProducts().length < 6 ? 'bg-success' : 'bg-warning'">
        <td>{{i + 1}}</td>
        <td>{{item.name}}</td>
        <td [pa-attr]="item.category == 'Soccer' ? 'bg-info' : null">
            {{item.category}}
```

```
        </td>
        <td [pa-attr]="'bg-info'">{{item.price}}</td>
    </tr>
</table>
...
```

这个代码清单中共有 3 个表达式。第 1 个被应用于 tr 元素，它根据组件的 getProducts 方法所返回的对象数目来选择一个 CSS 类。

```
...
<tr *ngFor="let item of getProducts(); let i = index"
    [pa-attr]="getProducts().length < 6 ? 'bg-success' : 'bg-warning'">
...
```

第 2 个表达式被应用于 Category 列的 td 元素，它为 category 属性值等于 Soccer 的 Product 对象指定 bg-info 类，而对于所有其他返回值指定 null。

```
...
<td [pa-attr]="item.category == 'Soccer' ? 'bg-info' : null">
...
```

第 3 个也是最后一个表达式返回一个固定的字符串值，这里用单引号引起来，这是因为这是一个表达式而不是一个静态的元素属性值。

```
...
<td [pa-attr]="'bg-info'">{{item.price}}</td>
...
```

请注意，属性名称要用方括号括起来。这是因为要想在指令中接收表达式，就要创建数据绑定，就像在第 13 章和第 14 章中描述的内置指令一样。

提示：忘记使用方括号是一种常见的错误。没有方括号，Angular 只会将表达式的原始文本传给指令而不进行求值。如果在应用自定义指令时遇到错误，首先就要检查是否遗忘了方括号。

要实现数据绑定，还需要在指令类中创建一个输入属性，并告诉 Angular 如何管理它的值，如代码清单 15-11 所示。

代码清单 15-11　在 src/app 文件夹的 attr.directive.ts 文件中定义输入属性

```
import { Directive, ElementRef, Attribute, Input } from "@angular/core";

@Directive({
    selector: "[pa-attr]"
})
export class PaAttrDirective {

    constructor(private element: ElementRef) {}

    @Input("pa-attr")
    bgClass: string;

    ngOnInit() {
        this.element.nativeElement.classList.add(this.bgClass || "bg-success",
```

```
            "text-white");
    }
}
```

输入属性的定义方式如下：将@Input 装饰器应用于属性，并使用它来指定包含表达式的属性的名称。这个代码清单只定义了一个输入属性，它告诉 Angular 将指令的 bgClass 属性的值设置为 pa-attr 属性中包含的表达式的值。

> **提示**：如果属性的名称对应于宿主元素上属性的名称，就不需要为@Input 装饰器提供实参。因此，如果将@Input( )应用于名为 myVal 的属性，Angular 将在宿主元素上查找 myVal 属性。

在这个示例中，构造函数的作用发生了改变。当 Angular 创建指令类的一个新实例时，会调用构造函数来创建一个新的指令对象，然后才设置输入属性的值。这意味着构造函数无法访问输入属性的值，这是因为在构造函数执行完毕且已经生成新的指令对象之后，Angular 才设置输入属性的值。为解决这个问题，指令可以实现生命周期钩子方法(lifecycle hook method)，Angular 在创建指令之后以及应用程序运行期间会使用该方法为指令提供有用的信息，如表 15-3 所示。

表 15-3　指令生命周期钩子方法

名称	描述
ngOnInit	在 Angular 设置了指令声明的所有输入属性的初始值之后，调用此方法
ngOnChanges	当输入属性的值改变时调用此方法，此方法的调用发生在 ngOnInit 方法调用之前
ngDoCheck	当 Angular 运行其变更检测过程时，将调用此方法，以便指令有机会更新与输入属性不直接关联的任何状态
ngAfterContentInit	在指令的内容经过初始化之后，将调用此方法。有关使用此方法的示例，请参见第 16 章中的 16.4.2 节 "接收查询变更通知"
ngAfterContentChecked	在对该指令的内容进行检查(属于变更检测过程的一部分)后，将调用此方法
ngOnDestroy	此方法在 Angular 销毁指令之前立即调用

要在宿主元素上设置 CSS 类，代码清单 15-11 中的指令实现了 ngOnInit 方法，Angular 在设置 bgClass 属性的值后会调用该方法。构造函数仍然需要接收 ElementRef 对象(用于访问宿主元素)，并将该对象赋给一个名为 element 的属性。

其结果是，Angular 将为每个 tr 元素创建一个指令对象，对 pa-attr 属性中指定的表达式进行求值，使用求值结果来设置输入属性的值，然后调用 ngOnInit 方法，这让指令可以响应新的输入属性值。

要查看效果，请使用表单将新产品添加到示例应用程序中。由于模型中最初有 5 项，因此 tr 元素的表达式将选择 bg-success 类。当添加一个新项时，Angular 将创建该指令类的另一个实例，并对该表达式进行求值以设置输入属性的值。由于模型中现在有 6 项，因此表达式将选择 bg-warning 类，为新行提供不同的背景色，如图 15-4 所示。

图 15-4　在自定义指令中使用输入属性

15.3.3　响应输入属性的变化

在前面的例子中出现了一个奇怪的现象：添加新项仅影响新元素的外观，而不影响现有元素。在幕后，Angular 已更新其创建的每个指令(对应于表格列中的每个 td 元素)的 bgClass 属性的值，但是这些指令并没有注意到这种更新，这是因为更改属性值不会自动导致指令做出响应。

为响应变化，指令必须实现 ngOnChanges 方法，这样才能在输入属性的值发生变化时接收到通知，如代码清单 15-12 所示。

代码清单 15-12　在 src/app 文件夹的 attr.directive.ts 文件中接收变化通知

```
import { Directive, ElementRef, Attribute, Input,
        SimpleChange } from "@angular/core";

@Directive({
    selector: "[pa-attr]"
})
export class PaAttrDirective {

    constructor(private element: ElementRef) {}

    @Input("pa-attr")
    bgClass: string;

    ngOnChanges(changes: {[property: string]: SimpleChange }) {
        let change = changes["bgClass"];
        let classList = this.element.nativeElement.classList;
        if (!change.isFirstChange() && classList.contains(change.previousValue)) {
            classList.remove(change.previousValue);
        }
        if (!classList.contains(change.currentValue)) {
            classList.add(change.currentValue);
        }
```

```
    }
}
```

ngOnChanges 方法在 ngOnInit 方法之前被调用一次，然后每当指令的任何输入属性发生变化时再次被调用。ngOnChanges 的形参是一个对象，其属性的名称指向每个发生变化的输入属性，其值为 SimpleChange 对象(在@angular/core 模块中定义)。该数据结构采用 TypeScript 语言表示如下。

```
...
ngOnChanges(changes: {[property: string]: SimpleChange }) {
...
```

SimpleChange 类定义了表 15-4 所示的成员。

表 15-4　SimpleChange 类的属性和方法

名称	描述
previousValue	这个属性返回输入属性的前值
currentValue	这个属性返回输入属性的现值
isFirstChange()	如果 ngOnChanges 调用发生在 ngOnInit 调用之前，那么这个方法返回 true

要了解传入 ngOnChanges 方法的 changes 实参，最简单的方式是将该对象序列化为 JSON 后进行查看。

```
...
{
    "target": {
        "previousValue":"bg-success",
        "currentValue":"bg-warning"
    }
}
...
```

虽然 JSON 字符串中并未包含 isFirstChange 方法，但它有助于说明实参对象中的每个属性如何指示某个输入属性的变化。

当响应输入属性值的变化时，指令必须确保撤销先前更新的影响。对于示例指令，这意味着从 previousValue 类中删除元素，并将元素添加到 currentValue 类。

isFirstChange 方法的使用非常重要，这样可以不撤销实际并未应用的值，这是因为 Angular 在首次将值赋给输入属性时也会调用 ngOnChanges 方法。

处理这些变化通知的结果就是，当 Angular 重新进行表达式求值并更新输入属性时，该指令将进行响应。现在，当向应用程序添加新产品时，所有 tr 元素的背景色都会更新，如图 15-5 所示。

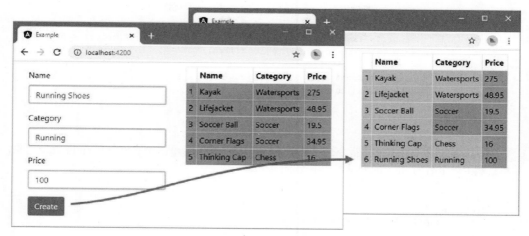

图 15-5　响应输入属性的变化

15.4　创建自定义事件

输出属性(output property)是一项可以让指令向宿主元素添加自定义事件的 Angular 特性，通过该特性可以将重要变化的详细信息发送到应用程序的其他地方。输出属性使用@Output 装饰器(在@angular/core 模块中定义)定义，如代码清单 15-13 所示。

代码清单 15-13　在 src/app 文件夹的 attr.directive.ts 文件中定义输出属性

```
import { Directive, ElementRef, Attribute, Input,
        SimpleChange, Output, EventEmitter } from "@angular/core";
import { Product } from "./product.model";

@Directive({
    selector: "[pa-attr]"
})
export class PaAttrDirective {

    constructor(private element: ElementRef) {
        this.element.nativeElement.addEventListener("click", e => {
            if (this.product != null) {
                this.click.emit(this.product.category);
            }
        });
    }

    @Input("pa-attr")
    bgClass: string;

    @Input("pa-product")
    product: Product;

    @Output("pa-category")
    click = new EventEmitter<string>();

    ngOnChanges(changes: {[property: string]: SimpleChange }) {
```

```
            let change = changes["bgClass"];
            let classList = this.element.nativeElement.classList;
            if (!change.isFirstChange() && classList.contains(change.previousValue)) {
                classList.remove(change.previousValue);
            }
            if (!classList.contains(change.currentValue)) {
                classList.add(change.currentValue);
            }
        }
    }
```

EventEmitter 类为 Angular 指令提供了事件机制。这个代码清单创建了一个 EventEmitter 对象，并将其赋给一个名为 click 的变量，如下所示：

```
...
@Output("pa-category")
click = new EventEmitter<string>();
...
```

string 类型的形参说明事件的侦听器将在触发事件时接收字符串。指令可以向其事件侦听器提供任何类型的对象，但通常的选择是 string 和 number 值、数据模型对象和 JavaScript Event 对象。

当在宿主元素上单击鼠标按键时，触发代码清单中定义的自定义事件，该事件将向其侦听器提供 Product 对象(ngFor 指令使用该对象创建表格行)的 category 属性。效果是该指令响应宿主元素上的 DOM 事件并生成自己的自定义事件。在指令类的构造函数中，使用浏览器的标准 addEventListener 方法来设置 DOM 事件的侦听器，如下所示。

```
...
constructor(private element: ElementRef) {
    this.element.nativeElement.addEventListener("click", e => {
        if (this.product != null) {
            this.click.emit(this.product.category);
        }
    });
}
...
```

该指令定义了一个输入属性来接收 Product 对象，在自定义事件中将发送该对象的 category 属性。该指令在构造函数中能够引用输入属性的值，这是因为 Angular 在调用负责处理 DOM 事件的函数之前已经设置了该属性的值。

这个代码清单中最重要的语句是使用 EventEmitter 对象来发送事件，即调用 EventEmitter.emit 方法进行发送，表 15-5 提供了这个方法的快速参考。emit 方法的实参是希望事件侦听器接收的值(对于这个示例，就是 category 属性的值)。

表 15-5　EventEmitter 方法

名称	描述
emit(value)	这个方法触发与 EventEmitter 相关联的自定义事件，为侦听器提供对象或值(以方法实参的形式进行接收)

@Output 装饰器将这一切结合起来，它在指令类的 EventEmitter 属性与模板事件绑定中使用的事件名称之间建立映射，如下所示。

```
...
@Output("pa-category")
click = new EventEmitter<string>();
...
```

@Output 装饰器的实参指定属性名称，该名称将用于宿主元素的事件绑定。如果 TypeScript 属性名称同时是自定义事件所需的名称，那么可以省略这个实参。在这个代码清单中，之所以指定 pa-category 这个事件名称，是因为虽然可以在指令类中使用 click 来引用该事件，但我们需要一个在外部看来更有意义的名称。

绑定到自定义事件

由于使用与 Angular 内置事件相同的绑定语法(如第 14 章所述)，因此在模板中绑定到自定义事件非常容易。代码清单 15-14 将 pa-product 属性添加到模板中的 tr 元素，为该指令提供它对应的 Product 对象，并为 pa-category 事件添加一个绑定。

代码清单 15-14 在 src/app 文件夹的 template.html 文件中绑定到自定义事件

```
...
<table class="table table-sm table-bordered table-striped">
    <tr><th></th><th>Name</th><th>Category</th><th>Price</th></tr>
    <tr *ngFor="let item of getProducts(); let i = index"
            [pa-attr]="getProducts().length < 6 ? 'bg-success' : 'bg-warning'"
            [pa-product]="item" (pa-category)="newProduct.category = $event">
        <td>{{i + 1}}</td>
        <td>{{item.name}}</td>
        <td [pa-attr]="item.category == 'Soccer' ? 'bg-info' : null">
            {{item.category}}
        </td>
        <td [pa-attr]="'bg-info'">{{item.price}}</td>
    </tr>
</table>
...
```

$event 用于访问由指令传给 EventEmitter.emit 方法的值。因此在这个示例中，$event 将是一个包含产品类别的 string 值。从事件接收的值被赋给组件的 newProduct.category 属性，这会导致其中一个 input 元素的数据绑定被更新，因此单击表格中的一行将在表单中显示该产品的类别，如图 15-6 所示。

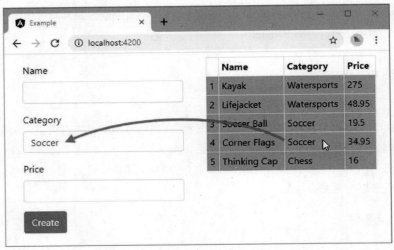

图 15-6　使用输出属性来定义和接收自定义事件

15.5　创建宿主元素绑定

这个示例指令依赖于浏览器的 DOM API 来操纵其宿主元素，它既可以添加和删除 CSS 类成员资格，又可以接收 click 事件。虽然在 Angular 应用程序中使用 DOM API 是一种有用的方法，但这意味着该指令只能用于在 Web 浏览器中运行的应用程序。而 Angular 致力于在各种不同的执行环境中运行，因此不能假定它们都提供 DOM API。

即使确定指令可以访问 DOM，也可以使用标准 Angular 指令功能(属性绑定和事件绑定)以更优雅的方式实现相同的结果。不要使用 DOM 添加和删除 CSS 类，而是可以在宿主元素上使用类绑定。不要使用 addEventListener 方法，而是可以使用事件绑定来处理鼠标单击事件。

在幕后，当在 Web 浏览器中使用该指令时，Angular 使用 DOM API 实现这些功能，而在其他不同环境中使用该指令时，Angular 使用某种等效机制来实现。

宿主元素上的绑定使用两个装饰器 @HostBinding 和 @HostListener 来定义，它们都在 @angular/core 模块中定义，如代码清单 15-15 所示。

代码清单 15-15　在 src/app 文件夹的 attr.directive.ts 文件中创建宿主绑定

```
import { Directive, ElementRef, Attribute, Input,
         SimpleChange, Output, EventEmitter, HostListener, HostBinding }
            from "@angular/core";
 import { Product } from "./product.model";

@Directive({
    selector: "[pa-attr]"
})
export class PaAttrDirective {

    @Input("pa-attr")
    @HostBinding("class")
    bgClass: string;
```

```
@Input("pa-product")
product: Product;

@Output("pa-category")
click = new EventEmitter<string>();

@HostListener("click")
triggerCustomEvent() {
    if (this.product != null) {
        this.click.emit(this.product.category);
    }
}
}
```

@HostBinding 装饰器用于在宿主元素上设置属性绑定，并应用于指令属性。这个代码清单设置了宿主元素上的 class 属性和装饰器的 bgClass 属性之间的绑定。

提示：如果要管理元素的内容，可以使用@HostBinding 装饰器绑定到 textContent 属性。参见第 19 章中的示例。

@HostListener 装饰器用于在宿主元素上设置事件绑定，并应用于指令方法。这个代码清单为 click 事件创建了一个事件绑定，当按下并释放鼠标按键时调用 triggerCustomEvent 方法。顾名思义，triggerCustomEvent 方法使用 EventEmitter.emit 方法通过输出属性派发自定义事件。

使用宿主元素绑定意味着可以删除指令构造函数，这是因为不再需要通过 ElementRef 对象来访问 HTML 元素。相反，Angular 负责设置事件侦听器，并通过属性绑定来设置元素的 CSS 类成员资格。

虽然指令代码要简单得多，但是指令的效果是相同的：单击表格行会设置其中一个 input 元素的值，而使用表单添加一个新项，可触发表格中所有不属于 Soccer 类别的产品所对应单元格的背景色发生改变。

15.6   在宿主元素上创建双向绑定

Angular 为创建支持双向绑定的指令提供了特殊的支持，因此它们可采用 ngModel 使用的"香蕉盒"括号样式，并可以双向绑定到模型属性。

双向绑定功能依赖于命名约定。为演示它的工作原理，代码清单 15-16 在 template.html 文件中添加了一些新的元素和绑定。

代码清单 15-16   在 src/app 文件夹的 template.html 文件中应用指令

```
...
<div class="col-6">

  <div class="form-group bg-info text-white p-2">
    <label>Name:</label>
    <input class="bg-primary text-white" [paModel]="newProduct.name"
      (paModelChange)="newProduct.name = $event" />
  </div>

<table class="table table-sm table-bordered table-striped">
  <tr><th></th><th>Name</th><th>Category</th><th>Price</th></tr>
  <tr *ngFor="let item of getProducts(); let i = index"
```

```
            [pa-attr]="getProducts().length < 6 ? 'bg-success' : 'bg-warning'"
            [pa-product]="item" (pa-category)="newProduct.category = $event">
        <td>{{i + 1}}</td>
        <td>{{item.name}}</td>
        <td [pa-attr]="item.category == 'Soccer' ? 'bg-info' : null">
            {{item.category}}
        </td>
        <td [pa-attr]="'bg-info'">{{item.price}}</td>
    </tr>
  </table>
</div>
...
```

下面将创建一个支持两个单向绑定的指令。当 newProduct.name 属性的值发生变化时，其目标为 paModel 的那个绑定将被更新，这提供了从应用程序到指令的数据流，并将用于更新 input 元素的内容。当用户更改 input 元素的内容时，将触发自定义事件 paModelChange，并将提供从指令到应用程序其余部分的数据流。

为实现该指令，在 src/app 文件夹中添加了一个名为 twoway.directive.ts 的文件，并用它定义代码清单 15-17 所示的指令。

代码清单 15-17　src/app 文件夹中 twoway.directive.ts 文件的内容

```
import { Input, Output, EventEmitter, Directive,
         HostBinding, HostListener, SimpleChange } from "@angular/core";

@Directive({
    selector: "input[paModel]"
})
export class PaModel {
    @Input("paModel")
    modelProperty: string;

    @HostBinding("value")
    fieldValue: string = "";

    ngOnChanges(changes: { [property: string]: SimpleChange }) {
        let change = changes["modelProperty"];
        if (change.currentValue != this.fieldValue) {
            this.fieldValue = changes["modelProperty"].currentValue || "";
        }
    }

    @Output("paModelChange")
    update = new EventEmitter<string>();

    @HostListener("input", ["$event.target.value"])
    updateValue(newValue: string) {
        this.fieldValue = newValue;
        this.update.emit(newValue);
    }
}
```

这个指令使用了以前描述的那些功能，它的 selector 属性指定它将匹配所有具有 paModel 属性的 input 元素。虽然内置的 ngModel 双向绑定指令支持一系列表单元素，并且知道每个元素使用哪些事件和属性，但为了让这个例子尽量简单，这里仅支持 input 元素，它们定义了一个 value

属性，用于获取和设置元素的内容。

　　paModel 绑定使用输入属性和 ngOnChanges 方法来实现，ngOnChanges 方法响应表达式值的变化：通过 input 元素的 value 属性的宿主绑定来更新 input 元素的内容。

　　paModelChange 事件使用 input 事件的宿主侦听器实现，然后通过输出属性发送更新。请注意，通过为@HostListener 装饰器指定一个额外的实参，该事件调用的方法能够接收事件对象，如下所示。

```
...
@HostListener("input", ["$event.target.value"])
updateValue(newValue: string) {
...
```

　　@HostListener 装饰器的第 1 个实参指定将由侦听器处理的事件的名称。第 2 个实参是一个数组，将用于为被装饰的方法提供实参。在这个示例中，input 事件将由侦听器处理，并且在调用 updateValue 方法时，其 newValue 实参将被设置为 Event 对象(使用$event 来引用该对象)的 target.value 属性。

　　为启用该指令，将其添加到 Angular 模块中，如代码清单 15-18 所示。

代码清单 15-18　在 src/app 文件夹的 app.module.ts 文件中注册指令

```
import { NgModule } from "@angular/core";
import { BrowserModule } from "@angular/platform-browser";
import { ProductComponent } from "./component";
import { FormsModule, ReactiveFormsModule } from "@angular/forms";
import { PaAttrDirective } from "./attr.directive";
import { PaModel } from "./twoway.directive";

@NgModule({
    imports: [BrowserModule, FormsModule, ReactiveFormsModule],
    declarations: [ProductComponent, PaAttrDirective, PaModel],
    bootstrap: [ProductComponent]
})
export class AppModule { }
```

　　保存更改，浏览器重新加载后，将看到一个新的 input 元素，它响应 model 属性的变化，并且在宿主元素的内容变化时更新 model 属性。绑定中的表达式指定的模型属性与 HTML 文档左侧表单中的 Name 域所使用的模型属性相同，这样可以方便地测试它们之间的关系，如图 15-7 所示。

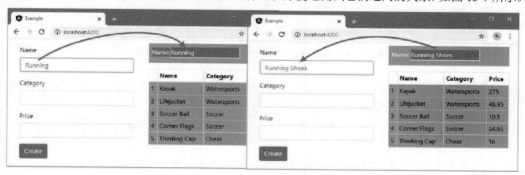

图 15-7　测试双向数据流

> 提示：对于这个示例，可能需要停止 Angular 开发工具，重新启动它们，然后重新加载浏览器。Angular 开发工具并非总是能够正确处理变更。

最后一个步骤是简化绑定，并应用"香蕉盒"括号样式，如代码清单 15-19 所示。

代码清单 15-19　简化 src/app 文件夹的 template.html 文件中的绑定

```
...
<div class="col-6">

    <div class="form-group bg-info text-white p-2">
      <label>Name:</label>
      <input class="bg-primary text-white" [(paModel)]="newProduct.name" />
    </div>

    <table class="table table-sm table-bordered table-striped">
        <tr><th></th><th>Name</th><th>Category</th><th>Price</th></tr>
        <tr *ngFor="let item of getProducts(); let i = index"
                [pa-attr]="getProducts().length < 6 ? 'bg-success' : 'bg-warning'"
                [pa-product]="item" (pa-category)="newProduct.category=$event">
        <td>{{i + 1}}</td>
        <td>{{item.name}}</td>
        <td [pa-attr]="item.category == 'Soccer' ? 'bg-info' : null">
            {{item.category}}
        </td>
        <td [pa-attr]="'bg-info'">{{item.price}}</td>
        </tr>
    </table>
</div>
...
```

当 Angular 遇到[()]括号样式时，将展开绑定来匹配代码清单 15-16 中使用的格式，把 paModel 输入属性作为目标，设置 paModelChange 事件。只要一个指令把这些内容提供给 Angular，就可以使用"香蕉盒"括号样式来得到更加简单的模板语法。

15.7　导出指令用于模板变量

在前面的几章中，使用模板变量来访问内置指令(如 ngForm)提供的功能。例如，下面是第 14 章中的一个元素：

```
...
<form novalidate #form="ngForm" (ngSubmit)="submitForm(form)">
...
```

模板变量 form 被赋值为 ngForm，然后用于访问 HTML 表单的验证信息。这个示例说明了如何访问指令所提供的属性和方法，以便将其用于数据绑定和表达式。

代码清单 15-20 修改了上一节的指令，让指令提供详细信息来说明是否展开其宿主元素中的文本。

代码清单 15-20　在 src/app 文件夹的 twoway.directive.ts 文件中导出指令

```
import { Input, Output, EventEmitter, Directive,
    HostBinding, HostListener, SimpleChange } from "@angular/core";
```

```
@Directive({
    selector: "input[paModel]",
    exportAs: "paModel"
})
export class PaModel {
    direction: string = "None";

    @Input("paModel")
    modelProperty: string;

    @HostBinding("value")
    fieldValue: string = "";

    ngOnChanges(changes: { [property: string]: SimpleChange }) {
        let change = changes["modelProperty"];
        if (change.currentValue != this.fieldValue) {
            this.fieldValue = changes["modelProperty"].currentValue || "";
            this.direction = "Model";
        }
    }

    @Output("paModelChange")
    update = new EventEmitter<string>();

    @HostListener("input", ["$event.target.value"])
    updateValue(newValue: string) {
        this.fieldValue = newValue;
        this.update.emit(newValue);
        this.direction = "Element";
    }
}
```

@Directive 装饰器的 exportAs 属性指定了一个名称,在模板变量中将使用该名称来引用指令。这个示例使用 paModel 作为 exportAs 属性的值,为了让使用者了解是由哪个指令提供的功能,应该仔细挑选这个名称。

这个代码清单给指令添加了一个名为 direction 的属性,用于指示数据是从模型流向元素还是从元素流向模型。

当使用 exportAs 装饰器属性时,在模板表达式和数据绑定中可以使用指令定义的所有方法和属性。一些开发人员在那些不打算在指令之外使用的方法和属性的名称前面添加了下画线(字符_)前缀或者应用了 private 关键字。这向其他开发人员表明不应该使用这些方法和属性,但这个约定并不由 Angular 强制实施。

为了使用导出的指令功能,代码清单 15-21 创建一个模板变量,并在字符串插入绑定中使用它。

代码清单 15-21　在 src/app 文件夹的 template.html 文件中使用导出的指令功能

```
...
<div class="col-6">

    <div class="form-group bg-info text-white p-2">
        <label>Name:</label>
        <input class="bg-primary text-white" [(paModel)]="newProduct.name"
```

313

```
                #paModel="paModel" />
            <div class="bg-primary text-white">Direction: {{paModel.direction}}</div>
        </div>
        <table class="table table-sm table-bordered table-striped">
            <tr><th></th><th>Name</th><th>Category</th><th>Price</th></tr>
            <tr *ngFor="let item of getProducts(); let i = index"
                    [pa-attr]="getProducts().length < 6 ? 'bg-success' : 'bg-warning'"
                    [pa-product]="item" (pa-category)="newProduct.category = $event">
            <td>{{i + 1}}</td>
            <td>{{item.name}}</td>
            <td [pa-attr]="item.category == 'Soccer' ? 'bg-info' : null">
                {{item.category}}
            </td>
            <td [pa-attr]="'bg-info'">{{item.price}}</td>
        </tr>
    </table>
</div>
...
```

模板变量名为 paModel，而它的值是在指令的 exportAs 属性中使用的名称。

```
...
#paModel="paModel"
...
```

提示：虽然变量和指令不必使用相同的名称，但保持名称一致能够使功能的来源更加清晰。

一旦定义了模板变量，就可以将其用于字符串插入绑定或用作绑定表达式的一部分。这里选择字符串插入绑定，其表达式使用指令的 direction 属性的值。

```
...
<div class="bg-primary text-white">Direction: {{paModel.direction}}</div>
...
```

其结果就是：可以看到同时向两个 input 元素(二者都绑定到 newProduct.name 模型属性)键入文本的效果。当向其中一个使用 ngModel 指令的 input 元素中键入文本时，字符串插入绑定将显示 Model。在使用 paModel 指令的元素中键入文本时，字符串插入绑定将显示 Element，如图 15-8 所示。

图 15-8 导出指令功能

15.8   本章小结

本章介绍了如何定义和使用属性指令，包括使用输入属性和输出属性以及宿主绑定。在下一章中，将解释结构型指令的工作原理以及如何使用它们来改变 HTML 文档的布局或结构。

第 16 章

创建结构型指令

结构型指令通过添加和删除元素来改变 HTML 文档的布局。结构型指令基于属性指令(已在第 15 章中描述)的核心功能,并额外支持微模板(在组件使用的模板中定义的小内容片段)。结构型指令的使用非常易于识别,这是因为其名称带有星号前缀(例如*ngIf 和*ngFor)。在本章中,将解释如何定义和应用结构型指令、它们的工作原理以及它们如何响应数据模型的变更。表 16-1 给出了结构型指令的相关知识。

表 16-1　结构型指令的相关知识

问题	答案
什么是结构型指令	结构型指令使用微模板向 HTML 文档中添加内容
结构型指令有什么作用	结构型指令允许基于表达式的结果有条件地添加内容,或者对数据源(例如数组)中的每个对象重复相同的内容
如何使用结构型指令	结构型指令被应用于 ng-template 元素,该元素中包含构成微模板的内容和绑定。模板类使用 Angular 提供的对象来控制是否包含内容以及内容是否重复
结构型指令是否存在陷阱或限制	稍不留心,结构型指令可能会对 HTML 文档进行大量不必要的更改,这可能会破坏 Web 应用程序的性能。重要的是只有在需要时才进行更改,如本章后面的 16.3.4 节"处理集合级数据变更"所述
结构型指令是否存在替代方案	可以使用内置指令完成常见任务,而编写自定义结构型指令可以为应用程序定制行为

表 16-2 给出了本章内容摘要。

表 16-2　本章内容摘要

问题	解决方案	代码清单编号
创建结构型指令	向类应用@Directive 装饰器,通过该装饰器来接收视图容器和模板构造函数参数	1~6
创建迭代结构型指令	在结构型指令类中定义一个 ForOf 输入属性并在它的值上进行迭代	7~12
在结构型指令中处理数据变更	在 ngDoCheck 方法中使用差异器来检测变更	13~19

(续表)

问题	解决方案	代码清单编号
查询已应用结构型指令的宿主元素的内容	使用@ContentChild 或@ContentChildren 装饰器	20~26

16.1　准备示例项目

在本章中，继续使用在第 11 章中创建并一直在修改的示例项目。为了准备本章，对模板进行了简化，将表单删除，只留下如代码清单 16-1 所示的表格(在本章后面会重新添加表单)。

代码清单 16-1　在 src/app 文件夹的 template.html 文件中简化模板

```
<div class="m-2">
  <table class="table table-sm table-bordered table-striped">
    <tr><th></th><th>Name</th><th>Category</th><th>Price</th></tr>
    <tbody class="text-white">
      <tr *ngFor="let item of getProducts(); let i = index"
          [pa-attr]="getProducts().length < 6 ? 'bg-success' : 'bg-warning'"
          [pa-product]="item" (pa-category)="newProduct.category=$event">
      <td>{{i + 1}}</td>
      <td>{{item.name}}</td>
      <td [pa-attr]="item.category == 'Soccer' ? 'bg-info' : null">
        {{item.category}}
      </td>
      <td [pa-attr]="'bg-info'">{{item.price}}</td>
      </tr>
    </tbody>
  </table>
</div>
```

在 example 文件夹中运行以下命令以启动开发工具。

```
ng serve
```

打开一个新的浏览器窗口并导航到 http://localhost:4200，查看图 16-1 中显示的内容。

图 16-1　运行示例应用程序

16.2 创建简单的结构型指令

要了解结构型指令，最好从重建 ngIf 指令提供的功能开始，这是因为该指令相对简单，易于理解，为解释结构型指令的工作原理提供了良好基础。最好的起步方法是修改模板，然后回过头来编写支持它的代码。代码清单 16-2 显示了模板的变化。

代码清单 16-2　在 src/app 文件夹的 template.html 文件中应用结构型指令

```
<div class="m-2">

    <div class="checkbox">
        <label>
            <input type="checkbox" [(ngModel)]="showTable" />
            Show Table
        </label>
    </div>

    <ng-template [paIf]="showTable">
        <table class="table table-sm table-bordered table-striped">
            <tr><th></th><th>Name</th><th>Category</th><th>Price</th></tr>
            <tr *ngFor="let item of getProducts(); let i = index"
                [pa-attr]="getProducts().length < 6 ? 'bg-success' : 'bg-warning'"
                [pa-product]="item" (pa-category)="newProduct.category=$event">
                <td>{{i + 1}}</td>
                <td>{{item.name}}</td>
                <td [pa-attr]="item.category == 'Soccer' ? 'bg-info' : null">
                    {{item.category}}
                </td>
                <td [pa-attr]="'bg-info'">{{item.price}}</td>
            </tr>
        </table>
    </ng-template>
</div>
```

这个代码清单使用完整的模板语法，将指令应用于 ng-template 元素，该元素包含该指令将使用的内容。在本例中，ng-template 元素包含 table 元素及其所有内容，包括绑定、指令和表达式。还有一种简洁语法，将在本章后面使用。

ng-template 元素具有标准的单向数据绑定，其目标是名为 paIf 的指令，如下所示。

```
...
<ng-template [paIf]="showTable">
...
```

这个绑定的表达式使用名为 showTable 的属性的值。同样这个属性还用于模板中另一个新的绑定(它已被应用于复选框)，如下所示。

```
...
<input type="checkbox" checked="true" [(ngModel)]="showTable" />
...
```

本节的目标是创建一个结构型指令，当 showTable 属性为 true 时(选中复选框)，将把 ng-template 元素的内容添加到 HTML 文档中；而当 showTable 属性为 false(未选中复选框)时，将删除 ng-template 元素的内容。代码清单 16-3 将 showTable 属性添加到组件中。

代码清单 16-3 在 src/app 文件夹的 component.ts 文件中添加一个属性

```typescript
import { ApplicationRef, Component } from "@angular/core";
import { NgForm, FormGroup } from "@angular/forms";
import { Model } from "./repository.model";
import { Product } from "./product.model";
import { ProductFormGroup, ProductFormControl } from "./form.model";

@Component({
    selector: "app",
    templateUrl: "template.html"
})
export class ProductComponent {
    model: Model = new Model();
    formGroup: ProductFormGroup = new ProductFormGroup();
    showTable: boolean = false;

    getProduct(key: number): Product {
        return this.model.getProduct(key);
    }

    getProducts(): Product[] {
        return this.model.getProducts();
    }

    newProduct: Product = new Product();

    addProduct(p: Product) {
        this.model.saveProduct(p);
    }

    formSubmitted: boolean = false;

    submitForm() {
        this.addProduct(this.newProduct);
    }
}
```

16.2.1 实现结构型指令类

我们已经从模板中了解了该指令应该做什么。为了实现该指令，在 src/app 文件夹中添加一个名为
structure.directive.ts 的文件，并添加代码清单 16-4 所示的代码。

代码清单 16-4 src/app 文件夹中 structure.directive.ts 文件的内容

```typescript
import {
    Directive, SimpleChange, ViewContainerRef, TemplateRef, Input
} from "@angular/core";

@Directive({
    selector: "[paIf]"
})
export class PaStructureDirective {

    constructor(private container: ViewContainerRef,
        private template: TemplateRef<Object>) { }
```

```
@Input("paIf")
expressionResult: boolean;

ngOnChanges(changes: { [property: string]: SimpleChange }) {
    let change = changes["expressionResult"];
    if (!change.isFirstChange() && !change.currentValue) {
        this.container.clear();
    } else if (change.currentValue) {
        this.container.createEmbeddedView(this.template);
    }
}
}
```

@Directive 装饰器的 selector 属性用于匹配具有 paIf 属性的宿主元素，与代码清单 16-1 中添加到模板的内容相对应。

这个指令类有一个名为 expressionResult 的输入属性，用于从模板中接收表达式的结果。该指令类实现 ngOnChanges 方法来接收变更通知，以便可以响应数据模型中的变更。

能够表明这是一个结构型指令的第一个标志是其构造函数，它要求 Angular 使用一些新类型来提供形参。

```
...
constructor(private container: ViewContainerRef,
    private template: TemplateRef<Object>) {}
...
```

ViewContainerRef 对象用于管理视图容器(view container)的内容，它属于 HTML 文档的一部分，也就是 ng-template 元素出现的区域，该指令负责该区域的内容。

顾名思义，视图容器负责管理视图(view)的集合。视图是包含指令、绑定和表达式的 HTML 元素区域，而视图的创建和管理是通过 ViewContainerRef 类提供的方法和属性来完成的，表 16-3 描述了其中最有用的一些方法和属性。

表 16-3　有用的 ViewContainerRef 方法和属性

名称	描述
element	这个属性返回表示容器元素的 ElementRef 对象
createEmbeddedView(template)	这个方法使用模板创建新视图。详见表格后面的文本。该方法还接收上下文数据(如 16.3 节"创建迭代结构型指令"中所述)和索引位置(指定应在哪里插入视图)作为可选实参，它的返回结果是一个可以与表格中其他方法一起使用的 ViewRef 对象
clear()	这个方法从容器中删除所有视图
length	这个属性返回容器中视图的数目
get(index)	这个方法返回表示指定索引处的视图的 ViewRef 对象
indexOf(view)	这个方法返回指定 ViewRef 对象的索引
insert(view, index)	这个方法在指定索引处插入视图
remove(Index)	这个方法删除并销毁指定索引处的视图
detach(index)	这个方法将视图从指定索引处分离，但不会销毁视图，这样以后可以使用 insert 方法重新插入视图

在重建 ngIf 指令的功能时需要用到表 16-3 中的两种方法：使用 createEmbeddedView 方法向用户显示 ng-template 元素的内容，使用 clear 方法再次删除它。

createEmbeddedView 方法将视图添加到视图容器中。此方法的实参是一个 TemplateRef 对象，它表示 ng-template 元素的内容。

这个指令类的构造函数的第 2 个参数是 TemplateRef 对象，Angular 在创建该指令类的新实例时自动为其提供值。

综上所述，当 Angular 处理 template.html 文件时，它会发现 ng-template 元素及其绑定，并确定需要创建 PaStructureDirective 类的新实例。Angular 检查 PaStructureDirective 构造函数，然后明白需要为其提供 ViewContainerRef 和 TemplateRef 对象。

```
...
constructor(private container: ViewContainerRef,
    private template: TemplateRef<Object>) {}
...
```

ViewContainerRef 表示 ng-template 元素在 HTML 文档中占用的地方，TemplateRef 表示 ng-template 元素的内容。Angular 将这些对象传给构造函数，并创建该指令类的一个新实例。

然后 Angular 开始处理表达式和数据绑定。如第 15 章所述，Angular 会在初始化期间(在调用 ngOnInit 方法之前)调用 ngOnChanges 方法，并在指令的表达式的值发生变化时再次调用该方法。

PaStructureDirective 类实现了 ngOnChanges 方法，使用它接收 SimpleChange 对象，根据表达式的当前值显示或隐藏 ng-template 元素的内容。当表达式为 true 时，ngIf 指令将 ng-template 元素的内容添加到容器视图中，从而显示该内容。

```
...
this.container.createEmbeddedView(this.template);
...
```

当表达式的结果为 false 时，ngIf 指令会清除视图容器，将元素从 HTML 文档中删除。

```
...
this.container.clear();
...
```

ngIf 指令不对 ng-template 元素的内容进行任何处理，而仅负责管理其可见性。

16.2.2　启用结构型指令

必须等到在 Angular 模块中启用 paIf 指令之后才能够使用它，如代码清单 16-5 所示。

代码清单 16-5　在 src/app 文件夹的 app.module.ts 文件中启用指令

```
import { NgModule } from "@angular/core";
import { BrowserModule } from "@angular/platform-browser";
import { ProductComponent } from "./component";
import { FormsModule, ReactiveFormsModule } from "@angular/forms";
import { PaAttrDirective } from "./attr.directive";
import { PaModel } from "./twoway.directive";
import { PaStructureDirective } from "./structure.directive";

@NgModule({
    imports: [BrowserModule, FormsModule, ReactiveFormsModule],
    declarations: [ProductComponent, PaAttrDirective, PaModel, PaStructureDirective],
```

```
    bootstrap: [ProductComponent]
})
export class AppModule { }
```

结构型指令的启用方式与属性指令的相同，也是在模块的 declarations 数组中指定。

保存更改后，浏览器将重新加载 HTML 文档，可以看到新指令的效果：table 元素(即 ng-template 元素的内容)将仅在复选框被选中时显示，如图 16-2 所示(如果没有看到变化，或者在选中复选框时没有显示表格，则重启开发工具，然后重新加载浏览器窗口)。

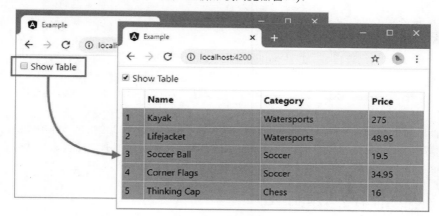

图 16-2 创建结构型指令

注意：ng-template 元素的内容会被销毁和重新创建，而不是简单地隐藏和显示。如果希望在显示或隐藏内容时不从 HTML 文档中删除内容，可以使用样式绑定设置 display 或 visibility 属性。

16.2.3 使用结构型指令的简洁语法

使用 ng-template 元素有助于说明视图容器在结构型指令中的作用，而简洁语法则取消了 ng-template 元素，把指令及其表达式直接应用于它要包含的最外层元素，如代码清单 16-6 所示。

提示：虽然结构型指令的简洁语法旨在使代码更容易使用和阅读，但使用哪种语法只是偏好问题。

代码清单 16-6　在 src/app 文件夹的 template.html 文件中使用结构型指令的简洁语法

```html
<div class="m-2">
  <div class="checkbox">
    <label>
      <input type="checkbox" [(ngModel)]="showTable" />
      Show Table
    </label>
  </div>

  <table *paIf="showTable"
          class="table table-sm table-bordered table-striped">
    <tr><th></th><th>Name</th><th>Category</th><th>Price</th></tr>
    <tbody class="text-white">
      <tr *ngFor="let item of getProducts(); let i = index"
```

```
                [pa-attr]="getProducts().length < 6 ? 'bg-success' : 'bg-warning'"
                [pa-product]="item" (pa-category)="newProduct.category=$event">
        <td>{{i + 1}}</td>
        <td>{{item.name}}</td>
        <td [pa-attr]="item.category == 'Soccer' ? 'bg-info' : null">
            {{item.category}}
        </td>
        <td [pa-attr]="'bg-info'">{{item.price}}</td>
    </tr>
    </tbody>
  </table>
</div>
```

ng-template 元素已被删除，并且 paIf 指令已被应用于 table 元素，如下所示。

```
...
<table *paIf="showTable" class="table table-sm table-bordered table-striped">
...
```

paIf 指令的名称有一个星号(字符*)前缀，这告诉 Angular 这个结构型指令使用简洁语法。当 Angular 解析 template.html 文件时，它会发现 paIf 指令和星号，并处理各个元素，就像文档中存在一个 ng-template 元素一样。指令类不必修改就可以支持简洁语法。

16.3　创建迭代结构型指令

Angular为需要遍历数据源的指令提供了特殊的支持。要演示这一点，最好的方法是重建另一个内置指令：ngFor。

为了准备新的指令，将 ngFor 指令从 template.html 文件中删除，插入一个 ng-template 元素，并应用一个新的指令属性和表达式，如代码清单 16-7 所示。

代码清单 16-7　在 src/app 文件夹的 template.html 文件中准备新的结构型指令

```
<div class="m-2">
    <div class="checkbox">
        <label>
            <input type="checkbox" [(ngModel)]="showTable" />
            Show Table
        </label>
    </div>

    <table *paIf="showTable"
            class="table table-sm table-bordered table-striped">
        <thead>
            <tr><th></th><th>Name</th><th>Category</th><th>Price</th></tr>
        </thead>
        <tbody>
            <ng-template [paForOf]="getProducts()" let-item>
                <tr><td colspan="4">{{item.name}}</td></tr>
            </ng-template>
        </tbody>
    </table>
</div>
```

迭代结构型指令的完整语法看上去有点奇怪。在这个代码清单中，ng-template 元素有两个属性用于应用该指令。第 1 个是一个绑定到 paForOf 属性的标准绑定(其表达式获得指令所需的数据)。

```
...
<ng-template [paForOf]="getProducts()" let-item>
...
```

这个属性的名称非常重要。当使用 ng-template 元素时，数据源属性的名称必须以 Of 结尾，以便支持简洁语法，稍后将介绍这一内容。

第 2 个属性用于定义隐式值(implicit value)，当指令遍历数据源时，在 ng-template 元素中使用该值来引用当前处理的对象。与其他模板变量不同，隐式变量未曾赋值，其目的仅在于定义变量名称。

```
...
<ng-template [paForOf]="getProducts()" let-item>
...
```

在这个例子中，使用 let-item 告诉 Angular，想要把隐式值赋给一个名为 item 的变量，然后在一个字符串中插入绑定，使用这个变量显示当前数据项的 name 属性。

```
...
<td colspan="4">{{item.name}}</td>
...
```

查看 ng-template 元素，可以看到新指令的目的是遍历组件的 getProducts 方法的返回结果，并为每个 Product 对象生成一个表格行，用于显示 name 属性。为实现这个功能，在 src/app 文件夹中创建一个名为 iterator.directive.ts 的文件，并定义代码清单 16-8 所示的指令。

代码清单 16-8　src/app 文件夹中 iterator.directive.ts 文件的内容

```
import { Directive, ViewContainerRef, TemplateRef,
            Input, SimpleChange } from "@angular/core";

@Directive({
    selector: "[paForOf]"
})
export class PaIteratorDirective {

    constructor(private container: ViewContainerRef,
        private template: TemplateRef<Object>) {}

    @Input("paForOf")
    dataSource: any;

    ngOnInit() {
        this.container.clear();
        for (let i = 0; i < this.dataSource.length; i++) {
            this.container.createEmbeddedView(this.template,
                new PaIteratorContext(this.dataSource[i]));
        }
    }
}
```

```
class PaIteratorContext {
    constructor(public $implicit: any) {}
}
```

@Directive 装饰器中的 selector 属性匹配那些具有 paForOf 属性的元素，paForOf 属性也是 dataSource 输入属性的数据源，并提供待迭代的对象源。

一旦设置了输入属性的值，就会调用 ngOnInit 方法，并且该指令使用 clear 方法清空视图容器，同时使用 createEmbeddedView 方法为每个对象添加一个新视图。

在调用 createEmbeddedView 方法时，该指令提供两个实参：通过构造函数接收的 TemplateRef 对象和一个上下文对象。TemplateRef 对象提供要插入容器中的内容，而上下文对象为隐式值提供了数据(使用名为$implicit 的属性指定)。正是这个对象(带有$implicit 属性)被赋给模板变量 item，并且正是这个对象被用于字符串插入绑定中。为了以类型安全的方式为模板提供上下文对象，这里定义了一个名为 PaIteratorContext 的类，它只有唯一的属性$implicit。

ngOnInit 方法揭示了使用视图容器的一些重要方面。首先，视图容器可以填充多个视图，在本示例中，数据源中的每个对象都有一个视图。ViewContainerRef 类提供在创建视图后对其进行管理所需的功能，你将在以下几节中明白这一点。

其次，可以复用模板来创建多个视图。在这个示例中，ng-template 元素的内容将用于为数据源中的每个对象创建相同的 tr 和 td 元素。td 元素包含一个数据绑定，当创建各个视图时，Angular 将处理这个绑定，并根据数据对象进行内容定制。

最后，该指令不用特别了解正在使用的数据，也不用知道正在生成的内容。Angular 负责从应用程序的其他地方提供指令所需的上下文：通过输入属性提供数据源，通过 TemplateRef 对象为每个视图提供内容。

启用该指令需要添加 Angular 模块，如代码清单 16-9 所示。

代码清单 16-9　在 src/app 文件夹的 app.module.ts 文件中添加自定义指令

```
import { NgModule } from "@angular/core";
import { BrowserModule } from "@angular/platform-browser";
import { ProductComponent } from "./component";
import { FormsModule, ReactiveFormsModule } from "@angular/forms";
import { PaAttrDirective } from "./attr.directive";
import { PaModel } from "./twoway.directive";
import { PaStructureDirective } from "./structure.directive";
import { PaIteratorDirective } from "./iterator.directive";

@NgModule({
    imports: [BrowserModule, FormsModule, ReactiveFormsModule],
    declarations: [ProductComponent, PaAttrDirective, PaModel,
        PaStructureDirective, PaIteratorDirective],
    bootstrap: [ProductComponent]
})
export class AppModule { }
```

其结果是，该指令遍历数据源中的对象，并使用 ng-template 元素的内容为每个对象创建一个视图，为表格提供表格行，如图 16-3 所示。需要选中复选框来显示表格（如果没有看到变化，则重新启动 Angular 开发工具，并重新加载浏览器窗口）。

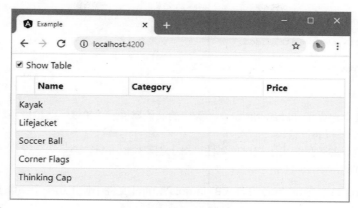

图 16-3 创建迭代结构型指令

16.3.1 提供额外的上下文数据

结构型指令可以为模板提供额外的值，以赋给模板变量并用于绑定。例如，ngFor 指令提供 odd、even、first 和 last 值。通过定义$implicit 属性的同一个对象来提供这些上下文值，在代码清单 16-10 中，重建了一组值，这组值与 ngFor 所提供的值相同。

代码清单 16-10 在 src/app 文件夹的 iterator.directive.ts 文件中提供上下文数据

```
import { Directive, ViewContainerRef, TemplateRef,
            Input, SimpleChange } from "@angular/core";

@Directive({
    selector: "[paForOf]"
})
export class PaIteratorDirective {

    constructor(private container: ViewContainerRef,
        private template: TemplateRef<Object>) {}

    @Input("paForOf")
    dataSource: any;
    ngOnInit() {
        this.container.clear();
        for (let i = 0; i < this.dataSource.length; i++) {
            this.container.createEmbeddedView(this.template,
                new PaIteratorContext(this.dataSource[i],
                    i, this.dataSource.length));
        }
    }
}

class PaIteratorContext {
    odd: boolean; even: boolean;
    first: boolean; last: boolean;

    constructor(public $implicit: any,
            public index: number, total: number ) {
```

```
        this.odd = index % 2 == 1;
        this.even = !this.odd;
        this.first = index == 0;
        this.last = index == total - 1;
    }
}
```

这个代码清单定义了 PaIteratorContext 类中的其他属性，并扩展了其构造函数，以便它接收额外的形参(用于设置属性值)。

添加这些代码的效果是上下文对象属性可用于创建模板变量，然后可以在绑定表达式中引用这些变量，如代码清单 16-11 所示。

代码清单 16-11　在 src/app 文件夹的 template.html 文件中使用结构型指令上下文数据

```html
<div class="m-2">
    <div class="checkbox">
      <label>
        <input type="checkbox" [(ngModel)]="showTable" />
        Show Table
      </label>
    </div>

    <table *paIf="showTable"
           class="table table-sm table-bordered table-striped">
        <thead>
            <tr><th></th><th>Name</th><th>Category</th><th>Price</th></tr>
        </thead>
        <tbody>
            <ng-template [paForOf]="getProducts()" let-item let-i="index"
                    let-odd="odd" let-even="even">
                <tr [class.bg-info]="odd" [class.bg-warning]="even">
                    <td>{{i + 1}}</td>
                    <td>{{item.name}}</td>
                    <td>{{item.category}}</td>
                    <td>{{item.price}}</td>
                </tr>
            </ng-template>
        </tbody>
    </table>
</div>
```

使用 let-<name>属性语法创建模板变量，并分配一个上下文数据值。在这个代码清单中，使用 odd 和 even 上下文值来创建相同名称的模板变量，然后将它们用于 tr 元素的类绑定中，从而产生条带化的表格行，如图 16-4 所示。这个代码清单还添加了其他表格单元格以显示所有 Product 属性。

图 16-4 使用指令上下文数据

16.3.2 使用简洁的结构语法

迭代结构型指令支持简洁的语法，并省略了 ng-template 元素，如代码清单 16-12 所示。

代码清单 16-12 在 src/app 文件夹的 template.html 文件中使用简洁语法

```
<div class="m-2">
    <div class="checkbox">
      <label>
        <input type="checkbox" [(ngModel)]="showTable" />
        Show Table
      </label>
    </div>
    <table *paIf="showTable"
          class="table table-sm table-bordered table-striped">
        <thead>
          <tr><th></th><th>Name</th><th>Category</th><th>Price</th></tr>
        </thead>
        <tbody>
            <tr *paFor="let item of getProducts(); let i = index; let odd = odd;
                let even = even" [class.bg-info]="odd" [class.bg-warning]="even">
            <td>{{i + 1}}</td>
            <td>{{item.name}}</td>
            <td>{{item.category}}</td>
            <td>{{item.price}}</td>
            </tr>
        </tbody>
    </table>
</div>
```

这比属性指令所需的修改更大。最大的变化在于用来应用该指令的元素属性。当使用完整语法时，通过指令的选择器所指定的属性(paForOf)会将该指令应用到 ng-template 元素，如下所示。

```
...
<ng-template [paForOf]="getProducts()" let-item let-i="index" let-odd="odd"
    let-even="even">
...
```

而当使用简洁语法时，属性的 Of 部分将被省略，在名称前面加上一个星号，并且省略括号。

```
...
<tr *paFor="let item of getProducts(); let i = index; let odd = odd;
            let even = even" [class.bg-info]="odd" [class.bg-warning]="even">
...
```

另一处变化是将所有上下文值并入指令的表达式中，将所有 let-属性替换掉。主数据值成为初始表达式的一部分，而其他上下文值以分号进行分隔。

该指令不用修改就可以支持简洁语法，其选择器和输入属性仍指定名为 paForOf 的属性。Angular 负责扩展简洁语法，而指令不知道也不关心是否使用了 ng-template 元素。

16.3.3　处理属性级数据变更

迭代结构型指令使用的数据源可能会发生两种变更。当单个对象的属性改变时，会发生第 1 种变更。这对 ng-template 元素中包含的数据绑定有直接影响(要么直接通过隐式值的变更，要么间接通过指令提供的额外上下文值)。Angular 自动处理这些变更，在那些依赖于上下文数据的绑定中反映上下文数据出现的任何变更。

为演示这一点，在代码清单 16-13 中，在上下文类的构造函数中添加了对标准 JavaScript setInterval 函数的调用。传给 setInterval 的函数更改 odd 和 even 属性，并更改 Product 对象(用作隐式值)的 price 属性的值。

代码清单 16-13　在 src/app 文件夹的 iterator.directive.ts 文件中修改单个对象

```
...
class PaIteratorContext {
    odd: boolean; even: boolean;
    first: boolean; last: boolean;

    constructor(public $implicit: any,
            public index: number, total: number ) {

        this.odd = index % 2 == 1;
        this.even = !this.odd;
        this.first = index == 0;
        this.last = index == total - 1;

        setInterval(() => {
            this.odd = !this.odd; this.even = !this.even;
            this.$implicit.price++;
        }, 2000);
    }
}
...
```

每两秒进行一次更新，odd 和 even 属性的值被反转，price 值不断增大。当保存更改时，就会看到表格行的颜色发生了变化，并且价格缓慢上升，如图 16-5 所示。

图 16-5　单个数据源对象的自动变更检测

16.3.4　处理集合级数据变更

当添加、删除或替换集合中的对象时，会发生第 2 种变更。Angular 不会自动检测到这种变更，因此迭代指令的 ngOnChanges 方法将没有机会得到调用。

要接收关于集合级数据变更的通知，必须实现 ngDoCheck 方法：无论哪里发生变更或发生什么样的变更，在应用程序中检测到数据变更时都会调用这个方法。ngDoCheck 方法可以让指令响应变更，即使 Angular 没有自动检测到这些变更。然而，实现 ngDoCheck 方法需要谨慎，这是因为它可能破坏 Web 应用程序的性能。为了演示这个问题，代码清单 16-14 实现了 ngDoCheck 方法，以便在发生变更时让指令有机会更新它显示的内容。

代码清单 16-14　在 src/app 文件夹的 iterator.directive.ts 文件中实现 ngDoCheck 方法

```
import { Directive, ViewContainerRef, TemplateRef,
            Input, SimpleChange } from "@angular/core";

@Directive({
    selector: "[paForOf]"
})
export class PaIteratorDirective {

    constructor(private container: ViewContainerRef,
        private template: TemplateRef<Object>) {}

    @Input("paForOf")
    dataSource: any;

    ngOnInit() {
        this.updateContent();
    }

    ngDoCheck() {
        console.log("ngDoCheck Called");
        this.updateContent();
    }

    private updateContent() {
```

```
            this.container.clear();
            for (let i = 0; i < this.dataSource.length; i++) {
                this.container.createEmbeddedView(this.template,
                    new PaIteratorContext(this.dataSource[i],
                        i, this.dataSource.length));
            }
        }
}

class PaIteratorContext {
    odd: boolean; even: boolean;
    first: boolean; last: boolean;

    constructor(public $implicit: any,
            public index: number, total: number ) {

        this.odd = index % 2 == 1;
        this.even = !this.odd;
        this.first = index == 0;
        this.last = index == total - 1;

        // setInterval(() => {
        //     this.odd = !this.odd; this.even = !this.even;
        //     this.$implicit.price++;
        // }, 2000);
    }
}
```

ngOnInit 和 ngDoCheck 方法都调用了一个新的 updateContent 方法，这个方法会清除视图容器的内容，并为数据源中的每个对象生成新的模板内容。此外，还在 PaIteratorContext 类中将 setInterval 函数调用注释掉了。

为说明集合级变更和 ngDoCheck 方法的问题，需要将之前删除的表单标记重新添加到组件的模板中，如代码清单 16-15 所示。

代码清单 16-15　在 src/app 文件夹的 template.html 文件中恢复 HTML 表单

```html
<div class="row m-2">
    <div class="col-4">
        <form class="m-2" novalidate (ngSubmit)="submitForm()">
            <div class="form-group">
                <label>Name</label>
                <input class="form-control" name="name"
                    [(ngModel)]="newProduct.name" />
            </div>
            <div class="form-group">
                <label>Category</label>
                <input class="form-control" name="category"
                    [(ngModel)]="newProduct.category" />
            </div>
            <div class="form-group">
                <label>Price</label>
                <input class="form-control" name="price"
                    [(ngModel)]="newProduct.price" />
            </div>
            <button class="btn btn-primary" type="submit">Create</button>
        </form>
```

```
    </div>
<div class="col-8">
    <div class="checkbox">
    <label>
        <input type="checkbox" [(ngModel)]="showTable" />
        Show Table
    </label>
    </div>

    <table *paIf="showTable"
            class="table table-sm table-bordered table-striped">
        <thead>
            <tr><th></th><th>Name</th><th>Category</th><th>Price</th></tr>
        </thead>
        <tbody>
            <tr *paFor="let item of getProducts(); let i = index; let odd = odd;
                    let even = even" [class.bg-info]="odd"
                    [class.bg-warning]="even">
                <td>{{i + 1}}</td>
                <td>{{item.name}}</td>
                <td>{{item.category}}</td>
                <td>{{item.price}}</td>
            </tr>
        </tbody>
    </table>
</div>
</div>
```

当把更改保存到模板时，HTML 表单将与产品表格一起显示，如图 16-6 所示（需要选中复选框来显示表格）。

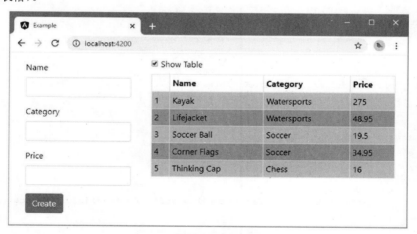

图 16-6　在模板中恢复表格

ngDoCheck 方法的问题在于：每当 Angular 在应用程序中的任何地方检测到变更时，都会调用 ngDoCheck 方法，并且这些变更发生的频率要比预期的更高。

为说明数据变更发生的频率，在代码清单 16-14 中，在指令的 ngDoCheck 方法中添加了对 console.log 方法的调用，这样每次调用 ngDoCheck 方法时都会在浏览器的 JavaScript 控制台中显示一条消息。现在，使用 HTML 表单创建一个新产品，然后查看已有多少消息写入浏览器的

JavaScript 控制台，每条消息都表示 Angular 检测到一次变更并导致调用 ngDoCheck 方法。

每次 input 元素获取焦点时，每次触发一个按键事件时，每次执行验证检查时，都会显示一条新消息，以此类推。我在进行一次快速测试(在 Running 类别中以$100 的价格添加 Running Shoes 产品)时发现系统中共生成 27 条消息，根据元素之间的导航方式、是否需要更正输入错误等因素的不同，最终看到的确切数字可能有所不同。

对于 27 次调用中的每次调用，结构型指令都会销毁内容并使用新的指令和绑定对象来重新创建内容，也就是生成新的 tr 和 td 元素。

虽然在示例应用程序中只有几行数据，但这些都是代价很高的操作，并且在实际的应用程序中，当重复销毁和重建内容时，可能突然造成应用程序卡顿。这个问题的最糟糕的部分在于：除了一次变更以外所有其他操作都是不必要的，这是因为在将新的 Product 对象添加到数据模型之前，并不需要更新表格中的内容。对于其余调用，该指令销毁了其内容，然后又使用相同的替代内容进行重建。

鉴于此，Angular 提供了一些能更有效管理更新的工具，使得只有在需要时才更新内容。对于应用程序中的所有变更，仍将调用 ngDoCheck 方法，但是该指令可以检查其数据，以查看是否发生了任何需要新内容的变更，如代码清单 16-16 所示。

代码清单 16-16　在 src/app 文件夹的 iterator.directive.ts 文件中尽量减少内容变化

```
import { Directive, ViewContainerRef, TemplateRef,
         Input, SimpleChange, IterableDiffer, IterableDiffers,
         ChangeDetectorRef, CollectionChangeRecord, DefaultIterableDiffer
} from "@angular/core";

@Directive({
   selector: "[paForOf]"
})
export class PaIteratorDirective {
    private differ: DefaultIterableDiffer<any>;

    constructor(private container: ViewContainerRef,
        private template: TemplateRef<Object>,
        private differs: IterableDiffers,
        private changeDetector: ChangeDetectorRef) {
    }

    @Input("paForOf")
    dataSource: any;

    ngOnInit() {
        this.differ =
            <DefaultIterableDiffer<any>> this.differs.find(this.dataSource).create();
    }

    ngDoCheck() {
        let changes = this.differ.diff(this.dataSource);
        if (changes != null) {
            console.log("ngDoCheck called, changes detected");
            changes.forEachAddedItem(addition => {
                this.container.createEmbeddedView(this.template,
                    new PaIteratorContext(addition.item,
                        addition.currentIndex, changes.length));
            });
```

```
        }
    }
}

class PaIteratorContext {
    odd: boolean; even: boolean;
    first: boolean; last: boolean;

    constructor(public $implicit: any,
            public index: number, total: number ) {

        this.odd = index % 2 == 1;
        this.even = !this.odd;
        this.first = index == 0;
        this.last = index == total - 1;
    }
}
```

上面代码的思路是找出集合中是否添加、删除或移动了对象。因此，每次调用 ngDoCheck 方法时，该指令都必须做一些工作，以便在没有发生集合变更时避免不必要且代价高昂的 DOM 操作。

这个过程在构造函数中启动，该构造函数接收两个新的实参，当创建指令类的一个新实例时，这些实参的值将由 Angular 提供。在 ngOnInit 方法中，IterableDiffers 对象和 ChangeDetectorRef 对象用于设置数据源集合的变更检测，如下所示。

```
...
ngOnInit() {
    this.differ =
        <DefaultIterableDiffer<any>> this.differs.find(this.dataSource).create();
}
...
```

Angular 内置了一些称为差异器(differ)的类，以检测不同类型对象中发生的变更。IterableDiffers.find 方法接收一个对象并返回一个能够为该对象创建差异器的 IterableDifferFactory 对象。IterableDifferFactory 类定义了一个 create 方法，该方法返回一个 DefaultIterableDiffer 对象，该对象将使用构造函数接收的 ChangeDetectorRef 对象来执行实际的变更检测。

这套变更检测机制的重要部分是 DefaultIterableDiffer 对象，它被赋给一个名为 differ 的属性，以便在调用 ngDoCheck 方法时可以使用它。

```
...
ngDoCheck() {
    let changes = this.differ.diff(this.dataSource);
    if (changes != null) {
        console.log("ngDoCheck called, changes detected");
        changes.forEachAddedItem(addition => {
            this.container.createEmbeddedView(this.template,
                new PaIteratorContext(addition.item,
                    addition.currentIndex, changes.length));
        });
    }
}
...
```

DefaultIterableDiffer.diff 方法接收一个对象进行比较，并返回变更列表。如果没有变更，则返回 null。当应用程序的其他地方发生变更而调用 ngDoCheck 方法时，检查结果是否为 null 可以让该指令避免不必要的工作。diff 方法返回的对象提供了表 16-4 中描述的属性和方法，可使用这些属性和方法来处理变更。

表 16-4　DefaultIterableDiffer.diff 返回结果的方法和属性

名称	描述
collection	这个属性返回已检查是否变更的对象的集合
length	这个属性返回集合中的对象数
forEachItem(func)	这个方法针对集合中的每个对象调用指定的函数
forEachPreviousItem(func)	这个方法针对先前版本的集合中的每个对象调用指定的函数
forEachAddedItem(func)	这个方法针对集合中的每个新对象调用指定的函数
forEachMovedItem(func)	这个方法针对位置发生变更的每个对象调用指定的函数
forEachRemovedItem(func)	这个方法针对从集合中删除的每个对象调用指定的函数
forEachIdentityChange(func)	这个方法针对标识发生变更的每个对象调用指定的函数

表 16-4 描述的方法中有几个带有函数形参，这些函数都接收一个 CollectionChangeRecord 对象，该对象使用表 16-5 中的属性来描述数据项以及数据如何变更。

表 16-5　CollectionChangeRecord 属性

名称	描述
item	这个属性返回数据项
trackById	如果使用 trackBy 函数，那么这个属性返回标识值
currentIndex	这个属性返回集合中数据项的当前索引
previousIndex	这个属性返回集合中数据项的上一个索引

代码清单 16-16 中的代码只需要处理数据源中的新对象，因为这是应用程序其余部分唯一可以执行的变更类型。如果 diff 方法返回的结果不为 null，那么使用 forEachAddedItem 方法为已检测到的每个新对象调用胖箭头函数。针对每个新对象，调用一次这个函数，并使用表 16-5 中的属性在视图容器中创建新视图。

代码清单 16-16 中的更改包括一条新的控制台消息，只有在指令检测到数据变更时才会将其写入浏览器的 JavaScript 控制台。如果重复进行添加新产品的过程，将会看到该消息仅在应用程序首次启动时以及单击 Create 按钮时显示。ngDoCheck 方法仍然被调用，并且该指令每次都必须检查数据变更，因此仍然有不必要的工作要做。但与销毁和重新创建 HTML 元素相比，这些操作的代价和耗时要低得多。

跟踪视图

当处理新数据项的创建过程时，数据变更检测的处理非常简单。其他操作(例如对删除或修改的处理)更复杂，并且要求指令跟踪哪个视图与哪个数据对象相关联。

为演示这一点，下面将添加从数据模型中删除 Product 对象的功能。首先，代码清单 16-17 向组件添加一个根据产品键值删除产品的方法。虽然这不是一个必需的方法(这是因为模板可以通过组件的 model 属性来访问存储库)，但如果所有数据都以相同的方式被访问和使用，那么有助于让应用程序更容易理解。

代码清单 16-17　在 src/app 文件夹的 component.ts 文件中添加一个删除方法

```
import { ApplicationRef, Component } from "@angular/core";
import { NgForm, FormGroup } from "@angular/forms";
import { Model } from "./repository.model";
import { Product } from "./product.model";
import { ProductFormGroup, ProductFormControl } from "./form.model";

@Component({
    selector: "app",
    templateUrl: "template.html"
})
export class ProductComponent {
    model: Model = new Model();
    formGroup: ProductFormGroup = new ProductFormGroup();
    showTable: boolean = false;

    getProduct(key: number): Product {
        return this.model.getProduct(key);
    }

    getProducts(): Product[] {
        return this.model.getProducts();
    }

    newProduct: Product = new Product();

    addProduct(p: Product) {
        this.model.saveProduct(p);
    }

    deleteProduct(key: number) {
        this.model.deleteProduct(key);
    }

    formSubmitted: boolean = false;

    submitForm() {
        this.addProduct(this.newProduct);
    }
}
```

代码清单 16-18 更新了模板，使得结构型指令生成的内容包含一列 button 元素，该列将用于删除与该元素所在表格行相关联的数据对象。

代码清单 16-18　在 src/app 文件夹的 template.html 文件中添加 Delete 按钮

```
...
<table *paIf="showTable"
        class="table table-sm table-bordered table-striped">
    <thead>
        <tr><th></th><th>Name</th><th>Category</th><th>Price</th><th></th></tr>
    </thead>
    <tbody>
        <tr *paFor="let item of getProducts(); let i = index; let odd = odd;
```

Of>

```
                    let even = even" [class.bg-info]="odd"
                    [class.bg-warning]="even">
        <td style="vertical-align:middle">{{i + 1}}</td>
        <td style="vertical-align:middle">{{item.name}}</td>
        <td style="vertical-align:middle">{{item.category}}</td>
        <td style="vertical-align:middle">{{item.price}}</td>
        <td class="text-center">
            <button class="btn btn-danger btn-sm"
                    (click)="deleteProduct(item.id)">
                Delete
            </button>
        </td>
    </tr>
  </tbody>
</table>
...
```

button 元素具有 click 事件绑定，用于调用组件的 deleteProduct 方法。此外还在现有的 td 元素上设置了 CSS 样式属性 vertical-align 的值，使表格中的文本与按钮文本对齐。最后一步是在结构型指令中处理数据变更，当从数据源中删除对象时进行响应，如代码清单 16-19 所示。

代码清单 16-19　在 src/app 文件夹的 iterator.directive.ts 文件中响应被移除的项

```
import {
    Directive, ViewContainerRef, TemplateRef,
    Input, SimpleChange, IterableDiffer, IterableDiffers,
    ChangeDetectorRef, CollectionChangeRecord, DefaultIterableDiffer, ViewRef
} from "@angular/core";
@Directive({
    selector: "[paForOf]"
})
export class PaIteratorDirective {
    private differ: DefaultIterableDiffer<any>;
    private views: Map<any, PaIteratorContext> = new Map<any, PaIteratorContext>();

    constructor(private container: ViewContainerRef,
        private template: TemplateRef<Object>,
        private differs: IterableDiffers,
        private changeDetector: ChangeDetectorRef) {
    }

    @Input("paForOf")
    dataSource: any;

    ngOnInit() {
        this.differ =
            <DefaultIterableDiffer<any>>this.differs.find(this.dataSource).create();
    }

    ngDoCheck() {
        let changes = this.differ.diff(this.dataSource);
        if (changes != null) {
            changes.forEachAddedItem(addition => {
                let context = new PaIteratorContext(addition.item,
                    addition.currentIndex, changes.length);
                context.view = this.container.createEmbeddedView(this.template,
```

```
                            context);
                    this.views.set(addition.trackById, context);
                });
                let removals = false;
                changes.forEachRemovedItem(removal => {
                    removals = true;
                    let context = this.views.get(removal.trackById);
                    if (context != null) {
                        this.container.remove(this.container.indexOf(context.view));
                        this.views.delete(removal.trackById);
                    }
                });
                if (removals) {
                    let index = 0;
                    this.views.forEach(context =>
                        context.setData(index++, this.views.size));
                }
            }
        }
    }

class PaIteratorContext {
    index: number;
    odd: boolean; even: boolean;
    first: boolean; last: boolean;
    view: ViewRef;

    constructor(public $implicit: any,
            public position: number, total: number ) {
        this.setData(position, total);
    }

    setData(index: number, total: number) {
        this.index = index;
        this.odd = index % 2 == 1;
        this.even = !this.odd;
        this.first = index == 0;
        this.last = index == total - 1;
    }
}
```

要处理被移除的对象，需要完成两项任务。第一项任务是通过移除与 forEachRemovedItem 方法所提供数据项对应的视图来更新视图集。这意味着要跟踪数据对象及其视图之间的映射关系，在代码清单 16-19 中已经向 PaIteratorContext 类添加了 ViewRef 属性并使用一个 Map 对象来收集数据对象及其视图，还通过 CollectionChangeRecord.trackById 属性的值进行了索引。

处理集合变更时，该指令处理每个被移除对象的方式如下：从 Map 中检索相应的 PaIteratorContext 对象，获取其 ViewRef 对象并将该对象传给 ViewContainerRef.remove 方法，从视图容器中移除与该对象相关联的内容。

第二项任务是更新那些剩余对象的上下文数据，使得那些依赖视图容器中视图位置的绑定得到正确更新。该指令针对 Map 中的每个上下文对象调用 PaIteratorContext.setData 方法，更新视图在容器中的位置，并更新正在使用的视图的总数。如果没有这些更改，上下文对象提供的属性将无法准确反映数据模型，这意味着表格行的背景色不会被条带化，而 Delete 按钮也不会对准正确的对象。

这些修改的效果是每个表格行都包含一个 Delete 按钮，它从数据模型中移除相应的对象，从而触发表格的更新，如图 16-7 所示。

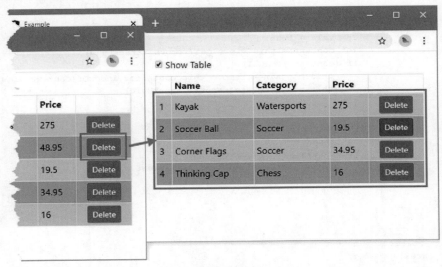

图 16-7　从数据模型中移除对象

16.4　查询宿主元素内容

指令可以查询其宿主元素的内容以访问其包含的指令，又称为子内容(content children)，这可以让多个指令协调一起工作。

> 提示：多个指令之间也可以通过共享服务(将在第 19 章中介绍)来协同工作。

为演示如何查询内容，将一个名为 cellColor.directive.ts 的文件添加到 src/app 文件夹中，并用它定义代码清单 16-20 所示的指令。

代码清单 16-20　src/app 文件夹中 cellColor.directive.ts 文件的内容

```
import { Directive, HostBinding } from "@angular/core";

@Directive({
    selector: "td"
})
export class PaCellColor {

    @HostBinding("class")
    bgClass: string = "";
    setColor(dark: Boolean) {
        this.bgClass = dark ? "bg-dark" : "";
    }
}
```

PaCellColor 类定义了一个简单的属性指令，它对 td 元素进行操作，并绑定到宿主元素的 class 属性。setColor 方法接收一个布尔参数，当该参数的值为 true 时，将这个 class 属性设置为 bg-dark，这是深色背景的 Bootstrap 类。

在这个示例中，PaCellColor 类将是嵌入到宿主元素内容中的指令。我们的目标是编写另一个指令，它将查询其宿主元素以找出内嵌的指令并调用其 setColor 方法。为此，在 src/app 文件夹中添加一个名为 cellColorSwitcher.directive.ts 的文件，并用它定义如代码清单 16-21 所示的指令。

代码清单 16-21　src/app 文件夹中 cellColorSwitcher.directive.ts 文件的内容

```
import { Directive, Input, Output, EventEmitter,
        SimpleChange, ContentChild } from "@angular/core";
import { PaCellColor } from "./cellColor.directive";

@Directive({
    selector: "table"
})
export class PaCellColorSwitcher {

    @Input("paCellDarkColor")
    modelProperty: Boolean;

    @ContentChild(PaCellColor)
    contentChild: PaCellColor;

    ngOnChanges(changes: { [property: string]: SimpleChange }) {
        if (this.contentChild != null) {
            this.contentChild.setColor(changes["modelProperty"].currentValue);
        }
    }
}
```

PaCellColorSwitcher 类定义了一个对 table 元素进行操作的指令，并定义了一个名为 paCellDarkColor 的输入属性。该指令的重要部分是 contentChild 属性。

```
...
@ContentChild(PaCellColor)
contentChild: PaCellColor;
...
```

@ContentChild 装饰器告诉 Angular，该指令需要查询宿主元素的内容，并将查询到的第一个结果赋给该属性。@ContentChild 装饰器的实参是一个或多个指令类。这里，@ContentChild 装饰器的实参是 PaCellColor，它指示 Angular 找到包含在宿主元素内容中的第一个 PaCellColor 对象，并将其赋给被装饰的属性。

提示： 还可以使用模板变量名称进行查询，比如，@ContentChild("myVariable")将找到已赋给 myVariable 的第一个指令。

通过查询结果，PaCellColorSwitcher 指令可以访问子组件，并允许它调用 setColor 方法来响应输入属性的变更。

提示： 如果想要在结果中包含子内容的后代，可配置查询，如下所示：@ContentChild(PaCellColor, { descendants: true})。

在代码清单 16-22 中，向模板添加了一个复选框，该模板使用 ngModel 指令设置一个变量，

该变量被绑定到 PaCellColorSwitcher 指令的输入属性。

代码清单 16-22　在 src/app 文件夹的 template.html 文件中应用指令

```
...
<div class="col-8">

    <div class="checkbox">
        <label>
            <input type="checkbox" [(ngModel)]="darkColor" />
            Dark Cell Color
        </label>
    </div>

    <table class="table table-sm table-bordered table-striped"
            [paCellDarkColor]="darkColor">
        <thead>
            <tr><th></th><th>Name</th><th>Category</th><th>Price</th><th></th></tr>
        </thead>
        <tbody>
            <tr *paFor="let item of getProducts(); let i = index; let odd = odd;
                    let even = even" [class.bg-info]="odd"
                    [class.bg-warning]="even">
                <td style="vertical-align:middle">{{i + 1}}</td>
                <td style="vertical-align:middle">{{item.name}}</td>
                <td style="vertical-align:middle">{{item.category}}</td>
                <td style="vertical-align:middle">{{item.price}}</td>
                <td class="text-center">
                    <button class="btn btn-danger btn-sm"
                            (click)="deleteProduct(item.id)">
                        Delete
                    </button>
                </td>
            </tr>
        </tbody>
    </table>
</div>
...
```

代码清单 16-23 在组件中添加了 darkColor 属性。

代码清单 16-23　在 src/app 文件夹的 component.ts 文件中定义属性

```
import { ApplicationRef, Component } from "@angular/core";
import { NgForm, FormGroup } from "@angular/forms";
import { Model } from "./repository.model";
import { Product } from "./product.model";
import { ProductFormGroup, ProductFormControl } from "./form.model";

@Component({
    selector: "app",
    templateUrl: "template.html"
})
export class ProductComponent {
    model: Model = new Model();
    formGroup: ProductFormGroup = new ProductFormGroup();
    showTable: boolean = false;
```

```
darkColor: boolean = false;

getProduct(key: number): Product {
    return this.model.getProduct(key);
}

getProducts(): Product[] {
    return this.model.getProducts();
}

newProduct: Product = new Product();

addProduct(p: Product) {
    this.model.saveProduct(p);
}

deleteProduct(key: number) {
    this.model.deleteProduct(key);
}

formSubmitted: boolean = false;

submitForm() {
    this.addProduct(this.newProduct);
}
}
```

最后一步是使用 Angular 模块的 declarations 属性注册新指令，如代码清单 16-24 所示。

代码清单 16-24　在 src/app 文件夹的 app.module.ts 文件中注册新指令

```
import { NgModule } from "@angular/core";
import { BrowserModule } from "@angular/platform-browser";
import { ProductComponent } from "./component";
import { FormsModule, ReactiveFormsModule } from "@angular/forms";
import { PaAttrDirective } from "./attr.directive";
import { PaModel } from "./twoway.directive";
import { PaStructureDirective } from "./structure.directive";
import { PaIteratorDirective } from "./iterator.directive";
import { PaCellColor } from "./cellColor.directive";
import { PaCellColorSwitcher } from "./cellColorSwitcher.directive";

@NgModule({
    imports: [BrowserModule, FormsModule, ReactiveFormsModule],
    declarations: [ProductComponent, PaAttrDirective, PaModel,
        PaStructureDirective, PaIteratorDirective,
        PaCellColor, PaCellColorSwitcher],
    bootstrap: [ProductComponent]
})
export class AppModule { }
```

保存更改后，将在表格上方看到一个新复选框。当选中该复选框时，ngModel 指令将导致 PaCellColorSwitcher 指令的输入属性得到更新(调用了借助@ContentChild 装饰器找到的 PaCellColor 指令对象上的 setColor 方法)。视觉效果不很明显，这是因为只有第一个 PaCellColor 指令受到影响，即在表格左上角显示数字 1 的那个单元格，如图 16-8 所示(如果没有看到颜色变化，则重新启动 Angular 开发工具，并重新加载浏览器)。

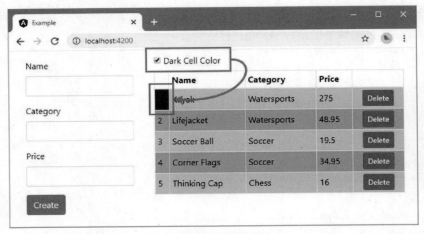

图 16-8　操作子内容

16.4.1　查询多个子内容

@ContentChild 装饰器找到第一个与实参相匹配的指令对象，并将其赋给被装饰的属性。如果想要接收与实参相匹配的所有指令对象，可使用@ContentChildren 装饰器，如代码清单 16-25 所示。

代码清单 16-25　在 src/app 文件夹的 cellColorSwitcher.directive.ts 文件中查询多个子内容

```
import { Directive, Input, Output, EventEmitter,
        SimpleChange, ContentChildren, QueryList } from "@angular/core";
import { PaCellColor } from "./cellColor.directive";

@Directive({
    selector: "table"
})
export class PaCellColorSwitcher {

    @Input("paCellDarkColor")
    modelProperty: Boolean;

    @ContentChildren(PaCellColor, {descendants: true})
    contentChildren: QueryList<PaCellColor>;

    ngOnChanges(changes: { [property: string]: SimpleChange }) {
        this.updateContentChildren(changes["modelProperty"].currentValue);
    }

    private updateContentChildren(dark: Boolean) {
        if (this.contentChildren != null && dark != undefined) {
            this.contentChildren.forEach((child, index) => {
                child.setColor(index % 2 ? dark : !dark);
            });
        }
    }
}
```

当使用@ContentChildren 装饰器时，查询到的结果将通过 QueryList 提供，QueryList 使用表 16-6 中描述的方法和属性提供对指令对象的访问。descendants 配置属性用于选择后代元素，如果不使用该值，将只选择直接子元素。

表 16-6　QueryList 成员

名称	描述
length	这个属性返回相匹配的指令对象的个数
first	这个属性返回第一个匹配的指令对象
last	这个属性返回最后一个匹配的指令对象
map(function)	这个方法针对每个匹配的指令对象调用一个函数，以创建一个新数组，等同于 Array.map 方法
filter(function)	这个方法针对每个匹配的指令对象调用一个函数，以创建一个数组，该数组包含函数返回值为 true 的对象，等同于 Array.filter 方法
reduce(function)	这个方法针对每个匹配的指令对象调用一个函数，以创建单个值，等同于 Array.reduce 方法
forEach(function)	这个方法针对每个匹配的指令对象调用一个函数，等同于 Array.forEach 方法
some(function)	这个方法针对每个匹配的指令对象调用一个函数，如果该函数至少返回 true 一次，则返回 true，等同于 Array.some 方法
changes	这个属性用于监视变更的结果，如 16.4.2 节"接收查询变更通知"中所述

在这个代码清单中，该指令通过调用 updateContentChildren 方法来响应输入属性值的变化，updateContentChildren 方法依次在 QueryList 结果上使用 forEach 方法，并在匹配查询且序号为偶数的指令上调用 setColor 方法。选中复选框时的效果如图 16-9 所示。

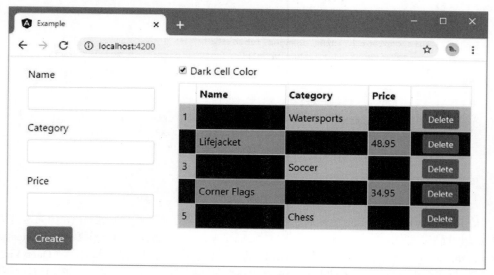

图 16-9　操作多个子内容

16.4.2　接收查询变更通知

内容查询的结果是实时的，这意味着它们会自动更新，以反映宿主元素内容中的添加、更改或删除变化。要想在查询结果发生变更时接收通知，就需要使用Observable接口，该接口由Reactive Extensions程序包提供，该包将被自动添加到项目中。第23章将更详细地解释Observable对象的工作原理，而现在只需要知道在Angular内部它们被用于管理变更就足够了。

在代码清单 16-26 中，已更新了 PaCellColorSwitcher 指令，这样当 QueryList 中的子内容集合发生变更时会收到通知。

代码清单 16-26　在 src/app 文件夹的 cellColorSwitcher.directive.ts 文件中接收变更通知

```
import { Directive, Input, Output, EventEmitter,
        SimpleChange, ContentChildren, QueryList } from "@angular/core";
import { PaCellColor } from "./cellColor.directive";

@Directive({
    selector: "table"
})
export class PaCellColorSwitcher {

    @Input("paCellDarkColor")
    modelProperty: Boolean;

    @ContentChildren(PaCellColor, {descendants: true})
    contentChildren: QueryList<PaCellColor>;

    ngOnChanges(changes: { [property: string]: SimpleChange }) {
        this.updateContentChildren(changes["modelProperty"].currentValue);
    }

    ngAfterContentInit() {
        this.contentChildren.changes.subscribe(() => {
            setTimeout(() => this.updateContentChildren(this.modelProperty), 0);
        });
    }

    private updateContentChildren(dark: Boolean) {
        if (this.contentChildren != null && dark != undefined) {
            this.contentChildren.forEach((child, index) => {
                child.setColor(index % 2 ? dark : !dark);
            });
        }
    }
}
```

在调用 ngAfterContentInit 生命周期方法之前，不会设置子内容查询属性的值，因此这里使用该方法设置变更通知。QueryList 类定义了一个 changes 方法，该方法返回一个 Reactive Extensions Observable 对象，该对象定义了一个 subscribe 方法。该方法接收一个函数参数，当 QueryList 的内容改变(这意味着@ContentChildren 装饰器的实参所匹配的指令集合发生了一些变化)时调用该函数。传给 subscribe 方法的函数将调用 updateContentChildren 方法来设置颜色，但这是在调用 setTimeout 函数的过程中进行的，这样做会延迟执行方法调用，直到 subscribe 回调函数完成。如果没有调用 setTimeout，Angular 将报告一个错误，这是因为该指令尝试在当前更新尚未完成的情况下开始新的内容更新。这些更改的结果是，在使用 HTML 表单时，刚创建的新表格单元格会自动应用深色着色方案，如图 16-10 所示。

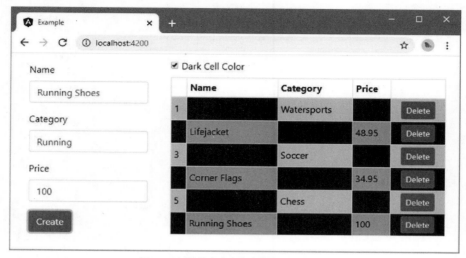

图 16-10　根据内容查询变更通知进行操作

16.5　本章小结

在本章中，通过重建内置指令 ngIf 和 ngFor 的功能解释了结构型指令的工作原理。本章解释了视图容器和模板的用法，描述了应用结构型指令的完整语法和简洁语法，并展示了如何创建指令来遍历数据对象集合，以及指令如何查询其宿主元素的内容。在下一章中，将介绍组件并解释它们与指令的区别。

第 17 章

理 解 组 件

组件是拥有自己的模板的指令，它们不依赖于其他地方提供的内容。组件可以使用前面几章中描述的所有指令功能，并且仍然具有宿主元素，仍然可以定义输入属性和输出属性等，但组件还定义自己的内容。

虽然很容易低估模板的重要性，但是属性指令和结构型指令有其局限性。尽管指令可以完成有用的工作而且具备强大的功能，但指令并不深入了解宿主元素。指令最大的用途是作为通用工具，比如 ngModel 指令可以应用于任何数据模型属性和任何表单元素，而不必考虑这些数据或元素的具体用途。

相反，组件与其模板的内容密切相关。组件提供的数据和逻辑由模板中 HTML 元素所应用的数据绑定使用，为数据绑定表达式的求值提供上下文，并充当指令与应用程序其余部分之间的黏合剂。组件还是一种可将大型 Angular 项目分解成可管理的功能块的有用工具。

本章将介绍组件的工作原理，并介绍如何通过引入额外的组件来重新组织应用程序。表 17-1 给出了组件的相关知识。

表 17-1　组件的相关知识

问题	答案
什么是组件	组件是一种定义了自己的 HTML 内容和可选 CSS 样式的指令
组件有什么作用	组件可用于定义自包容的功能块，这使得项目更易于管理，并让程序功能更容易得到复用
如何使用组件	将@Component 装饰器应用于已在应用程序的 Angular 模块中注册过的类
组件是否存在陷阱或限制	无。组件提供了指令的所有功能，并增加了自己的模板
组件是否存在替代方案	一个 Angular 应用程序必须至少包含一个组件，该组件用于引导过程。虽然可以仅用一个组件包揽一切，但是最终的应用程序可能因此变得笨重且难以管理

表 17-2 给出了本章内容摘要。

表 17-2　本章内容摘要

问题	解决方案	代码清单编号
创建组件	向类应用@Component 指令	1~5
定义组件显示的内容	创建内联模板或外部模板	6~8

(续表)

问题	解决方案	代码清单编号
在模板中包含数据	在组件模板中使用数据绑定	9
在组件之间协调	使用输入属性或输出属性	10~16
显示应用了组件的元素的内容	投影宿主元素的内容	17~21
样式化组件内容	创建组件样式	22~30
查询组件模板中的内容	使用@ViewChildren 装饰器	31

17.1　准备示例项目

在本章中，继续使用在第 11 章中创建并一直在修改的示例项目。我们在为本章内容做准备时并不需要修改项目。

要启动 Angular 开发工具，请在 Example 文件夹中运行以下命令。

```
ng serve
```

打开一个新的浏览器窗口并导航到 http://localhost:4200，查看图 17-1 的内容。

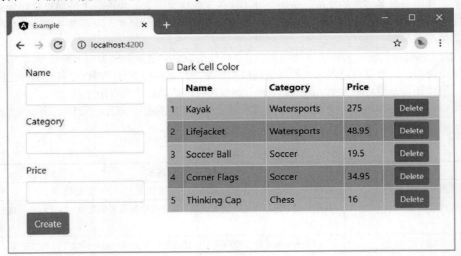

图 17-1　运行示例项目

17.2　使用组件组织应用程序

目前，示例项目只包含一个组件和一个模板。Angular 应用程序至少需要一个名为根组件(root component)的组件，它是 Angular 模块中指定的入口点。

如果一个项目只有一个组件，就会带来一个问题：这个组件最终包含应用程序的所有功能所需的逻辑，而组件的模板则包含用户访问这些功能需要的所有标记。这样做的结果就是：单个组件及其模板负责处理大量任务。示例应用程序中的组件负责以下任务：

- 作为根组件，为 Angular 提供应用程序的入口点
- 用于访问应用程序的数据模型，以便可以在数据绑定中使用数据模型
- 定义用于创建新产品的 HTML 表单
- 定义用于显示产品的 HTML 表格
- 定义包含表单和表格的布局
- 创建新产品时，检查表单数据是否有效
- 维护状态信息，旨在防止使用无效数据创建数据
- 维护状态信息，用于决定是否显示表格

对于这样一个简单的应用程序，要做的事情却有许多，而且不是所有这些任务都是相关的。随着开发的进行，这种效应往往不断增强，但这意味着由于不能有效隔离单个功能，因此应用程序将变得难以测试，并且由于代码和标记变得越来越复杂，因而导致难以改进和维护。

通过向应用程序中添加各种组件，能将功能划分成若干可在应用程序的不同部分重复使用并独立测试的构造块。在下面几节中，将创建一些组件，将示例应用程序中包含的功能分解成可管理、可复用和自包容的单元。在这个过程中，将解释组件提供的一些不同的功能，这些功能已经超出指令所能提供的功能范围。为了准备这些修改，已对现有组件的模板进行了简化，如代码清单 17-1 所示。

代码清单 17-1 简化 src/app 文件夹中 template.html 文件的内容

```
<div class="row text-white m-2">
  <div class="col-4 p-2 bg-success">
    Form will go here
  </div>
  <div class="col-8 p-2 bg-primary">
    Table will go here
  </div>
</div>
```

将修改保存到模板后，将看到图 17-2 中的内容。在开发新组件并将其添加到应用程序的过程中，占位符内容将被替换为应用程序功能。

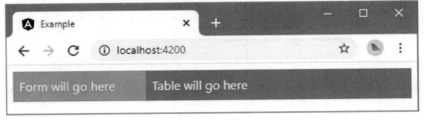

图 17-2 简化现有的模板

17.2.1 创建新组件

为创建一个新组件，在 src/app 文件夹中添加一个名为 productTable.component.ts 的文件，并用它定义代码清单 17-2 所示的组件。

代码清单 17-2　src/app 文件夹中 productTable.component.ts 文件的内容

```
import { Component } from "@angular/core";

@Component({
    selector: "paProductTable",
    template: "<div>This is the table component</div>"
})
export class ProductTableComponent {

}
```

组件是一个应用了@Component 装饰器的类。这个组件应极为简单，它仅提供作为组件所需的最少功能，而不做任何有用的事情。

用来定义组件的文件都遵循一套命名约定：使用一个描述性强的名称来表达组件的用途，后跟一个英文句点(.)，最后是 component.ts。对于这个将用于生成产品表格的组件，将其文件命名为 productTable.component.ts。类的名称也应该同样具有描述性。该组件的类被命名为 ProductTableComponent。

@Component 装饰器用于描述和配置组件。表 17-3 描述了最有用的一些装饰器属性，其中还包括相关内容的具体章节信息(并非所有这些都在本章中介绍)。

表 17-3　@Component 装饰器的属性

名称	描述
animations	这个属性用于配置动画，如第 28 章所述
encapsulation	这个属性用于更改视图封装设置，它可控制如何将组件样式与 HTML 文档的其余部分隔离。有关详细信息，请参阅 17.3.2 节中的"设置视图封装"部分
selector	这个属性用于指定用于匹配宿主元素的 CSS 选择器，稍后介绍
styles	这个属性用于定义仅应用于组件模板的 CSS 样式。这些样式是以内联方式定义的，属于 TypeScript 文件的一部分。有关详细信息，请参阅 17.3 节"使用组件样式"
styleUrls	这个属性用于定义仅应用于组件模板的 CSS 样式。样式的定义放在单独的 CSS 文件中。有关详细信息，请参阅 17.3 节"使用组件样式"
template	这个属性用于指定内联模板，如 17.2.2 节"定义模板"所述
templateUrl	这个属性用于指定外部模板，如 17.2.2 节"定义模板"所述
providers	这个属性用于创建服务的本地提供程序，如第 19 章所述
viewProviders	这个属性用于为仅可用于子视图的服务创建本地提供程序，如第 20 章所述

现在创建第 2 个组件，在 src/app 文件夹中创建一个名为 productForm.component.ts 的文件，并添加代码清单 17-3 所示的代码。

代码清单 17-3　src/ app 文件夹中 productForm.component.ts 文件的内容

```
import { Component } from "@angular/core";

@Component({
    selector: "paProductForm",
    template: "<div>This is the form component</div>"
})
export class ProductFormComponent {

}
```

这个组件同样简单，目前只是一个占位符。在本章的后面，将添加一些更有用的功能。要启用组件，必须在应用程序的 Angular 模块中声明它们，如代码清单 17-4 所示。

代码清单 17-4　在 src/app 文件夹的 app.module.ts 文件中启用新组件

```
import { NgModule } from "@angular/core";
import { BrowserModule } from "@angular/platform-browser";
import { ProductComponent } from "./component";
import { FormsModule, ReactiveFormsModule } from "@angular/forms";
import { PaAttrDirective } from "./attr.directive";
import { PaModel } from "./twoway.directive";
import { PaStructureDirective } from "./structure.directive";
import { PaIteratorDirective } from "./iterator.directive";
import { PaCellColor } from "./cellColor.directive";
import { PaCellColorSwitcher } from "./cellColorSwitcher.directive";
import { ProductTableComponent } from "./productTable.component";
import { ProductFormComponent } from "./productForm.component";


@NgModule({
    imports: [BrowserModule, FormsModule, ReactiveFormsModule],
    declarations: [ProductComponent, PaAttrDirective, PaModel,
        PaStructureDirective, PaIteratorDirective,
        PaCellColor, PaCellColorSwitcher, ProductTableComponent,
        ProductFormComponent],
    bootstrap: [ProductComponent]
})
export class AppModule { }
```

使用 import 语句将组件类引入当前作用域，并将其添加到 NgModule 装饰器的 declarations 数组中。最后一步是添加一个与组件的 selector 属性相匹配的 HTML 元素，如代码清单 17-5 所示，它将为组件提供宿主元素。

代码清单 17-5　在 src/app 文件夹的 template.html 文件中添加宿主元素

```
<div class="row text-white m-2">
  <div class="col-4 p-2 bg-success">
    <paProductForm></paProductForm>
  </div>
  <div class="col-8 p-2 bg-primary">
    <paProductTable></paProductTable>
  </div>
</div>
```

在所有修改均已保存后，浏览器将显示如图 17-3 所示的内容，这说明 HTML 文档的一部分现在由新组件进行管理。

图 17-3　添加新组件

理解新的应用程序结构

这些新的组件已经改变了应用程序的结构。以前，根组件负责应用程序显示的所有 HTML 内容。然而，现在有 3 个组件，一些 HTML 内容的职责已经委托给新添加的功能块，如图 17-4 所示。

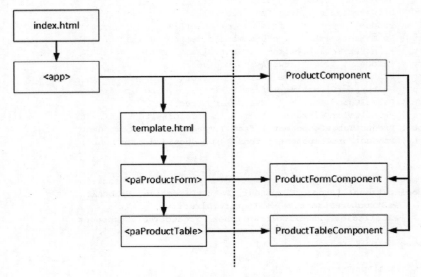

图 17-4 新的应用程序结构

当浏览器加载 index.html 文件时，Angular 引导过程启动，Angular 处理应用程序的模块，该模块提供应用程序需要的组件列表。Angular 检查其配置中每个组件的装饰器，包括 selector 属性的值(用于标识哪些是宿主元素)。

然后 Angular 开始处理 index.html 文件的正文，并找到由 ProductComponent 组件的 selector 属性指定的 app 元素。Angular 使用 template.html 文件中的组件模板来填充 app 元素。Angular 检查 template.html 文件的内容，并找到 paProductForm 和 paProductTable 元素(分别与新添加的两个组件的 selector 属性相匹配)。Angular 使用各个组件的模板分别填充这些元素，生成占位符内容，如图 17-3 所示。

有一些重要的新的关系我们需要理解。首先，浏览器窗口中显示的 HTML 内容现在由几个模板组成，每个模板各由一个组件分别进行管理。其次，ProductComponent 现在是 ProductFormComponent 和 ProductTableComponent 对象的父组件，这些新组件的宿主元素是在 template.html 文件(ProductComponent 的模板)中定义的，从而形成这样的父子关系。同样，这些新组件是 ProductComponent 的子组件。在 Angular 组件中，父子关系是一种重要的关系，在后面几节中描述组件的工作原理时将会看到这一点。

17.2.2 定义模板

虽然应用程序中有几个新组件，但是它们目前没有产生太大影响，这是因为它们只是显示占位符内容。每个组件都有自己的模板，它们定义的内容将用于替换 HTML 文档中的宿主元素。定义模板有两种不同的方法：以内联方式在@Component 装饰器中定义，或者放在外部的 HTML 文件中。

到目前为止，在为新组件添加模板时都是采用直接将 HTML 片段赋给@Component 装饰器的 template 属性的方式，如下所示。

```
...
template: "<div>This is the form component</div>"
...
```

这种方式的优点是简单：组件和模板在同一个文件中定义，这样就不会混淆它们之间的关系。内联模板的缺点是：如果它们包含多个 HTML 元素，就可能导致混乱，并且难以阅读。

注意：另一个问题是，编辑器会在开发者键入代码时高亮显示语法错误，而这项功能通常依赖于文件扩展名来确定应执行哪种类型的语法检查。这些编辑器并不会意识到 template 属性的值为 HTML 内容，而是将其简单地视为普通字符串。

如果使用 TypeScript，可以使用多行字符串来使内联模板更具可读性。多行字符串用反引号字符(字符`，也称为重音符)表示，可以让字符串扩展到多行，如代码清单 17-6 所示。

代码清单 17-6　在 src/app 文件夹的 productTable.component.ts 文件中使用多行字符串

```
import { Component } from "@angular/core";

@Component({
    selector: "paProductTable",
    template: `<div class='bg-info p-2'>
                    This is a multiline template
               </div>`
})
export class ProductTableComponent {

}
```

多行字符串让模板中的 HTML 元素的结构得以保留，这样可以让代码更容易阅读，在适度增加内联模板大小的情况下，不至于因为包含的内容变得太大而无法管理。图 17-5 显示了代码清单 17-6 中模板的效果。

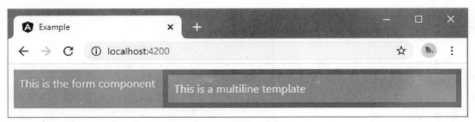

图 17-5　使用多行内联模板

提示：对于包含两个或三个以上简单元素的模板，建议使用外部模板(下一节进行解释)，主要是利用现代编辑器提供的 HTML 编辑和语法高亮显示功能，这可以在很大程度上减少运行应用程序时发现的错误数量。

---

1. 定义外部模板

外部模板的定义被放在一个不同于组件其余部分的文件中。这种方法的优点是代码和 HTML 不会混合在一起，这使得代码阅读和单元测试变得更容易，这也意味着在编写模板文件时，代码编辑器可以识别 HTML 内容，从而可以通过高亮显示错误来帮助减少编码时错误。

外部模板的缺点是必须在项目中管理更多文件，并确保每个组件都与正确的模板文件相关联。要做到这一点，最好遵循一致的文件命名策略，使得每个文件包含哪个组件的模板一目了然。Angular 使用约定<componentname>.component.<type>来创建文件对。这样一来，当看到一个名为 productTable.component.ts 的文件时，就会知道该文件中有一个采用 TypeScript 编程语言编写的 productTable 组件；而当看到一个名为 productTable. component.html 的文件时，就会知道该文件中包含 productTable 组件的外部模板。

> **提示**：这两种类型的模板的语法和功能是相同的，唯一区别在于内容的存放位置：是放在与组件代码相同的文件中，还是放在单独的文件中。

为了使用命名约定定义外部模板，在 src/app 文件夹中创建一个名为 productTable. component.html 的文件，并添加代码清单 17-7 所示的标记。

代码清单 17-7　src/app 文件夹中 productTable.component.html 文件的内容

```
<div class="bg-info p-2">
    This is an external template
</div>
```

自第 11 章以来，根组件一直在使用这种模板。要指定外部模板，需要使用@Component 装饰器中的 templateURL 属性，如代码清单 17-8 所示。

代码清单 17-8　在 src/app 文件夹的 productTable.component.ts 文件中使用外部模板

```
import { Component } from "@angular/core";

@Component({
    selector: "paProductTable",
    templateUrl: "productTable.component.html"
})
export class ProductTableComponent {

}
```

注意，这里要使用不同的属性：template 用于内联模板，而 templateUrl 用于外部模板。图 17-6 显示了使用外部模板的效果。

图 17-6　使用外部模板

2. 在组件模板中使用数据绑定

组件的模板可以包含各种数据绑定，并且可以使用已在应用程序的 Angular 模块中注册的任何内置指令和自定义指令。每个组件类都为其模板中数据绑定表达式的求值提供了上下文，并且在默认情况下，每个组件与其他组件隔离。这意味着组件可以自由使用与其他组件相同的属性和方法名称，并且可以依靠 Angular 来隔离不同的组件。例如，代码清单 17-9 把一个名为 model 的属性添加到表单子组件，如果组件之间没有进行隔离，这个属性将与根组件中的同名属性相冲突。

代码清单 17-9　在 src/app 文件夹的 productForm.component.ts 文件中添加属性

```
import { Component } from "@angular/core";

@Component({
    selector: "paProductForm",
    template: "<div>{{model}}</div>"
})
export class ProductFormComponent {

    model: string = "This is the model";
}
```

组件类使用 model 属性来存储一条消息，在模板中使用字符串插入绑定来显示该消息。结果如图 17-7 所示。

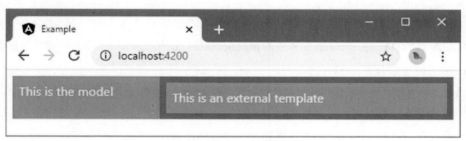

图 17-7　在子组件中使用数据绑定

3. 使用输入属性在组件之间进行协调

很少有孤立存在的组件，组件需要与应用程序的其他部分共享数据。组件可以定义输入属性，用于接收其宿主元素上数据绑定表达式的值。在父组件上下文中可以对表达式进行求值，但会把求值结果传给子组件的属性。

为了演示，代码清单 17-10 向表格组件添加了一个输入属性，用于接收它应该显示的模型数据。

代码清单 17-10　在 src/app 文件夹的 productTable.component.ts 文件中定义输入属性

```
import { Component, Input } from "@angular/core";
import { Model } from "./repository.model";
import { Product } from "./product.model";

@Component({
    selector: "paProductTable",
```

```
        templateUrl: "productTable.component.html"
})
export class ProductTableComponent {
    @Input("model")
    dataModel: Model;

    getProduct(key: number): Product {
        return this.dataModel.getProduct(key);
    }

    getProducts(): Product[] {
        return this.dataModel.getProducts();
    }

    deleteProduct(key: number) {
        this.dataModel.deleteProduct(key);
    }

    showTable: boolean = true;
}
```

该组件现在定义一个输入属性，宿主元素上 model 属性的表达式值将被赋给该属性。
getProduct、getProducts 和 deleteProduct 方法通过这个输入属性让组件模板(在代码清单 17-11 中进行了修改)中的绑定能够访问数据模型。在本章后面的代码清单 17-14 中改进模板时，将用到 showTable 属性。

代码清单 17-11　在 src/app 文件夹的 productTable.component.html 文件中添加数据绑定

```
There are {{getProducts().length}} items in the model
```

向子组件提供所需的数据，意味着向其宿主元素添加绑定，而该元素在父组件的模板中定义，如代码清单 17-12 所示。

代码清单 17-12　在 src/app 文件夹的 template.html 文件中添加数据绑定

```
<div class="row text-white m-2">
  <div class="col-4 p-2 bg-success">
    <paProductForm></paProductForm>
  </div>
  <div class="col-8 p-2 bg-primary">
    <paProductTable [model]="model"></paProductTable>
  </div>
</div>
```

此绑定的作用是让子组件访问父组件的 model 属性。这项功能可能让人感到困惑，这是因为它依赖如下事实：宿主元素在父组件的模板中定义，而输入属性由子组件定义，如图 17-8 所示。

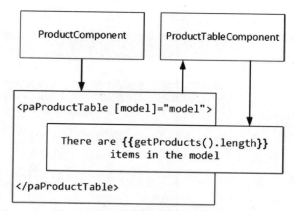

图 17-8　在父组件和子组件之间共享数据

　　子组件的宿主元素充当父组件和子组件之间的桥梁，而输入属性可以让组件为子组件提供其所需的数据，从而产生如图 17-9 所示的结果。

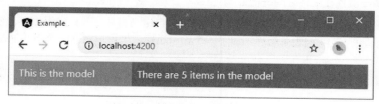

图 17-9　父组件向子组件共享数据

在子组件模板中使用指令

　　一旦定义了输入属性，子组件就可以使用各种数据绑定和指令，既可使用通过父组件提供的数据，也可定义自己的数据。在代码清单 17-13 中，恢复了前几章中使用的原始表格功能(显示数据模型中的 Product 对象列表)，还有一个复选框，用来决定是否显示该表格。这是先前由根组件及其模板管理的功能。

　　代码清单 17-13　在 src/app 文件夹的 productTable.component.html 文件中恢复表格功能

```
<table class="table table-sm table-bordered table-striped">
    <tr><th></th><th>Name</th><th>Category</th><th>Price</th><th></th></tr>
    <tr *paFor="let item of getProducts(); let i = index; let odd = odd;
            let even = even" [class.bg-info]="odd" [class.bg-warning]="even">
        <td style="vertical-align:middle">{{i + 1}}</td>
        <td style="vertical-align:middle">{{item.name}}</td>
        <td style="vertical-align:middle">{{item.category}}</td>
        <td style="vertical-align:middle">{{item.price}}</td>
        <td class="text-xs-center">
            <button class="btn btn-danger btn-sm" (click)="deleteProduct(item.id)">
                Delete
            </button>
        </td>
    </tr>
</table>
```

　　使用相同的 HTML 元素、数据绑定和指令(包括诸如 paIf 和 paFor 的自定义指令)，产生如

图 17-10 所示的结果。关键区别不在于表格的外观，而在于现在采用专用组件管理表格的方式。

图 17-10　恢复表格显示

4. 使用输出属性在组件之间进行协调

子组件可以使用输出属性来定义表示重要变更的自定义事件，并让父组件可在事件发生时做出响应。代码清单 17-14 向表单组件添加了一个输出属性，当用户创建一个新的 Product 对象时，将触发该属性。

代码清单 17-14　在 src/app 文件夹的 productForm.component.ts 文件中定义输出属性

```
import { Component, Output, EventEmitter } from "@angular/core";
import { Product } from "./product.model";

@Component({
    selector: "paProductForm",
    templateUrl: "productForm.component.html"
})
export class ProductFormComponent {
    newProduct: Product = new Product();

    @Output("paNewProduct")
    newProductEvent = new EventEmitter<Product>();

    submitForm(form: any) {
        this.newProductEvent.emit(this.newProduct);
        this.newProduct = new Product();
        form.reset();
    }
}
```

这个输出属性名为 newProductEvent，当调用 submitForm 方法时，组件将触发该事件。除了输出属性之外，这个代码清单添加的代码基于根控制器中的逻辑(以前曾用于管理表单)。此外还删除了内联模板，并在 src/app 文件夹中创建了一个名为 productForm.component.html 的文件，其内容如代码清单 17-15 所示。

代码清单 17-15　src/app 文件夹中 productForm.component.html 文件的内容

```
<form novalidate #form="ngForm" (ngSubmit)="submitForm(form)">
```

```
            <div class="form-group">
                <label>Name</label>
                <input class="form-control"
                    name="name" [(ngModel)]="newProduct.name" />
            </div>
            <div class="form-group">
                <label>Category</label>
                <input class="form-control"
                    name="category" [(ngModel)]="newProduct.category" />
            </div>
            <div class="form-group">
                <label>Price</label>
                <input class="form-control"
                    name="name" [(ngModel)]="newProduct.price" />
            </div>
            <button class="btn btn-primary" type="submit">
                    Create
            </button>
        </form>
```

表单包含标准元素，并使用双向绑定配置了这些元素。

子组件的宿主元素充当子组件与父组件之间的桥梁，可以注册感兴趣的自定义事件，如代码清单 17-16 所示。

代码清单 17-16　在 src/app 文件夹的 template.html 文件中注册自定义事件

```
<div class="row text-white m-2">
    <div class="col-4 p-2 text-dark">
        <paProductForm (paNewProduct)="addProduct($event)"></paProductForm>
    </div>
    <div class="col-8 p-2">
        <paProductTable [model]="model"></paProductTable>
    </div>
</div>
```

这个新绑定在处理自定义事件时将事件对象传给 addProduct 方法。子组件负责管理表单元素并验证其内容。当数据通过验证时，触发自定义事件，并在父组件的上下文中对数据绑定表达式进行求值，父组件的 addProduct 方法将新对象添加到模型中。由于该模型已经通过表格子组件的输入属性与子组件共享，因此新数据将显示给用户，如图 17-11 所示。

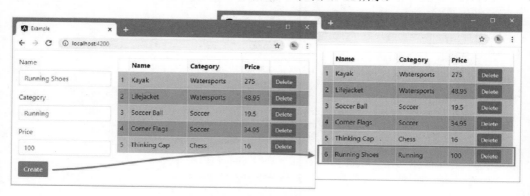

图 17-11　在子组件中使用自定义事件

5. 投影宿主元素内容

如果组件的宿主元素包含内容，那么可以使用特殊的 ng-content 元素将其包含在模板中。这被称为内容投影(content projection)，可以使用该技术来创建组件，将模板内容与宿主元素的内容相结合。为了演示，在 src/app 文件夹中添加一个名为 toggleView.component.ts 的文件，并用它定义代码清单 17-17 所示的组件。

代码清单 17-17　src/ app 文件夹中 toggleView.component.ts 文件的内容

```
import { Component } from "@angular/core";

@Component({
    selector: "paToggleView",
    templateUrl: "toggleView.component.html"
})
export class PaToggleView {

    showContent: boolean = true;
}
```

该组件定义了一个 showContent 属性，用于确定是否在模板中显示宿主元素的内容。为提供模板，在 src/app 文件夹中添加一个名为 toggleView.component.html 的文件，并添加代码清单 17-18 所示的元素。

代码清单 17-18　src/app 文件夹中 toggleView.component.html 文件的内容

```
<div class="checkbox">
    <label>
        <input type="checkbox" [(ngModel)]="showContent" />
        Show Content
    </label>
</div>
<ng-content *ngIf="showContent"></ng-content>
```

重要的元素是 ng-content，Angular 将其替换成宿主元素的内容。ngIf 指令已被应用于 ng-content 元素，只有当模板中的复选框选中时才会显示该元素。代码清单 17-19 使用 Angular 模块注册这个组件。

代码清单 17-19　在 src/app 文件夹的 app.module.ts 文件中注册组件

```
import { NgModule } from "@angular/core";
import { BrowserModule } from "@angular/platform-browser";
import { ProductComponent } from "./component";
import { FormsModule, ReactiveFormsModule } from "@angular/forms";
import { PaAttrDirective } from "./attr.directive";
import { PaModel } from "./twoway.directive";
import { PaStructureDirective } from "./structure.directive";
import { PaIteratorDirective } from "./iterator.directive";
import { PaCellColor } from "./cellColor.directive";
import { PaCellColorSwitcher } from "./cellColorSwitcher.directive";
import { ProductTableComponent } from "./productTable.component";
import { ProductFormComponent } from "./productForm.component";
import { PaToggleView } from "./toggleView.component";

@NgModule({
```

```
        imports: [BrowserModule, FormsModule, ReactiveFormsModule],
        declarations: [ProductComponent, PaAttrDirective, PaModel,
            PaStructureDirective, PaIteratorDirective,
            PaCellColor, PaCellColorSwitcher, ProductTableComponent,
            ProductFormComponent, PaToggleView],
        bootstrap: [ProductComponent]
})
export class AppModule { }
```

最后一步是在一个包含内容的宿主元素上应用这个新组件，如代码清单 17-20 所示。

代码清单 17-20　在 src/app 文件夹的 template.html 文件中添加带有内容的宿主元素

```
<div class="row m-2">
  <div class="col-4 p-2">
    <paProductForm (paNewProduct)="addProduct($event)"></paProductForm>
  </div>
  <div class="col-8 p-2">
    <paToggleView>
      <paProductTable [model]="model"></paProductTable>
    </paToggleView>
  </div>
</div>
```

paToggleView 是新组件的宿主元素，它包含 paProductTable 元素，该元素的组件用来创建产品表格。结果是使用一个复选框来控制表格的可见性，如图 17-12 所示。新组件不知道其宿主元素的内容，并且只能通过 ng-content 元素将其包含在模板中。

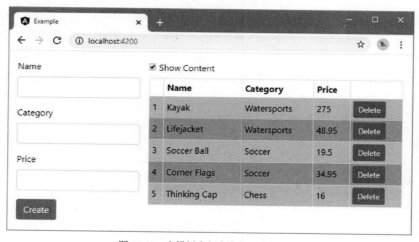

图 17-12　在模板中包含宿主元素的内容

17.2.3　完成组件的重组

那些曾经包含在根组件中的功能现已转移到新的子组件中。剩下的工作就是整理根组件以移除不再需要的代码，如代码清单 17-21 所示。

代码清单 17-21　移除 src/app 文件夹的 component.ts 文件中过时的代码

```
import { ApplicationRef, Component } from "@angular/core";
```

```
import { Model } from "./repository.model";
import { Product } from "./product.model";
import { ProductFormGroup } from "./form.model";

@Component({
    selector: "app",
    templateUrl: "template.html"
})
export class ProductComponent {
    model: Model = new Model();

    addProduct(p: Product) {
        this.model.saveProduct(p);
    }
}
```

根组件的许多职责已被转移到应用程序的其他位置。在本章开头所列的最初职责列表中，只有以下依旧是根组件的职责。

- 作为根组件，为 Angular 提供应用程序的入口点。
- 用于访问应用程序的数据模型，并将其提供给数据绑定。

子组件承担了其他职责，提供了更简单、更易于开发和维护的独立功能块，并可根据需要重复使用。

17.3　使用组件样式

组件可以定义仅适用于其模板中内容的样式，组件可以仅对其内容进行样式化，而不受其父组件或其他祖先组件定义的样式的影响，并且不影响其子组件和其他后代组件中的内容。可以使用@Component 装饰器的 styles 属性以内联方式来定义样式，如代码清单 17-22 所示。

代码清单 17-22　在 src/app 文件夹的 productForm.component.ts 文件中定义内联样式

```
import { Component, Output, EventEmitter } from "@angular/core";
import { Product } from "./product.model";

@Component({
    selector: "paProductForm",
    templateUrl: "productForm.component.html",
    styles: ["div { background-color: lightgreen }"]
})
export class ProductFormComponent {
    newProduct: Product = new Product();

    @Output("paNewProduct")
    newProductEvent = new EventEmitter<Product>();

    submitForm(form: any) {
        this.newProductEvent.emit(this.newProduct);
        this.newProduct = new Product();
        form.reset();
    }
}
```

styles 属性被设置为一个数组，其中每项包含一个 CSS 选择器和一个或多个属性。在这个代码清单中，指定把 div 元素的背景色设置为 lightgreen 样式。虽然在最后合并得到的 HTML 文档中也有其他 div 元素，但是这个样式只会影响组件(在本示例中就是表单组件)模板中的元素，如图 17-13 所示。

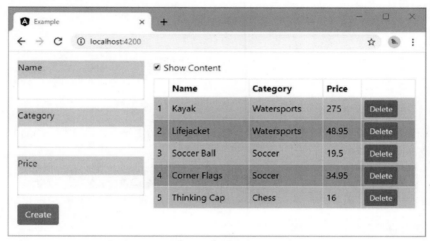

图 17-13　定义内联组件样式

提示：由开发工具所创建的 bundle 中的样式仍然适用，这就是为什么这里的元素仍然使用 Bootstrap 样式的原因所在。

17.3.1　定义外部组件样式

内联样式的优点和缺点与内联模板相同：都非常简单，将所有内容保存在一个文件中，但可能难以阅读，难以管理，无法充分利用代码编辑器的语法检查功能。

另一种方法是在单独的文件中定义样式，并使用组件装饰器的styleUrls属性将样式与组件关联起来。外部样式文件遵循的命名约定与模板和代码文件相同。在src/app文件夹中添加一个名为productForm.component.css的文件，并使用它来定义代码清单17-23所示的样式。

代码清单 17-23　src/app 文件夹中 productForm.component.css 文件的内容

```
div {
    background-color: lightcoral;
}
```

这里定义的样式与内联定义的样式相同，但具有不同的颜色值，以确认这是组件使用的 CSS 样式。在代码清单 17-24 中，为了指定样式文件，已经对组件的装饰器进行了更新。

代码清单 17-24　在 src/app 文件夹的 productForm.component.ts 文件中使用外部样式

```
import { Component, Output, EventEmitter } from "@angular/core";
import { Product } from "./product.model";

@Component({
    selector: "paProductForm",
    templateUrl: "productForm.component.html",
    styleUrls: ["productForm.component.css"]
```

```
})
export class ProductFormComponent {
    newProduct: Product = new Product();

    @Output("paNewProduct")
    newProductEvent = new EventEmitter<Product>();

    submitForm(form: any) {
        this.newProductEvent.emit(this.newProduct);
        this.newProduct = new Product();
        form.reset();
    }
}
```

styleUrls 属性被设置为一个字符串数组，每个字符串都指定一个 CSS 文件。添加外部样式文件后的效果如图 17-14 所示。

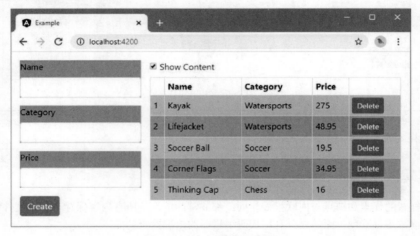

图 17-14　定义外部组件样式

17.3.2　使用高级样式特性

在组件中定义样式是一个有用的特性，但并非总能得到期望的结果。一些高级特性可用来控制组件样式。

1. 设置视图封装

默认情况下，组件专用样式的实现方式是：编写要应用于组件的 CSS，使其针对一些特殊属性，让 Angular 将这些属性添加到组件模板的所有顶级元素中。如果使用浏览器的 F12 开发者工具检查 DOM，将看到代码清单 17-23 所示的外部 CSS 文件的内容已被重写，如下所示。

```
...
<style>
div[_ngcontent-jwe-c40] {
    background-color: lightcoral;
}
</style>
...
```

对选择器加以修改，使其能够匹配所有带有名为_ngcontent-jwe-c40 的属性的 div 元素，但可能会在浏览器中看到不同名称，这是因为该属性的名称是由 Angular 动态生成的。

为了确保 style 元素中的 CSS 仅影响组件管理的 HTML 元素，对模板中的元素进行修改，这样它们就具有相同的动态生成的属性，如下所示。

```
...
<div _ngcontent-jwe-c40="" class="form-group">
    <label _ngcontent-jwe-c40="">Name</label>
    <input _ngcontent-jwe-c40="" name="name" class="form-control ng-untouched
        ng-pristine ng-valid" ng-reflect-name="name">
</div>
...
```

这被称为组件的视图封装(view encapsulation)行为，Angular 正在做的是模拟被称为影子 DOM(shadow DOM)的特性：让 DOM 的各个部分彼此隔离，各自具有自己的范围，因此可以把 JavaScript、样式和模板应用到 HTML 文档的某一部分。Angular 之所以模拟这种行为，是因为它仅由最新版本的现代浏览器实现，但有另外两个封装选项，可以使用@Component 装饰器中的 encapsulation 属性来设置这些选项。

提示：要了解更多有关影子 DOM 的内容，可访问 http://developer.mozilla.org/en-US/docs/Web/Web_Components/Shadow_DOM 。 要了解哪些浏览器支持影子 DOM ，可访问 http://caniuse.com/#feat=shadowdom。

从ViewEncapsulation枚举中选择一个值赋给encapsulation属性，该枚举在@angular/core模块中定义，它定义了表 17-4 中描述的值。

表 17-4　ViewEncapsulation 枚举中的值

名称	描述
Emulated	当指定此值时，Angular 将通过改写内容和样式来添加属性(如前所述)，从而模拟影子 DOM。如果在@Component 装饰器中未指定 encapsulation 属性的值，则这是默认行为
ShadowDom	当指定此值时，Angular 将使用浏览器的影子 DOM 特性。这只有在浏览器实现影子 DOM 或者使用 polyfill 库时才有效
None	当指定此值时，Angular 会将未修改的 CSS 样式添加到 HTML 文档的 head 节中，并让浏览器设法使用正常的 CSS 优先级规则来应用样式

应该谨慎使用 ShadowDom 和 None 值。浏览器对影子 DOM 特性的支持是非常有限的，而且，在改为使用现代的方法之前，影子 DOM 特性还存在一个老版本，这让事情变得更加复杂。

选项 None 将组件定义的所有样式添加到 HTML 文档的 head 节中，并让浏览器设法应用它们。虽然这可以在所有浏览器中运行，但其结果是不可预测的，并且不同组件定义的样式之间没有隔离。

为完整起见，代码清单 17-25 显示了 encapsulation 属性被设置为 Emulated(默认值)，它可以在 Angular 支持的所有浏览器中运行，而不需要借助 polyfill 库。

代码清单 17-25　在 src/app 文件夹的 productForm.component.ts 文件中设置视图封装

```
import { Component, Output, EventEmitter, ViewEncapsulation } from "@angular/core";
import { Product } from "./product.model";
```

```
@Component({
    selector: "paProductForm",
    templateUrl: "productForm.component.html",
    styleUrls: ["productForm.component.css"],
    encapsulation: ViewEncapsulation.Emulated
})
export class ProductFormComponent {
    newProduct: Product = new Product();

    @Output("paNewProduct")
    newProductEvent = new EventEmitter<Product>();

    submitForm(form: any) {
        this.newProductEvent.emit(this.newProduct);
        this.newProduct = new Product();
        form.reset();
    }
}
```

2. 使用影子 DOM CSS 选择器

使用影子 DOM 意味着存在一些边界,普通的 CSS 选择器不能跨越。为帮助解决这个问题,下面列出一些特殊的 CSS 选择器,当使用依赖影子 DOM 的样式(即使通过模拟实现)时,就会用到这些特殊的 CSS 选择器,如表 17-5 所示。下面几节将对其进行说明。

表 17-5　影子 DOM CSS 选择器

名称	描述
:host	此选择器用于匹配组件的宿主元素
:host-context(classSelector)	此选择器用于匹配属于特定 CSS 类成员的宿主元素的祖先
/deep/或>>>	父组件使用此选择器来定义影响其子组件模板中元素的样式。只有当 @Component 装饰器的 encapsulation 属性被设置为 emulated 时,才应使用这个选择器,如前一节所述

选择宿主元素

组件的宿主元素出现在其模板之外,这意味着其样式中的选择器仅适用于宿主元素所包含的内部元素,而不适用于宿主元素本身。这个问题可通过使用与宿主元素相匹配的:host 选择器来解决。代码清单 17-26 定义了仅当鼠标指针悬停在宿主元素上方时才应用的样式(通过组合:host 和:hover 选择器来指定)。

代码清单 17-26　在 src/app 文件夹的 productForm.component.css 文件中匹配宿主元素

```
div {
    background-color: lightcoral;
}
:host:hover {
    font-size: 25px;
}
```

当鼠标指针位于宿主元素的上方时,其 font-size 属性将被设置为 25px,这将使表单中所有元素的文本大小增加到 25 点，如图 17-15 所示。

图 17-15　在组件样式中选择宿主元素

选择宿主元素的祖先

:host-context 选择器用于根据宿主元素的祖先(它们位于模板之外)的 CSS 类成员资格对组件模板中的元素进行样式化。这是相比:host 更受限的选择器，不能用于指定除 CSS 类选择器以外的任何东西，而且不支持匹配标签类型、属性或任何其他选择器。代码清单 17-27 演示了如何使用:host-context 选择器。

代码清单 17-27　在 src/app 文件夹的 productForm.component.css 文件中选择宿主元素的祖先

```
div {
    background-color: lightcoral;
}
:host:hover {
    font-size: 25px;
}
:host-context(.angularApp) input {
    background-color: lightgray;
}
```

只有在宿主元素的某个祖先元素是 CSS 类 angularApp 的成员时，代码清单中的选择器才将组件模板中 input 元素的 background-color 属性设置为 lightgrey。在代码清单 17-28 中，在 index.html 文件中将 app 元素(根组件的宿主元素)添加到 angularApp 类中。

代码清单 17-28　在 src/app 文件夹的 index.html 文件中将宿主元素添加到 CSS 类中

```
<!doctype html>
<html lang="en">
<head>
    <meta charset="utf-8">
    <title>Example</title>
    <base href="/"/>
    <meta name="viewport" content="width=device-width, initial-scale=1">
    <link rel="icon" type="image/x-icon" href="favicon.ico">
```

```
</head>
<body>
  <app class="angularApp"></app>
</body>
</html>
```

图 17-16 显示了选择器在代码清单 17-28 中修改之前和修改之后的效果。

图 17-16　选择宿主元素的祖先

将样式推入子组件的模板中

由组件定义的样式不会被自动应用到子组件模板的元素中。作为演示，代码清单 17-29 为根组件的@Component 装饰器添加了一个样式。

代码清单 17-29　在 src/app 文件夹的 component.ts 文件中定义样式

```
import { ApplicationRef, Component } from "@angular/core";
import { Model } from "./repository.model";
import { Product } from "./product.model";
import { ProductFormGroup } from "./form.model";

@Component({
    selector: "app",
    templateUrl: "template.html",
    styles: ["div { border: 2px black solid; font-style:italic }"]
})
export class ProductComponent {
    model: Model = new Model();

    addProduct(p: Product) {
        this.model.saveProduct(p);
    }
}
```

选择器匹配所有 div 元素并应用边框，更改字体样式。结果如图 17-17 所示。

图 17-17　应用普通 CSS 样式

默认情况下，某些 CSS 样式属性(如 font-style)会被继承，这意味着在父组件中设置这样的属性会影响子组件模板中的元素，这是因为浏览器会自动应用样式。

而其他属性(如边框)默认情况下不会被继承，在父组件中设置这些属性对子组件模板没有影响，除非使用/deep/或>>>选择器，如代码清单 17-30 所示(这些选择器是彼此的别名，它们具有相同的效果)。

代码清单 17-30　在 src/app 文件夹的 component.ts 文件中将样式推入子组件的模板中

```
import { ApplicationRef, Component } from "@angular/core";
import { Model } from "./repository.model";
import { Product } from "./product.model";
import { ProductFormGroup } from "./form.model";

@Component({
    selector: "app",
    templateUrl: "template.html",
    styles: ["/deep/ div { border: 2px black solid; font-style:italic }"]
})
export class ProductComponent {
    model: Model = new Model();

    addProduct(p: Product) {
        this.model.saveProduct(p);
    }
}
```

样式选择器使用/deep/将样式推入子组件的模板中,这意味着所有div元素都被赋予一个边框,如图 17-18 所示。

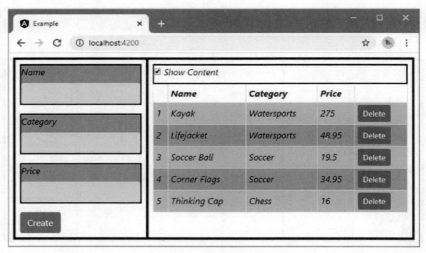

图 17-18　将样式推入子组件的模板中

17.4　查询模板内容

组件可以查询其模板的内容来定位指令或组件的实例,这些实例称为子视图(view children)。这些与第 16 章中描述的指令子内容查询类似,但有一些重要区别。

在代码清单 17-31 中,已向管理表格的组件添加了一些代码来查询 PaCellColor 指令(用于演示指令内容查询)。该指令仍然在 Angular 模块中注册并选择 td 元素,因此 Angular 将其应用于表格组件内容中的单元格。

代码清单 17-31　在 src/app 文件夹的 productTable.component.ts 文件中选择子视图

```typescript
import { Component, Input, ViewChildren, QueryList } from "@angular/core";
import { Model } from "./repository.model";
import { Product } from "./product.model";
import { PaCellColor } from "./cellColor.directive";

@Component({
    selector: "paProductTable",
    templateUrl: "productTable.component.html"
})
export class ProductTableComponent {

    @Input("model")
    dataModel: Model;

    getProduct(key: number): Product {
        return this.dataModel.getProduct(key);
    }

    getProducts(): Product[] {
        return this.dataModel.getProducts();
    }

    deleteProduct(key: number) {
```

```
        this.dataModel.deleteProduct(key);
    }

    showTable: boolean = true;

    @ViewChildren(PaCellColor)
    viewChildren: QueryList<PaCellColor>;

    ngAfterViewInit() {
        this.viewChildren.changes.subscribe(() => {
            this.updateViewChildren();
        });
        this.updateViewChildren();
    }

    private updateViewChildren() {
        setTimeout(() => {
            this.viewChildren.forEach((child, index) => {
                child.setColor(index % 2 ? true : false);
            })
        }, 0);
    }
}
```

有两个属性装饰器用于查询模板中定义的指令或组件，如表 17-6 所示。

表 17-6　子视图查询属性装饰器

名称	描述
@ViewChild(class)	这个装饰器告诉 Angular 查询指定类型的第一个指令或组件对象，并将其指派给该属性。类名可以替换为模板变量。如果有多个类或模板，可以用逗号分隔
@ViewChildren(class)	这个装饰器将指定类型的所有指令和组件对象指派给该属性。可以使用模板变量替换 CSS 类。若有多个值，则可用逗号分隔。结果在第 16 章中描述的 QueryList 对象中提供

在这个代码清单中，使用@ViewChildren 装饰器从组件的模板中选择所有 PaCellColor 对象。除了不同的属性装饰器之外，组件还有两个不同的生命周期方法，用于提供有关模板处理过程的信息，如表 17-7 所示。

表 17-7　额外的组件生命周期方法

名称	描述
ngAfterViewInit	当组件的视图已初始化时，将调用此方法。在调用此方法之前，设置视图查询的结果
ngAfterViewChecked	在组件视图经过检查(属于变更检测过程的一部分)之后调用此方法

在这个代码清单中实现了 ngAfterViewInit 方法，以确保 Angular 已经处理了组件的模板并设置了查询的结果。在该方法中，执行了对 UpdateViewChildren 方法的初始调用，该方法在 PaCellColor 对象上运行，并设置当查询结果发生变化时将调用的函数(使用 QueryList.changes 属性)，如第 16 章所述。在调用 setTimeout 函数时更新子视图，第 16 章中已对此进行了解释。结果是处在每个偶数位置的表格单元格的颜色都发生了改变，如图 17-19 所示。

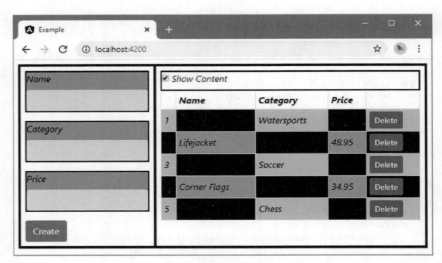

图 17-19　查询子视图

提示：如果使用 ng-content 元素，那么可能需要合并子视图和子内容查询。可用代码清单 17-31 所示的方法查询模板中定义的内容，而使用第 16 章中描述的子内容查询方法来查询项目内容(替换 ng-content 元素)。

17.5　本章小结

本章再次讨论了组件主题，并解释了如何将指令的全部功能与提供定制模板的能力相结合。本章解释了如何组织应用程序来创建小型模块化组件，以及组件之间如何使用输入属性和输出属性进行协调。本章还展示了如何为组件定义仅适用于其模板的 CSS 样式，而不影响应用程序的其他部分。下一章中将介绍管道，它用于准备要在模板中显示的数据。

第 18 章

使用和创建管道

　　管道是小的代码片段，它们通过转换数据值，使得数据值可以在模板中向用户显示。管道可以将转换逻辑定义在独立的类中，这样就能在一个应用程序中以一致的方式应用管道。表 18-1 解释了管道的相关知识。

表 18-1　管道的背景

问题	答案
管道是什么	管道是类，这些类可以用来准备那些显示给用户的数据
管道有什么作用	管道可在一个单独的类中定义预制的逻辑，这个类可用于整个应用程序，确保数据以一致形式显示
如何使用管道	@Pipe 装饰器可以应用于类，并且可以指定一个名称，通过使用这个名称，可以在模板中使用这个管道
管道是否存在陷阱或限制	管道应该简洁，关注如何准备数据。让管道完成其他构造块的职责，比如指令和组件，是非常具有诱惑力的
管道是否存在替代方案	可使用指令或组件实现数据准备代码，但是这种替代方案很难在应用程序的其他部分重用

　　表 18-2 给出了本章内容摘要。

表 18-2　本章内容摘要

问题	解决方案	代码清单编号
格式化包含在模板中的数据值	在数据绑定表达式中使用管道	1~6
创建一个自定义管道	为一个类应用@Pipe 装饰器	7~9
使用多个管道格式化一个数据值	使用|字符将管道名连接起来	10
确定 Angular 应该何时重新对管道输出的值进行求值	使用@Pipe 装饰器的 pure 属性	11~14
格式化数据值	使用 number 管道	15 和 16
格式化货币值	使用 currency 管道	17~18
格式化百分比值	使用 percent 管道	19~22
改变字符串的大小写	使用 uppercase 管道或 lowercase 管道	23 和 24

(续表)

问题	解决方案	代码清单编号
以 JSON 格式序列化对象	使用 json 管道	25
从一个数组中选择元素	使用 slice 管道	26
将对象或映射格式化为键/值对	使用 keyvalue 管道	27
为字符串或数据值选择一个值进行显示	使用 i18nSelect 或 i18nPlural 管道	28~30

18.1 准备示例项目

我们将继续使用在本书第 11 章中首次创建的示例项目，这个项目在第 11 章之后的各章中都得到了不断修改。在第 17 章的最后几个示例中，组件样式和子视图查询(view children queries)使得应用程序呈现了一种令人印象深刻的花哨外观，本章打算对此进行调整。代码清单 18-1 禁用了在表单元素中应用的内联组件样式。

代码清单 18-1 在 src/app 文件夹的 productForm.component.ts 文件中禁用 CSS 样式

```
import { Component, Output, EventEmitter, ViewEncapsulation } from "@angular/core";
import { Product } from "./product.model";

@Component({
    selector: "paProductForm",
    templateUrl: "productForm.component.html",
    // styleUrls: ["productForm.component.css"],
    // encapsulation: ViewEncapsulation.Emulated
})
export class ProductFormComponent {
    newProduct: Product = new Product();

    @Output("paNewProduct")
    newProductEvent = new EventEmitter<Product>();
    submitForm(form: any) {
        this.newProductEvent.emit(this.newProduct);
        this.newProduct = new Product();
        form.reset();
    }
}
```

为禁用表格单元格中的棋盘配色方案，修改 PaCellColor 指令的选择器，使之能匹配当前尚未应用于 HTML 元素的一个属性，如代码清单 18-2 所示。

代码清单 18-2 修改 src/app 文件夹的 cellColor.directive.ts 文件中的选择器

```
import { Directive, HostBinding } from "@angular/core";

@Directive({
    selector: "td[paApplyColor]"
})
export class PaCellColor {

    @HostBinding("class")
```

```
        bgClass: string = "";

        setColor(dark: Boolean) {
            this.bgClass = dark ? "bg-dark" : "";
        }
    }
```

代码清单 18-3 禁用了根组件定义的 deep 样式。

代码清单 18-3 禁用 src/app 文件夹的 component.ts 文件中的 CSS 样式

```
import { ApplicationRef, Component } from "@angular/core";
import { Model } from "./repository.model";
import { Product } from "./product.model";
import { ProductFormGroup } from "./form.model";

@Component({
    selector: "app",
    templateUrl: "template.html",
    //styles: ["/deep/ div { border: 2px black solid; font-style:italic }"]
})
export class ProductComponent {
    model: Model = new Model();

    addProduct(p: Product) {
        this.model.saveProduct(p);
    }
}
```

下面简化 ProductTableComponent 类，删除不再需要的方法和属性，并添加后面示例中将会用到的新属性，如代码清单 18-4 所示。

代码清单 18-4 简化 src/app 文件夹的 productTable.component.ts 文件中的代码

```
import { Component, Input, ViewChildren, QueryList } from "@angular/core";
import { Model } from "./repository.model";
import { Product } from "./product.model";

@Component({
    selector: "paProductTable",
    templateUrl: "productTable.component.html"
})
export class ProductTableComponent {

    @Input("model")
    dataModel: Model;

    getProduct(key: number): Product {
        return this.dataModel.getProduct(key);
    }

    getProducts(): Product[] {
        return this.dataModel.getProducts();
    }

    deleteProduct(key: number) {
        this.dataModel.deleteProduct(key);
```

```
    }

    taxRate: number = 0;
    categoryFilter: string;
    itemCount: number = 3;
}
```

最后，删除根组件模板的一个组件元素，从而禁用用来显示和隐藏表格的复选框，如代码清单 18-5 所示。

代码清单 18-5　简化 src/app 文件夹的 template.html 文件中的元素

```html
<div class="row m-2">
  <div class="col-4 p-2">
    <paProductForm (paNewProduct)="addProduct($event)"></paProductForm>
  </div>
  <div class="col-8 p-2">
    <paProductTable [model]="model"></paProductTable>
  </div>
</div>
```

在 example 文件夹中运行以下命令，启动 Angular 开发工具。

```
ng serve
```

打开一个新的浏览器窗口并导航到 http://localhost:4200，将看到如图 18-1 所示的内容。

图 18-1　运行示例应用程序

18.2　理解管道

管道是用来对数据进行转换的类，转换发生在指令或组件收到数据之前。这似乎并不是一项重要工作，但是管道还可以执行某些最常见的开发任务，管道能轻松执行这些任务，而且能够确保一致性，而保持一致性是极其重要的。

为了快速讲解如何使用管道，代码清单 18-6 应用了一种内置管道来转换应用程序显示的表格中 Price 列的值。

代码清单 18-6 在 src/app 文件夹的 productTable.component.html 文件中使用管道

```
<table class="table table-sm table-bordered table-striped">
    <tr><th></th><th>Name</th><th>Category</th><th>Price</th><th></th></tr>
    <tr *paFor="let item of getProducts(); let i = index; let odd = odd;
            let even = even" [class.bg-info]="odd" [class.bg-warning]="even">
        <td style="vertical-align:middle">{{i + 1}}</td>
        <td style="vertical-align:middle">{{item.name}}</td>
        <td style="vertical-align:middle">{{item.category}}</td>
        <td style="vertical-align:middle">
            {{item.price | currency:"USD":"symbol" }}
        </td>
        <td class="text-center">
            <button class="btn btn-danger btn-sm" (click)="deleteProduct(item.id)">
                Delete
            </button>
        </td>
    </tr>
</table>
```

应用管道的语法与命令提示符的风格类似，需要使用|字符来转换一个值。图 18-2 描述了包含一个管道的数据绑定的结构。

图 18-2 包含一个管道的数据绑定的解剖图

代码清单 18-6 中使用的管道的名称是 currency，可将数字格式化为货币值。管道的参数是用冒号(:)分隔的。第一个管道参数指定了需要使用的货币代码，在这个示例中为 USD，表示美元。第二个管道参数是 symbol，用于指定显示货币符号还是货币代码。

Angular在处理表达式的时候，需要获得数据值，并将数据值传递给用来转换数据的管道。管道产生的结果随即可以作为数据绑定的表达式结果。在示例中，数据绑定执行了字符串插入，图 18-3 显示了处理结果。

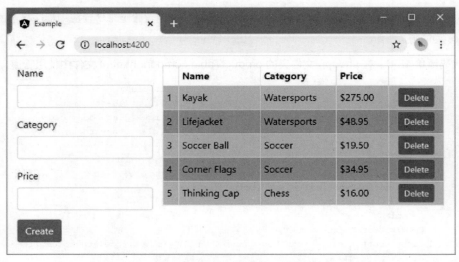

图 18-3　使用 currency 管道的效果

18.3　创建一个自定义管道

本章后面再继续介绍 Angular 内置管道。理解管道运作方式及管道功能的最佳方法是创建一个自定义管道类。在 src/app 文件夹中添加一个名为 addTax.pipe.ts 的文件，并在这个文件中定义管道类，如代码清单 18-7 所示。

代码清单 18-7　src/app 文件夹中 addTax.pipe.ts 文件的内容

```
import { Pipe } from "@angular/core";

@Pipe({
    name: "addTax"
})
export class PaAddTaxPipe {

    defaultRate: number = 10;

    transform(value: any, rate?: any): number {
        let valueNumber = Number.parseFloat(value);
        let rateNumber = rate == undefined ?
            this.defaultRate : Number.parseInt(rate);
        return valueNumber + (valueNumber * (rateNumber / 100));
    }
}
```

管道是应用了@Pipe 装饰器的类，这个类实现了一个名为 transform 的方法。@Pipe 装饰器定义了两个用来配置管道的属性，表 18-3 描述了这两个属性。

表 18-3　@Pipe 装饰器属性

名称	描述
name	这个属性指定在模板中应用的管道的名称
pure	pure 属性的值为 true 时，仅当这个管道的输入值或参数发生变化时，管道才会重新求值。这个属性的默认值为 true。详细内容请参考 18.3.4 节 "创建非纯管道" 中的内容

在 PaAddTaxPipe 类中定义了示例管道，这个管道的装饰器属性 name 表明：在模板中可以使用 addTax 应用该管道。必须至少为 transform 方法传入一个参数，Angular 使用参数值为管道提供操作的数据值。管道是通过执行 transform 方法完成工作的，而 Angular 在绑定表达式中使用管道的结果。在这个示例中，transform 方法接收一个数据值，得到的结果是这个数据值与销售税额之和。

transform 方法也可以定义额外的参数，这些参数可以用来配置管道。在这个示例中，可选的 rate 参数可以用来指定销售税率，默认值为 10%。

警告：处理 transform 方法接收的参数时，要确保将参数值解析或转换为需要的类型。程序运行时，不会强制执行 TypeScript 类型注解，Angular 可以传递其使用的任何数据值。

18.3.1　注册自定义管道

管道是使用 Angular 模块的 declarations 属性注册的，如代码清单 18-8 所示。

代码清单 18-8　在 src/app 文件夹的 app.module.ts 文件中注册自定义管道

```
import { NgModule } from "@angular/core";
import { BrowserModule } from "@angular/platform-browser";
import { ProductComponent } from "./component";
import { FormsModule, ReactiveFormsModule } from "@angular/forms";
import { PaAttrDirective } from "./attr.directive";
import { PaModel } from "./twoway.directive";
import { PaStructureDirective } from "./structure.directive";
import { PaIteratorDirective } from "./iterator.directive";
import { PaCellColor } from "./cellColor.directive";
import { PaCellColorSwitcher } from "./cellColorSwitcher.directive";
import { ProductTableComponent } from "./productTable.component";
import { ProductFormComponent } from "./productForm.component";
import { PaToggleView } from "./toggleView.component";
import { PaAddTaxPipe } from "./addTax.pipe";

@NgModule({
    imports: [BrowserModule, FormsModule, ReactiveFormsModule],
    declarations: [ProductComponent, PaAttrDirective, PaModel,
        PaStructureDirective, PaIteratorDirective,
        PaCellColor, PaCellColorSwitcher, ProductTableComponent,
        ProductFormComponent, PaToggleView, PaAddTaxPipe],
    bootstrap: [ProductComponent]
})
export class AppModule { }
```

18.3.2　应用自定义管道

一旦成功注册一个自定义管道,就可以在数据绑定表达式中使用这个管道了。在代码清单 18-9 中,针对表格中的 price 值应用了管道,并添加一个可以用来指定税率的 select 元素。

代码清单 18-9　在 src/app 文件夹的 productTable.component.html 文件中应用自定义管道

```html
<div>
    <label>Tax Rate:</label>
    <select [value]="taxRate || 0" (change)="taxRate=$event.target.value">
        <option value="0">None</option>
        <option value="10">10%</option>
        <option value="20">20%</option>
        <option value="50">50%</option>
    </select>
</div>

<table class="table table-sm table-bordered table-striped">
    <tr><th></th><th>Name</th><th>Category</th><th>Price</th><th></th></tr>
    <tr *paFor="let item of getProducts(); let i = index; let odd = odd;
            let even = even" [class.bg-info]="odd" [class.bg-warning]="even">
        <td style="vertical-align:middle">{{i + 1}}</td>
        <td style="vertical-align:middle">{{item.name}}</td>
        <td style="vertical-align:middle">{{item.category}}</td>
        <td style="vertical-align:middle">
            {{item.price | addTax:(taxRate || 0) }}
        </td>
        <td class="text-center">
            <button class="btn btn-danger btn-sm" (click)="deleteProduct(item.id)">
                Delete
            </button>
        </td>
    </tr>
</table>
```

出于多样化目的,将税率完全定义在模板中。select 元素使用一个绑定,将一个名为 taxRate 的组件变量设置为 value 属性的值。如果没有定义 value 属性,那么这个 taxRate 变量的默认值为 0。event 绑定处理了 change 事件,并设置了 taxRate 属性的值。因为使用 ngModel 指令时无法指定一个后备值,所以将绑定拆分成两部分。

在应用自定义管道时,使用了|字符,然后紧跟一个由管道装饰器的 name 属性指定的值。管道名称的后面紧跟着一个冒号,后面跟着一个表达式,这个表达式的值为管道提供了参数。在这个例子中,taxRate 属性一旦定义即可使用,后备值为 0。

管道是 Angular 数据绑定的动态特性的组成部分,当底层的数据值发生变化时,或者当参数表达式发生变化时,可调用管道的 transform 方法来获得一个更新后的值。管道的动态特性可以通过修改 select 元素显示的值来进行观察,修改 select 元素值后,将定义或修改 taxRate 属性,然后会更新自定义管道累加到 price 属性的值,如图 18-4 所示。

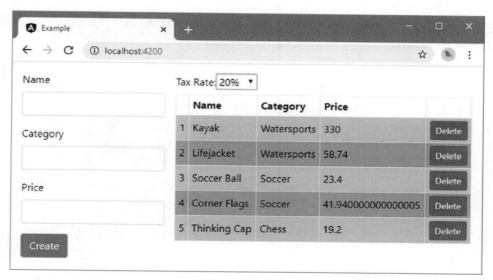

图 18-4 使用自定义管道

18.3.3 组合管道

addTax 管道应用了税率，但是计算所产生的小数部分不够美观，也没有太大意义，因为很少有税务部门会在意货币值小数点后 15 位的内容。

为解决这个问题，可以为自定义管道增加根据货币格式来格式化数值的功能，但这样做需要复制本章早先使用的内置 currency 管道的功能。更好的方法是组合两个管道的功能，这样，自定义的 addTax 管道的输出将作为内置 currency 管道的输入，最终生成向用户显示的值。

通过使用|字符，可以将多个管道连接起来，并且管道的名称是按照数据流动的顺序指定的，如代码清单 18-10 所示。

代码清单 18-10　在 src/app 文件夹的 productTable.component.html 文件中组合管道

```
...
<td style="vertical-align:middle">
    {{item.price | addTax:(taxRate || 0) | currency:"USD":"symbol" }}
</td>
...
```

item.price 属性的值被传递给 addTax 管道，addTax 管道累加了销售税，然后将结果值传递给 currency 管道，currency 管道将这个数值格式化为货币格式，如图 18-5 所示。

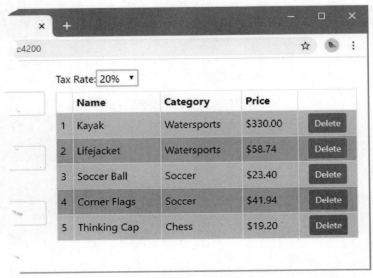

图 18-5　对管道的功能进行组合

18.3.4　创建非纯管道

使用 pure 装饰器属性可让 Angular 知道应该在什么时候调用管道的 transform 方法。pure 属性的默认值是 true，表示只有当输入值(也即模板中竖线前面的数据值)发生改变，或者一个或多个参数值被修改时，Angular 才会使管道的 transform 方法产生一个新值。这种管道被称为纯(pure)管道，因为这种管道没有独立的内部状态，使用的全部数据均可通过 Angular 变更检测过程进行管理。

将 pure 装饰器属性设置为 false 会产生一种非纯(impure)管道，此时 Angular 会让管道拥有自己的状态数据，或者让 Angular 知道管道依赖这样的数据：当这些数据产生新值时，Angular 变更检测过程无法检出这些变更。

当 Angular 执行变更检测过程时，它将非纯管道视为一个自主的数据源，并会调用 transform 方法，即使数据值或参数没有发生变更。

非纯管道最常见的用法是处理数组元素发生变更的数组内容。正如第 16 章所示，Angular 无法自动检测到发生在数组内部的变更，因此无法在添加、编辑、删除数组元素的情况下调用纯管道的 transform 方法，因为 Angular 只能看到同一个数组对象被用作输入数据值。

> **警告**：应节制使用非纯管道，因为无论应用程序中是否发生了数据变更或用户交互，Angular 都必须调用 transform 方法，以防管道生成一个不同的结果。如果创建了一个非纯管道，那么应尽可能地简化这个管道。执行复杂的操作，比如对一个数组进行排序，都会严重影响 Angular 应用程序的性能。

为演示这项技术，在 src/app 文件夹中添加一个名为 categoryFilter.pipe.ts 的文件，并在该文件中定义管道，如代码清单 18-11 所示。

代码清单 18-11　src/app 文件夹中 categoryFilter.pipe.ts 文件的内容

```
import { Pipe } from "@angular/core";
```

```
import { Product } from "./product.model";

@Pipe({
    name: "filter",
    pure: true
})
export class PaCategoryFilterPipe {

    transform(products: Product[], category: string): Product[] {
        return category == undefined ?
            products : products.filter(p => p.category == category);
    }
}
```

这个纯过滤器可以接收一个 Product 对象数组，只返回那些 category 属性能够与 category 参数相匹配的对象。代码清单 18-12 说明了如何在 Angular 模块中注册新管道。

代码清单 18-12 在 src/app 文件夹的 app.module.ts 文件中注册新管道

```
import { NgModule } from "@angular/core";
import { BrowserModule } from "@angular/platform-browser";
import { ProductComponent } from "./component";
import { FormsModule, ReactiveFormsModule } from "@angular/forms";
import { PaAttrDirective } from "./attr.directive";
import { PaModel } from "./twoway.directive";
import { PaStructureDirective } from "./structure.directive";
import { PaIteratorDirective } from "./iterator.directive";
import { PaCellColor } from "./cellColor.directive";
import { PaCellColorSwitcher } from "./cellColorSwitcher.directive";
import { ProductTableComponent } from "./productTable.component";
import { ProductFormComponent } from "./productForm.component";
import { PaToggleView } from "./toggleView.component";
import { PaAddTaxPipe } from "./addTax.pipe";
import { PaCategoryFilterPipe } from "./categoryFilter.pipe";

@NgModule({
    imports: [BrowserModule, FormsModule, ReactiveFormsModule],
    declarations: [ProductComponent, PaAttrDirective, PaModel,
        PaStructureDirective, PaIteratorDirective,
        PaCellColor, PaCellColorSwitcher, ProductTableComponent,
        ProductFormComponent, PaToggleView, PaAddTaxPipe,
        PaCategoryFilterPipe],
    bootstrap: [ProductComponent]
})
export class AppModule { }
```

代码清单 18-13 说明了如何在绑定表达式中应用新管道，这个绑定表达式使用了 ngFor 指令和一个新的 select 元素来选择过滤器类别。

代码清单 18-13 在 src/app 文件夹的 productTable.component.html 文件中应用管道

```
<div>
    <label>Tax Rate:</label>
    <select [value]="taxRate || 0" (change)="taxRate=$event.target.value">
        <option value="0">None</option>
        <option value="10">10%</option>
        <option value="20">20%</option>
```

```
                <option value="50">50%</option>
        </select>
</div>

<div>
        <label>Category Filter:</label>
        <select [(ngModel)]="categoryFilter">
                <option>Watersports</option>
                <option>Soccer</option>
                <option>Chess</option>
        </select>
</div>

<table class="table table-sm table-bordered table-striped">
        <tr><th></th><th>Name</th><th>Category</th><th>Price</th><th></th></tr>
        <tr *paFor="let item of getProducts() | filter:categoryFilter;
                let i = index; let odd = odd; let even = even"
                [class.bg-info]="odd" [class.bg-warning]="even">
                <td style="vertical-align:middle">{{i + 1}}</td>
                <td style="vertical-align:middle">{{item.name}}</td>
                <td style="vertical-align:middle">{{item.category}}</td>
                <td style="vertical-align:middle">
                        {{item.price | addTax:(taxRate || 0) | currency:"USD":"symbol" }}
                </td>
                <td class="text-center">
                        <button class="btn btn-danger btn-sm" (click)="deleteProduct(item.id)">
                                Delete
                        </button>
                </td>
        </tr>
</table>
```

为说明问题，我们使用 select 元素来过滤表格中的产品，这样只有那些属于 Soccer 类别的产品才会显示出来。然后使用表单元素来创建 Soccer 类别中的一个新产品。单击 Create 按钮可将产品添加到数据模型中，但新产品仍然无法显示在表格中，如图 18-6 所示。

图 18-6　一个纯管道引发的问题

这个表格没有得到更新，因为就 Angular 而言，filter 管道的输入没有发生变化。组件的
getProducts 方法返回了同一个数组对象，categoryFilter 属性仍然被设置为 Soccer。因此，Angular
无法识别出 getProducts 方法返回的数组中是否包含一个新对象。

为解决这个问题，可将管道的 pure 属性设置为 false，如代码清单 18-14 所示。

代码清单 18-14 在 src/app 文件夹的 categoryFilter.pipe.ts 文件中将管道设置为非纯管道

```
import { Pipe } from "@angular/core";
import { Product } from "./product.model";

@Pipe({
    name: "filter",
    pure: false
})
export class PaCategoryFilterPipe {
    transform(products: Product[], category: string): Product[] {
        return category == undefined ?
            products : products.filter(p => p.category == category);
    }
}
```

然后重新进行测试，可以看到新产品现在能够正确地显示在表格中，如图 18-7 所示。

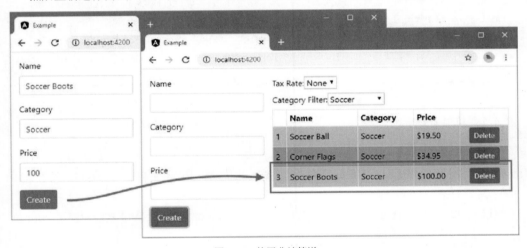

图 18-7　使用非纯管道

18.4　使用内置管道

Angular 包括一组可以执行常见任务的内置管道，表 18-4 描述了这些管道，后面各节演示了
用法。

表 18-4　内置管道

名称	描述
number	这个管道针对数值执行本地化相关的格式化操作，详情请参见 18.4.1 节 "格式化数值" 的内容
currency	这个管道针对货币值执行本地化相关的格式化操作，详情请参见 18.4.2 节 "格式化货币值" 的内容
percent	这个管道针对百分比值执行本地化相关的格式化操作，详情请参见 18.4.3 节 "格式化百分比" 的内容
date	这个管道针对日期执行本地化相关的格式化操作，详情请参见 18.4.4 节 "格式化日期" 的内容
uppercase	这个管道可将字符串中的全部字符转换为大写形式，详情请参见 18.4.5 节 "改变字符串大小写" 的内容
lowercase	这个管道可将字符串中的全部字符转换为小写形式，详情请参见 18.4.5 节 "改变字符串大小写" 的内容
titlecase	这个管道可将字符串中的全部字符转换为首字母大写形式，详情请参见 18.4.5 节 "改变字符串大小写" 的内容
json	这个管道将一个对象转换为一个 JSON 字符串，详情请参见 18.4.6 节 "将数据序列化为 JSON 数据" 的内容
slice	这个管道从一个数组中选择数据项，或者从一个字符串中选择字符，详情请参见 18.4.7 节 "将数据数组切片" 的内容
keyvalue	这个管道将一个对象或映射转换为一系列键/值对，详情请参见 18.4.8 节 "格式化键/值对" 的内容
i18nSelect	这个管道为一组值选择一个文本值进行显示，详情请参见 18.4.9 节 "选择值" 的内容
i18nPlural	这个管道为一个值选择一个复数格式的字符串，详情请参见 18.4.10 节 "复数化值" 的内容
async	这个管道订阅一个 Observable 或一个 Promise 对象，并且显示其生成的最新值，第 23 章将介绍这个管道

18.4.1　格式化数值

number 管道使用本地化相关的规则对数值进行了格式化。代码清单 18-15 说明了如何使用 number 管道，还给出了用于指定数值格式的参数。我从模板中删除了自定义管道和相关的 select 元素。

代码清单 18-15　在 src/app 文件夹的 productTable.component.html 文件中使用 number 管道

```
<table class="table table-sm table-bordered table-striped">
    <tr><th></th><th>Name</th><th>Category</th><th>Price</th><th></th></tr>
    <tr *paFor="let item of getProducts(); let i = index; let odd = odd;
        let even = even" [class.bg-info]="odd" [class.bg-warning]="even">
        <td style="vertical-align:middle">{{i + 1}}</td>
        <td style="vertical-align:middle">{{item.name}}</td>
        <td style="vertical-align:middle">{{item.category}}</td>
        <td style="vertical-align:middle">{{item.price | number:"3.2-2" }}</td>
        <td class="text-center">
            <button class="btn btn-danger btn-sm" (click)="deleteProduct(item.id)">
                Delete
            </button>
        </td>
```

```
        </tr>
    </table>
```

number 管道接收一个单独参数，这个参数指定格式化结果中包含的数字个数。参数格式如下(注意分隔了数值的句点和连字符，并且注意整个参数都被置于引号内部，就像一个字符串那样)。

```
"<minIntegerDigits>.<minFactionDigits>-<maxFractionDigits>"
```

表 18-5 描绘了格式化参数的每一个元素。

表 18-5　number 管道参数的元素

名称	描述
minIntegerDigits	这个值指定需要显示的整数值的最少位数，默认值为 1
minFractionDigits	这个值指定小数点后数字的最少位数，默认值为 0
maxFractionDigits	这个值指定小数点后数字的最大位数，默认值为 3

代码清单 18-15 中使用的参数为"3.2-2"，表示在显示数值的整数部分时，至少要显示三位数字，显示数值的小数部分时，则应显示两位数字，因此得到如图 18-8 所示的结果。

图 18-8　格式化数值

number 管道与所在地区有关，这表明同一个格式化参数会因为用户所处地区不同而产生不同的格式化结果。Angular 应用程序默认使用 en-US 地区，可根据需要显式地加载其他地区，如代码清单 18-16 所示。

代码清单 18-16　在 src/app 文件夹的 app.module.ts 文件中设置地区

```
import { NgModule } from "@angular/core";
import { BrowserModule } from "@angular/platform-browser";
import { ProductComponent } from "./component";
import { FormsModule, ReactiveFormsModule } from "@angular/forms";
import { PaAttrDirective } from "./attr.directive";
import { PaModel } from "./twoway.directive";
import { PaStructureDirective } from "./structure.directive";
```

```
import { PaIteratorDirective } from "./iterator.directive";
import { PaCellColor } from "./cellColor.directive";
import { PaCellColorSwitcher } from "./cellColorSwitcher.directive";
import { ProductTableComponent } from "./productTable.component";
import { ProductFormComponent } from "./productForm.component";
import { PaToggleView } from "./toggleView.component";
import { PaAddTaxPipe } from "./addTax.pipe";
import { PaCategoryFilterPipe } from "./categoryFilter.pipe";
import { LOCALE_ID } from "@angular/core";
import localeFr from '@angular/common/locales/fr';
import { registerLocaleData } from '@angular/common';

registerLocaleData(localeFr);

@NgModule({
    imports: [BrowserModule, FormsModule, ReactiveFormsModule],
    declarations: [ProductComponent, PaAttrDirective, PaModel,
        PaStructureDirective, PaIteratorDirective,
        PaCellColor, PaCellColorSwitcher, ProductTableComponent,
        ProductFormComponent, PaToggleView, PaAddTaxPipe,
        PaCategoryFilterPipe],
    providers: [{ provide: LOCALE_ID, useValue: "fr-FR" }],
    bootstrap: [ProductComponent]
})
export class AppModule { }
```

设置地区时，需要从包含每个区域数据的模块中导入所需的地区，并调用 registerLocaleData
函数对该地区进行注册，其中 registerLocaleData 函数可从@angular/common 模块中导入。在代码
清单 18-16 中导入的是 fr-FR 地区，表示在法国使用这个程序，并使用法语。最后一个要完成的
步骤是配置 providers 属性，此内容将在第 20 章介绍，不过代码清单 18-16 中的配置效果是启用
fr-FR 地区，修改数值格式，如图 18-9 所示。

图 18-9　与地区相关的格式化

18.4.2　格式化货币值

currency 管道可将 number 值格式化为货币量，代码清单 18-6 使用了 currency 管道。通过使

用更多数值格式，代码清单 18-17 介绍了 currency 管道的其他应用方式。

代码清单 18-17 在 src/app 文件夹的 productTable.component.html 文件中使用 currency 管道

```
<table class="table table-sm table-bordered table-striped">
    <tr><th></th><th>Name</th><th>Category</th><th>Price</th><th></th></tr>
    <tr *paFor="let item of getProducts(); let i = index; let odd = odd;
            let even = even" [class.bg-info]="odd" [class.bg-warning]="even">
        <td style="vertical-align:middle">{{i + 1}}</td>
        <td style="vertical-align:middle">{{item.name}}</td>
        <td style="vertical-align:middle">{{item.category}}</td>
        <td style="vertical-align:middle">
            {{item.price | currency:"USD":"symbol":"2.2-2" }}
        </td>
        <td class="text-center">
            <button class="btn btn-danger btn-sm" (click)="deleteProduct(item.id)">
                Delete
            </button>
        </td>
    </tr>
</table>
```

可以使用 4 个参数来配置 currency 管道，如表 18-6 所示。

表 18-6 Web 表单可以使用的 currency 管道参数

名称	描述
currencyCode	这个字符串参数使用 ISO 4217 代码指定货币种类。如果省略这个参数，默认值为 USD。网页 http://en.wikipedia.org/wiki/ISO_4217 上提供了货币代码清单
display	这个字符串指示是否应该显示货币符号或代码。所支持的值是 code(使用货币代码)、symbol(使用货币符号)和 symbol-narrow(当货币具有窄符号和宽符号时显示其简洁形式)。这个参数的默认值为 symbol
digitInfo	按照 18.4.1 节"格式化数值"中介绍的内容，这个字符串参数使用 number 管道支持的格式化参数指定数值的格式
locale	这个字符串参数指定货币的地区。默认值为 LOCALE_ID，其配置如代码清单 18-16 所示

代码清单 18-17 中描述的参数要求管道使用美元符号作为货币符号(其 ISO 代码为 USD)，输出应显示货币符号而非货币代码，并且格式化数值的结果应至少包含两位整数，并且只包含两位小数。

这个管道需要使用国际化 API 来获取货币详情，特别是货币符号，但是这个管道不会自动选择用户当前地区设置的默认货币。

因此，货币数值格式和货币符号格式是由应用程序的地区设置决定的，与管道指定的货币设置无关。这个示例应用程序被配置为使用 fr-FR 代码，因此产生了如图 18-10 所示的结果。

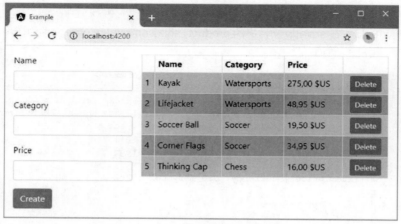

图 18-10　与地区相关的货币格式

为了改变为默认的地区设置，代码清单 18-18 从应用程序的根模块中删除了 fr-FR 设置。

代码清单 18-18　在 src/app 文件夹的 app.module.ts 文件中删除地区设置

```
import { NgModule } from "@angular/core";
import { BrowserModule } from "@angular/platform-browser";
import { ProductComponent } from "./component";
import { FormsModule, ReactiveFormsModule } from "@angular/forms";
import { PaAttrDirective } from "./attr.directive";
import { PaModel } from "./twoway.directive";
import { PaStructureDirective } from "./structure.directive";
import { PaIteratorDirective } from "./iterator.directive";
import { PaCellColor } from "./cellColor.directive";
import { PaCellColorSwitcher } from "./cellColorSwitcher.directive";
import { ProductTableComponent } from "./productTable.component";
import { ProductFormComponent } from "./productForm.component";
import { PaToggleView } from "./toggleView.component";
import { PaAddTaxPipe } from "./addTax.pipe";
import { PaCategoryFilterPipe } from "./categoryFilter.pipe";
import { LOCALE_ID } from "@angular/core";
import localeFr from '@angular/common/locales/fr';
import { registerLocaleData } from '@angular/common';

registerLocaleData(localeFr);

@NgModule({
  imports: [BrowserModule, FormsModule, ReactiveFormsModule],
  declarations: [ProductComponent, PaAttrDirective, PaModel,
    PaStructureDirective, PaIteratorDirective,
    PaCellColor, PaCellColorSwitcher, ProductTableComponent,
    ProductFormComponent, PaToggleView, PaAddTaxPipe,
    PaCategoryFilterPipe],
  //providers: [{ provide: LOCALE_ID, useValue: "fr-FR" }],
  bootstrap: [ProductComponent]
})
export class AppModule { }
```

图 18-11 显示了结果。

图 18-11　格式化货币值

18.4.3　格式化百分比

percent 管道将数字值格式化为百分比形式，将 0～1 的数值格式化为 0～100%的数值。percent
管道提供了一个可选参数，这个参数使用与 number 管道相同的格式指定数值格式化选项。代码
清单 18-19 再次引入了自定义销售税过滤器，并且使用 option 元素填充相关的 select 元素。其中，
option 元素的内容用百分比过滤器进行了格式化。

代码清单 18-19　在 src/app 文件夹的 productTable.component.html 文件中对百分比进行
格式化

```
<div>
    <label>Tax Rate:</label>
    <select [value]="taxRate || 0" (change)="taxRate=$event.target.value">
        <option value="0">None</option>
        <option value="10">{{ 0.1 | percent }}</option>
        <option value="20">{{ 0.2 | percent }}</option>
        <option value="50">{{ 0.5 | percent }}</option>
        <option value="150">{{ 1.5 | percent }}</option>
    </select>
</div>

<table class="table table-sm table-bordered table-striped">
    <tr><th></th><th>Name</th><th>Category</th><th>Price</th><th></th></tr>
    <tr *paFor="let item of getProducts(); let i = index; let odd = odd;
            let even = even" [class.bg-info]="odd" [class.bg-warning]="even">
        <td style="vertical-align:middle">{{i + 1}}</td>
        <td style="vertical-align:middle">{{item.name}}</td>
        <td style="vertical-align:middle">{{item.category}}</td>
        <td style="vertical-align:middle">
            {{item.price | addTax:(taxRate || 0) | currency:"USD":"symbol":"2.2-2" }}
        </td>
        <td class="text-center">
            <button class="btn btn-danger btn-sm" (click)="deleteProduct(item.id)">
```

393

```
                Delete
            </button>
        </td>
    </tr>
</table>
```

大于 1 的值都被格式化为大于 100%的百分数。通过图 18-12 显示的最后一项内容可以看到这一结果，其中，1.5 格式化生成的值为 150%。

图 18-12　格式化百分比值

百分数的格式化与地区设置是相关的，尽管不同地区之间的区别很微妙。例如，en-US 地区的 10%，百分号是紧随数字的，但是很多其他地区，包括 fr-FR，显示百分比的时候，在数字和百分号之间有一个空格，例如 10%。

18.4.4　格式化日期

date 管道可以完成与地区相关的日期的格式化。日期可表达为 JavaScript 的 Date 对象，它是一个以毫秒为单位的 number 值，表示从 1970 年 1 月 1 日开始至 Date 对象表示的时刻为止所流逝的毫秒数；日期也可以表示为一个格式良好的字符串。代码清单 18-20 为 ProductTableComponent 类添加了三个属性，每个属性都使用 date 管道支持的格式对日期进行了编码。

代码清单 18-20　在 src/app 文件夹的 productTable.component.ts 文件中定义日期

```
import { Component, Input, ViewChildren, QueryList } from "@angular/core";
import { Model } from "./repository.model";
import { Product } from "./product.model";

@Component({
    selector: "paProductTable",
    templateUrl: "productTable.component.html"
})
export class ProductTableComponent {

    @Input("model")
```

```
    dataModel: Model;

    getProduct(key: number): Product {
        return this.dataModel.getProduct(key);
    }

    getProducts(): Product[] {
        return this.dataModel.getProducts();
    }

    deleteProduct(key: number) {
        this.dataModel.deleteProduct(key);
    }

    taxRate: number = 0;
    categoryFilter: string;
    itemCount: number = 3;

    dateObject: Date = new Date(2020, 1, 20);
    dateString: string = "2020-02-20T00:00:00.000Z";
    dateNumber: number = 1582156800000;
}
```

所有三个属性都描述了同一个日期，也就是 2020 年 2 月 20 日，但是没有指定时间。在代码
清单 18-21 中，使用 date 管道格式化了这三个属性。

代码清单18-21　在 src/app 文件夹的 productTable.component.html 文件中对日期进行格式化

```
<div class="bg-info p-2 text-white">
    <div>Date formatted from object: {{ dateObject | date }}</div>
    <div>Date formatted from string: {{ dateString | date }}</div>
    <div>Date formatted from number: {{ dateNumber | date }}</div>
</div>

<table class="table table-sm table-bordered table-striped">
    <tr><th></th><th>Name</th><th>Category</th><th>Price</th><th></th></tr>
    <tr *paFor="let item of getProducts(); let i = index; let odd = odd;
            let even = even" [class.bg-info]="odd" [class.bg-warning]="even">
        <td style="vertical-align:middle">{{i + 1}}</td>
        <td style="vertical-align:middle">{{item.name}}</td>
        <td style="vertical-align:middle">{{item.category}}</td>
        <td style="vertical-align:middle">
            {{item.price | addTax:(taxRate || 0) | currency:"USD":"symbol":"2.2-2" }}
        </td>
        <td class="text-center">
            <button class="btn btn-danger btn-sm" (click)="deleteProduct(item.id)">
                Delete
            </button>
        </td>
    </tr>
</table>
```

这个管道在处理对应的数据类型的过程中，首先解析获得一个日期值，然后对这个日期值进
行格式化，如图 18-13 所示。

图 18-13　格式化日期

date 管道接收一个参数，用来指定要使用的日期格式。使用表 18-7 描述的符号，可以输出日期的各个组成部分。

表 18-7　date 管道的格式化符号

名称	描述
y, yy	这些符号用来选择年份
M, MMM, MMMM	这些符号用来选择月份
d, dd	这些符号用来选择某日(作为数值)
E, EE, EEEE	这些符号用来选择某日(作为名称)
j, jj	这些符号用来选择小时
h, hh, H, HH	这些符号分别用来以 12 小时制和 24 小时制选择小时
m, mm	这些符号用来选择分钟
s, ss	这些符号用来选择秒
Z	这个符号用来选择时区

表 18-7 给出的符号描述了如何用不同的简写形式来访问日期组件。如果需要在 en-US 地区表示 2 月，那么 M 将返回 2，MM 将返回 02，MMM 将返回 Feb，而 MMMM 将返回 February。为了支持常用的日期组合，date 管道还支持预定义的日期格式，表 18-8 描述了这些预定义的日期格式。

表 18-8　预定义的 date 管道格式

名称	描述
short	这种格式等价于日期组成部分字符串 yMdjm。这种格式可以用一种比较简洁的格式表示日期，包含时间部分
medium	这种格式等价于日期组成部分字符串 yMMMdjms。这种格式可以用一种更为扩展的格式表示日期，包含时间部分
shortDate	这种格式等价于日期组成部分字符串 yMd。这种格式可以用一种比较简洁的格式表示日期，但是不包含时间部分
mediumDate	这种格式等价于日期组成部分字符串 yMMMd。这种格式可用一种更为扩展的格式表示日期，但是不包含时间部分

(续表)

名称	描述
longDate	这种格式等价于日期组成部分字符串 yMMMMd。这种格式可以表示日期，但是不包括时间部分
fullDate	这种格式等价于日期组成部分字符串 yMMMMEEEEd。这种格式可表示完整日期，但是不包含时间部分
shortTime	这种格式等价于日期组成部分字符串 jm
mediumTime	这种格式等价于日期组成部分字符串 jms

date 管道还接收一个指定时区的参数，以及一个可重写地区的参数。代码清单 18-22 说明了如何使用预定义的格式作为 date 管道的参数，从而用不同方式呈现同一个日期。

代码清单 18-22　在 src/app 文件夹的 productTable.component.html 文件中格式化日期

```
...
<div class="bg-info p-2 text-white">
  <div>Date formatted as shortDate: {{ dateObject | date:"shortDate" }}</div>
  <div>Date formatted as mediumDate: {{ dateObject | date:"mediumDate" }}</div>
  <div>Date formatted as longDate: {{ dateObject | date:"longDate" }}</div>
</div>
...
```

参数是用字面(literal)字符串指定的。注意格式字符串的大小写要正确，因为 shortDate 将按照表 18-8 中的定义被解释为一种预定义的格式，而 shortdate(注意此处是小写的字母 d)将按照表 18-7 中的定义被解释为一串字符，无法产生有意义的输出。

警告：日期解析和格式化是一个复杂且耗时的过程。因此，date 管道的 pure 属性值为 true；这样做产生的结果是，对 Date 对象的单个组成部分进行更新不会触发更新。对于绑定中包含的 date 管道所引用的 Date 对象来说，如果需要改变这个 Date 对象显示的日期格式，那么必须改变对这个 Date 对象的引用。

日期格式化与所在地区紧密相关，这表明在不同的地区可能会生成不同的日期组成部分。切勿想当然地认为在一个地区合法的日期格式在另一个地区也具有同样的含义。图 18-14 分别给出了在 en-US 地区和 fr-FR 地区进行格式化的日期。

Date formatted as shortDate: 2/20/20
Date formatted as mediumDate: Feb 20, 2020
Date formatted as longDate: February 20, 2020

Date formatted as shortDate: 20/02/2020
Date formatted as mediumDate: 20 févr. 2020
Date formatted as longDate: 20 février 2020

图 18-14　与地区相关的日期格式化

18.4.5　改变字符串大小写

uppercase、lowercase 和 titlecase 管道可将字符串中的全部字符转换为大写格式或小写格式。

代码清单 18-23 描述了如何在产品表格的单元格中应用这两种管道。

代码清单 18-23　在 src/app 文件夹的 productTable.component.html 文件中改变字符大小写

```
<table class="table table-sm table-bordered table-striped">
    <tr><th></th><th>Name</th><th>Category</th><th>Price</th><th></th></tr>
    <tr *paFor="let item of getProducts(); let i = index; let odd = odd;
            let even = even" [class.bg-info]="odd" [class.bg-warning]="even">
        <td style="vertical-align:middle">{{i + 1}}</td>
        <td style="vertical-align:middle">{{item.name | uppercase }}</td>
        <td style="vertical-align:middle">{{item.category | lowercase }}</td>
        <td style="vertical-align:middle">
            {{item.price | addTax:(taxRate || 0) | currency:"USD":"symbol":"2.2-2" }}
        </td>
        <td class="text-center">
            <button class="btn btn-danger btn-sm" (click)="deleteProduct(item.id)">
                Delete
            </button>
        </td>
    </tr>
</table>
```

上述管道使用了转换为大写和小写形式的标准的 JavaScript 字符串方法 toUpperCase 和 toLowerCase，这两个方法与地区设置无关，如图 18-15 所示。

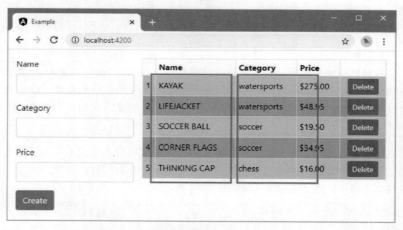

图 18-15　改变字符串大小写

titlecase 管道将每个单词的首字母转换为大写形式，为其余字符使用小写形式。代码清单 18-24 对表格单元格应用了 titlecase 管道。

代码清单 18-24　在 src/app 文件夹的 productTable.component.html 文件中应用管道

```
<table class="table table-sm table-bordered table-striped">
    <tr><th></th><th>Name</th><th>Category</th><th>Price</th><th></th></tr>
    <tr *paFor="let item of getProducts(); let i = index; let odd = odd;
            let even = even" [class.bg-info]="odd" [class.bg-warning]="even">
        <td style="vertical-align:middle">{{i + 1}}</td>
        <td style="vertical-align:middle">{{item.name | titlecase }}</td>
        <td style="vertical-align:middle">{{item.category | lowercase }}</td>
```

```
            <td style="vertical-align:middle">
                {{item.price | addTax:(taxRate || 0) | currency:"USD":"symbol":"2.2-2" }}
            </td>
            <td class="text-center">
                <button class="btn btn-danger btn-sm" (click)="deleteProduct(item.id)">
                    Delete
                </button>
            </td>
        </tr>
</table>
```

图 18-16 显示了这个管道的效果。

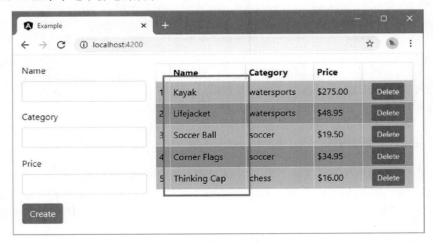

图 18-16　使用 titlecase 管道

18.4.6　将数据序列化为 JSON 数据

json 管道可以创建数据值的 JSON 表示。这个管道不需要参数，它使用浏览器的 JSON.stringify 方法来创建 JSON 字符串。代码清单 18-25 应用这个管道为数据模型中的对象创建了 JSON 格式的数据表示。

代码清单 18-25　在 src/app 文件夹的 productTable.component.html 文件中创建一个 JSON 字符串

```
<div class="bg-info p-2 text-white">
    <div>{{ getProducts() | json }}</div>
</div>

<table class="table table-sm table-bordered table-striped">
    <tr><th></th><th>Name</th><th>Category</th><th>Price</th><th></th></tr>
    <tr *paFor="let item of getProducts(); let i = index; let odd = odd;
            let even = even" [class.bg-info]="odd" [class.bg-warning]="even">
        <td style="vertical-align:middle">{{i + 1}}</td>
        <td style="vertical-align:middle">{{item.name | titlecase }}</td>
        <td style="vertical-align:middle">{{item.category | lowercase }}</td>
        <td style="vertical-align:middle">
            {{item.price | addTax:(taxRate || 0) | currency:"USD":"symbol":"2.2-2" }}
```

```
        </td>
        <td class="text-center">
            <button class="btn btn-danger btn-sm" (click)="deleteProduct(item.id)">
                Delete
            </button>
        </td>
    </tr>
</table>
```

这个管道在调试中尤其有用，它的装饰器的 pure 属性值为 false。这样，应用程序中发生的任何变化都会导致调用管道的 transform 方法，这样就确保能够显示集合一级所发生的变化。图 18-17 显示了从示例应用程序的数据模型中的对象生成的 JSON 字符串。

[{ "id": 1, "name": "Kayak", "category": "Watersports", "price": 275 }, { "id": 2, "name": "Lifejacket", "category": "Watersports", "price": 48.95 }, { "id": 3, "name": "Soccer Ball", "category": "Soccer", "price": 19.5 }, { "id": 4, "name": "Corner Flags", "category": "Soccer", "price": 34.95 }, { "id": 5, "name": "Thinking Cap", "category": "Chess", "price": 16 }]

图 18-17　为了调试生成 JSON 字符串

18.4.7　将数据数组切片

slice 管道可操作一个数组或字符串，并会返回这个数组或字符串中的一个元素子集或字符子集。slice 管道是一种非纯管道，这表明 slice 管道能够反映所操作的数据对象内部发生的任何变化，同时还表明，应用程序发生任何变化之后，切片操作都会执行，即使应用程序发生的变化与源数据无关。

需要用两个参数来指定 slice 管道所选中的对象或字符，表 18-9 描述了这两个参数。

表 18-9　slice 管道参数

名称	描述
start	这个参数必须指定。如果这个参数为正值，那么返回的数组项的起始索引是从数组第一个位置开始计数。如果这个参数为负值，那么管道是从数组末端开始反向计数
end	这个参数是可选的，用来确定从 start 索引开始，在返回结果中有多少数据项。如果省略这个参数，那么 start 索引位置之后的全部数据项都将在结果中返回(在 start 参数为负值的情况下就是返回 start 索引位置之前的全部数据项)

代码清单 18-26 说明了如何将 slice 管道与一个 select 元素组合使用，从而确定在产品表格中能够显示多少项产品。

代码清单 18-26　在 src/app 文件夹的 productTable.component.html 文件中使用 slice 管道

```
<div>
    <label>Number of items:</label>
    <select [value]="itemCount || 1" (change)="itemCount=$event.target.value">
        <option *ngFor="let item of getProducts(); let i = index" [value]="i + 1"
                [selected]="(i + 1) === itemCount">
            {{i + 1}}
        </option>
    </select>
```

```
</div>

<table class="table table-sm table-bordered table-striped">
    <tr><th></th><th>Name</th><th>Category</th><th>Price</th><th></th></tr>
    <tr *paFor="let item of getProducts() | slice:0:(itemCount || 1);
            let i = index; let odd = odd; let even = even"
        [class.bg-info]="odd" [class.bg-warning]="even">
        <td style="vertical-align:middle">{{i + 1}}</td>
        <td style="vertical-align:middle">{{item.name | titlecase }}</td>
        <td style="vertical-align:middle">{{item.category | lowercase }}</td>
        <td style="vertical-align:middle">
            {{item.price | addTax:(taxRate || 0) | currency:"USD":"symbol":"2.2-2" }}
        </td>
        <td class="text-center">
            <button class="btn btn-danger btn-sm" (click)="deleteProduct(item.id)">
                Delete
            </button>
        </td>
    </tr>
</table>
```

select 元素是用 option 元素填充的，而 option 元素是用 ngFor 指令创建的。这个指令并不直接支持迭代特定的次数，因此使用 index 变量来生成需要使用的值。select 元素设置了一个名为 itemCount 的变量，用来充当 slice 管道的第二个参数，代码如下。

```
...
<tr *paFor="let item of getProducts() | slice:0:(itemCount || 1);
    let i = index; let odd = odd; let even = even"
    [class.bg-info]="odd" [class.bg-warning]="even">
...
```

执行上述代码将改变 select 元素所显示的值，从而改变产品表格中能够显示的产品项的数量，如图 18-18 所示。

图 18-18　使用 slice 管道

18.4.8　格式化键/值对

keyvalue 管道操作一个对象或映射，返回一个键/值对序列。序列中的每个对象被表示为一个包含 key 和 value 属性的对象，代码清单 18-27 使用该管道来枚举 getProducts 方法返回的数组的内容。

代码清单 18-27　在 src/app 文件夹的 productTable.component.html 文件中使用 keyvalue
　　　　　　　　管道

```
<table class="table table-sm table-bordered table-striped">
    <tr><th>Key</th><th>Value</th></tr>
    <tr *paFor="let item of getProducts() | keyvalue">
        <td>{{ item.key }}</td>
        <td>{{ item.value | json }}</td>
    </tr>
</table>
```

用在数组上时，键是数组索引，值是数组中的对象。数组中的对象使用了 json 过滤器设置格
式，得到的结果如图 18-19 所示。

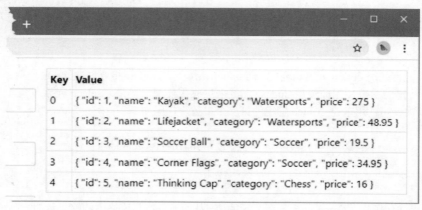

图 18-19　使用 keyvalue 管道

18.4.9　选择值

i18nSelect 管道基于一个值来选择字符串值，允许根据上下文向用户显示不同的值。值与字符
串之间的映射被定义为一个简单的映射，如代码清单 18-28 所示。

代码清单 18-28　在 src/app 文件夹的 productTable.component.ts 文件中将值映射到字符串

```
import { Component, Input, ViewChildren, QueryList } from "@angular/core";
import { Model } from "./repository.model";
import { Product } from "./product.model";

@Component({
    selector: "paProductTable",
    templateUrl: "productTable.component.html"
})
export class ProductTableComponent {

    @Input("model")
    dataModel: Model;

    getProduct(key: number): Product {
        return this.dataModel.getProduct(key);
```

```
    }

    getProducts(): Product[] {
        return this.dataModel.getProducts();
    }

    deleteProduct(key: number) {
        this.dataModel.deleteProduct(key);
    }

    taxRate: number = 0;
    categoryFilter: string;
    itemCount: number = 3;

    dateObject: Date = new Date(2020, 1, 20);
    dateString: string = "2020-02-20T00:00:00.000Z";
    dateNumber: number = 1582156800000;

    selectMap = {
        "Watersports": "stay dry",
        "Soccer": "score goals",
        "other": "have fun"
    }
}
```

other 映射用于当与其他值之间不存在映射的情况。在代码清单 18-29 中，使用该管道选择向用户显示的消息。

代码清单 18-29 在 src/app 文件夹的 productTable.component.html 文件中使用管道

```html
<table class="table table-sm table-bordered table-striped">
    <tr><th>Name</th><th>Category</th><th>Message</th></tr>
    <tr *paFor="let item of getProducts()">
        <td>{{ item.name }}</td>
        <td>{{ item.category }}</td>
        <td>Helps you {{ item.category | i18nSelect:selectMap }} </td>
    </tr>
</table>
```

该管道使用映射作为参数，得到如图 18-20 所示的响应。

图 18-20 使用 i18nSelect 管道选择值

18.4.10　复数化值

i18nPlural 管道用于选择一个表达式来描述数值。值与表达式之间的映射被表示为一个简单的映射，如代码清单 18-30 所示。

代码清单 18-30　在 src/app 文件夹的 productTable.component.ts 文件中将数值映射为字符串

```
import { Component, Input, ViewChildren, QueryList } from "@angular/core";
import { Model } from "./repository.model";
import { Product } from "./product.model";

@Component({
    selector: "paProductTable",
    templateUrl: "productTable.component.html"
})
export class ProductTableComponent {

    // ...other statments omitted for brevity...

    selectMap = {
        "Watersports": "stay dry",
        "Soccer": "score goals",
        "other": "have fun"
    }

    numberMap = {
        "=1": "one product",
        "=2": "two products",
        "other": "# products"
    }
}
```

每个映射被表示为一个等号，后跟一个数值。other 值得到的结果可使用占位字符#指代数值。代码清单 18-31 显示了使用示例映射可以得到的结果。

代码清单 18-31　在 src/app 文件夹的 productTable.component.html 文件中使用管道

```
<table class="table table-sm table-bordered table-striped">
    <tr><th>Name</th><th>Category</th><th>Message</th></tr>
    <tr *paFor="let item of getProducts()">
        <td>{{ item.name }}</td>
        <td>{{ item.category }}</td>
        <td>Helps you {{ item.category | i18nSelect:selectMap }} </td>
    </tr>
</table>

<div class="bg-info text-white p-2">
    <div>There are {{ 1 | i18nPlural:numberMap }} </div>
    <div>There are {{ 2 | i18nPlural:numberMap }} </div>
    <div>There are {{ 100 | i18nPlural:numberMap }} </div>
</div>
```

该管道接收映射作为参数，代码清单 18-31 中的值将得到图 18-21 中的结果。

图 18-21   使用 i18nPlural 管道选择值

18.5   本章小结

本章介绍了管道，解释了如何使用管道来转换数据值，从而使数据值能够按照模板格式呈现给用户。本章演示了创建自定义管道的过程，解释了为什么某些管道是纯管道，而某些管道是非纯管道，还演示了 Angular 用于处理常见任务的内置管道。下一章将介绍服务，服务可以用来简化 Angular 应用程序的设计，方便构造块之间的协同。

第 19 章

使 用 服 务

服务(service)是指一些提供常用功能的对象,这些功能可以支持应用程序中的其他构造块,比如指令、组件以及管道。对于服务来说,最为重要的就是使用的方式,服务是通过一个名为依赖注入(dependency injection)的过程使用的。使用服务可以提高 Angular 应用程序的灵活性和可扩展性,但是依赖注入是一项较难理解的技术。为了讲解清楚,本章比较细致地解释了服务存在的问题,以及依赖注入如何解决这些问题,还介绍了依赖注入的工作方式,以及为什么应该在项目中使用服务。第 20 章将介绍 Angular 为服务提供的一些更高级功能。表 19-1 介绍了与服务有关的知识。

表 19-1 服务的相关知识

问题	答案
服务是什么	服务是定义了其他构造块所需功能的对象,这些构造块包括组件或指令。服务与一般对象的不同之处在于:服务是通过一个外部提供程序被构造块使用的,而不是构造块用 new 关键字直接创建的,构造块也不能通过一个输入属性接收服务
服务有什么作用	服务简化了应用程序的结构,方便了迁移或复用程序的功能,并且便于隔离构造块以进行有效的单元测试
如何使用服务	通过使用构造函数参数,类声明了对服务的依赖,然后根据为应用程序配置的服务的集合,对构造函数的参数进行了解析。服务是应用了@Injectable装饰器的类
服务是否存在陷阱或限制	依赖注入是一种具有争议性的技术,并不是所有开发人员都喜欢使用依赖注入。如果不打算进行单元测试,或者应用程序相对比较简单,那么为了实现依赖注入而付出的代价可能会超过从依赖注入获得的收益
服务是否存在替代方案	服务和依赖注入是避免不了的,这是因为:Angular 使用服务和依赖注入为访问 Angular 内置功能提供了访问手段。但是我们不必为自己开发的自定义功能定义服务,即使喜欢这样做也不需要

表 19-2 给出了本章内容摘要。

表 19-2　本章内容摘要

问题	解决方案	代码清单编号
避免手动分发共享对象	使用服务	1~14、21~28
声明一个对某个服务的依赖	添加一个构造函数参数，参数类型为需要使用的服务类型	15~20

19.1　准备示例项目

本章将继续使用从第 11 章以来一直使用的示例项目。为了准备本章使用的示例项目，将 ProductTable 组件的模板内容替换为代码清单 19-1 中显示的元素。

代码清单 19-1　替换 src/app 文件夹的 productTable.component.html 文件的内容

```
<table class="table table-sm table-bordered table-striped">
    <thead>
        <tr><th></th><th>Name</th><th>Category</th><th>Price</th><th></th></tr>
    </thead>
    <tbody>
        <tr *paFor="let item of getProducts(); let i = index">
        <td>{{i + 1}}</td>
        <td>{{item.name}}</td>
        <td>{{item.category}}</td>
        <td>{{item.price | currency:"USD":"symbol" }}</td>
        <td class="text-center">
            <button class="btn btn-danger btn-sm"
                    (click)="deleteProduct(item.id)">
                Delete
            </button>
        </td>
        </tr>
    </tbody>
</table>
```

在 example 文件夹中运行以下命令，启动 TypeScript 编译器和 HTTP 开发服务器。

```
ng serve
```

此时将打开一个新浏览器窗口，导航到 http://localhost:4200，可以看到如图 19-1 所示的内容。

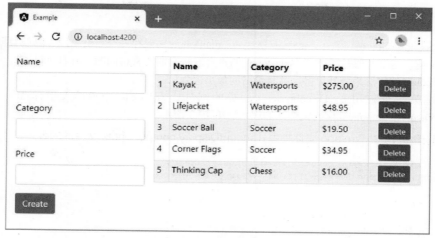

图 19-1　运行示例应用程序

19.2　理解对象分发问题

在第 17 章，为项目增加了组件，从而打破了应用程序的单体结构。为此，使用输入属性和输出属性将组件连接起来,使用宿主元素(host element)在 Angular 的父组件和子组件之间搭起一座桥梁。第 17 章还说明了如何查询模板的内容来获得子视图(view children),从而补充了在第 16 章描述的子内容(content children)特性。

如果运用得当，这些用来协调指令和组件的技术是非常有用的，而且功能强大。这些技术最终也可以在应用程序中充当分发共享对象的通用工具,不过，也因此会导致应用程序的复杂性提高，使得组件被紧密绑定在一起。

19.2.1　问题的提出

为说明这个问题，需要在项目中添加一个共享对象，以及两个使用此共享对象的组件。首先，在 src/app 文件夹中创建一个名为 discount.service.ts 的文件，并在该文件中定义如代码清单 19-2 所示的类。本章后面将解释文件名中 service 部分的重要性。

代码清单 19-2　src/app 文件夹中 discount.service.ts 文件的内容

```
export class DiscountService {
    private discountValue: number = 10;

    public get discount(): number {
        return this.discountValue;
    }

    public set discount(newValue: number) {
        this.discountValue = newValue || 0;
    }

    public applyDiscount(price: number) {
        return Math.max(price - this.discountValue, 5);
```

```
    }
}
```

DiscountService 类定义了一个私有属性 discountValue 来保存一个数值,用于降低数据模型中的产品价格。这个数值是通过名为 discount 的设置器和读取器来访问的,并且可以通过一个名为 applyDiscount 的方法来降低价格,并且价格的最小值为$ 5。

针对第一个使用了 DiscountService 类的组件,在 src/app 文件夹中添加一个名为 discountDisplay.component.ts 的文件,如代码清单 19-3 所示。

代码清单 19-3　src/app 文件夹中 discountDisplay.component.ts 文件的内容

```
import { Component, Input } from "@angular/core";
import { DiscountService } from "./discount.service";

@Component({
    selector: "paDiscountDisplay",
    template: `<div class="bg-info text-white p-2">
                The discount is {{discounter.discount}}
               </div>`
})
export class PaDiscountDisplayComponent {

    @Input("discounter")
    discounter: DiscountService;
}
```

DiscountDisplayComponent 使用一个内联的模板来显示折扣总额,折扣总额是从 DiscountService 对象获取的,而 DiscountService 对象是通过一个 input 属性接收的。

针对第二个使用了 DiscountService 类的组件,在 src/app 文件夹中添加一个名为 discountEditor.component.ts的文件,并在此文件中添加如代码清单 19-4 所示的代码。

代码清单 19-4　src/app 文件夹中 discountEditor.component.ts 文件的内容

```
import { Component, Input } from "@angular/core";
import { DiscountService } from "./discount.service";

@Component({
    selector: "paDiscountEditor",
    template: `<div class="form-group">
                <label>Discount</label>
                <input [(ngModel)]="discounter.discount"
                    class="form-control" type="number" />
               </div>`
})
export class PaDiscountEditorComponent {

    @Input("discounter")
    discounter: DiscountService;
}
```

DiscountEditorComponent 使用了一个内联模板,这个模板包含一个 input 元素,可以用来编辑折扣总额。input 元素双向绑定了 DiscountService.discount 属性,这个属性的目标是 ngModel 指令。代码清单 19-5 给出了 Angular 模块中启用的新组件。

代码清单 19-5 在 src/app 文件夹的 app.module.ts 文件中启用组件

```
import { NgModule } from "@angular/core";
import { BrowserModule } from "@angular/platform-browser";
import { ProductComponent } from "./component";
import { FormsModule, ReactiveFormsModule } from "@angular/forms";
import { PaAttrDirective } from "./attr.directive";
import { PaModel } from "./twoway.directive";
import { PaStructureDirective } from "./structure.directive";
import { PaIteratorDirective } from "./iterator.directive";
import { PaCellColor } from "./cellColor.directive";
import { PaCellColorSwitcher } from "./cellColorSwitcher.directive";
import { ProductTableComponent } from "./productTable.component";
import { ProductFormComponent } from "./productForm.component";
import { PaToggleView } from "./toggleView.component";
import { PaAddTaxPipe } from "./addTax.pipe";
import { PaCategoryFilterPipe } from "./categoryFilter.pipe";
import { LOCALE_ID } from "@angular/core";
import localeFr from '@angular/common/locales/fr';
import { registerLocaleData } from '@angular/common';
import { PaDiscountDisplayComponent } from "./discountDisplay.component";
import { PaDiscountEditorComponent } from "./discountEditor.component";

registerLocaleData(localeFr);

@NgModule({
  imports: [BrowserModule, FormsModule, ReactiveFormsModule],
  declarations: [ProductComponent, PaAttrDirective, PaModel,
    PaStructureDirective, PaIteratorDirective,
    PaCellColor, PaCellColorSwitcher, ProductTableComponent,
    ProductFormComponent, PaToggleView, PaAddTaxPipe,
    PaCategoryFilterPipe, PaDiscountDisplayComponent, PaDiscountEditorComponent],
  //providers: [{ provide: LOCALE_ID, useValue: "fr-FR" }],
  bootstrap: [ProductComponent]
})
export class AppModule { }
```

为让新组件工作，需要将其添加到父组件的模板中。将新内容放置到显示产品列表的表格的下方，需要按照代码清单 19-6 来编辑 productTable.component.html 文件。

代码清单 19-6 在 src/app 文件夹的 productTable.component.html 文件中添加组件元素

```
<table class="table table-sm table-bordered table-striped">
    <thead>
        <tr><th></th><th>Name</th><th>Category</th><th>Price</th><th></th></tr>
    </thead>
    <tbody>
        <tr *paFor="let item of getProducts(); let i = index">
            <td>{{i + 1}}</td>
            <td>{{item.name}}</td>
            <td>{{item.category}}</td>
            <td>{{item.price | currency:"USD":"symbol" }}</td>
            <td class="text-center">
                <button class="btn btn-danger btn-sm"
                        (click)="deleteProduct(item.id)">
                    Delete
                </button>
```

```
            </td>
        </tr>
    </tbody>
</table>

<paDiscountEditor [discounter]="discounter"></paDiscountEditor>
<paDiscountDisplay [discounter]="discounter"></paDiscountDisplay>
```

这些元素对应于组件的 selector 属性，如代码清单 19-3 和代码清单 19-4 所示，并且使用数据
绑定来设置输入属性的值。最后一步是在父组件中创建一个对象，用来为数据绑定表达式提供值，
如代码清单 19-7 所示。

代码清单 19-7　在 src/app 文件夹的 productTable.component.ts 文件中创建共享对象

```
import { Component, Input, ViewChildren, QueryList } from "@angular/core";
import { Model } from "./repository.model";
import { Product } from "./product.model";
import { DiscountService } from "./discount.service";

@Component({
    selector: "paProductTable",
    templateUrl: "productTable.component.html"
})
export class ProductTableComponent {
    discounter: DiscountService = new DiscountService();

    @Input("model")
    dataModel: Model;

    getProduct(key: number): Product {
        return this.dataModel.getProduct(key);
    }

    getProducts(): Product[] {
        return this.dataModel.getProducts();
    }

    deleteProduct(key: number) {
        this.dataModel.deleteProduct(key);
    }

    taxRate: number = 0;
    dateObject: Date = new Date(2020, 1, 20);
    dateString: string = "2020-02-20T00:00:00.000Z";
    dateNumber: number = 1582156800000;

    selectMap = {
        "Watersports": "stay dry",
        "Soccer": "score goals",
        "other": "have fun"
    }

    numberMap = {
        "=1": "one product",
        "=2": "two products",
        "other": "# products"
    }
}
```

图 19-2 显示了新组件中的内容。如果一个组件提供的 input 元素值发生了变化，那么这个变化将反映到其他组件提供的字符串插入绑定中，这反映了共享的 DiscountService 对象的使用，还反映了其 discount 属性的使用。

图 19-2　为示例应用程序添加组件

直到最后一步之前，添加新组件和共享对象的过程都是直接且合乎逻辑的。当必须创建和分发共享对象(也即 DiscountService 类的实例)时，问题就出现了。

因为 Angular 将组件彼此隔离开，所以无法直接在 DiscountEditorComponent 和 DiscountDisplayComponent 之间共享 DiscountService 对象。每一个组件都可以创建自己的 DiscountService 对象，但是这样做会导致编辑器组件中的修改无法在显示组件中显示出来。

这就是要在产品表格组件中创建 DiscountService 对象的原因，产品表格组件是折扣编辑器和显示组件的第一个共同祖先。这样可以让我们在产品表格组件的模板中分发 DiscountService 对象，从而确保一个对象能够在全体需要使用这个对象的组件之间共享。

但是这样做仍然存在两个问题。第一个问题是 ProductTableComponent 类并不真正需要或使用一个 DiscountService 对象来发布其自身功能。它只不过恰好是确实需要这个对象的组件的第一个共同祖先。在 ProductTableComponent 类中创建共享对象会导致这个类略微复杂，也会稍微提高测试难度。虽然这里只是适度提高了复杂度，但是应用程序所需的每一个共享对象都会导致复杂度的提高，而一个复杂应用程序需要使用大量的共享对象。对于所有需要使用共享对象的组件来说，每一个共享对象都必须是这些组件的类的第一个共同祖先所创建的。

第一个共同祖先(first common ancestor)这个词也隐含了第二个问题。ProductTableComponent 类恰好是依赖 DiscountService 对象的两个类的父类，但是请想一下，如果打算移动 DiscountEditorComponent，使之显示在表单下方而非表格下方，那么会发生什么情况？此时，需要沿着组件树向上，直到找到一个共同祖先，这个共同祖先就是根组件。然后，再沿着组件树向下，添加输入属性并修改模板，这样每个中间组件都可以从其父组件接收 DiscountService 对象，并将 DiscountService 对象传递给这样的子孙组件，这些子孙组件的后代也需要使用 DiscountService 对象。同样的情况适用于那些需要依赖接收一个 DiscountService 对象的指令，任何模板中包含了目标是这个指令的数据绑定的组件都必须确保自己同样是分发链的组成部分。

这样产生的结果就是应用程序中的组件和指令都紧密绑定在一起。如果需要移动一个组件，或在应用程序的一个不同位置复用一个组件，就需要完成大量重构工作，并会导致输入属性和数据绑定无法管理。

19.2.2　利用依赖注入将对象作为服务分发

为了给依赖某个对象的类分发对象，还有一种更好的方法，也就是使用依赖注入(dependency injection)，此时对象是从一个外部源提供给类的。Angular 包含了一个内置的依赖注入系统，称为提供程序(provider)，提供程序可以提供来自外部的对象。在下面的各节中，改写了示例应用程序，为了提供 DiscountService 对象，不再需要使用组件层次结构作为对象分发机制。

1. 预备服务

通过依赖注入管理和分发的对象被称为服务(service)，这就是给定义了共享对象的类选择名称 DiscountService 的原因，并且将这个类定义在名为 discount.service.ts 的文件中。Angular 使用装饰器@Injectable 表示服务类，如代码清单 19-8 所示。@Injectable 装饰器没有定义任何配置属性。

代码清单 19-8　在 src/app 文件夹的 discount.service.ts 文件中准备一个充当服务的类

```
import { Injectable } from "@angular/core";

@Injectable()
export class DiscountService {
    private discountValue: number = 10;

    public get discount(): number {
        return this.discountValue;
    }

    public set discount(newValue: number) {
        this.discountValue = newValue || 0;
    }

    public applyDiscount(price: number) {
        return Math.max(price - this.discountValue, 5);
    }
}
```

提示：严格而言，仅当类有自己的构造函数参数要解析时，才需要@Injectable 装饰器，但无论如何，应用该装饰器总是一个好主意，因为使用了它就暗示类是用作服务的。

2. 准备依赖组件

类使用构造函数声明了依赖关系。如果 Angular 需要创建类的一个实例，比如找到一个元素，这个元素可以匹配某个组件定义的 selector 属性，则检查该组件的构造函数，查看每个参数的类型。然后，Angular 使用已定义的服务来满足依赖关系。依赖注入这个术语的意思是：为了创建新实例，每个依赖被注入(injected)到构造函数中。

对于示例应用程序来说，这意味着依赖 DiscountService 对象的组件再也不需要输入属性了，组件可以直接声明一个构造函数依赖。代码清单 19-9 在 DiscountDisplayComponent 类中给出了对应的修改。

代码清单 19-9　在 src/app 文件夹的 discountDisplay.component.ts 文件中声明一个依赖

```
import { Component, Input } from "@angular/core";
import { DiscountService } from "./discount.service";

@Component({
  selector: "paDiscountDisplay",
  template: `<div class="bg-info text-white p-2">
                The discount is {{discounter.discount}}
             </div>`
})
export class PaDiscountDisplayComponent {

  constructor(public discounter: DiscountService) { }
}
```

同样的修改也适用于 DiscountEditorComponent 类。在代码清单 19-10 中，DiscountEditor-Component 类中的输入属性被替换为一个依赖，这个依赖是通过构造函数声明的。

代码清单 19-10　在 src/app 文件夹的 discountEditor.component.ts 文件中声明一个依赖

```
import { Component, Input } from "@angular/core";
import { DiscountService } from "./discount.service";

@Component({
    selector: "paDiscountEditor",
    template: `<div class="form-group">
                <label>Discount</label>
                <input [(ngModel)]="discounter.discount"
                    class="form-control" type="number" />
             </div>`
})
export class PaDiscountEditorComponent {

    constructor(public discounter: DiscountService) { }
}
```

这些修改工作量并不算大，却避免了使用模板和输入属性来分发对象，因此可得到更灵活的应用程序。现在可从产品表格组件中移除 DiscountService 对象了，如代码清单 19-11 所示。

代码清单 19-11　移除 src/app 文件夹的 productTable.component.ts 文件中的共享对象

```
import { Component, Input, ViewChildren, QueryList } from "@angular/core";
import { Model } from "./repository.model";
import { Product } from "./product.model";
import { DiscountService } from "./discount.service";

@Component({
    selector: "paProductTable",
    templateUrl: "productTable.component.html"
})
export class ProductTableComponent {
```

```
//discounter: DiscountService = new DiscountService();

@Input("model")
dataModel: Model;

getProduct(key: number): Product {
    return this.dataModel.getProduct(key);
}

getProducts(): Product[] {
    return this.dataModel.getProducts();
}

deleteProduct(key: number) {
    this.dataModel.deleteProduct(key);
}

taxRate: number = 0;
dateObject: Date = new Date(2020, 1, 20);
dateString: string = "2020-02-20T00:00:00.000Z";
dateNumber: number = 1582156800000;

selectMap = {
    "Watersports": "stay dry",
    "Soccer": "score goals",
    "other": "have fun"
}

numberMap = {
    "=1": "one product",
    "=2": "two products",
    "other": "# products"
}
}
```

因为父组件不再继续通过数据绑定来提供共享对象，所以可将数据绑定从模型中移除，如代码清单 19-12 所示。

代码清单 19-12　移除 src/app 文件夹的 productTable.component.html 文件中的数据绑定

```
<table class="table table-sm table-bordered table-striped">
    <thead>
        <tr><th></th><th>Name</th><th>Category</th><th>Price</th><th></th></tr>
    </thead>
    <tbody>
        <tr *paFor="let item of getProducts(); let i = index">
            <td>{{i + 1}}</td>
            <td>{{item.name}}</td>
            <td>{{item.category}}</td>
            <td>{{item.price | currency:"USD":"symbol" }}</td>
            <td class="text-center">
                <button class="btn btn-danger btn-sm"
                        (click)="deleteProduct(item.id)">
                    Delete
                </button>
            </td>
        </tr>
```

```
      </tbody>
</table>

<paDiscountEditor></paDiscountEditor>
<paDiscountDisplay></paDiscountDisplay>
```

3. 注册服务

最后一项修改是配置依赖注入功能,以便向使用了 DiscountService 对象的组件提供这个对象。为了让整个应用程序都能够使用服务，需要在 Angular 模块中注册服务，如代码清单 19-13 所示。

代码清单 19-13　在 src/app 文件夹的 app.module.ts 文件中注册服务

```
import { NgModule } from "@angular/core";
import { BrowserModule } from "@angular/platform-browser";
import { ProductComponent } from "./component";
import { FormsModule, ReactiveFormsModule } from "@angular/forms";
import { PaAttrDirective } from "./attr.directive";
import { PaModel } from "./twoway.directive";
import { PaStructureDirective } from "./structure.directive";
import { PaIteratorDirective } from "./iterator.directive";
import { PaCellColor } from "./cellColor.directive";
import { PaCellColorSwitcher } from "./cellColorSwitcher.directive";
import { ProductTableComponent } from "./productTable.component";
import { ProductFormComponent } from "./productForm.component";
import { PaToggleView } from "./toggleView.component";
import { PaAddTaxPipe } from "./addTax.pipe";
import { PaCategoryFilterPipe } from "./categoryFilter.pipe";
import { LOCALE_ID } from "@angular/core";
import localeFr from '@angular/common/locales/fr';
import { registerLocaleData } from '@angular/common';
import { PaDiscountDisplayComponent } from "./discountDisplay.component";
import { PaDiscountEditorComponent } from "./discountEditor.component";
import { DiscountService } from "./discount.service";

registerLocaleData(localeFr);

@NgModule({
  imports: [BrowserModule, FormsModule, ReactiveFormsModule],
  declarations: [ProductComponent, PaAttrDirective, PaModel,
    PaStructureDirective, PaIteratorDirective,
    PaCellColor, PaCellColorSwitcher, ProductTableComponent,
    ProductFormComponent, PaToggleView, PaAddTaxPipe,
    PaCategoryFilterPipe, PaDiscountDisplayComponent, PaDiscountEditorComponent],
  providers: [DiscountService],
  bootstrap: [ProductComponent]
})
export class AppModule { }
```

@NgModule 装饰器的 providers 属性被设置为一个数组，这个数组的元素是用作服务的类。当前只需要使用一个服务，这个服务由 DiscountService 类提供。

将修改保存到应用程序中不会导致应用程序发生任何外观上的改变，但依赖注入功能可为组件提供它们所需的 DiscountService 对象。

4. 回顾依赖注入变更

Angular 将依赖注入无缝集成到自身的功能集中。每当 Angular 遇到一个需要使用新构造块的元素，比如一个组件或一个管道，Angular 就会检查类的构造函数，找出已经声明的依赖，然后使用其服务来解析依赖。用来解析依赖的服务集合包括应用程序自定义的服务，例如在代码清单 19-13 中注册的 DiscountService 服务，还包括一组内置的服务，这些服务是由 Angular 提供的，后面章节将介绍这些服务。

利用依赖注入修改先前章节的内容并不会导致应用程序的工作方式发生巨大变化，甚至不会导致发生任何可见的变化。但是应用程序的聚合方式却大有不同，因为这样做会使应用程序更为灵活。为了说明这一点，最好的方法就是在应用程序的不同位置添加使用了 DiscountService 服务的组件，如代码清单 19-14 所示。

代码清单 19-14　在 src/app 文件夹的 productForm.component.html 文件中添加组件

```
<form novalidate #form="ngForm" (ngSubmit)="submitForm(form)">
    <div class="form-group">
        <label>Name</label>
        <input class="form-control"
            name="name" [(ngModel)]="newProduct.name" />
    </div>
    <div class="form-group">
        <label>Category</label>
        <input class="form-control"
            name="category" [(ngModel)]="newProduct.category" />
    </div>
    <div class="form-group">
        <label>Price</label>
        <input class="form-control"
            name="name" [(ngModel)]="newProduct.price" />
    </div>
    <button class="btn btn-primary" type="submit">
            Create
    </button>
</form>
```

```
<paDiscountEditor></paDiscountEditor>
<paDiscountDisplay></paDiscountDisplay>
```

这些新的元素复制了折扣显示和编辑器组件，因此这些组件可以显示在用于创建新产品的表单的下方，如图 19-3 所示。

注意两点：首先，使用依赖注入可简化向一个模板中添加元素的过程，不需要再修改祖先组件来提供一个使用输入属性的 DiscountService 对象。

其次，应用程序中所有声明了针对 DiscountService 的依赖的组件都会收到同一个对象。如果在某个 input 元素中编辑了 DiscountService 的值，那么相应的修改都会反映到其他 input 元素和字符串插入绑定中，如图 19-4 所示。

图 19-3　复制使用了依赖的组件

图 19-4　使用一个共享对象来查看依赖是否得到解析

19.2.3　在其他构造块中声明依赖

不仅组件可以声明构造函数依赖，实际上，如果定义了一个服务，那么这个服务还可得到更广泛的使用，包括在应用程序的其他构造块中得到应用，例如应用于管道和指令，后面将介绍这些内容。

1. 在管道中声明依赖

管道可以通过定义一个构造函数来声明对服务的依赖，这个构造函数可以用参数定义每一个需要的服务。为了说明这一点，在 src/app 文件夹中添加一个名为 discount.pipe.ts 的文件，并使用这个文件定义管道，如代码清单 19-15 所示。

代码清单 19-15　src/app 文件夹中 discount.pipe.ts 文件的内容

```
import { Pipe, Injectable } from "@angular/core";
import { DiscountService } from "./discount.service";

@Pipe({
    name: "discount",
```

```
    pure: false
})
export class PaDiscountPipe {

    constructor(private discount: DiscountService) { }

    transform(price: number): number {
        return this.discount.applyDiscount(price);
    }
}
```

PaDiscountPipe 类是一个管道，这个管道接收一个 price，并通过调用 DiscountService.applyDiscount 方法生成一个结果，而服务是通过构造函数接收的。@Pipe 装饰器中的 pure 属性被设置为 false，这表明当 DiscountService 所存储的值发生改变时，需要查询管道以便更新结果，因为 Angular 的变更检测过程无法识别 DiscountService 所存储的值的变化。

提示：第 18 章解释过，此特性应该谨慎使用，因为这样会导致每次应用程序发生修改时都会调用 transform 方法，而不是当服务发生修改时才调用 transform 方法。

代码清单 19-16 给出了如何在应用程序的 Angular 模块中注册一个新管道。

代码清单 19-16　在 src/app 文件夹的 app.module.ts 文件中注册一个管道

```
import { NgModule } from "@angular/core";
import { BrowserModule } from "@angular/platform-browser";
import { ProductComponent } from "./component";
import { FormsModule, ReactiveFormsModule } from "@angular/forms";
import { PaAttrDirective } from "./attr.directive";
import { PaModel } from "./twoway.directive";
import { PaStructureDirective } from "./structure.directive";
import { PaIteratorDirective } from "./iterator.directive";
import { PaCellColor } from "./cellColor.directive";
import { PaCellColorSwitcher } from "./cellColorSwitcher.directive";
import { ProductTableComponent } from "./productTable.component";
import { ProductFormComponent } from "./productForm.component";
import { PaToggleView } from "./toggleView.component";
import { PaAddTaxPipe } from "./addTax.pipe";
import { PaCategoryFilterPipe } from "./categoryFilter.pipe";
import { LOCALE_ID } from "@angular/core";
import localeFr from '@angular/common/locales/fr';
import { registerLocaleData } from '@angular/common';
import { PaDiscountDisplayComponent } from "./discountDisplay.component";
import { PaDiscountEditorComponent } from "./discountEditor.component";
import { DiscountService } from "./discount.service";
import { PaDiscountPipe } from "./discount.pipe";

registerLocaleData(localeFr);

@NgModule({
  imports: [BrowserModule, FormsModule, ReactiveFormsModule],
  declarations: [ProductComponent, PaAttrDirective, PaModel,
    PaStructureDirective, PaIteratorDirective,
    PaCellColor, PaCellColorSwitcher, ProductTableComponent,
    ProductFormComponent, PaToggleView, PaAddTaxPipe,
    PaCategoryFilterPipe, PaDiscountDisplayComponent, PaDiscountEditorComponent,
```

```
    PaDiscountPipe],
    providers: [DiscountService],
  bootstrap: [ProductComponent]
})
export class AppModule { }
```

代码清单 19-17 显示了如何将新管道应用于产品表格的 Price 列中。

代码清单 19-17 在 src/app 文件夹的 productTable.component.html 文件中应用一个管道

```html
<table class="table table-sm table-bordered table-striped">
    <thead>
        <tr><th></th><th>Name</th><th>Category</th><th>Price</th><th></th></tr>
    </thead>
    <tbody>
        <tr *paFor="let item of getProducts(); let i = index">
            <td>{{i + 1}}</td>
            <td>{{item.name}}</td>
            <td>{{item.category}}</td>
            <td>{{item.price | discount | currency:"USD":"symbol" }}</td>
            <td class="text-center">
                <button class="btn btn-danger btn-sm"
                        (click)="deleteProduct(item.id)">
                    Delete
                </button>
            </td>
        </tr>
    </tbody>
</table>


<paDiscountEditor></paDiscountEditor>
<paDiscountDisplay></paDiscountDisplay>
```

discount 管道在处理价格时应用了折扣，然后将价格传递给 currency 管道以完成格式化。通过在一个折扣的 input 元素中改变价格的值，可以看到在管道中使用服务所产生的效果，如图 19-5 所示。

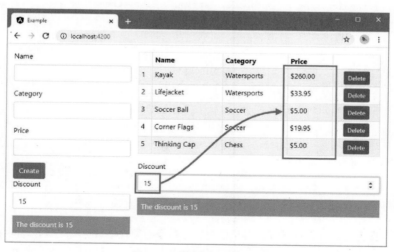

图 19-5 在管道中使用服务

2. 在指令中声明依赖

指令也可以使用服务。第 17 章解释过，组件就是带有模板的指令，因此在组件中能够工作的内容均可在指令中工作。

为说明如何在一个指令中使用服务，在 src/app 文件夹中添加了一个名为 discountAmount.directive.ts 的文件，并使用这个文件来定义指令，如代码清单 19-18 所示。

代码清单 19-18　src/app 文件夹中 discountAmount.directive.ts 文件的内容

```
import { Directive, HostBinding, Input,
    SimpleChange, KeyValueDiffer, KeyValueDiffers,
    ChangeDetectorRef } from "@angular/core";
import { DiscountService } from "./discount.service";

@Directive({
    selector: "td[pa-price]",
    exportAs: "discount"
})
export class PaDiscountAmountDirective {
    private differ: KeyValueDiffer<any, any>;

    constructor(private keyValueDiffers: KeyValueDiffers,
        private changeDetector: ChangeDetectorRef,
        private discount: DiscountService) { }

    @Input("pa-price")
    originalPrice: number;

    discountAmount: number;

    ngOnInit() {
        this.differ =
            this.keyValueDiffers.find(this.discount).create();
    }

    ngOnChanges(changes: { [property: string]: SimpleChange }) {
        if (changes["originalPrice"] != null) {
            this.updateValue();
        }
    }

    ngDoCheck() {
        if (this.differ.diff(this.discount) != null) {
            this.updateValue();
        }
    }

    private updateValue() {
        this.discountAmount = this.originalPrice
            - this.discount.applyDiscount(this.originalPrice);
    }
}
```

指令并不具备与管道的 pure 属性等价的内容，指令必须直接负责响应服务之间传递的变更。这个指令显示了一个产品打折之后的总价。selector 属性匹配的 td 元素包含一个 pa-price 属性，

pa-price 属性也充当一个输入属性来接收需要打折的价格。该指令使用 exportAs 属性导出自己的功能,并提供一个名为 discountAmount 的属性,将该产品的折扣设置为 discountAmount 属性的值。

关于这个指令,必须指出两点: 首先,DiscountService 对象并不是指令类中构造函数的唯一参数。

```
...
constructor(private keyValueDiffers: KeyValueDiffers,
            private changeDetector: ChangeDetectorRef,
            private discount: DiscountService) { }
...
```

当 Angular 创建指令类的一个新实例时,它还需要解析 KeyValueDiffers 参数和 ChangeDetectorRef 参数这两个依赖。这些都是 Angular 提供的内置服务的示例,可用来交付常用功能。

其次,需要注意的内容是指令如何处理接收到的服务对象。使用 DiscountService 服务的组件和管道无须考虑如何跟踪更新,一方面是因为 Angular 能够对数据绑定表达式自动求值,并且当折扣发生变化时,更新表达式的值(针对组件);另一方面是因为应用程序中的任何变化都会触发更新(针对非纯管道)。这个指令的数据绑定是针对 price 属性的,如果 price 属性发生变化,就会触发一个更新,但是 DiscountService 类还定义了一个对 discount 属性的依赖。如果 discount 属性发生变化,那么使用通过构造函数获得的服务就可以检测到这个变化,这一点类似于第 16 章介绍的通过迭代序列跟踪变化的方法,但是现在我们使用的是键/值对(key/value pair)对象,例如 Map 对象,或是定义了这个属性的普通对象,如 DiscountService。当 Angular 调用 ngDoCheck 方法时,指令使用了键/值对存在的差异之处,查看是否发生了变化(这种变化检测也可通过跟踪指令类中发生的变化来处理,但是在这里想要提供一个使用键-值差异功能的示例)。

该指令还实现了 ngOnChanges 方法,这样就可以响应输入属性值发生的变化。两种类型的更新都需要调用 updateValue 方法来计算折扣价格,并将折扣价格赋予 discountAmount 属性。

代码清单 19-19 在应用程序的 Angular 模块中注册了新的指令。

代码清单 19-19 在 src/app 文件夹的 app.module.ts 文件中注册一个指令

```
import { NgModule } from "@angular/core";
import { BrowserModule } from "@angular/platform-browser";
import { ProductComponent } from "./component";
import { FormsModule, ReactiveFormsModule } from "@angular/forms";
import { PaAttrDirective } from "./attr.directive";
import { PaModel } from "./twoway.directive";
import { PaStructureDirective } from "./structure.directive";
import { PaIteratorDirective } from "./iterator.directive";
import { PaCellColor } from "./cellColor.directive";
import { PaCellColorSwitcher } from "./cellColorSwitcher.directive";
import { ProductTableComponent } from "./productTable.component";
import { ProductFormComponent } from "./productForm.component";
import { PaToggleView } from "./toggleView.component";
import { PaAddTaxPipe } from "./addTax.pipe";
import { PaCategoryFilterPipe } from "./categoryFilter.pipe";
import { LOCALE_ID } from "@angular/core";
import localeFr from '@angular/common/locales/fr';
import { registerLocaleData } from '@angular/common';
import { PaDiscountDisplayComponent } from "./discountDisplay.component";
import { PaDiscountEditorComponent } from "./discountEditor.component";
```

```
import { DiscountService } from "./discount.service";
import { PaDiscountPipe } from "./discount.pipe";
import { PaDiscountAmountDirective } from "./discountAmount.directive";

registerLocaleData(localeFr);

@NgModule({
  imports: [BrowserModule, FormsModule, ReactiveFormsModule],
  declarations: [ProductComponent, PaAttrDirective, PaModel,
    PaStructureDirective, PaIteratorDirective,
    PaCellColor, PaCellColorSwitcher, ProductTableComponent,
    ProductFormComponent, PaToggleView, PaAddTaxPipe,
    PaCategoryFilterPipe, PaDiscountDisplayComponent, PaDiscountEditorComponent,
    PaDiscountPipe, PaDiscountAmountDirective],
  providers: [DiscountService],
  bootstrap: [ProductComponent]
})
export class AppModule { }
```

为应用新指令，代码清单 19-20 在表格中添加了一个新列，利用一个字符串插入绑定来访问指令提供的属性，并将其传递给 currency 管道。

代码清单 19-20　在 src/app 文件夹的 productTable.component.html 文件中创建一个新列

```
<table class="table table-sm table-bordered table-striped">
    <thead>
        <tr><th></th><th>Name</th><th>Category</th><th>Price</th><th></th></tr>
    </thead>
    <tbody>
        <tr *paFor="let item of getProducts(); let i = index">
        <td>{{i + 1}}</td>
        <td>{{item.name}}</td>
        <td>{{item.category}}</td>
        <td [pa-price]="item.price" #discount="discount">
            {{ discount.discountAmount | currency:"USD":"symbol"}}
        </td>
        <td class="text-center">
            <button class="btn btn-danger btn-sm"
                    (click)="deleteProduct(item.id)">
                Delete
            </button>
        </td>
        </tr>
    </tbody>
</table>

<paDiscountEditor></paDiscountEditor>
<paDiscountDisplay></paDiscountDisplay>
```

指令可为 textContent 属性创建一个宿主绑定来设置其宿主元素的内容，但是这样做会导致无法使用 currency 管道。替代方法是将指令赋予 discount 模板变量，然后在字符串插入绑定中使用它来访问并格式化 discountAmount 值。图 19-6 显示了这样做的结果。折扣编辑器中任何一个 input 元素的折扣值发生变化，都会反映到新的表格列中。

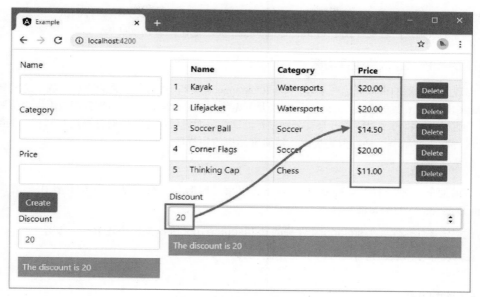

图 19-6　在指令中使用服务

19.3　理解测试隔离问题

示例应用程序中存在一个可以利用服务和依赖注入来解决的问题。考虑一下如何在根组件中创建 Model 类：

```
import { ApplicationRef, Component } from "@angular/core";
import { Model } from "./repository.model";
import { Product } from "./product.model";
import { ProductFormGroup } from "./form.model";

@Component({
    selector: "app",
    templateUrl: "app/template.html"
})

export class ProductComponent {
    model: Model = new Model();

    addProduct(p: Product) {
        this.model.saveProduct(p);
    }
}
```

根组件被定义为 ProductComponent 类，它通过创建一个 Model 类的实例为自己的 model 属性设置了一个值。这种方法确实可行，而且是一种完美、合法的对象创建方法，但是它难以有效地执行单元测试。

单元测试只有在将程序的一个较小组成部分与应用程序隔离开来，并且集中关注这个较小组成部分的情况下，才会取得较好效果。但在创建 ProductComponent 类的一个实例时，也就隐式地创建了 Model 类的一个实例。如果打算对根组件的 addProduct 方法运行测试，并发现一个问题，将无法确定问题是存在于 ProductComponent 类还是存在于 Model 类。

使用服务和依赖注入将组件隔离

出现上述问题的根本原因在于，ProductComponent 类和 Model 类是紧密绑定的，这就导致 ProductComponent 类与 SimpleDataSource 类是紧密绑定的。依赖注入可用来分离应用程序中的构造块，这样就可将每个类隔离开来，分别进行测试。下面将依次介绍如何分离这些紧耦合的类，讨论过程与先前章节一样，但将更深入地研究示例应用程序。

1. 预备服务

与前面的示例一样，@Injectable 装饰器用来注解服务。代码清单 19-21 给出了应用于 SimpleDataSource 类的装饰器。

代码清单 19-21　在 src/app 文件夹的 datasource.model.ts 文件中注解一个服务

```
import { Injectable } from "@angular/core";
import { Product } from "./product.model";

@Injectable()
export class SimpleDataSource {
    private data:Product[];

    constructor() {
        this.data = new Array<Product>(
        new Product(1, "Kayak", "Watersports", 275),
        new Product(2, "Lifejacket", "Watersports", 48.95),
        new Product(3, "Soccer Ball", "Soccer", 19.50),
        new Product(4, "Corner Flags", "Soccer", 34.95),
        new Product(5, "Thinking Cap", "Chess", 16));
    }

    getData(): Product[] {
        return this.data;
    }
}
```

不必再做其他任何修改了。代码清单 19-22 给出应用于数据仓库的同一个装饰器。因为这个类依赖于 SimpleDataSource 类，所以它将 SimpleDataSource 声明为一个构造函数依赖，而非直接创建一个实例。

代码清单 19-22　在 src/app 文件夹的 repository.model.ts 文件中注解一个服务和一个依赖

```
import { Injectable } from "@angular/core";
import { Product } from "./product.model";
import { SimpleDataSource } from "./datasource.model";

@Injectable()
export class Model {
    //private dataSource: SimpleDataSource;
    private products: Product[];
    private locator = (p:Product, id:number) => p.id == id;
```

```
constructor(private dataSource: SimpleDataSource) {
    //this.dataSource = new SimpleDataSource();
    this.products = new Array<Product>();
    this.dataSource.getData().forEach(p => this.products.push(p));
}

// ...other members omitted for brevity...
}
```

上述代码清单中的重要之处在于：服务同样可声明对其他服务的依赖。当 Angular 创建某个服务类的一个新实例时，Angular 将检查构造函数，并试图解析服务，其方法与处理组件或指令时采用的方法是一样的。

2. 注册服务

服务必须进行注册，这样 Angular 才能知道如何解析对服务的依赖，如代码清单 19-23 所示。

代码清单 19-23　在 src/app 文件夹的 app.module.ts 文件中注册服务

```
import { NgModule } from "@angular/core";
import { BrowserModule } from "@angular/platform-browser";
import { ProductComponent } from "./component";
import { FormsModule, ReactiveFormsModule } from "@angular/forms";
import { PaAttrDirective } from "./attr.directive";
import { PaModel } from "./twoway.directive";
import { PaStructureDirective } from "./structure.directive";
import { PaIteratorDirective } from "./iterator.directive";
import { PaCellColor } from "./cellColor.directive";
import { PaCellColorSwitcher } from "./cellColorSwitcher.directive";
import { ProductTableComponent } from "./productTable.component";
import { ProductFormComponent } from "./productForm.component";
import { PaToggleView } from "./toggleView.component";
import { PaAddTaxPipe } from "./addTax.pipe";
import { PaCategoryFilterPipe } from "./categoryFilter.pipe";
import { LOCALE_ID } from "@angular/core";
import localeFr from '@angular/common/locales/fr';
import { registerLocaleData } from '@angular/common';
import { PaDiscountDisplayComponent } from "./discountDisplay.component";
import { PaDiscountEditorComponent } from "./discountEditor.component";
import { DiscountService } from "./discount.service";
import { PaDiscountPipe } from "./discount.pipe";
import { PaDiscountAmountDirective } from "./discountAmount.directive";
import { SimpleDataSource } from "./datasource.model";
import { Model } from "./repository.model";

registerLocaleData(localeFr);

@NgModule({
    imports: [BrowserModule, FormsModule, ReactiveFormsModule],
    declarations: [ProductComponent, PaAttrDirective, PaModel,
        PaStructureDirective, PaIteratorDirective,
        PaCellColor, PaCellColorSwitcher, ProductTableComponent,
        ProductFormComponent, PaToggleView, PaAddTaxPipe,
        PaCategoryFilterPipe, PaDiscountDisplayComponent, PaDiscountEditorComponent,
        PaDiscountPipe, PaDiscountAmountDirective],
    providers: [DiscountService, SimpleDataSource, Model],
```

```
    bootstrap: [ProductComponent]
})
export class AppModule { }
```

3. 准备依赖组件

根组件并没有直接创建一个 Model 对象，而是声明了一个构造函数依赖，应用程序启动时，Angular 会使用依赖注入来解析这个依赖，如代码清单 19-24 所示。

代码清单 19-24　在 src/app 文件夹的 component.ts 文件中声明一个服务依赖

```
import { ApplicationRef, Component } from "@angular/core";
import { Model } from "./repository.model";
import { Product } from "./product.model";
import { ProductFormGroup } from "./form.model";

@Component({
    selector: "app",
    templateUrl: "template.html"
})
export class ProductComponent {
    //model: Model = new Model();

    constructor(public model: Model) { }

    addProduct(p: Product) {
        this.model.saveProduct(p);
    }
}
```

现在，Angular 必须解析一个依赖链。当应用程序启动时，Angular 模型指定 ProductComponent 类需要使用一个 Model 对象。Angular 检查 Model 类，发现它需要一个 SimpleDataSource 对象。Angular 检查 SimpleDataSource 对象后，发现它没有声明依赖，因此知道这就是依赖链的末端。Angular 创建了一个 SimpleDataSource 对象，并将其当成一个参数传递给 Model 类的构造函数，以便创建一个 Model 对象，然后将这个 Model 对象传递给 ProductComponent 类的构造函数，从而创建一个作为根组件的对象。所有这些都是自动完成的，并且是基于每个类定义的构造函数和 @Injectable 装饰器的使用自动完成的。

这些改变并没有在应用程序运行过程中产生任何可见的变化，却为单元测试提供了一种完全不同的执行方式。ProductComponent 类需要使用一个 Model 对象充当构造函数的参数，因此提供了使用 mock 对象的机会。

打破应用程序中类与类之间的直接依赖，意味着每个类都可以为了满足单元测试的目的进行隔离，并且通过各个类的构造函数提供了 mock 对象，这样就可以用一种一致且独立的方式来评估方法或其他某些功能的效果。

19.4　完成服务的融入

一旦决定在应用程序中使用服务，使用过程就随即启动，而首要工作就是检查已创建的构造块之间的关系。引入服务的范围(可能是一小部分)则属于个人偏好。

在根组件中使用 Model 类是一个比较好的例子。尽管组件实现了一个使用 Model 对象的方法，但这样做是因为组件需要处理来自子组件的自定义事件。根组件使用 Model 对象的唯一原因是需要通过模板将其传递给其他子组件，为此需要借助一个输入属性。

这种情况并不是什么大问题，你可能已经按照个人偏好在一个项目中实现了这样的关联。无论如何，为了进行单元测试，每一个组件都应该可以隔离开来，但是无论存在什么限制，组件之间的关联仍然具有实际意义。组件之间存在关联才能使应用程序提供的功能具有实际意义。

另外，使用的服务越多，项目中的构造块就越容易成为自包容的可重用功能块，随着项目的不断完善，将能更流畅地添加或修改功能。

在这个问题上，没有绝对的正确或错误，必须选择对个人、团队、用户和客户而言最适合的平衡点，其中，最重要的是用户和客户。并不是所有人都愿意使用依赖注入，也不是所有人都会执行单元测试。

我比较喜欢使用依赖注入，并希望尽可能广泛地使用依赖注入。我发现应用程序的最终结构可能与启动新项目时设想的程序结构存在巨大差异，依赖注入提供的灵活性可以帮助我们避免不断地重构应用程序。因此，作为本章的最后一节，我打算推动 Model 服务在应用程序中的应用，打破根组件与其直接子孙组件之间的耦合。

19.4.1 更新根组件和模板

第一项修改是从根组件中移除 Model 对象，还要移除使用 Model 对象的方法，以及模板中将 Model 对象分发给某个子组件的输入属性。代码清单 19-25 给出了对组件类所做的修改。

代码清单 19-25 从 src/app 文件夹的 component.ts 文件中移除 Model 对象

```
import { Component } from "@angular/core";
//import { Model } from "./repository.model";
//import { Product } from "./product.model";
//import { ProductFormGroup } from "./form.model";

@Component({
    selector: "app",
    templateUrl: "template.html"
})
export class ProductComponent {
    //model: Model = new Model();

    //constructor(public model: Model) { }

    //addProduct(p: Product) {
    //    this.model.saveProduct(p);
    //}
}
```

修订后的根组件类没有定义任何功能，只是在自己的模板中提供顶层应用程序的内容。代码清单 19-26 给出了根模板中相应的修改——移除了自定义事件绑定和输入属性。

代码清单 19-26 移除 src/app 文件夹的 template.html 文件中的数据绑定

```
<div class="row m-2">
  <div class="col-4 p-2">
    <paProductForm></paProductForm>
  </div>
  <div class="col-8 p-2">
    <paProductTable></paProductTable>
  </div>
</div>
```

19.4.2　更新子组件

对于用来创建新的 Product 对象的表单来说，提供这个表单的组件依赖根组件来处理其自定义事件和更新模型。如果没有这样的支持，组件现在就必须声明一个 Model 依赖，并且自己完成更新，如代码清单 19-27 所示。

代码清单 19-27　在 src/app 文件夹的 productForm.component.ts 文件中处理 Model 对象

```
import { Component, Output, EventEmitter, ViewEncapsulation } from "@angular/core";
import { Product } from "./product.model";
import { Model } from "./repository.model";

@Component({
    selector: "paProductForm",
    templateUrl: "productForm.component.html"
})
export class ProductFormComponent {
    newProduct: Product = new Product();

    constructor(private model: Model) { }

    // @Output("paNewProduct")
    // newProductEvent = new EventEmitter<Product>();

    submitForm(form: any) {
        //this.newProductEvent.emit(this.newProduct);
        this.model.saveProduct(this.newProduct);
        this.newProduct = new Product();
        form.reset();
    }
}
```

管理产品对象表格的组件使用一个输入属性从父组件接收一个 Model 对象，但现在必须通过声明一个构造函数依赖来直接获取这个 Model 对象，如代码清单 19-28 所示。

代码清单 19-28　在 src/app 文件夹的 productTable.component.ts 文件中声明一个对 Model 对象的依赖

```
import { Component, Input, ViewChildren, QueryList } from "@angular/core";
import { Model } from "./repository.model";
import { Product } from "./product.model";
import { DiscountService } from "./discount.service";

@Component({
    selector: "paProductTable",
    templateUrl: "productTable.component.html"
})
export class ProductTableComponent {
    //discounter: DiscountService = new DiscountService();

    constructor(private dataModel: Model) { }

    // @Input("model")
    // dataModel: Model;
```

```
    getProduct(key: number): Product {
        return this.dataModel.getProduct(key);
    }

    getProducts(): Product[] {
        return this.dataModel.getProducts();
    }

    deleteProduct(key: number) {
        this.dataModel.deleteProduct(key);
    }

    taxRate: number = 0;
    dateObject: Date = new Date(2020, 1, 20);
    dateString: string = "2020-02-20T00:00:00.000Z";
    dateNumber: number = 1582156800000;

    selectMap = {
        "Watersports": "stay dry",
        "Soccer": "score goals",
        "other": "have fun"
    }

    numberMap = {
        "=1": "one product",
        "=2": "two products",
        "other": "# products"
    }
}
```

可以看到，在保存全部修改并且浏览器重新加载 Angular 应用程序后，在浏览器窗口中显示了同样的功能，但是功能之间的关联却发生了巨大变化。现在，每个组件都通过依赖注入功能获取自己所需的共享对象，而不再通过其父组件来获取自己所需的共享对象。

19.5 本章小结

本章解释了与依赖注入有关的问题，讲解并演示了使用依赖注入定义服务和使用服务的过程。本章描述了如何使用服务来提高应用程序结构的灵活性，还介绍了依赖注入如何使得隔离构造块成为可能，从而能够有效地提高单元测试的效率。在下一章，将描述 Angular 为使用服务而提供的一些高级特性。

第 20 章

使用服务提供程序

第 19 章介绍了服务并解释了如何使用依赖注入来分发服务。使用依赖注入时，用来对依赖进行解析的对象是由服务提供程序(service provider)创建的，服务提供程序通常称为提供程序(provider)。本章将解释提供程序是如何工作的，并描述不同类型的提供程序，演示如何在应用程序的不同部分创建提供程序以改变服务的行为方式。表 20-1 概要介绍了服务提供程序的相关知识。

表 20-1　服务提供程序的相关知识

问题	答案
服务提供程序是什么	服务提供程序是创建服务对象的类。当 Angular 首次解析一个依赖时，服务提供程序将创建服务对象
服务提供程序有什么作用	服务提供程序可以根据应用程序的需要来裁剪创建服务对象的过程。最简单的服务提供程序仅创建一个指定类的实例，但其他服务提供程序也可用来裁剪创建和配置服务类的方式
如何使用服务提供程序	服务提供程序是在 Angular 模块的装饰器的 providers 属性中定义的，服务提供程序还可以由组件和指令定义，这样就可以为组件和指令的后代提供服务，20.3 节 "使用本地提供程序" 讲述了这部分内容
服务提供程序是否存在陷阱或限制	在使用本地提供程序的过程中，很容易发生无法预期的行为。如果遇到了问题，请检查所创建的本地提供程序的作用域，确保依赖和提供程序使用了同样的令牌(token)
服务提供程序是否存在替代方案	许多应用程序只需要第 19 章描述的基本依赖注入功能。只有在基本功能无法构建应用程序，并且在已熟练掌握依赖注入的情况下，才需要使用本章介绍的功能

为什么应该考虑跳过本章？

依赖注入在开发人员中引起了强烈反响，产生了两种对立的观点。如果对依赖注入还不了解，并且尚未形成自己的观点，那么可以考虑跳过本章内容，仅使用第 19 章描述的特性。这是因为本章所描述的内容也是许多开发人员在使用依赖注入的过程中最担心的内容，因此对依赖注入形成了强烈的反对意见。

　　基本的 Angular 依赖注入功能很容易理解，对简化应用程序编写和维护工作具有直接且明显的优势。本章描述的功能针对依赖注入的工作细节提供了细粒度的控制，但也可能导致 Angular 应用程序的复杂度急剧提高，并最终抵消依赖注入的基本功能所能带来的大多数好处。

　　如果决定学习全部细节，那么请继续读下去。不过，如果对依赖注入还陌生，那么可以跳过本章，除非第 19 章描述的基本功能无法满足需求。

　　表 20-2 给出了本章内容摘要。

表 20-2　本章内容摘要

问题	解决方案	代码清单编号
改变服务创建的方式	使用服务提供程序	1~3
使用类来指定服务	使用类提供程序	4~6、10~13
为服务定义任意令牌	使用 InjectionToken 类	7~9
使用对象来指定服务	使用值提供程序	14~15
使用函数来指定服务	使用工厂提供程序	16~18
使用其他服务来指定服务	使用现有的服务提供程序	19
修改服务的作用域	使用本地服务提供程序	20~28
对依赖的解析进行控制	使用@Host、@Optional 或@SkipSelf 装饰器	29~30

20.1　准备示例项目

　　与本书这一部分的其他章一样，我打算继续在第 11 章所创建项目的基础上讲解本章内容，前面在第 19 章结束后得到了这个项目的最新结果。为准备本章内容，在 src/app 文件夹中添加一个名为 log.service.ts 的文件，并在这个文件中定义代码清单 20-1 所示的服务。

代码清单 20-1　src/app 文件夹中 log.service.ts 文件的内容

```
import { Injectable } from "@angular/core";

export enum LogLevel {
    DEBUG, INFO, ERROR
}

@Injectable()
export class LogService {
    minimumLevel: LogLevel = LogLevel.INFO;

    logInfoMessage(message: string) {
        this.logMessage(LogLevel.INFO, message);
    }

    logDebugMessage(message: string) {
        this.logMessage(LogLevel.DEBUG, message);
    }

    logErrorMessage(message: string) {
```

```
        this.logMessage(LogLevel.ERROR, message);
    }

    logMessage(level: LogLevel, message: string) {
        if (level >= this.minimumLevel) {
            console.log(`Message (${LogLevel[level]}): ${message}`);
        }
    }
}
```

这个服务向浏览器的 JavaScript 控制台输出日志消息，日志消息是根据问题的严重程度分级显示的。本章后面将注册并使用这个服务。

创建服务并保存修改后，在 example 文件夹中运行以下命令，启动 Angular 开发工具。

```
ng serve
```

此时将打开一个新浏览器窗口，导航到 http://localhost:4200，会看到如图 20-1 所示的应用程序。

图 20-1　运行示例应用程序

20.2　使用服务提供程序

正如在先前章节中解释的那样，类使用构造函数的参数来声明针对服务的依赖。如果 Angular 需要创建一个类的新实例，首先会查看这个类的构造函数，并使用内置服务和自定义服务的组合来解析每个参数。在代码清单 20-2 中，对 DiscountService 类进行了更新，这样它就可以依赖前一节中创建的 LogService 类。

代码清单 20-2　在 src/app 文件夹的 discount.service.ts 文件中创建一个依赖

```
import { Injectable } from "@angular/core";
import { LogService } from "./log.service";
```

435

```
@Injectable()
export class DiscountService {
    private discountValue: number = 10;

    constructor(private logger: LogService) { }

    public get discount(): number {
        return this.discountValue;
    }

    public set discount(newValue: number) {
        this.discountValue = newValue || 0;
    }

    public applyDiscount(price: number) {
        this.logger.logInfoMessage(`Discount ${this.discount}`
            + ` applied to price: ${price}`);
        return Math.max(price - this.discountValue, 5);
    }
}
```

代码清单 20-2 中的修改导致应用程序运行出现了错误。Angular 处理 HTML 文档，开始创建组件的层次结构，在创建每一个组件时，都使用相应的组件模板以及所需的指令和数据绑定，最后遇到那些依赖 DiscountService 类的类。但是 Angular 仍然无法创建 DiscountService 类的实例，因为 DiscountService 类的构造函数需要一个 LogService 对象，但又不知道应该如何处理 LogService 类。

保存了在代码清单 20-2 中所做的修改之后，可以看到浏览器的 JavaScript 控制台中给出了以下错误提示。

```
NullInjectorError: No provider for LogService!
```

Angular 将创建依赖注入所需对象的职责委托给提供程序，每个提供程序管理单独一种类型的依赖。当需要创建一个 DiscountService 实例时，Angular 将查找一个合适的提供程序来解析 LogService 依赖。因为并不存在这样一个提供程序，所以 Angular 无法创建启动应用程序所需的 LogService 对象，随即报告了错误。

为创建一个提供程序，最简单的方法就是将服务类添加到已被赋给 Angular 模块的 providers 属性的数组中，如代码清单 20-3 所示(借此机会在模块中删除了一些不再需要的语句)。

代码清单 20-3　在 src/app 文件夹的 app.module.ts 文件中创建一个提供程序

```
import { NgModule } from "@angular/core";
import { BrowserModule } from "@angular/platform-browser";
import { ProductComponent } from "./component";
import { FormsModule, ReactiveFormsModule } from "@angular/forms";
import { PaAttrDirective } from "./attr.directive";
import { PaModel } from "./twoway.directive";
import { PaStructureDirective } from "./structure.directive";
import { PaIteratorDirective } from "./iterator.directive";
import { PaCellColor } from "./cellColor.directive";
import { PaCellColorSwitcher } from "./cellColorSwitcher.directive";
import { ProductTableComponent } from "./productTable.component";
import { ProductFormComponent } from "./productForm.component";
import { PaToggleView } from "./toggleView.component";
```

```
import { PaAddTaxPipe } from "./addTax.pipe";
import { PaCategoryFilterPipe } from "./categoryFilter.pipe";
import { LOCALE_ID } from "@angular/core";
import localeFr from '@angular/common/locales/fr';
import { registerLocaleData } from '@angular/common';
import { PaDiscountDisplayComponent } from "./discountDisplay.component";
import { PaDiscountEditorComponent } from "./discountEditor.component";
import { DiscountService } from "./discount.service";
import { PaDiscountPipe } from "./discount.pipe";
import { PaDiscountAmountDirective } from "./discountAmount.directive";
import { SimpleDataSource } from "./datasource.model";
import { Model } from "./repository.model";
import { LogService } from "./log.service";

registerLocaleData(localeFr);

@NgModule({
  imports: [BrowserModule, FormsModule, ReactiveFormsModule],
  declarations: [ProductComponent, PaAttrDirective, PaModel,
    PaStructureDirective, PaIteratorDirective,
    PaCellColor, PaCellColorSwitcher, ProductTableComponent,
    ProductFormComponent, PaToggleView, PaAddTaxPipe,
    PaCategoryFilterPipe, PaDiscountDisplayComponent, PaDiscountEditorComponent,
    PaDiscountPipe, PaDiscountAmountDirective],
  providers: [DiscountService, SimpleDataSource, Model, LogService],
  bootstrap: [ProductComponent]
})
export class AppModule { }
```

保存修改后，我们定义了 Angular 用来处理 LogService 依赖的提供程序，这时可以看到浏览器的 JavaScript 控制台中显示了如下消息。

```
Message (INFO): Discount 10 applied to price: 16
```

你可能会觉得奇怪，为什么必须执行代码清单 20-3 中的配置步骤。毕竟 Angular 在第一次需要使用 LogService 对象的情况下才需要创建一个新的 LogService 对象。

实际上，Angular 提供了一组不同的提供程序，每个提供程序使用一种不同的方式来创建对象，从而可以控制服务的创建过程。表 20-3 描述了可以使用的一组提供程序，后面各节将介绍这些提供程序。

表 20-3　Angular 提供程序

名称	描述
类提供程序	这个提供程序是用一个类配置的。对服务的依赖通过一个类的实例来解析，而这个类则由 Angular 创建
值提供程序	这个提供程序是用一个对象配置的，这个对象用来解析对服务的依赖
工厂提供程序	这个提供程序是用一个函数配置的。对服务的依赖用一个对象来解析，这个对象通过调用函数创建
已有服务提供程序	这个提供程序是用其他服务的名称配置的，并且允许待创建的服务使用别名

20.2.1　使用类提供程序

类提供程序是最常用的提供程序，其功能是将类名添加到模块的 providers 属性中，如代码清单 20-3 所示。但这是一种简写语法(shorthand syntax)，还有一种字面量语法(literal syntax)，可获得同样的结果，如代码清单 20-4 所示。

代码清单 20-4　在 src/app 文件夹的 app.module.ts 文件中使用类提供程序的字面量语法

```
...
@NgModule({
  imports: [BrowserModule, FormsModule, ReactiveFormsModule],
  declarations: [ProductComponent, PaAttrDirective, PaModel,
    PaStructureDirective, PaIteratorDirective,
    PaCellColor, PaCellColorSwitcher, ProductTableComponent,
    ProductFormComponent, PaToggleView, PaAddTaxPipe,
    PaCategoryFilterPipe, PaDiscountDisplayComponent, PaDiscountEditorComponent,
    PaDiscountPipe, PaDiscountAmountDirective],
  providers: [DiscountService, SimpleDataSource, Model,
    { provide: LogService, useClass: LogService }],
  bootstrap: [ProductComponent]
})
...
```

提供程序被定义为类，但也可以用 JavaScript 对象字面量格式来指定和配置，方法如下。

```
...
{ provide: LogService, useClass: LogService }
...
```

类提供程序支持三个属性，表 20-4 介绍了这三个属性，后面各节将解释这三个属性。

表 20-4　类提供程序的属性

名称	描述
provider	这个属性用于指定令牌，令牌用于标识提供程序和待解析的依赖，请查看本节中"理解令牌"部分的内容
useClass	这个属性用于指定一个类，这个类在实例化之后可以解析提供程序给出的依赖，请查看本节中"理解 useClass 属性"部分的内容
multi	这个属性可用来传递一个服务对象数组以解析依赖，请查看本节中"解析带有多个对象的依赖"部分的内容

1. 理解令牌

所有提供程序都依赖令牌，依赖注入系统使用令牌来标识提供程序能够解析的依赖。最简单的方法就是使用一个类作为令牌，这就是代码清单 20-4 中使用的方法。然而，任何对象都可充当令牌，这是因为依赖和对象的类型是允许分开的。这样做可以提高依赖注入配置的灵活性，因为这样做允许提供程序提供不同类型的对象。对于某些更高级的提供程序来说，这样做很有用，本章后面将描述这一点。作为一个简单的示例，代码清单 20-5 使用类提供程序来注册日志服务，日志服务是在本章开头创建的，使用字符串(而不是类)作为令牌。

代码清单 20-5　在 src/app 文件夹的 app.module.ts 文件中使用令牌来注册服务

```
...
@NgModule({
  imports: [BrowserModule, FormsModule, ReactiveFormsModule],
  declarations: [ProductComponent, PaAttrDirective, PaModel,
    PaStructureDirective, PaIteratorDirective,
    PaCellColor, PaCellColorSwitcher, ProductTableComponent,
    ProductFormComponent, PaToggleView, PaAddTaxPipe,
    PaCategoryFilterPipe, PaDiscountDisplayComponent, PaDiscountEditorComponent,
    PaDiscountPipe, PaDiscountAmountDirective],
  providers: [DiscountService, SimpleDataSource, Model,
    { provide: "logger", useClass: LogService }],
  bootstrap: [ProductComponent]
})
...
```

在上述代码清单中，新的提供程序中的 provide 属性被设置为 logger。Angular 将自动匹配那些令牌为类的提供程序，但对于其他令牌类型来说，需要额外的帮助信息。代码清单 20-6 显示了更新后的 DiscountService 类。现在，DiscountService 类依赖日志服务，并且需要用 logger 令牌来访问日志服务。

代码清单 20-6　在 src/app 文件夹的 discount.service.ts 文件中使用字符串提供程序令牌

```
import { Injectable, Inject } from "@angular/core";
import { LogService } from "./log.service";

@Injectable()
export class DiscountService {
    private discountValue: number = 10;

    constructor(@Inject("logger") private logger: LogService) { }

    public get discount(): number {
        return this.discountValue;
    }

    public set discount(newValue: number) {
        this.discountValue = newValue || 0;
    }

    public applyDiscount(price: number) {
        this.logger.logInfoMessage(`Discount ${this.discount}`
            + ` applied to price: ${price}`);
        return Math.max(price - this.discountValue, 5);
    }
}
```

@Inject 装饰器被应用于构造函数的参数，用来指定提供程序令牌应该用于解析依赖。如果 Angular 需要创建 DiscountService 类的一个实例，那么 Angular 将检查构造函数，并使用@Inject 装饰器参数来选择用于解析依赖的提供程序，解析对 LogService 类的依赖。

使用 Opaque 令牌

使用简单类型充当提供程序令牌时，有可能发生这样的情况：应用程序的两个不同部分试图使用同一个令牌来标识不同的服务，这可能导致使用错误类型的对象来解析依赖，从而导致错误发生。

为解决这个问题，Angular 提供了 InjectionToken 类，这个类提供了一个对象包装器，这个包装器可以通过包装一个 string 值来创建一个唯一的令牌值。在代码清单 20-7 中，使用 InjectionToken 类创建一个令牌，并使用这个令牌来标识对 LogService 类的依赖。

代码清单 20-7　在 src/app 文件夹的 log.service.ts 文件中使用 InjectionToken 类

```
import { Injectable, InjectionToken } from "@angular/core";

export const LOG_SERVICE = new InjectionToken("logger");

export enum LogLevel {
    DEBUG, INFO, ERROR
}

@Injectable()
export class LogService {
    minimumLevel: LogLevel = LogLevel.INFO;

    // ...methods omitted for brevity...
}
```

InjectionToken 类的构造函数可接收一个 string 值，这个 string 值描述了服务，但是 InjectionToken 对象本身就是一个令牌。声明依赖时，必须基于用来在模块中创建提供程序的同一个 InjectionToken 来声明依赖。这就是创建令牌时必须使用 const 关键字的原因，这样就能保证对象不会被修改。代码清单 20-8 给出了使用新令牌的提供程序配置。

代码清单 20-8　在 src/app 文件夹的 app.module.ts 文件中使用 InjectionToken 创建一个提供程序

```
import { NgModule } from "@angular/core";
import { BrowserModule } from "@angular/platform-browser";
import { ProductComponent } from "./component";
import { FormsModule, ReactiveFormsModule } from "@angular/forms";
import { PaAttrDirective } from "./attr.directive";
import { PaModel } from "./twoway.directive";
import { PaStructureDirective } from "./structure.directive";
import { PaIteratorDirective } from "./iterator.directive";
import { PaCellColor } from "./cellColor.directive";
import { PaCellColorSwitcher } from "./cellColorSwitcher.directive";
import { ProductTableComponent } from "./productTable.component";
import { ProductFormComponent } from "./productForm.component";
import { PaToggleView } from "./toggleView.component";
import { PaAddTaxPipe } from "./addTax.pipe";
import { PaCategoryFilterPipe } from "./categoryFilter.pipe";
import { LOCALE_ID } from "@angular/core";
import localeFr from '@angular/common/locales/fr';
import { registerLocaleData } from '@angular/common';
import { PaDiscountDisplayComponent } from "./discountDisplay.component";
import { PaDiscountEditorComponent } from "./discountEditor.component";
import { DiscountService } from "./discount.service";
import { PaDiscountPipe } from "./discount.pipe";
import { PaDiscountAmountDirective } from "./discountAmount.directive";
import { SimpleDataSource } from "./datasource.model";
import { Model } from "./repository.model";
```

```
import { LogService, LOG_SERVICE } from "./log.service";

registerLocaleData(localeFr);

@NgModule({
  imports: [BrowserModule, FormsModule, ReactiveFormsModule],
  declarations: [ProductComponent, PaAttrDirective, PaModel,
    PaStructureDirective, PaIteratorDirective,
    PaCellColor, PaCellColorSwitcher, ProductTableComponent,
    ProductFormComponent, PaToggleView, PaAddTaxPipe,
    PaCategoryFilterPipe, PaDiscountDisplayComponent, PaDiscountEditorComponent,
    PaDiscountPipe, PaDiscountAmountDirective],
  providers: [DiscountService, SimpleDataSource, Model,
    { provide: LOG_SERVICE, useClass: LogService }],
  bootstrap: [ProductComponent]
})
export class AppModule { }
```

最后，代码清单 20-9 给出了更新后的 DiscountService 类，这个类使用 InjectionToken 声明了一个依赖，而没有使用 string 来声明依赖。

代码清单 20-9　在 src/app 文件夹的 discount.service.ts 文件中声明依赖

```
import { Injectable, Inject } from "@angular/core";
import { LogService, LOG_SERVICE } from "./log.service";

@Injectable()
export class DiscountService {
    private discountValue: number = 10;

    constructor( @Inject(LOG_SERVICE) private logger: LogService) { }

    public get discount(): number {
        return this.discountValue;
    }

    public set discount(newValue: number) {
        this.discountValue = newValue || 0;
    }

    public applyDiscount(price: number) {
        this.logger.logInfoMessage(`Discount ${this.discount}`
            + ` applied to price: ${price}`);
        return Math.max(price - this.discountValue, 5);
    }
}
```

就应用程序提供的功能而言，二者并无不同，但使用 InjectionToken 可保证两个服务之间不会产生混淆。

2. 理解 useClass 属性

类提供程序的 useClass 属性指定这个类只有在初始化之后才能解析依赖。可以用任何类来配置提供程序。这表明可以通过修改提供程序配置来改变一个服务的实现。然而，使用这种方法时必须小心，由于服务对象的接收者总是期待收到特定类型的对象，因此一旦服务对象不是这种类型，那么只有当应用程序在浏览器中运行时，类型无法匹配的问题才会暴露出来(强制使用 TypeScript 类型对依赖注入是无效的，因为问题发生在运行时刻，远远晚于 TypeScript 编译器处理类型注解的时刻)。

如果需要改变类，那么最常用的方法是使用不同的子类。在代码清单 20-10 中，扩展了 LogService 类，并创建了一个可向浏览器的 JavaScript 控制台写入不同格式消息的服务。

代码清单 20-10　在 src/app 文件夹的 log.service.ts 文件中创建一个子类服务

```
import { Injectable, InjectionToken } from "@angular/core";

export const LOG_SERVICE = new InjectionToken("logger");

export enum LogLevel {
    DEBUG, INFO, ERROR
}

@Injectable()
export class LogService {
    minimumLevel: LogLevel = LogLevel.INFO;

    logInfoMessage(message: string) {
        this.logMessage(LogLevel.INFO, message);
    }

    logDebugMessage(message: string) {
        this.logMessage(LogLevel.DEBUG, message);
    }

    logErrorMessage(message: string) {
        this.logMessage(LogLevel.ERROR, message);
    }

    logMessage(level: LogLevel, message: string) {
        if (level >= this.minimumLevel) {
            console.log(`Message (${LogLevel[level]}): ${message}`);
        }
    }
}

@Injectable()
export class SpecialLogService extends LogService {

    constructor() {
        super()
        this.minimumLevel = LogLevel.DEBUG;
    }

    logMessage(level: LogLevel, message: string) {
        if (level >= this.minimumLevel) {
            console.log(`Special Message (${LogLevel[level]}): ${message}`);
        }
    }
}
```

SpecialLogService 类扩展了 LogService 类，并提供自己的 logMessage 方法的实现。代码清

单 20-11 更新了提供程序的配置，这样 useClass 属性就指定了新服务。

代码清单 20-11 在 src/app 文件夹的 app.module.ts 文件中配置提供程序

```
import { NgModule } from "@angular/core";
import { BrowserModule } from "@angular/platform-browser";
import { ProductComponent } from "./component";
import { FormsModule, ReactiveFormsModule } from "@angular/forms";
import { PaAttrDirective } from "./attr.directive";
import { PaModel } from "./twoway.directive";
import { PaStructureDirective } from "./structure.directive";
import { PaIteratorDirective } from "./iterator.directive";
import { PaCellColor } from "./cellColor.directive";
import { PaCellColorSwitcher } from "./cellColorSwitcher.directive";
import { ProductTableComponent } from "./productTable.component";
import { ProductFormComponent } from "./productForm.component";
import { PaToggleView } from "./toggleView.component";
import { PaAddTaxPipe } from "./addTax.pipe";
import { PaCategoryFilterPipe } from "./categoryFilter.pipe";
import { LOCALE_ID } from "@angular/core";
import localeFr from '@angular/common/locales/fr';
import { registerLocaleData } from '@angular/common';
import { PaDiscountDisplayComponent } from "./discountDisplay.component";
import { PaDiscountEditorComponent } from "./discountEditor.component";
import { DiscountService } from "./discount.service";
import { PaDiscountPipe } from "./discount.pipe";
import { PaDiscountAmountDirective } from "./discountAmount.directive";
import { SimpleDataSource } from "./datasource.model";
import { Model } from "./repository.model";
import { LogService, LOG_SERVICE, SpecialLogService } from "./log.service";

registerLocaleData(localeFr);

@NgModule({
  imports: [BrowserModule, FormsModule, ReactiveFormsModule],
  declarations: [ProductComponent, PaAttrDirective, PaModel,
    PaStructureDirective, PaIteratorDirective,
    PaCellColor, PaCellColorSwitcher, ProductTableComponent,
    ProductFormComponent, PaToggleView, PaAddTaxPipe,
    PaCategoryFilterPipe, PaDiscountDisplayComponent, PaDiscountEditorComponent,
    PaDiscountPipe, PaDiscountAmountDirective],
  providers: [DiscountService, SimpleDataSource, Model,
    { provide: LOG_SERVICE, useClass: SpecialLogService }],
  bootstrap: [ProductComponent]
})
export class AppModule { }
```

令牌和类的组合表明，对不透明令牌LOG_SERVICE的依赖可使用SpecialLogService对象来解析。保存修改时，可以看到浏览器的JavaScript控制台中显示了以下消息，表明使用了派生的服务。

```
Special Message (INFO): Discount 10 applied to price: 275
```

通过设置 useClass 属性来指定依赖类期待的某种类型时，必须小心。指定一个子类是安全的选择，因为基类的功能始终是可用的。

3. 解析带有多个对象的依赖

通过配置类提供程序，使之能够传递一个对象数组，可以得到一个带有多个对象的依赖。如果需要提供一组相关的服务，而这些服务的配置方式又存在区别，那么这种方法很有用。为提供一个数组，可将多个类提供程序配置为使用同一个令牌，并将 multi 属性设置为 true，如代码清单 20-12 所示。

代码清单 20-12　在 src/app 文件夹的 app.module.ts 文件中配置多个服务对象

```
...
@NgModule({
  imports: [BrowserModule, FormsModule, ReactiveFormsModule],
  declarations: [ProductComponent, PaAttrDirective, PaModel,
    PaStructureDirective, PaIteratorDirective,
    PaCellColor, PaCellColorSwitcher, ProductTableComponent,
    ProductFormComponent, PaToggleView, PaAddTaxPipe,
    PaCategoryFilterPipe, PaDiscountDisplayComponent, PaDiscountEditorComponent,
    PaDiscountPipe, PaDiscountAmountDirective],
  providers: [DiscountService, SimpleDataSource, Model,
    { provide: LOG_SERVICE, useClass: LogService, multi: true },
    { provide: LOG_SERVICE, useClass: SpecialLogService, multi: true }],
  bootstrap: [ProductComponent]
})
...
```

通过创建 LogService 和 SpecialLogService 对象，Angular 的依赖注入系统可以解析对 LOG_SERVICE 令牌的依赖，并将上述对象置于一个数组中，然后将此数组传递给依赖这两个服务的类的构造函数。收到服务的类必须准备好处理一个数组，如代码清单 20-13 所示。

代码清单 20-13　在 src/app 文件夹的 discount.service.ts 文件中接收多个服务

```
import { Injectable, Inject } from "@angular/core";
import { LogService, LOG_SERVICE, LogLevel } from "./log.service";

@Injectable()
export class DiscountService {
    private discountValue: number = 10;
    private logger: LogService;

    constructor( @Inject(LOG_SERVICE) loggers: LogService[]) {
        this.logger = loggers.find(l => l.minimumLevel == LogLevel.DEBUG);
    }

    public get discount(): number {
        return this.discountValue;
    }

    public set discount(newValue: number) {
        this.discountValue = newValue || 0;
    }

    public applyDiscount(price: number) {
        this.logger.logInfoMessage(`Discount ${this.discount}`
            + ` applied to price: ${price}`);
        return Math.max(price - this.discountValue, 5);
    }
```

```
}
```

构造函数接收到的服务以数组形式存在。构造函数使用数组的 find 方法来定位其
minimumLevel 属性值为 LogLevel.Debug 的第一个日志，并将这个日志赋给 logger 属性。
applyDiscount 方法调用服务的 logDebugMessage 方法，后者在浏览器的 JavaScript 控制台中显示
了以下消息。

```
Special Message (INFO): Discount 10 applied to price: 275
```

20.2.2　使用值提供程序

如果不打算使用类提供程序创建服务对象，而是打算自己负责创建服务对象，那么可以使用
值提供程序(value provider)。如果服务是简单数据类型，如 string 或 number 值，那么值提供程序
会很有用，这也是一种访问公共配置设置的方法。可通过使用一个字面量对象来应用值提供程序，
值提供程序支持表 20-5 中描述的属性。

表 20-5　值提供程序的属性

名称	描述
provide	这个属性定义了服务令牌，本章前面 20.2.1 节中"理解令牌"小节描述了这个属性
useValue	这个属性指定了用来解析依赖的对象
multi	这个属性可用来将多个提供程序组合起来，构成一个对象数组，这个对象数组可以解析对令牌的依赖。本章前面 20.2.1 节的"解析带有多个对象的依赖"小节给出了这个属性的示例

值提供程序在配置时并没有使用类型，而使用了对象，除此之外，值提供程序的工作方式与
类提供程序是一样的。代码清单 20-14 描述了如何使用值提供程序创建 LogService 类的一个实
例，并使用一个特定的属性值完成了配置。

代码清单 20-14　在 src/app 文件夹的 app.module.ts 文件中使用值提供程序

```
import { NgModule } from "@angular/core";
import { BrowserModule } from "@angular/platform-browser";
import { ProductComponent } from "./component";
import { FormsModule, ReactiveFormsModule } from "@angular/forms";
import { PaAttrDirective } from "./attr.directive";
import { PaModel } from "./twoway.directive";
import { PaStructureDirective } from "./structure.directive";
import { PaIteratorDirective } from "./iterator.directive";
import { PaCellColor } from "./cellColor.directive";
import { PaCellColorSwitcher } from "./cellColorSwitcher.directive";
import { ProductTableComponent } from "./productTable.component";
import { ProductFormComponent } from "./productForm.component";
import { PaToggleView } from "./toggleView.component";
import { PaAddTaxPipe } from "./addTax.pipe";
import { PaCategoryFilterPipe } from "./categoryFilter.pipe";
import { LOCALE_ID } from "@angular/core";
import localeFr from '@angular/common/locales/fr';
import { registerLocaleData } from '@angular/common';
import { PaDiscountDisplayComponent } from "./discountDisplay.component";
import { PaDiscountEditorComponent } from "./discountEditor.component";
import { DiscountService } from "./discount.service";
```

```
import { PaDiscountPipe } from "./discount.pipe";
import { PaDiscountAmountDirective } from "./discountAmount.directive";
import { SimpleDataSource } from "./datasource.model";
import { Model } from "./repository.model";
import { LogService, LOG_SERVICE, SpecialLogService, LogLevel } from "./log.service";

let logger = new LogService();
logger.minimumLevel = LogLevel.DEBUG;

registerLocaleData(localeFr);

@NgModule({
  imports: [BrowserModule, FormsModule, ReactiveFormsModule],
  declarations: [ProductComponent, PaAttrDirective, PaModel,
    PaStructureDirective, PaIteratorDirective,
    PaCellColor, PaCellColorSwitcher, ProductTableComponent,
    ProductFormComponent, PaToggleView, PaAddTaxPipe,
    PaCategoryFilterPipe, PaDiscountDisplayComponent, PaDiscountEditorComponent,
    PaDiscountPipe, PaDiscountAmountDirective],
  providers: [DiscountService, SimpleDataSource, Model,
    { provide: LogService, useValue: logger }],
  bootstrap: [ProductComponent]
})
export class AppModule { }
```

这个值提供程序被配置为使用一个特定的对象来解析 LogService 令牌的依赖，而这个特定对象是在模块类之外创建和配置的。

实际上，值提供程序和其他所有提供程序一样，可使用任意对象充当令牌，这一点前面已经描述过。但是最后仍然使用类型作为令牌，因为使用类型作为令牌是最常用的技术，并能与 TypeScript 构造函数参数类型很好地协同工作。代码清单 20-15 给出了对 DiscountService 所做的相应修改——使用一个带有类型的构造函数参数声明一个依赖。

代码清单 20-15　在 src/app 文件夹的 discount.service.ts 文件中使用类型来声明依赖

```
import { Injectable, Inject } from "@angular/core";
import { LogService, LOG_SERVICE, LogLevel } from "./log.service";

@Injectable()
export class DiscountService {
    private discountValue: number = 10;

    constructor(private logger: LogService) { }

    public get discount(): number {
        return this.discountValue;
    }

    public set discount(newValue: number) {
        this.discountValue = newValue || 0;
    }

    public applyDiscount(price: number) {
        this.logger.logInfoMessage(`Discount ${this.discount}`
            + ` applied to price: ${price}`);
        return Math.max(price - this.discountValue, 5);
```

```
    }
  }
```

20.2.3　使用工厂提供程序

工厂提供程序(factory provider)使用函数来创建解析依赖所需的对象。工厂提供程序支持表 20-6 中描述的属性。

表 20-6　工厂提供程序的属性

名称	描述
provide	这个属性定义了服务令牌，参见本章前面 20.2.1 节的"理解令牌"小节
deps	这个属性指定了一个由提供程序令牌组成的数组，提供程序令牌被解析后，将被传递给由 useFactory 属性指定的函数
useFactory	这个属性指定了创建服务对象的函数。创建对象时，需要解析 deps 属性指定的令牌，这个对象将以参数方式传递给函数。函数返回的结果被用作服务对象
multi	这个属性允许组合多个提供程序以生成一个对象数组，并解析令牌的依赖，参见本章前面 20.2.1 节的"解析带有多个对象的依赖"小节中给出的示例

在创建服务对象方面，工厂提供程序能够提供最大的灵活性，因为这种提供程序可以根据应用程序的需求来定义函数。代码清单 20-16 给出了一个创建 LogService 对象的工厂函数。

代码清单 20-16　在 src/app 文件夹的 app.module.ts 文件中使用工厂提供程序

```
...
@NgModule({
  imports: [BrowserModule, FormsModule, ReactiveFormsModule],
  declarations: [ProductComponent, PaAttrDirective, PaModel,
    PaStructureDirective, PaIteratorDirective,
    PaCellColor, PaCellColorSwitcher, ProductTableComponent,
    ProductFormComponent, PaToggleView, PaAddTaxPipe,
    PaCategoryFilterPipe, PaDiscountDisplayComponent, PaDiscountEditorComponent,
    PaDiscountPipe, PaDiscountAmountDirective],
  providers: [DiscountService, SimpleDataSource, Model,
    {
      provide: LogService, useFactory: () => {
        let logger = new LogService();
        logger.minimumLevel = LogLevel.DEBUG;
        return logger;
      }
    }],
  bootstrap: [ProductComponent]
})
...
```

这个示例中的函数很简单：这个函数不需要接收任何参数，只创建了一个新的 LogService 对象。使用 deps 属性时，这个提供程序的灵活性就会体现出来，因为此时允许创建对其他服务的依赖。代码清单 20-17 中定义了一个令牌，这个令牌指定了调试等级。

代码清单 20-17　在 src/app 文件夹的 log.service.ts 文件中定义日志等级服务

```
import { Injectable, InjectionToken } from "@angular/core";
```

```
export const LOG_SERVICE = new InjectionToken("logger");
export const LOG_LEVEL = new InjectionToken("log_level");

export enum LogLevel {
    DEBUG, INFO, ERROR
}

@Injectable()
export class LogService {
    minimumLevel: LogLevel = LogLevel.INFO;

    // ...methods omitted for brevity...
}

@Injectable()
export class SpecialLogService extends LogService {

    // ...methods omitted for brevity...
}
```

代码清单 20-18 中定义了一个值提供程序，使用 LOG_LEVEL 令牌创建一个服务，并在创建了 LogService 对象的工厂函数中使用这个服务。

代码清单 20-18　在 src/app 文件夹的 app.module.ts 文件中使用工厂依赖

```
import { NgModule } from "@angular/core";
import { BrowserModule } from "@angular/platform-browser";
import { ProductComponent } from "./component";
import { FormsModule, ReactiveFormsModule } from "@angular/forms";
import { PaAttrDirective } from "./attr.directive";
import { PaModel } from "./twoway.directive";
import { PaStructureDirective } from "./structure.directive";
import { PaIteratorDirective } from "./iterator.directive";
import { PaCellColor } from "./cellColor.directive";
import { PaCellColorSwitcher } from "./cellColorSwitcher.directive";
import { ProductTableComponent } from "./productTable.component";
import { ProductFormComponent } from "./productForm.component";
import { PaToggleView } from "./toggleView.component";
import { PaAddTaxPipe } from "./addTax.pipe";
import { PaCategoryFilterPipe } from "./categoryFilter.pipe";
import { LOCALE_ID } from "@angular/core";
import localeFr from '@angular/common/locales/fr';
import { registerLocaleData } from '@angular/common';
import { PaDiscountDisplayComponent } from "./discountDisplay.component";
import { PaDiscountEditorComponent } from "./discountEditor.component";
import { DiscountService } from "./discount.service";
import { PaDiscountPipe } from "./discount.pipe";
import { PaDiscountAmountDirective } from "./discountAmount.directive";
import { SimpleDataSource } from "./datasource.model";
import { Model } from "./repository.model";
import { LogService, LOG_SERVICE, SpecialLogService,
  LogLevel, LOG_LEVEL} from "./log.service";

let logger = new LogService();
logger.minimumLevel = LogLevel.DEBUG;
```

```
registerLocaleData(localeFr);

@NgModule({
  imports: [BrowserModule, FormsModule, ReactiveFormsModule],
  declarations: [ProductComponent, PaAttrDirective, PaModel,
    PaStructureDirective, PaIteratorDirective,
    PaCellColor, PaCellColorSwitcher, ProductTableComponent,
    ProductFormComponent, PaToggleView, PaAddTaxPipe,
    PaCategoryFilterPipe, PaDiscountDisplayComponent, PaDiscountEditorComponent,
    PaDiscountPipe, PaDiscountAmountDirective],
  providers: [DiscountService, SimpleDataSource, Model,
    { provide: LOG_LEVEL, useValue: LogLevel.DEBUG },
    { provide: LogService,
      deps: [LOG_LEVEL],
      useFactory: (level) => {
        let logger = new LogService();
        logger.minimumLevel = level;
        return logger;
    }}],
  bootstrap: [ProductComponent]
})
export class AppModule { }
```

一个值提供程序使用 LOG_LEVEL 令牌定义了一个简单值作为服务。工厂提供程序在其 deps 数组中指定了这个令牌，依赖注入系统解析这个令牌，并将其作为一个参数提供给工厂函数，工厂函数使用这个令牌来设置新对象 LogService 的 minimumLevel 属性。

20.2.4　使用已有的服务提供程序

这类提供程序可用来创建服务的别名，这样可使用多个令牌来使用服务，为此可使用表 20-7 中所描述的属性。

表 20-7　已有服务提供程序的属性

名称	描述
provide	这个属性定义了服务令牌，参见本章前面 20.2.1 节中的 "理解令牌" 小节
useExisting	这个属性用来指定另一个提供程序的令牌，其服务对象用来解析对这个服务的依赖
multi	使用这个属性可将多个提供程序组合在一起，从而提供一个对象数组，可使用这个对象数组来解析对令牌的依赖，请参见本章前面 20.2.1 节的"解析带有多个对象的依赖"小节中给出的示例

如果需要重构提供程序的集合，但是为了避免重构应用程序的其他部分又不想清除全部过时的令牌，那么已有的服务提供程序将非常有用。代码清单 20-19 说明了如何使用这种服务提供程序。

代码清单 20-19　在 src/app 文件夹的 app.module.ts 文件中创建一个服务别名

```
...
@NgModule({
  imports: [BrowserModule, FormsModule, ReactiveFormsModule],
  declarations: [ProductComponent, PaAttrDirective, PaModel,
    PaStructureDirective, PaIteratorDirective,
```

```
        PaCellColor, PaCellColorSwitcher, ProductTableComponent,
        ProductFormComponent, PaToggleView, PaAddTaxPipe,
        PaCategoryFilterPipe, PaDiscountDisplayComponent, PaDiscountEditorComponent,
        PaDiscountPipe, PaDiscountAmountDirective],
    providers: [DiscountService, SimpleDataSource, Model,
        { provide: LOG_LEVEL, useValue: LogLevel.DEBUG },
        { provide: "debugLevel", useExisting: LOG_LEVEL },
        { provide: LogService,
          deps: ["debugLevel"],
          useFactory: (level) => {
            let logger = new LogService();
            logger.minimumLevel = level;
            return logger;
        }}],
    bootstrap: [ProductComponent]
})
...
```

新服务所用的令牌为字符串 debugLevel，这个令牌就是 LOG_LEVEL 令牌所表示的提供程序的别名。无论使用哪一个令牌，都用同一个值解析依赖。

20.3　使用本地提供程序

Angular 为某个类创建一个新实例时，将使用注入器(injector)来解析这个类的全部依赖。注入器负责检查类的构造函数，判断声明了哪些依赖，并使用可用的提供程序来解析这些依赖。

迄今为止，所有的依赖注入示例都依赖在应用程序的 Angular 模块中配置的提供程序。但是 Angular 依赖注入系统更复杂，它使用一个注入器层次结构，对应应用程序的组件和指令树。每个组件和指令都可以拥有自己的注入器，每个注入器都可以被配置为使用自己的提供程序集，而这些提供程序集被称为本地提供程序(local provider)。

在解析依赖时，Angular 根据组件或指令的距离来应用注入器。注入器首先试图使用自己的本地提供程序集来解析依赖。如果没有设置本地提供程序，或者不存在能够解析这种特定依赖的提供程序，注入器就要询问父组件的注入器。上述过程重复执行，父组件的注入器试图使用自己的本地提供程序集来解析依赖。如果存在一个合适的提供程序，就用这个提供程序提供解析依赖所需的服务对象。如果不存在合适的提供程序，请求将被传递给层次结构中的下一个层次，也就是原始注入器的祖父。层次结构的顶端是 Angular 根模块，其提供程序为最后解决方案，如果仍然无法解决问题，就会报错。

在 Angular 模块中定义提供程序，意味着应用程序中对于一个令牌的全部依赖都要使用同一个对象进行解析。后面将解释说明，沿着注入器层次结构向下，在下层注册提供程序，就可以改变这种行为，并且可以改变创建和使用服务的方法。

20.3.1　理解单个服务对象的局限性

一个单独的服务对象已经能够提供强大的功能，可以让处于应用程序不同位置的构造块共享数据并响应用户的交互，但是仍然存在某些服务无法广泛共享。例如，代码清单 20-20 为第 18 章中创建的管道添加了一个对 LogService 服务的依赖。

代码清单 20-20 在 src/app 文件夹的 discount.pipe.ts 文件中添加一个服务依赖

```
import { Pipe, Injectable } from "@angular/core";
import { DiscountService } from "./discount.service";
import { LogService } from "./log.service";

@Pipe({
    name: "discount",
    pure: false
})
export class PaDiscountPipe {

    constructor(private discount: DiscountService,
                private logger: LogService) { }

    transform(price: number): number {
        if (price > 100) {
            this.logger.logInfoMessage(`Large price discounted: ${price}`);
        }
        return this.discount.applyDiscount(price);
    }
}
```

管道的 transform 方法使用了一个 LogService 对象，这个对象是作为一个构造函数参数传入的，当它所转换的价格大于 100 时，将生成日志消息。

问题是：这些日志消息可能会被 DiscountService 对象产生的消息所淹没，是因为每次出现折扣时，DiscountService 都会生成消息。显而易见的办法是当模块提供程序的工厂函数创建 LogService 对象时，便改变 LogService 对象的消息最低等级，如代码清单 20-21 所示。

代码清单 20-21 在 src/app 文件夹的 app.module.ts 文件中改变日志记录等级

```
...
@NgModule({
  imports: [BrowserModule, FormsModule, ReactiveFormsModule],
  declarations: [ProductComponent, PaAttrDirective, PaModel,
    PaStructureDirective, PaIteratorDirective,
    PaCellColor, PaCellColorSwitcher, ProductTableComponent,
    ProductFormComponent, PaToggleView, PaAddTaxPipe,
    PaCategoryFilterPipe, PaDiscountDisplayComponent, PaDiscountEditorComponent,
    PaDiscountPipe, PaDiscountAmountDirective],
    providers: [DiscountService, SimpleDataSource, Model,
      { provide: LOG_LEVEL, useValue: LogLevel.ERROR },
      { provide: "debugLevel", useExisting: LOG_LEVEL },
      { provide: LogService,
        deps: ["debugLevel"],
        useFactory: (level) => {
          let logger = new LogService();
          logger.minimumLevel = level;
          return logger;
      }}],
  bootstrap: [ProductComponent]
})
...
```

当然，这样做并不能产生令人满意的效果，因为整个应用程序都使用同一个 LogService

对象，而过滤 DiscountService 消息则意味着管道消息也都被过滤掉了。

　　通过增强 DiscountService 类，可以为不同的日志消息源设置不同的过滤器，但是这样做也会导致应用程序的复杂性迅速提高。为此，采用的问题解决方式是创建一个本地提供程序，这样应用程序中可以存在多个 LogService 对象，每一个对象都可以独立配置。

20.3.2　在组件中创建本地提供程序

　　组件可以定义本地提供程序，而本地提供程序允许单独地创建服务器并可用于应用程序的各个部分。对于本地提供程序，组件支持两个装饰器属性，具体描述如表 20-8 所示。

表 20-8　本地提供程序的组件装饰器属性

名称	描述
providers	这个属性用于创建一个提供程序，这个提供程序用来解析子视图和子内容的依赖
viewProviders	这个属性用于创建一个提供程序，这个提供程序用来解析子视图的依赖

　　解决 LogService 问题最简单的方法是使用 proviers 属性来设置一个本地提供程序，如代码清单 20-22 所示。

　　代码清单 20-22　在 src/app 文件夹的 productTable.component.ts 文件中创建一个本地提供程序

```
import { Component, Input, ViewChildren, QueryList } from "@angular/core";
import { Model } from "./repository.model";
import { Product } from "./product.model";
import { DiscountService } from "./discount.service";
import { LogService } from "./log.service";

@Component({
    selector: "paProductTable",
    templateUrl: "productTable.component.html",
    providers:[LogService]
})
export class ProductTableComponent {

    constructor(private dataModel: Model) { }

    getProduct(key: number): Product {
        return this.dataModel.getProduct(key);
    }

    getProducts(): Product[] {
        return this.dataModel.getProducts();
    }

    deleteProduct(key: number) {
        this.dataModel.deleteProduct(key);
    }

    taxRate: number = 0;
    dateObject: Date = new Date(2020, 1, 20);
    dateString: string = "2020-02-20T00:00:00.000Z";
```

```
dateNumber: number = 1582156800000;

selectMap = {
    "Watersports": "stay dry",
    "Soccer": "score goals",
    "other": "have fun"
}

numberMap = {
    "=1": "one product",
    "=2": "two products",
    "other": "# products"
}
}
```

如果 Angular 需要创建一个新的管道对象，那么 Angular 会检测对 LogService 的依赖，并且开始向上遍历应用程序的层次结构，检查找到的每一个组件，判断它们是否存在可用于解析依赖的提供程序。ProductTableComponent 拥有一个 LogService 提供程序，可创建用于解析管道依赖的服务。这说明应用程序中存在两个 LogService 对象，每个 LogService 对象都可以单独配置，如图 20-2 所示。

图 20-2　创建一个本地提供程序

由组件的提供程序创建的 LogService 对象使用其 minimumLevel 属性的默认值，并可以显示 LogLevel.INFO 消息。由模块创建的 LogService 对象将用于解析应用程序中的所有其他依赖，包括由 DiscountService 类声明的依赖。LogService 对象被配置为仅显示 LogLevel.ERROR 消息。保存修改后，可看到来自管道的日志消息(管道是从组件接收到服务的)，但看不到来自 DiscountService 的日志消息(DiscountService 对象是从模块接收到服务的)。

20.3.3　理解服务提供程序的替代方案

如表 20-8 所述，可使用两个装饰器属性来创建本地提供程序。为演示这两个属性之间的差异，下面在 src/app 文件夹中添加了一个名为 valueDisplay.directive.ts 的文件，并在这个文件中定义代码清单 20-23 中所示的指令。

代码清单 20-23 src/app 文件夹中 valueDisplay.directive.ts 文件的内容

```
import { Directive, InjectionToken, Inject, HostBinding} from "@angular/core";

export const VALUE_SERVICE = new InjectionToken("value_service");

@Directive({
    selector: "[paDisplayValue]"
})
export class PaDisplayValueDirective {

    constructor( @Inject(VALUE_SERVICE) serviceValue: string) {
        this.elementContent = serviceValue;
    }

    @HostBinding("textContent")
    elementContent: string;
}
```

非透明令牌 VALUE_SERVICE 将用于定义一个基于值的服务，上述代码清单中的指令声明了对这个令牌的一个依赖，这样就可以在宿主元素的内容中显示这个令牌。代码清单 20-24 显示了定义的服务以及注册到 Angular 模块中的指令。简单起见，代码简化了模块中的 LogService 提供程序。

代码清单 20-24 在 src/app 文件夹的 app.module.ts 文件中注册指令和服务

```
import { NgModule } from "@angular/core";
import { BrowserModule } from "@angular/platform-browser";
import { ProductComponent } from "./component";
import { FormsModule, ReactiveFormsModule } from "@angular/forms";
import { PaAttrDirective } from "./attr.directive";
import { PaModel } from "./twoway.directive";
import { PaStructureDirective } from "./structure.directive";
import { PaIteratorDirective } from "./iterator.directive";
import { PaCellColor } from "./cellColor.directive";
import { PaCellColorSwitcher } from "./cellColorSwitcher.directive";
import { ProductTableComponent } from "./productTable.component";
import { ProductFormComponent } from "./productForm.component";
import { PaToggleView } from "./toggleView.component";
import { PaAddTaxPipe } from "./addTax.pipe";
import { PaCategoryFilterPipe } from "./categoryFilter.pipe";
import { LOCALE_ID } from "@angular/core";
import localeFr from '@angular/common/locales/fr';
import { registerLocaleData } from '@angular/common';
import { PaDiscountDisplayComponent } from "./discountDisplay.component";
import { PaDiscountEditorComponent } from "./discountEditor.component";
import { DiscountService } from "./discount.service";
import { PaDiscountPipe } from "./discount.pipe";
import { PaDiscountAmountDirective } from "./discountAmount.directive";
import { SimpleDataSource } from "./datasource.model";
import { Model } from "./repository.model";
import { LogService, LOG_SERVICE, SpecialLogService,
  LogLevel, LOG_LEVEL} from "./log.service";
import { VALUE_SERVICE, PaDisplayValueDirective} from "./valueDisplay.directive";

let logger = new LogService();
logger.minimumLevel = LogLevel.DEBUG;
```

```
registerLocaleData(localeFr);

@NgModule({
  imports: [BrowserModule, FormsModule, ReactiveFormsModule],
  declarations: [ProductComponent, PaAttrDirective, PaModel,
    PaStructureDirective, PaIteratorDirective,
    PaCellColor, PaCellColorSwitcher, ProductTableComponent,
    ProductFormComponent, PaToggleView, PaAddTaxPipe,
    PaCategoryFilterPipe, PaDiscountDisplayComponent, PaDiscountEditorComponent,
    PaDiscountPipe, PaDiscountAmountDirective, PaDisplayValueDirective],
  providers: [DiscountService, SimpleDataSource, Model, LogService,
    { provide: VALUE_SERVICE, useValue: "Apples" }],
  bootstrap: [ProductComponent]
})
export class AppModule { }
```

提供程序为 VALUE_SERVICE 服务设置了一个为 Apples 的值。下一步将应用新的指令，这样可获得一个组件的子视图实例和一个子内容实例。代码清单 20-25 设置了一个子内容实例。

代码清单 20-25　在 src/app 文件夹的 template.html 文件中应用一个子内容指令

```
<div class="row m-2">
  <div class="col-4 p-2">
    <paProductForm>
      <span paDisplayValue></span>
    </paProductForm>
  </div>
  <div class="col-8 p-2">
    <paProductTable></paProductTable>
  </div>
</div>
```

代码清单 20-26 给出了宿主元素的内容并添加了新指令的一个子视图实例。

代码清单 20-26　在 src/app 文件夹的 productForm.component.html 文件中添加指令

```
<form novalidate #form="ngForm" (ngSubmit)="submitForm(form)">
    <div class="form-group">
        <label>Name</label>
        <input class="form-control"
            name="name" [(ngModel)]="newProduct.name" />
    </div>
    <div class="form-group">
        <label>Category</label>
        <input class="form-control"
            name="category" [(ngModel)]="newProduct.category" />
    </div>
    <div class="form-group">
        <label>Price</label>
        <input class="form-control"
            name="name" [(ngModel)]="newProduct.price" />
    </div>
    <button class="btn btn-primary" type="submit">
            Create
    </button>
</form>
```

```
<div class="bg-info text-white m-2 p-2">
    View Child Value: <span paDisplayValue></span>
</div>
<div class="bg-info text-white m-2 p-2">
    Content Child Value: <ng-content></ng-content>
</div>
```

保存修改后，可看到如图 20-3 所示的新元素，这两个新元素都显示了同样的值，因为模块中定义了唯一一个使用 VALUE_SERVICE 令牌的提供程序。

图 20-3　子视图和子内容指令

1. 为所有子组件创建一个本地提供程序

@Component 装饰器的 providers 属性用来定义解析服务依赖的提供程序，提供程序对所有子组件都是可用的，无论提供程序是在模板(子视图)中定义的，还是从宿主元素(子内容)投影而来。代码清单 20-27 在父组件中为两个新的指令实例定义了一个 VALUE_SERVICE 提供程序。

代码清单 20-27　在 src/app 文件夹的 productForm.component.ts 文件中定义一个提供程序

```
import { Component, Output, EventEmitter, ViewEncapsulation } from "@angular/core";
import { Product } from "./product.model";
import { Model } from "./repository.model";
import { VALUE_SERVICE } from "./valueDisplay.directive";

@Component({
    selector: "paProductForm",
    templateUrl: "productForm.component.html",
    providers: [{ provide: VALUE_SERVICE, useValue: "Oranges" }]
})
export class ProductFormComponent {
    newProduct: Product = new Product();

    constructor(private model: Model) { }
    submitForm(form: any) {
        this.model.saveProduct(this.newProduct);
        this.newProduct = new Product();
        form.reset();
    }
}
```

新的提供程序改变了服务的值。当 Angular 开始创建新指令的实例时，首先沿着应用程序的层次结构向上搜索提供程序，找到代码清单 20-27 中定义的 VALUE_SERVICE 提供程序。指令的两个实例都要使用这个服务值，如图 20-4 所示。

图 20-4　为组件中的所有子组件定义提供程序

2. 为子视图创建提供程序

viewProviders 属性定义了用来为子视图解析依赖的提供程序，但是这个提供程序并不为子内容解析依赖。代码清单 20-28 使用 viewProviders 属性为 VALUE_SERVICE 定义了一个提供程序。

代码清单 20-28　在 src/app 文件夹的 productForm.component.ts 文件中定义一个子视图提供程序

```
import { Component, Output, EventEmitter, ViewEncapsulation } from "@angular/core";
import { Product } from "./product.model";
import { Model } from "./repository.model";
import { VALUE_SERVICE } from "./valueDisplay.directive";

@Component({
    selector: "paProductForm",
    templateUrl: "productForm.component.html",
    viewProviders: [{ provide: VALUE_SERVICE, useValue: "Oranges" }]
})
export class ProductFormComponent {
    newProduct: Product = new Product();

    constructor(private model: Model) { }
    submitForm(form: any) {
        this.model.saveProduct(this.newProduct);
        this.newProduct = new Product();
        form.reset();
    }
}
```

Angular 为子视图解析依赖时，需要使用这个提供程序，但为子内容解析依赖时并不使用这个提供程序。这表明对子内容的依赖是通过应用程序的层次结构向上引用的，即使组件没有定义提供程序，也要遵循这条原则。在示例中，这表明子视图将收到组件提供程序创建的服务，而子内容将收到模块提供程序创建的服务，如图 20-5 所示。

图 20-5　为子视图定义一个提供程序

> **警告**：Angular 为同一个服务定义提供程序时，不支持同时使用 providers 和 viewProviders 属性。如果同时使用了 providers 和 viewProviders 属性，那么子视图和子内容将同时收到 viewProviders 提供程序创建的服务。

20.3.4　控制依赖解析

为控制如何解析依赖，Angular 提供了三种装饰器作为控制指令，表 20-9 描述了这三种装饰器，稍后解释这些内容。

表 20-9　依赖解析装饰器

名称	描述
@Host	这个装饰器限制搜索提供程序的范围，将搜索范围限制为距离最近的组件
@Optional	在无法解析依赖时，这个装饰器可以禁止 Angular 报告错误消息
@SkipSelf	这个装饰器排除那些正在解析依赖的组件/指令所定义的提供程序

1. 限制提供程序的搜索范围

@Host 装饰器限制提供程序的搜索范围，这时一旦 Angular 找到距离最近的组件，搜索随即停止。通常这个装饰器与@Optional 组合使用，可避免 Angular 在无法解析服务依赖的情况下抛出异常。代码清单 20-29 用一个示例解释了如何在指令中添加上述两个装饰器。

代码清单 20-29　在 src/app 文件夹的 valueDisplay.directive.ts 文件中添加依赖装饰器

```
import { Directive, InjectionToken, Inject,
        HostBinding, Host, Optional} from "@angular/core";

export const VALUE_SERVICE = new InjectionToken("value_service");

@Directive({
    selector: "[paDisplayValue]"
})
export class PaDisplayValueDirective {

    constructor( @Inject(VALUE_SERVICE) @Host() @Optional() serviceValue: string) {
        this.elementContent = serviceValue || "No Value";
    }

    @HostBinding("textContent")
    elementContent: string;
}
```

在使用@Optional装饰器的情况下，必须确保在无法解析服务的时候，比如在没有定义表示服务的构造函数参数的情况下，类仍能正常工作。距离最近的组件为自己的子视图定义了一个服务，但是没有为子内容定义服务，因此指令的一个实例将收到一个服务对象，而其他实例则不会收到服务对象，如图 20-6 所示。

图 20-6　控制依赖的解析方式

2. 忽略自定义提供程序

默认情况下，一个组件定义的提供程序可用来解析自己的依赖，@SkipSelf 装饰器可应用于构造函数参数，告诉 Angular 可忽略本地提供程序，并且应该在应用程序层次结构的下一个层次级别开始搜索，这表明本地提供程序将仅用于为子组件解析依赖。代码清单 20-30 为 VALUE_SERVICE 提供程序添加了一个依赖，这个提供程序用@SkipSelf 进行了装饰。

代码清单 20-30　在 src/app 文件夹的 productForm.component.ts 文件中忽略本地提供程序

```
import { Component, Output, EventEmitter, ViewEncapsulation,
    Inject, SkipSelf } from "@angular/core";
import { Product } from "./product.model";
import { Model } from "./repository.model";
import { VALUE_SERVICE } from "./valueDisplay.directive";

@Component({
    selector: "paProductForm",
    templateUrl: "productForm.component.html",
    viewProviders: [{ provide: VALUE_SERVICE, useValue: "Oranges" }]
})
export class ProductFormComponent {
    newProduct: Product = new Product();

    constructor(private model: Model,
            @Inject(VALUE_SERVICE) @SkipSelf() private serviceValue: string) {
        console.log("Service Value: " + serviceValue);
    }

    submitForm(form: any) {
        this.model.saveProduct(this.newProduct);
        this.newProduct = new Product();
        form.reset();
    }
}
```

保存修改并重新加载页面后，可看到浏览器的 JavaScript 控制台中显示了以下消息，表明本地定义的服务值(Oranges)已经被忽略，Angular 模块可以解析依赖。

```
pples
```

20.4　本章小结

本章解释了提供程序在依赖注入中充当的角色，还解释了如何使用提供程序改变使用服务解析依赖的方法。本章描述了不同类型的提供程序，这些提供程序可用来创建服务对象。本章还演示了指令和组件如何定义自己的提供程序来解析它们自身及其子内容的依赖。下一章将描述模块，模块是 Angular 应用程序的最后一种构造块。

第 21 章

使用和创建模块

本章描述最后一种 Angular 构造块：模块。本章的前半部分描述根模块，每个 Angular 应用程序都要使用根模块来描述 Angular 应用程序的配置。本章后半部分描述功能模块(feature module)，功能模块用来为应用程序添加结构，这样才能使应用程序的相关功能组合为一个单独的单元。表 21-1 描述了模块的相关知识。

表 21-1　模块的相关知识

问题	答案
模块是什么	模块为 Angular 提供了配置信息
模块有什么作用	根模块为 Angular 描述了应用程序，设置了应用程序的基本功能，如组件和服务。如果需要在复杂项目中添加结构，那么功能模块很有用，因为这样方便管理和维护项目
如何使用模块	模块是应用了@NgModule 装饰器的类。@NgModule 装饰器使用的属性对于根模块和功能模块具有不同的含义
模块是否存在陷阱或限制	不存在单个模块专用的提供程序，这表明：由功能模块定义的提供程序在所有模块中都是可用的，就好像是在根模块中定义的一样
模块是否存在替代方案	每个应用程序都必须有一个根模块，但功能模块完全是可选的。然而，如果不使用功能模块，则很难管理应用程序中的文件

表 21-2 给出了本章内容摘要。

表 21-2　本章内容摘要

问题	解决方案	代码清单编号
描述一个应用程序和这个应用程序中包含的构造块	使用根模块	1~7
将相关的功能组合在一起	创建功能模块	8~28

21.1　准备示例项目

与本书这一部分的其他章一样，仍打算使用在本书第 11 章中创建的示例项目，这个项目在第 12~20 章中得到了不断扩展和延伸。

为准备讲解本章内容，从组件模板中删除某些功能。代码清单 21-1 给出了产品表格的模板，并且已将模板中的折扣编辑器和显示组件等元素都注释掉。

代码清单 21-1　src/app 文件夹中 productTable.component.html 文件的内容

```html
<table class="table table-sm table-bordered table-striped">
    <thead>
        <tr><th></th><th>Name</th><th>Category</th><th>Price</th><th></th></tr>
    </thead>
    <tbody>
        <tr *paFor="let item of getProducts(); let i = index">
            <td>{{i + 1}}</td>
            <td>{{item.name}}</td>
            <td>{{item.category}}</td>
            <td [pa-price]="item.price" #discount="discount">
                {{ discount.discountAmount | currency:"USD":"symbol"}}
            </td>
            <td class="text-center">
                <button class="btn btn-danger btn-sm"
                        (click)="deleteProduct(item.id)">
                    Delete
                </button>
            </td>
        </tr>
    </tbody>
</table>


<!-- <paDiscountEditor></paDiscountEditor> -->
<!-- <paDiscountDisplay></paDiscountDisplay> -->
```

代码清单 21-2 给出了产品表单组件的模板，其中，第 20 章引入的用于显示子视图提供程序和子内容提供程序之间差别的元素已经被注释掉了。

代码清单 21-2　src/app 文件夹中 productForm.component.html 文件的内容

```html
<form novalidate #form="ngForm" (ngSubmit)="submitForm(form)">
    <div class="form-group">
        <label>Name</label>
        <input class="form-control"
            name="name" [(ngModel)]="newProduct.name" />
    </div>
    <div class="form-group">
        <label>Category</label>
        <input class="form-control"
            name="category" [(ngModel)]="newProduct.category" />
    </div>
    <div class="form-group">
        <label>Price</label>
        <input class="form-control"
            name="name" [(ngModel)]="newProduct.price" />
    </div>
    <button class="btn btn-primary" type="submit">
            Create
    </button>
</form>
```

```html
<!-- <div class="bg-info text-white m-2 p-2">
    View Child Value: <span paDisplayValue></span>
</div>
<div class="bg-info text-white m-2 p-2">
    Content Child Value: <ng-content></ng-content>
</div> -->
```

在 example 文件夹中运行以下命令，启动 Angular 开发工具。

```
ng serve
```

此时将打开一个新浏览器窗口，导航到 http://localhost:4200，可以看到如图 21-1 所示的内容。

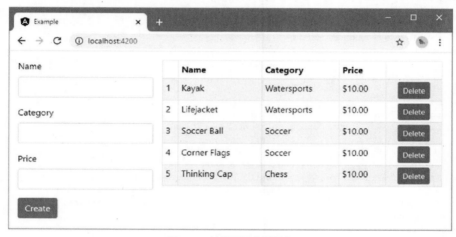

图 21-1　运行示例应用程序

21.2　理解根模块

一个 Angular 应用程序至少要有一个模块，称为根模块。习惯上，根模块的定义位于 src/app 文件夹下一个名为 app.module.ts 的文件中，并包含一个应用了@NgModule 装饰器的类。代码清单 21-3 给出了示例应用程序的根模块。

代码清单 21-3　在 src/app 文件夹的 app.module.ts 文件中的根模块

```typescript
import { NgModule } from "@angular/core";
import { BrowserModule } from "@angular/platform-browser";
import { ProductComponent } from "./component";
import { FormsModule, ReactiveFormsModule } from "@angular/forms";
import { PaAttrDirective } from "./attr.directive";
import { PaModel } from "./twoway.directive";
import { PaStructureDirective } from "./structure.directive";
import { PaIteratorDirective } from "./iterator.directive";
import { PaCellColor } from "./cellColor.directive";
import { PaCellColorSwitcher } from "./cellColorSwitcher.directive";
import { ProductTableComponent } from "./productTable.component";
import { ProductFormComponent } from "./productForm.component";
import { PaToggleView } from "./toggleView.component";
import { PaAddTaxPipe } from "./addTax.pipe";
import { PaCategoryFilterPipe } from "./categoryFilter.pipe";
```

```
import { LOCALE_ID } from "@angular/core";
import localeFr from '@angular/common/locales/fr';
import { registerLocaleData } from '@angular/common';
import { PaDiscountDisplayComponent } from "./discountDisplay.component";
import { PaDiscountEditorComponent } from "./discountEditor.component";
import { DiscountService } from "./discount.service";
import { PaDiscountPipe } from "./discount.pipe";
import { PaDiscountAmountDirective } from "./discountAmount.directive";
import { SimpleDataSource } from "./datasource.model";
import { Model } from "./repository.model";
import { LogService, LOG_SERVICE, SpecialLogService,
  LogLevel, LOG_LEVEL} from "./log.service";
import { VALUE_SERVICE, PaDisplayValueDirective} from "./valueDisplay.directive";

let logger = new LogService();
logger.minimumLevel = LogLevel.DEBUG;

registerLocaleData(localeFr);

@NgModule({
  imports: [BrowserModule, FormsModule, ReactiveFormsModule],
  declarations: [ProductComponent, PaAttrDirective, PaModel,
    PaStructureDirective, PaIteratorDirective,
    PaCellColor, PaCellColorSwitcher, ProductTableComponent,
    ProductFormComponent, PaToggleView, PaAddTaxPipe,
    PaCategoryFilterPipe, PaDiscountDisplayComponent, PaDiscountEditorComponent,
    PaDiscountPipe, PaDiscountAmountDirective, PaDisplayValueDirective],
  providers: [DiscountService, SimpleDataSource, Model, LogService,
    { provide: VALUE_SERVICE, useValue: "Apples" }],
  bootstrap: [ProductComponent]
})
export class AppModule { }
```

一个项目中可能存在多个模块，但根模块是在 bootstrap 文件中使用的模块，习惯上这个
bootstrap 文件名为 main.ts，定义在 src 文件夹中。代码清单 21-4 显示了示例项目中的 main.ts 文件。

代码清单 21-4　src 文件夹中 main.ts 文件的 Angular bootstrap

```
import { enableProdMode } from '@angular/core';
import { platformBrowserDynamic } from '@angular/platform-browser-dynamic';

import { AppModule } from './app/app.module';
import { environment } from './environments/environment';

if (environment.production) {
  enableProdMode();
}

platformBrowserDynamic().bootstrapModule(AppModule)
  .catch(err => console.error(err));
```

Angular 应用程序可以在不同环境下运行，例如 Web 浏览器和原生应用程序容器。bootstrap
文件的任务就是选择平台，并识别出根模块。platformBrowserDynamic 方法用于创建浏览器运
行时(runtime)，bootstrapModule 方法用于指定模块，在代码清单 21-3 中，这个模块就是
AppModule 类。

定义根模块时，要使用表21-3中描述的@NgModule 装饰器属性。本章后面将描述其他装饰器属性。

表 21-3　@NgModule 装饰器根模块属性

名称	描述
imports	这个属性用于指定支持应用程序中的指令、组件和管道所需的 Angular 模块
declarations	这个属性用于指定应用程序中使用的指令、组件和管道
providers	这个属性定义模块注入器使用的服务提供程序。这些提供程序在整个应用程序范围内都是可用的。当一个服务不存在可用的本地提供程序时，也可使用这些提供程序。第 20 章描述了这个属性
bootstrap	这个属性指定应用程序的根组件

21.2.1　理解 imports 属性

imports属性用来列出应用程序所需的其他模块。在示例应用程序中，这些模块都是Angular框架提供的模块。

```
...
imports: [BrowserModule, FormsModule, ReactiveFormsModule],
...
```

BrowserModule 模块提供了在 Web 浏览器中运行 Angular 应用程序所需的功能。其他两个模块为使用 HTML 表单和基于模型的表单提供了支持，这些内容已经在本书第 14 章介绍过。后续章节还将介绍其他 Angular 模块。

imports 属性还可以用来声明对自定义模块的依赖，自定义模块可以用于管理复杂的 Angular 应用程序，以及创建可重用的功能单元。21.3 节 "创建功能模块" 中将解释如何定义自定义模块。

21.2.2　理解 declarations 属性

declarations 属性用来为 Angular 应用程序提供所需的指令、组件和管道的列表。这些类统称为可声明类(declarable classes)。示例项目中根模块的 declarations 属性包含一个很长的类列表，因为在 declarations 属性中声明了这些类，所以这些类都可以用于应用程序的某处。

```
...
declarations: [ProductComponent, PaAttrDirective, PaModel,
  PaStructureDirective, PaIteratorDirective,
  PaCellColor, PaCellColorSwitcher, ProductTableComponent,
  ProductFormComponent, PaToggleView, PaAddTaxPipe,
  PaCategoryFilterPipe, PaDiscountDisplayComponent, PaDiscountEditorComponent,
  PaDiscountPipe, PaDiscountAmountDirective, PaDisplayValueDirective],
...
```

注意内置的可声明类不包含在根模块的 declarations 属性中，比如第 13 章描述的指令和第 18 章描述的管道。原因是这些类是 BrowserModule 模块的一部分，如果在 imports 属性中添加一个模块，那么在应用程序中这个模块的可声明类将自动可用。

21.2.3　理解 providers 属性

providers 属性用于定义服务提供程序，服务提供程序用于在无法找到合适的本地提供程序的情况下解析依赖。第 19 章和第 20 章详细解释了如何使用服务提供程序。

21.2.4　理解 bootstrap 属性

bootstrap 属性指定应用程序的根组件或根组件集合。Angular 处理主 HTML 文档时，需要检查根组件，并使用@Component 装饰器中的 selector 属性值来应用根组件。一般来说，主 HTML 文档是一个名为 index.html 的文件。

提示：在 bootstrap 属性中列出的组件必须同时包含在 declarations 列表中。

下面给出了示例项目中根模块的 bootstrap 属性。

```
...
bootstrap: [ProductComponent]
...
```

ProductComponent 类提供了根组件，它的 selector 属性指定了 app 元素，如代码清单 21-5 所示。

代码清单 21-5　src/app 文件夹的 component.ts 文件中的根组件

```
import { Component } from "@angular/core";

@Component({
  selector: "app",
  templateUrl: "template.html"
})
export class ProductComponent {

}
```

在第 11 章开始引入的示例项目中，根组件包含大量功能。但是随着不断引入新组件，根组件的功能逐渐减少，现在根组件仅仅充当一个占位符，让 Angular 将 app/template.html 文件的内容投影到 HTML 文档中的 app 元素中，这样就可以加载应用程序中那些完成实际工作的组件。

这种方法并没有什么错误，但这样做会导致应用程序中的根组件没事可做。如果感觉这样的冗余方案显得不够有条理，那么还可以在根模块中指定多个根组件，所有根组件都可在 HTML 文档中找到对应的目标元素。为演示这一点，从根模块的 bootstrap 属性中删除现有的根组件，并将其替换为负责产品表单和产品表格的组件类，如代码清单 21-6 所示。

代码清单 21-6　在 src/app 文件夹的 app.module.ts 文件中指定多个根组件

```
...
@NgModule({
  imports: [BrowserModule, FormsModule, ReactiveFormsModule],
  declarations: [ProductComponent, PaAttrDirective, PaModel,
    PaStructureDirective, PaIteratorDirective,
    PaCellColor, PaCellColorSwitcher, ProductTableComponent,
    ProductFormComponent, PaToggleView, PaAddTaxPipe,
```

```
    PaCategoryFilterPipe, PaDiscountDisplayComponent, PaDiscountEditorComponent,
    PaDiscountPipe, PaDiscountAmountDirective, PaDisplayValueDirective],
    providers: [DiscountService, SimpleDataSource, Model, LogService,
        { provide: VALUE_SERVICE, useValue: "Apples" }],
    bootstrap: [ProductFormComponent, ProductTableComponent]
})
...
```

代码清单 21-7 给出了主 HTML 文档中修改后的根组件。

代码清单 21-7　在 src/app 文件夹的 index.html 文件中修改根组件元素

```html
<!doctype html>
<html lang="en">
<head>
  <meta charset="utf-8">
  <title>Example</title>
  <base href="/">
 .<meta name="viewport" content="width=device-width, initial-scale=1">
  <link rel="icon" type="image/x-icon" href="favicon.ico">
</head>
<body class="m-2 row">
    <div class="col-8 p-2">
        <paProductTable></paProductTable>
    </div>
    <div class="col-4 p-2">
        <paProductForm></paProductForm>
    </div>
</body>
</html>
```

与先前的示例相比，组件出现的顺序被逆转了，目的是在应用程序的布局中创建一个可检测到的变更。保存全部变更后，浏览器重新加载了页面，可以看到此时页面中显示了新的根组件，如图 21-2 所示。

模块的服务提供程序用来为所有根组件解析依赖。这表明，在示例应用程序中存在一个单独的 Model 服务对象，在整个应用程序范围内都共享这个对象，因此在 HTML 表单中创建的产品可以自动显示在表格中，即使这些组件已经被提升为根组件。

图 21-2　使用多个根组件

21.3　创建功能模块

前面介绍了示例应用程序的不同功能，根模块越来越复杂，需要用一长串 import 语句来加载 JavaScript 模块，并且需要在@NgModule 装饰器的 declarations 属性中用好几行代码声明一些类，如代码清单 21-8 所示。

代码清单 21-8　src/app 文件夹中 app.module.ts 文件的内容

```
import { NgModule } from "@angular/core";
import { BrowserModule } from "@angular/platform-browser";
import { ProductComponent } from "./component";
import { FormsModule, ReactiveFormsModule } from "@angular/forms";
import { PaAttrDirective } from "./attr.directive";
import { PaModel } from "./twoway.directive";
import { PaStructureDirective } from "./structure.directive";
import { PaIteratorDirective } from "./iterator.directive";
import { PaCellColor } from "./cellColor.directive";
import { PaCellColorSwitcher } from "./cellColorSwitcher.directive";
import { ProductTableComponent } from "./productTable.component";
import { ProductFormComponent } from "./productForm.component";
import { PaToggleView } from "./toggleView.component";
import { PaAddTaxPipe } from "./addTax.pipe";
import { PaCategoryFilterPipe } from "./categoryFilter.pipe";
import { LOCALE_ID } from "@angular/core";
import localeFr from '@angular/common/locales/fr';
import { registerLocaleData } from '@angular/common';
import { PaDiscountDisplayComponent } from "./discountDisplay.component";
import { PaDiscountEditorComponent } from "./discountEditor.component";
import { DiscountService } from "./discount.service";
import { PaDiscountPipe } from "./discount.pipe";
import { PaDiscountAmountDirective } from "./discountAmount.directive";
import { SimpleDataSource } from "./datasource.model";
import { Model } from "./repository.model";
import { LogService, LOG_SERVICE, SpecialLogService,
  LogLevel, LOG_LEVEL} from "./log.service";
import { VALUE_SERVICE, PaDisplayValueDirective} from "./valueDisplay.directive";

let logger = new LogService();
logger.minimumLevel = LogLevel.DEBUG;

registerLocaleData(localeFr);

@NgModule({
  imports: [BrowserModule, FormsModule, ReactiveFormsModule],
  declarations: [ProductComponent, PaAttrDirective, PaModel,
    PaStructureDirective, PaIteratorDirective,
    PaCellColor, PaCellColorSwitcher, ProductTableComponent,
    ProductFormComponent, PaToggleView, PaAddTaxPipe,
    PaCategoryFilterPipe, PaDiscountDisplayComponent, PaDiscountEditorComponent,
    PaDiscountPipe, PaDiscountAmountDirective, PaDisplayValueDirective],
  providers: [DiscountService, SimpleDataSource, Model, LogService,
    { provide: VALUE_SERVICE, useValue: "Apples" }],
  bootstrap: [ProductFormComponent, ProductTableComponent]
})
export class AppModule { }
```

功能模块(feature module)用来对相关的功能进行分组，这样就可将相关的功能当成单独实体来使用，就好像是 Angular 模块(如 BrowserModule)。例如，如果需要使用操作表单的功能，就不需要为每一个单独的指令、组件或管道添加 import 语句和 declarations 项。此时，只需要在装饰器的 imports 属性中添加 BrowserModule 即可，BrowserModule 包含的全部功能即可在应用程序中使用。

如果创建了一个功能模块，那么可以选择关注应用程序的某一项功能，或选择将应用程序基础设施中的一组相关联的构造块分组在一起。在后面的几节中，将会介绍这两种方法，因为它们的工作方式仅存在微小差别，但是要考虑的问题却大不相同。功能模块同样使用@NgModule 装饰器，但是使用一个重叠的配置属性集，其中某些配置属性是新增的，某些则与在根模块中的使用方式相同，但具有不同效果。后面几节将解释如何使用这些属性，表 21-4 总结了这些功能，供以后快速参考。

表 21-4　功能模块的@NgModule 装饰器属性

名称	描述
imports	这个属性用于导入模块中的类所需要的模块
providers	这个属性用于定义模块的提供程序。加载功能模块时，提供程序的集合与根模块中的提供程序组合在一起，因此功能模块的服务在整个应用程序中都是可用的(而不只是限于在模块中使用)
declarations	这个属性用于指定模块中的指令、组件和管道。这个属性必须包含模块内部使用的类，还包括模块中可以由应用程序其他部分使用的类
exports	这个属性用于定义模块对外界公开导出的内容，除了包含部分或全部来自 declarations 属性的指令、组件和管道外，还包括部分或全部来自 imports 属性的模块

21.3.1　创建模型模块

术语模型模块(model module)读起来颇为拗口，但是在使用功能模块重构应用程序时，模型模块却是一个很好的起点，因为应用程序中的所有其他构造块都要依赖模型。

第一步是创建一个包含模块的文件夹。模块文件夹是在 src/app 文件夹中定义的，可以为它起一个有意义的名称。针对这个模块，创建了一个 src/app/model 文件夹。

Angular 文件的命名规范便于我们移动或删除多个文件。在 example 文件夹中运行以下命令可以移动文件(这些命令可以在 Windows PowerShell、Linux 和 macOS 中运行)。

```
mv src/app/*.model.ts src/app/model/
mv src/app/limit.formvalidator.ts src/app/model/
```

结果就是表 21-5 中的全部文件都被移到 model 文件夹中。

表 21-5　为了模块而移动的文件

文件	新的位置
src/app/datasource.model.ts	src/app/model/datasource.model.ts
src/app/form.model.ts	src/app/model/form.model.ts
src/app/limit.formvalidator.ts	src/app/model/limit.formvalidator.ts
src/app/product.model.ts	src/app/model/product.model.ts
src/app/repository.model.ts	src/app/model/repository.model.ts

如果试着在完成文件的移动操作后构建项目，则 TypeScript 编译器将列出一系列编译器错误，因为某些关键的可声明类是不可用的。稍后将解决这些问题。

1. 创建模块定义

下一步是定义一个模块，这个模块将所有移动到新文件夹中的文件的功能汇总起来，在 src/app/model 文件夹中添加一个名为 model.module.ts 的文件，定义如代码清单 21-9 所示的模块。

代码清单 21-9　src/app/model 文件夹中 model.module.ts 文件的内容

```
import { NgModule } from "@angular/core";
import { SimpleDataSource } from "./datasource.model";
import { Model } from "./repository.model";

@NgModule({
    providers: [Model, SimpleDataSource]
})
export class ModelModule { }
```

功能模块的目标就是有选择性地向应用程序的其他部分暴露模块文件夹的内容。这个模块的 @NgModule 装饰器仅使用 providers 属性为 Model 和 SimpleDataSource 服务定义类提供程序。如果在一个功能模块中使用提供程序，那么提供程序需要随根模块的注入器一并注册，这表明提供程序在整个应用程序范围内都是可用的，这也正是示例应用程序中对数据模型的要求。

> **提示：** 有一种常见的错误观点，这种观点认为在一个模块中定义的服务只能由这个模块中的类访问。但是在 Angular 中不存在模块作用域。当使用由功能模块定义的提供程序时，这些提供程序就好像是由根模块定义的一样。由功能模块中的指令和组件定义的本地提供程序对于它们的子视图和子内容都是可用的，即使它们是在其他模块中定义的。

2. 更新应用程序中的其他类

将类移动到 model 文件夹中破坏了应用程序中其他部分的 import 语句。下一步要更新这些 import 语句，使之指向新的模块。现在，有 4 个文件受到了影响，分别是 attr.directive.ts、categoryFilter.pipe.ts、productForm.component.ts 和 productTable.component.ts。代码清单 21-10 给出了针对 attr.directive.ts 文件所做的修改。

代码清单 21-10　在 src/app 文件夹的 attr.directive.ts 文件中更新 import 引用

```
import { Directive, ElementRef, Attribute, Input,
    SimpleChange, Output, EventEmitter, HostListener, HostBinding }
from "@angular/core";
import { Product } from "./model/product.model";

@Directive({
    selector: "[pa-attr]"
})
export class PaAttrDirective {

    // ...statements omitted for brevity...
}
```

唯一必须完成的更改是更新 import 语句中使用的路径，因为需要反映代码文件的新位置。代码清单 21-11 给出了针对 categoryFilter.pipe.ts 文件所做的修改。

代码清单 21-11　在 src/app 文件夹的 categoryFilter.pipe.ts 文件中更新 import 引用

```
import { Pipe } from "@angular/core";
import { Product } from "./model/product.model";

@Pipe({
    name: "filter",
    pure: false
})
export class PaCategoryFilterPipe {

    transform(products: Product[], category: string): Product[] {
        return category == undefined ?
            products : products.filter(p => p.category == category);
    }
}
```

代码清单 21-12 更新了 productForm.component.ts 文件中的 import 语句。

代码清单 21-12　在 src/app 文件夹的 productForm.component.ts 文件中更新 import 路径

```
import { Component, Output, EventEmitter, ViewEncapsulation,
    Inject, SkipSelf } from "@angular/core";
import { Product } from "./model/product.model";
import { Model } from "./model/repository.model";
import { VALUE_SERVICE } from "./valueDisplay.directive";

@Component({
    selector: "paProductForm",
    templateUrl: "productForm.component.html",
    viewProviders: [{ provide: VALUE_SERVICE, useValue: "Oranges" }]
})
export class ProductFormComponent {

    // ...statements omitted for brevity...
}
```

代码清单 21-13 更新了 productTable.component.ts 文件中的路径。

代码清单 21-13　在 src/app 文件夹的 productTable.component.ts 文件中更新 import 路径

```
import { Component, Input, ViewChildren, QueryList } from "@angular/core";
import { Model } from "./model/repository.model";
import { Product } from "./model/product.model";
import { DiscountService } from "./discount.service";
import { LogService } from "./log.service";

@Component({
    selector: "paProductTable",
    templateUrl: "productTable.component.html",
    providers:[LogService]
})
export class ProductTableComponent {

    // ...statements omitted for brevity...
}
```

使用 JavaScript 模块和 Angular 模块

创建 Angular 模块时允许将相关的应用程序功能组合在一起，但当应用程序中的其他地方需要这些功能时，还需要将它们从各自的文件中导出，如本节中的代码清单所示。

例如，可以定义一个 JavaScript 模块，导出 Angular 模块中的公共功能，这样@angular/core 模块中使用的同一种 import 语句就可以访问它们。要使用 JavaScript 模块，需要在模块文件夹中添加一个名为 index.ts 的文件，还需要添加定义 Angular 模块的 TypeScript 文件，在本节的示例中，该文件位于 src/app/model 文件夹内。若想要在应用程序的外部使用应用程序的每个功能，需要分别添加一个 export…from 语句，如下所示。

```
...
export { ModelModule } from "./model.module";
export { Product } from "./product.model";
export { ProductFormGroup } from "./form.model";
export { SimpleDataSource } from "./datasource.model";
export { LimitValidator } from "./limit.formvalidator";
export { Model } from "./repository.model";
...
```

上面的语句将导出每个 TypeScript 文件的内容。这样，不必指定单独的文件，就可以导入所需的功能，如下所示。

```
...
import { Component, Output, EventEmitter, ViewEncapsulation,
    Inject, SkipSelf } from "@angular/core";
import { Product, Model } from "./model";
import { VALUE_SERVICE } from "./valueDisplay.directive";
...
```

使用文件名 index.ts 意味着在 import 语句中仅需要指定文件夹的名称即可，这样，得到的结果比较整洁，而且更能与 Angular 核心包保持一致。

即便如此，我也没有在我的项目中采用该方法。使用 index.ts 文件意味着必须记得将每个功能都添加到 Angular 模块和 JavaScript 模块中，我经常忘记这个额外步骤。但我会使用本章介绍的方法并从包含应用程序功能的文件中直接导入这些功能。

3. 更新根模块

最后一步是更新根模块，这样定义在功能模块中的服务就可在整个应用程序中使用了。代码清单 21-14 给出了所需的修改内容。

代码清单 21-14　在 src/app 文件夹的 app.module.ts 文件中更新根模块

```
import { NgModule } from "@angular/core";
import { BrowserModule } from "@angular/platform-browser";
import { ProductComponent } from "./component";
import { FormsModule, ReactiveFormsModule } from "@angular/forms";
import { PaAttrDirective } from "./attr.directive";
import { PaModel } from "./twoway.directive";
import { PaStructureDirective } from "./structure.directive";
import { PaIteratorDirective } from "./iterator.directive";
import { PaCellColor } from "./cellColor.directive";
import { PaCellColorSwitcher } from "./cellColorSwitcher.directive";
```

```
import { ProductTableComponent } from "./productTable.component";
import { ProductFormComponent } from "./productForm.component";
import { PaToggleView } from "./toggleView.component";
import { PaAddTaxPipe } from "./addTax.pipe";
import { PaCategoryFilterPipe } from "./categoryFilter.pipe";
import { LOCALE_ID } from "@angular/core";
import localeFr from '@angular/common/locales/fr';
import { registerLocaleData } from '@angular/common';
import { PaDiscountDisplayComponent } from "./discountDisplay.component";
import { PaDiscountEditorComponent } from "./discountEditor.component";
import { DiscountService } from "./discount.service";
import { PaDiscountPipe } from "./discount.pipe";
import { PaDiscountAmountDirective } from "./discountAmount.directive";
//import { SimpleDataSource } from "./datasource.model";
//import { Model } from "./repository.model";
import { LogService, LOG_SERVICE, SpecialLogService,
  LogLevel, LOG_LEVEL} from "./log.service";
import { VALUE_SERVICE, PaDisplayValueDirective} from "./valueDisplay.directive";
import { ModelModule } from "./model/model.module";

let logger = new LogService();
logger.minimumLevel = LogLevel.DEBUG;

registerLocaleData(localeFr);

@NgModule({
  imports: [BrowserModule, FormsModule, ReactiveFormsModule, ModelModule],
  declarations: [ProductComponent, PaAttrDirective, PaModel,
    PaStructureDirective, PaIteratorDirective,
    PaCellColor, PaCellColorSwitcher, ProductTableComponent,
    ProductFormComponent, PaToggleView, PaAddTaxPipe,
    PaCategoryFilterPipe, PaDiscountDisplayComponent, PaDiscountEditorComponent,
    PaDiscountPipe, PaDiscountAmountDirective, PaDisplayValueDirective],
  providers: [DiscountService, LogService,
    { provide: VALUE_SERVICE, useValue: "Apples" }],
  bootstrap: [ProductFormComponent, ProductTableComponent]
})
export class AppModule { }
```

上述代码清单中导入了功能模块并将其添加到根模块的导入列表中。因为功能模块为 Model 和 SimpleDataSource 定义了提供程序，因此从根模块的提供程序列表中移除了对应的项，并移除了相关联的导入语句。

将修改保存到根模块后，就可以运行 ng serve 命令启动 Angular 开发工具了。应用程序将编译，且修订后的根模块将提供对模型服务的访问。在浏览器中，并不会显示内容上的可视化更改，只是项目结构发生了更改(可能需要重新启动 Angular 开发工具并重新加载浏览器来查看修改)。

21.3.2 创建实用工具功能模块

模型模块是一个良好的起点，因为模型模块显示了一个功能模块的基本结构，还说明了一个功能模块与根模块的关系。使用模型模块对应用程序的影响很小，也没有过多地简化应用程序。

下一个复杂问题是实用工具(utility)功能模块，这个模块可将应用程序中所有的常用功能集合在一起，比如管道和指令。在一个实际项目中，可以将这些类型的构造块组织在一起，将其组织为几个模块，每个模块都包含类似的功能，而关于如何组织构造块，可以有更多的选择方式。对于示例应用程序来说，我们打算将所有的管道、指令和服务都迁移到一个单独的模块中。

1. 创建模块文件夹并移动文件

与前面的模块类似，我们要完成的第一项任务是创建文件夹。针对新的模块，创建一个名为 src/app/common 的文件夹。在 example 文件夹中运行以下命令，可以将管道和指令的 TypeScript 文件移动到 src/app/common 文件夹中。

```
mv src/app/*.pipe.ts src/app/common/
mv src/app/*.directive.ts src/app/common/
```

这些命令可以在 Windows PowerShell、Linux 和 macOS 中执行。应用程序中的某些指令和管道依赖 DiscountService 类和 LogServices 类，这两个类可通过依赖注入提供给指令和管道。在 example 文件夹中运行以下命令，可将服务的 TypeScript 文件移动到模块文件夹中。

```
mv src/app/*.service.ts src/app/common/
```

命令成功运行后，表 21-6 中列出的全部文件都被移到 common 模块文件夹中。

表 21-6　移动到 common 模块文件夹中的全部文件

文件	新的位置
app/addTax.pipe.ts	app/common/addTax.pipe.ts
app/attr.directive.ts	app/common/attr.directive.ts
app/categoryFilter.pipe.ts	app/common/categoryFilter.pipe.ts
app/cellColor.directive.ts	app/common/cellColor.directive.ts
app/cellColorSwitcher.directive.ts	app/common/cellColorSwitcher.directive.ts
app/discount.pipe.ts	app/common/discount.pipe.ts
app/discountAmount.directive.ts	app/common/discountAmount.directive.ts
app/iterator.directive.ts	app/common/iterator.directive.ts
app/structure.directive.ts	app/common/structure.directive.ts
app/twoway.directive.ts	app/common/twoway.directive.ts
app/valueDisplay.directive.ts	app/common/valueDisplay.directive.ts
app/discount.service.ts	app/common/discount.service.ts
app/log.service.ts	app/common/log.service.ts

2. 更新新模块中的类

某些移动到新文件夹的类中包含的 import 语句必须进行更新，更新的目的是反映模型模块的新路径。代码清单 21-15 显示了在 attr.directive.ts 文件中所做的修改。

代码清单 21-15　在 src/app/common 文件夹的 attr.directive.ts 文件中更新导入的内容

```
import { Directive, ElementRef, Attribute, Input,
        SimpleChange, Output, EventEmitter, HostListener, HostBinding }
            from "@angular/core";
import { Product } from "../model/product.model";
```

```
@Directive({
    selector: "[pa-attr]"
})
export class PaAttrDirective {

    // ...statements omitted for brevity...

}
```

代码清单 21-16 显示了 categoryFilter.pipe.ts 文件中对应的修改。

代码清单 21-16   在 src/app/common 文件夹的 categoryFilter.pipe.ts 文件中更新导入的内容

```
import { Pipe } from "@angular/core";
import { Product } from "../model/product.model";

@Pipe({
    name: "filter",
    pure: false
})
export class PaCategoryFilterPipe {

    transform(products: Product[], category: string): Product[] {
        return category == undefined ?
            products : products.filter(p => p.category == category);
    }

}
```

3. 创建模块定义

下一步是定义一个模块，这个模块可将移到新文件夹的全部文件中的功能集合到一起。在 src/app/common 文件夹中添加一个名为 common.module.ts 的文件，代码清单 21-17 中定义了这个模块的内容。

代码清单 21-17   src/app/common 文件夹中 common.module.ts 文件的内容

```
import { NgModule } from "@angular/core";
import { PaAddTaxPipe } from "./addTax.pipe";
import { PaAttrDirective } from "./attr.directive";
import { PaCategoryFilterPipe } from "./categoryFilter.pipe";
import { PaCellColor } from "./cellColor.directive";
import { PaCellColorSwitcher } from "./cellColorSwitcher.directive";
import { PaDiscountPipe } from "./discount.pipe";
import { PaDiscountAmountDirective } from "./discountAmount.directive";
import { PaIteratorDirective } from "./iterator.directive";
import { PaStructureDirective } from "./structure.directive";
import { PaModel } from "./twoway.directive";
import { VALUE_SERVICE, PaDisplayValueDirective} from "./valueDisplay.directive";
import { DiscountService } from "./discount.service";
import { LogService } from "./log.service";
import { ModelModule } from "../model/model.module";

@NgModule({
    imports: [ModelModule],
    providers: [LogService, DiscountService,
        { provide: VALUE_SERVICE, useValue: "Apples" }],
    declarations: [PaAddTaxPipe, PaAttrDirective, PaCategoryFilterPipe,
        PaCellColor, PaCellColorSwitcher, PaDiscountPipe,
```

```
        PaDiscountAmountDirective, PaIteratorDirective, PaStructureDirective,
        PaModel, PaDisplayValueDirective],
    exports: [PaAddTaxPipe, PaAttrDirective, PaCategoryFilterPipe,
        PaCellColor, PaCellColorSwitcher, PaDiscountPipe,
        PaDiscountAmountDirective, PaIteratorDirective, PaStructureDirective,
        PaModel, PaDisplayValueDirective]
})
export class CommonModule { }
```

这个模块比数据模型模块更复杂。下面将描述每一个装饰器属性使用的值。

理解导入

模块中的某些指令和管道依赖在 model 模块中定义的服务，这些服务在本章前面已经创建完成。为确保这个模块中的功能可用，需要将这些功能添加到常用模块的 imports 属性中。

理解提供程序

providers 属性可以确保功能模块中的指令和管道能够访问到指令和管道所需访问的服务。这就要求添加类提供程序来创建 LogService 和 DiscountService 服务。当加载模块时，这两个服务将被添加到根模块的提供程序中。服务不仅对 common 模块中的指令和管道来说是可用的，而且在整个应用程序中都是可用的。

理解声明

declarations 属性用于为 Angular 在模块中提供一个指令和管道的列表(如果存在组件，那么也包括组件)。在功能模块中，使用这个属性有两个目的：其一，启用可声明类，使之可用于模块中所包含的任何模板；其二，使一个模块中的可声明类在该模块之外也是可用的。本章后面将创建一个包含模板内容的模块，但是对于这个模块来说，为了通过 exports 属性导出这个模块，必须先使用 declarations 属性声明这个模块，下一小节将解释这一点。

理解导出

对于一个包含了指令和管道的模块来说，如果打算在应用程序的其他位置使用这些指令和管道，那么 exports 属性就是这个模块的@NgModule 装饰器中最重要的属性。这是因为，对于那些在应用程序中某处导入且由模块提供的指令、组件和管道，只有通过 exports 属性定义了这些指令、组件和管道，它们才能被应用程序的其他部分使用。exports 属性可以包含单独的类和模块类型，当然，这些类和模块类型必须已经包含在 declarations 或 imports 属性中。导入这个模块时，模块中列出的类型就好像已经被添加到导入模块的 declarations 属性中一样。

4. 更新应用程序中的其他类

既然我们已经定义了模块，下面就可以更新应用程序中包含了 import 语句的其他文件，这些文件利用 import 语句导入属于 common 模块组成部分的类型。代码清单 21-18 给出了需要对discountDisplay.component.ts 文件所做的修改。

代码清单 21-18　在 src/app 文件夹的 discountDisplay.component.ts 文件中更新导入

```
import { Component, Input } from "@angular/core";
import { DiscountService } from "./common/discount.service";


@Component({
    selector: "paDiscountDisplay",
    template: `<div class="bg-info text-white p-2">
                The discount is {{discounter.discount}}
```

```
                    </div>`
})
export class PaDiscountDisplayComponent {

    constructor(public discounter: DiscountService) { }
}
```

代码清单 21-19 给出了在 discountEditor.component.ts 文件中所做的修改。

代码清单 21-19　在 src/app 文件夹的 discountEditor.component.ts 文件中更新导入引用

```
import { Component, Input } from "@angular/core";
import { DiscountService } from "./common/discount.service";

@Component({
    selector: "paDiscountEditor",
    template: `<div class="form-group">
                    <label>Discount</label>
                    <input [(ngModel)]="discounter.discount"
                        class="form-control" type="number" />
                </div>`
})
export class PaDiscountEditorComponent {

    constructor(public discounter: DiscountService) { }
}
```

代码清单 21-20 给出了在 productForm.component.ts 文件中所做的修改。

代码清单 21-20　在 src/app 文件夹的 productForm.component.ts 文件中更新导入引用

```
import { Component, Output, EventEmitter, ViewEncapsulation,
    Inject, SkipSelf } from "@angular/core";
import { Product } from "./model/product.model";
import { Model } from "./model/repository.model";
import { VALUE_SERVICE } from "./common/valueDisplay.directive";

@Component({
    selector: "paProductForm",
    templateUrl: "productForm.component.html",
    viewProviders: [{ provide: VALUE_SERVICE, useValue: "Oranges" }]
})

export class ProductFormComponent {

    // ...statements omitted for brevity...
}
```

最后修改的文件是 productTable.component.ts，如代码清单 21-21 所示。

代码清单 21-21　在 src/app 文件夹的 productTable.component.ts 文件中更新导入引用

```
import { Component, Input, ViewChildren, QueryList } from "@angular/core";
import { Model } from "./model/repository.model";
import { Product } from "./model/product.model";
import { DiscountService } from "./common/discount.service";
import { LogService } from "./common/log.service";
```

```
@Component({
    selector: "paProductTable",
    templateUrl: "productTable.component.html",
    providers:[LogService]
})
export class ProductTableComponent {

    // ...statements omitted for brevity...
}
```

5. 更新根模块

最后一步就是更新根模块，这样，为了访问 common 模块中的指令和管道，根模块可以加载 common 模块，参见代码清单 21-22。

代码清单 21-22　在 src/app 文件夹的 app.module.ts 文件中导入一个功能模块

```
import { NgModule } from "@angular/core";
import { BrowserModule } from "@angular/platform-browser";
import { ProductComponent } from "./component";
import { FormsModule, ReactiveFormsModule } from "@angular/forms";
import { ProductTableComponent } from "./productTable.component";
import { ProductFormComponent } from "./productForm.component";
import { PaDiscountDisplayComponent } from "./discountDisplay.component";
import { PaDiscountEditorComponent } from "./discountEditor.component";
import { ModelModule } from "./model/model.module";
import { CommonModule } from "./common/common.module";

@NgModule({
    imports: [BrowserModule, FormsModule, ReactiveFormsModule,
        ModelModule, CommonModule],
    declarations: [ProductComponent, ProductTableComponent,
        ProductFormComponent, PaDiscountDisplayComponent, PaDiscountEditorComponent],
    bootstrap: [ProductFormComponent, ProductTableComponent]
})
export class AppModule { }
```

创建 common 模块可以极大地简化根模块，common 模块已经被添加到 imports 列表中。所有与指令和管道对应的单独类都从 declarations 列表中移除，与其相关联的 import 语句也从文件中移除。导入 common 模块时，在 common 模块的 exports 属性中列出的全部类型都将被添加到根模块的 declarations 属性中。

将本节中的修改保存到根模块之后，就可以运行 ng serve 命令启动 Angular 开发工具了。同样，用户并不会看到内容上的可视化更改，而只是应用程序结构上有些差别。

21.3.3　使用组件创建一个功能模块

下面创建的最后一个模块将包含应用程序的组件。创建模块的基本过程与前面给出的示例是一样的，后面将再次描述这个过程。

1. 创建模块文件夹并移动文件

我们将此模块命名为 components，并创建一个 src/app/components 文件夹来保存所有文件。在 example 文件夹中运行以下命令，可以将指令 TypeScript 文件、HTML 文件、CSS 文件移动到新的文件夹中,并删除对应的 JavaScript 文件。

```
mv src/app/*.component.ts src/app/components/
mv src/app/*.component.html src/app/components/
mv src/app/*.component.css src/app/components/
```

上述命令的执行结果就是将组件代码文件、模板和样式表移到新的文件夹中,如表 21-7 所示。

表 21-7 创建组件模块需要移动的文件

文件	新位置
src/app/app.component.ts	src/app/components/app.component.ts
src/app/app.component.html	src/app/components/app.component.html
src/app/app.component.css	src/app/components/app.component.css
src/app/discountDisplay.component.ts	src/app/components/discountDisplay.component.ts
src/app/discountEditor.component.ts	src/app/components/discountEditor.component.ts
src/app/productForm.component.ts	src/app/components/productForm.component.ts
src/app/productForm.component.html	src/app/components/productForm.component.html
src/app/productForm.component.css	src/app/components/productForm.component.css
src/app/productTable.component.ts	src/app/components/productTable.component.ts
src/app/productTable.component.html	src/app/components/productTable.component.html
src/app/productTable.component.css	src/app/components/productTable.component.css
src/app/toggleView.component.ts	src/app/components/toggleView.component.ts
src/app/toggleView.component.html	src/app/components/toggleView.component.html

2. 创建模块定义

为创建模块,在 src/app/components 文件夹中添加一个名为 components.module.ts 的文件,并添加如代码清单 21-23 所示的语句。

代码清单 21-23 src/app/components 文件夹中 components.module.ts 文件的内容

```
import { NgModule } from "@angular/core";
import { BrowserModule } from "@angular/platform-browser";
import { CommonModule } from "../common/common.module";
import { FormsModule, ReactiveFormsModule } from "@angular/forms"
import { PaDiscountDisplayComponent } from "./discountDisplay.component";
import { PaDiscountEditorComponent } from "./discountEditor.component";
import { ProductFormComponent } from "./productForm.component";
import { ProductTableComponent } from "./productTable.component";

@NgModule({
    imports: [BrowserModule, FormsModule, ReactiveFormsModule, CommonModule],
    declarations: [PaDiscountDisplayComponent, PaDiscountEditorComponent,
        ProductFormComponent, ProductTableComponent],
    exports: [ProductFormComponent, ProductTableComponent]
})
export class ComponentsModule { }
```

这个模块导入了 BrowserModule 和 CommonModule 这两个模块,目的是确保指令能够访问其所需的服务和可声明类。这个模块导出了 ProductFormComponent 和 ProductTableComponent

组件，这两个组件用在根组件的bootstrap属性中。其他组件是模块私有的。

3. 更新其他类

要将 TypeScript 文件移动到 components 文件夹中，需要对 import 语句中的路径做些修改。代码清单 21-24 给出了针对移动 discountDisplay.component.ts 文件所需的修改。

代码清单 21-24　在 src/app/components 文件夹的 discountDisplay.component.ts 文件中更新路径

```
import { Component, Input } from "@angular/core";
import { DiscountService } from "../common/discount.service";

@Component({
  selector: "paDiscountDisplay",
  template: `<div class="bg-info text-white p-2">
                The discount is {{discounter.discount}}
             </div>`
})
export class PaDiscountDisplayComponent {

  constructor(public discounter: DiscountService) { }
}
```

代码清单 21-25 给出了针对 discountEditor.component.ts 文件所需的修改。

代码清单 21-25　在 src/app/components 文件夹的 discountEditor.component.ts 文件中更新路径

```
import { Component, Input } from "@angular/core";
import { DiscountService } from "../common/discount.service";

@Component({
    selector: "paDiscountEditor",
    template: `<div class="form-group">
                <label>Discount</label>
                <input [(ngModel)]="discounter.discount"
                    class="form-control" type="number" />
            </div>`
})
export class PaDiscountEditorComponent {

    constructor(public discounter: DiscountService) { }
}
```

代码清单 21-26 给出了针对 productForm.component.ts 文件所需的修改。

代码清单 21-26　在 src/app/components 文件夹的 productForm.component.ts 文件中更新路径

```
import { Component, Output, EventEmitter, ViewEncapsulation,
    Inject, SkipSelf } from "@angular/core";
import { Product } from "../model/product.model";
import { Model } from "../model/repository.model";
import { VALUE_SERVICE } from "../common/valueDisplay.directive";
```

```
@Component({
    selector: "paProductForm",
    templateUrl: "productForm.component.html",
    viewProviders: [{ provide: VALUE_SERVICE, useValue: "Oranges" }]
})
export class ProductFormComponent {
    newProduct: Product = new Product();

    constructor(private model: Model,
            @Inject(VALUE_SERVICE) @SkipSelf() private serviceValue: string) {
        console.log("Service Value: " + serviceValue);
    }

    submitForm(form: any) {
        this.model.saveProduct(this.newProduct);
        this.newProduct = new Product();
        form.reset();
    }
}
```

代码清单 21-27 给出了针对 productTable.component.ts 文件所需的修改。

**代码清单 21-27　在 src/app/components 文件夹的 productTable.component.ts 文件中
更新路径**

```
import { Component, Input, ViewChildren, QueryList } from "@angular/core";
import { Model } from "../model/repository.model";
import { Product } from "../model/product.model";
import { DiscountService } from "../common/discount.service";
import { LogService } from "../common/log.service";

@Component({
    selector: "paProductTable",
    templateUrl: "productTable.component.html",
    providers:[LogService]

})
export class ProductTableComponent {

    constructor(private dataModel: Model) { }

    getProduct(key: number): Product {
        return this.dataModel.getProduct(key);
    }

    getProducts(): Product[] {
        return this.dataModel.getProducts();
    }

    deleteProduct(key: number) {
        this.dataModel.deleteProduct(key);
    }

    taxRate: number = 0;
    dateObject: Date = new Date(2020, 1, 20);
    dateString: string = "2020-02-20T00:00:00.000Z";
```

```
    dateNumber: number = 1582156800000;

    selectMap = {
        "Watersports": "stay dry",
        "Soccer": "score goals",
        "other": "have fun"
    }

    numberMap = {
        "=1": "one product",
        "=2": "two products",
        "other": "# products"
    }
}
```

4. 更新根模块

最后一步是更新根模块，移除对单个文件的过时引用，并导入新模块，如代码清单 21-28 所示。

代码清单 21-28　在 src/app 文件夹的 app.module.ts 文件中导入一个功能模块

```
import { NgModule } from "@angular/core";
import { BrowserModule } from "@angular/platform-browser";
import { ProductComponent } from "./component";
import { FormsModule, ReactiveFormsModule } from "@angular/forms";
import { ProductTableComponent } from "./components/productTable.component";
import { ProductFormComponent } from "./components/productForm.component";
// import { PaDiscountDisplayComponent } from "./discountDisplay.component";
// import { PaDiscountEditorComponent } from "./discountEditor.component";
import { ModelModule } from "./model/model.module";
import { CommonModule } from "./common/common.module";
import { ComponentsModule } from "./components/components.module";

@NgModule({
    imports: [BrowserModule, FormsModule, ReactiveFormsModule,
        ModelModule, CommonModule, ComponentsModule],
    declarations: [ProductComponent],
    bootstrap: [ProductFormComponent, ProductTableComponent]
})
export class AppModule { }
```

重新启动 Angular 开发工具来构建并显示应用程序。通过在应用程序中添加模块，可以极大地简化根模块，并可在自包容的构造块中定义相关的功能，这些功能可在与应用程序其他功能相对隔离的情况下进行修改或扩展。

21.4　本章小结

本章描述了最后一种 Angular 构造块——模块，解释了根模块的角色，演示了如何通过创建功能模块在应用程序中添加结构。本书的下一部分将描述 Angular 如何使用构造块生成复杂且响应灵敏的应用程序。

第 III 部分

■ ■ ■

Angular 高级功能

第 22 章

创建示例项目

在本书第 II 部分的章节中，为演示不同的 Angular 功能，在示例项目中添加了类和其他相关内容。然后，在第 21 章引入了功能模块，为项目添加了一些结构。这样我们就得到一个包含大量冗余功能和未使用功能的项目。在本书这一部分的章节中，我们打算启动一个新的项目，这个项目从早先的章节中提取了某些核心功能，后续章节的内容将提供更清晰的基础。

22.1 启动示例项目

为了创建该示例项目并使用工具和占位符内容填充它，需要打开一个新的命令提示符，导航到一个方便的位置并运行代码清单 22-1 中的命令。

代码清单 22-1 创建示例项目

```
ng new exampleApp --routing false --style css --skip-git --skip-tests
```

为了将本部分使用的项目与前面的示例项目区分开来，创建了一个名为 exampleApp 的项目。该项目初始化过程的完成需要花费一段时间，因为需要下载所有需要的包。

22.1.1 添加和配置 Bootstrap CSS 包

在此要继续使用 Bootstrap CSS 框架来样式化本章及本书剩余部分中的 HTML 元素。运行代码清单 22-2 中的命令，导航到 exampleApp 文件夹，将 Bootstrap 包添加到项目中。

代码清单 22-2 安装 Bootstrap 包

```
cd exampleApp
npm install bootstrap@4.4.1
```

将代码清单 22-3 所示的代码行添加到 angular.json 文件，这样就可以在 Angular 开发工具准备的 bundle 中包含 Bootstrap CSS 样式。

代码清单 22-3　在 exampleApp 文件夹的 angular.json 文件中配置 CSS 文件

```
...
"styles": [
    "styles.css",
    "node_modules/bootstrap/dist/css/bootstrap.min.css"
],
...
```

22.1.2　创建项目结构

为了准备示例应用程序的内容，添加了一系列子文件夹，用于保存应用程序代码和一些功能模块，如表 22-1 所示。

表 22-1　为示例应用程序创建的文件夹

名称	描述
src/app/model	这个文件夹将包含一个功能模块，其中包含的是数据模型
src/app/core	这个文件夹将包含一个功能模块，其中包含的组件提供应用程序的核心功能
src/app/messages	这个文件夹将包含一个功能模块，用于向用户显示消息和错误

22.2　创建模型模块

第一个功能模块包含项目的数据模型，它类似于本书第 II 部分使用的功能模块，但这个功能模块不包含表单验证逻辑。表单验证逻辑将在其他部分进行处理。

22.2.1　创建产品数据类型

为定义应用程序所需的基本数据类型，需要在 src/app/model 文件夹中添加一个名为 product.model.ts 的文件，并定义代码清单 22-4 所示的类。

代码清单 22-4　src/app/model 文件夹中 product.model.ts 文件的内容

```
export class Product {

    constructor(public id?: number,
                public name?: string,
                public category?: string,
                public price?: number) {}
}
```

22.2.2　创建数据源和存储库

为给应用程序提供初始数据，在 src/app/model 文件夹中创建一个名为 static.datasource.ts 的文件，并定义如代码清单 22-5 所示的服务。这个类充当第 22～第 24 章的数据源，第 24 章将解释如何使用异步 HTTP 请求从 Web 服务请求数据。

提示：在一个功能模块中创建文件时，使文件名符合 Angular 文件命名约定会让开发工作轻松一些。如果开发人员很容易就能从模块名称推测出模块功能，那么效果会更好。

代码清单 22-5　src/app/model 文件夹中 static.datasource.ts 文件的内容

```
import { Injectable } from "@angular/core";
import { Product } from "./product.model";

@Injectable()
export class StaticDataSource {
    private data: Product[];

    constructor() {
        this.data = new Array<Product>(
            new Product(1, "Kayak", "Watersports", 275),
            new Product(2, "Lifejacket", "Watersports", 48.95),
            new Product(3, "Soccer Ball", "Soccer", 19.50),
            new Product(4, "Corner Flags", "Soccer", 34.95),
            new Product(5, "Thinking Cap", "Chess", 16));
    }

    getData(): Product[] {
        return this.data;
    }
}
```

下一步是定义存储库，应用程序的其他部分可以通过存储库访问模型数据。在 src/app/model 文件夹中创建一个名为 repository.model.ts 的文件，并使用这个文件定义代码清单 22-6 中所示的类。

代码清单 22-6　src/app/model 文件夹中 repository.model.ts 文件的内容

```
import { Injectable } from "@angular/core";
import { Product } from "./product.model";
import { StaticDataSource } from "./static.datasource";

@Injectable()
export class Model {
    private products: Product[];
    private locator = (p: Product, id: number) => p.id == id;

    constructor(private dataSource: StaticDataSource) {
        this.products = new Array<Product>();
        this.dataSource.getData().forEach(p => this.products.push(p));
    }

    getProducts(): Product[] {
        return this.products;
    }

    getProduct(id: number): Product {
        return this.products.find(p => this.locator(p, id));
    }

    saveProduct(product: Product) {
        if (product.id == 0 || product.id == null) {
            product.id = this.generateID();
            this.products.push(product);
        } else {
```

```
        let index = this.products
            .findIndex(p => this.locator(p, product.id));
        this.products.splice(index, 1, product);
    }
}

deleteProduct(id: number) {
    let index = this.products.findIndex(p => this.locator(p, id));
    if (index > -1) {
        this.products.splice(index, 1);
    }
}

private generateID(): number {
    let candidate = 100;
    while (this.getProduct(candidate) != null) {
        candidate++;
    }
    return candidate;
}
}
```

22.2.3 完成模型模块

为了完成数据模型，需要定义模块。在 src/app/model 文件夹中创建一个名为 model.module.ts 的文件，并使用这个文件定义如代码清单 22-7 所示的 Angular 模块。

代码清单 22-7　src/app/model 文件夹中 model.module.ts 文件的内容

```
import { NgModule } from "@angular/core";
import { StaticDataSource } from "./static.datasource";
import { Model } from "./repository.model";

@NgModule({
    providers: [Model, StaticDataSource]
})
export class ModelModule { }
```

22.3　创建核心模块

核心模块包含应用程序的主要功能，核心模块构建在本书第Ⅱ部分所介绍功能的基础之上，为用户提供模型中的产品列表，并提供创建和编辑产品的功能。

22.3.1 创建共享状态服务

为了让核心模块中的组件能够协同工作，我们打算添加一个能够记录当前模式的服务，这个服务可以记录用户当前正在编辑产品还是正在新建产品。在 src/app/core 文件夹中添加一个名为 sharedState.model.ts 的文件，定义一个枚举和一个类，内容如代码清单 22-8 所示。

提示： 使用的文件名是 model.ts，而没有使用文件名 service.ts，这是因为这个类的角色在后面的章节中将会发生变化。显然此处破坏了命名约定，但是我们现在暂且这样做。

代码清单 22-8　src/app/core 文件夹中 sharedState.model.ts 文件的内容

```
export enum MODES {
    CREATE, EDIT
}

export class SharedState {
    mode: MODES = MODES.EDIT;
    id: number;
}
```

SharedState 类包含两个属性，它们反映了应用程序当前所处的模式和当前操作的数据模型对象的 ID。

22.3.2　创建表格组件

表格组件可用一个列出应用程序中全部产品的表格向用户展示全部产品，这也是应用程序的重点，通过在其他功能区域提供按钮，提供了对创建对象、编辑对象和删除对象等功能的访问支持。代码清单 22-9 显示了 table.component.ts 文件的内容，这个文件是在 src/app/core 文件夹中创建的。

代码清单 22-9　src/app/core 文件夹中 table.component.ts 文件的内容

```
import { Component } from "@angular/core";
import { Product } from "../model/product.model";
import { Model } from "../model/repository.model";
import { MODES, SharedState } from "./sharedState.model";

@Component({
    selector: "paTable",
    templateUrl: "table.component.html"
})
export class TableComponent {

    constructor(private model: Model, private state: SharedState) { }

    getProduct(key: number): Product {
        return this.model.getProduct(key);
    }

    getProducts(): Product[] {
        return this.model.getProducts();
    }

    deleteProduct(key: number) {
        this.model.deleteProduct(key);
    }

    editProduct(key: number) {
        this.state.id = key;
        this.state.mode = MODES.EDIT;
    }

    createProduct() {
        this.state.id = undefined;
```

```
        this.state.mode = MODES.CREATE;
    }
}
```

这个组件新增了 editProduct 方法和 createProduct 方法，所实现的基本功能与本书第Ⅱ部分实现的基本功能一样。当用户打算编辑或创建一个产品时，这两个方法可以更新共享状态服务。

创建表格组件模板

为给表格组件提供一个模板，在 src/app/core 文件夹中添加一个名为 table.component.html 的 HTML 文件，并添加代码清单 22-10 中所示的标记。

代码清单 22-10　src/app/core 文件夹中 table.component.html 文件的内容

```
<table class="table table-sm table-bordered table-striped">
    <tr>
        <th>ID</th><th>Name</th><th>Category</th><th>Price</th><th></th>
    </tr>
    <tr *ngFor="let item of getProducts()">
        <td>{{item.id}}</td>
        <td>{{item.name}}</td>
        <td>{{item.category}}</td>
        <td>{{item.price | currency:"USD" }}</td>
        <td class="text-center">
            <button class="btn btn-danger btn-sm mr-1"
                    (click)="deleteProduct(item.id)">
                Delete
            </button>
            <button class="btn btn-warning btn-sm" (click)="editProduct(item.id)">
                Edit
            </button>
        </td>
    </tr>
</table>
<button class="btn btn-primary m-1" (click)="createProduct()">
    Create New Product
</button>
```

这个模板使用 ngFor 指令为数据模型中的每一项产品在表格中创建行，行中包括调用 deleteProduct 和 editProduct 方法的按钮。在表格外部还有一个 button 元素，单击这个按钮时，可以调用组件的 createProduct 方法。

22.3.3　创建表单组件

对于本项目来说，将创建一个表单组件来管理 HTML 表单，从而能够创建新的产品和修改已有的产品。为了定义这个组件，在 src/app/core 文件夹中添加一个名为 form.component.ts 的文件，并添加代码清单 22-11 所示的代码。

代码清单 22-11　src/app/core 文件夹中 form.component.ts 文件的内容

```
import { Component } from "@angular/core";
import { NgForm } from "@angular/forms";
import { Product } from "../model/product.model";
import { Model } from "../model/repository.model"
import { MODES, SharedState } from "./sharedState.model";
```

```
@Component({
    selector: "paForm",
    templateUrl: "form.component.html",
    styleUrls: ["form.component.css"]
})
export class FormComponent {
    product: Product = new Product();

    constructor(private model: Model,
            private state: SharedState) { }

    get editing(): boolean {
        return this.state.mode == MODES.EDIT;
    }

    submitForm(form: NgForm) {
        if (form.valid) {
            this.model.saveProduct(this.product);
            this.product = new Product();
            form.reset();
        }
    }

    resetForm() {
        this.product = new Product();
    }
}
```

同样的组件和表单可用来创建新产品和编辑已有的产品，因此与本书第 II 部分给出的对等组件相比，我们还需要添加一些新功能。editing 属性可用在视图中，提示共享状态服务的当前设置。resetForm 是另一个新增加的方法，用于重置为表单提供数据值的对象。submitForm 方法没有变化，仍然需要根据数据模型来判断传递给 saveProduct 方法的对象在模型中是一个新对象，还是一个替换了现有对象的对象。

1. 创建表单组件模板

为了给组件提供模板，在src/app/core文件夹中添加了一个名为form.component.html的HTML文件，并添加如代码清单 22-12 所示的标记。

代码清单 22-12 src/app/core 文件夹中 form.component.html 文件的内容

```
<div class="bg-primary text-white p-2" [class.bg-warning]="editing">
    <h5>{{editing ? "Edit" : "Create"}} Product</h5>
</div>

<form novalidate #form="ngForm" (ngSubmit)="submitForm(form)" (reset)="resetForm()" >

    <div class="form-group">
        <label>Name</label>
        <input class="form-control" name="name"
                [(ngModel)]="product.name" required />
    </div>
    <div class="form-group">
        <label>Category</label>
        <input class="form-control" name="category"
```

```
                [(ngModel)]="product.category" required />
    </div>

    <div class="form-group">
        <label>Price</label>
        <input class="form-control" name="price"
                [(ngModel)]="product.price"
                required pattern="^[0-9\.]+$" />
    </div>

    <button type="submit" class="btn btn-primary m-1"
            [class.btn-warning]="editing" [disabled]="form.invalid">
        {{editing ? "Save" : "Create"}}
    </button>
    <button type="reset" class="btn btn-secondary m-1">Cancel</button>
</form>
```

在这个模板中，最重要的部分就是表单，表单包含用来创建或编辑一个产品的 name、category、price 等属性的 input 元素。模板顶端的头部和表单中提交按钮的内容及外观都发生了变化，这种变化是根据应用程序当前所处的编辑模式而产生的，这样就区分了不同的操作。

2. 创建表单组件样式

为了让示例尽可能简单，使用的基本表单验证没有提供任何错误消息。采取的方法是利用被应用于 Angular 验证类的 CSS 样式。为此，在 src/app/core 文件夹中添加了一个名为 form.component.css 的文件，并定义了如代码清单 22-13 所示的样式。

代码清单 22-13　src/app/core 文件夹中 form.component.css 文件的内容

```
input.ng-dirty.ng-invalid { border: 2px solid #ff0000 }
input.ng-dirty.ng-valid { border: 2px solid #6bc502 }
```

22.3.4　完成核心模块

为了定义包含组件的模块，需要在 src/app/core 文件夹中添加一个名为 core.module.ts 的文件，并创建如代码清单 22-14 所示的 Angular 模块。

代码清单 22-14　src/app/core 文件夹中 core.module.ts 文件的内容

```
import { NgModule } from "@angular/core";
import { BrowserModule } from "@angular/platform-browser";
import { FormsModule } from "@angular/forms";
import { ModelModule } from "../model/model.module";
import { TableComponent } from "./table.component";
import { FormComponent } from "./form.component";
import { SharedState } from "./sharedState.model";

@NgModule({
    imports: [BrowserModule, FormsModule, ModelModule],
    declarations: [TableComponent, FormComponent],
    exports: [ModelModule, TableComponent, FormComponent],
    providers: [SharedState]
})
export class CoreModule { }
```

这个核心模块导入了 Angular 核心功能、Angular 表单功能以及本章先前创建的应用程序的数据模型。该核心模块还为 SharedState 服务设置了一个提供程序。

22.4　创建消息模块

消息模块包含一个用于报告消息或错误的服务，这个服务用于向用户显示必要的消息，还包含一个用于展示消息或错误的组件。整个应用程序都需要使用这个功能，这个功能并非真正属于其他两个模块中的任何一个模块。

22.4.1　创建消息模型和服务

为向用户显示必要的消息，在 src/app/messages 文件夹中添加一个名为 message.model.ts 的文件，并在这个文件中添加如代码清单 22-15 所示的代码。

代码清单 22-15　src/app/messages 文件夹中 message.model.ts 文件的内容

```
export class Message {

    constructor(public text: string,
        public error: boolean = false) { }
}
```

Message 类定义了用于展示文本的属性，无论消息内容是不是错误消息，这些文本都将显示给用户。下一步将在 src/app/messages 文件夹中创建一个名为 message.service.ts 的文件，并使用这个文件定义如代码清单 22-16 所示的服务，这个服务用来注册那些应该显示给用户的消息。

代码清单 22-16　src/app/messages 文件夹中 message.service.ts 文件的内容

```
import { Injectable } from "@angular/core";
import { Message } from "./message.model";

@Injectable()
export class MessageService {
    private handler: (m: Message) => void;

    reportMessage(msg: Message) {
        if (this.handler != null) {
            this.handler(msg);
        }
    }

    registerMessageHandler(handler: (m: Message) => void) {
        this.handler = handler;
    }
}
```

对于应用程序中产生和接收错误消息的组成部分来说，这个服务充当它们之间的中介。第 23 章将改进这个服务的工作方式，届时将引入 Reactive Extensions 包的功能来完成改进工作。

22.4.2　创建组件和模板

现在已经获得了消息源，下面就可以创建一个组件来向用户显示消息。为此，在 src/app/messages

文件夹中创建一个名为 message.component.ts 的文件，并定义如代码清单 22-17 所示的组件。

代码清单 22-17　src/app/messages 文件夹中 message.component.ts 文件的内容

```
import { Component } from "@angular/core";
import { MessageService } from "./message.service";
import { Message } from "./message.model";

@Component({
    selector: "paMessages",
    templateUrl: "message.component.html",
})
export class MessageComponent {
    lastMessage: Message;

    constructor(messageService: MessageService) {
        messageService.registerMessageHandler(m => this.lastMessage = m);
    }
}
```

组件可通过其构造函数的参数接收一个 MessageService 对象，并使用这个 MessageService 对象来注册一个处理程序函数。当服务收到一条消息时，即调用此处理程序函数，将最新的消息赋予一个名为 lastMessage 的属性。为了给组件提供一个模板，在 src/app/messages 文件夹中创建了一个名为 message.component.html 的文件，并在该文件中添加了如代码清单 22-18 所示的标记，用于向用户显示消息。

代码清单 22-18　src/app/messages 文件夹中文件 message.component.html 的内容

```
<div *ngIf="lastMessage"
    class="bg-info text-white p-2 text-center"
    [class.bg-danger]="lastMessage.error">
        <h4>{{lastMessage.text}}</h4>
</div>
```

22.4.3　完成消息模块

在 src/app/messages 文件夹中添加一个名为 message.module.ts 的文件，并在代码清单 22-19 中定义这个模块的内容。

代码清单 22-19　src/app/messages 文件夹中文件 message.module.ts 的内容

```
import { NgModule } from "@angular/core";
import { BrowserModule } from "@angular/platform-browser";
import { MessageComponent } from "./message.component";
import { MessageService } from "./message.service";

@NgModule({
    imports: [BrowserModule],
    declarations: [MessageComponent],
    exports: [MessageComponent],
    providers: [MessageService]
})
export class MessageModule { }
```

22.5 完成项目

为将所有不同的模块组合在一起，对根模块进行了一些更改，如代码清单 22-20 所示。

代码清单 22-20 配置 src/app 文件夹中 app.module.ts 文件的应用程序

```
import { BrowserModule } from '@angular/platform-browser';
import { NgModule } from '@angular/core';
//import { AppComponent } from './app.component';
import { ModelModule } from "./model/model.module";
import { CoreModule } from "./core/core.module";
import { TableComponent } from "./core/table.component";
import { FormComponent } from "./core/form.component";
import { MessageModule } from "./messages/message.module";
import { MessageComponent } from "./messages/message.component";

@NgModule({
  imports: [BrowserModule, ModelModule, CoreModule, MessageModule],
  bootstrap: [TableComponent, FormComponent, MessageComponent]
})
export class AppModule { }
```

这个模块导入了本章创建的功能模块，并指定了三个 bootstrap 组件，其中两个定义在 CoreModule 模块中，第三个定义在 MessageModule 模块中。这些模块可以显示产品表格和表单，还可以显示所有的消息或错误信息。

最后一步是更新 HTML 文件，使该文件中包含的元素与 bootstrap 组件的 selector 属性相匹配，如代码清单 22-21 所示。

代码清单 22-21 在 src 文件夹的 index.html 文件中添加定制元素

```
<!doctype html>
<html lang="en">
<head>
  <meta charset="utf-8">
  <title>ExampleApp</title>
  <base href="/">
  <meta name="viewport" content="width=device-width, initial-scale=1">
  <link rel="icon" type="image/x-icon" href="favicon.ico">
</head>
<body class="m-2">
  <paMessages></paMessages>
  <div class="row m-2">
    <div class="col-8 p-2">
     <paTable></paTable>
    </div>
    <div class="col-4 p-2">
     <paForm></paForm>
    </div>
  </div>
</body>
</html>
```

为启动 Angular 开发工具和构建项目，可在 exampleApp 文件夹中运行以下命令。

```
ng serve
```

一旦完成了初始的构建过程，就打开一个新的浏览器窗口，导航到 http://localhost:4200，将可以看到如图 22-1 所示的内容。

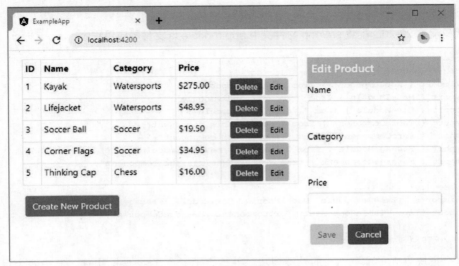

图 22-1　运行示例应用程序

但是，应用程序中的各项内容并没有在此时一起运行。可通过单击 Create New Product 和 Edit 按钮在两种不同操作模式下进行切换，但你会发现，编辑功能并不工作。后续章节将完成核心功能并添加新功能。

22.6　本章小结

本章创建了一个示例项目，本书后面将使用这个项目。这个项目的基本结构与先前章节中使用的示例项目是相同的，但是与先前章节中展示功能的示例项目不同的是，这个示例项目没有冗余代码和标记。下一章将引入 Reactive Extensions 包，用来处理 Angular 应用程序中的更新。

第 23 章

使用 Reactive Extensions

Angular 提供了多种功能，但最吸引人的功能是数据变更在应用程序中的传播方式，填写一个表单字段或单击一个按钮都将引发应用程序状态的即时更新。但是 Angular 在检测变更方面存在一些限制，并且某些特性需要直接与 Angular 用来在整个应用程序中分发更新的库打交道，这个库被称为 Reactive Extensions，也称为 RxJS。

本章解释为什么高级 Angular 项目必须使用 Reactive Extensions，介绍 Reactive Extensions 的核心功能(称为 Observer 和 Observable)，并使用这些功能增强应用程序，从而使用户可以编辑模型中已有的对象，并可以创建新对象。表 23-1 描述了 Reactive Extensions 库的相关知识。

注意：本章的重点是 RxJS 功能，RxJS 功能在 Angular 项目中极为有用。RxJS 包提供了大量功能，如果需要了解与 RxJS 功能有关的更多信息，可参考项目主页：https://github.com/reactivex/rxjs。

表 23-1　Reactive Extensions 库的相关知识

问题	答案
RxJS 是什么	Reactive Extensions 库提供了一种异步事件分发机制，被广泛应用于 Angular 内部，用于实现变更检测和事件传播
RxJS 有什么作用	对于应用程序中那些未使用标准 Angular 变更检测过程的组成部分，RxJS 为这些程序的组成部分接收重要事件通知并做出适当响应提供了支持。为了使用 Angular，必须使用 RxJS，因此可以轻易获取 RxJS 的功能
如何使用 RxJS	首先创建一个收集事件的 Observer，然后通过一个 Observable 将事件分发给订阅者。为了做到这一点，最简单的方法是创建一个 Subject，这个 Subject 可同时提供 Observer 和 Observable 的功能，可以通过一组操作符来管理流向订阅者的事件流
RxJS 是否存在陷阱或限制	一旦掌握基本内容，使用RxJS就成为一件很容易的事。当然，RxJS包提供了大量功能，为了获得特定的输出，需要进行一些试验才能找到有效的组合方式
RxJS 是否存在替代方案	为访问某些 Angular 功能，如子组件更新、子视图查询、异步 HTTP 请求，必须使用 RxJS

表 23-2 给出了本章内容摘要。

表 23-2　本章内容摘要

问题	解决方案	代码清单编号
在应用程序中分发事件	使用 Reactive Extensions	1~5
在模板中等待异步结果	使用 async 管道	6~9
使用事件来启用组件之间的协作	使用 Observable	10~12
管理事件流	使用 filter 或 map 等操作符	13~18

23.1　准备示例项目

本章使用在第 22 章中创建的 exampleApp 项目作为示例，并且不用修改。在 exampleApp 文件夹中运行以下命令，启动 Angular 开发工具。

```
ng serve
```

此时将打开一个新的浏览器窗口，导航到 http://localhost:4200，显示如图 23-1 所示的内容。

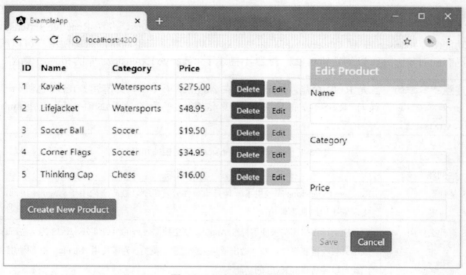

图 23-1　运行示例应用程序

23.2　理解问题

Angular 在检测数据绑定表达式变更方面具有优势。在这方面，Angular 能够高效无缝地完成检测任务，从而使得 Angular 成为易于创建动态应用程序的框架。在示例应用程序中，通过单击 Create New Product 按钮即可看到所发生的变更检测。提供共享状态信息的服务是由表格组件进行更新的，更新随即在控制元素外观的数据绑定中反映出来，而这些元素是由表单组件管理的，如图 23-2 所示。单击 Create New Product 按钮时，表单中的标题和按钮的颜色马上会发生变化。

随着应用程序中对象数量的不断增加，变更检测可能发生失控，从而严重影响应用程序的性能，在性能有限的设备上影响尤其大，例如手机或平板电脑。针对变更检测，Angular 没有采用跟踪应用程序中全部对象的做法，而是将重点放在数据绑定上，特别是在属性值发生变更的情况下，完成变更检测。

这样就产生了一个问题：虽然 Angular 自动管理 HTML 元素的绑定，但并没有为响应组件内部的服务变更提供任何支持。

只要单击表格中的某个 Edit 按钮，马上就可以看到组件因为没有发生变更而产生的结果。虽然数据绑定马上得到了更新，但在单击 Edit 按钮后，组件并没有得到通知，因此组件也就不知道需要更新属性，而这些属性可以用来在编辑时填充表单元素。

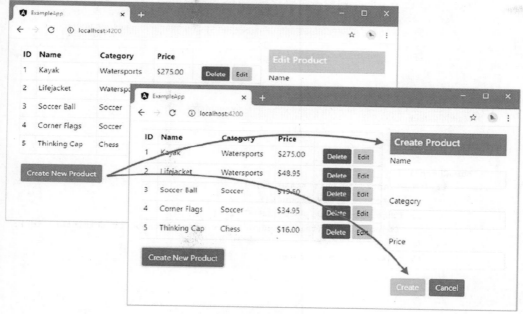

图 23-2　更新数据绑定表达式

组件无法及时得到更新则表明：表单组件需要退而求其次，采用本书第 15 章描述的 ngDoCheck 方法，利用这个方法来判定是否发生了重要变更，如代码清单 23-1 所示。

代码清单 23-1　在 src/app/core 文件夹的 form.component.ts 文件中监视服务变更

```
import { Component } from "@angular/core";
import { NgForm } from "@angular/forms";
import { Product } from "../model/product.model";
import { Model } from "../model/repository.model"
import { MODES, SharedState } from "./sharedState.model";

@Component({
    selector: "paForm",
    templateUrl: "form.component.html",
    styleUrls: ["form.component.css"]
```

```
})
export class FormComponent {
    product: Product = new Product();
    lastId: number;

    constructor(private model: Model,
        private state: SharedState) { }

    get editing(): boolean {
        return this.state.mode == MODES.EDIT;
    }

    submitForm(form: NgForm) {
        if (form.valid) {
            this.model.saveProduct(this.product);
            this.product = new Product();
            form.reset();
        }
    }

    resetForm() {
        this.product = new Product();
    }

    ngDoCheck() {
        if (this.lastId != this.state.id) {
            this.product = new Product();
            if (this.state.mode == MODES.EDIT) {
                Object.assign(this.product, this.model.getProduct(this.state.id));
            }
            this.lastId = this.state.id;
        }
    }
}
```

　　为查看这些变更产生的结果，单击表格中的一个 Edit 按钮，表单随即被数据填充，并可以编辑数据。结束对表单数据的编辑后，单击 Save 按钮，数据模型即得到更新，从而反映了在表格中完成了哪些变更，如图 23-3 所示。

　　上述代码存在的问题是：Angular 只要检测到应用程序中发生任何变更，就必须调用 ngDoCheck 方法。至于发生了什么事，在哪里发生的，这并不重要：Angular 必须调用 ngDoCheck 方法，为组件提供更新自身的机会。虽然我们可以尽量减少 ngDoCheck 方法所完成的任务，但是随着应用程序中的指令和组件的不断增加，变更事件的数量和 ngDoCheck 方法的调用次数也在增加，最终会降低应用程序的性能。

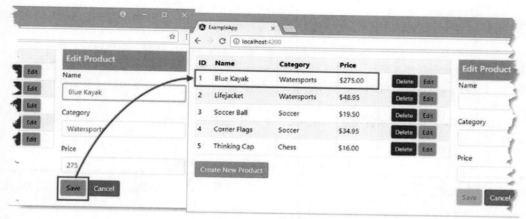

图 23-3　更新产品

　　正确处理变更检测的难度远远超出想象。举例来说，使用示例应用程序编辑一项产品，单击 Save 按钮来保存模型中的修改，然后针对同一个产品再次单击 Edit 按钮，此时什么都没有发生。在实现 ngDoCheck 方法的过程中，这是一个常见错误，即使组件本身触发了一个修改并调用了 ngDoCheck 方法，也会因为 ngDoCheck 方法中的检测代码试图避免无效操作而导致检测失灵。总之，这个方法不够可靠，代价较高，并且不便于扩展。

23.3　使用 Reactive Extensions 解决问题

　　在 Angular 应用程序中，Reactive Extensions 库非常有用。其原因是：它提供了一种简单而又清晰的系统来发送和接收通知。虽然这看起来并不是什么巨大成就，但它成为大多数 Angular 内置功能的基础，应用程序也可以直接使用它来避免因使用 ngDoCheck 方法实现变更检测而产生的问题。为直接使用 Reactive Extensions，代码清单 23-2 定义了一个非透明令牌(opaque token)，可用于提供一个服务，这个服务使用 Reactive Extensions 来分发更新并修改 SharedState 类，这样就定义了一个构造函数。这些变更会临时破坏应用程序，因为 Angular 无法在初始化 SharedState 类时为其构造函数提供值，而 Angular 初始化 SharedState 类实例的目的是将其作为一个服务使用。一旦 Reactive Extensions 所需的变更完成，应用程序将再次开始工作。

代码清单 23-2　在 src/app/core 文件夹的 sharedState.model.ts 文件中定义一个提供程序令牌

```
import { InjectionToken } from "@angular/core";

export enum MODES {
    CREATE, EDIT
}
export const SHARED_STATE = new InjectionToken("shared_state");

export class SharedState {
    constructor(public mode: MODES, public id?: number) { }
}
```

23.3.1　理解 Observable

最关键的 Reactive Extensions 构造块是 Observable，Observable 代表一个可观察的事件序列。一个对象，比如一个组件，可以订阅一个 Observable，并在每次发生一个事件的情况下收到一个通知，这样就可以仅在观察到特定事件的情况下做出响应，而不是只要应用程序发生变化就要做出响应。

Observable 提供的基本方法是 subscribe，该方法可接收三个函数参数，表 23-3 描述了这些参数。

表 23-3　Observable subscribe 的参数

名称	描述
onNext	当一个新事件发生时，调用这个函数
onError	当一个错误发生时，调用这个函数
onCompleted	当一个事件序列结束时，调用这个函数

为订阅一个 Observable，在上面的函数参数中，只有 onNext 函数是必需的。当然，一般来说，更好的做法是实现其他两个函数，完成错误处理工作，以及在事件序列执行完毕时做出响应。对于这个示例来说，事件并没有终止，但是对于 Observable 的其他应用场合来说，比如处理 HTTP 响应，知道事件序列何时能够结束等，其他两个函数参数更有用。代码清单 23-3 修订了表单组件，这样就可以声明对一个 Observable 服务的依赖。

代码清单 23-3　在 src/app/core 文件夹的 form.component.ts 文件中使用 Observable

```
import { Component, Inject } from "@angular/core";
import { NgForm } from "@angular/forms";
import { Product } from "../model/product.model";
import { Model } from "../model/repository.model"
import { MODES, SharedState, SHARED_STATE } from "./sharedState.model";
import { Observable } from "rxjs";

@Component({
  selector: "paForm",
  templateUrl: "form.component.html",
  styleUrls: ["form.component.css"]
})
export class FormComponent {
  product: Product = new Product();
  // lastId: number;
  constructor(private model: Model,
    @Inject(SHARED_STATE) public stateEvents: Observable<SharedState>) {

    stateEvents.subscribe((update) => {
      this.product = new Product();
      if (update.id != undefined) {
        Object.assign(this.product, this.model.getProduct(update.id));
      }
      this.editing = update.mode == MODES.EDIT;
    });
  }
```

```
editing: boolean = false;

submitForm(form: NgForm) {
  if (form.valid) {
    this.model.saveProduct(this.product);
    this.product = new Product();
    form.reset();
  }
}

resetForm() {
  this.product = new Product();
}

//ngDoCheck() {
//  if (this.lastId != this.state.id) {
//    this.product = new Product();
//    if (this.state.mode == MODES.EDIT) {
//      Object.assign(this.product, this.model.getProduct(this.state.id));
//    }
//    this.lastId = this.state.id;
//  }
//}
}
```

Reactive Extensions NPM 包为自己提供的每一种类型都提供了一个单独的 JavaScript 模块，因此可以从 rxjs 模块中导入 Observable 类型。

为接收通知，组件声明了一个对 SHARED_STATE 服务的依赖，这个依赖被当成一个 Observable<SharedState>对象而接收。这个对象是一个 Observerable，其通知则是 SharedState 对象，代表由用户发起的编辑或创建操作。组件调用了 Observable.subscribe 方法，提供了一个函数来接收每一个 SharedState 对象，并使用这个 SharedState 对象来更新组件状态。

Promise 怎么样？

你可能已经习惯于使用 Promise 对象来表示异步活动。Observable 可以执行同样的基本角色，但是更灵活，而且功能更多。Angular 为使用 Promise 提供了支持，如果在迁移到 Angular 时需要使用依赖 Promise 的库，那么这一点非常重要。

Reactive Extensions 提供了 Observable.fromPromise 方法来创建 Observable，使用 Promise 作为事件源。如果已经拥有 Observable，同时还因为某种原因而需要 Promise，那么 Reactive Extensions 还提供了 Observable.toPromise 方法。

此外，某些 Angular 功能允许选择使用哪种技术，比如，第 27 章描述的守卫功能可以同时支持两种异步活动。

但 Reactive Extensions 库是 Angular 的一个重要组成部分，你会经常在本书这一部分的各章中遇到这个概念。推荐在遇到 Observable 的情况下使用 Reactive Extensions，尽量少用 Promise。

23.3.2 理解 Observer

Reactive Extensions 的 Observer 提供了一种机制来创建更新，为此，使用表 23-4 中描述的方法。

表 23-4　Observer 方法

名称	描述
next(value)	这个方法使用指定的 value 参数创建一个新事件
error(errorObject)	这个方法报告一个由参数描述的错误，参数可以是任意对象
complete( )	这个方法结束序列，表明不会再继续发送事件

代码清单 23-4 更新了表格组件，这样，当用户单击 Create New Product 或 Edit 按钮时，表格组件可以使用一个 Observer 来发送事件。

代码清单 23-4　在 src/app/core 文件夹的 table.component.ts 文件中使用 Observer

```
import { Component, Inject } from "@angular/core";
import { Product } from "../model/product.model";
import { Model } from "../model/repository.model";
import { MODES, SharedState, SHARED_STATE } from "./sharedState.model";
import { Observer } from "rxjs";

@Component({
    selector: "paTable",
    templateUrl: "table.component.html"
})
export class TableComponent {

    constructor(private model: Model,
      @Inject(SHARED_STATE) public observer: Observer<SharedState>) { }

    getProduct(key: number): Product {
        return this.model.getProduct(key);
    }

    getProducts(): Product[] {
        return this.model.getProducts();
    }

    deleteProduct(key: number) {
        this.model.deleteProduct(key);
    }

    editProduct(key: number) {
        this.observer.next(new SharedState(MODES.EDIT, key));
    }

    createProduct() {
        this.observer.next(new SharedState(MODES.CREATE));
    }
}
```

组件声明了一个对 SHARED_STATE 服务的依赖，SHARED_STATE 服务是作为一个 Observer<SharedState>对象接收的，这表明一个 Observer 将发送使用 SharedState 对象描述的事件。editProduct 和 createProduct 方法已经更新过,因此可以调用 Observer 的 next 方法来通知状态变化。

23.3.3 理解 Subject

表格组件和表单组件都使用令牌 SHARED_STATE 来声明对服务的依赖，但是它们期待不同的类型：表格组件希望收到一个 Observer<SharedState>对象，表单组件则希望得到一个 Observable<SharedState>对象。

Reactive Extensions 库提供了 Subject 类，这个类同时实现了 Observer 和 Observable 功能。因此很容易创建这样一个服务：这个服务可以用一个单独的对象生产和消费事件。在代码清单 23-5 中，修改了在@NgModule 装饰器的 providers 属性中声明的服务，以使用一个 Subject 对象。

代码清单 23-5　在 src/app/core 文件夹的 core.module.ts 文件中修改服务

```
import { NgModule } from "@angular/core";
import { BrowserModule } from "@angular/platform-browser";
import { FormsModule } from "@angular/forms";
import { ModelModule } from "../model/model.module";
import { TableComponent } from "./table.component";
import { FormComponent } from "./form.component";
import { SharedState, SHARED_STATE } from "./sharedState.model";
import { Subject } from "rxjs";
@NgModule({
    imports: [BrowserModule, FormsModule, ModelModule],
    declarations: [TableComponent, FormComponent],
    exports: [ModelModule, TableComponent, FormComponent],
    providers: [{ provide: SHARED_STATE, useValue: new Subject<SharedState>() }]
})
export class CoreModule { }
```

基于值的提供程序告诉 Angular 使用一个 Subject<SharedState>对象来解析对 SHARED_STATE 令牌的依赖，这个令牌可为组件间的协作提供所需的功能。

结果就是改变了共享服务，这样 Subject 就允许表格组件发送不同的事件，而这些事件由表单组件接收并更新了组件状态，而不必使用笨重且开销巨大的 ngDoCheck 方法。而且，这样还无须区分哪些变化由本地组件产生，而哪些变化则来自其他位置，这是因为：订阅了 Observable 的组件知道其所接收的全部事件肯定都来自 Observer。这样，无法两次编辑同一个产品之类的琐碎问题都消失无踪了，如图 23-4 所示。

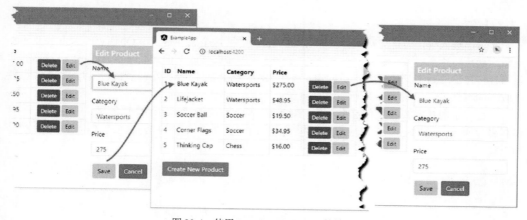

图 23-4　使用 Reactive Extensions 的效果

不同类型的 Subject

代码清单 23-5 使用了 Subject 类，如果需要创建一个既是 Observer 对象又是 Observable 对象的对象，那么这是最简单的方法。这种方法的主要限制是：当使用 subscribe 方法创建一个新的订阅者时，直到下一次调用 next 方法之前，它都不会收到一个事件。如果需要动态创建组件实例或指令实例，并且需要在创建组件实例或指令实例后马上为其提供某些上下文数据，那么这种方法不起作用。

Reactive Extensions 库包含了 Subject 类的某些特定实现，这些实现可用来解决这个问题。BehaviorSubject 类可以跟踪其所处理的最新事件，并且可以在新的订阅者调用 subscribe 方法时，马上将事件发送给订阅者。ReplaySubject 类可以完成某些类似的工作，唯一的不同之处在于：ReplaySubject 类记录它的所有事件，并将全部事件发送给新的订阅者，这样订阅者就可以获取自己在订阅事件之前发生的事件。

23.4　使用 async 管道

Angular 还包括了 async 管道，async 管道可用来直接在一个视图中消费 Observable 对象，还可以从事件序列中选择收到的最后一个对象。正如第 18 章所述，这个管道是一个非纯管道，因为 async 管道的变化是由使用管道的视图的外界驱动的，这说明需要经常调用管道的 transform 方法，即使没有从 Observable 收到一个新的事件，也需要经常调用管道的 transform 方法。代码清单 23-6 说明了如何将 async 管道添加到表单组件所管理的视图中。

代码清单 23-6　在 src/app/core 文件夹的 form.component.html 文件中使用 async 管道

```
<div class="bg-primary text-white p-2" [class.bg-warning]="editing">
  <h5>{{editing ? "Edit" : "Create"}} Product</h5>
  Last Event: {{ stateEvents | async | json }}
</div>

<form novalidate #form="ngForm" (ngSubmit)="submitForm(form)" (reset)="resetForm()">

   ...elements omitted for brevity...

</form>
```

字符串插入绑定表达式从组件获取 stateEvents 属性，这个属性是一个 Observable\<SharedState\> 对象，然后将这个对象传递给 async 管道，async 管道跟踪接收到的最新事件。async 过滤器随即将事件传递给 json 管道，json 管道创建了一个 JSON 格式的事件对象。这样就可以跟踪表单组件接收到的事件了，如图 23-5 所示。

上面显示的数据并非最有用的内容，但给出了某些有用的调试用的内部信息。在这个例子中，最新事件的 mode 值为 1，它对应于 Edit 模式；同时，事件的 id 值为 4，这正是 Corner Flags 产品的 ID。

图 23-5　显示 Observable 事件

与自定义管道一起使用 async 管道

async 管道可以与自定义管道同时使用，并以一种对用户更友好的方式呈现事件数据。为了说明这一点，在 src/app/core 文件夹中添加了一个名为 state.pipe.ts 的文件，并使用这个文件定义代码清单 23-7 中所示的管道。

代码清单 23-7　src/app/core 文件夹中 state.pipe.ts 文件的内容

```
import { Pipe } from "@angular/core";
import { SharedState, MODES } from "./sharedState.model";
import { Model } from "../model/repository.model";

@Pipe({
    name: "formatState",
    pure: true
})
export class StatePipe {

    constructor(private model: Model) { }

    transform(value: any): string {
        if (value instanceof SharedState) {
            let state = value as SharedState;
            return MODES[state.mode] + (state.id != undefined
                ? ` ${this.model.getProduct(state.id).name}` : "");
        } else {
            return "<No Data>"
        }
    }
}
```

在代码清单 23-8 中，将管道添加到核心模块所声明的集合中。

提示： TypeScript 枚举有一个很有用的功能，利用这个功能可以获取一个值的名称。举例来说，表达式 MODES[1]可以返回 EDIT，因为这正是 MODES 枚举在索引位置 1 的名称。代码清单 23-7 中的管道就使用了这个功能，为用户展示状态更新。

代码清单 23-8　在 src/app/core 文件夹的 core.module.ts 文件中注册管道

```
import { NgModule } from "@angular/core";
import { BrowserModule } from "@angular/platform-browser";
import { FormsModule } from "@angular/forms";
import { ModelModule } from "../model/model.module";
import { TableComponent } from "./table.component";
import { FormComponent } from "./form.component";
import { SharedState, SHARED_STATE } from "./sharedState.model";
import { Subject } from "rxjs";
import { StatePipe } from "./state.pipe";
@NgModule({
    imports: [BrowserModule, FormsModule, ModelModule],
    declarations: [TableComponent, FormComponent, StatePipe],
    exports: [ModelModule, TableComponent, FormComponent],
    providers: [{ provide: SHARED_STATE, useValue: new Subject<SharedState>() }]
})
export class CoreModule { }
```

代码清单 23-9 展示了一个新管道，这个管道用于替换由表单组件管理的模板中的内置 json
管道。

代码清单 23-9　在 src/app/core 文件夹的 form.component.html 文件中应用一个自定义管道

```
<div class="bg-primary text-white p-2" [class.bg-warning]="editing">
  <h5>{{editing ? "Edit" : "Create"}} Product</h5>
  Last Event: {{ stateEvents | async | formatState }}
</div>

<form novalidate #form="ngForm" (ngSubmit)="submitForm(form)" (reset)="resetForm()">

  ...elements omitted for brevity...

</form>
```

这个示例展示了从 Observable 对象接收到的事件可以像任何其他对象一样进行处理和转换，
如图 23-6 所示。该图说明了一个自定义管道如何构建在 async 管道提供的核心功能之上。

图 23-6　对通过一个 Observable 序列收到的值进行格式化

23.5 扩展应用程序功能模块

同样的 Reactive Extensions 构造块可用于应用程序中的任何位置,因此便于构造块之间的协作。虽然 Reactive Extensions 在使用时并没有向应用程序中所有的协作部件暴露自己,但是仍然支持构造块之间的协作。作为演示示例,代码清单 23-10 展示了如何在 MessageService 类中添加一个 Subject,用来分发需要显示给用户的消息。

代码清单 23-10 在 src/app/messages 文件夹的 message.service.ts 文件中使用一个 Subject

```
import { Injectable } from "@angular/core";
import { Message } from "./message.model";
import { Observable } from "rxjs";
import { Subject } from "rxjs";

@Injectable()
export class MessageService {
    private subject = new Subject<Message>();

    reportMessage(msg: Message) {
        this.subject.next(msg);
    }

    get messages(): Observable<Message> {
        return this.subject;
    }
}
```

对于需要显示给用户的消息来说,前面的消息服务的实现仅支持一个消息接收者。虽然可以通过添加代码来管理多个消息接收者,但是,如果应用程序已经使用了 Reactive Extensions,那么将这项工作委托给 Subject 类是一种简单得多的做法。如果在应用程序中存在多个订阅者,那么这种方法容易扩展,不需要任何额外代码和测试工作。

针对向用户显示最新消息的消息组件,代码清单 23-11 给出了在消息组件中发生的相应修改。

代码清单 23-11 在 src/app/messages 文件夹的 message.component.ts 文件中观察消息

```
import { Component } from "@angular/core";
import { MessageService } from "./message.service";
import { Message } from "./message.model";
import { Observable } from "rxjs";

@Component({
    selector: "paMessages",
    templateUrl: "message.component.html",
})
export class MessageComponent {
    lastMessage: Message;

    constructor(messageService: MessageService) {
        messageService.messages.subscribe(m => this.lastMessage = m);
    }
}
```

最后一步是生成一些需要显示的消息。在代码清单 23-12 中，已修改了核心功能模块的配置，这样 SHARED_STATE 提供程序就将使用一个工厂函数来创建 Subject 对象，这个 Subject 对象用来分发状态改变的事件并添加一个订阅，这个订阅可将事件发送给消息服务。

代码清单 23-12　在 src/app/core 文件夹的 core.module.ts 文件中加入消息服务

```
import { NgModule } from "@angular/core";
import { BrowserModule } from "@angular/platform-browser";
import { FormsModule } from "@angular/forms";
import { ModelModule } from "../model/model.module";
import { TableComponent } from "./table.component";
import { FormComponent } from "./form.component";
import { SharedState, SHARED_STATE } from "./sharedState.model";
import { Subject } from "rxjs";
import { StatePipe } from "./state.pipe";
import { MessageModule } from "../messages/message.module";
import { MessageService } from "../messages/message.service";
import { Message } from "../messages/message.model";
import { Model } from "../model/repository.model";
import { MODES } from "./sharedState.model";

@NgModule({
    imports: [BrowserModule, FormsModule, ModelModule, MessageModule],
    declarations: [TableComponent, FormComponent, StatePipe],
    exports: [ModelModule, TableComponent, FormComponent],
    providers: [{
        provide: SHARED_STATE,
        deps: [MessageService, Model],
        useFactory: (messageService, model) => {
            let subject = new Subject<SharedState>();
            subject.subscribe(m => messageService.reportMessage(
                new Message(MODES[m.mode] + (m.id != undefined
                    ? ` ${model.getProduct(m.id).name}` : "")))
            );
            return subject;
        }
    }]
})
export class CoreModule { }
```

上面的代码有些杂乱，但结果是表格组件发送的每个状态变化事件都由消息组件显示出来，如图 23-7 所示。Reactive Extensions 使得应用程序的各个组成部分容易连接起来，上述代码清单如此复杂的原因在于：代码还使用 Model 服务在数据模型中查找事件名称，使得事件易于阅读。

图 23-7　在消息服务中使用 Reactive Extensions

23.6　更进一步

先前各节中的示例涵盖了 Observable、Observer 和 Subject 的基本用法。然而，在复杂、高级的应用程序中使用 Reactive Extensions 时，还可以利用 Reactive Extensions 提供的更多功能。https://github.com/reactivex/rxjs 上列出了 Reactive Extensions 的全部操作，但是本章仅展示了最可能在 Angular 应用程序中用到的一小部分 Reactive Extensions 功能，具体参见表 23-5。在表 23-5 中描述的方法可用来控制从一个 Observable 对象中接收事件的方式。

表 23-5　在选择事件时有用的 Reactive Extensions 方法

名称	描述
filter	这个方法调用一个函数，检查每一个从 Observable 接收到的事件，忽略那些函数的返回值为 false 的事件
map	这个方法调用一个函数，转换每一个从 Observable 接收到的事件，并传递给函数返回的对象
distinctUntilChanged	这个方法忽略事件，直到事件对象发生变化
skipWhile	这个方法过滤事件，直到满足一个特定条件为止，然后将事件转发给订阅者
takeWhile	这个方法将事件传递给订阅者，直到满足一个特定条件为止，之后的事件都被过滤掉

23.6.1　过滤事件

filter 方法接收一个方法，这个方法用来检查从 Observable 接收到的每一个对象，并且仅选择那些需要的对象。代码清单 23-13 演示了如何使用 filter 方法过滤出与某个特定产品相关的那些事件。

代码清单 23-13　在 src/app/core 文件夹的 form.component.ts 文件中过滤事件

```
import { Component, Inject } from "@angular/core";
import { NgForm } from "@angular/forms";
import { Product } from "../model/product.model";
import { Model } from "../model/repository.model";
```

511

```
import { MODES, SharedState, SHARED_STATE } from "./sharedState.model";
import { Observable } from "rxjs";
import { filter } from "rxjs/operators";

@Component({
    selector: "paForm",
    templateUrl: "form.component.html",
    styleUrls: ["form.component.css"]
})
export class FormComponent {
    product: Product = new Product();

    constructor(private model: Model,
        @Inject(SHARED_STATE) public stateEvents: Observable<SharedState>) {

            stateEvents.pipe(filter(state => state.id != 3))
            .subscribe((update) => {
                this.product = new Product();
                if (update.id != undefined) {
                    Object.assign(this.product, this.model.getProduct(update.id));
                }
                this.editing = update.mode == MODES.EDIT;
            });
    }

    editing: boolean = false;

    submitForm(form: NgForm) {
        if (form.valid) {
            this.model.saveProduct(this.product);
            this.product = new Product();
            form.reset();
        }
    }

    resetForm() {
        this.product = new Product();
    }
}
```

为使用表 23-5 中描述的方法，对于 rxjs/operators 包需要使用一条 import 语句，如下所示。

```
...
import { filter } from "rxjs/operators";
...
```

使用 pipe 方法，将 filter 方法应用到 Observable 上，如下所示。

```
...
stateEvents.pipe(filter(state => state.id != 3)).subscribe((update) => {
...
```

　　filter 方法的参数是一个选择所需事件的语句，可以针对使用 subscribe 方法提供的函数，从传递给函数的事件中选择事件。

　　通过单击 Edit 按钮，可以看到针对 Soccer Ball 产品的执行结果，Soccer Ball 产品的 ID 是由 filter 方法过滤的。async 管道显示：已经通过共享服务发送了一个 EDIT 事件，但是 filter 方法禁止组件的 subscribe 方法接收这个事件。结果，表单无法反映状态的变化，无法用选中的产品信息填充表单内容，如图 23-8 所示。

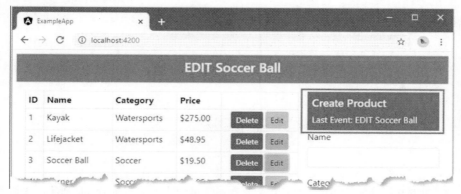

图 23-8　过滤事件

23.6.2　转换事件

map 方法用来转换从 Observable 对象接收到的对象。可使用这个方法通过各种方式来转换事件对象，方法的结果将替换事件对象。代码清单 23-14 使用 map 方法修改了事件对象属性的值。

代码清单 23-14　在 src/app/core 文件夹的 form.component.ts 文件中转换事件

```
import { Component, Inject } from "@angular/core";
import { NgForm } from "@angular/forms";
import { Product } from "../model/product.model";
import { Model } from "../model/repository.model";
import { MODES, SharedState, SHARED_STATE } from "./sharedState.model";
import { Observable } from "rxjs";
import { filter, map } from "rxjs/operators";
@Component({
    selector: "paForm",
    templateUrl: "form.component.html",
    styleUrls: ["form.component.css"]
})
export class FormComponent {
    product: Product = new Product();

    constructor(private model: Model,
        @Inject(SHARED_STATE) public stateEvents: Observable<SharedState>) {

            stateEvents
            .pipe(map(state => new SharedState(state.mode, state.id == 5
                ? 1 : state.id)))
            .pipe(filter(state => state.id != 3))
            .subscribe((update) => {
                this.product = new Product();
                if (update.id != undefined) {
                  Object.assign(this.product, this.model.getProduct(update.id));
                }
                this.editing = update.mode == MODES.EDIT;
            });
```

```
    }

    editing: boolean = false;

    submitForm(form: NgForm) {
        if (form.valid) {
            this.model.saveProduct(this.product);
            this.product = new Product();
            form.reset();
        }
    }

    resetForm() {
        this.product = new Product();
    }
}
```

在这个示例中，传递给 map 方法的函数查找那些 id 值为 5 的 SharedState 对象，找到这样的
SharedState 对象后，将其 id 修改为 1。结果是：针对 Thinking Cap 产品单击 Edit 按钮，会选中
Kayak 产品进行编辑，如图 23-9 所示。

警告：使用map方法时，不要修改作为函数的参数所接收到的对象。这个对象是按照顺序传
递给所有订阅者的，对这个对象进行任何修改都会影响到后面的订阅者。这表明某些订阅者会接
收到没有修改过的对象，而某些订阅者接收到的则是map方法返回的对象。代码清单 23-14 创建
了一个新对象。

注意，针对那些用来准备和创建一个针对 Observable 对象的订阅的方法，可以将这些方法连
接起来。在这个示例中，map 方法的执行结果可以用作 filter 方法的输入，而 filter 方法的结果可
以传递给 subscribe 方法。通过将所有方法连接起来，可以为事件处理和事件接收创建复杂的规则。

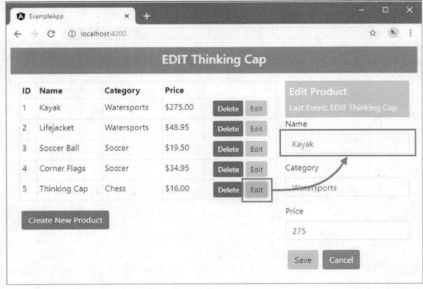

图 23-9　转换事件

使用不同的事件对象

map 方法可用来生成任何对象，不仅限于改变其所接收到的对象的属性值。在代码清单 23-15 中，使用 map 方法生成了一个数值，这个数值对应用了 map 方法的操作及对象进行了编码。

代码清单 23-15　在 src/app/core 文件夹的 form.component.ts 文件中投影一个不同的类型

```
...
constructor(private model: Model,
    @Inject(SHARED_STATE) public stateEvents: Observable<SharedState>) {
    stateEvents
        .pipe(map(state => state.mode == MODES.EDIT ? state.id : -1))
        .pipe(filter(id => id != 3))
        .subscribe((id) => {
            this.editing = id != -1;
            this.product = new Product();
            if (id != -1) {
                Object.assign(this.product, this.model.getProduct(id))
            }
        });
}
...
```

为一个简单数据类型指定表达方式和操作，并且指定其转换目标，并没有很大用处。实际上，一般来说，上面的做法还会导致问题，因为组件总是假定在模型中不存在 id 属性值为-1 的对象。但是上面给出的简单示例说明了 map 方法是如何映射不同类型的数据的，并且说明了这些类型是如何沿着 Reactive Extensions 的方法链传递的，这意味着 map 方法生成的 number 值被 filter 方法接收，filter 方法对接收到的值进行了处理，处理的结果被依次传递给 subscribe 方法。为此，两个方法都进行了更新以便处理新的数据值。

23.6.3　只接收不同的事件

distinctUntilChanged 方法对事件序列进行了过滤，只有那些不同的事件才能被传递给订阅者。为了观察这个方法能够解决的问题类型，可以针对 Kayak 产品单击 Edit 按钮，然后改变 Category 字段的值。在不单击 Save 按钮的情况下，再次单击 Kayak 产品的 Edit 按钮，就可以看到先前所做的编辑都已经被废弃了。在代码清单 23-16 中，在方法链中添加了 distinctUntilChanged 方法，这样这个方法就可以使用 map 方法生成的 number 值。只有不同的值才能被转发给 filter 和 subscribe 方法。

代码清单 23-16　在 src/app/core 文件夹的 form.component.ts 文件中避免重复的事件

```
import { Component, Inject } from "@angular/core";
import { NgForm } from "@angular/forms";
import { Product } from "../model/product.model";
import { Model } from "../model/repository.model";
import { MODES, SharedState, SHARED_STATE } from "./sharedState.model";
import { Observable } from "rxjs";
import { filter, map, distinctUntilChanged } from "rxjs/operators";

@Component({
    selector: "paForm",
    templateUrl: "form.component.html",
    styleUrls: ["form.component.css"]
```

```
})
export class FormComponent {
    product: Product = new Product();

    constructor(private model: Model,
        @Inject(SHARED_STATE) public stateEvents: Observable<SharedState>) {
            stateEvents
            .pipe(map(state => state.mode == MODES.EDIT ? state.id : -1))
            .pipe(distinctUntilChanged())
            .pipe(filter(id => id != 3))
            .subscribe((id) => {
                this.editing = id != -1;
                this.product = new Product();
                if (id != -1) {
                    Object.assign(this.product, this.model.getProduct(id))
                }
            });
    }

    editing: boolean = false;

    submitForm(form: NgForm) {
        if (form.valid) {
            this.model.saveProduct(this.product);
            this.product = new Product();
            form.reset();
        }
    }

    resetForm() {
        this.product = new Product();
    }
}
```

　　重复 Kayak 产品的编辑过程，可以发现：单击正在编辑的产品的 Edit 按钮时，更新不会再被丢弃。这是因为这样会产生与前一个事件相同的值。但是，编辑不同的产品会导致 map 方法生成一个不同的 number 值，这个值将被传递给 distinctUntilChanged 方法。

使用一个自定义等价检查器

　　distinctUntilChanged 方法可以很方便地对数值之类的简单数据类型进行比较，但是它并不知道如何比较对象，distinctUntilChanged 方法总是假定任何两个对象都是不同的。为解决这个问题，可指定一个比较函数，用来检查事件是否相同，如代码清单 23-17 所示。

　　代码清单 23-17　在 src/app/core 文件夹的 form.component.ts 文件中使用一个等价检查器

```
import { Component, Inject } from "@angular/core";
import { NgForm } from "@angular/forms";
import { Product } from "../model/product.model";
import { Model } from "../model/repository.model";
import { MODES, SharedState, SHARED_STATE } from "./sharedState.model";
import { Observable } from "rxjs";
import { filter, map, distinctUntilChanged } from "rxjs/operators";

@Component({
    selector: "paForm",
```

```
        templateUrl: "form.component.html",
        styleUrls: ["form.component.css"]
})
export class FormComponent {
    product: Product = new Product();

    constructor(private model: Model,
            @Inject(SHARED_STATE) public stateEvents: Observable<SharedState>) {
                stateEvents
                .pipe(distinctUntilChanged((firstState, secondState) =>
                    firstState.mode == secondState.mode
                        && firstState.id == secondState.id))
                .subscribe(update => {
                    this.product = new Product();
                    if (update.id != undefined) {
                        Object.assign(this.product, this.model.getProduct(update.id));
                    }
                    this.editing = update.mode == MODES.EDIT;
                });
    }

    editing: boolean = false;

    submitForm(form: NgForm) {
        if (form.valid) {
            this.model.saveProduct(this.product);
            this.product = new Product();
            form.reset();
        }
    }

    resetForm() {
        this.product = new Product();
    }
}
```

在上述代码清单中删除了 map 和 filter 方法，并为 distinctUntilChanged 方法提供了一个能够比较 SharedState 对象的函数。这个函数需要比较 SharedState 对象的 mode 属性和 id 属性。只有不同的对象才能被传递给 subscribe 方法获得的函数。

23.6.4 获取和忽略事件

skipWhile 方法用来指定那些导致事件被过滤掉的条件，takeWhile 方法用来指定那些导致事件被发送给订阅者的条件。使用这两个方法时，必须加以小心，因为指定的条件很容易将订阅者订阅的事件永久性地过滤掉。代码清单 23-18 中的代码使用 skipWhile 方法来过滤事件，直到用户单击 Create New Product 按钮后，事件才能被传递给订阅者。

代码清单 23-18 忽略 src/app/core 文件夹的 form.component.ts 文件中的事件

```
import { Component, Inject } from "@angular/core";
import { NgForm } from "@angular/forms";
import { Product } from "../model/product.model";
import { Model } from "../model/repository.model";
import { MODES, SharedState, SHARED_STATE } from "./sharedState.model";
```

```
import { Observable } from "rxjs";

import { filter, map, distinctUntilChanged, skipWhile } from "rxjs/operators";
@Component({
    selector: "paForm",
    templateUrl: "form.component.html",
    styleUrls: ["form.component.css"]
})
export class FormComponent {
    product: Product = new Product();

    constructor(private model: Model,
        @Inject(SHARED_STATE) public stateEvents: Observable<SharedState>) {
            stateEvents
            .pipe(skipWhile(state => state.mode == MODES.EDIT))
            .pipe(distinctUntilChanged((firstState, secondState) =>
                firstState.mode == secondState.mode
                    && firstState.id == secondState.id))
            .subscribe(update => {
            this.product = new Product();
            if (update.id != undefined) {
                Object.assign(this.product, this.model.getProduct(update.id));
            }
            this.editing = update.mode == MODES.EDIT;
        });
    }

    editing: boolean = false;

    submitForm(form: NgForm) {
        if (form.valid) {
            this.model.saveProduct(this.product);
            this.product = new Product();
            form.reset();
        }
    }

    resetForm() {
        this.product = new Product();
    }
}
```

　　在表格中单击 Edit 按钮时，仍然会生成事件，此时事件由 async 管道显示。Subject 订阅了事件，没有做任何过滤，也没有忽略任何事件。但是表单组件并没有收到这些事件，如图 23-10 所示，因为 skipWhile 方法已经对订阅进行了过滤，直到收到一个 mode 属性不再是 MODES.EDIT 的事件为止。单击 Create New Product 按钮会生成一个结束忽略的事件，此后，表单组件将接收所有事件。

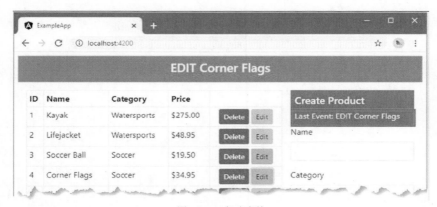

图 23-10 忽略事件

23.7 本章小结

本章介绍了 Reactive Extensions 包，并解释了如何使用这个包处理应用程序部件中那些不受 Angular 变更检测进程管理的变更。本章演示了如何在应用程序中使用 Observable、Observer 和 Subject 对象来分发事件，说明了内置的 async 管道如何工作，并如何控制向订阅者发送事件，介绍了 Reactive Extensions 库提供的某些最有用的操作。下一章将解释如何在应用程序中使用异步 HTTP 请求，还将解释如何使用 RESTful Web 服务。

第 24 章

生成 HTTP 请求

从第 11 章开始，所有示例都依赖静态数据，这些数据都是硬联到应用程序中的。本章将演示如何使用异步 HTTP 请求，也就是人们常说的 Ajax 请求。Ajax 请求可与 Web 服务进行交互，为应用程序获取真实的数据。表 24-1 总结了异步 HTTP 请求的相关知识。

表 24-1　异步 HTTP 请求的相关知识

问题	答案
什么是异步 HTTP 请求	异步 HTTP 请求是由浏览器代表应用程序发出的 HTTP 请求。异步是指浏览器在等待服务器响应的过程中，应用程序没有停止运行
异步 HTTP 请求有什么作用	异步 HTTP 请求可以让 Angular 应用程序与 Web 服务进行交互，从而能够持续为应用程序加载持久化数据，对数据所做的修改也可以发送到服务器，并保存在服务器上
如何使用异步 HTTP 请求	请求是用 HttpClient 类生成的，并且是作为服务通过依赖注入进行传递的。HttpClient 类提供一个 Angular 友好的包装器，这个包装器包装了浏览器的 XMLHttpRequest 功能
异步 HTTP 请求是否存在陷阱或限制	为使用 Angular 的 HTTP 功能，需要使用 Reactive Extensions 的 Observable 对象，第 23 章已经讨论过该对象
异步 HTTP 请求是否存在替代方案	如果愿意，可直接使用浏览器的 XMLHttpRequest 对象，某些应用程序不需要处理持久化数据，这类应用程序可以完全不使用 HTTP 请求

表 24-2 给出了本章内容摘要。

表 24-2　本章内容摘要

问题	解决方案	代码清单编号
在 Angular 应用程序中发送 HTTP 请求	使用 Http 服务	1~8
执行 REST 操作	使用 HTTP 方法和 URL 指定一个操作以及这个操作的目标	9~11
实现跨域请求	HttpClient 服务自动支持 CORS，但也支持 JSONP 请求	12~13
在请求中包含头部	在 Request 对象中设置 headers 属性	14~15
响应 HTTP 错误	创建一个错误处理程序类	16~19

24.1　准备示例项目

本章使用了第 22 章中创建的 exampleApp 项目，所依赖的服务器响应包含 JSON 数据的 HTTP 请求。在 exampleApp 文件夹中运行代码清单 24-1 中所示的命令，将 json-server 包添加到该项目中。

代码清单 24-1　给 exampleApp 项目添加一个包

```
npm install json-server@0.16.0
```

为了运行 json-server 包，在 package.json 文件的 scripts 部分添加了一个脚本项，如代码清单 24-2 所示。

代码清单 24-2　在 exampleApp 文件夹的 package.json 文件中添加一个脚本项

```
...
"scripts": {
    "ng": "ng",
    "start": "ng serve",
    "build": "ng build",
    "test": "ng test",
    "lint": "ng lint",
    "e2e": "ng e2e",
    "json": "json-server --p 3500 restData.js"
},
...
```

24.1.1　配置模型功能模块

JavaScript 模块@angular/common/http 包含一个名为 HttpClientModule 的 Angular 模块，在可以创建 HTTP 请求前，必须在根模块或某个功能模块中将这个 Angular 模块导入应用程序。在代码清单 24-3 中，已将这个 Angular 模块导入模型模块，在示例应用程序中这是一个很合适的导入位置，因为后面将使用 HTTP 请求将数据填充到该模型中。

代码清单 24-3　在 src/app/model 文件夹的 model.module.ts 文件中导入一个模块

```
import { NgModule } from "@angular/core";
import { StaticDataSource } from "./static.datasource";
import { Model } from "./repository.model";
import { HttpClientModule } from "@angular/common/http";

@NgModule({
    imports: [HttpClientModule],
    providers: [Model, StaticDataSource]
})
export class ModelModule { }
```

24.1.2 创建数据文件

为了提供包含一些数据的 json-server 包，在 exampleApp 文件夹中添加一个名为 restData.js 的文件，并且添加如代码清单 24-4 所示的代码。

代码清单 24-4 exampleApp 文件夹中 restData.js 文件的内容

```
module.exports = function () {
    var data = {
        products: [
            { id: 1, name: "Kayak", category: "Watersports", price: 275 },
            { id: 2, name: "Lifejacket", category: "Watersports", price: 48.95 },
            { id: 3, name: "Soccer Ball", category: "Soccer", price: 19.50 },
            { id: 4, name: "Corner Flags", category: "Soccer", price: 34.95 },
            { id: 5, name: "Stadium", category: "Soccer", price: 79500 },
            { id: 6, name: "Thinking Cap", category: "Chess", price: 16 },
            { id: 7, name: "Unsteady Chair", category: "Chess", price: 29.95 },
            { id: 8, name: "Human Chess Board", category: "Chess", price: 75 },
            { id: 9, name: "Bling Bling King", category: "Chess", price: 1200 }
        ]
    }
    return data
}
```

json-server 包既可以处理 JSON 文件，也可以处理 JavaScript 文件。如果使用了一个 JSON 文件，那么必须修改这个文件的内容，以便能够反映客户端所做的修改请求。我使用了 JavaScript 文件，这样可以通过编程来生成数据，还能够保证进程重启时可以返回到最初的数据。

24.1.3 更新表单组件

在第 23 章，我配置了用于管理 HTML 表单的组件，忽略了表格组件所生成的事件，直到第一次单击 Create New Product 按钮为止。为了避免结果混淆，代码清单 24-5 禁用了被应用于 Observable 的 skipWhile 和 distinctUntilChanged 方法。

代码清单 24-5 在 src/app/core 文件夹的 form.component.ts 文件中禁止忽略事件

```
...
constructor(private model: Model,
    @Inject(SHARED_STATE) public stateEvents: Observable<SharedState>) {
        stateEvents
        // .pipe(skipWhile(state => state.mode == MODES.EDIT))
        // .pipe(distinctUntilChanged((firstState, secondState) =>
        //     firstState.mode == secondState.mode
        //         && firstState.id == secondState.id))
        .subscribe(update => {
            this.product = new Product();
            if (update.id != undefined) {
                Object.assign(this.product, this.model.getProduct(update.id));
            }
            this.editing = update.mode == MODES.EDIT;
        });
}
...
```

24.1.4　运行示例项目

打开一个新的命令提示符，导航到 exampleApp 文件夹并运行以下命令，启动数据服务器。

```
npm run json
```

运行以上命令后将启动 json-server 来监听 3500 端口上的 HTTP 请求。打开一个新的浏览器窗口并导航到 http://localhost:3500/products/2。服务器将通过以下数据进行响应。

```
{ "id": 2, "name": "Lifejacket", "category": "Watersports", "price": 48.95 }
```

让 json-server 一直运行，通过在 exampleApp 文件夹中运行以下命令，使用一个单独的命令提示符来启动 Angular 开发工具。

```
ng serve
```

通过浏览器导航到 http://localhost:4200，将看到如图 24-1 所示的内容。

图 24-1　运行示例应用程序

24.2　理解 RESTful Web 服务

为向一个应用程序传递数据，最常用的方法是使用表现层状态转换(Representational State Transfer)模式，也就是 REST，来创建一个数据 Web 服务。REST 没有详细的规范，因而导致 RESTful 旗下涌现了大量不同的方法。然而，RESTful 的某些基本思路在 Web 应用程序开发中是非常有用的。

RESTful Web 服务的核心思路是利用 HTTP 的特点。因此，请求方法，也就是动词(verb)，可以为服务器指定一个需要执行的操作，请求 URL 则为操作指定一个或多个即将使用的数据对象。

作为一个示例，下面给出的 URL 指向示例程序中的一个特定产品。

```
http://localhost:3500/products/2
```

URL 的第一段是 products，用于指定被操作对象的集合，它可以让一台单独的服务器提供多个服务，每一个服务都带有自己的数据。URL 的第二段(也就是 2)可在 products 集合中选择单个对象。在示例中，就是 id 属性的值，该值唯一标识了一个对象，因此可以用于 URL，在这个示例中，指定的是 Lifejacket 对象。

这个请求中的 HTTP 方法或动词要求 RESTful 服务器针对特定的对象执行操作。当测试上一节的 RESTful 服务器时，浏览器将发送一个 HTTP GET 请求，服务器把这个请求解释为一个指令，这个指令可以获取指定的对象，并将这个对象发送给客户。正是因为这个原因，浏览器显示了一个 JSON 格式的 Lifejacket 对象。

表 24-3 给出了 HTTP 方法和 URL 的最常见组合，并解释了将每种组合发送给 RESTful 服务器时，RESTful 服务器都完成了什么工作。

表 24-3　常用的 HTTP 动词及其在 RESTful Web 服务中的效果

动词	URL	描述
GET	/products	这个组合可获取 products 集合中的所有对象
GET	/products/2	这个组合可从 products 集合中获取 id 为 2 的对象
POST	/products	这个组合用于在 products 集合中添加一个新对象。请求体中包含一个 JSON 格式的新对象
PUT	/products/2	这个组合用于替换 products 集合中 id 为 2 的对象。请求体中包含一个 JSON 格式的替换对象
PATCH	/products/2	这个组合用于更新 products 集合中 id 为 2 的对象的一个属性子集。请求体中包含一个 JSON 格式的待更新属性以及新的属性值
DELETE	/products/2	这个组合用于删除 products 集合中 id 为 2 的产品

此处必须加以小心，因为不同的 RESTful Web 服务的工作方式可能存在极大差别，这是由于创建不同 RESTful Web 服务的框架存在差别，而且不同开发团队的偏好也有所不同。确认一个 Web 服务如何使用动词，以及为了执行某个操作应该让 URL 和请求体包含哪些内容，是非常重要的。

某些常见的变体包含的 Web 服务不接收任何包含 id 值的请求体(为了保证这些 id 值由服务器的数据存储唯一生成)，而某些 Web 服务则不能支持所有动词(常见做法是忽略 PATCH 请求，只接收使用 PUT 动词的更新)。

24.3　替换静态数据源

开始学习 HTTP 请求的最佳方式是将示例应用程序中的静态数据源替换为从 RESTful Web 服务中获取数据。这样可以为描述 Angular 如何支持 HTTP 请求以及如何将 HTTP 请求集成到应用程序中提供良好的基础。

24.3.1　创建新的数据源服务

为了创建一个新的数据源，在src/app/model文件夹中添加了一个名为rest.datasource.ts的文件，并添加代码清单 24-6 中的语句。

代码清单 24-6　src/app/model 文件夹中 rest.datasource.ts 文件的内容

```
import { Injectable, Inject, InjectionToken } from "@angular/core";
import { HttpClient } from "@angular/common/http";
```

```
import { Observable } from "rxjs";
import { Product } from "./product.model";

export const REST_URL = new InjectionToken("rest_url");
@Injectable()
export class RestDataSource {

  constructor(private http: HttpClient,
    @Inject(REST_URL) private url: string) { }

  getData(): Observable<Product[]> {
    return this.http.get<Product[]>(this.url);
  }
}
```

这个类看起来很简单，但是它包含了一些重要功能，下面介绍这些功能。

1. 设置 HTTP 请求

Angular 提供了通过 HttpClient 类来完成异步 HTTP 请求的功能，HttpClient 类定义在 @angular/common/http JavaScript 模块中，并且在 HttpClientModule 功能模块中作为服务提供。数据源使用构造函数声明了一个对 HttpClient 类的依赖，方法如下。

```
...
constructor(private http: HttpClient, @Inject(REST_URL) private url: string) { }
...
```

通过使用其他构造函数参数，可以不必再将发送请求的 URL 硬联到数据源中。在配置功能模块时，将使用 REST_URL 非透明令牌创建一个提供程序。从构造函数接收到的 HttpClient 对象可用来在数据源的 getData 方法中生成一个 HTTP GET 请求，方法如下。

```
...
getData(): Observable<Product[]> {
  return this.http.get<Product[]>(this.url);
}
...
```

HttpClient 类定义了一组方法，使用这些方法可生成 HTTP 请求，每个方法都使用了一个不同的 HTTP 动词，表 24-4 描述了这些方法。

提示：表 24-4 中的方法接收一个可选的配置对象，具体参见 24.6 节 "配置请求头" 中的介绍。

表 24-4 HttpClient 方法

名称	描述
get(url)	这个方法向指定的 URL 发送一个 GET 请求
post(url, body)	这个方法使用指定的对象作为请求体，向指定的 URL 发送一个 POST 请求
put(url, body)	这个方法使用指定的对象作为请求体，向指定的 URL 发送一个 PUT 请求
patch(url, body)	这个方法使用指定的对象作为请求体，向指定的 URL 发送一个 PATCH 请求
delete(url)	这个方法向指定的 URL 发送一个 DELETE 请求
head(url)	这个方法发送一个 HEAD 请求，效果等同于发送一个 GET 请求，唯一不同之处在于服务器仅返回请求头，并不返回请求体

（续表）

名称	描述
options(url)	这个方法向指定的 URL 发送一个 OPTIONS 请求
request(method, url, options)	这个方法可以发送一个带有任何动词的请求，具体参见 24.4 节"加强 HTTP 请求"中的内容

2. 处理响应

表 24-4 中描述的方法接收一个类型参数，HttpClient 类使用该类型参数解析来自服务器的响应。RESTful Web 服务器返回 JSON 数据，JSON 格式已经成为实际上的 Web 服务标准，HttpClient 对象将响应自动转换为一个 Observable，当转换完成时，生成一个类型参数的实例。这意味着若调用 get 方法，例如 Product[]类型参数，那么从 get 方法得到的响应将是一个 Observable<Product[]> ，它表示来自 HTTP 请求的最终响应。

```
...
getData(): Observable<Product[]> {
  return this.http.get<Product[]>(this.url);
}
...
```

警告：表 24-4 中的方法可以准备生成一个 HTTP 请求，但是在调用 Observer 对象的 subscribe 方法之前，这个 HTTP 请求没有被发送给服务器。此时必须小心，因为每次调用 subscribe 方法都会发送一次请求，所以很容易导致同一个请求在不经意间被发送多次。

24.3.2 配置数据源

下一步要为新的数据源配置一个提供程序，还要创建一个基于值的提供程序，并使用一个 URL 来配置这个值提供程序，后面将发送请求到这个 URL。代码清单 24-7 给出了对 model.module.ts 文件所做的修改。

代码清单 24-7 在 src/app/model 文件夹的 model.module.ts 文件中配置数据源

```
import { NgModule } from "@angular/core";
// import { StaticDataSource } from "./static.datasource";
import { Model } from "./repository.model";
import { HttpClientModule } from "@angular/common/http";
import { RestDataSource, REST_URL } from "./rest.datasource";
@NgModule({
  imports: [HttpClientModule],
  providers: [Model, RestDataSource,
    { provide: REST_URL, useValue: `http://${location.hostname}:3500/products` }]
})
export class ModelModule { }
```

这两个新的提供程序将 RestDataSource 类视为一个服务，并且使用非透明令牌 REST_URL 为 Web 服务配置 URL。为 StaticDataSource 类删除了提供程序，因为已不再需要使用这个类。

24.3.3 使用 REST 数据源

最后一步是更新存储库类，为存储库类声明一个针对新数据源的依赖，并使用这个类获取应用程序数据，如代码清单 24-8 所示。

代码清单 24-8　在 src/app/model 文件夹的 repository.model.ts 文件中使用新的数据源

```
import { Injectable } from "@angular/core";
import { Product } from "./product.model";
//import { StaticDataSource } from "./static.datasource";
import { Observable } from "rxjs";
import { RestDataSource } from "./rest.datasource";

@Injectable()
export class Model {
    private products: Product[] = new Array<Product>();
    private locator = (p: Product, id: number) => p.id == id;

    constructor(private dataSource: RestDataSource) {
        //this.products = new Array<Product>();
        //this.dataSource.getData().forEach(p => this.products.push(p));
        this.dataSource.getData().subscribe(data => this.products = data);
    }

    getProducts(): Product[] {
        return this.products;
    }

    getProduct(id: number): Product {
        return this.products.find(p => this.locator(p, id));
    }

    saveProduct(product: Product) {
        if (product.id == 0 || product.id == null) {
            product.id = this.generateID();
            this.products.push(product);
        } else {
            let index = this.products
                .findIndex(p => this.locator(p, product.id));
            this.products.splice(index, 1, product);
        }
    }

    deleteProduct(id: number) {
        let index = this.products.findIndex(p => this.locator(p, id));
        if (index > -1) {
            this.products.splice(index, 1);
        }
    }

    private generateID(): number {
        let candidate = 100;
        while (this.getProduct(candidate) != null) {
            candidate++;
        }
        return candidate;
    }
}
```

因为代码中的构造函数依赖发生了变化，所以存储库可在创建一个 RestDataSource 对象时，接收这个 RestDataSource 对象。在构造函数内部，调用数据源的 getData 方法，使用 subscribe 方法接收从服务器返回的数据对象，并处理这些数据对象。

保存修改，浏览器将重新加载应用程序，并使用新的数据源。一个异步 HTTP 请求被发送给 RESTful Web 服务，这个 Web 服务将返回较大的数据对象集，如图 24-2 所示。

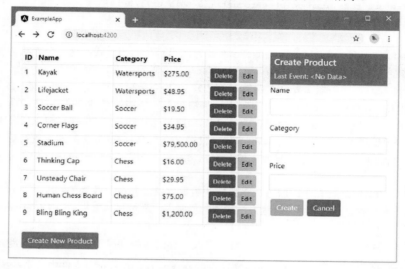

图 24-2　获取应用程序数据

24.3.4　保存和删除数据

数据源可以从服务器获取数据，但是也需要以其他方式发送数据，将用户对模型中对象所做的修改持久化，并保存新创建的对象。代码清单 24-9 为数据源类添加了一些方法，可以使用 Angular 的 HttpClient 类发送 HTTP 请求来保存或更新对象。

代码清单 24-9　在 src/app/model 文件夹的 rest.datasource.ts 文件中发送数据

```
import { Injectable, Inject, InjectionToken } from "@angular/core";
import { HttpClient } from "@angular/common/http";
import { Observable } from "rxjs";
import { Product } from "./product.model";

export const REST_URL = new InjectionToken("rest_url");

@Injectable()
export class RestDataSource {
    constructor(private http: HttpClient,
      @Inject(REST_URL) private url: string) { }
    getData(): Observable<Product[]> {
      return this.http.get<Product[]>(this.url);
    }

    saveProduct(product: Product): Observable<Product> {
      return this.http.post<Product>(this.url, product);
    }
```

```
    updateProduct(product: Product): Observable<Product> {
       return this.http.put<Product>(`${this.url}/${product.id}`, product);
    }

    deleteProduct(id: number): Observable<Product> {
       return this.http.delete<Product>(`${this.url}/${id}`);
    }
}
```

saveProduct、updateProduct 和 deleteProduct 方法具有相同的模式：这三个方法都要调用一个 HttpClient 类方法，并返回一个 Observable<Product>对象作为结果。

保存新对象时，服务器需要创建新的对象 ID，这样对象可以得到一个唯一的 ID，客户端就不会无意间使用具有相同 ID 的不同对象。这种情况下，使用的是 POST 方法，请求被发送到/products URL。当更新或删除一个已有的对象时，ID 是已知的，需要向一个 URL 发送一个 PUT 请求，这个 URL 包含了 ID。因此，举例来说，我们可将一个对 ID 为 2 的对象进行更新的请求发送给 URL 为/products/2 的地址。与此类似，为删除对象，需要向同一个 URL 发送一个 DELETE 请求。

这些方法的共同之处在于：服务器是权威的数据存储，来自服务器的响应包含对象的正式版本，这些对象都保存在服务器上。这些方法的执行结果是：返回的对象都是以 Observable<Product>形式返回的。

代码清单 24-10 给出了存储库类中对应的修改，存储库类利用了新的数据源功能。

代码清单 24-10　在 src/app/model 文件夹的 repository.model.ts 文件中使用数据源功能

```
import { Injectable } from "@angular/core";
import { Product } from "./product.model";
import { Observable } from "rxjs";
import { RestDataSource } from "./rest.datasource";

@Injectable()
export class Model {
    private products: Product[] = new Array<Product>();
    private locator = (p: Product, id: number) => p.id == id;

    constructor(private dataSource: RestDataSource) {
       this.dataSource.getData().subscribe(data => this.products = data);
    }

    getProducts(): Product[] {
       return this.products;
    }

    getProduct(id: number): Product {
       return this.products.find(p => this.locator(p, id));
    }

    saveProduct(product: Product) {
        if (product.id == 0 || product.id == null) {
          this.dataSource.saveProduct(product)
             .subscribe(p => this.products.push(p));
        } else {
          this.dataSource.updateProduct(product).subscribe(p => {
             let index = this.products
```

```
                    .findIndex(item => this.locator(item, p.id));
                this.products.splice(index, 1, p);
            });
        }
    }

    deleteProduct(id: number) {
        this.dataSource.deleteProduct(id).subscribe(() => {
            let index = this.products.findIndex(p => this.locator(p, id));
            if (index > -1) {
                this.products.splice(index, 1);
            }
        });
    }
}
```

修改后的代码使用数据源向服务器发送更新，并使用更新结果来更新本地保存的数据，这样应用程序的其他部分就可以显示更新后的数据。为测试修改，针对 Kayak 产品单击 Edit 按钮，将产品名称修改为 Green Kayak。单击 Save 按钮，浏览器将向服务器发送一个 HTTP PUT 请求，服务器随即返回一个修改后的对象，这个对象被添加到存储库的 products 数组中，并在表格中显示出来，如图 24-3 所示。

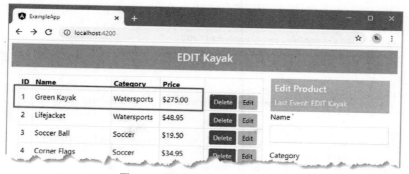

图 24-3　向服务器发送一个 PUT 请求

通过使用浏览器请求 http://localhost:3500/products/1，可以检查服务器是否已经保存了修改结果。此时会生成以下对象内容：

```
{
    "id": 1,
    "name": "Green Kayak",
    "category": "Watersports",
    "price": 275
}
```

24.4　加强 HTTP 请求

数据源类中的每一个方法都具有相同的基本模式：使用动词特有的 HttpClient 方法发送一个 HTTP 请求。这表明对生成 HTTP 请求的方式所做的任何修改都将在 4 个位置重复发生，从而确保使用 GET、POST、PUT 和 DELETE 动词的请求都能得到正确更新并以一致的方式执行。

HttpClient 类定义了 request 方法，这个方法可将 HTTP 动词指定为一个参数。代码清单 24-11

使用 request 方法来加强数据源类中的 HTTP 请求。

代码清单 24-11　在 src/app/model 文件夹的 rest.datasource.ts 文件中加强 HTTP 请求

```
import { Injectable, Inject, InjectionToken } from "@angular/core";
import { HttpClient } from "@angular/common/http";
import { Observable } from "rxjs";
import { Product } from "./product.model";

export const REST_URL = new InjectionToken("rest_url");

@Injectable()
export class RestDataSource {
    constructor(private http: HttpClient,
        @Inject(REST_URL) private url: string) { }

    getData(): Observable<Product[]> {
        return this.sendRequest<Product[]>("GET", this.url);
    }

    saveProduct(product: Product): Observable<Product> {
        return this.sendRequest<Product>("POST", this.url, product);
    }

    updateProduct(product: Product): Observable<Product> {
        return this.sendRequest<Product>("PUT",
            `${this.url}/${product.id}`, product);
    }

    deleteProduct(id: number): Observable<Product> {
        return this.sendRequest<Product>("DELETE", `${this.url}/${id}`);
    }

    private sendRequest<T>(verb: string, url: string, body?: Product)
        : Observable<T> {
        return this.http.request<T>(verb, url, {
            body: body
        });
    }
}
```

request 方法的参数包括 HTTP 动词、用于请求的 URL 和一个用于配置请求的可选对象。这个配置对象使用 body 属性来设置请求体，而 HttpClient 将自动对 body 对象进行编码并在请求中包含序列化后的 body 对象。

表 24-5 描述了专门用来配置 HTTP 请求的最有用属性，所配置的 HTTP 请求则是使用 request 方法生成的。

表 24-5　配置 HTTP 请求的一些有用的对象属性

名称	描述
headers	这个属性返回一个 HttpHeaders 对象，这个对象可以指定请求的头，在 24.6 节 "配置请求头" 中将描述这个属性
body	这个属性用于设置请求体。发送请求时，指派给这个属性的对象将以 JSON 格式进行序列化

(续表)

名称	描述
withCredentials	如果这个属性的值为 true，那么在生成跨站(cross-site)请求时，这个属性将包括身份验证 cookie。这个设置必须仅用于这类服务器：这类服务器在响应中包含 Access-Control-Allow-Credentials 头作为跨域资源共享(Cross-Origin Resource Sharing，CORS)规范的组成部分。详情参见 24.5 节"生成跨域请求"中的内容
responseType	这个属性用于指定期待从服务器得到的响应的类型。默认值为 json，表示 JSON 数据格式

24.5　生成跨域请求

默认情况下，JavaScript 代码在生成异步 HTTP 请求时，浏览器执行的安全策略只允许请求与包含请求的文档在同一个域(origin)中。这个策略的目的在于减少跨站脚本(Cross-Site Scripting，CSS)攻击的风险，在发生跨站脚本攻击时，浏览器被欺骗去执行恶意代码。本书不打算讲解这种攻击的细节，关于这个主题，读者可以参考 http://en.wikipedia.org/wiki/Cross-site_scripting 上给出的一篇极好的介绍性文章。

对于 Angular 开发人员来说，在使用 Web 服务时，这种同域策略会产生问题，因为典型的 Web 服务都位于应用程序的 JavaScript 代码所在域之外。如果两个 URL 使用同一个协议、主机、端口，那么这两个 URL 就处于同一个域中，否则，这两个 URL 就处于不同的域中。包含示例应用程序代码的 HTML 文件的 URL 是 http://localhost:3000/index.html。针对这个 URL，表 24-6 对应用程序的 URL 进行了比较，总结了相似的 URL 具有相同域或不同域的情况。

表 24-6　URL 及其域

URL	域比较
http://localhost:3000/otherfile.html	同一个域
http://localhost:3000/app/main.js	同一个域
https://localhost:3000/index.html	不同的域，协议不同
http://localhost:3500/products	不同的域，端口不同
http://angular.io/index.html	不同的域，主机不同

表 24-6 说明，对于 URL 为 http://localhost:3500/products 的 RESTful Web 服务来说，它存在一个不同的域，因为它使用一个与主应用程序不同的端口。

当使用 Angular HttpClient 类生成 HTTP 请求时，Angular 自动使用跨域资源共享(Cross-Origin Resource Sharing，CORS)向不同的域发送请求。利用 CORS，浏览器在异步 HTTP 请求头中为服务器提供了 JavaScript 代码的域。来自服务器的响应所包含的头则告知浏览器是否打算接收这个请求。本书不打算介绍 CORS 的细节，网址 https://en.wikipedia.org/wiki/Cross-origin_resource_sharing 上为这个主题提供了非常好的介绍，www.w3.org/TR/cors 上则给出了 CORS 规范。

对于 Angular 开发人员来说，只要接收异步 HTTP 请求的服务器支持 CORS 规范，那么 CORS 就是能够自动处理的任务。为示例提供 RESTful Web 服务的 json-server 包支持 CORS，因此支持来自任何域的请求，这就是为什么示例应用程序能够正常工作的原因。如果打算弄明白 CORS 的工作方式，那么当编辑或创建一个产品时，可以使用浏览器的 F12 开发者工具来观察如何生成网络请求。你可能会看到一个用 OPTIONS 动词生成的请求，这个请求也称为预检请求(preflight request)，浏览器使用这个请求来检查是否允许生成 POST 或 PUT 请求并发送给服务器。这个请求及后续发送数据给服务器的请求将包含一个 Origin 头，而响应则包含一个或多个 Access-Control-Allow 头，通过 Access-Control-Allow 头，服务器可以指明它希望从客户端接收什么样的请求。

所有这些过程都是自动发生的，唯一需要的配置选项是表 24-5 中描述的 withCredentials 属性。如果将这个属性设置为 true，那么浏览器将包含身份验证 cookies，而来自域的头将被包含在发送给服务器的请求中。

使用 JSONP 请求

只有当接收请求的服务器支持 CORS 时，CORS 才是可用的。对于那些没有实现 CORS 的服务器来说，Angular 还提供了对 JSONP 的支持，JSONP 支持一种受限的跨域请求。

为了使用 JSONP，需要在文档对象模型中添加一个 script 元素，这个文档对象模型在其 src 属性中指定了跨域服务器。浏览器向服务器发送一个 GET 请求，服务器返回的 JavaScript 代码在执行时，为应用程序提供所需的数据。本质上，JSONP 是一个针对浏览器同域安全策略的 hack，但是只能用于生成 GET 请求，与 CORS 相比，安全风险要高得多。因此，JSONP 只能用于无法使用 CORS 的情况。

Angular 对 JSONP 提供的支持被定义在一个名为 HttpClientJsonpModule 的功能模块中，这个功能模块定义在@angular/common/http JavaScript 模块中。为了启用 JSONP，代码清单 24-12 在导入的功能模块集合中添加了 HttpClientJsonpModule。

代码清单 24-12　在 src/app/model 文件夹的 model.module.ts 文件中启用 JSONP

```
import { NgModule } from "@angular/core";
//import { StaticDataSource } from "./static.datasource";
import { Model } from "./repository.model";
import { HttpClientModule, HttpClientJsonpModule } from "@angular/common/http";
import { RestDataSource, REST_URL } from "./rest.datasource";

@NgModule({
    imports: [HttpClientModule, HttpClientJsonpModule],
    providers: [Model, RestDataSource,
      { provide: REST_URL, useValue: `http://${location.hostname}:3500/products` }]
})
export class ModelModule { }
```

Angular 是通过一个 HttpClient 服务为 JSONP 提供支持的，HttpClient 服务负责管理 JSONP HTTP 请求和处理响应，这是一个乏味且易于出错的过程。代码清单 24-13 描述了一种数据源，它使用 JSONP 来请求应用程序的初始数据。

代码清单 24-13　在 src/app/model 文件夹的 rest.datasource.ts 文件中生成一个 JSONP 请求

```
import { Injectable, Inject, InjectionToken } from "@angular/core";
import { HttpClient } from "@angular/common/http";
import { Observable } from "rxjs";
import { Product } from "./product.model";

export const REST_URL = new InjectionToken("rest_url");

@Injectable()
```

```
export class RestDataSource {
    constructor(private http: HttpClient,
        @Inject(REST_URL) private url: string) { }

    getData(): Observable<Product[]> {
        return this.http.jsonp<Product[]>(this.url, "callback");
    }

    saveProduct(product: Product): Observable<Product> {
        return this.sendRequest<Product>("POST", this.url, product);
    }

    updateProduct(product: Product): Observable<Product> {
        return this.sendRequest<Product>("PUT",
            `${this.url}/${product.id}`, product);
    }

    deleteProduct(id: number): Observable<Product> {
        return this.sendRequest<Product>("DELETE", `${this.url}/${id}`);
    }

    private sendRequest<T>(verb: string, url: string, body?: Product)
        : Observable<T> {
        return this.http.request<T>(verb, url, {
            body: body
        });
    }
}
```

JSONP 仅能用于获取请求且只能是使用 HttpClient.jsonp 方法发送的请求。当调用 HttpClient.jsonp 方法时，必须提供请求的 URL 以及回调参数的名称，而这个回调参数必须被设置为 callback，详见以下代码。

```
...
return this.http.jsonp<Product[]>(this.url, "callback");
...
```

Angular 生成 HTTP 请求时，它会使用动态生成的函数的名称创建一个 URL。如果查看浏览器发出的网络请求，可以看到初始请求被发送给一个与以下 URL 相似的 URL。

```
http://localhost:3500/products?callback=ng_jsonp_callback_0
```

服务器端的 JavaScript 函数匹配 URL 中的函数名称，并传入在请求中收到的数据。对于执行跨域请求来说，JSONP 是一种受到更多限制的方法，而且与 CORS 不同，JSONP 绕过了浏览器的安全策略，但在必要的情况下，JSONP 也是一种降级的解决方案。

24.6 配置请求头

如果使用商业版的 RESTful Web 服务，那么可能常常不得不设置一个请求头来提供一个 API 键，这样服务器可以将请求与应用程序进行关联，从而完成访问控制和计费功能。通过配置传递给 request 方法的配置对象，可以设置这类请求头的信息，甚至任何请求头的信息。具体请查看代码清单 24-14。针对全部请求，这段代码重新使用了 request 方法，而没有使用 JSONP。

代码清单 24-14　在 src/app/model 文件夹的 rest.datasource.ts 文件中设置请求头

```
import { Injectable, Inject, InjectionToken } from "@angular/core";
import { HttpClient, HttpHeaders } from "@angular/common/http";
import { Observable } from "rxjs";
import { Product } from "./product.model";

export const REST_URL = new InjectionToken("rest_url");

@Injectable()
export class RestDataSource {
    constructor(private http: HttpClient,
        @Inject(REST_URL) private url: string) { }

    getData(): Observable<Product[]> {
        return this.sendRequest<Product[]>("GET", this.url);
    }

    saveProduct(product: Product): Observable<Product> {
        return this.sendRequest<Product>("POST", this.url, product);
    }

    updateProduct(product: Product): Observable<Product> {
        return this.sendRequest<Product>("PUT",
            `${this.url}/${product.id}`, product);
    }

    deleteProduct(id: number): Observable<Product> {
        return this.sendRequest<Product>("DELETE", `${this.url}/${id}`);
    }

    private sendRequest<T>(verb: string, url: string, body?: Product)
            : Observable<T> {
        return this.http.request<T>(verb, url, {
            body: body,
            headers: new HttpHeaders({
                "Access-Key": "<secret>",
                "Application-Name": "exampleApp"
            })
        });
    }
}
```

　　headers 属性被设置为一个 HttpHeaders 对象，这个对象可以用一个 map 对象创建，这些对象是对应了头名称和相应值的属性。如果使用浏览器的 F12 开发者工具查看异步 HTTP 请求，那么可以看到在代码清单中指定的两个请求头都被发送给服务器，同时包含浏览器创建的标准头，内容如下所示。

```
...
Accept:*/*
Accept-Encoding:gzip, deflate, sdch, br
Accept-Language:en-US,en;q=0.8
access-key:<secret>
application-name:exampleApp
Connection:keep-alive
...
```

如果对请求头有更为复杂的要求，那么还可以使用 HttpHeaders 类定义的方法，详见表 24-7。

表 24-7　HttpHeaders 类定义的方法

名称	描述
keys()	返回集合中所有的头名称
get(name)	为指定的头返回第一个值
getAll(name)	为指定的头返回全部的值
has(name)	如果集合中包含指定的头，那么返回 true
set(header, value)	将指定的头中全部已有的值替换为一个单独的值
set(header, values)	将指定的头中全部已有的值替换为一个数组的值
append(name, value)	为指定的头的值列表扩展一个值
delete(name)	从集合中删除指定的头

HTTP 头可以拥有多个值，这就是为什么有一些方法可以为 HTTP 头扩展更多的值，而有一些方法可以替换集合中的全部值的原因。代码清单 24-15 创建一个空的 HttpHeaders 对象，并使用拥有多个值的头来填充这个对象。

代码清单 24-15　在 src/app/model 文件夹的 rest.datasource.ts 文件中设置多个头值

```
...
private sendRequest<T>(verb: string, url: string, body?: Product)
    : Observable<T> {

    let myHeaders = new HttpHeaders();
    myHeaders = myHeaders.set("Access-Key", "<secret>");
    myHeaders = myHeaders.set("Application-Names", ["exampleApp", "proAngular"]);

    return this.http.request<T>(verb, url, {
        body: body,
        headers: myHeaders
    });
}
...
```

当浏览器向服务器发送请求时，请求将包含以下头。

```
...
Accept:*/*
Accept-Encoding:gzip, deflate, sdch, br
Accept-Language:en-US,en;q=0.8
access-key:<secret>
application-names:exampleApp,proAngular
Connection:keep-alive
...
```

24.7　处理错误

到目前为止，应用程序并没有提供错误处理的功能，这意味着当一个 HTTP 请求出现问题时，Angular 并不知道应该如何处理。为便于生成一个错误，在产品表格中添加了一个按钮，单击这个按钮时，会发出一个 HTTP 请求，要求在服务器上删除一个并不存在的对象，详见代码清

单 24-16。

代码清单 24-16　在 src/app/core 文件夹的 table.component.html 文件中添加一个 Error 按钮

```html
<table class="table table-sm table-bordered table-striped">
    <tr>
        <th>ID</th><th>Name</th><th>Category</th><th>Price</th><th></th>
    </tr>
    <tr *ngFor="let item of getProducts()">
        <td>{{item.id}}</td>
        <td>{{item.name}}</td>
        <td>{{item.category}}</td>
        <td>{{item.price | currency:"USD" }}</td>
        <td class="text-center">
            <button class="btn btn-danger btn-sm mr-1"
                    (click)="deleteProduct(item.id)">
                Delete
            </button>
            <button class="btn btn-warning btn-sm" (click)="editProduct(item.id)">
                Edit
            </button>
        </td>
    </tr>
</table>
<button class="btn btn-primary m-1" (click)="createProduct()">
    Create New Product
</button>
<button class="btn btn-danger" (click)="deleteProduct(-1)">
    Generate HTTP Error
</button>
```

这个 button 元素使用参数-1 调用组件的 deleteProduct 方法。组件要求从存储库中删除这个对象，这将导致一个 HTTP DELETE 请求被发送给/products/-1，但是这个对象并不存在。如果打开浏览器的 JavaScript 控制台，单击新增的 Generate HTTP Error 按钮，可以看到来自服务器的响应，内容如下。

```
DELETE http://localhost:3500/products/-1 404 (Not Found)
```

针对上述问题进行改进，实现以下功能：当这样的一个错误发生时，可检测到这个错误，并将其通知用户，用户不必专门查看 JavaScript 控制台。一个实际的应用程序可能还需要通过将错误记入日志以便将来分析错误。但是现在打算把问题简化，仅仅显示错误信息。

24.7.1　生成用户可使用的消息

处理错误的第一步是将 HTTP 异常转换为可以向用户显示的内容。默认情况下，错误信息被写入 JavaScript 控制台，但是对于用户来说，这样的错误信息包含过多的信息。用户不需要了解请求发送的 URL，只需要知道发生的问题类型就已经足够。

转换错误信息的最佳方式是使用 catchError 和 throwError 方法。catchError 方法与 pipe 方法组合使用，用于接收 Observable 序列中发生的任何错误，而 throwError 方法则用于创建一个新的 Observable 对象，这个 Observable 对象包含了错误。代码清单 24-17 针对数据源同时应用了这两个方法。

代码清单 24-17　在 src/app/model 文件夹的 rest.datasource.ts 文件中转换错误

```
import { Injectable, Inject, InjectionToken } from "@angular/core";
import { HttpClient, HttpHeaders } from "@angular/common/http";
import { Observable, throwError } from "rxjs";
import { Product } from "./product.model";
import { catchError } from "rxjs/operators";

export const REST_URL = new InjectionToken("rest_url");

@Injectable()
export class RestDataSource {
    constructor(private http: HttpClient,
        @Inject(REST_URL) private url: string) { }

    getData(): Observable<Product[]> {
        return this.sendRequest<Product[]>("GET", this.url);
    }

    saveProduct(product: Product): Observable<Product> {
        return this.sendRequest<Product>("POST", this.url, product);
    }

    updateProduct(product: Product): Observable<Product> {
        return this.sendRequest<Product>("PUT",
            `${this.url}/${product.id}`, product);
    }

    deleteProduct(id: number): Observable<Product> {
        return this.sendRequest<Product>("DELETE", `${this.url}/${id}`);
    }

    private sendRequest<T>(verb: string, url: string, body?: Product)
        : Observable<T> {

        let myHeaders = new HttpHeaders();
        myHeaders = myHeaders.set("Access-Key", "<secret>");
        myHeaders = myHeaders.set("Application-Names", ["exampleApp", "proAngular"]);
        return this.http.request<T>(verb, url, {
            body: body,
            headers: myHeaders
        }).pipe(catchError((error: Response) =>
            throwError(`Network Error: ${error.statusText} (${error.status})`)));
    }
}
```

当出现一个错误时，程序即调用传递给 catchError 方法的函数，并收到描述输出的 Response 对象。throwError 方法创建一个新的 Observable 对象，这个 Observable 对象包含一个错误对象。在这个例子中，这个错误对象用于生成一条错误消息，其中包含来自响应的 HTTP 状态编码和状态文本。

如果保存修改，然后单击 Generate HTTP Error 按钮，那么错误消息仍然将被写入浏览器的 JavaScript 控制台，但是错误消息的格式将变为 catchError/throwError 方法所生成的格式。

```
EXCEPTION: Network Error: Not Found (404)
```

24.7.2　处理错误

转换完错误消息之后，错误并没有得到处理，这就是为什么浏览器的 JavaScript 控制台仍然报告异常信息的原因。可以使用两种方法处理错误。第一种方法是为 HttpClient 对象创建的 Observable 对象的 subscribe 方法提供一个错误处理函数。这种方法能够有效地将错误局部化，为存储库提供重新执行操作的机会，并且可以使用某些其他方式令程序恢复正常。

第二种方法是替换 Angular 内置的错误处理功能。Angular 内置的错误处理功能对应用程序中任何未处理的错误都会有所响应，并且在默认情况下，将这些错误写入控制台。在前面的章节中显示了这个功能是如何将消息写入控制台的。

对于示例应用程序来说，打算用一种使用消息服务的方法来重写默认的错误处理程序。在 src/app/messages 文件夹中创建一个名为 errorHandler.ts 的文件，并使用这个文件定义代码清单 24-18 中的类。

代码清单 24-18　src/app/messages 文件夹中 errorHandler.ts 文件的内容

```
import { ErrorHandler, Injectable, NgZone } from "@angular/core";
import { MessageService } from "./message.service";
import { Message } from "./message.model";

@Injectable()
export class MessageErrorHandler implements ErrorHandler {

    constructor(private messageService: MessageService, private ngZone: NgZone) {
    }

    handleError(error) {
        let msg = error instanceof Error ? error.message : error.toString();
        this.ngZone.run(() => this.messageService
            .reportMessage(new Message(msg, true)), 0);
    }
}
```

ErrorHandler 类定义在@angular/core 模块中，并且通过 handleError 方法来响应发生的错误。代码清单 24-18 中的类将这个方法的默认实现替换为使用 MessageService 来报告错误。

构造函数接收一个 ngZone 对象，该对象是 Angular 支持异步操作的一部分且是变更检测功能的一个必要部分。在代码清单中，ngZone 对象的 run 方法用来报告错误消息，这样该操作就会触发变更检测过程并向用户显示错误消息。

为替换默认的 ErrorHandler，在消息模块中使用一个类提供程序，如代码清单 24-19 所示。

代码清单 24-19　在 src/app/messages 文件夹的 message.module.ts 文件中替换默认的错误处理程序

```
import { NgModule, ErrorHandler } from "@angular/core";
import { BrowserModule } from "@angular/platform-browser";
import { MessageComponent } from "./message.component";
import { MessageService } from "./message.service";
import { MessageErrorHandler } from "./errorHandler";

@NgModule({
    imports: [BrowserModule],
    declarations: [MessageComponent],
```

```
        exports: [MessageComponent],
        providers: [MessageService,
            { provide: ErrorHandler, useClass: MessageErrorHandler }]
})
export class MessageModule { }
```

错误处理函数使用 MessageService 向用户报告一条错误消息。保存修改后，单击 Generate HTTP Error 按钮，此时将生成一个用户可以看到的错误，如图 24-4 所示。

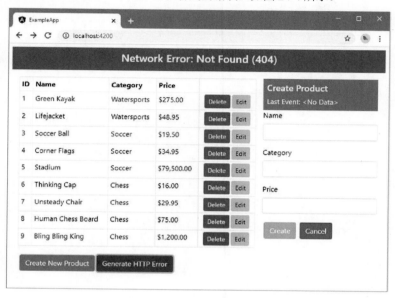

图 24-4　处理一个 HTTP 错误

24.8　本章小结

本章解释了如何在 Angular 应用程序中生成异步 HTTP 请求，除了介绍 RESTful Web 服务外，还介绍了 Angular 的 HttpClient 类提供的方法，这些方法可与 RESTful Web 服务进行交互。本章还解释了浏览器如何将请求限制在不同的域，以及 Angular 如何通过支持 CORS 和 JSONP 在应用程序的域外生成请求。在下一章，将介绍 URL 路由功能；利用 URL 路由功能，可以在复杂的应用程序中导航。

第 25 章

■ ■ ■

路由与导航：第 1 部分

通过响应浏览器中 URL 的变化，Angular 路由功能可以让应用程序修改显示给用户的组件和模板。这样就可在创建复杂的应用程序时，使应用程序展示的复杂内容以一种开放灵活的方式展示出来，并且尽可能减少编码工作量。为支持这种功能，可使用数据绑定和服务来修改浏览器的 URL，从而使用户在应用程序中顺利导航。

随着项目的复杂性不断提高，路由显得非常重要。这是因为：利用路由，可在定义应用程序结构时，使应用程序结构与组件和指令隔离开来，这意味着对应用程序结构的修改可在路由配置中完成，不会涉及单个组件。

本章演示基本路由系统是如何工作的，并解释如何将基本路由系统应用于示例应用程序。第 26 章和第 27 章将解释更高级的路由功能，表 25-1 解释了路由和导航的相关知识。

表 25-1　路由和导航的相关知识

问题	答案
路由是什么	路由使用浏览器的 URL 来管理向用户显示的内容
路由有什么作用	路由可以使应用程序的结构与应用程序中的组件和模板相分离。对应用程序结构的修改可以在路由配置中完成，不需要修改单个组件和指令
如何使用路由	路由配置被定义为一组代码集合，用于匹配浏览器的 URL，并且可以用来选择一个组件，这个组件的模板被显示为一个 HTML 元素(称为 router-outlet)的内容
路由是否存在陷阱或限制	路由配置可能会变得难以管理,特别是 URL 模式(schema)在某个临时性基础之上不断进行增量定义的情况下
路由是否存在替代方案	路由功能不是必须使用的。通过创建一个组件，而这个组件的视图可以通过 ngIf 或 ngSwitch 指令来选择向用户显示哪些内容，也可以获得相似的效果。因为这个方法会导致应用程序的规模和复杂性都有所提高，所以这个方法比使用路由要难一些

表 25-2 给出了本章内容摘要。

表 25-2　本章内容摘要

问题	解决方案	代码清单编号
使用 URL 导航来选择向用户显示的内容	使用 URL 路由	1~7
使用一个 HTML 元素进行导航	应用 routerLink 属性	8~10

（续表）

问题	解决方案	代码清单编号
响应路由变更	使用路由服务来接收通知	11
在 URL 中包含信息	使用路由参数	12~18
使用代码进行导航	使用 Router 服务	19
接收路由活动的通知	处理路由事件	20 和 21

25.1　准备示例项目

本章使用了第 22 章中创建的 exampleApp 项目，但对该项目进行了一些必要的修改。针对那些从表格组件发送给产品组件的状态变更事件，该应用程序被配置为在两个地方显示这些状态变更事件：一个是通过消息服务，另一个是在表单组件的模板中。这些消息以后就没有什么用处了，因此代码清单 25-1 从组件的模板中删除了事件显示功能。

代码清单 25-1　从 src/app/core 文件夹的 form.component.html 文件中删除事件显示功能

```html
<div class="bg-primary text-white p-2" [class.bg-warning]="editing">
    <h5>{{editing ? "Edit" : "Create"}} Product</h5>
    <!-- Last Event: {{ stateEvents | async | formatState }} -->
</div>

<form novalidate #form="ngForm" (ngSubmit)="submitForm(form)" (reset)="resetForm()" >

    <div class="form-group">
        <label>Name</label>
        <input class="form-control" name="name"
               [(ngModel)]="product.name" required />
    </div>

    <div class="form-group">
        <label>Category</label>
        <input class="form-control" name="category"
               [(ngModel)]="product.category" required />
    </div>
    <div class="form-group">
        <label>Price</label>
        <input class="form-control" name="price"
            [(ngModel)]="product.price"
            required pattern="^[0-9\.]+$" />
    </div>

    <button type="submit" class="btn btn-primary m-1"
            [class.btn-warning]="editing" [disabled]="form.invalid">
        {{editing ? "Save" : "Create"}}
    </button>
    <button type="reset" class="btn btn-secondary m-1">Cancel</button>
</form>
```

代码清单 25-2 禁用了将状态变化事件推送到消息服务中的代码。

代码清单 25-2　在 src/app/core 文件夹的 core.model.ts 文件中禁用状态变更事件

```
import { NgModule } from "@angular/core";
import { BrowserModule } from "@angular/platform-browser";
import { FormsModule } from "@angular/forms";
import { ModelModule } from "../model/model.module";
import { TableComponent } from "./table.component";
import { FormComponent } from "./form.component";
import { SharedState, SHARED_STATE } from "./sharedState.model";
import { Subject } from "rxjs";
import { StatePipe } from "./state.pipe";
import { MessageModule } from "../messages/message.module";
import { MessageService } from "../messages/message.service";
import { Message } from "../messages/message.model";
import { Model } from "../model/repository.model";
import { MODES } from "./sharedState.model";

@NgModule({
  imports: [BrowserModule, FormsModule, ModelModule, MessageModule],
  declarations: [TableComponent, FormComponent, StatePipe],
  exports: [ModelModule, TableComponent, FormComponent],
  providers: [{
    provide: SHARED_STATE,
    deps: [MessageService, Model],
    useFactory: (messageService, model) => {
      return new Subject<SharedState>();
      //let subject = new Subject<SharedState>();
      //subject.subscribe(m => messageService.reportMessage(
      //   new Message(MODES[m.mode] + (m.id != undefined
      //     ? ` ${model.getProduct(m.id).name}` : "")))
      //);
      //return subject;
    }
  }]
})
export class CoreModule { }
```

打开一个新的命令提示符，导航到 exampleApp 文件夹中并运行以下命令，启动提供 RESTful Web 服务的服务器。

```
npm run json
```

打开一个单独的命令提示符，导航到 exampleApp 文件夹中并运行以下命令，启动 Angular 开发工具。

```
ng serve
```

此时将打开一个新的浏览器窗口，导航到 http://localhost:4200，可以看到如图 25-1 所示的内容。

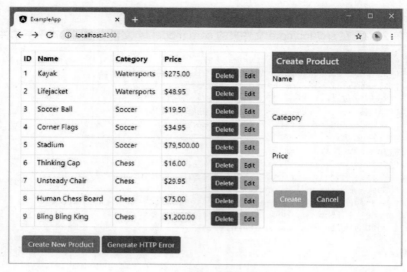

图 25-1　运行示例应用程序

25.2　开始学习路由

迄今为止，应用程序中的所有内容对用户始终都是可见的。对于示例应用程序来说，这表明表格和表单始终是可见的，并且对于用户来说，为完成每项任务，应该自己跟踪需要使用应用程序的哪一部分内容。

对于简单应用程序来说，这样做毫无问题。但对于复杂项目来说，开发工作很容易变得无法管理。因为复杂项目可能包含多个功能区域，如果同时显示全部这些功能，可能导致十分混乱。

通过为 Web 应用程序提供一种自然而又易于理解的形式，URL 路由为应用程序提供了结构上的支持。本节通过在一个示例应用程序中应用 URL 路由来讲解这项内容，从而在表格或表单可见的条件下，根据用户的动作选择活动的组件。本节内容为解释路由如何工作奠定了良好基础，并可作为讲解更多高级功能的基础。

25.2.1　创建路由配置

应用路由的第一步是定义路由(route)，它是 URL 和向用户显示的组件之间的映射。习惯上，路由配置定义在 src/app 文件夹中一个名为 app.routing.ts 的文件中，我们现在创建这个文件，并添加代码清单 25-3 所示的语句。

代码清单 25-3　src/app 文件夹中 app.routing.ts 文件的内容

```
import { Routes, RouterModule } from "@angular/router";
import { TableComponent } from "./core/table.component";
import { FormComponent } from "./core/form.component";

const routes: Routes = [
    { path: "form/edit", component: FormComponent },
    { path: "form/create", component: FormComponent },
    { path: "", component: TableComponent }]
```

```
export const routing = RouterModule.forRoot(routes);
```

Routes 类定义了一组路由，每一个路由都定义了 Angular 如何处理一个特定的 URL。这个示例使用了一些最基本的属性，其中，path 属性指定 URL，component 属性指定向用户显示的组件。

path 属性与应用程序的其他部分具有特定的关联性，这个属性表示代码清单 25-3 中的配置建立了表 25-3 给出的路由。

表 25-3　示例中创建的路由

URL	显示的组件
http://localhost:4200/form/edit	FormComponent
http://localhost:4200/form/create	FormComponent
http://localhost:4200/	TableComponent

利用 RouterModule.forRoot 方法，路由被封装到一个模块中。forRoot 方法生成一个包含路由服务的模块。另外有一个 forChild 方法，但是这个方法不包含路由服务，forChild 方法将在第 26 章介绍，该章将介绍如何为功能模块创建路由。

定义路由时，path 和 component 是最常用的属性，但还可以使用多种额外的属性来定义具有高级功能的路由。表 25-4 描述了这些属性，并说明将在哪一章详细介绍这些属性。

表 25-4　用于定义路由的路由属性

名称	描述
path	这个属性指定路由的路径
component	激活的 URL 与 path 属性匹配时，这个属性指定选中的组件
pathMatch	Angular 使用这个属性确定如何将激活的 URL 与 path 属性进行匹配。这个属性可以取两个值：取值为 full 时，要求 path 属性与 URL 完全匹配；取值为 prefix 时，即使 URL 中包含其他不属于 path 属性的段内容，path 属性也能匹配 URL。使用 redirectTo 属性时，必须使用 pathMatch 属性，第 26 章将介绍这项内容
redirectTo	这个属性用于创建一个能够将浏览器重定向到一个已激活的、具有不同 URL 的路径，第 26 章将详细介绍这项内容
children	这个属性用于指定子路由，子路由可以在嵌套的 router-outlet 元素中显示附加的组件，router-outlet 元素包含在活动组件的模板中，第 26 章将详细介绍这项内容
outlet	这个属性用于支持多个 outlet 元素，第 27 章将介绍这项内容
resolve	这个属性用于定义在激活一个路由之前必须完成的工作，第 27 章将介绍这项内容
canActivate	这个属性用于控制何时可以激活一个路由，第 27 章将介绍这项内容
canActivateChild	这个属性用于控制是否可以激活一个子路由，第 27 章将介绍这项内容
canDeactivate	这个属性用于控制是否可以停用一个路由，以便激活另一个路由，第 27 章将介绍这项内容
loadChildren	这个属性用于配置一个仅在需要的情况下才加载的模块，第 27 章将介绍这项内容
canLoad	这个属性用于控制是否可以加载一个按需加载的模块

理解路由顺序

路由的定义顺序非常重要。针对浏览器导航过的 URL，Angular 使用 path 属性依次比较每一个路由，直到发现一个匹配的路由。这表明必须首先定义最具体的路由，然后按照具体程度递减的规律依次定义其他路由。对于代码清单 25-3 中的路由来说，这并不是什么大问题，但是在使用路由参数(本章将在 25.3.2 节"使用路由参数"中介绍路由参数)的情况下，以及在添加子路由的情况下(第 26 章将介绍子路由)，这就是一个重要问题了。

如果发现路由配置并没有产生预期行为，那么首先要检查路由定义的顺序。

25.2.2　创建路由组件

使用路由时，根组件专门管理应用程序中不同部分之间的导航。通常，该功能是由 app.component.ts 文件来实现的，在创建 app.component.ts 文件时，已通过 ng new 命令将该文件添加到了项目中。为此，在代码清单 25-4 中已对该文件的内容进行了更新。

代码清单 25-4　替换 src/app 文件夹中 app.component.ts 文件的内容

```
import { Component } from "@angular/core";

@Component({
    selector: "app",
    templateUrl: "./app.component.html"
})
export class AppComponent { }
```

这个组件展示了它的模板，即 src/app 文件夹中的 app.component.html 文件。在代码清单 25-5 中已对默认的内容进行了替换。

代码清单 25-5　替换 src/app 文件夹中 app.component.html 文件的内容

```
<paMessages></paMessages>
<router-outlet></router-outlet>
```

paMessages 元素显示了应用程序中的全部消息和错误信息。为完成路由，router-outlet 元素有重要作用，因为 Angular 使用这个元素来确定与路由配置相匹配的组件的显示位置。其中，router-outlet 元素也称为 outlet。

25.2.3　更新根模块

下一步是更新根模块，这样可使用新的根组件来引导应用程序，如代码清单 25-6 所示。代码清单 25-6 中还导入了包含路由配置的模块。

代码清单 25-6　在 src/app 文件夹的 app.module.ts 文件中启用路由

```
import { BrowserModule } from '@angular/platform-browser';
import { NgModule } from '@angular/core';
import { ModelModule } from "./model/model.module";
import { CoreModule } from "./core/core.module";
import { TableComponent } from "./core/table.component";
import { FormComponent } from "./core/form.component";
import { MessageModule } from "./messages/message.module";
```

```
import { MessageComponent } from "./messages/message.component";
import { AppComponent } from './app.component';
import { routing } from "./app.routing";

@NgModule({
    imports: [BrowserModule, ModelModule, CoreModule, MessageModule, routing],
    declarations: [AppComponent],
    bootstrap: [AppComponent]
})
export class AppModule { }
```

25.2.4 完成配置

在应用程序中应用路由的最后一步是更新 index.html 文件，如代码清单 25-7 所示。

代码清单 25-7 在 src 文件夹的 index.html 文件中配置路由

```
<!doctype html>
<html lang="en">
<head>
  <meta charset="utf-8">
  <title>ExampleApp</title>
  <base href="/">

  <meta name="viewport" content="width=device-width, initial-scale=1">
  <link rel="icon" type="image/x-icon" href="favicon.ico">
</head>
<body class="m-2">
  <app></app>
</body>
</html>
```

其中，为 app 元素应用了新的根组件，它的模板中包含了 router-outlet 元素。当保存修改后，浏览器重新加载应用程序，就可以看到如图 25-2 所示的产品表格。应用程序的默认 URL 对应于显示产品表格的路由。

图 25-2 使用路由向用户显示组件

提示：在本示例中，可能需要先停用 Angular 开发工具，然后使用 ng serve 命令再次启动它们。

25.2.5　添加导航链接

现在，基本的路由配置已经就位，但我们仍无法在应用程序中导航：当单击 Create New Product 或 Edit 按钮时，什么都没有发生。

下一步需要为应用程序添加改变浏览器 URL 的链接，为此需要触发一个路由变更，这样才能向用户显示一个不同的组件。代码清单 25-8 在表格组件的模板中添加了这些链接。

代码清单 25-8　在 src/app/core 文件夹的 table.component.html 文件中添加导航链接

```html
<table class="table table-sm table-bordered table-striped">
    <tr>
        <th>ID</th><th>Name</th><th>Category</th><th>Price</th><th></th>
    </tr>
    <tr *ngFor="let item of getProducts()">
        <td>{{item.id}}</td>
        <td>{{item.name}}</td>
        <td>{{item.category}}</td>
        <td>{{item.price | currency:"USD" }}</td>
        <td class="text-center">
            <button class="btn btn-danger btn-sm mr-1"
                    (click)="deleteProduct(item.id)">
                Delete
        </button>
        <button class="btn btn-warning btn-sm" (click)="editProduct(item.id)"
                routerLink="/form/edit">
            Edit
        </button>
        </td>
    </tr>
</table>
<button class="btn btn-primary m-1" (click)="createProduct()"
        routerLink="/form/create">
    Create New Product
</button>
<button class="btn btn-danger" (click)="deleteProduct(-1)">
    Generate HTTP Error
</button>
```

为 routerLink 属性应用了一个来自路由包的指令，用于完成导航变更。这个指令可应用于任何元素，但通常被应用于 button 元素和锚定元素。应用于 Edit 按钮的 routerLink 指令表达式可以令 Angular 定向到/form/edit 路由。

```
...
<button class="btn btn-warning btn-sm" (click)="editProduct(item.id)"
        routerLink="/form/edit">
    Edit
</button>
...
```

应用于 Create New Product 按钮的同一个指令可使 Angular 定向到/form/create 路由。

```
...
<button class="btn btn-primary m-1" (click)="createProduct()"
        routerLink="/form/create">
    Create New Product
</button>
...
```

添加到表格组件模板中的路由链接可以帮助用户导航到表单。此外，代码清单 25-9 还在表单组件模板中添加了 Cancel 按钮，用户可使用 Cancel 按钮再次导航返回。

代码清单 25-9　在 src/app/core 文件夹的 form.component.html 文件中添加一个导航链接

```
<div class="bg-primary text-white p-2" [class.bg-warning]="editing">
    <h5>{{editing ? "Edit" : "Create"}} Product</h5>
    <!-- Last Event: {{ stateEvents | async | formatState }} -->
</div>

<form novalidate #form="ngForm" (ngSubmit)="submitForm(form)" (reset)="resetForm()" >

    <div class="form-group">
        <label>Name</label>
        <input class="form-control" name="name"
            [(ngModel)]="product.name" required />
    </div>

    <div class="form-group">
        <label>Category</label>
        <input class="form-control" name="category"
            [(ngModel)]="product.category" required />
    </div>

    <div class="form-group">
        <label>Price</label>
        <input class="form-control" name="price"
            [(ngModel)]="product.price"
            required pattern="^[0-9\.]+$" />
    </div>

    <button type="submit" class="btn btn-primary m-1"
            [class.btn-warning]="editing" [disabled]="form.invalid">
        {{editing ? "Save" : "Create"}}
    </button>
    <button type="reset" class="btn btn-secondary m-1" routerLink="/">
        Cancel
    </button>
</form>
```

指派给 routerLink 属性的值的目标是显示产品表格的路由。代码清单 25-10 更新了包含模板的功能模块，这样它就可以导入 RouterModule，而 RouterModule 是包含了用来选择 routerLink 属性的指令的 Angular 模块。

代码清单 25-10　在 src/app/core 文件夹的 core.module.ts 文件中启用路由指令

```
import { NgModule } from "@angular/core";
import { BrowserModule } from "@angular/platform-browser";
import { FormsModule } from "@angular/forms";
```

```
import { ModelModule } from "../model/model.module";
import { TableComponent } from "./table.component";
import { FormComponent } from "./form.component";
import { SharedState, SHARED_STATE } from "./sharedState.model";
import { Subject } from "rxjs";
import { StatePipe } from "./state.pipe";
import { MessageModule } from "../messages/message.module";
import { MessageService } from "../messages/message.service";
import { Message } from "../messages/message.model";
import { Model } from "../model/repository.model";
import { MODES } from "./sharedState.model";
import { RouterModule } from "@angular/router";

@NgModule({
    imports: [BrowserModule, FormsModule, ModelModule, MessageModule, RouterModule],
    declarations: [TableComponent, FormComponent, StatePipe],
    exports: [ModelModule, TableComponent, FormComponent],
    providers: [{
        provide: SHARED_STATE,
        deps: [MessageService, Model],
        useFactory: (messageService, model) => {
            return new Subject<SharedState>();
        }
    }]
})
export class CoreModule { }
```

25.2.6　理解路由的效果

重新启动 Angular 开发工具后，就可以使用 Edit、Create New Product、Cancel 等按钮在应用程序中导航了，如图 25-3 所示。

图 25-3　使用路由在应用程序中导航

但是，并不是说现在应用程序中的所有功能都可以正常工作了。现在我们正好要探索在应用程序中添加路由的效果。输入应用程序的根 URL(http://localhost:4200)，然后单击 Create New Product 按钮。此时 Angular 路由系统将浏览器显示的 URL 更改为：

```
http://localhost:4200/form/create
```

如果在转换过程中观察 HTTP 开发服务器的输出，就会注意到，针对新的内容，服务器没有收到新请求。这种变化完全是在 Angular 应用程序内部完成的，不会生成任何新的 HTTP 请求。

新的 URL 是由 Angular 路由系统处理的，Angular 路由系统可将新的 URL 与这个来自 app.routing.ts 文件的路由进行匹配。

```
...
{ path: "form/create", component: FormComponent },
...
```

当路由系统将 URL 与一个路由进行匹配时，路由系统考虑了 index.html 文件中的 base 元素。如果 URL 为/form/create，那么在配置 base 元素时，就要使用一个值为/的 href 标记与路由中的 path 属性进行组合，之后再进行匹配。

component 属性要求 Angular 路由系统向用户显示 FormComponent。此时将创建 FormComponent 类的一个新实例，并且使用 FormComponent 类的模板内容作为根组件的模板中 router-outlet 元素的内容。

如果单击表单下方的 Cancel 按钮，这个过程将再次执行，但这次浏览器返回到应用程序的根 URL，因此匹配路径组件为空字符串的路由。

```
{ path: "", component: TableComponent }
```

这个路由要求 Angular 向用户显示 TableComponent。此时将创建 TableComponent 类的一个新实例，并且使用 TableComponent 类的模板内容作为根组件的模板中 router-outlet 元素的内容，将模型数据显示给用户。

这就是路由的本质：浏览器的 URL 发生了变化，引发路由系统查询自身的配置来判断需要向用户显示哪个组件。我们可以使用多种选项和功能，但是只要牢记上面讲述的路由核心目标，就不会犯错。

手动修改 URL 存在的风险

routerLink 指令使用一个 JavaScript API 设置 URL，这个 API 告知浏览器：这是关于当前文档的修改，而不是需要向服务器发送 HTTP 请求的修改。

如果在浏览器窗口中输入的一个 URL 与路由系统匹配，就可以看到与预期结果看起来一样的结果，但实际上，这是一件完全不同的事。当在浏览器中手工输入以下 URL 时，请认真观察来自 HTTP 开发服务器的输出。

http://localhost:4200/form/create

与在 Angular 应用程序中处理修改不同，这时浏览器向服务器发送一个 HTTP 请求，服务器重新加载了应用程序。一旦应用程序加载完毕，路由系统将检查浏览器的 URL，与配置中的路由进行匹配，然后显示 FormComponent。

这样做能够行得通的原因是针对那些找不到磁盘文件的 URL，HTTP 开发服务器将返回 index.html 文件的内容。例如，如果请求以下 URL：

http://localhost:4200/this/does/not/exist

那么浏览器会显示错误信息，因为这个请求为浏览器提供了 index.html 文件的内容，而浏览器已经使用这个文件的内容，加载并启动示例 Angular 应用程序。当路由系统检查 URL 时，会发现找不到匹配的路由，因此生成错误。

(续)

必须注意三点。首先，当测试应用程序的路由配置时，应该关注浏览器生成的 HTTP 请求，因为有时看到的正确结果其实是由错误引发的。在一台运行速度较快的机器上，甚至可能没有意识到浏览器重新加载并重新启动了应用程序。

其次还要记住，必须使用 routerLink 指令(或者使用路由模块提供的类似功能之一)来修改 URL，而不应该通过浏览器的 URL 地址栏来手动修改 URL。

最后，因为用户并不知道以编程方式改变 URL 和以手动方式改变 URL 之间的区别，所以路由配置必须能够处理那些没有对应路由的 URL，这部分内容将在第 26 章介绍。

25.3　完成路由实现

为应用程序添加路由是一个很好的开端，但是仍然有大量应用程序的功能还无法工作。例如，单击 Edit 按钮可以显示表单，但是表单内容并没有得到填充，也没有显示出当前处于编辑状态的颜色提示。在后面的章节中，将使用路由系统提供的功能完成应用程序的编写任务，最终让应用程序能够按照预期正常工作。

25.3.1　在组件中处理路由变化

表单组件无法正常工作的原因是：表单组件没有得到用户单击 Edit 按钮后要求编辑一个产品的通知。这个问题产生的原因是：路由系统仅在需要的时候才会创建组件类的新实例，也就是说，只有在单击 Edit 按钮之后才能创建 FormComponent 对象。如果单击表单下方的 Cancel 按钮，然后在这个表单中再次单击 Edit 按钮，就会创建 FormComponent 的第二个实例。

这样，产品组件和表单组件之间的通信方式会产生一个时序问题，而产品组件和表单组件之间的通信是通过 Reactive Extensions 的 Subject 完成的。一个 Subject 只能向调用 subscribe 方法后到达的订阅者传递事件。引入路由意味着：只有在描述编辑操作的事件已经发送之后，才能创建 FormComponent 对象。

这个问题可以通过将 Subject 替换为 BehaviorSubject 来解决，当订阅者调用订阅方法时，BehaviorSubject 可以向订阅者发送最近的事件。但更优雅的一种方法是使用 URL 在组件之间进行协同，特别是在本章讨论路由系统的情况下，这种方法更合适。

Angular 提供了一个服务，组件可接收这个服务以获取当前路由的详情。服务和服务提供的访问类型之间的关系似乎非常复杂，但是通过观察示例内部和路由的不同使用方式，就可以发现其中的意义。

组件依赖的类的名称为 ActivatedRoute。为解释本节内容，在这个类中定义了一个重要的属性 snapshot，表 25-5 描述了这个属性。本章后面还描述了其他属性，但是现在可以先不考虑它们。

表 25-5　ActivatedRoute 属性

名称	描述
snapshot	这个属性返回一个 ActivatedRouteSnapshot 对象，这个对象描述了当前路由

snapshot 属性返回 ActivatedRouteSnapshot 类的一个实例，这个实例提供一个路由的信息，这个路由使用表 25-6 描述的属性向用户显示当前组件。

表 25-6　基本的 ActivatedRouteSnapshot 属性

名称	描述
url	这个属性返回一个由 UrlSegment 对象组成的数组，数组中的每个 UrlSegment 对象都描述了能够匹配当前路由的 URL 中一个单独的段
params	这个属性返回一个 Params 对象，这个 Params 对象描述了基于名称索引得到的 URL 参数
queryParams	这个属性返回一个 Params 对象，这个 Params 对象描述了基于名称索引得到的 URL 查询参数
fragment	这个属性返回一个包含了 URL 段的字符串

url 属性是这个示例中最重要的属性之一，因为这个属性可以帮助组件检查当前 URL 中的段，并且从当前 URL 中提取执行操作所需的信息。url 属性返回一个 UrlSegment 对象数组，这些对象提供表 25-7 中描述的属性。

表 25-7　UrLSegment 属性

名称	描述
path	这个属性返回一个包含了段值的字符串
parameters	这个属性返回参数的一个索引集合，25.3.2 节"使用路由参数"中将描述这个属性

为确定用户激活了哪个路由，表单组件可以声明一个对 ActivatedRoute 的依赖，然后使用它接收到的对象来检查 URL 的段，如代码清单 25-11 所示。

代码清单 25-11　在 src/app/core 文件夹的 form.component.ts 文件中检查活动路由

```
import { Component, Inject } from "@angular/core";
import { NgForm } from "@angular/forms";
import { Product } from "../model/product.model";
import { Model } from "../model/repository.model";
import { MODES, SharedState, SHARED_STATE } from "./sharedState.model";
import { Observable } from "rxjs";
//import { filter, map, distinctUntilChanged, skipWhile } from "rxjs/operators";
import { ActivatedRoute } from "@angular/router";

@Component({
    selector: "paForm",
    templateUrl: "form.component.html",
    styleUrls: ["form.component.css"]
})
export class FormComponent {
    product: Product = new Product();
    constructor(private model: Model, activeRoute: ActivatedRoute) {
        this.editing = activeRoute.snapshot.url[1].path == "edit";
    }

    editing: boolean = false;

    submitForm(form: NgForm) {
        if (form.valid) {
            this.model.saveProduct(this.product);
            this.product = new Product();
            form.reset();
        }
```

```
    }

    resetForm() {
        this.product = new Product();
    }
}
```

组件不再使用 Reactive Extensions 接收事件。现在，组件检查活动路由的 URL 的第二段内容，并设置 editing 属性的值。editing 属性确定显示的是创建模式还是编辑模式。如果单击表格中的 Edit 按钮，就可以看到对应的域显示出了正确的颜色，如图 25-4 所示。

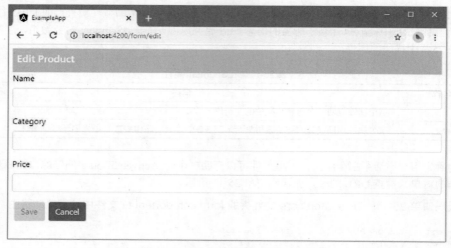

图 25-4　在一个组件中使用活动路由

25.3.2　使用路由参数

设置应用程序的路由配置时，定义了两个路由，它们的访问目标为表单组件，如下所示。

```
...
{ path: "form/edit", component: FormComponent },
{ path: "form/create", component: FormComponent },
...
```

当 Angular 试图将一个路由与一个 URL 进行匹配时，它需要依次查看路由中的每一个段，检查其能否与待导航访问的 URL 相匹配。上面两个 URL 都是由静态段(static segment)构成的，这表明在 Angular 激活路由之前，路由必须精确匹配待导航访问的 URL。

Angular 路由可以更为灵活，并且可以包括路由参数，这样可以将任意段的值与导航访问的对应段相匹配。这表明：使用相似的 URL 来访问同一个组件的路由可以合并为一个路由，如代码清单 25-12 所示。

代码清单 25-12　在 src/app 文件夹的 app.routing.ts 文件中合并路由

```
import { Routes, RouterModule } from "@angular/router";
import { TableComponent } from "./core/table.component";
import { FormComponent } from "./core/form.component";
```

```
const routes: Routes = [
    { path: "form/:mode", component: FormComponent },
    { path: "", component: TableComponent }
]

export const routing = RouterModule.forRoot(routes);
```

在修改后的 URL 中，第二个段定义了一个路由参数，用一个冒号(:)后面跟一个名称来表示。在这个示例中，路由参数名为 mode。这个路由可匹配任意存在两个段并且第一个段为 form 的 URL，表 25-8 总结了如何使用路由参数来匹配 URL。第二个段的内容可以被指派给一个名为 mode 的参数。

表 25-8　使用路由参数来匹配 URL

URL	结果
http://localhost:4200/form	不匹配——段太少
http://localhost:4200/form/create	匹配，将 create 赋予 mode 参数
http://localhost:4200/form/london	匹配，将 london 赋予 mode 参数
http://localhost:4200/product/edit	不匹配——第一个段不是 form
http://localhost:4200/form/edit/1	不匹配——段太多

利用路由参数，可通过编程方式来简化对路由的处理，因为参数值可通过其名称获取，详见代码清单 25-13。

代码清单 25-13　在 src/app/core 文件夹的 form.component.ts 文件中读取一个路由参数

```
import { Component, Inject } from "@angular/core";
import { NgForm } from "@angular/forms";
import { Product } from "../model/product.model";
import { Model } from "../model/repository.model";
import { MODES, SharedState, SHARED_STATE } from "./sharedState.model";
import { Observable } from "rxjs";
//import { filter, map, distinctUntilChanged, skipWhile } from "rxjs/operators";
import { ActivatedRoute } from "@angular/router";

@Component({
    selector: "paForm",
    templateUrl: "form.component.html",
    styleUrls: ["form.component.css"]
})
export class FormComponent {
    product: Product = new Product();

    constructor(private model: Model, activeRoute: ActivatedRoute) {
        this.editing = activeRoute.snapshot.params["mode"] == "edit";
    }

    editing: boolean = false;

    submitForm(form: NgForm) {
        if (form.valid) {
            this.model.saveProduct(this.product);
            this.product = new Product();
```

```
        form.reset();
      }
    }

    resetForm() {
      this.product = new Product();
    }
}
```

为获取所需的信息，组件并不需要掌握 URL 的结构，而可使用 ActivatedRouteSnapshot 类提供的 params 属性来获取一组参数值的集合，而这个参数值的集合是用名称进行索引的。组件可以获取 mode 参数的值，并且使用该值来设置 editing 属性。

1. 使用多路由参数

当用户单击 Edit 按钮时，为了告诉表单组件用户选中了哪个产品，需要使用第二个路由参数。因为 Angular 需要基于 URL 所包含的段数来匹配 URL，所以需要再次对定向到表单组件的路由进行分割，如代码清单 25-14 所示。随着应用程序的功能越来越多，包含在路由的 URL 中的信息量会不断增加，由路由合并和随后发生的路由扩展构成的这个迭代过程，是项目开发的典型过程。

代码清单 25-14　在 src/app 文件夹的 app.routing.ts 文件中添加一个路由

```
import { Routes, RouterModule } from "@angular/router";
import { TableComponent } from "./core/table.component";
import { FormComponent } from "./core/form.component";

const routes: Routes = [
    { path: "form/:mode/:id", component: FormComponent },
    { path: "form/:mode", component: FormComponent },
    { path: "", component: TableComponent }]

export const routing = RouterModule.forRoot(routes);
```

新的路由可以匹配任何有三个段且第一个段是 form 的 URL。为了创建可以访问这个路由的 URL，需要为模板中的 routerLink 表达式使用一种不同的处理方法，因为需要为产品表格中的每一个 Edit 按钮动态地创建第三个段，如代码清单 25-15 所示。

代码清单 25-15　在 src/app/core 文件夹的 table.component.html 文件中生成动态 URL

```
<table class="table table-sm table-bordered table-striped">
    <tr>
        <th>ID</th><th>Name</th><th>Category</th><th>Price</th><th></th>
    </tr>
    <tr *ngFor="let item of getProducts()">
        <td>{{item.id}}</td>
        <td>{{item.name}}</td>
        <td>{{item.category}}</td>
        <td>{{item.price | currency:"USD" }}</td>
        <td class="text-center">
            <button class="btn btn-danger btn-sm mr-1"
                    (click)="deleteProduct(item.id)">
                Delete
            </button>
            <button class="btn btn-warning btn-sm" (click)="editProduct(item.id)"
                    [routerLink]="['/form', 'edit', item.id]">
```

```
                Edit
            </button>
        </td>
    </tr>
</table>
<button class="btn btn-primary m-1" (click)="createProduct()"
        routerLink="/form/create">
    Create New Product
</button>
<button class="btn btn-danger" (click)="deleteProduct(-1)">
    Generate HTTP Error
</button>
```

routerLink 属性被封闭到一对方括号中，告诉 Angular 需要将这个属性的值当成一个数据绑定表达式。这个表达式被设置为一个数组，每个数组元素都包含一个段的值。头两个段是字面量字符串，无须修改即可纳入目标 URL。第三个段需要进行求值，以获得 id 属性的值，为由 ngIf 指令处理的当前 Product 对象提供 id，这一点与模板中的其他表达式是类似的。routerLink 指令可将单个的段组合起来，创建诸如/form/edit/2 的 URL。

代码清单 25-16 说明了表单组件如何获取新的路由参数并使用路由参数选择待编辑的产品。

代码清单 25-16 在 src/app/core 文件夹的 form.component.ts 文件中使用新的路由参数

```
import { Component, Inject } from "@angular/core";
import { NgForm } from "@angular/forms";
import { Product } from "../model/product.model";
import { Model } from "../model/repository.model";
import { ActivatedRoute } from "@angular/router";

@Component({
    selector: "paForm",
    templateUrl: "form.component.html",
    styleUrls: ["form.component.css"]
})
export class FormComponent {
    product: Product = new Product();

    constructor(private model: Model, activeRoute: ActivatedRoute) {
        this.editing = activeRoute.snapshot.params["mode"] == "edit";
        let id = activeRoute.snapshot.params["id"];
        if (id != null) {
            Object.assign(this.product, model.getProduct(id) || new Product());
        }
    }

    editing: boolean = false;

    submitForm(form: NgForm) {
        if (form.valid) {
            this.model.saveProduct(this.product);
            this.product = new Product();
            form.reset();
        }
    }

    resetForm() {
```

```
        this.product = new Product();
    }
}
```

用户单击 Edit 按钮时,被激活的路由 URL 通知表单组件需要执行编辑操作,并告知表单组件需要编辑哪个产品,这样就可以正确地填充表单数据,如图 25-5 所示。

提示:注意,为了确认能够从代码清单 25-16 的数据模型中检索到一个 Product 对象,需要执行一次检查,如果未能检索到这个对象,就创建一个新的 Product 对象。这一点很重要,因为模型中的数据是异步获取的。当用户直接请求 URL 时,表单组件在显示数据的那个时刻,数据可能尚未到达。在开发过程中这个问题同样存在:应用程序代码的变化会触发一次重新编译,随后重新加载在修改代码之前打算导航访问的 URL。这样做会产生一个错误:因为 Angular 试图直接导航访问一个原先打算访问的路由,但是直到填充数据模型之前,这个路由是无法请求访问的。第 27 章将解释如何停止激活路由,直到某个特定条件为真,比如数据到达条件为真。

图 25-5　使用 URL 段来提供信息

2. 使用可选路由参数

可选路由参数可以让 URL 包含附加信息,从而可以为应用程序的其他部分提供提示信息或指导信息,但是可选路由参数对于应用程序正常工作并不是至关重要的。

这类路由参数可以使用 URL 矩阵注释来表达,虽然这并不是 URL 规范的组成部分,但是浏览器仍然为此提供了支持。下面这个 URL 示例给出了一些可选路由参数:

```
http://localhost:4200/form/edit/2;name=Lifejacket;price=48.95
```

可选路由参数由分号(;)分隔,这个 URL 包含名为 name 和名为 price 的两个可选参数。

为说明如何使用可选参数,代码清单 25-17 给出添加一个可选路由参数的代码,这个可选路由参数是 URL 的组成部分,里面包含待编辑的对象。这个信息并不是至关重要的,因为表单组件可从模型获取数据,但是通过路由 URL 获取数据可避免某些工作。

代码清单 25-17　在 src/app/core 文件夹的 table.component.html 文件中使用一个可选路由
　　　　　　参数

```html
<table class="table table-sm table-bordered table-striped">
    <tr>
        <th>ID</th><th>Name</th><th>Category</th><th>Price</th><th></th>
    </tr>
    <tr *ngFor="let item of getProducts()">
        <td>{{item.id}}</td>
        <td>{{item.name}}</td>
        <td>{{item.category}}</td>
        <td>{{item.price | currency:"USD" }}</td>
        <td class="text-center">
            <button class="btn btn-danger btn-sm mr-1"
                    (click)="deleteProduct(item.id)">
                Delete
            </button>
            <button class="btn btn-warning btn-sm" (click)="editProduct(item.id)"
                [routerLink]="['/form', 'edit', item.id,
                {name: item.name, category: item.category, price: item.price}]">
                Edit
            </button>
        </td>
    </tr>
</table>
<button class="btn btn-primary m-1" (click)="createProduct()"
        routerLink="/form/create">
    Create New Product
</button>
<button class="btn btn-danger" (click)="deleteProduct(-1)">
    Generate HTTP Error
</button>
```

可选值被表示为字面量对象，其属性名标识了可选参数。这个示例中包含 name、category 和 price 属性，并且用 ngIf 指令处理的对象设置了这些属性的值。可选参数会生成类似以下格式的 URL：

```
http://localhost:4200/form/edit/5;name=Stadium;category=Soccer;price=79500
```

代码清单 25-18 说明了表单组件如何检查可选参数是否存在。如果可选参数已经被包含在 URL 中，就使用参数值避免对数据模型的请求。

代码清单 25-18　在 src/app/core 文件夹的 form.component.ts 文件中接收可选参数

```typescript
import { Component, Inject } from "@angular/core";
import { NgForm } from "@angular/forms";
import { Product } from "../model/product.model";
import { Model } from "../model/repository.model";
import { ActivatedRoute } from "@angular/router";

@Component({
    selector: "paForm",
    templateUrl: "form.component.html",
    styleUrls: ["form.component.css"]
})
export class FormComponent {
    product: Product = new Product();
```

```
constructor(private model: Model, activeRoute: ActivatedRoute) {
    this.editing = activeRoute.snapshot.params["mode"] == "edit";
    let id = activeRoute.snapshot.params["id"];
    if (id != null) {
        let name = activeRoute.snapshot.params["name"];
        let category = activeRoute.snapshot.params["category"];
        let price = activeRoute.snapshot.params["price"];

        if (name != null && category != null && price != null) {
            this.product.id = id;
            this.product.name = name;
            this.product.category = category;
            this.product.price = Number.parseFloat(price);
        } else {
            Object.assign(this.product, model.getProduct(id) || new Product());
        }
    }
}

editing: boolean = false;

submitForm(form: NgForm) {
    if (form.valid) {
        this.model.saveProduct(this.product);
        this.product = new Product();
        form.reset();
    }
}

resetForm() {
    this.product = new Product();
}
```

可选路由参数的访问方式与必选参数的访问方式是相同的，而检查可选路由参数是否存在，以及检查可选参数是不是 URL 的组成部分，则是组件的责任。在这个示例中，如果 URL 并不包含组件所查找的可选参数，那么组件可以回头查询数据模型。

25.3.3 在代码中导航

使用 routerLink 属性可以很方便地在模板中设置导航，但是应用程序常常需要代表用户在组件或命令中初始化导航。

为了让指令和组件等构造块访问路由系统，Angular 提供了 Router 类。Router 类可以通过依赖注入充当服务，表 25-9 描述了 Router 类中最有用的方法和属性。

表 25-9　Router 类的方法和属性

名称	描述
navigated	当存在至少一个导航事件时，这个 boolean 属性将返回 true，否则返回 false
url	这个属性返回活动的 URL
isActive(url, exact)	如果指定的 URL 是由活动路由定义的，那么这个方法返回 true。通过指定 exact 参数的值，可以确定被指定 URL 中的每一个段是不是必须匹配当前 URL，如果是，该方法返回 true

（续表）

名称	描述
events	这个属性返回一个 Observable<Event>，可以用于监视导航的变化。详情见 25.3.4 节 "接收导航事件" 中的内容
navigateByUrl(url, extras)	这个方法导航访问指定的 URL，该方法的执行结果为一个 Promise。当导航成功时，这个 Promise 被解析为 true；否则为 false，表明发生了一个错误，导航被拒绝
navigate(commands, extras)	这个方法在导航时使用一个由段组成的数组。extras 对象可以用于指定 URL 的变化是否与当前路由有关。这个方法的执行结果是一个 Promise，当导航成功时，这个 Promise 被解析为 true；否则为 false，表明发生了一个错误，导航被拒绝

navigate 和 navigateByUrl 方法使得在组件之类的构造块内部执行导航成为一件很容易的事。代码清单 25-19 说明了在创建或更新一个产品之后，如何在表单组件中使用 Router 将应用程序重定向返回到表格。

代码清单 25-19　在 src/app/core 文件夹的 form.component.ts 文件中通过编程进行导航

```
import { Component, Inject } from "@angular/core";
import { NgForm } from "@angular/forms";
import { Product } from "../model/product.model";
import { Model } from "../model/repository.model";
import { ActivatedRoute, Router } from "@angular/router";
@Component({
    selector: "paForm",
    templateUrl: "form.component.html",
    styleUrls: ["form.component.css"]
})
export class FormComponent {
    product: Product = new Product();

    constructor(private model: Model, activeRoute: ActivatedRoute,
            private router: Router) {

        this.editing = activeRoute.snapshot.params["mode"] == "edit";
        let id = activeRoute.snapshot.params["id"];
        if (id != null) {
            let name = activeRoute.snapshot.params["name"];
            let category = activeRoute.snapshot.params["category"];
            let price = activeRoute.snapshot.params["price"];

            if (name != null && category != null && price != null) {
                this.product.id = id;
                this.product.name = name;
                this.product.category = category;
                this.product.price = Number.parseFloat(price);
            } else {
              Object.assign(this.product, model.getProduct(id) || new Product());
            }
        }
    }

    editing: boolean = false;

    submitForm(form: NgForm) {
```

```
            if (form.valid) {
                this.model.saveProduct(this.product);
                //this.product = new Product();
                //form.reset();
                this.router.navigateByUrl("/");
            }
        }

        resetForm() {
            this.product = new Product();
        }
    }
```

组件接收作为构造函数参数的一个 Router 对象，并在 submitForm 方法中使用这个 Router 对象导航返回到应用程序的根 URL。代码清单 25-19 的 submitForm 方法中被注释掉的两条语句已经不再需要了，因为路由系统可在无须再显示表单组件的情况下销毁表单组件。这表明无须重置表单的状态。

结果是，在表单中单击 Save 或 Create 按钮将导致应用程序显示如图 25-6 所示的产品表格界面。

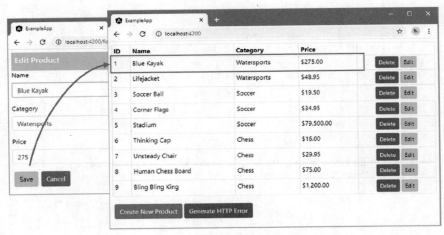

图 25-6　以编程方式进行导航

25.3.4　接收导航事件

在很多应用程序中，存在一些并不直接参与应用程序导航的组件或指令，但是这些组件或指令仍然需要知道导航何时会发生。在示例应用程序的消息组件中包含一个示例，可以向用户显示通知和错误信息。这个组件显示的始终是最新消息，即使这个消息已经过时，不太可能对用户有什么帮助，也是如此。为了观察这个问题，请单击 Generate HTTP Error 按钮，然后单击 Create New Product 按钮或某个 Edit 按钮，可以发现，即使已经导航进入应用程序的其他部分，错误消息也仍然会保持显示状态。

Router 类定义的 events 属性返回一个 Observable<Event>，这个 Observable<Event>发送了一个 Event 对象序列，这个 Event 对象序列描述了来自路由系统的变化。通过 Observer，可提供 5 类事件，如表 25-10 所示。

表 25-10　Router.events Observer 提供的事件类型

名称	描述
NavigationStart	导航过程开始时，发送这个事件
RoutesRecognized	路由系统在将 URL 与一个路径匹配时，发送这个事件
NavigationEnd	导航过程成功完成时，发送这个事件
NavigationError	导航过程产生错误时，发送这个事件
NavigationCancel	导航过程取消时，发送这个事件

所有的事件类都定义了一个 id 属性，这个属性返回一个数值，并且每次导航时这个属性的值都会递增。事件类还定义另一个 url 属性，这个属性可以返回目标 URL。RoutesRecognized 和 NavigationEnd 事件还定义了一个 urlAfterRedirects 属性，可以返回已经访问过的 URL。

为了解决消息系统的这个问题，代码清单 25-20 订阅了 Router.events 属性提供的 Observer，并且在收到 NavigationEnd 或 NavigationCancel 事件时清除向用户显示的消息。

代码清单 25-20　在 src/app/messages 文件夹的 message.component.ts 文件中响应导航事件

```
import { Component } from "@angular/core";
import { MessageService } from "./message.service";
import { Message } from "./message.model";
import { Observable } from "rxjs";
import { Router, NavigationEnd, NavigationCancel } from "@angular/router";
import { filter } from "rxjs/operators";

@Component({
    selector: "paMessages",
    templateUrl: "message.component.html",
})
export class MessageComponent {
    lastMessage: Message;

    constructor(messageService: MessageService, router: Router) {
        messageService.messages.subscribe(m => this.lastMessage = m);
        router.events
            .pipe(filter(e => e instanceof NavigationEnd
                || e instanceof NavigationCancel))
            .subscribe(e => { this.lastMessage = null; });
    }
}
```

filter 方法用来选择来自 Observer 的一类事件。subscribe 方法更新了 lastMessage 属性，这个属性最终会清除组件显示的消息。代码清单 25-21 为消息模块导入了路由功能。为使应用程序正常工作，这样做并非必需的，因为根模块已经导入了路由功能，但是让每个模块导入这个模块需要的全部功能是一种良好实践。

代码清单 25-21　在 src/app/messages 文件夹的 message.module.ts 文件中导入路由模块

```
import { NgModule, ErrorHandler } from "@angular/core";
import { BrowserModule } from "@angular/platform-browser";
import { MessageComponent } from "./message.component";
import { MessageService } from "./message.service";
import { MessageErrorHandler } from "./errorHandler";
```

```
import { RouterModule } from "@angular/router";

@NgModule({
    imports: [BrowserModule, RouterModule],
    declarations: [MessageComponent],
    exports: [MessageComponent],
    providers: [MessageService,
        { provide: ErrorHandler, useClass: MessageErrorHandler }]
})
export class MessageModule { }
```

上述修改的结果是：只有当下一个导航事件发生时，才会将消息显示给用户，如图 25-7 所示。

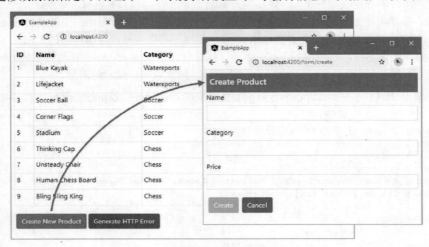

图 25-7 响应导航事件

25.3.5 删除事件绑定和支持代码

使用路由系统的好处之一是路由系统可以简化应用程序，替换事件绑定及其在导航发生变化的情况下应用程序调用的方法。完成路由实现的最后修改工作是删除前面用于在组件之间进行协同所采用机制的痕迹。代码清单 25-22 注释掉了表格组件模板中的事件绑定代码，这部分代码用于在用户单击 Create New Product 或 Edit 按钮的情况下做出响应(仍然需要 Delete 按钮的事件绑定)。

代码清单 25-22 在 src/app/core 文件夹的 table.component.html 文件中删除事件绑定

```html
<table class="table table-sm table-bordered table-striped">
    <tr>
        <th>ID</th><th>Name</th><th>Category</th><th>Price</th><th></th>
    </tr>
    <tr *ngFor="let item of getProducts()">
        <td>{{item.id}}</td>
        <td>{{item.name}}</td>
        <td>{{item.category}}</td>
        <td>{{item.price | currency:"USD" }}</td>
        <td class="text-center">
        <button class="btn btn-danger btn-sm mr-1"
            (click)="deleteProduct(item.id)">
```

```
                Delete
            </button>
            <button class="btn btn-warning btn-sm"
                [routerLink]="['/form', 'edit', item.id,
                    {name: item.name, category: item.category, price: item.price}]">
                Edit
            </button>
        </td>
    </tr>
</table>
<button class="btn btn-primary m-1" routerLink="/form/create">
    Create New Product
</button>
<button class="btn btn-danger" (click)="deleteProduct(-1)">
    Generate HTTP Error
</button>
```

代码清单 25-23 给出了组件中对应的修改——删除事件绑定调用的方法，以及对编辑或创建产品时用来发出通知的服务的依赖。

代码清单 25-23　在 src/app/core 文件夹的 table.component.ts 文件中删除事件处理代码

```
import { Component, Inject } from "@angular/core";
import { Product } from "../model/product.model";
import { Model } from "../model/repository.model";
//import { MODES, SharedState, SHARED_STATE } from "./sharedState.model";
//import { Observer } from "rxjs";

@Component({
    selector: "paTable",
    templateUrl: "table.component.html"
})
export class TableComponent {

    constructor(private model: Model
        /*@Inject(SHARED_STATE) private observer: Observer<SharedState>*/) { }

    getProduct(key: number): Product {
        return this.model.getProduct(key);
    }

    getProducts(): Product[] {
        return this.model.getProducts();
    }

    deleteProduct(key: number) {
        this.model.deleteProduct(key);
    }
    //editProduct(key: number) {
    //    this.observer.next(new SharedState(MODES.EDIT, key));
    //}

    //createProduct() {
    //    this.observer.next(new SharedState(MODES.CREATE));
    //}
}
```

组件用来进行协同的服务已经不再需要，代码清单 25-24 从核心模块中禁用了该服务。

代码清单 25-24　在 src/app/core 文件夹的 core.module.ts 文件中删除共享状态服务

```
import { NgModule } from "@angular/core";
import { BrowserModule } from "@angular/platform-browser";
import { FormsModule } from "@angular/forms";
import { ModelModule } from "../model/model.module";
import { TableComponent } from "./table.component";
import { FormComponent } from "./form.component";
//import { SharedState, SHARED_STATE } from "./sharedState.model";
import { Subject } from "rxjs";
import { StatePipe } from "./state.pipe";
import { MessageModule } from "../messages/message.module";
import { MessageService } from "../messages/message.service";
import { Message } from "../messages/message.model";
import { Model } from "../model/repository.model";
//import { MODES } from "./sharedState.model";
import { RouterModule } from "@angular/router";

@NgModule({
    imports: [BrowserModule, FormsModule, ModelModule, MessageModule, RouterModule],
    declarations: [TableComponent, FormComponent, StatePipe],
    exports: [ModelModule, TableComponent, FormComponent],
    //providers: [{
    //    provide: SHARED_STATE,
    //    deps: [MessageService, Model],
    //    useFactory: (messageService, model) => {
    //        return new Subject<SharedState>();
    //    }
    //}]
})
export class CoreModule { }
```

结果是，表格组件和表单组件之间的协同完全由路由系统进行处理。现在，路由系统负责显示组件，并负责管理组件之间的导航。

25.4　本章小结

本章介绍了 Angular 路由功能，演示了如何在应用程序中通过导航到一个 URL 向用户显示某些内容。本章还说明了如何在模板中创建导航链接，如何在组件或指令中执行导航，以及如何通过编程来响应导航变化。下一章将继续讨论 Angular 路由系统。

第 26 章

路由与导航：第 2 部分

前一章介绍了 Angular 的 URL 路由系统，并解释了如何使用 URL 路由系统来控制向用户显示的组件。路由系统提供了大量功能，本章和第 27 章将继续描述这些内容。本章重点介绍如何创建更复杂的路由，包括可以匹配任何 URL 的路由、将浏览器重定向到其他 URL 的路由、在组件内部导航的路由以及可以选择多个组件的路由。表 26-1 给出了本章内容摘要。

表 26-1　本章内容摘要

问题	解决方案	代码清单编号
用单个路由匹配多个 URL	使用路由通配符	1~9
将一个 URL 重定向到另一个 URL	使用重定向路由	10
在一个组件中导航	使用相对 URL	11
当激活的 URL 发生变化时，接收通知	使用ActivatedRoute类提供的Observable对象	12
当一个特定路由处于活动状态时，设置一个元素的样式	使用 routerLinkActive 属性	13~16
使用路由系统来显示嵌套的组件	定义子路由，并使用 router-outlet 元素	17~21

26.1　准备示例项目

本章将继续使用在第22章中创建的exampleApp项目，这个项目在随后各章进行了多次修改。为了准备本章要讲解的内容，需要为存储库类添加两个方法，如代码清单26-1所示。

代码清单 26-1　在 src/app/model 文件夹的 repository.model.ts 文件中添加方法

```
import { Injectable } from "@angular/core";
import { Product } from "./product.model";
import { Observable } from "rxjs";
import { RestDataSource } from "./rest.datasource";

@Injectable()
export class Model {
    private products: Product[] = new Array<Product>();
    private locator = (p: Product, id: number) => p.id == id;
```

```
constructor(private dataSource: RestDataSource) {
    this.dataSource.getData().subscribe(data => this.products = data);
}

getProducts(): Product[] {
    return this.products;
}

getProduct(id: number): Product {
    return this.products.find(p => this.locator(p, id));
}

getNextProductId(id: number): number {
    let index = this.products.findIndex(p => this.locator(p, id));
    if (index > -1) {
        return this.products[this.products.length > index + 2
            ? index + 1 : 0].id;
    } else {
        return id || 0;
    }
}

getPreviousProductid(id: number): number {
    let index = this.products.findIndex(p => this.locator(p, id));
    if (index > -1) {
        return this.products[index > 0
            ? index - 1 : this.products.length - 1].id;
    } else {
        return id || 0;
    }
}

saveProduct(product: Product) {
    if (product.id == 0 || product.id == null) {
        this.dataSource.saveProduct(product)
            .subscribe(p => this.products.push(p));
    } else {
        this.dataSource.updateProduct(product).subscribe(p => {
            let index = this.products
                .findIndex(item => this.locator(item, p.id));
            this.products.splice(index, 1, p);
        });
    }
}

deleteProduct(id: number) {
    this.dataSource.deleteProduct(id).subscribe(() => {
        let index = this.products.findIndex(p => this.locator(p, id));
        if (index > -1) {
            this.products.splice(index, 1);
        }
    });
}
```

新的方法接收一个 ID 值, 找到这个 ID 对应的产品, 然后在存储库用来保存数据模型对象的数组中，返回这个产品对象的前一个对象和后一个对象的 ID。本章后面还将使用这个功能来帮助用户对数据模型中的对象实现翻页功能。

为简化示例，代码清单 26-2 删除了表单组件中的一些语句，这些语句可以使用可选路由参数，接收待编辑产品的详情。还修改了构造函数参数的访问级别，以便能够在组件模板中直接使用它们。

代码清单 26-2　在 src/app/core 文件夹的 form.component.ts 文件中删除可选的路由参数

```
import { Component, Inject } from "@angular/core";
import { NgForm } from "@angular/forms";
import { Product } from "../model/product.model";
import { Model } from "../model/repository.model";
import { ActivatedRoute, Router } from "@angular/router";

@Component({
    selector: "paForm",
    templateUrl: "form.component.html",
    styleUrls: ["form.component.css"]
})
export class FormComponent {
    product: Product = new Product();

    constructor(public model: Model, activeRoute: ActivatedRoute,
        public router: Router) {

        this.editing = activeRoute.snapshot.params["mode"] == "edit";
        let id = activeRoute.snapshot.params["id"];
        if (id != null) {
            Object.assign(this.product, model.getProduct(id) || new Product());
        }
    }
    editing: boolean = false;

    submitForm(form: NgForm) {
        if (form.valid) {
            this.model.saveProduct(this.product);
            this.router.navigateByUrl("/");
        }
    }

    resetForm() {
        this.product = new Product();
    }
}
```

代码清单 26-3 从表格组件的模板中删除了可选参数，这样这些参数就不会包含在 Edit 按钮的导航 URL 中。

代码清单 26-3　在 src/app/core 文件夹的 table.component.html 文件中删除可选路由参数

```
<table class="table table-sm table-bordered table-striped">
    <tr>
        <th>ID</th><th>Name</th><th>Category</th><th>Price</th><th></th>
    </tr>
    <tr *ngFor="let item of getProducts()">
```

```
            <td>{{item.id}}</td>
            <td>{{item.name}}</td>
            <td>{{item.category}}</td>
            <td>{{item.price | currency:"USD" }}</td>
            <td class="text-center">
                <button class="btn btn-danger btn-sm mr-1"
                        (click)="deleteProduct(item.id)">
                    Delete
                </button>
                <button class="btn btn-warning btn-sm"
                    [routerLink]="['/form', 'edit', item.id]">
                    Edit
                </button>
            </td>
        </tr>
</table>
<button class="btn btn-primary m-1" routerLink="/form/create">
    Create New Product
</button>
<button class="btn btn-danger" (click)="deleteProduct(-1)">
    Generate HTTP Error
</button>
```

在项目中添加组件

为演示本章讲解的某些功能，需要在应用程序中添加某些组件。这些组件很简单，因为我们着重关注路由系统，并不关心如何为应用程序添加有用的功能。在 src/app/core 文件夹中创建一个名为 productCount.component.ts 的文件，并使用这个文件来定义组件，内容参见代码清单 26-4。

提示： 如果仅打算通过路由系统显示一个组件，那么可省略@Component 装饰器的 selector 属性。但是无论如何，我仍然倾向于添加@Component 装饰器的 selector 属性，进而同样可以使用一个 HTML 元素来应用这个组件。

代码清单 26-4　src/app/core 文件夹中 productCount.component.ts 文件的内容

```
import {
    Component, KeyValueDiffer, KeyValueDiffers, ChangeDetectorRef
} from "@angular/core";
import { Model } from "../model/repository.model";

@Component({
    selector: "paProductCount",
    template: `<div class="bg-info text-white p-2">There are
                    {{count}} products
                    </div>`
})
export class ProductCountComponent {
    private differ: KeyValueDiffer<any, any>;
    count: number = 0;

    constructor(private model: Model,
        private keyValueDiffers: KeyValueDiffers,
        private changeDetector: ChangeDetectorRef) { }
```

```
    ngOnInit() {
        this.differ = this.keyValueDiffers
            .find(this.model.getProducts())
            .create();
    }

    ngDoCheck() {
        if (this.differ.diff(this.model.getProducts()) != null) {
            this.updateCount();
        }
    }

    private updateCount() {
        this.count = this.model.getProducts().length;
    }
}
```

这个组件使用一个内联模板来显示数据模型中的产品数量，产品数量是在数据模型发生变化时进行更新的。下一步，在 src/app/core 文件夹中添加一个名为 categoryCount.component.ts 的文件，并在这个文件中定义如代码清单 26-5 所示的组件。

代码清单 26-5　src/app/core 文件夹中 categoryCount.component.ts 文件的内容

```
import {
    Component, KeyValueDiffer, KeyValueDiffers, ChangeDetectorRef
} from "@angular/core";
import { Model } from "../model/repository.model";

@Component({
    selector: "paCategoryCount",
    template: `<div class="bg-primary p-2 text-white">
                    There are {{count}} categories
               </div>`
})
export class CategoryCountComponent {
    private differ: KeyValueDiffer<any, any>;
    count: number = 0;

    constructor(private model: Model,
        private keyValueDiffers: KeyValueDiffers,
        private changeDetector: ChangeDetectorRef) { }

    ngOnInit() {
        this.differ = this.keyValueDiffers
            .find(this.model.getProducts())
            .create();
    }

    ngDoCheck() {
        if (this.differ.diff(this.model.getProducts()) != null) {
            this.count = this.model.getProducts()
                .map(p => p.category)
                .filter((category, index, array) => array.indexOf(category) == index)
```

```
                      .length;
            }
        }
    }
```

这个组件使用一个 differ 来跟踪数据模型中的修改，并对不同的产品类别进行计数，将计数结果用一个简单的内联模板显示出来。针对最后一个组件，在 src/ app/core 文件夹中添加一个名为 notFound.component.ts 的文件，并使用这个文件定义代码清单 26-6 所示的组件。

代码清单 26-6　src/app/core 文件夹中 notFound.component.ts 文件的内容

```
import { Component } from "@angular/core";

@Component({
    selector: "paNotFound",
    template: `<h3 class="bg-danger text-white p-2">Sorry, something went wrong</h3>
               <button class="btn btn-primary" routerLink="/">Start Over</button>`
})
export class NotFoundComponent {}
```

这个组件显示了一条静态消息，当路由系统发生错误时，将显示这条静态消息。代码清单 26-7 在核心模块中添加了新组件。

代码清单 26-7　在 src/app/core 文件夹的 core.module.ts 文件中声明组件

```
import { NgModule } from "@angular/core";
import { BrowserModule } from "@angular/platform-browser";
import { FormsModule } from "@angular/forms";
import { ModelModule } from "../model/model.module";
import { TableComponent } from "./table.component";
import { FormComponent } from "./form.component";
import { Subject } from "rxjs";
import { StatePipe } from "./state.pipe";
import { MessageModule } from "../messages/message.module";
import { MessageService } from "../messages/message.service";
import { Message } from "../messages/message.model";
import { Model } from "../model/repository.model";
import { RouterModule } from "@angular/router";
import { ProductCountComponent } from "./productCount.component";
import { CategoryCountComponent } from "./categoryCount.component";
import { NotFoundComponent } from "./notFound.component";

@NgModule({
    imports: [BrowserModule, FormsModule, ModelModule, MessageModule, RouterModule],
    declarations: [TableComponent, FormComponent, StatePipe,
        ProductCountComponent, CategoryCountComponent, NotFoundComponent],
    exports: [ModelModule, TableComponent, FormComponent]
})
export class CoreModule { }
```

打开一个新的命令提示符，导航到 exampleApp 文件夹并运行以下命令，启动提供 RESTful Web 服务的服务器。

```
npm run json
```

打开一个单独的命令提示符，导航到 exampleApp 文件夹并运行以下命令，启动 Angular 开发工具。

```
ng serve
```

此时将打开一个新的浏览器窗口，导航到 http://localhost:4200，可以看到如图 26-1 所示的内容。

图 26-1　运行示例应用程序

26.2　使用通配符和重定向

在应用程序中，路由配置可能会变得越来越复杂，为满足应用程序的结构而不得不包含冗余的内容。Angular 提供了两个有用的工具来简化路由，这些工具还可在路由出现问题的情况下处理问题。下面两节将介绍这两个工具。

26.2.1　在路由中使用通配符

Angular 路由系统支持一种特殊路径，这种路径用两个星号表示(**)，可匹配任意 URL。通配符路径的基本用法是处理那些若不处理就会发生路由错误的导航。代码清单 26-8 在表格组件的模板中添加了一个按钮，可以导航到一个应用程序的路由配置没有定义的路由。

代码清单 26-8　在 src/app/core 文件夹的 table.component.html 文件中添加一个按钮

```
<table class="table table-sm table-bordered table-striped">
    <tr>
        <th>ID</th><th>Name</th><th>Category</th><th>Price</th><th></th>
    </tr>
    <tr *ngFor="let item of getProducts()">
        <td>{{item.id}}</td>
        <td>{{item.name}}</td>
        <td>{{item.category}}</td>
        <td>{{item.price | currency:"USD" }}</td>
        <td class="text-center">
```

```
                     <button class="btn btn-danger btn-sm mr-1"
                             (click)="deleteProduct(item.id)">
                         Delete
                     </button>
                     <button class="btn btn-warning btn-sm"
                         [routerLink]="['/form', 'edit', item.id]">
                         Edit
                     </button>
                 </td>
             </tr>
         </table>
         <button class="btn btn-primary m-1" routerLink="/form/create">
             Create New Product
         </button>
         <button class="btn btn-danger" (click)="deleteProduct(-1)">
             Generate HTTP Error
         </button>
         <button class="btn btn-danger m-1" routerLink="/does/not/exist">
             Generate Routing Error
         </button>
```

单击该按钮会使应用程序导航进入 URL/does/not/exist，但是我们并没有为这个 URL 配置路由。如果 URL 无法匹配，就会抛出一个错误，这个错误将被错误处理类捕获并进行处理，因此消息组件会显示一个警告，如图 26-2 所示。

图 26-2 默认的导航错误

在处理未知路由时，这并不是一种有用的方法，因为用户并不知道真实的路由，因此可能没有意识到应用程序正在尝试访问存在问题的 URL。

更好的方法是使用通配符路由来处理那些访问未定义 URL 的导航，并选择一个能够向用户提示更有用消息的组件。代码清单 26-9 解释了这种方法。

代码清单 26-9 在 src/app 文件夹的 app.routing.ts 文件中添加一个通配符路由

```
import { Routes, RouterModule } from "@angular/router";
import { TableComponent } from "./core/table.component";
import { FormComponent } from "./core/form.component";
import { NotFoundComponent } from "./core/notFound.component";
```

```
const routes: Routes = [
    { path: "form/:mode/:id", component: FormComponent },
    { path: "form/:mode", component: FormComponent },
    { path: "", component: TableComponent },
    { path: "**", component: NotFoundComponent }
]

export const routing = RouterModule.forRoot(routes);
```

代码清单 26-9 中的新路由使用通配符来选择 NotFoundComponent，当单击 Generate Routing Error 按钮时，NotFoundComponent 组件显示的消息如图 26-3 所示。

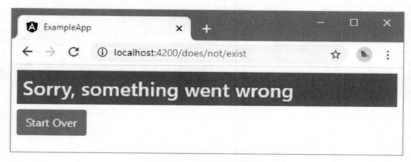

图 26-3　使用通配符路由

单击 Start Over 按钮会导航到/URL，并选择表格组件来完成显示。

26.2.2　在路由中使用重定向

路由不一定要选择组件，可将路由当成一个别名，利用这个别名将浏览器重定向到一个不同的 URL。重定向是用路由中的 redirectTo 属性定义的，如代码清单 26-10 所示。

代码清单 26-10　在 src/app 文件夹的 app.routing.ts 文件中使用路由重定向

```
import { Routes, RouterModule } from "@angular/router";
import { TableComponent } from "./core/table.component";
import { FormComponent } from "./core/form.component";
import { NotFoundComponent } from "./core/notFound.component";
const routes: Routes = [
    { path: "form/:mode/:id", component: FormComponent },
    { path: "form/:mode", component: FormComponent },
    { path: "does", redirectTo: "/form/create", pathMatch: "prefix" },
    { path: "table", component: TableComponent },
    { path: "", redirectTo: "/table", pathMatch: "full" },
    { path: "**", component: NotFoundComponent }
]

export const routing = RouterModule.forRoot(routes);
```

redirectTo 属性可用来指定浏览器将被重定向的 URL。定义重定向时，必须使用表 26-2 中的一个值来指定 pathMatch 属性。

表 26-2 pathMatch 属性的值

名称	描述
prefix	使用这个值配置的路由可以匹配那些以指定路径开头的 URL，并忽略后面的段
full	使用这个值配置的路由仅匹配 path 属性指定的 URL

在代码清单 26-10 中添加的第一个路由指定 pathMatch 属性的值为 prefix，路径的值为 does，这表明可以匹配任何首段为 does 的 URL，例如，通过单击 Generate Routing Error 按钮即可导航访问的/does/not/exist 就满足要求。当浏览器导航进入前缀为 does 的 URL 时，路由系统将其重定向到/form/create URL，如图 26-4 所示。

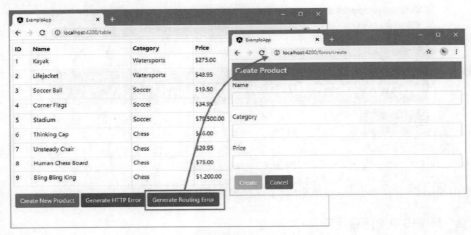

图 26-4 执行路由重定向

代码清单 26-10 中的其他路由将空路径重定向到/table URL，这个 URL 显示了表格组件。为了让 URL 模式更明显，这是一种常用技术，因为它可匹配默认的 URL(http://localhost:4200/)，并将此 URL 重定向到更有意义并且对用户来说更容易记忆的内容(http://localhost:4200/table)。在这个例子中，pathMatch 属性的值为 full，当然这样做没有什么作用，因为已经应用了空路径。

26.3 在组件内部导航

前面章节中的导航示例都是在不同的组件之间导航，因此在表格组件中单击一个按钮就会导航到表单组件，反之亦然。

这并不是唯一一种可用的导航，还可在组件内部导航。为说明这一点，代码清单 26-11 为表单组件添加了一些按钮，可帮助用户编辑前一个数据对象和后一个数据对象。

代码清单 26-11 在 src/app/core 文件夹的 form.component.html 文件中添加按钮

```
<div class="bg-primary text-white p-2" [class.bg-warning]="editing">
    <h5>{{editing ? "Edit" : "Create"}} Product</h5>
    <!-- Last Event: {{ stateEvents | async | formatState }} -->
</div>
<div *ngIf="editing" class="p-2">
    <button class="btn btn-secondary m-1"
```

```
                    [routerLink]="['/form', 'edit', model.getPreviousProductid(product.id)]">
        Previous
    </button>
    <button class="btn btn-secondary"
                    [routerLink]="['/form', 'edit', model.getNextProductId(product.id)]">
        Next
    </button>
</div>

<form novalidate #form="ngForm" (ngSubmit)="submitForm(form)" (reset)="resetForm()" >

    <div class="form-group">
        <label>Name</label>
        <input class="form-control" name="name"
            [(ngModel)]="product.name" required />
    </div>

    <div class="form-group">
        <label>Category</label>
        <input class="form-control" name="category"
            [(ngModel)]="product.category" required />
    </div>

    <div class="form-group">
        <label>Price</label>
        <input class="form-control" name="price"
            [(ngModel)]="product.price"
            required pattern="^[0-9\.]+$" />
    </div>

    <button type="submit" class="btn btn-primary m-1"
            [class.btn-warning]="editing" [disabled]="form.invalid">
        {{editing ? "Save" : "Create"}}
    </button>
    <button type="reset" class="btn btn-secondary m-1" routerLink="/">
        Cancel
    </button>
</form>
```

这些按钮都提供对 routerLink 指令的绑定，这些绑定使用了可以导航访问数据模型中前一个对象和后一个对象的表达式。因此，举例来说，如果单击表格中 Lifejacket 产品的 Edit 按钮，那么单击 Next 按钮将导航到可以编辑 Soccer Ball 的 URL，而单击 Previous 按钮则会导航到编辑 Kayak 的 URL。

26.3.1　响应正在发生的路由变化

虽然当单击 Previous 和 Next 按钮时，URL 会发生变化，但显示给用户的数据却没有变化。Angular 试图提高导航效率，它也知道 Previous 和 Next 按钮导航进入的 URL 是由当前向用户显示内容的同一个组件处理的。因此，Angular 只是简单地告知组件：当前选中的路由已经发生了变化，并没有再次创建一个新的组件实例。

这样就出现了一个问题：因为表单组件没有被设置为接收变化通知，表单组件的构造函数接收一个 ActivatedRoute 对象，Angular 使用这个 ActivatedRoute 对象提供当前路由的详情，但是仅用了这个对象的 snapshot 属性。当 Angular 更新 ActivatedRoute 中的值时，组件的构造函数已经执行了多时，因此表单组件无法收到通知。如果把应用程序配置为每当用户需要创建或编辑产品时，就创建一个新的表单组件，那么也可以勉强解决问题；但总的来说，这样做不值得提倡。

好在 ActivatedRoute 类定义了一组属性，对路由变化感兴趣的有关方面可以使用这组属性通过 Reactive Extensions 的 Observable 对象来接收通知。这些属性对应于 snapshot 属性返回的 ActivatedRouteSnapshot 对象所提供的属性(第 25 章介绍了 ActivatedRouteSnapshot 对象提供的属性)，但如果随后发生了任何变化，都将会发送新的事件，如表 26-3 所示。

表 26-3　ActivatedRoute 类的 Observable 属性

名称	描述
url	这个属性返回一个 Observable<UrlSegment[]>，返回值中保存了每次路由发生变化时 URL 中段的集合
params	这个属性返回一个 Observable<Params>，返回值中保存了每次路由发生变化时的 URL 参数
queryParams	这个属性返回一个 Observable<Params>，返回值中保存了每次路由发生变化时的 URL 查询参数
fragment	这个属性返回一个 Observable<string>，返回值中保存了每次路由发生变化时的 URL 片段

这些属性可以由这样的组件使用：这些组件需要处理导航变化，同时导航变化又不会产生一个需要显示给用户的不同组件。具体详见代码清单 26-12。

提示：如果需要将来自路由的不同数据元素组合起来，比如同时使用段和参数，那么可以针对一个数据元素订阅 Observer，并且使用 snapshot 属性获取所需数据的其他部分。

代码清单 26-12　在 arc/app/core 文件夹的 form.component.ts 文件中观察路由的变化

```
import { Component, Inject } from "@angular/core";
import { NgForm } from "@angular/forms";
import { Product } from "../model/product.model";
import { Model } from "../model/repository.model";
import { ActivatedRoute, Router } from "@angular/router";

@Component({
    selector: "paForm",
    templateUrl: "form.component.html",
    styleUrls: ["form.component.css"]
})
export class FormComponent {
    product: Product = new Product();

    constructor(public model: Model, activeRoute: ActivatedRoute,
        public router: Router) {

        activeRoute.params.subscribe(params => {
        this.editing = params["mode"] == "edit";
        let id = params["id"];
        if (id != null) {
            Object.assign(this.product, model.getProduct(id) || new Product());
        }
    })
    }
```

```
editing: boolean = false;

submitForm(form: NgForm) {
    if (form.valid) {
        this.model.saveProduct(this.product);
        this.router.navigateByUrl("/");
    }
}

resetForm() {
    this.product = new Product();
}
```

组件订阅了 Observable<Params>，每当活动路由发生改变时，Observable<Params>就向订阅者发送一个新的 Params 对象。调用订阅方法时，ActivatedRoute 属性返回的 Observer 对象会发送最近路由变化的细节，从而确保组件的构造函数不会漏掉引起调用构造函数的初始导航。

结果就是：组件可对没有引发 Angular 创建新组件的路由变化做出反应，这意味着单击 Next 或 Previous 按钮都会改变已被选中编辑的产品，如图 26-5 所示。

提示：当激活的路由改变向用户显示的组件时，导航的效果是很明显的。但如果仅是数据发生了改变，那么导航的效果就不是那么明显了。Angular 可以应用动画来加强导航的效果。有关使用动画的详细信息，请参见本书第 28 章的内容。

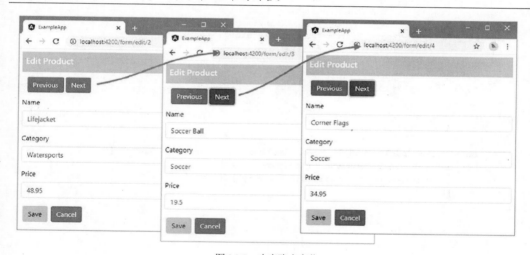

图 26-5　响应路由变化

26.3.2　为活动路由设置不同样式的链接

路由系统的一种常见用法是显示多个导航元素及其选中的内容。为说明这一点，我们在代码清单 26-13 中为应用程序添加一个新的路由，可让表格组件显示一个包含类别过滤器(category filter)的 URL。

代码清单 26-13 在 src/app 文件夹的 app.routing.ts 文件中定义一个路由

```
import { Routes, RouterModule } from "@angular/router";
import { TableComponent } from "./core/table.component";
import { FormComponent } from "./core/form.component";
import { NotFoundComponent } from "./core/notFound.component";

const routes: Routes = [
    { path: "form/:mode/:id", component: FormComponent },
    { path: "form/:mode", component: FormComponent },
    { path: "does", redirectTo: "/form/create", pathMatch: "prefix" },
    { path: "table/:category", component: TableComponent },
    { path: "table", component: TableComponent },
    { path: "", redirectTo: "/table", pathMatch: "full" },
    { path: "**", component: NotFoundComponent }
]

export const routing = RouterModule.forRoot(routes);
```

代码清单 26-14 更新了 TableComponent 类，这样可以使用路由系统获取活动路由的详情，并将 category 路由参数的值赋给 category 属性，而 category 属性是可以在模板中访问的。category 属性被用于 getProducts 方法，可以过滤数据模型中的对象。

代码清单 26-14 在 src/app/core 文件夹的 table.component.ts 文件中添加类别过滤器支持

```
import { Component, Inject } from "@angular/core";
import { Product } from "../model/product.model";
import { Model } from "../model/repository.model";
import { ActivatedRoute } from "@angular/router";

@Component({
    selector: "paTable",
    templateUrl: "table.component.html"
})
export class TableComponent {
    category: string = null;

    constructor(public model: Model, activeRoute: ActivatedRoute) {
        activeRoute.params.subscribe(params => {
            this.category = params["category"] || null;
        })
    }

    getProduct(key: number): Product {
        return this.model.getProduct(key);
    }

    getProducts(): Product[] {
        return this.model.getProducts()
            .filter(p => this.category == null || p.category == this.category);
    }

    get categories(): string[] {
        return this.model.getProducts()
            .map(p => p.category)
            .filter((category, index, array) => array.indexOf(category) == index);
```

```
    }

    deleteProduct(key: number) {
        this.model.deleteProduct(key);
    }
}
```

在模板中还使用了一个新的 categories 属性，这个属性可生成用于过滤的类别集合。最后一步是在模板中添加 HTML 元素，允许用户应用一个过滤器，如代码清单 26-15 所示。

代码清单 26-15　在 src/app/core 文件夹的 table.component.html 文件中添加过滤器元素

```html
<div class="container-fluid">
    <div class="row">
        <div class="col-auto">
            <button class="btn btn-secondary btn-block"
                    routerLink="/" routerLinkActive="bg-primary">
                All
            </button>
            <button *ngFor="let category of categories"
                    class="btn btn-secondary btn-block px-3"
                    [routerLink]="['/table', category]"
                    routerLinkActive="bg-primary">
                {{category}}
            </button>
        </div>
        <div class="col">
            <table class="table table-sm table-bordered table-striped">
                <tr>
                    <th>ID</th><th>Name</th><th>Category</th><th>Price</th><th></th>
                </tr>
                <tr *ngFor="let item of getProducts()">
                    <td>{{item.id}}</td>
                    <td>{{item.name}}</td>
                    <td>{{item.category}}</td>
                    <td>{{item.price | currency:"USD" }}</td>
                    <td class="text-center">
                        <button class="btn btn-danger btn-sm mr-1"
                                (click)="deleteProduct(item.id)">
                            Delete
                        </button>
                        <button class="btn btn-warning btn-sm"
                                [routerLink]="['/form', 'edit', item.id]">
                            Edit
                        </button>
                    </td>
                </tr>
            </table>
        </div>
    </div>
</div>
<div class="p-2 text-center">
    <button class="btn btn-primary m-1" routerLink="/form/create">
        Create New Product
    </button>
    <button class="btn btn-danger" (click)="deleteProduct(-1)">
        Generate HTTP Error
```

```
    </button>
    <button class="btn btn-danger m-1" routerLink="/does/not/exist">
        Generate Routing Error
    </button>
</div>
```

这个示例的重要之处在于如何使用 routerLinkActive 属性，routerLinkActive 属性用于指定一个 CSS 类，当 routerLink 属性指定的 URL 与活动路由匹配时，可以将这个 CSS 类赋予元素。

代码清单 26-15 指定了一个名为 bg-primary 的类，这个类可以更改按钮的外观并使所选择的类别更加明显。与添加到代码清单 26-14 中的组件功能结合后，这个类会生成一组能够帮助用户在一个单独的类别中查看产品的按钮，如图 26-6 所示。

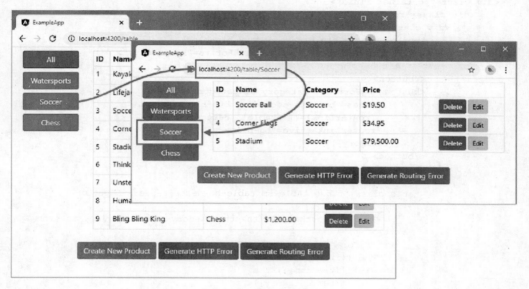

图 26-6　过滤产品

单击 Soccer 按钮时，应用程序可以导航到/table/Soccer URL，表格将仅显示那些属于 Soccer 类别的产品。Soccer 按钮还可以高亮显示，因为 routerLinkActive 属性表明 Angular 将把 button 元素添加到 Bootstrap bg-primary 类中。

26.3.3　修复 All 按钮

导航按钮揭示了一个常见问题：All 按钮始终被添加到 active 类中，即使用户已经过滤了表格以显示特定类别，All 按钮也仍然被添加到 active 类中。

之所以发生这种情况，是因为 routerLinkActive 属性默认对活动 URL 进行了部分匹配。在示例中，URL/总是导致 All 按钮被激活，因为它位于所有 URL 的起始位置。这个问题可以通过配置 routerLinkActive 指令来解决，如代码清单 26-16 所示。

代码清单 26-16　在 src/app/core 文件夹的 table.component.html 文件中配置指令

```
...
<div class="col-auto">
    <button class="btn btn-secondary btn-block"
```

```
    routerLink="/table" routerLinkActive="bg-primary"
    [routerLinkActiveOptions]="{exact: true}">
        All
    </button>
    <button *ngFor="let category of categories"
            class="btn btn-secondary btn-block px-3"
            [routerLink]="['/table', category]"
            routerLinkActive="bg-primary">
        {{category}}
    </button>
</div>
...
```

配置工作是通过使用一个针对 routerLinkActiveOptions 属性的绑定来完成的，routerLinkActiveOptions 属性接收一个字面量对象。exact 属性是唯一可用的配置设置，用来控制匹配的活动路由 URL。如果将 exact 属性设置为 true，那么只有在精确匹配活动路由 URL 的情况下，才能将元素添加到 routerLinkActive 属性指定的类中。代码修改完毕后，只有在所有产品都显示的情况下，All 按钮才能高亮显示，如图 26-7 所示。

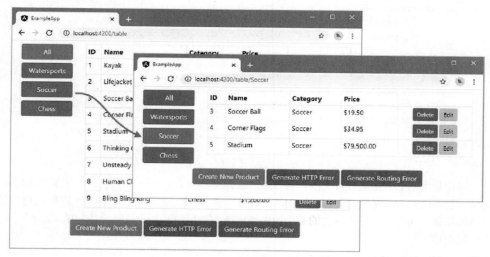

图 26-7　解决 All 按钮存在的问题

26.4　创建子路由

利用子路由，组件可以响应 URL 的一部分组成内容，因此需要将 router-outlet 元素嵌入子路由的模板中，从而创建更复杂的内容布局。我打算使用本章开始创建的简单组件来说明子路由是如何工作的。这些组件可以显示在产品表格的上方，显示的组件可在表 26-4 所示的 URL 中指定。

表 26-4　URL 及其选中的组件

URL	组件
/table/products	将显示 ProductCountComponent
/table/categories	将显示 CategoryCountComponent
/table	两个组件都不显示

代码清单 26-17 描述了如何修改应用程序的路由配置来实现表格中的路由策略。

代码清单 26-17　在 src/app 文件夹的 app.routing.ts 文件中配置路由

```
import { Routes, RouterModule } from "@angular/router";
import { TableComponent } from "./core/table.component";
import { FormComponent } from "./core/form.component";
import { NotFoundComponent } from "./core/notFound.component";
import { ProductCountComponent } from "./core/productCount.component";
import { CategoryCountComponent } from "./core/categoryCount.component";

const routes: Routes = [
    { path: "form/:mode/:id", component: FormComponent },
    { path: "form/:mode", component: FormComponent },
    { path: "does", redirectTo: "/form/create", pathMatch: "prefix" },
    {
        path: "table",
        component: TableComponent,
        children: [
            { path: "products", component: ProductCountComponent },
            { path: "categories", component: CategoryCountComponent }
        ]
    },
    { path: "table/:category", component: TableComponent },
    { path: "table", component: TableComponent },
    { path: "", redirectTo: "/table", pathMatch: "full" },
    { path: "**", component: NotFoundComponent }
]

export const routing = RouterModule.forRoot(routes);
```

子路由是用 children 属性定义的，可以用一个路由数组为这个属性赋值，定义子路由的方法与定义顶层路由的方法是相同的。当 Angular 使用完整的 URL 来匹配一个拥有子路由的路由时，只有当浏览器访问的 URL 所包含的某个段能够同时与顶层段和某个子路由指定的段匹配时，才算是匹配成功。

提示：注意是在路径为 table/:category 的路由之前添加子路由。在匹配路由时，Angular 试图按照路由的定义顺序来匹配路由。路径 table/:category 既可以匹配 URL /table/products，也可以匹配 URL/table/categories，从而使表格组件过滤掉并不存在的产品类别。通过首先指定更为具体的路由，URL/table/products 和/table/categories 就可以在 table/:category 路径之前得到匹配。

26.4.1　创建子路由出口

子路由选中的组件都显示在一个 router-outlet 元素中，这个 router-outlet 元素定义在父路由选中的组件的模板中。在示例中，这表明子路由的目标是表格组件模板中的一个元素，如代码清单 26-18 所示，代码清单 26-18 中还添加了将导航到新路由的元素。

代码清单 26-18　在 src/app/core 文件夹的 table.component.html 文件中添加出口

```
<div class="container-fluid">
    <div class="row">
```

```html
    <div class="col-auto">
        <button class="btn btn-secondary btn-block"
            routerLink="/table" routerLinkActive="bg-primary"
            [routerLinkActiveOptions]="{exact: true}">
            All
        </button>
        <button *ngFor="let category of categories"
                class="btn btn-secondary btn-block px-3"
                [routerLink]="['/table', category]"
                routerLinkActive="bg-primary">
            {{category}}
        </button>
    </div>
    <div class="col">
        <button class="btn btn-info mx-1" routerLink="/table/products">
            Count Products
        </button>
        <button class="btn btn-primary mx-1" routerLink="/table/categories">
            Count Categories
        </button>
        <button class="btn btn-secondary mx-1" routerLink="/table">
            Count Neither
        </button>
        <div class="my-2">
            <router-outlet></router-outlet>
        </div>
        <table class="table table-sm table-bordered table-striped">
            <tr>
                <th>ID</th><th>Name</th><th>Category</th><th>Price</th><th></th>
            </tr>
            <tr *ngFor="let item of getProducts()">
                <td>{{item.id}}</td>
                <td>{{item.name}}</td>
                <td>{{item.category}}</td>
                <td>{{item.price | currency:"USD" }}</td>
                <td class="text-center">
                    <button class="btn btn-danger btn-sm mr-1"
                            (click)="deleteProduct(item.id)">
                        Delete
                    </button>
                    <button class="btn btn-warning btn-sm"
                        [routerLink]="['/form', 'edit', item.id]">
                        Edit
                    </button>
                </td>
            </tr>
        </table>
    </div>
  </div>
</div>
<div class="p-2 text-center">
    <button class="btn btn-primary m-1" routerLink="/form/create">
        Create New Product
    </button>
    <button class="btn btn-danger" (click)="deleteProduct(-1)">
        Generate HTTP Error
```

```
    </button>
    <button class="btn btn-danger m-1" routerLink="/does/not/exist">
        Generate Routing Error
    </button>
</div>
```

button 元素有一个 routerLink 属性，用它可指定表 26-4 中列出的 URL。button 元素还有一个 router-outlet 元素，可以用于显示所选中的组件，如图 26-8 所示。如果浏览器导航到/table URL，就不显示组件。

图 26-8　使用子路由

26.4.2　从子路由访问参数

子路由可使用顶层路由的全部可用功能，包括定义路由参数，甚至可以拥有自己的子路由。考虑 Angular 将子路由与其父路由进行隔离的方式，子路由中的路由参数值得特别关注。本节将添加针对表 26-5 中描述的 URL 的支持。

表 26-5　示例应用程序支持的新的 URL

名称	描述
/table/:category/products	这个路由将过滤表格内容，选中 ProductCountComponent
/table/:category/categories	这个路由将过滤表格内容，选中 CategoryCountComponent

代码清单 26-19 定义了支持表 26-5 中 URL 的路由。

代码清单 26-19　在 src/app 文件夹的 app.routing.ts 文件中添加路由

```
import { Routes, RouterModule } from "@angular/router";
import { TableComponent } from "./core/table.component";
import { FormComponent } from "./core/form.component";
```

```
import { NotFoundComponent } from "./core/notFound.component";
import { ProductCountComponent } from "./core/productCount.component";
import { CategoryCountComponent } from "./core/categoryCount.component";

const childRoutes: Routes = [
    { path: "products", component: ProductCountComponent },
    { path: "categories", component: CategoryCountComponent },
    { path: "", component: ProductCountComponent }
];

const routes: Routes = [
    { path: "form/:mode/:id", component: FormComponent },
    { path: "form/:mode", component: FormComponent },
    { path: "does", redirectTo: "/form/create", pathMatch: "prefix" },
    { path: "table", component: TableComponent, children: childRoutes },
    { path: "table/:category", component: TableComponent, children: childRoutes },
    { path: "", redirectTo: "/table", pathMatch: "full" },
    { path: "**", component: NotFoundComponent }
]

export const routing = RouterModule.forRoot(routes);
```

children 属性的类型是一个 Routes 对象，因此，如果需要在 URL 模式的不同部分应用同样的子路由集合，那么很容易就可以在路由配置中尽可能减少其副本的数量。在代码清单 26-19 中，在一个名为 childRoutes 的 Routes 对象中定义了子路由，并使用这个子路由充当两个不同的顶层路由的 children 属性值。

为了访问这些新路由，代码清单 26-20 修改了在表格上方显示的按钮的目标，因此这些按钮可以导航访问基于当前 URL 的相对 URL。我已删除了 Count Neither 按钮，因为当空路径子路由匹配 URL 时，ProductCountComponent 组件将被显示出来。

代码清单 26-20　在 src/app/core 文件夹的 table.component.html 文件中使用相对 URL

```
...
<div class="col">
    <button class="btn btn-info mx-1" routerLink="products">
        Count Products
    </button>
    <button class="btn btn-primary mx-1" routerLink="categories">
        Count Categories
    </button>
    <button class="btn btn-secondary mx-1" routerLink="/table">
        Count Neither
    </button>
    <div class="my-2">
        <router-outlet></router-outlet>
    </div>

    <table class="table table-sm table-bordered table-striped">
...
```

当 Angular 匹配路由时，针对那些通过 ActivatedRoute 对象选中的组件，Angular 为这些组件提供的信息被隔离开来，这样每个组件只能收到选中这个组件的路由部分的详情。

　　针对那些添加到代码清单 26-20 中的路由，这意味着 ProductCountComponent 和 CategoryCountComponent 组件会收到一个 ActivatedRoute 对象，这个 ActivatedRoute 对象仅描述了选中这些组件的子路由，这些子路由分别带有单独的段 /products 和 /categories。同样，TableComponent 组件收到一个 ActivatedRoute 对象，这个 ActivatedRoute 对象并不包含用来匹配子路由的段。

　　好在 ActivatedRoute 类提供了一些属性，可以用来访问路由的其余部分，让父路由和子路由访问路由信息的其余内容，如表 26-6 所示。

表 26-6　子路由/父路由信息的 ActivatedRoute 属性

名称	描述
pathFromRoot	这个属性返回一个由 ActivatedRoute 对象组成的数组，这个数组代表所有用于匹配当前 URL 的路由
parent	这个属性返回一个 ActivatedRoute 对象，代表选中组件的路由的父路由
firstChild	这个属性返回一个 ActivatedRoute 对象，代表用于匹配当前 URL 的第一个子路由
children	这个属性返回一个由 ActivatedRoute 对象组成的数组，代表所有用于匹配当前 URL 的子路由

　　代码清单 26-21 说明了 ProductCountComponent 组件如何访问更广泛的路由集合，这些路由集合可以用来匹配当前 URL，为类别路由参数获取一个值，并在针对一个类别过滤表格内容后，修改输出内容。

代码清单 26-21　在 src/app/core 文件夹的 productCount.component.ts 文件中访问祖先路由

```
import {
    Component, KeyValueDiffer, KeyValueDiffers, ChangeDetectorRef
} from "@angular/core";
import { Model } from "../model/repository.model";
import { ActivatedRoute } from "@angular/router";

@Component({
    selector: "paProductCount",
    template: `<div class="bg-info p-2">There are {{count}} products</div>`
})
export class ProductCountComponent {
    private differ: KeyValueDiffer<any, any>;
    count: number = 0;
    private category: string;

    constructor(private model: Model,
            private keyValueDiffers: KeyValueDiffers,
            private changeDetector: ChangeDetectorRef,
            activeRoute: ActivatedRoute) {
        activeRoute.pathFromRoot.forEach(route => route.params.subscribe(params => {
            if (params["category"] != null) {
                this.category = params["category"];
                this.updateCount();
            }
        }))
```

```
    }

    ngOnInit() {
        this.differ = this.keyValueDiffers
            .find(this.model.getProducts())
            .create();
    }

    ngDoCheck() {
        if (this.differ.diff(this.model.getProducts()) != null) {
            this.updateCount();
        }
    }

    private updateCount() {
        this.count = this.model.getProducts()
            .filter(p => this.category == null || p.category == this.category)
            .length;
    }
}
```

　　pathFromRoot 属性特别有用，因为这个属性可让一个组件检查所有用于匹配 URL 的路由。Angular 尽可能减少了处理导航所需的路由更新，这表明：一个被子路由选中的组件，在只有其父路由发生变化时，是无法通过其 ActivatedRoute 对象接收一个变更通知的。正是因为这个原因，我已订阅了 pathFromRoot 属性返回的所有 ActivatedRoute 对象的更新，从而确保组件始终能够检测到 category 路由参数的值所发生的变化。

　　为了观察结果，可以保存修改结果，单击 Watersports 按钮以过滤表格内容，然后单击 Count Products 按钮，此时将选中 ProductCountComponent。组件所报告的产品数量对应于表格中的行数，如图 26-9 所示。

图 26-9　访问其他用于匹配一个 URL 的路由

26.5　本章小结

　　本章继续描述了 Angular URL 路由系统的功能，这些内容的难度高于先前章节中介绍的基本功能。本章解释了如何创建通配符路由和重定向路由，如何创建导航到相对于当前 URL 的路由，以及如何创建子路由来显示嵌套组件。在下一章，我们将介绍 URL 路由系统的剩余内容，并关注那些最高级的功能。

第 27 章

路由与导航：第 3 部分

本章继续描述 Angular 的 URL 路由系统，关注最高级的功能。本章解释了如何控制路由激活，如何动态加载功能模块，以及如何在一个模板中使用多个 outlet 元素。表 27-1 给出了本章内容摘要。

表 27-1　本章内容摘要

问题	解决方案	代码清单编号
推迟导航，直到一项任务完成	使用路由解析器	1~7
避免路由激活	使用激活守卫	8~14
防止用户导航离开当前内容	使用失活(deactivation)守卫	15~19
推迟加载一个功能模块，直到确实需要使用这个功能模块时才真正加载	创建一个动态加载的模块	20~25
控制何时使用动态加载的模块	使用加载守卫	26~28
使用路由来管理多个路由出口	在同一个模板中使用命名出口	29~34

27.1　准备示例项目

本章将继续使用在第 22 章中创建的 exampleApp 项目作为示例，exampleApp 项目在随后各章中不断得到了修改。为了准备本章要讲解的内容，已按照代码清单 27-1 中的配置简化了路由配置。

代码清单 27-1　简化 src/app 文件夹的 app.routing.ts 文件中的路由

```
import { Routes, RouterModule } from "@angular/router";
import { TableComponent } from "./core/table.component";
import { FormComponent } from "./core/form.component";
import { NotFoundComponent } from "./core/notFound.component";
import { ProductCountComponent } from "./core/productCount.component";
import { CategoryCountComponent } from "./core/categoryCount.component";

const childRoutes: Routes = [
    { path: "products", component: ProductCountComponent },
```

```
    { path: "categories", component: CategoryCountComponent },
    { path: "", component: ProductCountComponent }
];

const routes: Routes = [
    { path: "form/:mode/:id", component: FormComponent },
    { path: "form/:mode", component: FormComponent },
    { path: "table", component: TableComponent, children: childRoutes },
    { path: "table/:category", component: TableComponent, children: childRoutes },
    { path: "", redirectTo: "/table", pathMatch: "full" },
    { path: "**", component: NotFoundComponent }
]

export const routing = RouterModule.forRoot(routes);
```

打开一个新的命令提示符，导航到 exampleApp 文件夹并运行以下命令，启动提供 RESTful Web 服务的服务器。

```
npm run json
```

打开一个单独的命令提示符，导航到 exampleApp 文件夹，运行以下命令，启动 Angular 开发工具。

```
ng serve
```

此时将打开一个新的浏览器窗口，导航到 http://localhost:4200，可以看到如图 27-1 所示的内容。

图 27-1　运行示例应用程序

27.2　守卫路由

现在，用户可以随时导航访问应用程序的任意功能。但是现在这样做并不是很合适，一方面是因为应用程序的某些部分可能尚未实现；另一方面是因为应用程序的某些部分仍然需要执行特定动作之后才能访问。为了控制导航的使用，Angular 提供了守卫(guard)功能，守卫作为路由配置的一部分，可以使用由 Routes 类定义的属性，表 27-2 描述了这些属性。

表 27-2　针对守卫的路由属性

名称	描述
resolve	这个属性用于指定能够推迟路由激活的守卫。直到某个操作执行完毕，例如，完成一个从服务器加载数据的操作后，才能激活路由
canActivate	这个属性用于指定能够激活一个路由的守卫
canActivateChild	这个属性用于指定能够激活一个子路由的守卫
canDeactivate	这个属性用于指定能够令一个活动路由失活的守卫
canLoad	这个属性用于守卫动态加载功能模块的路由，本章 27.3.2 节 "动态加载模块" 中将描述这个属性

27.2.1　使用解析器推迟导航

守卫路由的一个常见原因是：要确保在一个路由被激活之前，应用程序收到了所需的数据。示例应用程序从 RESTful Web 服务异步加载数据，因此请求浏览器发送 HTTP 请求的时刻与服务器收到响应并且数据获得处理的时刻之间可能存在延迟。在学习这些示例应用程序时，可能没有注意到这个延迟，因为浏览器和 Web 服务运行在同一台机器上。在正式部署的应用程序中，很可能因为网络拥塞、较高的服务器负载以及多种其他因素导致发生延迟。

为了模拟网络拥塞，代码清单 27-2 修改了 RESTful 数据源类，引入了一个延迟，这个延迟发生在从 Web 服务收到响应之后。

代码清单 27-2　在 src/app/model 文件夹的 rest.datasource.ts 文件中添加一个延迟

```
import { Injectable, Inject, InjectionToken } from "@angular/core";
import { HttpClient, HttpHeaders } from "@angular/common/http";
import { Observable, throwError } from "rxjs";
import { Product } from "./product.model";
import { catchError, delay } from "rxjs/operators";

export const REST_URL = new InjectionToken("rest_url");

@Injectable()
export class RestDataSource {
    constructor(private http: HttpClient,
        @Inject(REST_URL) private url: string) { }

    getData(): Observable<Product[]> {
        return this.sendRequest<Product[]>("GET", this.url);
    }

    saveProduct(product: Product): Observable<Product> {
```

```
            return this.sendRequest<Product>("POST", this.url, product);
        }

        updateProduct(product: Product): Observable<Product> {
            return this.sendRequest<Product>("PUT",
                `${this.url}/${product.id}`, product);
        }

        deleteProduct(id: number): Observable<Product> {
            return this.sendRequest<Product>("DELETE", `${this.url}/${id}`);
        }

        private sendRequest<T>(verb: string, url: string, body?: Product)
            : Observable<T> {

            let myHeaders = new HttpHeaders();
            myHeaders = myHeaders.set("Access-Key", "<secret>");
            myHeaders = myHeaders.set("Application-Names", ["exampleApp", "proAngular"]);

            return this.http.request<T>(verb, url, {
                body: body,
                headers: myHeaders
            })
            .pipe(delay(5000))
            .pipe(catchError((error: Response) =>
                throwError(`Network Error: ${error.statusText} (${error.status})`)));
        }
    }
```

延迟是用 Reactive Extensions 的 delay 方法添加的，并且创建了一个 5 秒钟的延迟。为了创建一个可以引起用户注意的停顿，但是又不至于在加载应用程序的过程中让用户因等待时间过长而感受不佳，这个延迟是合适的。如果需要改变延迟时间，那么提高或降低 delay 方法的参数值即可，注意时间单位为毫秒。

使用延迟的效果是：当应用程序等待加载数据时，用户看到的是不完整且混乱的布局，如图 27-2 所示。

> **注意**：延迟被应用于所有 HTTP 请求，如果创建、编辑或删除产品，那么所做的修改无法在5 秒钟内反映到产品表格中。

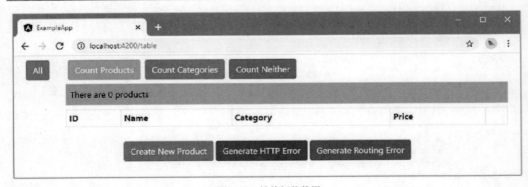

图 27-2　等待加载数据

1. 创建一个解析器服务

解析器(resolver)用于确保一个任务在一个路由可以激活之前执行。为创建一个解析器，在 src/app/model 文件夹中添加一个名为 model.resolver.ts 的文件，并定义如代码清单 27-3 所示的类。

代码清单 27-3　src/app/model 文件夹中 model.resolver.ts 文件的内容

```
import { Injectable } from "@angular/core";
import { ActivatedRouteSnapshot, RouterStateSnapshot } from "@angular/router";
import { Observable } from "rxjs";
import { Model } from "./repository.model"
import { RestDataSource } from "./rest.datasource";
import { Product } from "./product.model";

@Injectable()
export class ModelResolver {

    constructor(
        private model: Model,
        private dataSource: RestDataSource) { }

    resolve(route: ActivatedRouteSnapshot,
            state: RouterStateSnapshot): Observable<Product[]> {

        return this.model.getProducts().length == 0
            ? this.dataSource.getData() : null;
    }
}
```

解析器是指定义 resolve 方法的类，这个 resolve 方法可以接收两个参数。第一个参数是一个 ActivatedRouteSnapshot 对象，这个对象使用第 25 章介绍的属性，描述了正在导航的路由；第二个参数是一个 RouterStateSnapshot 对象，这个对象只有一个名为 url 的属性，描述了当前路由。这两个参数可以帮助解析器更好地适应即将执行的导航，但是代码清单 27-3 中的解析器并没有使用这两个参数，而是使用同样的行为，并且不考虑导航进入的路由和导航离开的路由。

注意：本章描述的所有守卫都可以实现@angular/router 模块中定义的接口。例如，解析器可以实现一个名为 Resolve 的接口。这些接口是可选的，本章没有使用这些接口。

resolve 方法可以返回三种不同类型的结果，表 27-3 描述了这三种结果类型。

表 27-3　resolve 方法返回的结果类型

结果类型	描述
Observable\<any\>	当 Observer 引发一个事件时，浏览器可以激活新的路由
Promise\<any\>	当 Promise 解析时，浏览器可以激活新的路由
任何其他结果	当 resolve 方法生成一个结果时，浏览器马上激活新的路由

当处理诸如使用一个 HTTP 请求来请求数据等的异步操作时，Observable 和 Promise 结果是很有用的。Angular 会持续等待，直到异步操作完成，才会激活新的路由。任何其他结果都被视为来自一个同步操作的结果，Angular 随即激活新的路由。

代码清单 27-3 中的解析器使用自己的构造函数，通过依赖注入来接收 Model 和 RestDataSource

对象。调用 resolve 方法时，resolve 方法检查数据模型中的对象数量，判断针对 RESTful Web 服务的 HTTP 请求是否已经完成。如果数据模型中不存在对象，resolve 方法就从 RestDataSource 返回 Observable。getData 方法在 HTTP 请求结束后可以引发一个事件。Angular 可以订阅 Observable，然后推迟激活新的路由，直到 Observable 引发一个事件。如果数据模型中存在对象，那么 resolve 方法将返回 null，而 null 既不是 Observable，也不是 Promise，因此 Angular 会马上激活新的路由。

> 提示：将异步 HTTP 请求与同步 HTTP 请求组合，表明解析器可以推迟导航，直到 HTTP 请求结束并填充数据模型。这一点很重要，因为每次应用程序试图导航到一个已应用解析器的路由时，都会调用 resolve 方法。

2. 注册解析器服务

下一步是将解析器在其功能模块中注册为一个服务，如代码清单 27-4 所示。

代码清单 27-4　在 src/app/model 文件夹的 model.module.ts 文件中注册解析器

```
import { NgModule } from "@angular/core";
import { Model } from "./repository.model";
import { HttpClientModule, HttpClientJsonpModule } from "@angular/common/http";
import { RestDataSource, REST_URL } from "./rest.datasource";
import { ModelResolver } from "./model.resolver";

@NgModule({
    imports: [HttpClientModule, HttpClientJsonpModule],
    providers: [Model, RestDataSource, ModelResolver,
        { provide: REST_URL, useValue: "http://localhost:3500/products" }]
})
export class ModelModule { }
```

3. 应用解析器

通过使用 resolve 属性，可将解析器应用于路由，如代码清单 27-5 所示。

代码清单 27-5　在 src/app 文件夹的 app.routing.ts 文件中应用解析器

```
import { Routes, RouterModule } from "@angular/router";
import { TableComponent } from "./core/table.component";
import { FormComponent } from "./core/form.component";
import { NotFoundComponent } from "./core/notFound.component";
import { ProductCountComponent } from "./core/productCount.component";
import { CategoryCountComponent } from "./core/categoryCount.component";
import { ModelResolver } from "./model/model.resolver";

const childRoutes: Routes = [
    { path: "",
        children: [{ path: "products", component: ProductCountComponent },
                   { path: "categories", component: CategoryCountComponent },
                   { path: "", component: ProductCountComponent }],
        resolve: { model: ModelResolver }
    }
];

const routes: Routes = [
    { path: "form/:mode/:id", component: FormComponent },
    { path: "form/:mode", component: FormComponent },
```

```
    { path: "table", component: TableComponent, children: childRoutes },
    { path: "table/:category", component: TableComponent, children: childRoutes },
    { path: "", redirectTo: "/table", pathMatch: "full" },
    { path: "**", component: NotFoundComponent }
]

export const routing = RouterModule.forRoot(routes);
```

resolve 属性接收一个 map 对象，而这个 map 对象的属性值就是应用于路由的解析器类。属性名称并不重要。我打算将解析器应用于所有显示产品表格的视图，因此为了避免重复，使用 resolve 属性创建了一个路由，并使用这个属性充当现有子路由的父路由。

4. 显示占位符内容

在激活任何已经应用过解析器的路由之前，Angular 仍然会使用解析器，因为这样可以避免用户在使用来自 RESTful Web 服务的数据填充模型之前，先看到产品表格。但是，这意味着在浏览器等待服务器响应的过程中，用户看到的是一个空白窗口。为解决这个问题，代码清单 27-6 增强了解析器，使用消息服务告知用户在数据加载过程中发生了什么情况。

代码清单 27-6　在 src/app/model 文件夹的 model.resolver.ts 文件中显示一条消息

```
import { Injectable } from "@angular/core";
import { ActivatedRouteSnapshot, RouterStateSnapshot } from "@angular/router";
import { Observable } from "rxjs";
import { Model } from "./repository.model"
import { RestDataSource } from "./rest.datasource";
import { Product } from "./product.model";
import { MessageService } from "../messages/message.service";
import { Message } from "../messages/message.model";

@Injectable()
export class ModelResolver {

    constructor(
        private model: Model,
        private dataSource: RestDataSource,
        private messages: MessageService) { }

    resolve(route: ActivatedRouteSnapshot,
        state: RouterStateSnapshot): Observable<Product[]> {

        if (this.model.getProducts().length == 0) {
            this.messages.reportMessage(new Message("Loading data..."));
            return this.dataSource.getData();
        }
    }
}
```

显示来自服务的消息的组件在收到 NavigationEnd 事件时，会清空自己的内容，这表明加载数据后，占位符将被移除，如图 27-3 所示。

图 27-3　使用解析器以确保数据被加载

5. 使用解析器防止出现 URL 进入问题

第 25 章曾经解释过，当 HTTP 开发服务器收到一个针对不存在对应文件的 URL 请求时，会返回 index.html 文件的内容。将浏览器自动重载功能与此功能相结合，可以很容易地修改项目，使得浏览器可以重新加载这样一个 URL：这个 URL 导致应用程序跳转到一个特定的 URL，同时不需要执行应用程序期待执行的导航步骤，也不需要设置请求的状态数据。

就这个问题，我们观察一个实际示例。单击产品表格中的某个 Edit 按钮，然后重载浏览器页面。浏览器将请求一个 URL，比如 http://localhost:3500/form/edit/1，但是这样并没有得到我们期望的效果，因为被激活路由的组件试图在收到来自 RESTful 服务器的 HTTP 响应之前，从模型中提取一个对象。结果是，表单仍然是空白的，如图 27-4 所示。

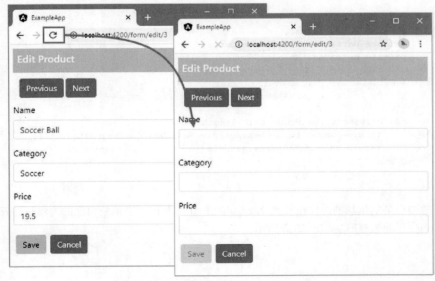

图 27-4　重新加载任意一个 URL 的效果

为解决这个问题，我们可更广泛地应用解析器，令解析器保护其他路由，如代码清单 27-7 所示。

代码清单 27-7 在 src/app 文件夹的 app.routing.ts 文件中将解析器应用于其他路由

```
import { Routes, RouterModule } from "@angular/router";
import { TableComponent } from "./core/table.component";
import { FormComponent } from "./core/form.component";
import { NotFoundComponent } from "./core/notFound.component";
import { ProductCountComponent } from "./core/productCount.component";
import { CategoryCountComponent } from "./core/categoryCount.component";
import { ModelResolver } from "./model/model.resolver";

const childRoutes: Routes = [
    {
        path: "",
        children: [{ path: "products", component: ProductCountComponent },
                   { path: "categories", component: CategoryCountComponent },
                   { path: "", component: ProductCountComponent }],
        resolve: { model: ModelResolver }
    }
];

const routes: Routes = [
    {
        path: "form/:mode/:id", component: FormComponent,
        resolve: { model: ModelResolver }
    },
    {
        path: "form/:mode", component: FormComponent,
        resolve: { model: ModelResolver }
    },
    { path: "table", component: TableComponent, children: childRoutes },
    { path: "table/:category", component: TableComponent, children: childRoutes },
    { path: "", redirectTo: "/table", pathMatch: "full" },
    { path: "**", component: NotFoundComponent }
]

export const routing = RouterModule.forRoot(routes);
```

将 ModelResolver 类应用于目标为 FormComponent 的路由，可以避免如图 27-4 所示的问题发生。为解决这个问题，还有其他办法，包括在第 8 章 SportsStore 应用程序中使用的方法，当时使用了本章后面的 27.2.2 节"防止路由激活"介绍的路由守卫功能。

27.2.2 避免带有守卫的导航

解析器用于推迟导航，以便应用程序执行某些必须完成的预备工作，如加载数据。Angular 提供的其他守卫用于控制是否执行导航，如果需要对用户进行预警以避免执行潜在的不必要操作(比如放弃数据编辑)，或者限制访问应用程序的某个部分，直到应用程序处于某个特定状态(例如用户通过身份验证)为止，那么这项功能特别有用。

路由守卫的许多用法都引入了额外的用户交互，有的要求显式获取操作许可，有的要求获得额外的数据，例如身份验证凭据。本章打算通过扩展消息服务来处理这类交互，这样消息就可以请求用户输入。在代码清单 27-8 中，在 Message 模型类中添加了一个名为 responses 的构造函数可选参数/属性，它可以让消息包含用户提示及回调函数。当用户选中某条提示时，即可调用对应的回调函数。responses 属性是一个由 TypeScript 元组组成的数组，在这个元组中，第一个值是向用户呈现的响应的名称，第二个值是回调函数，函数名称被作为参数传递给自身。

代码清单 27-8　在 src/app/messages 文件夹的 message.model.ts 文件中添加响应

```
export class Message {

    constructor(public text: string,
        public error: boolean = false,
        public responses?: [string, (string) => void][]) { }
}
```

为完成这项功能，其他唯一的修改工作就是向用户呈现响应选项。代码清单 27-9 在消息文本的下方为每一个 response 添加一个 button 元素。单击这个按钮将调用回调函数。

代码清单 27-9　在 src/app/core 文件夹的 message.component.html 文件中呈现响应

```
<div *ngIf="lastMessage"
    class="bg-info text-white p-2 text-center"
    [class.bg-danger]="lastMessage.error">
    <h4>{{lastMessage.text}}</h4>
</div>
<div class="text-center my-2">
    <button *ngFor="let resp of lastMessage?.responses; let i = index"
            (click)="resp[1](resp[0])"
            class="btn btn-primary m-2" [class.btn-secondary]="i > 0">
        {{resp[0]}}
    </button>
</div>
```

1. 防止路由激活

守卫可用来避免激活一个路由，从而保护应用程序不会进入一个不希望进入的状态，或者可以针对一个操作可能产生的影响，向用户报警。为说明这一点，我打算守卫/form/ create URL，以防止用户启动创建新产品的过程，除非用户同意应用程序的条款和条件。

定义了 canActivate 方法的类可以充当路由守卫，这些类与解析器一样，也可以接收同样的 ActivatedRouteSnapshot 和 RouterStateSnapshot 参数作为解析器。canActivate 方法可以返回三种不同的结果类型，如表 27-4 所示。

表 27-4　canActivate 方法可以返回的结果类型

结果类型	描述
boolean	当执行同步检查来查看是否可以激活路由时，这类结果很有用。当结果为 true 时，将激活路由；当结果为 false 时，不激活路由，在效果上等同于忽略导航请求
Observable<boolean>	当执行异步检查来查看是否可以激活路由时，这类结果很有用。Angular 将一直等待，直到 Observable 产生一个值，这个值可以用于判断路由是否被激活。在使用这类结果时，通过调用 complete 方法来结束 Observable 是非常重要的，否则，Angular 将一直等待下去
Promise<boolean>	当执行异步检查来查看是否可以激活路由时，这类结果很有用。Angular 将一直等待，直到 Promise 被解析。如果 Promise 产生的结果为 true，将激活路由；如果 Promise 产生的结果为 false，不激活路由，在效果上等同于忽略导航请求

首先在 src/app 文件夹中添加一个名为 terms.guard.ts 的文件，并定义如代码清单 27-10 所示的类。

代码清单 27-10　src/app 文件夹中 terms.guard.ts 文件的内容

```
import { Injectable } from "@angular/core";
import {
    ActivatedRouteSnapshot, RouterStateSnapshot,
    Router
} from "@angular/router";
import { MessageService } from "./messages/message.service";
import { Message } from "./messages/message.model";

@Injectable()
export class TermsGuard {

    constructor(private messages: MessageService,
                private router: Router) { }

    canActivate(route: ActivatedRouteSnapshot, state: RouterStateSnapshot):
        Promise<boolean> | boolean {

        if (route.params["mode"] == "create") {

            return new Promise<boolean>((resolve) => {
                let responses: [string, () => void][]
                    = [["Yes", () => resolve(true)], ["No", () => resolve(false)]];
                this.messages.reportMessage(
                    new Message("Do you accept the terms & conditions?",
                        false, responses));
            });
        } else {
            return true;
        }
    }
}
```

canActivate 方法可返回两类不同的结果。一种是 boolean 类型的结果，可以让守卫马上响应那些无须保护的路由，在这个例子中，就是那些不带值为 create 的 mode 参数的路由。如果路由匹配的 URL 不包含 mode 参数，canActivate 方法将返回 true，并要求 Angular 激活路由。这一点非常重要，因为编辑功能和创建功能都依赖同样的路由，而守卫不应该干涉编辑操作。

另一种结果类型是 Promise<boolean>，为了保证多样性，用 Promise<boolean>代替了 Observable<true>。Promise 使用消息服务的修改版本，需要从用户获取一个响应，以确认用户已经认可(未指定)的条款和条件。用户可能给出两种响应。如果用户单击 Yes 按钮，那么 Promise 会解析并产生结果 true，这就要求 Angular 激活路由，显示用来创建一个新产品的表单。如果用户单击 No 按钮，Angular 将忽略导航请求。

代码清单 27-11 将 TermsGuard 注册为一个服务，这样就可以在应用程序的路由配置中使用 TermsGuard。

代码清单 27-11　在 src/app 文件夹的 app.module.ts 文件中将 TermsGuard 注册为一个服务

```
import { BrowserModule } from '@angular/platform-browser';
import { NgModule } from '@angular/core';
import { ModelModule } from "./model/model.module";
import { CoreModule } from "./core/core.module";
import { TableComponent } from "./core/table.component";
import { FormComponent } from "./core/form.component";
import { MessageModule } from "./messages/message.module";
import { MessageComponent } from "./messages/message.component";
import { AppComponent } from './app.component';
import { routing } from "./app.routing";
import { TermsGuard } from "./terms.guard"

@NgModule({
    imports: [BrowserModule, ModelModule, CoreModule, MessageModule, routing],
    declarations: [AppComponent],
    providers: [TermsGuard],
    bootstrap: [AppComponent]
})
export class AppModule { }
```

最后，代码清单 27-12 在路由配置中应用了守卫。通过使用 canActivate 属性并将一个守卫服务数组赋予这个 canActivate 属性，就可将激活守卫应用于一个路由。在 Angular 激活路由之前，所有守卫的 canActivate 方法都必须返回 true(或者返回一个能够最终生成结果 true 的 Observable 或 Promise)。

代码清单 27-12　在 src/app 文件夹的 app.routing.ts 文件中将守卫应用于路由

```
import { Routes, RouterModule } from "@angular/router";
import { TableComponent } from "./core/table.component";
import { FormComponent } from "./core/form.component";
import { NotFoundComponent } from "./core/notFound.component";
import { ProductCountComponent } from "./core/productCount.component";
import { CategoryCountComponent } from "./core/categoryCount.component";
import { ModelResolver } from "./model/model.resolver";
import { TermsGuard } from "./terms.guard";

const childRoutes: Routes = [
    {
        path: "",
        children: [{ path: "products", component: ProductCountComponent },
                   { path: "categories", component: CategoryCountComponent },
                   { path: "", component: ProductCountComponent }],
        resolve: { model: ModelResolver }
    }
];

const routes: Routes = [
    {
        path: "form/:mode/:id", component: FormComponent,
        resolve: { model: ModelResolver }
    },
    {
        path: "form/:mode", component: FormComponent,
        resolve: { model: ModelResolver },
```

```
        canActivate: [TermsGuard]
    },
    { path: "table", component: TableComponent, children: childRoutes },
    { path: "table/:category", component: TableComponent, children: childRoutes },
    { path: "", redirectTo: "/table", pathMatch: "full" },
    { path: "**", component: NotFoundComponent }
]

export const routing = RouterModule.forRoot(routes);
```

创建和应用激活守卫的效果是：用户可在单击 Create New Product 按钮时得到提示，如图 27-5
所示。如果用户通过单击 Yes 按钮作为响应，导航请求随即完成，Angular 将激活选择表单组件的
路由，这样会创建一个新产品。如果用户单击 No 按钮，导航请求将被取消。这两种情况下，路
由系统都会引发一个事件，向用户显示消息的组件可以接收这个事件，组件随即清除显示的内容，
以确保用户不会看到过时的消息。

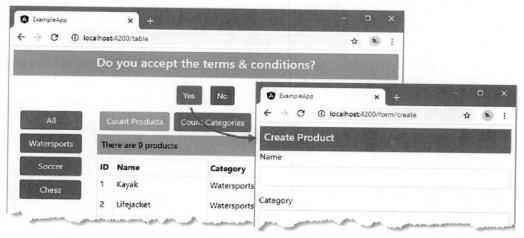

图 27-5 守卫路由激活

2. 加强子路由守卫

可以使用一个子路由守卫来守卫一组子路由的激活情况，子路由守卫是一个定义了
canActivateChild 方法的类。路由守卫在应用程序的配置中被应用于父路由，无论打算激活哪个子
路由，都会调用 canActivateChild 方法。所有路由守卫的 canActivateChild 方法都会接收同样的
ActivatedRouteSnapshot 和 RouterStateSnapshot 对象，返回的结果类型集合如表 27-4 所示。

在这个示例中，通过在实现 canActivateChild 方法之前修改配置，守卫更容易实现，如代码清
单 27-13 所示。

代码清单 27-13　在 src/app 文件夹的 app.routing.ts 文件中守卫子路由

```
import { Routes, RouterModule } from "@angular/router";
import { TableComponent } from "./core/table.component";
import { FormComponent } from "./core/form.component";
import { NotFoundComponent } from "./core/notFound.component";
import { ProductCountComponent } from "./core/productCount.component";
import { CategoryCountComponent } from "./core/categoryCount.component";
import { ModelResolver } from "./model/model.resolver";
```

```
import { TermsGuard } from "./terms.guard";

const childRoutes: Routes = [
    {
        path: "",
        canActivateChild: [TermsGuard],
        children: [{ path: "products", component: ProductCountComponent },
                    { path: "categories", component: CategoryCountComponent },
                    { path: "", component: ProductCountComponent }],
        resolve: { model: ModelResolver }
    }
];

const routes: Routes = [
    {
        path: "form/:mode/:id", component: FormComponent,
        resolve: { model: ModelResolver }
    },
    {
        path: "form/:mode", component: FormComponent,
        resolve: { model: ModelResolver },
        canActivate: [TermsGuard]
    },
    { path: "table", component: TableComponent, children: childRoutes },
    { path: "table/:category", component: TableComponent, children: childRoutes },
    { path: "", redirectTo: "/table", pathMatch: "full" },
    { path: "**", component: NotFoundComponent }
]

export const routing = RouterModule.forRoot(routes);
```

通过使用 canActivateChild 属性，子路由守卫可以被应用于一个路由，而这个路由则被指派给一个实现了 canActivateChild 方法的服务类型数组。Angular 在激活任何路由的子路由之前，都会调用这个方法。代码清单 27-14 在前一节实现的守卫类中添加了 canActivateChild 方法。

代码清单 27-14　在 src/app 文件夹的 terms.guard.ts 文件中实现子路由守卫

```
import { Injectable } from "@angular/core";
import {
    ActivatedRouteSnapshot, RouterStateSnapshot,
    Router
} from "@angular/router";
import { MessageService } from "./messages/message.service";
import { Message } from "./messages/message.model";

@Injectable()
export class TermsGuard {

    constructor(private messages: MessageService,
        private router: Router) { }

    canActivate(route: ActivatedRouteSnapshot, state: RouterStateSnapshot):
        Promise<boolean> | boolean {

        if (route.params["mode"] == "create") {
```

```
            return new Promise<boolean>((resolve, reject) => {
                let responses: [string, (string) => void][] = [
                    ["Yes", () => resolve(true)],
                    ["No", () => resolve(false)]
                ];
                this.messages.reportMessage(
                    new Message("Do you accept the terms & conditions?",
                        false, responses));
            });
        } else {
            return true;
        }
    }

    canActivateChild(route: ActivatedRouteSnapshot, state: RouterStateSnapshot):
        Promise<boolean> | boolean {

        if (route.url.length > 0
            && route.url[route.url.length - 1].path == "categories") {

            return new Promise<boolean>((resolve, reject) => {
                let responses: [string, (string) => void][] = [
                    ["Yes", () => resolve(true)],
                    ["No ", () => resolve(false)]
                ];

                this.messages.reportMessage(
                    new Message("Do you want to see the categories component?",
                        false, responses));
            });
        } else {
            return true;
        }
    }
}
```

守卫只能保护 categories 子路由，针对其他路由则马上返回 true。守卫用消息服务提示用户，但如果用户单击 No 按钮，那么守卫会做些其他工作。除了拒绝活动路由外，守卫还使用 Router 服务导航进入一个不同的 URL，而 Router 服务是作为构造函数的一个参数接收到的。对于身份验证来说，这是一种常用模式。当用户重定向到一个需要使用强制安全身份验证的组件并试图执行具有权限限制的操作时，可以采用这种模式。这种情况下的示例很简单：守卫导航到一条显示了不同组件的兄弟路径(可查看第 9 章的 SportsStore 应用程序中一个使用了路由守卫的示例)。

为查看守卫的效果，可单击 Count Categories 按钮，效果如图 27-6 所示。通过单击 Yes 按钮来响应提示，可以看到 CategoryCountComponent，这个组件显示了表格中的类别数量。单击 No 按钮则会拒绝活动路由并导航进入一个显示 ProductCountComponent 的路由。

注意：仅当活动路由发生变化时才能应用守卫。例如，如果在/table URL 处于活动状态时单击 Count Categories 按钮，就可以看到提示，并且单击 Yes 按钮即可改变活动路由。但是，如果再次单击 Count Categories 按钮，什么都不会发生，因为当目标路由和活动路由相同时，Angular 并不会触发一个路由变化。

图 27-6　守卫子路由

3. 防止路由失活

一开始学习使用路由时，往往会关注激活路由来响应导航，以及如何将新的内容呈现给用户。但是与此同样重要的是路由失活(deactivation)：当应用程序导航离开一个路由时，路由就发生了失活。

最常见的失活守卫是在未保存被编辑数据的情况下，防止用户导航离开。本节将创建一个守卫，当编辑产品数据的用户打算放弃未保存的修改时，这个守卫可以向用户提出告警信息。为了准备这项工作，代码清单 27-15 修改了 FormComponent 类，以简化守卫所承担的任务。

代码清单 27-15　在 src/app/core 文件夹的 form.component.ts 文件中准备守卫

```
import { Component, Inject } from "@angular/core";
import { NgForm } from "@angular/forms";
import { Product } from "../model/product.model";
import { Model } from "../model/repository.model";
import { ActivatedRoute, Router } from "@angular/router";

@Component({
    selector: "paForm",
    templateUrl: "form.component.html",
    styleUrls: ["form.component.css"]
})
export class FormComponent {
    product: Product = new Product();
    originalProduct = new Product();
    constructor(public model: Model, activeRoute: ActivatedRoute,
        public router: Router) {

        activeRoute.params.subscribe(params => {
            this.editing = params["mode"] == "edit";
            let id = params["id"];
            if (id != null) {
                Object.assign(this.product, model.getProduct(id) || new Product());
```

```
            Object.assign(this.originalProduct, this.product);
        }
    })
}

editing: boolean = false;

submitForm(form: NgForm) {
    if (form.valid) {
        this.model.saveProduct(this.product);
        this.originalProduct = this.product;
        this.router.navigateByUrl("/");
    }
}

//resetForm() {
// this.product = new Product();
//}
}
```

组件在开始编辑时会创建一个 Product 对象的副本，并将这个副本赋给 originalProduct 属性。这个副本来自数据模型。失活守卫可以使用 originalProduct 属性，以便查看是否存在未保存的编辑工作。为了避免守卫干扰保存操作，在 submitForm 方法中将 originalProduct 属性赋予处于编辑状态的 Product 对象，而这一切都发生在导航请求之前。

也需要对模板完成相应的修改，这样 Cancel 按钮就不会调用表单的重置事件处理程序，如代码清单 27-16 所示。

代码清单 27-16 在 src/app/core 文件夹的 form.component.html 文件中禁用表单重置

```html
<div class="bg-primary text-white p-2" [class.bg-warning]="editing">
    <h5>{{editing ? "Edit" : "Create"}} Product</h5>
</div>

<div *ngIf="editing" class="p-2">
    <button class="btn btn-secondary m-1"
            [routerLink]="['/form', 'edit', model.getPreviousProductid(product.id)]">
        Previous
    </button>
    <button class="btn btn-secondary"
            [routerLink]="['/form', 'edit', model.getNextProductId(product.id)]">
        Next
    </button>
</div>

<form novalidate #form="ngForm" (ngSubmit)="submitForm(form)">

    <div class="form-group">
        <label>Name</label>
        <input class="form-control" name="name"
                [(ngModel)]="product.name" required />
    </div>

    <div class="form-group">
        <label>Category</label>
        <input class="form-control" name="category"
```

```
                    [(ngModel)]="product.category" required />
        </div>

        <div class="form-group">
            <label>Price</label>
            <input class="form-control" name="price"
                    [(ngModel)]="product.price"
                    required pattern="^[0-9\.]+$" />
        </div>

        <button type="submit" class="btn btn-primary m-1"
                [class.btn-warning]="editing" [disabled]="form.invalid">
            {{editing ? "Save" : "Create"}}
        </button>
        <button type="button" class="btn btn-secondary m-1" routerLink="/">
            Cancel
        </button>
</form>
```

为创建守卫，在 src/app/core 文件夹中添加一个名为 unsaved.guard.ts 的文件，并且定义代码清单 27-17 中所示的类。

代码清单 27-17　src/app/core 文件夹中 unsaved.guard.ts 文件的内容

```
import { Injectable } from "@angular/core";
import {
    ActivatedRouteSnapshot, RouterStateSnapshot,
    Router
} from "@angular/router";
import { Observable, Subject } from "rxjs";
import { MessageService } from "../messages/message.service";
import { Message } from "../messages/message.model";
import { FormComponent } from "./form.component";

@Injectable()
export class UnsavedGuard {

    constructor(private messages: MessageService,
                private router: Router) { }

    canDeactivate(component: FormComponent, route: ActivatedRouteSnapshot,
        state: RouterStateSnapshot): Observable<boolean> | boolean {

        if (component.editing) {
            if (["name", "category", "price"]
                .some(prop => component.product[prop]
                    != component.originalProduct[prop])) {
                let subject = new Subject<boolean>();

                let responses: [string, (string) => void][] = [
                    ["Yes", () => {
                        subject.next(true);
                        subject.complete();
                    }],
                    ["No", () => {
                        this.router.navigateByUrl(this.router.url);
                        subject.next(false);
```

```
                            subject.complete();
                        }]
                ];
                this.messages.reportMessage(new Message("Discard Changes?",
                    true, responses));
                return subject;
            }
        }
        return true;
    }
}
```

失活守卫定义了一个名为 canDeactivate 的方法，这个 canDeactivate 方法可以接收三个参数，分别是：将要失活的组件、ActivatedRouteSnapshot 对象和 RouteStateSnapshot 对象。这个守卫检查组件中是否存在未保存的编辑数据，如果存在这样的数据，就提示用户。为了保证多样性，这个守卫使用了 Observable<true>(用 Subject<true>实现)，而没有使用 Promise<true>，用于根据用户选择的响应结果通知 Angular 是否应该激活路由。

提示：注意，在调用 next 方法后调用了 Subject 的 complete 方法。Angular 将无限期等待，直至调用了 complete 方法，这在效果上等同于冻结了应用程序。

下一步是将守卫注册为包含这个守卫的模块中的一个服务，如代码清单 27-18 所示。

代码清单 27-18　在 src/app/core 文件夹的 core.module.ts 文件中将守卫注册为一个服务

```
import { NgModule } from "@angular/core";
import { BrowserModule } from "@angular/platform-browser";
import { FormsModule } from "@angular/forms";
import { ModelModule } from "../model/model.module";
import { TableComponent } from "./table.component";
import { FormComponent } from "./form.component";
import { Subject } from "rxjs";
import { StatePipe } from "./state.pipe";
import { MessageModule } from "../messages/message.module";
import { MessageService } from "../messages/message.service";
import { Message } from "../messages/message.model";
import { Model } from "../model/repository.model";
import { RouterModule } from "@angular/router";
import { ProductCountComponent } from "./productCount.component";
import { CategoryCountComponent } from "./categoryCount.component";
import { NotFoundComponent } from "./notFound.component";
import { UnsavedGuard } from "./unsaved.guard";

@NgModule({
    imports: [BrowserModule, FormsModule, ModelModule, MessageModule, RouterModule],
    declarations: [TableComponent, FormComponent, StatePipe,
        ProductCountComponent, CategoryCountComponent, NotFoundComponent],
    providers: [UnsavedGuard],
    exports: [ModelModule, TableComponent, FormComponent]
})
export class CoreModule { }
```

最后，代码清单 27-19 在应用程序的路由配置中应用了守卫。通过使用 canDeactivate 属性，并将 canDeactivate 属性设置为一个守卫服务数组，可将失活守卫应用于路由。

代码清单 27-19　在 src/app 文件夹的 app.routing.ts 文件中应用守卫

```
import { Routes, RouterModule } from "@angular/router";
import { TableComponent } from "./core/table.component";
import { FormComponent } from "./core/form.component";
import { NotFoundComponent } from "./core/notFound.component";
import { ProductCountComponent } from "./core/productCount.component";
import { CategoryCountComponent } from "./core/categoryCount.component";
import { ModelResolver } from "./model/model.resolver";
import { TermsGuard } from "./terms.guard";
import { UnsavedGuard } from "./core/unsaved.guard";

const childRoutes: Routes = [
    {
        path: "",
        canActivateChild: [TermsGuard],
        children: [{ path: "products", component: ProductCountComponent },
                   { path: "categories", component: CategoryCountComponent },
                   { path: "", component: ProductCountComponent }],
        resolve: { model: ModelResolver }
    }
];

const routes: Routes = [
    {
        path: "form/:mode/:id", component: FormComponent,
        resolve: { model: ModelResolver },
        canDeactivate: [UnsavedGuard]
    },
    {
        path: "form/:mode", component: FormComponent,
        resolve: { model: ModelResolver },
        canActivate: [TermsGuard]
    },
    { path: "table", component: TableComponent, children: childRoutes },
    { path: "table/:category", component: TableComponent, children: childRoutes },
    { path: "", redirectTo: "/table", pathMatch: "full" },
    { path: "**", component: NotFoundComponent }
]

export const routing = RouterModule.forRoot(routes);
```

为查看守卫的效果，单击表格中的某个 Edit 按钮，在一个文本字段中编辑数据，然后单击 Cancel、Next 或 Previous 按钮。在允许 Angular 激活所选中的路由之前，守卫会给出提示，如图 27-7 所示。

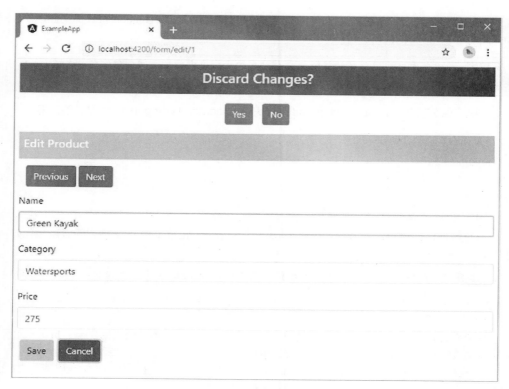

图 27-7　守卫路由失活

27.3　动态加载功能模块

Angular 支持仅在需要的情况下加载功能模块，这个特点被称为动态加载(dynamic loading)或惰性加载(lazy loading)。对于那些不太可能被全体用户使用的功能来说，这个特性很有用。在下一小节，将创建一个简单的功能模块，并演示如何配置应用程序以使 Angular 仅在导航访问某个特定 URL 的情况下才加载这个模块。

注意：动态加载模块是一种折中。对于大多数用户来说，这样做可以使应用程序的规模足够小，而且下载速度也足够快，这样就改善了用户的整体体验。但是对于需要动态加载功能的用户来说，他们就不得不继续等待，直到 Angular 获得所需的模块及其依赖为止。这样产生的效果相当不好，因为用户不知道某些功能已经加载，而某些功能并未加载。创建动态加载模块时，需要在改善部分用户体验和劣化部分用户体验之间做出平衡。因此，必须认真考虑一下用户属于哪些类型，注意不要让最有价值用户和最重要用户的使用体验劣化。

27.3.1　创建一个简单的功能模块

动态加载的模块所包含的功能一定不是所有用户都需要使用的功能。不能使用现有的模块，因为现有的模块提供了应用程序的核心功能。因此，为讲解本章内容，需要实现一个新的模块。为此，首先在 src/app 文件夹中创建一个名为 ondemand 的文件夹。为了给新的模块添加一个组件，在 src/app/ondemand 文件夹中添加一个名为 ondemand.component.ts 的文件，并且添加代码清单 27-20 中的代码。

> **警告：** 一定不要在应用程序的其他部分和动态加载模块中的类之间创建依赖，这样 JavaScript 模块加载器就不会在需要使用某个模块之前加载这个模块。

代码清单 27-20　src/app/ondemand 文件夹中 ondemand.component.ts 文件的内容

```
import { Component } from "@angular/core";

@Component({
    selector: "ondemand",
    templateUrl: "ondemand.component.html"
})
export class OndemandComponent { }
```

为给组件提供模板，添加了一个名为 ondemand.component.html 的文件，然后添加代码清单 27-21 中的内容。

代码清单 27-21　src/app/ondemand 文件夹中 ondemand.component.html 文件的内容

```
<div class="bg-primary text-white p-2">This is the ondemand component</div>
<button class="btn btn-primary m-2" routerLink="/" >Back</button>
```

这个模板包含一条消息，用来提醒用户已经选中了这个组件。该模板还包含一个 button 元素，单击这个按钮时会导航返回到应用程序的根 URL。

为定义模块，添加一个名为 ondemand.module.ts 的文件，并且在文件中添加代码清单 27-22 中的代码。

代码清单 27-22　src/app/ondemand 文件夹中 ondemand.module.ts 文件的内容

```
import { NgModule } from "@angular/core";
import { CommonModule } from "@angular/common";
import { OndemandComponent } from "./ondemand.component";

@NgModule({
    imports: [CommonModule],
    declarations: [OndemandComponent],
    exports: [OndemandComponent]
})
export class OndemandModule { }
```

这个模块导入了 CommonModule 的功能，替换了与特定浏览器相关的 BrowserModule 功能，以访问按需加载的功能模块中的内置指令。

27.3.2　动态加载模块

以动态方式加载模块需要两个步骤。第一步是在功能模块内部设置一个路由配置，确定在加载模块时 Angular 选择组件的规则。代码清单 27-23 为功能模块添加了一个单独的路由。

代码清单 27-23　在 src/app/ondemand 文件夹的 ondemand.module.ts 文件中定义路由

```
import { NgModule } from "@angular/core";
import { CommonModule } from "@angular/common";
```

```
import { OndemandComponent } from "./ondemand.component";
import { RouterModule } from "@angular/router";

let routing = RouterModule.forChild([
    { path: "", component: OndemandComponent }
]);

@NgModule({
    imports: [CommonModule, routing],
    declarations: [OndemandComponent],
    exports: [OndemandComponent]
})
export class OndemandModule { }
```

在动态加载模块中定义的路由所使用的属性与在应用程序主体中定义的路由所使用的属性一样，并且可以使用全部相同的功能，包括子组件、守卫和重定向。代码清单 27-23 中定义的路由与空路径匹配，并选中 OndemandComponent 用于显示。

一个重要的区别在于用来生成包含路由信息的模块的方法，即以下代码：

```
...
let routing = RouterModule.forChild([
    { path: "", component: OndemandComponent }
]);
...
```

在创建应用程序范围的路由配置时，使用了 RouterModule.forRoot 方法。这个方法用于在应用程序的根模块中设置路由。创建动态加载模块时，必须使用 RouterModule.forChild 方法；这个方法创建了一个路由配置，当加载模块时，这个路由配置可以合并到总的路由系统中。

1. 创建一个路由来动态加载模块

动态加载模块的第二步是在应用程序的主体部分创建一个路由，从而向 Angular 提供模块的位置，如代码清单 27-24 所示。

代码清单 27-24　在 src/app 文件夹的 app.routing.ts 文件中创建一个按需路由 (On-Demand Route)

```
import { Routes, RouterModule } from "@angular/router";
import { TableComponent } from "./core/table.component";
import { FormComponent } from "./core/form.component";
import { NotFoundComponent } from "./core/notFound.component";
import { ProductCountComponent } from "./core/productCount.component";
import { CategoryCountComponent } from "./core/categoryCount.component";
import { ModelResolver } from "./model/model.resolver";
import { TermsGuard } from "./terms.guard";
import { UnsavedGuard } from "./core/unsaved.guard";

const childRoutes: Routes = [
    {
        path: "",
        canActivateChild: [TermsGuard],
        children: [{ path: "products", component: ProductCountComponent },
                   { path: "categories", component: CategoryCountComponent },
                   { path: "", component: ProductCountComponent }],
        resolve: { model: ModelResolver }
```

```
    }
];

const routes: Routes = [
    {
        path: "ondemand",
        loadChildren: () => import("./ondemand/ondemand.module")
                            .then(m => m.OndemandModule)
    },
    {
        path: "form/:mode/:id", component: FormComponent,
        resolve: { model: ModelResolver },
        canDeactivate: [UnsavedGuard]
    },
    {
        path: "form/:mode", component: FormComponent,
        resolve: { model: ModelResolver },
        canActivate: [TermsGuard]
    },
    { path: "table", component: TableComponent, children: childRoutes },
    { path: "table/:category", component: TableComponent, children: childRoutes },
    { path: "", redirectTo: "/table", pathMatch: "full" },
    { path: "**", component: NotFoundComponent }
]

export const routing = RouterModule.forRoot(routes);
```

loadChildren 属性可用来为 Angular 提供如何加载模块的详细信息。这个属性的值是一个调用了 import 的函数，该函数接收模块的路径作为参数。其结果是一个 Promise，它的 then 方法用于在导入模块后选择模块。Angular 使用代码清单 27-24 中的函数从 ondemand/ondemand.module 文件加载 OndemandModule 类。

2. 使用动态加载模块

剩下的工作就是为导航到可为按需加载模块激活路由的 URL 添加支持，如代码清单 27-25 所示，这些代码在模板中为表格组件添加了一个按钮。

代码清单 27-25　在 src/app/core 文件夹的 table.component.html 文件中添加导航

```html
<div class="container-fluid">
    <div class="row">
        <div class="col-auto">
            <button class="btn btn-secondary btn-block"
                    routerLink="/table" routerLinkActive="bg-primary"
                    [routerLinkActiveOptions]="{exact: true}">
                All
            </button>
            <button *ngFor="let category of categories"
                    class="btn btn-secondary btn-block px-3"
                    [routerLink]="['/table', category]"
                    routerLinkActive="bg-primary">
                {{category}}
            </button>
        </div>
        <div class="col">
```

```
< !-- ...elements omitted for brevity... -->

            </div>
        </div>
    </div>
    <div class="p-2 text-center">
        <button class="btn btn-primary m-1" routerLink="/form/create">
            Create New Product
        </button>
        <button class="btn btn-danger" (click)="deleteProduct(-1)">
            Generate HTTP Error
        </button>
        <button class="btn btn-danger m-1" routerLink="/does/not/exist">
            Generate Routing Error
        </button>
        <button class="btn btn-danger" routerLink="/ondemand">
            Load Module
        </button>
    </div>
```

为了访问一个加载模块的路由，不需要采取任何特殊措施，代码清单 27-25 中的 Load Module 按钮使用标准的 routerLink 属性来导航进入在代码清单 27-24 中添加的路由所指定的 URL。

为观察动态模块加载是如何工作的，在 exampleApp 文件夹中使用如下命令重新启动 Angular 开发工具，重新构建模块，其中包括按需加载模块。

```
ng serve
```

现在使用浏览器的开发者工具来查看应用程序启动后加载的文件列表。除非单击 Load Module 按钮，否则看不到任何对按需加载模块中文件的请求。单击 Load Module 按钮后，Angular 使用路由配置来加载模块，检查其路由配置，然后选中打算显示给用户的组件，如图 27-8 所示。

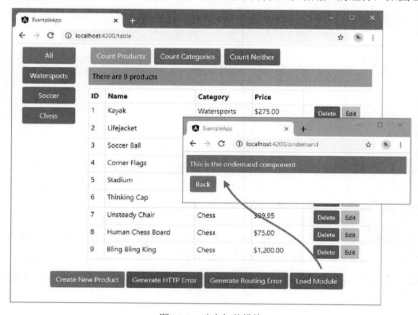

图 27-8　动态加载模块

27.3.3　守卫动态模块

可以通过守卫动态加载模块来确保这些模块仅在应用程序处于某个特定状态的情况下进行加载，或者在用户明确同意等待 Angular 执行加载的情况下进行加载。后一种情况的典型应用场景是管理功能，此时我们认为用户了解应用程序的结构。

用于模块的守卫必须在应用程序的主体部分定义，因此在 src/app 文件夹中添加了一个名为 load.guard.ts 的文件，并定义如代码清单 27-26 所示的类。

代码清单 27-26　src/app 文件夹中 load.guard.ts 文件的内容

```
import { Injectable } from "@angular/core";
import { Route, Router } from "@angular/router";
import { MessageService } from "./messages/message.service";
import { Message } from "./messages/message.model";

@Injectable()
export class LoadGuard {
    private loaded: boolean = false;
    constructor(private messages: MessageService,
            private router: Router) { }

    canLoad(route: Route): Promise<boolean> | boolean {

        return this.loaded || new Promise<boolean>((resolve, reject) => {
            let responses: [string, (string) => void] [] = [
                ["Yes", () => {
                    this.loaded = true;
                    resolve(true);
                }],
                ["No", () => {
                    this.router.navigateByUrl(this.router.url);
                    resolve(false);
                }]
            ];

            this.messages.reportMessage(
                new Message("Do you want to load the module?",
                    false, responses));
        });
    }
}
```

动态加载守卫是指实现了名为 canLoad 的方法的类。当 Angular 需要激活这个守卫所应用的路由时，将调用此方法，在调用此方法时需要为其提供一个描述路由的 Route 对象。

只有在先激活了加载模块的 URL 时，才需要守卫，因此守卫定义了一个 loaded 属性，当模块加载成功时，这个属性被设置为 true。这样随后发生的请求都能够马上通过。否则，这个守卫将遵循先前的示例模式，返回一个 Promise，而当用户单击消息服务显示的一个按钮后，会解析这个 Promise。代码清单 27-27 将守卫注册为根模块中的一个服务。

代码清单 27-27　在 src/app 文件夹的 app.module.ts 文件中将守卫注册为一个服务

```
import { NgModule } from "@angular/core";
import { BrowserModule } from "@angular/platform-browser";
```

```
import { ModelModule } from "./model/model.module";
import { CoreModule } from "./core/core.module";
import { TableComponent } from "./core/table.component";
import { FormComponent } from "./core/form.component";
import { MessageModule } from "./messages/message.module";
import { MessageComponent } from "./messages/message.component";
import { routing } from "./app.routing";
import { AppComponent } from "./app.component";
import { TermsGuard } from "./terms.guard"
import { LoadGuard } from "./load.guard";

@NgModule({
    imports: [BrowserModule, CoreModule, MessageModule, routing],
    declarations: [AppComponent],
    providers: [TermsGuard, LoadGuard],
    bootstrap: [AppComponent]
})
export class AppModule { }
```

应用动态加载守卫

通过使用 canLoad 属性，动态加载守卫可以被应用于路由，canLoad 属性接收一个守卫类型的数组。代码清单 27-28 将 LoadGuard 类应用于动态加载模块的路由，其中 LoadGuard 类定义在代码清单 27-26 中。

代码清单 27-28 在 src/app 文件夹的 app.routing.ts 文件中守卫路由

```
import { Routes, RouterModule } from "@angular/router";
import { TableComponent } from "./core/table.component";
import { FormComponent } from "./core/form.component";
import { NotFoundComponent } from "./core/notFound.component";
import { ProductCountComponent } from "./core/productCount.component";
import { CategoryCountComponent } from "./core/categoryCount.component";
import { ModelResolver } from "./model/model.resolver";
import { TermsGuard } from "./terms.guard";
import { UnsavedGuard } from "./core/unsaved.guard";
import { LoadGuard } from "./load.guard";

const childRoutes: Routes = [
    {
        path: "",
        canActivateChild: [TermsGuard],
        children: [{ path: "products", component: ProductCountComponent },
                   { path: "categories", component: CategoryCountComponent },
                   { path: "", component: ProductCountComponent }],
        resolve: { model: ModelResolver }
    }
];

const routes: Routes = [
    {
        path: "ondemand",
        loadChildren: () => import("./ondemand/ondemand.module")
                            .then(m => m.OndemandModule),
        canLoad: [LoadGuard]
    },
    {
```

```
        path: "form/:mode/:id", component: FormComponent,
        resolve: { model: ModelResolver },
        canDeactivate: [UnsavedGuard]
    },
    {
        path: "form/:mode", component: FormComponent,
        resolve: { model: ModelResolver },
        canActivate: [TermsGuard]
    },
    { path: "table", component: TableComponent, children: childRoutes },
    { path: "table/:category", component: TableComponent, children: childRoutes },
    { path: "", redirectTo: "/table", pathMatch: "full" },
    { path: "**", component: NotFoundComponent }
]

export const routing = RouterModule.forRoot(routes);
```

结果是用户得到提示，判断当 Angular 第一次试图激活路由时是否加载模块，如图 27-9 所示。

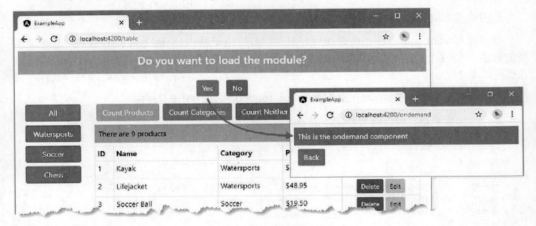

图 27-9　守卫动态加载

27.4　指定命名出口

　　一个模板可以包含多个 router-outlet 元素，这样可以使用一个单独的 URL 来选择多个元素并向用户显示。

　　为了演示这个功能，需要为 ondemand 模块添加两个新的组件。首先在 src/app/ondemand 文件夹中创建一个名为 first.component.ts 的文件，并使用这个文件定义组件，如代码清单 27-29 所示。

代码清单 27-29　src/app/ondemand 文件夹中 first.component.ts 文件的内容

```
import { Component } from "@angular/core";

@Component({
    selector: "first",
    template: `<div class="bg-primary text-white p-2">First Component</div>`
})
export class FirstComponent { }
```

这个组件使用一个内联的模板来显示一条消息，用于提示路由系统选中了哪个组件。然后在 src/app/ondemand 文件夹中创建一个名为 second.component.ts 的文件，并创建如代码清单 27-30 所示的组件。

代码清单 27-30　src/app/ondemand 文件夹中 second.component.ts 文件的内容

```
import { Component } from "@angular/core";

@Component({
    selector: "second",
    template: `<div class="bg-info text-white p-2">Second Component</div>`
})
export class SecondComponent { }
```

这个组件几乎与代码清单 27-29 中的组件完全一样，差别仅在于这个组件是通过其内联模板来显示消息。

27.4.1　创建附加的出口元素

为在同一个模板中使用多个出口元素，Angular 需要采取措施将它们区分开来。为此，可使用 name 属性。name 属性可将一个出口唯一地标识出来，如代码清单 27-31 所示。

代码清单 27-31　在 src/app/ondemand 文件夹的 ondemand.component.html 文件中添加出口元素

```
<div class="bg-primary text-white p-2">This is the ondemand component</div>
<div class="container-fluid">
    <div class="row">
        <div class="col-12 p-2">
            <router-outlet></router-outlet>
        </div>
    </div>
    <div class="row">
        <div class="col-6 p-2">
            <router-outlet name="left"></router-outlet>
        </div>
        <div class="col-6 p-2">
            <router-outlet name="right"></router-outlet>
        </div>
    </div>
</div>
<button class="btn btn-primary m-2" routerLink="/">Back</button>
```

新元素创建了三个新出口。最多只允许存在一个不带名称的 router-outlet 元素，这个元素称为主出口(primary outlet)。这是因为省略 name 属性与为 name 属性赋一个 primary 值的效果是一样的。迄今为止，所有的路由示例都依赖主出口来向用户显示组件。

所有其他 router-outlet 元素都必须有一个带有唯一名称的 name 元素。在代码清单 27-31 中使用的名称是 left 和 right，这是因为：被应用于包含了出口的 div 元素的类都使用 CSS 将这两个出口的位置并列摆放在一起。

下一步是创建一个包含细节的路由，这些细节是应该在每个出口元素中显示哪个组件，如代码清单 27-32 所示。如果 Angular 找不到一个匹配某个特定出口的路由，这个元素中就不会显示任何内容。

代码清单 27-32　在 src/app/ondemand 文件夹的 ondemand.module.ts 文件中指定出口

```
import { NgModule } from "@angular/core";
import { CommonModule } from "@angular/common";
import { OndemandComponent } from "./ondemand.component";
import { RouterModule } from "@angular/router";
import { FirstComponent } from "./first.component";
import { SecondComponent } from "./second.component";

let routing = RouterModule.forChild([
    {
        path: "",
        component: OndemandComponent,
        children: [
            { path: "",
              children: [
                    { outlet: "primary", path: "", component: FirstComponent, },
                    { outlet: "left", path: "", component: SecondComponent, },
                    { outlet: "right", path: "", component: SecondComponent, },
              ]},
        ]
    },
]);

@NgModule({
    imports: [CommonModule, routing],
    declarations: [OndemandComponent, FirstComponent, SecondComponent],
    exports: [OndemandComponent]
})
export class OndemandModule { }
```

outlet 属性用来指定路由应用的出口元素。代码清单 27-32 中的路由配置为全部三个出口都匹配了空路径，并为三个出口选择了新创建的组件：主出口显示 FirstComponent，left 和 right 出口则显示 SecondComponent，如图 27-10 所示。为查看修改效果，可单击 Load Module 按钮，并在看到提示后，单击 Yes 按钮。

图 27-10　使用多路由出口

提示：如果省略 outlet 属性，Angular 将假定路由选择的是主出口。我倾向于将 outlet 属性包含在所有路由中，这样可以强调是哪个路由与出口元素相匹配。

Angular 激活路由时，将为每一个出口查找匹配的路由。所有三个新出口都拥有匹配空路径的路由，因此 Angular 可按图 27-10 所示的方式呈现组件。

27.4.2 在使用多个出口的情况下导航

修改每个出口显示的组件意味着要创建一个新的路由集合，然后导航到包含这些路由的 URL。代码清单 27-33 设置了一个路由，这个路由可以匹配路径/ondemand/swap，并交换三个出口所显示的组件。

代码清单 27-33 在 src/app/ondemand 文件夹的 ondemand.module.ts 文件中为出口设置路由

```
import { NgModule } from "@angular/core";
import { CommonModule } from "@angular/common";
import { OndemandComponent } from "./ondemand.component";
import { RouterModule } from "@angular/router";
import { FirstComponent } from "./first.component";
import { SecondComponent } from "./second.component";

let routing = RouterModule.forChild([
    {
        path: "",
        component: OndemandComponent,
        children: [
            {
                path: "",
                children: [
                    { outlet: "primary", path: "", component: FirstComponent, },
                    { outlet: "left", path: "", component: SecondComponent, },
                    { outlet: "right", path: "", component: SecondComponent, },
                ]
            },
            {
                path: "swap",
                children: [
                    { outlet: "primary", path: "", component: SecondComponent, },
                    { outlet: "left", path: "", component: FirstComponent, },
                    { outlet: "right", path: "", component: FirstComponent, },
                ]
            },
        ]
    },
]);

@NgModule({
    imports: [CommonModule, routing],
    declarations: [OndemandComponent, FirstComponent, SecondComponent],
    exports: [OndemandComponent]
})
export class OndemandModule { }
```

代码清单 27-34 为组件的模板添加了一些 button 元素，单击按钮可导航到代码清单 27-33 中的两个路由集合，从而改变向用户显示的组件集合。

代码清单 27-34　在 src/app/ondemand 文件夹的 ondemand.component.html 文件中导航到
　　　　　　　出口

```
<div class="bg-primary text-white p-2">This is the ondemand component</div>
<div class="container-fluid">
    <div class="row">
        <div class="col-12 p-2">
            <router-outlet></router-outlet>
        </div>
    </div>
    <div class="row">
        <div class="col-6 p-2">
            <router-outlet name="left"></router-outlet>
        </div>
        <div class="col-6 p-2">
            <router-outlet name="right"></router-outlet>
        </div>
    </div>
</div>
<button class="btn btn-secondary m-2" routerLink="/ondemand">Normal</button>
<button class="btn btn-secondary m-2" routerLink="/ondemand/swap">Swap</button>
<button class="btn btn-primary m-2" routerLink="/">Back</button>
```

结果是，当单击 Swap 或 Normal 按钮时，应用程序导航到的路由的子路由会告知 Angular 每
一个出口元素将显示哪一个组件，如图 27-11 所示。

图 27-11　使用导航找到多个出口元素

27.5　本章小结

至此，已介绍完 Angular 提供的 URL 路由功能，本章解释了如何通过守卫路由来控制何时激
活一个路由，如何仅在需要的情况下才加载模块，以及如何使用多个出口元素向用户显示组件。
在下一章，将介绍如何在 Angular 应用程序中应用动画功能。

第 28 章

使用动画

本章描述 Angular 动画系统，通过使用数据绑定，Angular 动画系统能够以动画方式显示 HTML 元素，从而反映应用程序状态的变化。从广义上说，动画在 Angular 应用程序中充当两个角色：一是强调内容的变化；二是平滑地显示内容。

当内容发生的变化对于用户来说不是那么明显时，加强变化是很重要的。在示例应用程序中，当使用 Previous 和 Next 按钮编辑一项产品导致数据域发生变化，但是又没有发生任何其他可见的变化时，就会产生用户难以察觉的变化。此时，动画就可以用来吸引用户注意力，帮助用户注意到动作的结果。

将内容发生的变化以平滑的方式显示出来，可以使应用程序使用起来更令人愉悦。当用户单击 Edit 按钮来编辑产品时，示例应用程序显示的内容在切换过程中显得不够和谐。利用动画，可以减缓变化速度，因此内容切换具有上下文内容的连续展示效果，从而减少了突兀感。本章解释动画系统的工作原理，还解释如何使用动画来吸引用户注意力，减少突发性状态改变的突兀感。表 28-1 介绍了 Angular 动画的相关知识。

表 28-1　Angular 动画的相关知识

问题	答案
Angular 动画是什么	动画系统可以改变 HTML 元素的外观，从而反映应用程序状态的变化
Angular 动画有什么作用	如果使用得当，动画可以让应用程序的使用过程充满乐趣
如何使用 Angular 动画	定义动画需要使用平台专用的模块中定义的函数。通过使用@Component装饰器中的animations属性，可以注册这个模块，并且通过数据绑定来应用这个模块
Angular 动画是否存在陷阱或限制	对于 Angular 动画来说，主要的限制是只有极少数浏览器才能为动画提供完整的支持，结果就是 Angular 动画不是在所有浏览器中都能正常工作，即使 Angular 支持这种浏览器完成 Angular 的其他功能
Angular 动画是否存在替代方案	唯一的替代方案就是在应用程序中不使用动画

表 28-2 给出了本章内容摘要。

表 28-2　本章内容摘要

问题	解决方案	代码清单编号
让用户关注某个元素的状态过渡	应用动画	1~9
将元素状态发生改变的情况用动画表示出来	使用元素过渡	9~14
并行执行动画	使用动画组	15
在多个动画中使用同样的样式	使用公共样式	16
以动画方式表达元素的位置或大小	使用元素变形(transformation)	17
使用动画来应用 CSS 框架样式	使用 DOM 和 CSS API	18 和 19

28.1　准备示例项目

本章将继续使用在第 22 章中创建的 exampleApp 项目作为示例，exampleApp 项目在随后各章中不断得到了修改。下面各节中所做的修改为介绍本章内容准备好了示例应用程序。

28.1.1　禁用 HTTP 延迟

为了学习本章内容，第一项准备工作是禁用添加到异步 HTTP 请求中的延迟，如代码清单 28-1 所示。

代码清单 28-1　在 src/app/model 文件夹的 rest.datasource.ts 文件中禁用延迟

```
import { Injectable, Inject, InjectionToken } from "@angular/core";
import { HttpClient, HttpHeaders } from "@angular/common/http";
import { Observable, throwError } from "rxjs";
import { Product } from "./product.model";
import { catchError, delay } from "rxjs/operators";

export const REST_URL = new InjectionToken("rest_url");

@Injectable()
export class RestDataSource {
    constructor(private http: HttpClient,
        @Inject(REST_URL) private url: string) { }
    getData(): Observable<Product[]> {
        return this.sendRequest<Product[]>("GET", this.url);
    }

    saveProduct(product: Product): Observable<Product> {
        return this.sendRequest<Product>("POST", this.url, product);
    }

    updateProduct(product: Product): Observable<Product> {
        return this.sendRequest<Product>("PUT",
            `${this.url}/${product.id}`, product);
    }

    deleteProduct(id: number): Observable<Product> {
        return this.sendRequest<Product>("DELETE", `${this.url}/${id}`);
    }
```

```
    private sendRequest<T>(verb: string, url: string, body?: Product)
        : Observable<T> {

        let myHeaders = new HttpHeaders();
        myHeaders = myHeaders.set("Access-Key", "<secret>");
        myHeaders = myHeaders.set("Application-Names", ["exampleApp", "proAngular"]);

        return this.http.request<T>(verb, url, {
            body: body,
            headers: myHeaders
        })
        //.pipe(delay(5000))
        .pipe(catchError((error: Response) =>
            throwError(`Network Error: ${error.statusText} (${error.status})`)));
    }
}
```

28.1.2 简化表格模板和路由配置

本章的许多示例所关注的是产品表格中的元素。要为本章所做的最后一项预备工作是为表格组件简化模板，这样我们就可以集中关注代码清单中的一小部分内容。

代码清单 28-2 给出了简化后的模板，在模板中删除了生成 HTTP 和路由错误的按钮，还删除了用于对类别或产品进行计数的按钮和出口元素，以及用于对表格根据类别进行过滤的按钮。

代码清单 28-2　在 src/app/core 文件夹的 table.component.html 文件中简化模板

```html
<table class="table table-sm table-bordered table-striped">
    <tr>
        <th>ID</th><th>Name</th><th>Category</th><th>Price</th><th></th>
    </tr>
    <tr *ngFor="let item of getProducts()">
        <td>{{item.id}}</td>
        <td>{{item.name}}</td>
        <td>{{item.category}}</td>
        <td>{{item.price | currency:"USD" }}</td>
        <td class="text-center">
            <button class="btn btn-danger btn-sm mr-1"
                    (click)="deleteProduct(item.id)">
                Delete
            </button>
            <button class="btn btn-warning btn-sm"
                [routerLink]="['/form', 'edit', item.id]">
                Edit
            </button>
        </td>
    </tr>
</table>
<div class="p-2 text-center">
    <button class="btn btn-primary m-1" routerLink="/form/create">
        Create New Product
    </button>
</div>
```

代码清单 28-3 更新了应用程序的 URL 路由配置，这样路由就不会将从表格组件模板中删除的出口元素作为目标。

代码清单 28-3　更新 src/app 文件夹的 app.routing.ts 文件中的路由配置

```
import { Routes, RouterModule } from "@angular/router";
import { TableComponent } from "./core/table.component";
import { FormComponent } from "./core/form.component";
import { NotFoundComponent } from "./core/notFound.component";
import { ProductCountComponent } from "./core/productCount.component";
import { CategoryCountComponent } from "./core/categoryCount.component";
import { ModelResolver } from "./model/model.resolver";
import { TermsGuard } from "./terms.guard";
import { UnsavedGuard } from "./core/unsaved.guard";
import { LoadGuard } from "./load.guard";

const routes: Routes = [
    {
        path: "form/:mode/:id", component: FormComponent,
        canDeactivate: [UnsavedGuard]
    },
    { path: "form/:mode", component: FormComponent, canActivate: [TermsGuard] },
    { path: "table", component: TableComponent },
    { path: "table/:category", component: TableComponent },
    { path: "", redirectTo: "/table", pathMatch: "full" },
    { path: "**", component: NotFoundComponent }
]

export const routing = RouterModule.forRoot(routes);
```

打开一个新的命令提示符，导航到 exampleApp 文件夹并运行以下命令，启动提供 RESTful Web 服务的服务器。

```
npm run json
```

打开一个单独的命令提示符，导航到 exampleApp 文件夹，运行以下命令，启动 Angular 开发工具。

```
ng serve
```

此时将打开一个新的浏览器窗口，导航到 http://localhost:4200，可以看到如图 28-1 所示的内容。

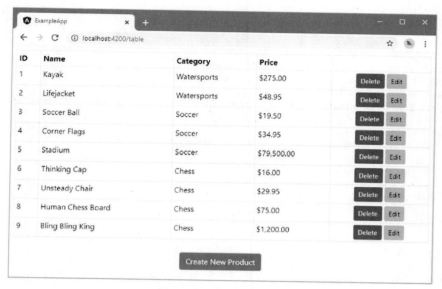

图 28-1　运行示例应用程序

28.2　开始学习 Angular 动画

与学习大多数 Angular 功能一样，学习 Angular 动画最好也从一个示例开始。通过示例我们可以掌握动画的工作原理，并且知道如何将动画纳入 Angular 的其他功能中。在后面的各节中，将创建一个基本动画，这个动画会影响产品表格中的行。一旦掌握动画基本功能的工作原理，就可以深入研究不同配置选项的细节，并深入了解其工作机理。

在开始之前，需要在应用程序中添加一个 select 元素，以帮助用户选择一个类别。选中一个类别后，该类别产品对应的表格中的行便能以一种或两种样式显示出来，如表 28-3 所示。

表 28-3　动画示例的样式

描述	样式
产品属于被选中的类别	表格中被选中的行将以绿色背景和大字体文本显示
产品不属于被选中的类别	表格中被选中的行将以红色背景和小字体文本显示

28.2.1　启用动画模块

动画功能包含在其模块中，但这些模块必须被导入应用程序的根模块中，如代码清单 28-4 所示。

代码清单 28-4　在 src/app 文件夹的 app.module.ts 文件中导入动画模块

```
import { NgModule } from "@angular/core";
import { BrowserModule } from "@angular/platform-browser";
import { ModelModule } from "./model/model.module";
import { CoreModule } from "./core/core.module";
import { TableComponent } from "./core/table.component";
```

```
import { FormComponent } from "./core/form.component";
import { MessageModule } from "./messages/message.module";
import { MessageComponent } from "./messages/message.component";
import { routing } from "./app.routing";
import { AppComponent } from "./app.component";
import { TermsGuard } from "./terms.guard"
import { LoadGuard } from "./load.guard";
import { BrowserAnimationsModule } from "@angular/platform-browser/animations";

@NgModule({
    imports: [BrowserModule, CoreModule, MessageModule, routing,
              BrowserAnimationsModule],
    declarations: [AppComponent],
    providers: [TermsGuard, LoadGuard],
    bootstrap: [AppComponent]
})
export class AppModule { }
```

28.2.2　创建动画

首先，要在 src/app/core 文件夹中创建一个名为 table.animations.ts 的文件，并添加代码清单 28-5 中的代码。

代码清单 28-5　src/app/core 文件夹中 table.animations.ts 文件的内容

```
import { trigger, style, state, transition, animate } from "@angular/animations";

export const HighlightTrigger = trigger("rowHighlight", [
    state("selected", style({
        backgroundColor: "lightgreen",
        fontSize: "20px"
    })),
    state("notselected", style({
        backgroundColor: "lightsalmon",
        fontSize: "12px"
    })),
    transition("selected => notselected", animate("200ms")),
    transition("notselected => selected", animate("400ms"))
]);
```

定义动画的语法可以很复杂，并且依赖一组定义在@angular/animations 模块中的函数。在下面的各节中，首先从顶层开始介绍，逐步讲解代码清单 28-6 中每个动画构造块的细节。

提示：如果觉得无法马上理解下面各节所介绍的构造块，不必担心，在动画领域，只有在了解了所有各个组成部分是如何共同工作的，才能理解各个构造块的含义。

---

1. 定义样式组

动画系统的核心是样式组，这是一组被应用于一个 HTML 元素的 CSS 样式属性和样式值。样式组是使用 style 函数定义的，可接收一个 JavaScript 对象字面量，从而提供属性名称和属性值之间的映射，请看以下代码。

```
...
style({
    backgroundColor: "lightgreen",
```

```
        fontSize: "20px"
    })
    ...
```

这个样式组告诉 Angular 将背景颜色设置为 lightgreen(浅绿色)，并将字体大小设置为 20 个像素。

CSS 属性命名约定

当使用 style 函数时，可使用两种方法来指定 CSS 属性。可使用 JavaScript 属性命名约定，这时可以将一个元素的背景色设置为 backgroundColor(这是一个完整的单词，没有连字符，并且第二个单词的首字母大写)。这就是代码清单 28-5 中使用的命名约定：

```
    ...
    style({
        backgroundColor: "lightgreen",
        fontSize: "20px"
    })),
    ...
```

另外，也可以使用 CSS 约定。在 CSS 约定中，可将一个元素的背景色设置为 background-color(全小写，带一个连字符)。如果使用 CSS 格式，则必须将属性名纳入一对双引号中，以防止 JavaScript 将连字符解释为算术操作符，如下所示。

```
    ...
    state("green", style({
        "background-color": "lightgreen",
        "font-size": "20px"
    })),
    ...
```

采用哪一种命名约定并不重要，重要的是要保持一致。在编写本书时，如果混合搭配使用属性命名约定，Angular 将无法正确应用样式。为了保证一致性，应该统一采纳一种命名约定，然后在整个应用程序中，针对全体样式属性应用这种命名约定。

2. 定义元素状态

Angular 需要知道何时为一个元素应用一组样式，通过定义元素状态就可以完成这项任务。元素状态提供了一个名称，通过这个名称可以引用样式集合。可以使用 state 函数来创建元素状态，这个函数接收状态名称以及与之关联的样式集合。这正是在代码清单 28-5 中定义的两个元素状态之一。

```
    ...
    state("selected", style({
        backgroundColor: "lightgreen",
        fontSize: "20px"
    })),
    ...
```

上述代码中给出了两个状态，分别称为 selected 和 notselected，分别对应表格行中描述的产品是否属于用户选中的类别。

3. 定义状态过渡

当一个 HTML 元素处于用 state 函数创建的某个状态时，Angular 将在该状态的样式组中应用 CSS 属性。transition 函数用于告知 Angular 应该如何应用新的 CSS 属性。代码清单 28-5 中给出了两种过渡：

```
...
transition("selected => notselected", animate("200ms")),
transition("notselected => selected", animate("400ms"))
...
```

传递给 transition 函数的第一个参数告知 Angular 这个指令被应用于哪些状态。这个参数是一个字符串，它指定了两个状态和一个箭头，这个箭头表示两个状态之间的关系。可以使用两种箭头，表 28-4 描述了这两种箭头。

表 28-4　动画过渡箭头类型

箭头	示例	描述
=>	selected => notselected	这个箭头指定从一个状态到另一个状态的单向过渡，例如，元素从 selected 状态过渡到 notselected 状态
<=>	selected <=> notselected	这个箭头指定从一个状态到另一个状态的双向过渡，例如，元素既可以从 selected 状态过渡到 notselected 状态，也可从 notselected 状态过渡到 selected 状态

在代码清单 28-5 中定义的过渡使用单向箭头告诉 Angular：当一个元素从 selected 状态过渡到 notselected 状态时应该如何响应，以及从 notselected 状态过渡到 selected 状态时应该如何响应。

transition 函数的第二个参数告诉 Angular，当发生状态改变时应该执行什么动作。animate 函数告诉 Angular，对于一个由两个元素状态定义的 CSS 样式集合来说，在 CSS 样式集合定义的属性之间进行过渡要逐渐进行。在代码清单 28-5 中，传递给 animate 函数的参数指定了这个逐渐过渡过程所需的时间，既可以是 200 毫秒，也可以是 400 毫秒。

动画应用指南

开发人员在应用动画时常常走得太远，导致用户经常感到充满挫折感。动画应该有节制地应用，动画应该简单、执行迅速。使用动画有利于理解应用程序，动画不是用来炫耀技术的。用户，特别是公司内部的行业用户，必须重复执行同样的任务，因此过多的耗时动画将成为使用障碍。

我曾经深受其害。在缺乏控制的情况下，应用程序的行为简直就像赌场的老虎机。后来我遵循了两条法则，才使得问题可控。第一条法则是，针对应用程序中的主要任务或主要工作流，一次要完成 20 项操作。以示例应用程序为例，这表明要创建 20 个产品，然后编辑 20 个产品。针对那些必须等待动画完成才能移动到下一个步骤的动画，或者取消这类动画，或者缩短这类动画的执行时间。

第二条法则是，在开发过程中不要禁用动画。在开发一个功能的过程中，将动画功能注释掉是很吸引人的，因为在编写代码的过程中必须执行一系列快速测试。对于任何一个妨碍使用软件的动画，用户都有可能遇到。因此将动画留在原地，但是做了一些调整，一般来说是减少动画的持续时间，直到动画不是那么招人厌烦为止。

当然，你不一定要按照我的做法来实现动画，但是一定确保动画对用户有益，而不是成为阻碍用户迅速完成工作或令人讨厌的东西。

4. 定义触发器

最后一项任务是定义动画的触发器，动画触发器封装了元素状态和状态过渡，并且指派了一个名称，可以用来在一个组件中应用动画。触发器是用 trigger 函数创建的，方法如下：

```
...
export const HighlightTrigger = trigger("rowHighlight", [...])
...
```

第一个参数是触发器的名称，在这个示例中，触发器的名称是 rowHighlight；第二个参数是状态和过渡数组，当使用触发器时，可以使用这个状态和过渡数组。

28.2.3　应用动画

一旦定义了动画，就可以在一个或多个组件中应用这个动画。为此，可以使用@Component 装饰器的 animations 属性。代码清单 28-6 将定义在代码清单 28-5 中的动画应用于表格组件，并添加了一些支持动画必不可少的额外功能。

代码清单 28-6　在 src/app/core 文件夹的 table.component.ts 文件中应用动画

```
import { Component, Inject } from "@angular/core";
import { Product } from "../model/product.model";
import { Model } from "../model/repository.model";
import { ActivatedRoute } from "@angular/router";
import { HighlightTrigger } from "./table.animations";

@Component({
    selector: "paTable",
    templateUrl: "table.component.html",
    animations: [HighlightTrigger]
})
export class TableComponent {
    category: string = null;

    constructor(private model: Model, activeRoute: ActivatedRoute) {
        activeRoute.params.subscribe(params => {
            this.category = params["category"] || null;
        })
    }

    getProduct(key: number): Product {
        return this.model.getProduct(key);
    }

    getProducts(): Product[] {
        return this.model.getProducts()
            .filter(p => this.category == null || p.category == this.category);
    }

    get categories(): string[] {
        return this.model.getProducts()
            .map(p => p.category)
            .filter((category, index, array) => array.indexOf(category) == index);
    }
```

```
deleteProduct(key: number) {
    this.model.deleteProduct(key);
}

highlightCategory: string = "";

getRowState(category: string): string {
    return this.highlightCategory == "" ? "" :
        this.highlightCategory == category ? "selected" : "notselected";
}
}
```

animations 属性被设置为一个触发器数组。可以用内联方式来定义动画，但是这样做会导致动画变得非常复杂，导致整个组件难以阅读，这就是为什么使用一个单独的文件并从这个文件中导出一个常数值，然后将此常数值赋予 animations 属性的原因。

其他修改内容是为了在用户选择的类别与指派给元素的动画状态之间提供映射。highlightCategory 属性的值可以用一个 select 元素来设置，并且用于 getRowState 方法中以告诉 Angular：根据产品类别，应该指定代码清单 28-6 中定义的是哪一个动画状态。如果产品属于被选中类别，这个方法将返回 selected；否则将返回 notselected。如果用户没有选中任何类别，就返回空字符串。

最后一步是将动画应用于组件的模板，告诉 Angular 需要以动画方式显示哪些元素，如代码清单 28-7 所示。这个代码清单中还添加了一个 select 元素，这个 select 元素可以使用 ngModel 绑定来设置组件的 highlightCategory 属性的值。

代码清单 28-7　在 src/app/core 文件夹的 table.component.html 文件中应用动画

```html
<div class="form-group bg-info text-white p-2">
    <label>Category</label>
    <select [(ngModel)]="highlightCategory" class="form-control">
        <option value="">None</option>
        <option *ngFor="let category of categories">
            {{category}}
        </option>
    </select>
</div>
<table class="table table-sm table-bordered table-striped">
    <tr>
        <th>ID</th><th>Name</th><th>Category</th><th>Price</th><th></th>
    </tr>
    <tr *ngFor="let item of getProducts()"
            [@rowHighlight]="getRowState(item.category)">
        <td>{{item.id}}</td>
        <td>{{item.name}}</td>
        <td>{{item.category}}</td>
        <td>{{item.price | currency:"USD" }}</td>
        <td class="text-center">
            <button class="btn btn-danger btn-sm mr-1"
                    (click)="deleteProduct(item.id)">
                Delete
            </button>
            <button class="btn btn-warning btn-sm"
                [routerLink]="['/form', 'edit', item.id]">
                Edit
```

```
                </button>
            </td>
        </tr>
    </table>
    <div class="p-2 text-center">
        <button class="btn btn-primary m-1" routerLink="/form/create">
            Create New Product
        </button>
    </div>
</div>
```

利用一个特殊的数据绑定，可将动画应用于模板。这个数据绑定可将一个动画触发器与一个 HTML 元素关联起来。绑定的目标可告诉 Angular 应用哪个动画触发器，而绑定的表达式可告诉 Angular 如何计算一个元素应该被赋予哪个状态。例如：

```
...
<tr *ngFor="let item of getProducts()" [@rowHighlight]="getRowState(item.category)">
...
```

绑定的目标就是动画触发器的名称，以一个 @ 字符作为前缀，表示这是一个动画绑定。这个绑定告诉 Angular：应该将 rowHighlight 触发器应用于 tr 元素。这个表达式告诉 Angular：应该调用组件的 getRowState 方法来计算元素应该被赋予哪个状态，为此需要使用 item.category 值作为参数。图 28-2 解释了动画数据绑定的内部机理，可将其作为快速参考。

图 28-2　动画数据绑定的内部机理

28.2.4　测试动画效果

在前一节中所做的修改是在产品表格的上方添加了一个 select 元素。为观察动画的效果，可重新启动 Angular 开发工具，请求 http://localhost:4200，然后从窗口顶部的产品列表中选中 Soccer，Angular 将使用触发器来计算每个元素应该应用哪一个动画状态。在产品表格中，属于 Soccer 类别的行将被指定为 selected 状态，而其他的行将被指定为 notselected 状态，这样就会产生如图 28-3 所示的效果。

新样式的应用过程是突然间完成的。为用比较平稳的动画来呈现过渡，可从产品列表中选中 Chess 类别。此时，随着 Chess 行被指定为 selected 状态，其他行被指定为 notselected 状态，我们可以看到一个逐渐发生的过渡过程。之所以如此，是因为动画触发器包含的这些状态之间的过渡告诉 Angular 应该根据 CSS 样式来呈现变化过程，如图 28-4 所示。因为没有为前面的变化设置过渡，所以 Angular 默认会马上应用新的样式。

提示：从一系列截屏中捕获动画的效果是不可能的，我竭力只展示某些中间状态。这个功能需要亲自试验才能理解。建议读者从 GitHub 下载本章的项目，并创建自己的动画。

图 28-3　选择一个产品类别

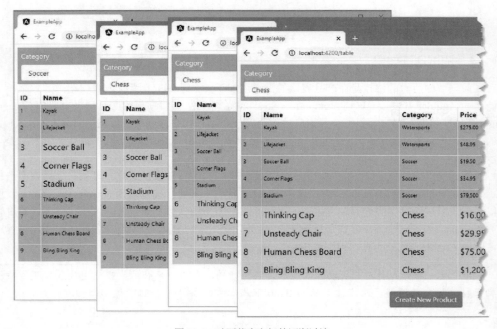

图 28-4　动画状态之间的逐渐过渡

为了理解 Angular 动画系统，需要理解用来定义动画和应用动画的不同构造块之间的关系，这些关系可以描述为：

(1) 对数据绑定表达式求值，告诉 Angular 宿主元素被赋予了哪个动画状态。

(2) 动画绑定目标告诉 Angular，哪个动画目标为元素状态定义了 CSS 样式。

(3) 状态告诉 Angular，应该为元素应用哪些 CSS 样式。

(4) 过渡告诉 Angular，对数据绑定表达式求值导致元素状态发生变化时，应该如何应用 CSS 样式。

在阅读本章剩下内容的过程中，请牢记以上四点，你会发现动画系统是很容易理解的。

28.3 理解内置的动画状态

动画状态用于定义一个动画的最终状态，可以对应用于一个元素的样式进行分组，并且为分组指定一个名称，这个名称可以被动画触发器选中。Angular 提供了两个内置的动画状态，以便管理元素的外观，如表 28-5 所示。

表 28-5 内置的动画状态

状态	描述
*	这是回退状态，当元素不处于动画触发器定义的任何一个状态时，可以应用这个状态
void	当元素不属于模板的任何一个部分时，元素处于 void 状态。比如，当一个 ngIf 指令的表达式取值为 false 时，宿主元素就处于 void 状态。这个状态用于将添加元素和删除元素的过程以动画方式展示出来，下一节将描述这个状态

可使用一个星号(*)来表示一个特殊的状态，Angular 将这个状态应用于动画触发器没有定义状态的元素。代码清单 28-8 在示例应用程序中为动画添加了回退状态。

代码清单 28-8 在 src/app/core 文件夹的 table.animations.ts 文件中使用回退状态

```
import { trigger, style, state, transition, animate } from "@angular/animations";

export const HighlightTrigger = trigger("rowHighlight", [
    state("selected", style({
        backgroundColor: "lightgreen",
        fontSize: "20px"
    })),
    state("notselected", style({
        backgroundColor: "lightsalmon",
        fontSize: "12px"
    })),
    state("*", style({
        border: "solid black 2px"
    })),
    transition("selected => notselected", animate("200ms")),
    transition("notselected => selected", animate("400ms"))
]);
```

在示例应用程序中，一旦用户利用 select 元素选中一个值，select 元素或者被赋予 selected 状态，或者被赋予 notselected 状态。回退状态定义了一个样式组，这个样式组可以应用于元素，直到元素进入其他某个状态，如图 28-5 所示。

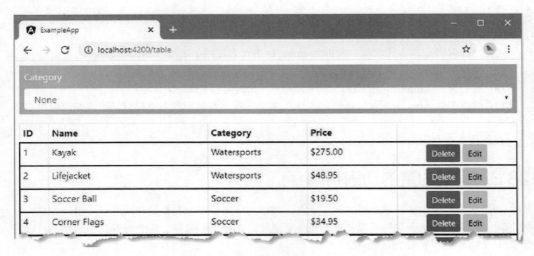

图 28-5　使用回退状态

28.4　理解元素过渡

过渡是动画系统的真正力量所在，过渡告诉 Angular 应该如何管理从一个状态到另一个状态的变化。在后面各节中，将描述不同的过渡创建方法和过渡使用方法。

28.4.1　为内置状态创建过渡

表 28-5 描述的内置状态可以用于过渡。回退状态可以表示任何状态，因此可以用来简化动画配置，参见代码清单 28-9。

代码清单 28-9　在 src/app/core 文件夹的 table.animations.ts 文件中使用回退状态

```
import { trigger, style, state, transition, animate } from "@angular/animations";

export const HighlightTrigger = trigger("rowHighlight", [
    state("selected", style({
        backgroundColor: "lightgreen",
        fontSize: "20px"
    })),
    state("notselected", style({
        backgroundColor: "lightsalmon",
        fontSize: "12px"
    })),
    state("*", style({
        border: "solid black 2px"
    })),
    transition("* => notselected", animate("200ms")),
    transition("* => selected", animate("400ms"))
]);
```

代码清单 28-9 中的过渡告诉 Angular 应该如何处理从某个状态进入 notselected 和 selected 状态的变化。

以动画形式表示元素的添加和删除过程

当把一个元素添加到模板中，或者将一个元素从模板中删除时，可以使用 void 状态来定义过渡，如代码清单 28-10 所示。

代码清单 28-10　在 src/app/core 文件夹的 table.animations.ts 文件中使用 void 状态

```
import { trigger, style, state, transition, animate } from "@angular/animations";

export const HighlightTrigger = trigger("rowHighlight", [
    state("selected", style({
        backgroundColor: "lightgreen",
        fontSize: "20px"
    })),
    state("notselected", style({
        backgroundColor: "lightsalmon",
        fontSize: "12px"
    })),
    state("void", style({
        opacity: 0
    })),
    transition("* => notselected", animate("200ms")),
    transition("* => selected", animate("400ms")),
    transition("void => *", animate("500ms"))
]);
```

这个代码清单中包含 void 状态的一个定义，这个定义将 opacity 属性设置为 zero，从而将元素设置为透明的，也就是说，看不到这个元素。另外，在这个代码清单中还使用了一个过渡，要求 Angular 将从 viod 状态到其他任何状态的过渡以动画形式显示。结果是，随着浏览器逐渐提高不透明值，表格中的行逐渐消失在视图中，如图 28-6 所示。

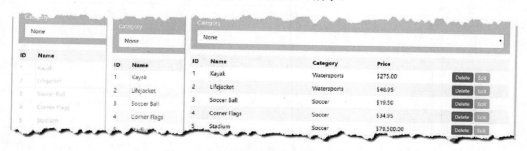

图 28-6　将添加元素的过程以动画形式显示

28.4.2　控制动画的过渡

迄今为止，本章的所有示例都使用了 animate 函数，但仅使用了最简单的功能，也就是指定两个状态之间发生过渡所需的时间，方法如下。

```
...
transition("void => *", animate("500ms"))
...
```

传递给 animate 函数的 string 参数可以用来针对动画过渡执行细粒度的控制，为此提供了一个初始延迟，并指定了如何计算样式属性的中间值。

表达动画持续时间

动画持续时间是用 CSS 时间值表达的，CSS 时间值是字符串值，里面包含一个或多个数值，后面紧跟一个表示秒的 s 或表示毫秒的 ms。例如，下面这个值指定一个 500 毫秒的延迟：

```
...
transition("void => *", animate("500ms"))
...
```

持续时间的表达方式很灵活，同一个值也可以表达为小数形式，以秒为单位。

```
...
transition("void => *", animate("0.5s"))
...
```

建议在一个项目中坚持使用同一种单位形式，以避免发生混淆，至于使用哪一种则无关紧要。

1. 指定一个定时函数

定时函数负责计算过渡过程中 CSS 属性的中间值。定时函数被定义为 Web 动画规范的组成部分，表 28-6 描述了这些内容。

表 28-6　动画定时函数

名称	描述
linear	这个函数将定时值设置为一个固定值。这是默认选项
ease-in	这个函数将定时值设置为从一个较小的值开始，然后随着时间的推移不断递增。动画效果开始比较慢，但是速度逐步加快
ease-out	这个函数将定时值设置为从一个较大的值开始，然后随着时间的推移不断递减，动画效果开始比较快，但是速度逐步减慢
ease-in-out	这个函数将定时值设置为从一个较大的值开始，然后随时间的推移不断递减，直到中间时刻，然后再次递增。动画效果是开始比较快，然后速度逐步慢下来，直到中间时刻，然后再次加快，直到动画结束
cubic-bezier	这个函数使用贝塞尔曲线创建中间值。详情参见 http://w3c.github.io/web-animations/#time-transformations

代码清单 28-11 将一个定时函数应用于示例应用程序中的一个过渡，并且是在 animate 函数的参数中设置了持续时间之后才设置该定时函数。

代码清单 28-11　在 src/app/core 文件夹的 table.animations.ts 文件中应用一个定时函数

```
import { trigger, style, state, transition, animate } from "@angular/animations";

export const HighlightTrigger = trigger("rowHighlight", [
    state("selected", style({
        backgroundColor: "lightgreen",
        fontSize: "20px"
    })),
    state("notselected", style({
        backgroundColor: "lightsalmon",
        fontSize: "12px"
```

```
    })),
    state("void", style({
        opacity: 0
    })),
    transition("* => notselected", animate("200ms")),
    transition("* => selected", animate("400ms ease-in")),
    transition("void => *", animate("500ms"))
]);
```

2. 指定一个初始延迟

可以为 animate 函数提供一个初始延迟，当同时执行多个动画过渡时，初始延迟可以用来暂停动画。延迟是以秒为单位并通过参数传递给 animate 函数的，如代码清单 28-12 所示。

代码清单 28-12 在 src/app/core 文件夹的 table.animations.ts 文件中添加一个初始延迟

```
import { trigger, style, state, transition, animate } from "@angular/animations";

export const HighlightTrigger = trigger("rowHighlight", [
    state("selected", style({
        backgroundColor: "lightgreen",
        fontSize: "20px"
    })),
    state("notselected", style({
        backgroundColor: "lightsalmon",
        fontSize: "12px"
    })),
    state("void", style({
        opacity: 0
    })),
    transition("* => notselected", animate("200ms")),
    transition("* => selected", animate("400ms 200ms ease-in")),
    transition("void => *", animate("500ms"))
]);
```

这个示例中的 200 毫秒延迟，对应于动画过渡过程中一个元素状态过渡到 notselected 状态所持续的时间。其效果是：改变选中的类别时，在 selected 元素发生改变之前，将显示返回到 notselected 状态的元素。

3. 在过渡中使用附加的样式

animate 函数可以接收一个样式组作为其第二个参数，如代码清单 28-13 所示。这些样式可在动画持续时间内逐渐应用于宿主元素。

代码清单 28-13 在 src/app/core 文件夹的 table.animations.ts 文件中定义过渡样式

```
import { trigger, style, state, transition, animate } from "@angular/animations";

export const HighlightTrigger = trigger("rowHighlight", [
    state("selected", style({
        backgroundColor: "lightgreen",
        fontSize: "20px"
    })),
    state("notselected", style({
        backgroundColor: "lightsalmon",
        fontSize: "12px"
    })),
```

```
    state("void", style({
        opacity: 0
    })),
    transition("* => notselected", animate("200ms")),
    transition("* => selected",
        animate("400ms 200ms ease-in",
            style({
                backgroundColor: "lightblue",
                fontSize: "25px"
            }))
    ),
    transition("void => *", animate("500ms"))
]);
```

上述修改的直接结果就是：当一个元素过渡到 selected 状态时，其外观将以动画方式显示，其背景色将成为 lightblue，并且其字体被设置为 25 个像素。动画结束时，selected 状态定义的样式将一次性应用，从而产生快照效果。

在动画结束时元素外观发生突然变化会显得不太协调。一种替代方法是修改 transition 函数的第二个参数，使之成为一个动画数组。这样就为显示的元素依次定义了多个动画，并且只要没有定义样式组，那么最后一个结束的动画可以使用过渡的最后一个状态的样式作为自身的样式。代码清单 28-14 使用了这个特性，为过渡添加了两个附加动画，后一个动画将应用 selected 状态定义的样式。

代码清单 28-14　在 src/app/core 文件夹的 table.animations.ts 文件中使用多个动画

```
import { trigger, style, state, transition, animate } from "@angular/animations";

export const HighlightTrigger = trigger("rowHighlight", [
    state("selected", style({
        backgroundColor: "lightgreen",
        fontSize: "20px"
    })),
    state("notselected", style({
        backgroundColor: "lightsalmon",
        fontSize: "12px"
    })),
    state("void", style({
        opacity: 0
    })),
    transition("* => notselected", animate("200ms")),
    transition("* => selected",
        [animate("400ms 200ms ease-in",
            style({
                backgroundColor: "lightblue",
                fontSize: "25px"
            })),
        animate("250ms", style({
            backgroundColor: "lightcoral",
            fontSize: "30px"
        })),
        animate("200ms")]
    ),
    transition("void => *", animate("500ms"))
]);
```

这个过渡中包含三个动画，最后一个动画将应用由 selected 状态定义的样式，表 28-7 描述了动画序列。

表 28-7 在进入 selected 状态的过程中，过渡所经历的动画序列

持续时间	样式属性和值
400 毫秒	backgroundColor: lightblue; fontSize: 25px
250 毫秒	backgroundColor: lightcoral; fontSize: 30px
200 毫秒	backgroundColor: lightgreen; fontSize: 20px

使用 select 元素挑选一个类别，就可以看到动画序列。图 28-7 显示了来自每一个动画的一帧。

图 28-7 在一个过渡中使用多个动画

4. 执行并行动画

Angular 能够同时执行多个动画，这表明可以在不同的时间段使用不同的 CSS 属性，并行动画被传递给 group 函数执行，如代码清单 28-15 所示。

代码清单 28-15 在 src/app/core 文件夹的 table.animations.ts 文件中执行并行动画

```
import { trigger, style, state, transition, animate, group }
    from "@angular/animations";

export const HighlightTrigger = trigger("rowHighlight", [
    state("selected", style({
        backgroundColor: "lightgreen",
        fontSize: "20px"
    })),
    state("notselected", style({
        backgroundColor: "lightsalmon",
        fontSize: "12px"
    })),
    state("void", style({
        opacity: 0
    })),
    transition("* => notselected", animate("200ms")),
    transition("* => selected",
        [animate("400ms 200ms ease-in",
```

```
            style({
                backgroundColor: "lightblue",
                fontSize: "25px"
            })),
            group([
                animate("250ms", style({
                    backgroundColor: "lightcoral",
                })),
                animate("450ms", style({
                    fontSize: "30px"
                })),
            ]),
            animate("200ms")]
        ),
        transition("void => *", animate("500ms"))
]);
```

代码清单 28-15 使用一对并行动画替换了序列中的某个动画,使用 backgroundColor 和 fontSize 属性的动画是在同一时刻启动的,但是持续时间不同。分组中的两个动画都结束后,Angular 会继续执行最后一个动画,并应用其状态中定义的样式。

28.5　理解动画样式组

Angular 动画的输出就是一个元素进入一个新的状态,并使用相关样式组的属性及属性值,将其显示出来。本节解释如何以不同方式使用样式组。

提示:不是所有 CSS 属性都可以用动画表示。即使是能够以动画方式表示的那些 CSS 属性,也许某些属性可以很好地由浏览器处理,但是某些属性就不能得到很好的处理。总之,只有那些很容易加入属性值的属性,才能获得最佳的动画结果。浏览器可以使用这些属性很方便地在元素状态之间进行平滑过渡。也就是说:那些属性值为颜色或数值的属性,比如背景、文本和字体的颜色、透明度、大小、边界等,一般会产生比较好的动画效果。关于可以用于动画系统的完整属性列表,请参考 https://www.w3.org/TR/css3-transitions/#animatableproperties 页面上的内容。

28.5.1　在可重用的分组中定义公共样式

随着在应用程序中创建和应用的动画越来越复杂,你会发现需要在多个位置应用一些公共的 CSS 属性值。style 函数可以接收一个对象数组,所有对象都可以通过组合,在样式组中创建一个总的样式集合。这表明:通过定义包含了公共样式的对象,并在多个样式组中使用这些对象,就可以减少重复性工作。代码清单 28-16 列举了一个示例。为了保证示例简单,还删除了在前一节中定义的样式序列。

代码清单 28-16　在 src/app/core 文件夹的 table.animations.ts 文件中定义公共样式

```
import { trigger, style, state, transition, animate, group } from "@angular/animations";

const commonStyles = {
    border: "black solid 4px",
    color: "white"
};

export const HighlightTrigger = trigger("rowHighlight", [
    state("selected", style([commonStyles, {
        backgroundColor: "lightgreen",
        fontSize: "20px"
    }])),
    state("notselected", style([commonStyles, {
        backgroundColor: "lightsalmon",
        fontSize: "12px",
        color: "black"
    }])),
    state("void", style({
        opacity: 0
    })),
    transition("* => notselected", animate("200ms")),
    transition("* => selected", animate("400ms 200ms ease-in")),
    transition("void => *", animate("500ms"))
]);
```

commonStyles 对象为 border 和 color 属性定义了属性值，并且在一个数组中将这些属性值传递给 style 函数，还传递了 regular 样式对象。Angular 依次处理样式对象，表明通过在一个新生成的对象中重新定义样式，可以重新定义一个样式值。作为示例，notselected 状态的第二个样式对象使用一个自定义值为 color 属性重新定义了常用值。结果是，两个动画状态的两个样式都为 border 属性赋予了公共值，而 selected 状态的样式也使用了 color 属性的公共值，如图 28-8 所示。

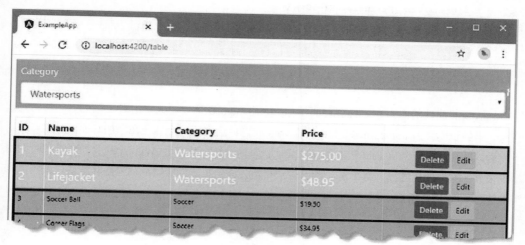

图 28-8　定义公共属性

28.5.2 使用元素变形

迄今为止，本章给出的所有示例使用的动画属性影响的都是元素外观的一个方面，如背景色、字体大小或透明度。但动画也可用来显示 CSS 元素的变形效果，如移动、缩放、旋转或弯曲。为此，可以通过在样式组中定义一个 transform 属性来应用这些效果，如代码清单 28-17 所示。

代码清单 28-17　在 src/app/core 文件夹的 table.animations.ts 文件中使用元素变形

```
import { trigger, style, state, transition, animate, group }
    from "@angular/animations";

const commonStyles = {
    border: "black solid 4px",
    color: "white"
};

export const HighlightTrigger = trigger("rowHighlight", [
    state("selected", style([commonStyles, {
        backgroundColor: "lightgreen",
        fontSize: "20px"
    }])),
    state("notselected", style([commonStyles, {
        backgroundColor: "lightsalmon",
        fontSize: "12px",
        color: "black"
    }])),
    state("void", style({
        transform: "translateX(-50%)"
    })),
    transition("* => notselected", animate("200ms")),
    transition("* => selected", animate("400ms 200ms ease-in")),
    transition("void => *", animate("500ms"))
]);
```

transform 属性的值为 translateX(50%)，这表示 Angular 需要将元素沿着 x 轴的方向移动元素自身一半的长度。为 transform 属性应用了 void 状态，这表明这个属性在添加到模板时就可以用于元素。动画包含一个从 void 状态到任何其他状态的过渡，并告诉 Angular 花费 500 毫秒时间用动画来显示这个变化过程。结果是，新元素一开始会移到左方，然后滑动返回其默认位置，耗时半秒钟，如图 28-9 所示。

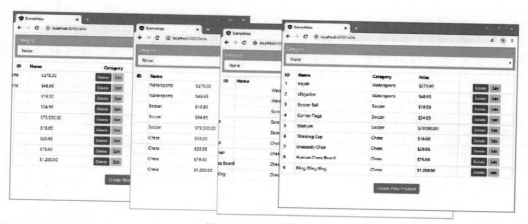

图 28-9 将一个元素变形

表 28-8 描述了可以应用于元素的变形。

提示：在一个单独的 transform 属性中可以应用多次变形，为此，可将多个变形用空格分隔，形式如下：transform: "scale(1.1, 1.1) rotate(10deg)"。

表 28-8 CSS 变形函数

函数	描述
translateX(offset)	这个函数可以沿着 x 轴移动元素。移动距离可以指定为一个百分比，也可指定为一个长度(以像素或其他 CSS 长度单元为单位)。取值为正时，将元素向右移动；取值为负时，将元素向左移动
translateY(offset)	这个函数沿着 y 轴移动元素
translate(xOffset, yOffset)	这个函数同时沿着 x 轴和 y 轴移动元素
scaleX(amount)	这个函数沿着 x 轴对元素进行缩放。缩放大小是元素正常尺寸的一个比例，如 0.5，表示将元素缩小到原始宽度的 50%；若比例为 2.0，则将宽度加倍
scaleY(amount)	这个函数沿着 y 轴对元素进行缩放
scale(xAmount, yAmount)	这个函数同时沿着 x 轴和 y 轴缩放元素
rotate(angle)	这个函数沿顺时针方向旋转元素。旋转量表示为一个角度，如 90° 或 3.14 弧度
skewX(angle)	这个函数可以沿着 x 轴以一定角度弯曲元素，表达方式与 rotate 函数相同
skewY(angle)	这个函数可以沿着 y 轴以一定角度弯曲元素，表达方式与 rotate 函数相同
skew(xAngle, yAngle)	这个函数同时沿着 x 轴和 y 轴弯曲元素

28.5.3 应用 CSS 框架样式

如果正在使用一个 CSS 框架，如 Bootstrap，那么可能希望将类应用于元素，而不是定义属性组。Angular 并没有提供针对直接使用 CSS 类的内置支持，但是文档对象模型(Document Object

Model，DOM)和 CSS 对象模型(CSS Object Model，CSSOM)都提供 API 访问来检查已经加载的 CSS 样式表，可以观察 CSS 样式表是否已经应用于 HTML 元素。为获得由类定义的样式集合，在 src/app/core 文件夹中创建一个名为 animationUtils.ts 的文件，并添加代码清单 28-18 所示的代码。

警告：在一个使用了大量复杂样式表的应用程序中，这项技术可能需要执行进一步处理，因此可能需要调整代码以应对不同的浏览器和 CSS 框架。

代码清单 28-18　src/app/core 文件夹中 animationUtils.ts 文件的内容

```
export function getStylesFromClasses(names: string | string[],
        elementType: string = "div") : { [key: string]: string | number } {

    let elem = document.createElement(elementType);
    (typeof names == "string" ? [names] : names).forEach(c => elem.classList.add(c));

    let result = {};

    for (let i = 0; i < document.styleSheets.length; i++) {
        let sheet = document.styleSheets[i] as CSSStyleSheet;
        let rules = sheet.rules || sheet.cssRules;
        for (let j = 0; j < rules.length; j++) {
            if (rules[j].type == CSSRule.STYLE_RULE) {
                let styleRule = rules[j] as CSSStyleRule;
                if (elem.matches(styleRule.selectorText)) {
                    for (let k = 0; k < styleRule.style.length; k++) {
                        result[styleRule.style[k]] =
                            styleRule.style[styleRule.style[k]];
                    }
                }
            }
        }
    }
    return result;
}
```

getStylesFromClass 方法可接收一个单独的类名，也可接收一个类名数组和应用这些类的元素类型，默认接收的是 div 元素。创建一个元素并将此元素指派给类，然后检查定义在 CSS 样式表中的哪些 CSS 规则可以应用于这个元素。每个匹配的样式的属性都被添加到一个对象中，这个对象可用来创建 Angular 动画样式组，如代码清单 28-19 所示。

代码清单 28-19　在 src/app/core 文件夹的 table.animations.ts 文件中使用 Bootstrap 类

```
import { trigger, style, state, transition, animate, group }
    from "@angular/animations";
import { getStylesFromClasses } from "./animationUtils";

export const HighlightTrigger = trigger("rowHighlight", [
    state("selected", style(getStylesFromClasses(["bg-success", "h2"]))),
    state("notselected", style(getStylesFromClasses("bg-info"))),
    state("void", style({
        transform: "translateX(-50%)"
    })),
    transition("* => notselected", animate("200ms")),
```

```
transition("* => selected", animate("400ms 200ms ease-in")),
transition("void => *", animate("500ms"))
]);
```

selected 状态使用了 Bootstrap 的 bg-success 和 h2 类中定义的样式，notselected 状态使用了 Bootstrap 的 bg-info 类中定义的样式表，最后产生如图 28-10 所示的效果。

图 28-10　在 Angular 动画中使用 CSS 框架样式

28.6　本章小结

本章描述了 Angular 动画系统，解释了如何使用数据绑定，从而以动画方式表达应用程序状态的变化。下一章将介绍 Angular 提供的单元测试功能。

第 29 章

Angular 单元测试

本章将描述 Angular 针对组件和指令进行单元测试所提供的工具。某些 Angular 构造块，比如管道和服务，可以很方便地使用本章开头介绍的简单测试工具，在隔离的环境中完成测试。组件(指令也同样如此，只是程度稍轻)则需要与它们的宿主元素和模板内容发生复杂的交互，并且需要特殊的功能支持。表 29-1 介绍了 Angular 单元测试的相关知识。

表 29-1　Angular 单元测试的相关知识

问题	答案
Angular 单元测试是什么	针对测试，Angular 组件和指令需要特殊的支持，这样才能将 Angular 组件和指令与应用程序基础设施的其他部分的交互隔离开来
Angular 单元测试有什么作用	隔离的单元测试可以评估组件类或指令类所提供的基本逻辑，但是不能捕获它们与宿主元素、服务、模板以及其他重要 Angular 功能之间的交互
如何使用 Angular 单元测试	Angular 提供了一个测试床，可以模拟真实的应用程序环境，并利用这个环境执行单元测试
Angular 单元测试是否存在陷阱或限制	与大多数 Angular 功能一样，单元测试工具相当复杂。如果希望能比较容易地编写和运行 Angular 单元测试代码，就要付出一些时间和努力，才能掌握相关内容，从而确保为完成测试任务而正确隔离被测试的程序部分
Angular 单元测试是否存在替代方案	必须指出的是，对项目进行单元测试并不是必需的。但如果打算进行单元测试，就需要使用本章描述的 Angular 功能

决定是否需要单元测试

单元测试是一个有争议的话题。本章假定读者需要进行单元测试，并说明了如何安装工具，以及如何使用这些工具对 Angular 组件和指令进行测试。本章并不打算介绍单元测试，也不打算对充满疑虑的读者解释单元测试值得一做。如果需要了解单元测试，那么可以参见网页 https://en.wikipedia.org/wiki/Unit_testing 上给出的一篇好文章。

我喜欢单元测试，并在自己的项目中使用单元测试。不过，我并没有对所有项目都执行单元测试，而且单元测试也不像一般人想象的那样必须一致地测试全部功能和函数。我倾向于针对那些难以编写并且容易在部署中产生 bug 的功能和函数编写单元测试。这些情况下，单元测试有利

(续)

于将如何更好地实现功能的思路进一步结构化。我发现仅思考需要测试哪些内容就有助于认识潜在的问题，而且在开始处理实际 bug 和缺陷之前就可以完成这些工作。

也就是说，单元测试是一种工具，而非一种信念，而且只有自己才知道测试到什么程度。如果发现单元测试没有什么用处，或者拥有更合适的其他方法，那么不要因为时髦而一定要进行单元测试。然而，如果并没有更好的方法来检查程序中存在的问题，并且根本不打算测试，那么可能需要让用户来帮助你发现 bug，这是非常不可取的做法。

表 29-2 给出了本章内容摘要。

表 29-2　本章内容摘要

问题	解决方案	代码清单编号
对一个组件执行基本的单元测试	初始化一个测试模块并创建一个组件实例。如果组件有一个外部模板，那么必须执行额外的编译步骤	1~9、11~13
测试一个组件的数据绑定	使用 DebugElement 类来查询组件的模板	10
测试一个组件对事件的响应	使用 debug 元素触发事件	14~16
测试一个组件的输出属性	订阅组件创建的 EventEmitter	17 和 18
测试一个组件的输入属性	创建一个测试组件，为这个组件的模板应用被测组件	19 和 20
执行一个依赖异步操作的测试	使用 whenStable 方法来延迟测试，直到操作产生的结果得到处理	21 和 22
测试一个指令	创建一个测试组件，为这个组件的模板应用被测指令	23 和 24

29.1　准备示例项目

本章继续使用先前章节中给出的 exampleApp 项目。为关注单元测试，需要设置一个简单目标，因此代码清单 29-1 修改了路由配置。这样，在默认情况下就加载了 ondemand 功能。

代码清单 29-1　在 src/app 文件夹的 app.routing.ts 文件中修改路由配置

```
import { Routes, RouterModule } from "@angular/router";
import { TableComponent } from "./core/table.component";
import { FormComponent } from "./core/form.component";
import { NotFoundComponent } from "./core/notFound.component";
import { ProductCountComponent } from "./core/productCount.component";
import { CategoryCountComponent } from "./core/categoryCount.component";
import { ModelResolver } from "./model/model.resolver";
import { TermsGuard } from "./terms.guard";
import { UnsavedGuard } from "./core/unsaved.guard";
import { LoadGuard } from "./load.guard";

const routes: Routes = [
    {
        path: "ondemand",
        loadChildren: () => import("./ondemand/ondemand.module")
                            .then(m => m.OndemandModule)
    },
```

```
    { path: "", redirectTo: "/ondemand", pathMatch: "full" }
]
```

```
export const routing = RouterModule.forRoot(routes);
```

这个模块包含一些简单组件，后面将使用这些组件演示不同的单元测试功能。为了保证应用程序展示的内容简单，代码清单 29-2 整理了功能模块中顶层组件显示的模板。

代码清单 29-2　在 src/app/ondemand 文件夹中简化 ondemand.component.html 文件

```html
<div class="container-fluid">
    <div class="row">
        <div class="col-12 p-2">
            <router-outlet></router-outlet>
        </div>
    </div>
    <div class="row">
        <div class="col-6 p-2">
            <router-outlet name="left"></router-outlet>
        </div>
        <div class="col-6 p-2">
            <router-outlet name="right"></router-outlet>
        </div>
    </div>
</div>

<button class="btn btn-secondary m-2" routerLink="/ondemand">Normal</button>
<button class="btn btn-secondary m-2" routerLink="/ondemand/swap">Swap</button>
```

打开一个新命令提示符，导航到 exampleApp 文件夹并运行以下命令，启动提供 RESTful Web 服务的服务器。

```
npm run json
```

本章中没有直接使用 RESTful Web 服务，但运行它可以防止出现一些错误。打开一个单独的命令提示符，导航到 exampleApp 文件夹，运行以下命令，启动 Angular 开发工具。

```
ng serve
```

此时将打开一个新的浏览器窗口，导航到 http://localhost:4200，可以看到如图 29-1 所示的内容。

图 29-1　运行示例应用程序

653

29.2　创建一个简单的单元测试

使用 ng new 命令新建项目时，会基于 Jasmine 测试框架来安装单元测试所需的所有包和工具。为创建一个简单的单元测试来确认应用程序能够正确工作，创建了 src/app/tests 文件夹，并在该文件夹中添加了一个 app.component.spec.ts 文件，其内容如代码清单 29-3 所示。单元测试采用的命名约定清晰表明了测试用于哪些文件。

代码清单 29-3　替换 src/app/tests 文件夹中 app.component.spec.ts 文件的内容

```
describe("Jasmine Test Environment", () => {
    it("is working", () => expect(true).toBe(true));
});
```

稍后将解释 Jasmine API 的基本用法，在此可以忽略该语法。使用一个新命令提示符，导航到 exampleApp 文件夹并运行以下命令。

```
ng test
```

这条命令启动了 Karma 测试运行器，打开了一个新的标签页，如图 29-2 所示。

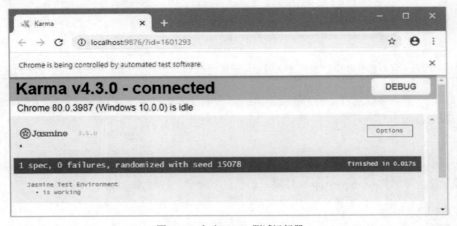

图 29-2　启动 Karma 测试运行器

浏览器窗口用于运行测试，但重要的信息被写入用于启动测试工具的命令提示符，可以看到如下的一条消息。

```
Chrome 80.0.3987 (Windows 10.0.0): Executed 1 of 1 SUCCESS (0.118 secs / 0.005 secs)
```

这条消息表明，测试运行器已经找到项目中的一个单元测试，并成功执行了这个单元测试。无论何时，只要所做的修改更新了项目中的 JavaScript 文件，单元测试都会找到修改内容并执行测试，并将产生的问题写入命令提示符窗口。为了说明错误是什么样的内容，代码清单 29-4 修改了单元测试，因此单元测试将失败。

代码清单 29-4　在 src/app/tests 文件夹的 app.component.spec.ts 文件中使单元测试失败

```
describe("Jasmine Test Environment", () => {
    it("is working", () => expect(true).toBe(false));
});
```

单元测试将失败并生成以下输出，该输出表明测试已失败并给出了错误发生的原因。

```
Chrome 80.0.3987 (Windows 10.0.0) Jasmine Test Environment is working FAILED
        Error: Expected true to be false.
...
Chrome 80.0.3987 (Windows 10.0.0): Executed 1 of 1 (1 FAILED) ERROR
(0.125 secs / 0.118 secs)
```

29.3   使用 Jasmine 完成单元测试

Jasmine 提供的 API 将 JavaScript 方法和定义单元测试连接在一起。网址 http://jasmine. github.io 上提供了完整的 Jasmine 文档，但是表 29-3 描述了对 Angular 单元测试最有用的一些 Jasmine 方法。

表 29-3   一些有用的 Jasmine 方法

名称	描述
describe(description, function)	这个方法用于将相关的一组测试组合在一起
beforeEach(function)	这个方法用于指定一个任务，每次单元测试执行之前，都要执行这个任务
afterEach(function)	这个方法用于指定一个测试，每次单元测试执行之后，都要执行这个测试
it(description, function)	这个方法用于执行测试活动
expect(value)	这个方法用于标识测试结果
toBe(value)	这个方法指定预期的测试值

你可以看到，如何使用表 29-3 中的方法来创建代码清单 29-4 中的单元测试。

```
...
describe("Jasmine Test Environment", () => {
    it("is working", () => expect(true).toBe(false));
});
...
```

通过使用 expect 和 toBe 方法来检查 true 和 false 是否等价，你还可以看到为什么单元测试会失败。因为 true 和 false 不可能相等，所以单元测试失败了。

toBe 方法并不是评价单元测试结果的唯一方法。表 29-4 给出了 Angular 提供的其他评价方法。

表 29-4   一些有用的 Jasmine 评价方法

名称	描述
toBe(value)	这个方法断言某个结果与指定值相同(但未必是同一个对象)
toEqual(object)	这个方法断言某个结果与指定值是同一个对象
toMatch(regexp)	这个方法断言某个结果与指定的正则表达式匹配
toBeDefined()	这个方法断言结果已经被定义
toBeUndefined()	这个方法断言结果没有被定义
toBeNull()	这个方法断言结果为 null
toBeTruthy()	这个方法断言结果为真，正如第 12 章所描述的那样
toBeFalsy()	这个方法断言结果为假，正如第 12 章所描述的那样

(续表)

名称	描述
toContain(substring)	这个方法断言结果包含指定的子字符串
toBeLessThan(value)	这个方法断言结果小于指定的值
toBeGreaterThan(value)	这个方法断言结果大于指定的值

代码清单 29-5 替换了前一节中失败的单元测试，说明了如何将这些评价方法用于测试。

代码清单 29-5　替换 src/app/tests 文件夹的 app.component.spec.ts 文件中的单元测试

```
describe("Jasmine Test Environment", () => {
    it("test numeric value", () => expect(12).toBeGreaterThan(10));
    it("test string value", () => expect("London").toMatch("^Lon"));
});
```

将修改保存到文件后，即可以执行测试，测试结果将显示在命令提示符窗口中。

29.4　测试 Angular 组件

Angular 应用程序的构造块是无法在隔离条件下进行测试的，这是因为构造块依赖 Angular 和项目中其他部分提供的底层功能，包括服务、指令、模板以及这个构造块包含的模块。因此，测试一个构造块，比如组件，就意味着需要使用 Angular 提供的测试工具来重新创建足够的应用程序组成部分，从而使组件能够工作正常，据此测试才能顺利执行。本节将一步步讲解对 OnDemand 功能模块中的 FirstComponent 类进行单元测试的过程，这个类是在第 27 章添加到项目中的。下面给出了这个组件的定义：

```
import { Component } from "@angular/core";

@Component({
    selector: "first",
    template: `<div class="bg-primary text-white p-2">First Component</div>`
})
export class FirstComponent { }
```

虽然这个组件极其简单，自身并没有什么值得测试的功能，但是这个组件足以解释如何应用测试过程。

29.4.1　使用 TestBed 类完成工作

Angular 单元测试的核心是一个名为 TestBed 的类，该类负责模拟 Angular 应用程序环境，这样才能执行测试。表 29-5 描述了 TestBed 类提供的一些最有用的方法，正如第 6 章描述的那样，这些方法都是静态方法。

表 29-5　一些有用的 TestBed 方法

名称	描述
configureTestingModule	这个方法用于配置 Angular 测试模块
createComponent	这个方法用于创建一个组件实例
compileComponents	这个方法用于编译组件，29.4.3 节 "测试带有外部模板的组件" 将描述这个方法

configureTestingModule 方法可以配置用于测试的 Angular 模块，这个方法使用的属性与装饰器@NgModel 支持的属性是相同的。与在真实的应用程序中一样，组件不能用于单元测试，除非这个组件被添加到模块的 declarations 属性中。因此，在大多数单元测试中，第一步是配置测试模块。为说明这一点，在 src/app/tests 文件夹中添加了一个名为 first.component.spec.ts 的文件，如代码清单 29-6 所示。

代码清单 29-6　src/app/tests 文件夹中 first.component.spec.ts 文件的内容

```
import { TestBed } from "@angular/core/testing";
import { FirstComponent } from "../ondemand/first.component";

describe("FirstComponent", () => {

    beforeEach(() => {
        TestBed.configureTestingModule({
            declarations: [FirstComponent]
        });
    });
});
```

TestBed 类定义在@angular/core/testing 模块中，configureTestingModule 方法可以接收一个对象，这个对象的 declarations 属性告诉测试模块，后面将使用 FirstComponent 类。

提示：注意 TestBed 类是在 beforeEach 函数中使用的。如果打算在这个函数的外部使用 TestBed 类，将会看到一条关于使用 Promise 的错误信息。

下一步是创建组件的一个新实例，这样才能在测试中使用该组件实例。这项任务是使用 createComponent 方法完成的，如代码清单 29-7 所示。

代码清单 29-7　在 src/app/tests 文件夹的 first.component.spec.ts 文件中创建一个组件实例

```
import { TestBed, ComponentFixture} from "@angular/core/testing";
import { FirstComponent } from "../ondemand/first.component";

describe("FirstComponent", () => {

    let fixture: ComponentFixture<FirstComponent>;
    let component: FirstComponent;

    beforeEach(() => {
        TestBed.configureTestingModule({
            declarations: [FirstComponent]
        });
        fixture = TestBed.createComponent(FirstComponent);
        component = fixture.componentInstance;
    });

    it("is defined", () => {
        expect(component).toBeDefined()
    });
});
```

createComponent 方法的参数可以告知测试床(test bed)应该实例化哪一种组件类型。在这个示例中，这个组件类型是 FirstComponent。结果是创建了一个 ComponentFixture ＜FirstComponent＞对象，这个对象为测试组件提供了功能支持，它可以使用表 29-6 中列出的方法和属性。

表 29-6　一些有用的 ComponentFixture 方法和属性

名称	描述
componentInstance	这个属性返回组件对象
debugElement	这个属性为组件返回测试宿主元素
nativeElement	这个属性返回的 DOM 对象代表组件的宿主元素
detectChanges()	执行这个方法会导致测试床开始检测状态变化，并在组件模板内部反映此变化
whenStable()	这个方法返回一个 Promise，当操作的执行结果完全生效后，将解析这个 Promise。详情请参考 29.4.7 节"测试异步操作"中的内容

在代码清单29-7中，使用componentInstance属性来获取测试床所创建的FirstComponent类型的对象(即component)，并执行一个简单测试来确保这个对象已经正确创建，这个简单测试使用expect方法选择这个component对象作为测试目标，用toBeDefined方法执行测试。后续章节将演示如何使用其他方法和属性。

为依赖配置测试床

Angular 应用程序最重要的功能之一是依赖注入。通过使用构造函数参数来声明对组件和其他构造块的依赖，依赖注入功能可以帮助组件和其他构造块接收服务。代码清单 29-8 为 FirstComponent 类添加了对数据模型存储库服务的依赖。

代码清单 29-8　在 src/app/ondemand 文件夹的 first.component.ts 文件中添加一个服务
　　　　　　　依赖

```
import { Component } from "@angular/core";
import { Product } from "../model/product.model";
import { Model } from "../model/repository.model";

@Component({
    selector: "first",
    template: `<div class="bg-primary p-a-1">
                There are
                    <span class="strong"> {{getProducts().length}} </span>
                products
               </div>`
})
export class FirstComponent {

    constructor(private repository: Model) {}

    category: string = "Soccer";

    getProducts(): Product[] {
        return this.repository.getProducts()
            .filter(p => p.category == this.category);
    }
}
```

通过使用数据模型存储库,组件提供了一个过滤后的 Product 对象集合,这个过滤后的 Product

对象集合是通过一个名为 getProducts 的方法为外界提供访问的，并且过滤是基于 category 属性完成的。内联的模板有一个相应的数据绑定，显示了 getProducts 方法返回的产品数量。

能够对组件进行单元测试，就表明为组件提供了一个存储库服务。只要通过测试模块配置了依赖，Angular 测试床就可以解析依赖。有效的单元测试一般会要求组件与应用程序的其余部分相互隔离，这意味着在单元测试中，mock 对象或伪对象可以充当实际服务的替代物。伪对象也称为测试替代(test doubles)。代码清单 29-9 配置了测试床，这样就可以使用一个伪存储库为组件提供服务。

代码清单 29-9　在 src/app/tests 文件夹的 first.component.spec.ts 文件中提供一个服务

```
import { TestBed, ComponentFixture} from "@angular/core/testing";
import { FirstComponent } from "../ondemand/first.component";
import { Product } from "..//model/product.model";
import { Model } from "../model/repository.model";

describe("FirstComponent", () => {

    let fixture: ComponentFixture<FirstComponent>;
    let component: FirstComponent;

    let mockRepository = {
        getProducts: function () {
            return [
                new Product(1, "test1", "Soccer", 100),
                new Product(2, "test2", "Chess", 100),
                new Product(3, "test3", "Soccer", 100),
            ]
        }
    }

    beforeEach(() => {
        TestBed.configureTestingModule({
            declarations: [FirstComponent],
            providers: [
                { provide: Model, useValue: mockRepository }
            ]
        });
        fixture = TestBed.createComponent(FirstComponent);
        component = fixture.componentInstance;
    });

    it("filters categories", () => {
        component.category = "Chess"
        expect(component.getProducts().length).toBe(1);
        component.category = "Soccer";
        expect(component.getProducts().length).toBe(2);
        component.category = "Running";
        expect(component.getProducts().length).toBe(0);
    });
});
```

为 mockRepository 变量赋予一个对象，这个对象提供了一个 getProducts 方法，可以返回固定数据，固定数据可用于已知输出的测试。为向组件提供服务，传递给 TestBed.configureTestingModule 方法的对象的 providers 属性是按照一个真实的 Angular 模块的配置方式进行配置的，使用值提供程序,用 mockRepository 变量来解析针对 Model 类的依赖。该测试调用了组件的 getProducts 方法,并且将期望的输出与测试结果进行了比较,并改变 category 属性的值来检查不同的过滤器功能。

29.4.2　测试数据绑定

前面的示例说明了如何在一个单元测试中使用组件的属性和方法。这是一个很好的起点,但是很多组件在其模板的数据绑定表达式中包含较短小的功能片段,这些内容同样也需要进行测试。代码清单 29-10 检查组件模板中的数据绑定能否正确显示 mock 数据模型中的产品数量。

代码清单 29-10　在 src/app/tests 文件夹的 first.component.spec.ts 文件中对一个数据绑定执行单元测试

```
import { TestBed, ComponentFixture} from "@angular/core/testing";
import { FirstComponent } from "../ondemand/first.component";
import { Product } from "../model/product.model";
import { Model } from "../model/repository.model";
import { DebugElement } from "@angular/core";
import { By } from "@angular/platform-browser";

describe("FirstComponent", () => {

    let fixture: ComponentFixture<FirstComponent>;
    let component: FirstComponent;
    let debugElement: DebugElement;
    let bindingElement: HTMLSpanElement;

    let mockRepository = {
        getProducts: function () {
            return [
                new Product(1, "test1", "Soccer", 100),
                new Product(2, "test2", "Chess", 100),
                new Product(3, "test3", "Soccer", 100),
            ]
        }
    }

    beforeEach(() => {
        TestBed.configureTestingModule({
            declarations: [FirstComponent],
            providers: [
                { provide: Model, useValue: mockRepository }
            ]
        });
        fixture = TestBed.createComponent(FirstComponent);
        component = fixture.componentInstance;
        debugElement = fixture.debugElement;
        bindingElement = debugElement.query(By.css("span")).nativeElement;
    });

    it("filters categories", () => {
        component.category = "Chess"
        fixture.detectChanges();
        expect(component.getProducts().length).toBe(1);
        expect(bindingElement.textContent).toContain("1");
```

```
        component.category = "Soccer";
        fixture.detectChanges();
        expect(component.getProducts().length).toBe(2);
        expect(bindingElement.textContent).toContain("2");

        component.category = "Running";
        fixture.detectChanges();
        expect(component.getProducts().length).toBe(0);
        expect(bindingElement.textContent).toContain("0");
    });
});
```

ComponentFixture.debugElement 属性返回一个 DebugElement 对象，这个 DebugElement 对象表示来自组件模板的根元素。表 29-7 列出了 DebugElement 类中最有用的一些方法和属性。

表 29-7 一些有用的 DebugElement 属性和方法

名称	描述
nativeElement	这个属性返回代表 DOM 中 HTML 元素的对象
children	这个属性返回一个由 DebugElement 对象构成的数组，表示这个元素的子元素
query(selectorFunction)	这个方法针对组件模板中的每一个 HTML 元素，向 selectorFunction 传递一个 DebugElement 对象。如果 selectorFunction 的返回值为 true，这个方法将返回第一个 DebugElement 对象
queryAll(selectorFunction)	这个方法与 query 方法类似，不同之处在于：当 selectorFunction 函数返回 true 时，这个方法返回所有 DebugElement 对象
triggerEventHandler(name, event)	这个方法触发一个事件。详情请查看 29.4.4 节"测试组件事件"中的内容

元素定位是通过 query 和 queryAll 方法完成的。这两个方法接收查找 DebugElement 元素的函数，如果结果中包含查找的元素，函数将返回 true，此时这两个方法将返回找到的元素。定义在 @angular/platform-browser 模块中的 By 类有助于在组件的模板中找到元素，这是通过表 29-8 中描述的静态方法来完成的。

表 29-8 By 方法

名称	描述
By.all()	这个方法返回一个能够匹配任意元素的函数
By.css(selector)	这个方法返回一个函数，这个函数使用一个 CSS 选择器来匹配元素
By.directive(type)	这个方法返回一个函数，这个函数匹配指定的指令类所应用的元素，详情请参见 29.4.6 节"测试输入属性"中的内容

在代码清单 29-10 中，使用 By.css 方法来查找模板中的第一个 span 元素，并通过 nativeElement 属性来访问代表这个 span 元素的 DOM 对象，这样就可以在单元测试中检查 textContent 属性的值。

注意组件的 category 属性每次发生改变时，都要调用 ComponentFixture 对象的 detectChanges 方法，过程如下。

```
...
component.category = "Soccer";
fixture.detectChanges();
expect(component.getProducts().length).toBe(2);
```

```
expect(bindingElement.textContent).toContain("2");
...
```

这个方法告知 Angular 测试环境处理所有的变更，并对模板中的数据绑定表达式求值。如果没有调用这个方法，那么对组件的 category 属性值所做的修改就无法在模板中反映出来，测试就会失败。

29.4.3　测试带有外部模板的组件

Angular 组件被编译为工厂类。Angular 组件既可以在浏览器内部完成编译，也可以按照第 10 章讲述的方法进行预编译。作为这个过程的组成部分，Angular 可以处理任何外部模板并将它们以文本格式包括在 JavaScript 代码中，而 JavaScript 代码的生成方式与内联模板的生成方式是相同的。当针对一个带有外部模板的组件进行单元测试时，编译步骤必须显式执行。在代码清单 29-11 中，修改了应用于 FirstComponent 类的@Component 装饰器，这样就可以指定一个外部模板。

代码清单 29-11　在 src/app/ondemand 文件夹的 first.component.ts 文件中指定外部模板

```
import { Component } from "@angular/core";
import { Product } from "../model/product.model";
import { Model } from "../model/repository.model";

@Component({
    selector: "first",
    templateUrl: "first.component.html"
})
export class FirstComponent {

    constructor(private repository: Model) {}

    category: string = "Soccer";

    getProducts(): Product[] {
        return this.repository.getProducts()
            .filter(p => p.category == this.category);
    }
}
```

为了提供模板，在 src/app/ondemand 文件夹中创建了一个名为 first.component.html 的文件，并添加了代码清单 29-12 中所示的元素。

代码清单 29-12　src/app/ondemand 文件夹中 first.component.html 文件的内容

```
<div class="bg-primary text-white p-2">
    There are
        <span class="strong"> {{getProducts().length}} </span>
    products
</div>
```

这些内容与先前以内联方式定义的内容是一样的。通过显式地编译组件，代码清单 29-13 为组件处理外部模板更新了单元测试。

代码清单 29-13　在 src/app/tests 文件夹的 first.component.spec.ts 文件中编译一个组件

```
import { TestBed, ComponentFixture, async } from "@angular/core/testing";
import { FirstComponent } from "../ondemand/first.component";
```

```
import { Product } from "../model/product.model";
import { Model } from "../model/repository.model";
import { DebugElement } from "@angular/core";
import { By } from "@angular/platform-browser";

describe("FirstComponent", () => {

    let fixture: ComponentFixture<FirstComponent>;
    let component: FirstComponent;
    let debugElement: DebugElement;
    let spanElement: HTMLSpanElement;

    let mockRepository = {
        getProducts: function () {
            return [
                new Product(1, "test1", "Soccer", 100),
                new Product(2, "test2", "Chess", 100),
                new Product(3, "test3", "Soccer", 100),
            ]
        }
    }

    beforeEach(async() => {
        TestBed.configureTestingModule({
            declarations: [FirstComponent],
            providers: [
                { provide: Model, useValue: mockRepository }
            ]
        });

        TestBed.compileComponents().then(() => {
            fixture = TestBed.createComponent(FirstComponent);
            component = fixture.componentInstance;
            debugElement = fixture.debugElement;
            spanElement = debugElement.query(By.css("span")).nativeElement;
        });
    });

    it("filters categories", () => {
        component.category = "Chess"
        fixture.detectChanges();
        expect(component.getProducts().length).toBe(1);
        expect(spanElement.textContent).toContain("1");
    });
});
```

编译组件时，使用了 TestBed.compileComponents 方法。编译过程是异步的，compileComponents 方法返回一个 Promise。因为在浏览器里必须通过这个 Promise 来完成测试设置。为了方便在单元测试中使用异步操作，@angular/core/testing 模块包含了一个名为 async 的函数，该函数与 beforeEach 方法一起使用。

29.4.4 测试组件事件

为了说明如何测试一个组件对事件的响应，在 FirstComponent 类中定义了一个新属性，并添加一个应用了 @HostListener 装饰器的方法，如代码清单 29-14 所示。

代码清单 29-14　在 src/app/ondemand 文件夹的 first.component.ts 文件中添加事件处理

```
import { Component, HostListener} from "@angular/core";
import { Product } from "../model/product.model";
import { Model } from "../model/repository.model";

@Component({
    selector: "first",
    templateUrl: "first.component.html"
})
export class FirstComponent {

    constructor(private repository: Model) {}

    category: string = "Soccer";
    highlighted: boolean = false;

    getProducts(): Product[] {
        return this.repository.getProducts()
            .filter(p => p.category == this.category);
    }

    @HostListener("mouseenter", ["$event.type"])
    @HostListener("mouseleave", ["$event.type"])
    setHighlight(type: string) {
        this.highlighted = type == "mouseenter";
    }
}
```

通过配置 setHighlight 方法，可在触发宿主元素的 mouseenter 和 mouseleave 事件时，调用 setHighlight 方法。代码清单 29-15 更新了组件的模板，这样就可以在一个数据绑定中使用新属性。

代码清单 29-15　在 src/app/ondemand 文件夹的 first.component.html 文件中绑定一个属性

```
<div class="bg-primary text-white p-2" [class.bg-success]="highlighted">
    There are
    <span class="strong"> {{getProducts().length}} </span>
    products
</div>
```

通过在 DebugElement 类中定义 triggerEventHandler 方法，可以在单元测试中触发事件，如代码清单 29-16 所示。

代码清单 29-16　在 src/app/tests 文件夹的 first.component.spec.ts 文件中触发事件

```
import { TestBed, ComponentFixture, async } from "@angular/core/testing";
import { FirstComponent } from "../ondemand/first.component";
import { Product } from "../model/product.model";
import { Model } from "../model/repository.model";
import { DebugElement } from "@angular/core";
import { By } from "@angular/platform-browser";

describe("FirstComponent", () => {

    let fixture: ComponentFixture<FirstComponent>;
```

```
let component: FirstComponent;
let debugElement: DebugElement;
let divElement: HTMLDivElement;

let mockRepository = {
    getProducts: function () {
        return [
            new Product(1, "test1", "Soccer", 100),
            new Product(2, "test2", "Chess", 100),
            new Product(3, "test3", "Soccer", 100),
        ]
    }
}

beforeEach(async(() => {
    TestBed.configureTestingModule({
        declarations: [FirstComponent],
        providers: [
            { provide: Model, useValue: mockRepository }
        ]
    });

    TestBed.compileComponents().then(() => {
        fixture = TestBed.createComponent(FirstComponent);
        component = fixture.componentInstance;
        debugElement = fixture.debugElement;
        divElement = debugElement.children[0].nativeElement;
    });
}));

it("handles mouse events", () => {
    expect(component.highlighted).toBeFalsy();
    expect(divElement.classList.contains("bg-success")).toBeFalsy();
    debugElement.triggerEventHandler("mouseenter", new Event("mouseenter"));
    fixture.detectChanges();
    expect(component.highlighted).toBeTruthy();
    expect(divElement.classList.contains("bg-success")).toBeTruthy();
    debugElement.triggerEventHandler("mouseleave", new Event("mouseleave"));
    fixture.detectChanges();
    expect(component.highlighted).toBeFalsy();
    expect(divElement.classList.contains("bg-success")).toBeFalsy();
});
```

上述代码清单中的测试检查组件的初始状态和模板，然后触发 mouseenter 和 mouseleave 事件，
最后检查在每个事件后的效果。

29.4.5　测试输出属性

对输出属性进行测试是一个简单的过程，因为用于派发输出属性的 EventEmitter 对象也是
Observable 对象，可以在单元测试中订阅它。代码清单 29-17 为被测组件添加了一个输出属性。

代码清单 29-17　在 src/app/ondemand 文件夹的 first.component.ts 文件中添加一个输出
属性

```
import { Component, HostListener, Output, EventEmitter} from "@angular/core";
import { Product } from "../model/product.model";
import { Model } from "../model/repository.model";

@Component({
    selector: "first",
    templateUrl: "first.component.html"
})
export class FirstComponent {

    constructor(private repository: Model) {}

    category: string = "Soccer";
    highlighted: boolean = false;

    @Output("pa-highlight")
    change = new EventEmitter<boolean>();
    getProducts(): Product[] {
        return this.repository.getProducts()
            .filter(p => p.category == this.category);
    }

    @HostListener("mouseenter", ["$event.type"])
    @HostListener("mouseleave", ["$event.type"])
    setHighlight(type: string) {
        this.highlighted = type == "mouseenter";
        this.change.emit(this.highlighted);
    }
}
```

组件定义了一个名为 change 的输出属性，调用 setHighlight 方法时，这个属性用来发送一个
事件。代码清单 29-18 给出了测试输出属性的单元测试。

代码清单 29-18　在 src/app/tests 文件夹的 first.component.spec.ts 文件中测试输出属性

```
import { TestBed, ComponentFixture, async } from "@angular/core/testing";
import { FirstComponent } from "../ondemand/first.component";
import { Product } from "../model/product.model";
import { Model } from "../model/repository.model";
import { DebugElement } from "@angular/core";
import { By } from "@angular/platform-browser";

describe("FirstComponent", () => {

    let fixture: ComponentFixture<FirstComponent>;
    let component: FirstComponent;
    let debugElement: DebugElement;

    let mockRepository = {
        getProducts: function () {
            return [
                new Product(1, "test1", "Soccer", 100),
                new Product(2, "test2", "Chess", 100),
```

```
                    new Product(3, "test3", "Soccer", 100),
                ]
            }
        }

        beforeEach(async(() => {
            TestBed.configureTestingModule({
                declarations: [FirstComponent],
                providers: [
                    { provide: Model, useValue: mockRepository }
                ]
            });

            TestBed.compileComponents().then(() => {
                fixture = TestBed.createComponent(FirstComponent);
                component = fixture.componentInstance;
                debugElement = fixture.debugElement;
            });
        }));

        it("implements output property", () => {
            let highlighted: boolean;
            component.change.subscribe(value => highlighted = value);
            debugElement.triggerEventHandler("mouseenter", new Event("mouseenter"));
            expect(highlighted).toBeTruthy();
            debugElement.triggerEventHandler("mouseleave", new Event("mouseleave"));
            expect(highlighted).toBeFalsy();
        });
    });
```

可在单元测试中直接调用组件的 setHighlight 方法，但是这里我选择触发 mouseenter 和 mouseleave 事件，这两个事件间接激活了 output 属性。在触发事件之前，使用 subscribe 方法接收来自 output 属性的事件，output 属性随后用于检查所期望的输出。

29.4.6 测试输入属性

测试输入属性的过程需要做一些额外的工作。一开始，在 FirstComponent 类中添加一个输入属性(FirstComponent 类用于接收数据模型存储库)，并替换构造函数收到的服务，如代码清单 29-19 所示。此外，还删除了宿主事件绑定和输出属性，以保证示例足够简单。

代码清单 29-19　在 src/app/ondemand 文件夹的 first.component.ts 文件中添加输入属性

```
import { Component, HostListener, Input } from "@angular/core";
import { Product } from "../model/product.model";
import { Model } from "../model/repository.model";

@Component({
    selector: "first",
    templateUrl: "first.component.html"
})
export class FirstComponent {

    category: string = "Soccer";
    highlighted: boolean = false;
```

```
getProducts(): Product[] {
    return this.model == null ? [] : this.model.getProducts()
        .filter(p => p.category == this.category);
}


@Input("pa-model")
model: Model;
}
```

input 属性的设置是通过一个名为 pa-model 的属性来实现的，该属性用在 getProducts 方法中。代码清单 29-20 说明了如何编写一个测试输入属性的单元测试。

代码清单 29-20　在 src/app/tests 文件夹的 first.component.spec.ts 文件中测试输入属性

```typescript
import { TestBed, ComponentFixture, async } from "@angular/core/testing";
import { FirstComponent } from "../ondemand/first.component";
import { Product } from "../model/product.model";
import { Model } from "../model/repository.model";
import { DebugElement } from "@angular/core";
import { By } from "@angular/platform-browser";
import { Component, ViewChild } from "@angular/core";

@Component({
    template: `<first [pa-model]="model"></first>`
})
class TestComponent {

    constructor(public model: Model) { }

    @ViewChild(FirstComponent)
    firstComponent: FirstComponent;

}

describe("FirstComponent", () => {

    let fixture: ComponentFixture<TestComponent>;
    let component: FirstComponent;
    let debugElement: DebugElement;

    let mockRepository = {
        getProducts: function () {
            return [
                new Product(1, "test1", "Soccer", 100),
                new Product(2, "test2", "Chess", 100),
                new Product(3, "test3", "Soccer", 100),
            ]
        }
    }

    beforeEach(async(() => {
        TestBed.configureTestingModule({
            declarations: [FirstComponent, TestComponent],
            providers: [
                { provide: Model, useValue: mockRepository }
            ]
        });
        TestBed.compileComponents().then(() => {
```

```
                fixture = TestBed.createComponent(TestComponent);
                fixture.detectChanges();
                    component = fixture.componentInstance.firstComponent;
                    debugElement =
                fixture.debugElement.query(By.directive(FirstComponent));
            });
    }));

    it("receives the model through an input property", () => {
        component.category = "Chess";
        fixture.detectChanges();
        let products = mockRepository.getProducts()
            .filter(p => p.category == component.category);
        let componentProducts = component.getProducts();
        for (let i = 0; i < componentProducts.length; i++) {
            expect(componentProducts[i]).toEqual(products[i]);
        }
        expect(debugElement.query(By.css("span")).nativeElement.textContent)
            .toContain(products.length);
    });
});
```

此处的技巧在于定义一个只需要设置测试的组件，并且这个组件的模板包含一个元素，这个元素匹配作为目标的组件的选择器。在这个示例中，使用一个内联模板定义了一个名为 TestComponent 的组件类，这个内联模板定义在@Component 装饰器中，而这个@Component 装饰器包含一个带有pa-model 属性的first 元素，这个first 属性对应于FirstComponent 类所使用的@Input 装饰器。

测试组件类被添加到测试模块的 declarations 数组中，然后使用 TestBed.createComponent 方法创建一个测试组件实例。在 TestComponent 类中，使用了@ViewChild 装饰器，这样就可以获得测试所需的 FirstComponent 实例。为了获得 FirstComponent 根元素，在 DebugElement.query 方法中使用了 By.directive 方法。

因此，在测试时可以同时访问组件及其根元素，测试还设置了 category 属性，然后验证来自组件的结果以及来自组件模板的数据绑定的结果。

29.4.7 测试异步操作

另一个需要采取特别措施的地方是异步操作的处理。为说明如何完成这项任务，代码清单 29-21 修改了被测组件，让被测组件使用第 24 章定义的 RestDataSource 类来获取数据。虽然并不打算在模型功能模块的外部使用这个类，但是这个类提供了一组有用的异步方法，这些方法可返回 Observable 对象。因此，为展示这项测试技术，打破了应用程序的原有结构。

代码清单 29-21　在 src/app/ondemand 文件夹的 first.component.ts 文件中执行异步操作

```
import { Component, HostListener, Input } from "@angular/core";
import { Product } from "../model/product.model";
import { Model } from "../model/repository.model";
import { RestDataSource } from "../model/rest.datasource";

@Component({
    selector: "first",
    templateUrl: "first.component.html"
})
```

```
export class FirstComponent {
    _category: string = "Soccer";
    _products: Product[] = [];
    highlighted: boolean = false;

    constructor(public datasource: RestDataSource) {}

    ngOnInit() {
        this.updateData();
    }

    getProducts(): Product[] {
        return this._products;
    }

    set category(newValue: string) {
        this._category;
        this.updateData();
    }

    updateData() {
        this.datasource.getData()
            .subscribe(data => this._products = data
                .filter(p => p.category == this._category));
    }
}
```

组件通过数据源的 getData 方法获取自己所需的数据，getData 方法返回一个 Observable 对象。组件订阅了 Observable 对象，并使用数据对象更新自己的_product 属性，而_product 属性是通过 getProducts 方法暴露给模板的。

代码清单 29-22 说明了如何使用 Angular 提供的工具，针对异步操作，对这类组件进行单元测试。

代码清单 29-22　在 src/app/tests 文件夹的 first.component.spec.ts 文件中测试异步操作

```
import { TestBed, ComponentFixture, async, fakeAsync, tick } from
"@angular/core/testing";
import { FirstComponent } from "../ondemand/first.component";
import { Product } from "../model/product.model";
import { Model } from "../model/repository.model";
import { DebugElement } from "@angular/core";
import { By } from "@angular/platform-browser";
import { Component, ViewChild } from "@angular/core";
import { RestDataSource } from "../model/rest.datasource";
import { Observable } from "rxjs";
import { Injectable } from "@angular/core";

@Injectable()
class MockDataSource {
    public data = [
        new Product(1, "test1", "Soccer", 100),
        new Product(2, "test2", "Chess", 100),
        new Product(3, "test3", "Soccer", 100),
    ];

    getData(): Observable<Product[]> {
```

```
            return new Observable<Product[]>(obs => {
                setTimeout(() => obs.next(this.data), 1000);
            })
        }
    }

describe("FirstComponent", () => {

    let fixture: ComponentFixture<FirstComponent>;
    let component: FirstComponent;
    let dataSource = new MockDataSource();

    beforeEach(async(() => {
        TestBed.configureTestingModule({
            declarations: [FirstComponent],
            providers: [
                { provide: RestDataSource, useValue: dataSource }
            ]
        });
        TestBed.compileComponents().then(() => {
            fixture = TestBed.createComponent(FirstComponent);
            component = fixture.componentInstance;
        });
    }));

    it("performs async op", fakeAsync( () => {
        dataSource.data.push(new Product(100, "test100", "Soccer", 100));

        fixture.detectChanges();

        tick(1000);

        fixture.whenStable().then(() => {
            expect(component.getProducts().length).toBe(3);
        });
    }));
});
```

为说明如何用不同方法完成同样的目标,这个示例中的 mock 对象比先前创建的 mock 对象在形式上更完整。重点在于:这个示例实现的 getData 方法在返回示例数据之前,引入了 1 秒钟的延迟。

这个延迟非常重要,因为这表明在单元测试中调用 detectChanges 方法产生的效果不会马上影响到组件。为模拟这段延迟时间,使用了 fakeAsync 和 tick 方法,为处理这个异步修改,调用了 ComponentFixture 类中定义的 whenStable 方法,whenStable 方法返回一个 Promise,当全部修改都处理完毕后,才解析这个 Promise。这样就推迟了测试输出的评估工作,直到 mock 数据源返回的 Observable 将自己的数据发送给组件,才开始评估测试输出。

29.5　测试 Angular 指令

测试指令的过程与测试输入属性的过程类似。类似之处在于:测试指令也需要使用测试组件和模板来创建可以应用于测试指令的测试环境。为测试指令,在 src/app/ondemand 文件夹中添加了一个名为 attr.directive.ts 的文件,然后在此文件中添加了代码清单 29-23 中所示的代码。

注意：我们已经在这个示例中给出了一个属性指令，但是本节讲述的技术同样可用于测试结构型指令。

代码清单 29-23　src/app/ondemand 文件夹中 attr.directive.ts 文件的内容

```
import {
    Directive, ElementRef, Attribute, Input, SimpleChange
} from "@angular/core";

@Directive({
    selector: "[pa-attr]"
})
export class PaAttrDirective {

    constructor(private element: ElementRef) { }

    @Input("pa-attr")
    bgClass: string;

    ngOnChanges(changes: { [property: string]: SimpleChange }) {
        let change = changes["bgClass"];
        let classList = this.element.nativeElement.classList;
        if (!change.isFirstChange() && classList.contains(change.previousValue)) {
            classList.remove(change.previousValue);
        }
        if (!classList.contains(change.currentValue)) {
            classList.add(change.currentValue);
        }
    }
}
```

这个属性指令来自第 15 章给出的一个示例。为了创建一个用于测试指令的单元测试，在 src/app/tests 文件夹中添加一个名为 attr.directive.spec.ts 的文件，并在此文件中添加了代码清单 29-24 所示的代码。

代码清单 29-24　src/app/tests 文件夹中 attr.directive.spec.ts 文件的内容

```
import { TestBed, ComponentFixture } from "@angular/core/testing";
import { Component, DebugElement, ViewChild } from "@angular/core";
import { By } from "@angular/platform-browser";
import { PaAttrDirective } from "../ondemand/attr.directive";

@Component({
    template: `<div><span [pa-attr]="className">Test Content</span></div>`
})
class TestComponent {
    className = "initialClass"

    @ViewChild(PaAttrDirective)
    attrDirective: PaAttrDirective;
}

describe("PaAttrDirective", () => {

    let fixture: ComponentFixture<TestComponent>;
    let directive: PaAttrDirective;
```

```
        let spanElement: HTMLSpanElement;

        beforeEach(() => {
            TestBed.configureTestingModule({
                declarations: [TestComponent, PaAttrDirective],
            });
            fixture = TestBed.createComponent(TestComponent);
            fixture.detectChanges();
            directive = fixture.componentInstance.attrDirective;
            spanElement = fixture.debugElement.query(By.css("span")).nativeElement;
        });

        it("generates the correct number of elements", () => {
            fixture.detectChanges();
            expect(directive.bgClass).toBe("initialClass");
            expect(spanElement.className).toBe("initialClass");

            fixture.componentInstance.className = "nextClass";
            fixture.detectChanges();
            expect(directive.bgClass).toBe("nextClass");
            expect(spanElement.className).toBe("nextClass");
        });
    });
```

测试组件使用了一个内联模板，为该内联模板应用了指令和一个属性，这个属性是在数据绑定中被引用的。@ViewChild 装饰器用于访问 Angular 在处理模板时所创建的指令对象，单元测试可以检查以下情况：如果修改数据绑定所使用的值，是否会对指令对象及指令对象所应用的元素产生影响。

29.6　本章小结

本章演示了对 Angular 组件和指令进行单元测试的不同方法，解释了安装测试框架和测试工具的过程，还解释了如何创建测试所需的测试床。另外，本章讲解了如何测试组件的不同方面，以及如何将测试组件的同一技术应用于对指令进行单元测试。

这就是本书要讲授的全部 Angular 内容。首先创建一个简单的应用程序，然后带领读者学习框架中不同的构造块，向读者展示如何创建和配置框架中不同的构造块，以及如何应用这些技术来创建 Web 应用程序。

希望读者在 Angular 项目中不断取得成功，也希望读者能够像我以写作本书为乐那样，以阅读本书为乐。